U0311209

钒钢冶金原理与应用

杨才福　张永权　王瑞珍　编著

北京

冶金工业出版社

2012

内 容 提 要

钒是钢中经常添加的重要微合金元素及合金元素。本书全面系统地阐述了钒在钢中的物理冶金原理、钒钢的最新研究成果和应用的新进展。

本书首先介绍了钒的资源分布及其化合物、钒在钢中的物理冶金原理以及含钒钢中氮的有益作用；然后详细阐述了钒钢的生产工艺特点以及钒在各类钢铁产品中的开发应用现状，包括含钒钢的焊接性，钒微合金化的棒线材、型钢、非调质钢和热轧板带材等结构钢，含钒的弹簧钢、工具钢、耐热钢和不锈钢等合金钢；最后，简单介绍了钒在铸钢和铸铁中的作用以及应用情况。

本书对冶金企业、科研院所从事钢铁材料研究和开发的科技人员、工艺开发人员具有重要参考价值，也可供中、高等院校金属材料专业的师生、研究生阅读和参考。

图书在版编目（CIP）数据

钒钢冶金原理与应用/杨才福，张永权，王瑞珍编著. —北京：冶金工业出版社，2012.6
ISBN 978-7-5024-5885-0

Ⅰ.①钒… Ⅱ.①杨… ②张… ③王… Ⅲ.①钒钢—钢铁冶金 Ⅳ.①TF762

中国版本图书馆 CIP 数据核字（2012）第 130620 号

出 版 人 曹胜利
地 址 北京北河沿大街嵩祝院北巷 39 号，邮编 100009
电 话 (010)64027926 电子信箱 yjcbs@cnmip.com.cn
责任编辑 李 梅 美术编辑 彭子赫 版式设计 孙跃红
责任校对 王贺兰 责任印制 张祺鑫
ISBN 978-7-5024-5885-0

三河市双峰印刷装订有限公司印刷；冶金工业出版社出版发行；各地新华书店经销
2012 年 6 月第 1 版，2012 年 6 月第 1 次印刷
787mm×1092mm 1/16；25.5 印张；624 千字；396 页
99.00 元

冶金工业出版社投稿电话：(010)64027932 投稿信箱：tougao@cnmip.com.cn
冶金工业出版社发行部 电话：(010)64044283 传真：(010)64027893
冶金书店 地址：北京东四西大街 46 号(100010) 电话：(010)65289081(兼传真)
（本书如有印装质量问题，本社发行部负责退换）

前　言

　　1905 年，汽车大王亨利·福特（Henry Ford）目睹了一次很严重的车祸，意外地发现了具有较高硬度的含钒的特殊钢。采用这种钢制造汽车，不但可以大大减轻车体重量、减少原材料消耗、降低汽车制造成本，而且还可以显著提高汽车的强度。在以后几年的汽车比赛中，采用这种钢制造的汽车，战胜了所有的对手，从此这种含钒的钢在汽车中获得了广泛的应用，促进了汽车工业的发展，其中钒起了非常重要的主导作用。因此汽车大王亨利·福特曾说过一句名言："如果没有钒，就不会有汽车。"特别是钒的提炼技术解决以后，在钢中加入百分之零点几的钒就能使钢的晶粒细化，赋予钢以硬度、强度、韧性、弹性及耐久性，广泛用于制造汽车的发动机、阀、弹簧、支撑弹簧、杆、芯棒、传动轴、齿轮等。由于极少量的钒就能使钢获得优良的性能，当时人们对钒在钢中的作用就有一个很形象的评价——钒是钢中的维生素。

　　随着钢铁工业的快速发展，钢中的维生素——钒，在提高钢铁材料经济效益和开发高性能新产品方面应用越来越广泛，起的作用也越来越大。

　　2010 年中国的粗钢产量已达 6.3 亿吨，占世界粗钢产量的 44.2%，中国的粗钢产量已经连续 15 年居世界第一。大量增加粗钢产量的同时，也消耗了大量的自然资源和能源，增加了环境的负担，因此提高钢的性能、减少用钢量、降低钢产量、减少排放是当前钢铁工业的重要任务。在解决这些问题的过程中，微合金化技术是一个很重要的手段。钢中添加的微合金化元素主要有钒、铌、钛等，利用其生成的碳氮化物产生析出强化和晶粒细化作用，大幅度提高钢的强度和综合性能，充分挖掘钢材的性能潜力，减少用钢量，减轻环境负担。

　　20 世纪 60 年代中期，世界各国的研究人员根据微合金化元素的固溶析出理论，开发出一系列采用铌微合金化的高强度低合金钢，并获得了广泛的应用。从制造工艺上看，铌微合金化钢的特点是普遍采用在奥氏体未再结晶区控制轧制，使奥氏体产生较大变形并被拉成"薄饼"状，通过增加奥氏体晶界面积和形变储能，获得相变后细小的铁素体晶粒。这种工艺方法适用于大量扁平材的生产。在研制高强度钢时，通常采用的不是单一的铌微合金化，而是铌-钒复合微合金化方法，以获得更高的强度。由于奥氏体未再结晶区控制轧制的温度较低，轧制压下率又较大，要求轧机必须有足够大的轧制力，传统的老轧机轧制力不足，为适应铌微合金化钢奥氏体未再结晶区控制轧制工艺的要求，必须对老轧机进行技术改造，在增加轧制力的同时，还需增设控制冷却装备。

20 世纪 80 年代，根据再结晶控制轧制理论，研究人员开发了一系列采用钒微合金化的低合金高强度钢，立即受到各国钢铁材料界的普遍关注，同时也获得了广泛的应用。在生产工艺上，钒微合金化钢的特点是采用温度较高的奥氏体再结晶区的再结晶控制轧制，取代含铌钢的温度较低的奥氏体未再结晶区控制轧制。利用奥氏体的重复再结晶，经过足够的轧制道次后，通过再结晶奥氏体被充分细化，再加上含钒钢中奥氏体析出的碳氮化物促进晶内铁素体（IGF）形核效果，相变后可获得与铌微合金化钢相同的晶粒细化效果（约 4.0μm），它克服了含铌钢必须采用低温、大压下率、大轧制负荷以及待温停留时间较长等条件的制约，提高了生产效率，改善了经济性。

钒微合金化钢在实际生产中具有明显的技术优势，主要特点归纳如下：

（1）钒的溶解温度低（即溶解度高），在常规的加热温度下钒很容易固溶在钢中；

（2）钒是微合金化元素中最主要的析出强化元素；

（3）在氮的配合下，钒的碳氮化物不但能在高温奥氏体区析出，阻止奥氏体晶粒长大，增加相变核心，而且能在温度较低的铁素体区析出，增加晶内铁素体的生核位置，细化铁素体晶粒，因此微合金化元素钒又是组织细化的重要元素；

（4）钒能改造氮，通过形成氮化钒，把钢中的有害元素氮改造为有利的廉价的合金元素；反过来说，氮能促进碳氮化钒析出，将钢中绝大部分（约 70%）以固溶形式存在的钒转变为析出钒，节约了合金元素，降低钢的生产成本；

（5）钒微合金化钢最适合占钢材总产量 50% 以上的长型材（螺纹钢、角钢、槽钢、工字钢、U 型钢、T 字钢、H 型钢、圆钢、重轨、轻轨等）的生产。

长型材的生产具有轧制温度高、变形道次多、压下量小的工艺冶金特性，它与钒微合金化钢的工艺特性完全吻合，所以钢中添加适量钒是高强度长型材的最佳选择。

由于钒微合金化钢的一系列优点，近些年来，在世界范围内采用高温再结晶控制轧制的钒微合金化钢获得了迅速的发展和应用，特别是我国的钢铁界，目前正在大力推广和应用钒微合金化钢，并已取得了显著的经济效益和社会效益。为适应钒微合金化钢迅速发展的形势，促进含钒钢的研究开发和应用，我们特意编写了《钒钢冶金原理与应用》这本书，深入介绍了钒在钢中的冶金原理，归纳了钒钢的最新研究成果，总结了钒钢的推广应用。

全书共分9章：

第1章　介绍了钒的资源分布及其化合物；

第2章　介绍了钒在钢中的物理冶金原理；

第3章　描述了钒在钢中奥氏体、铁素体、贝氏体等不同显微组织中的析出行为；

第4章　概述了氮在钒钢中的强化作用、细化晶粒作用，以及增氮含钒钢的应用和钒的节约；

第5章　阐述了含钒钢的生产工艺特性及其与组织性能的关系；

第6章　介绍了含钒钢的焊接性；

第7章　介绍了钒微合金化的棒线材、型钢、非调质钢和热轧板带材等结构钢；

第8章　介绍了含钒的弹簧钢、工具钢、耐热钢和不锈钢等合金钢；

第9章　介绍了含钒的铸铁和铸钢。

本书全面系统地阐述了钒在钢中的物理冶金原理、钒微合金化及合金化钢的最新研究成果和应用的新进展，它对从事含钒钢研究的技术人员开发高级钢铁材料、对高等院校的教学及微合金化基础理论的研究、对生产含钒钢的钢铁企业生产高质量的钢铁材料、对于设计及建筑部门合理设计和使用含钒钢等都有很好的参考价值。

本书由中国钢研科技集团有限公司杨才福、张永权和王瑞珍编著，潘涛和柴锋同志也参加了本书的撰写工作。其中，第1~3章由杨才福撰写，第4、5

章由张永权撰写，第6章由柴锋撰写，第7章由杨才福、王瑞珍、潘涛和柴锋撰写；第8章由潘涛和柴锋撰写，第9章由王瑞珍撰写。本书各章节的所有内容分别经过雍岐龙教授、刘国权教授、王祖滨教授、张万山教授、梅东升教授、程世长教授、陈再枝教授的审阅，他们提出的宝贵意见作者在书中均予采纳，在此深表谢意。中国钢研科技集团有限公司的姜杉、马跃、师仲然等同志在本书的编著过程中给予了有力的协助，冶金工业出版社的相关出版人员为本书的出版付出许多心血，作者在此一并表示感谢。

特别是作者由衷地感谢国际钒技术委员会对于出版本书的支持。国际钒技术委员会的David Milboum先生和Li Yu女士为本书提供了大量的参考技术资料，并对本书内容提出许多宝贵建议，使得本书的内容更加充实。国际钒技术委员会还为本书提供出版资金上的资助，使得本书可以顺利地与读者见面。

作者力图使本书的内容尽可能丰富，但由于涉及知识领域宽泛以及作者水平有限，书中不妥和疏漏之处，希望广大读者不吝指正。

作　者
2012 年 3 月

目　录

1 绪 论

1.1 钒的发现及资源分布

钒（元素符号 V）是过渡族金属元素，在元素周期表中属 V B 族，原子序数为 23，相对原子质量为 50.9415[1]。

1801 年西班牙矿物学家德里奥（A. M. Del Rio）在研究墨西哥的铅矿时，发现了一种新元素。这种元素的盐类在酸溶液中加热时呈红色，所以当时把它命名为赤元素（Erthronium）。当时有人认为这种红色物质可能是一种铬的不纯物，可能是铬酸铅，德里奥后来接受了这种解释，从而错过了证明钒元素的计划。

1830 年瑞典化学家塞夫斯托姆（N. G. Sefstrom）在研究瑞典铁矿的铁渣时得到了氧化钒，发现了钒的存在，并以希腊神话中美丽女神"凡娜迪丝"（Vanadis）的名字给这种新元素起名叫钒。此后不久，德国化学家沃勒（F. Wohler）证明塞夫斯托姆发现的钒与德里奥发现的赤元素是同一元素。塞夫斯托姆的导师、瑞典著名的化学家贝采里乌斯（J. J. Berzelius）对塞夫斯托姆发现的这种新元素产生了浓厚兴趣，他在国际上宣布了塞夫斯托姆的发现。随后，塞夫斯托姆、沃勒、贝采里乌斯等人对钒盐开展了大量的研究工作，但他们的工作只限于钒的化合物的化学特性研究，始终没有分离出单质钒。直到 1867 年，在塞夫斯托姆发现钒三十多年后，英国化学家罗斯科（H. Roscoe）用氢气还原氯化钒才第一次制得了金属钒。罗斯科通过大量的研究工作制备出 V_2O_5、V_2O_3、VO、$VOCl_3$、$VOCl_2$ 和 $VOCl$ 等化合物，为钒化学奠定了基础。直到 19 世纪末 20 世纪初，随着研究工作的不断深入，人们开发出了钒铁的生产技术，并发现钒在钢中能够改善钢的力学性能，钒在工业上才获得广泛应用[2~6]。

钒是地球上广泛分布的稀有金属元素，其含量约占地壳的 0.02%❶，排在金属元素的第 22 位，比铜、锡、锌、镍的含量都多。但是钒的分布很分散，几乎没有含量较多的矿床。自然界中的钒主要是以各种矿物形式存在，目前世界上发现的含钒矿物有 70 多种，但具有开采价值的矿物只有少数几种。在钒的矿物中，最有开采意义的矿物有以下几种：

（1）钒钛磁铁矿。钒钛磁铁矿中的钒主要以 $FeO \cdot V_2O_3$ 尖晶石形态存在，是目前世界上生产钒的最主要的工业原料。一般原矿中钒含量水平为 0.1% ~2% V_2O_5。

（2）钒云母。这是一种复杂的硅铝酸盐，在纯矿物中含 16% V_2O_5，而矿石中的钒含量为 1% ~3% V_2O_5。

（3）复合金属矿。这类矿石中含有铀、镭、铜、铅、锌、锰、钼等，种类包括钒铅矿、钒铅锌矿、钾钒铀矿等。含钒铝土矿也属于这一类矿床的变种。其中的钾钒铀矿是一

---

❶凡未经注明的百分含量均为质量分数。

种钾铀的钒酸络盐，它的化学式为 $K_2O_2UO_3 \cdot V_2O_5 \cdot (1 \sim 3) H_2O$，呈浅黄色或浅绿黄色，矿石中钒含量为 1.5% ～ 2.0% V_2O_5，美国科罗拉多高原等地是这种矿物的主要产地，在提铀的同时可制得 V_2O_5。

（4）碳质页岩（石煤）。这是一种结构复杂的矿，一般还含有镍、钼、铀等金属元素，钒含量为 0.1% ～ 1.5% V_2O_5。矿石中的钒品位与地质年代和矿化条件有关，含碳较高的矿层钒含量较高，以硅质页岩为主的矿层品位较低。

（5）石油伴生矿。这种矿寄生在原油中，中美洲和中东国家拥有大量的这种石油伴生矿。1t 原油中钒含量为 20 ～ 150g V_2O_5，有的可高达 300 ～ 400g V_2O_5。

世界钒资源主要分布在南非、俄罗斯、中国、澳大利亚等国家。各国钒资源的统计数据差异较大。根据美国地质调查局最新的统计资料[7]，世界钒资源的总储量约 6300 万吨，其中仅有 1300 多万吨是可开采储量，有 3800 多万吨为未来可开采的保有储量。按目前的储量和消耗，地球上的钒资源可供使用约 300 年。俄罗斯、南非、中国、美国是世界上钒储量最大的国家，钒资源主要集中在钒钛磁铁矿中。

我国的钒资源十分丰富，资源储量列在世界前三位，主要为钒钛磁铁矿和碳质页岩（石煤）矿。四川攀枝花地区和河北承德地区是我国最大的钒矿产地，主要是钒钛磁铁矿。地质普查结果表明，我国四川攀西地区发现钒钛磁铁矿储量有 100 亿吨，折合 V_2O_5 钒储量 1700 多万吨；河北承德地区发现的钒钛磁铁矿储量达到 80 亿吨以上，折合 V_2O_5 钒储量有 800 万吨。我国含钒的石煤矿储量也相当丰富，据资料介绍，仅湖南、湖北、江西、安徽、浙江、贵州、陕西 7 省的石煤矿就含有 1.17971 亿吨 V_2O_5。但石煤中钒的品位相差悬殊，一般 V_2O_5 含量在 0.13% ～ 1.2%。在已发现的石煤矿中，小于边界品位（0.5% V_2O_5）的占 60%。按目前的技术水平，品位达到 0.8% 以上才有开采价值。

1.2　钒及其化合物的特性

1.2.1　金属钒

金属钒呈银灰色，具有体心立方晶体结构，钒的晶体结构如图 1-1 所示，点阵参数 0.30231nm，原子半径为 0.13112nm。钒常见化合价为 +5、+4、+3、+2，其中 5 价钒的化合物最稳定。钒理论摩尔体积为 0.836119×10^{-5} m^3/mol，理论密度为 6.093g/cm³。钒的熔点很高，接近 1900℃，与铌、钽、钨、钼并称为难熔金属。纯钒具有良好的延展性和可锻性，常温下可制成片、丝和箔。钒呈弱顺磁性，是电的不良导体。

常温下钒的化学性质比较稳定，但在高温下能与碳、硅、氮、氧、硫、氯等非金属元素生成化合物。例如：空气中加热钒在不同温度下可生成各种氧化物；180℃温度下钒可与氯化合生成四氯化钒；温度超过 800℃时钒可与氮反应生成氮化钒；800 ～ 1100℃高温下钒与碳生成碳化钒。钒具有较好的耐腐蚀性能，空气中不被氧化，耐淡水和海水侵蚀，亦能耐盐酸、稀硫酸和碱溶液的侵蚀，但可溶于氢氟酸和强氧化性酸溶液，如硝酸、王水、浓硫酸和浓氯酸等。空气中熔融的碱

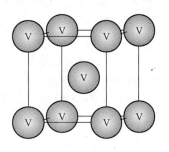

图 1-1　钒的晶体结构

金属碳酸盐可将金属钒溶解生成相应的钒酸盐。金属钒的物理性质见表 1-1。

表 1-1　金属钒的物理性质

性　质	数　据	性　质	数　据
相对原子质量	50.9414	热熔(0～100℃)/J·mol^{-1}	24.62
熔点/℃	约1900	超导转变温度/K	5.13
沸点/℃	3380	再结晶温度/℃	800～1000
密度/g·cm^{-3}	6.11	蒸气压(1393～1609℃)/kPa	$R\ln P = 121950/T - 5.123 \times 10^{-4}T + 38.8$
正弹性模量(20℃)/GPa	126.7		
切变弹性模量/GPa	46.7	摩尔焓(20℃)/kJ·mol^{-1}	5.27
泊松比	0.365	摩尔熵(20℃)/kJ·(mol·℃)$^{-1}$	29.5
质量热容(20℃)/J·(kg·K)$^{-1}$	533.72	摩尔升华潜热/kJ·mol^{-1}	541.0
热导率(20℃)/W·(m·K)$^{-1}$	30.98	摩尔蒸发潜热/kJ·mol^{-1}	458.6
线膨胀系数(0～100℃)/℃$^{-1}$	8.3×10^{-6}	摩尔熔化潜热/kJ·mol^{-1}	16.02
电阻率(20℃)/μΩ·cm	24.8～26	热中子吸收横截面/b	4.7±0.02
电阻温度系数/Ω·cm·℃$^{-1}$	(2.18～2.76)×10^{-8}	快中子俘获横截面/b	0.003

1.2.2　氧化物

钒有多种氧化物，由 V-O 二元相图[8~10]可知，已知的钒氧化物有 V_2O_2、V_2O_3、V_2O_4、V_2O_5、V_3O_5、V_3O_7、V_4O_7、V_4O_{11}、V_5O_9、V_6O_{11}、V_6O_{13} 等，见图 1-2。工业上大量使用的钒氧化物主要是有 V_2O_5、V_2O_3、V_2O_4，其中 V_2O_5 是应用最广的钒氧化物，下面主要介绍这三种工业上常用的钒氧化物。

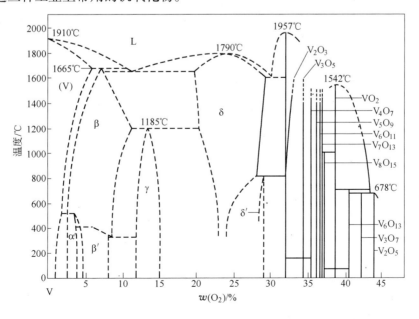

图 1-2　V-O 二元相图

（1）五氧化二钒（V_2O_5）。五氧化二钒为橙黄色或红棕色晶体粉末，斜方晶体结构，无味、无臭、有毒，微溶于水（约0.07g/L），溶液呈微黄色。在约670℃时熔融，冷却后结晶成黑紫色正交晶系的针状晶体。700℃以上，五氧化二钒显著挥发，其蒸气压随温度升高直线上升。五氧化二钒是两性氧化物，但主要是酸性的。溶解在极浓的氢氧化钠溶液中可得到一种含有八面体钒酸根离子VO_4^{3-}的无色溶液。

五氧化二钒晶体中稳定地存在着脱除氧原子而得的阴离子空穴，因此，在700～1125℃温度范围内，五氧化二钒能够分解放出氧：

$$2V_2O_5 \rightleftharpoons 2V_2O_4 + O_2\uparrow \tag{1-1}$$

这是五氧化二钒的一种重要特性，可作为许多有机和无机反应的有效催化剂。

五氧化二钒是工业上用量最大的重要钒氧化物。工业用五氧化二钒的生产通常是由含钒矿石、钒渣、含钒油渣和煤灰等原料中提取，制得粉状或片状五氧化二钒。用它做原料可进一步制取钒合金，如钒铁合金、钒铝合金等。少量的五氧化二钒可作为催化剂使用。

（2）三氧化二钒（V_2O_3）。三氧化二钒是灰黑色有光泽的晶体粉末，晶体结构为α-Al_2O_3型的菱面体晶格。其熔点很高（2070℃），属于难熔化合物，并具有导电性。它是碱性氧化物，溶于酸生成蓝色的三价钒盐$[V(H_2O)_6]^{3+}$离子。在空气中缓慢氧化，在氯气中迅速被氧化，生成三氯氧钒和五氧化二钒。常温下暴露在空气中数月后，变成青蓝色的二氧化钒。三氧化二钒不溶于水和碱，是强还原剂。

三氧化二钒具有金属-非金属转变的性质，低温相变特性好，电阻突变可达6个数量级，还伴随着晶格和反铁磁性的变化，低温为单斜反铁磁性半导体组。三氧化二钒具有两个相变点：150～170K和500～530K，其中的高性能低温相变使其在低温装置中有着广阔的应用前景。

工业上三氧化二钒是通过用氢气、一氧化碳、氨气、天然气、煤气等还原五氧化二钒或钒酸铵来制取。三氧化二钒一般用作生产高钒铁的原料（80% FeV），也用于化工催化剂。

（3）二氧化钒（VO_2或V_2O_4）。二氧化钒是深蓝色晶体粉末，正方晶体结构，温度超过128℃时转变为金红石型结构。二氧化钒是两性氧化物，溶于酸和碱。在强碱溶液中可生成多种$M_2V_4O_9$或$M_2V_2O_5$四价亚钒酸盐。二氧化钒溶于酸中时不能生成四价钒离子，而生成正二价钒氧基离子（VO^{2+}）。钒氧基离子在水溶液中呈浅蓝色，钒氧基盐如$VOSO_4$、$VOCl_2$在酸性溶液中非常稳定，煮沸也不分解。

与三氧化二钒相似，二氧化钒也具有金属-非金属转变的性质，这是20世纪五六十年代被发现的。这种材料发生相变时，光学和电学性质会发生明显的变化：低温下，在一定的温度范围内材料会突然发生从金属性质转变到非金属（或半导体）性质，同时还伴随着晶体在纳秒级时间范围内（约20ns）向对称形式较低的结构转化，光学透过率也同时从低透过转变为高透过。

二氧化钒是钒的氧化物中研究最多的一种，因为其相变温度在340K（67℃），最接近室温，具有较大的应用潜力。二氧化钒的薄膜形态不易受反复相变的损坏，因此，二氧化钒薄膜受到更广泛的研究。

二氧化钒可通过 V_2O_5 与草酸共溶进行还原反应来制取，也可由 V_2O_5 或 V_2O_3 与 C、CO 等还原剂的还原反应来制备。工业上可用气体还原钒酸铵和 V_2O_5 来制得。二氧化钒是一种热敏功能材料，由于其优越的光、电、磁性能，在微电子和光电子领域有很多应用，可用于制造热电开关、磁开关、光开关、时间开关、全息存储材料、非线性电阻材料、各种传感器等。

1.2.3 碳化物和氮化物

钒的碳化物、氮化物是钒在钢中发挥作用的关键。目前在钢铁工业中消耗钒占钒总消耗量的90%以上，其主要用途是通过钒在钢中与碳、氮反应形成钒的碳化物、氮化物而起作用的。钒的碳化物、氮化物在钢中起到强烈的沉淀强化和晶粒细化的作用。

（1）碳化钒。由钒-碳系二元相图[6]可知，钒与碳生成两种化合物 VC 和 V_2C，见图1-3。VC 存在于43%～49%C（摩尔分数）的区间，为 NaCl 型的面心立方晶体结构。V_2C 存在于29.1%～33.3%C（摩尔分数）的区间，为密排六方晶体结构。这两种化合物的物理性质，见表1-2。

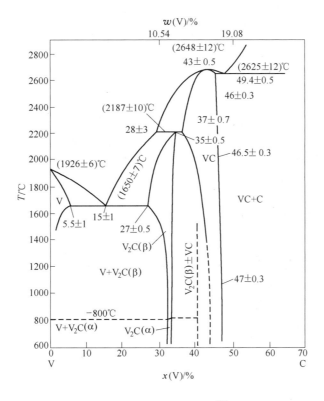

图 1-3 钒-碳二元相图[6]

表 1-2 化合物 VC 和 V_2C 的性质

化合物	颜 色	晶体结构	晶格参数/nm	熔点/℃	密度/g·cm^{-3}
VC	暗黑色	面心立方	$a = 0.418$	2830～2648	5.649
V_2C	暗黑色	密排六方	$a = 0.2902$，$c = 0.4577$	2200	5.665

（2）氮化钒。从图 1-4 所示的钒-氮系二元相图[6]中可看出有三种钒的氮化物：

1）低温相，大致成分为 $V_{16}N \sim V_{13}N$，据推测为正方晶体结构。在 500～600℃时分解，生成氮溶于钒的固溶体和 β 相。

2）β 相，具有六方晶体结构，其晶格常数 $a = 0.491nm$，$c = 0.455nm$，单相区在 VN 0.37～0.493 之间。

3）δ 相，面心立方结构，其晶格常数随氮含量的不同从 0.407～0.414nm 之间变化，单相区在 VN 0.72～1.0 之间。

钒-氮系中研究最多的化合物为氮化钒（VN）。氮化钒（VN）为灰紫色粉末，面心立方

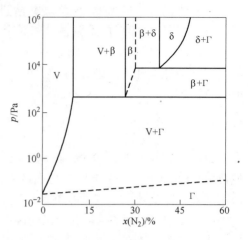

图 1-4　钒-氮二元相图[6]

晶体结构，熔点 2050℃，密度为 $5.63g/cm^3$。常温下氮化钒是一个稳定的化合物，不被水分解，耐腐蚀性好，对硫酸、硝酸、盐酸、碱溶液也都很稳定，微溶于王水。

虽然钒在钢铁中是通过其碳化物和氮化物的形式发挥作用，但是钢铁生产中钒主要是以铁合金方式加入的，而不是直接使用碳化钒或氮化钒。钢中钒的碳化物、氮化物是由溶解在其中的 V、C、N 原子相互反应而析出的。关于钢中钒的碳化物、氮化物的固溶、析出规律及其作用机理在本书后面的章节中有详细的讨论。因晶体缺陷的因素，钢中的碳、氮化钒化合物均发现存在 C、N 原子空位，钢中实际的钒的碳、氮化物化学式范围在 $VX_{0.75} \sim VX$（X 为 C 或 N）之间。对钢中的碳化钒，其化学式接近下限范围，即 $VC_{0.75}$ 或 V_4C_3；而对钢中的氮化钒，其化学式接近上限范围，即 VN。由于钒的碳化物、氮化物都是 NaCl 型的面心立方晶体结构，且点阵参数相近，它们可以相互完全互溶，形成钒的碳氮化物 VC_xN_y，$x + y$ 的范围在 0.75～1 之间。

碳化钒、氮化钒可由氧化钒（V_2O_3、V_2O_5）通过与碳、氮的还原反应来得到，氮化钒也可由金属钒在氮气流中加热制得。工业上，碳化钒和氮化钒是通过碳热还原法生产的。将氧化钒与碳混合，在真空炉内高温还原得到碳化钒，通入氮气冷却，可得到氮化钒（实际上是一种碳氮化钒化合物，因其中的氮含量较高，可代替氮化钒使用而不影响其效果，商业上习惯于称其为氮化钒）。表 1-3 列出了工业用碳化钒和氮化钒典型化学成分。

表1-3　工业用碳化钒和氮化钒典型化学成分（质量分数,%）

名　称	V	N	C	Al	Si	Mn	S	P
VC	82～86	—	10.5～14.5	<0.1	<0.1	<0.05	<0.1	<0.05
VN₇	80	7	12	0.15	0.15	0.01	0.10	0.01
VN₁₂	79	12	7.0	0.10	0.07	0.01	0.20	0.02
VN₁₆	79	16	3.5	0.10	0.07	0.01	0.20	0.02

1.2.4　钒酸盐

钒的盐类的颜色五光十色，有绿的、红的、黑的、黄的，通常是随化合价的变化而改

变,如二价钒盐常呈紫色;三价钒盐呈绿色,四价钒盐呈浅蓝色,四价钒的碱性衍生物常是棕色或黑色,而五氧化二钒则是红色的。这些色彩缤纷的钒的化合物,被制成鲜艳的颜料。把它们加到玻璃中,制成彩色玻璃,也可以用来制造各种墨水。具有工业意义的钒酸盐有偏钒酸铵、偏钒酸钠、偏钒酸钾等,其中应用最广的是偏钒酸铵,是工业生产氧化钒的原材料。

偏钒酸铵,化学式 NH_4VO_3,白色或带淡黄色的结晶粉末。在水中溶解度较小,常温下(20℃时)每 100g 水中的溶解量为 0.48g,50℃ 时为 1.78g,溶解度随温度升高而增大。真空中加热到 135℃ 时开始分解,超过 210℃ 时分解生成 V_2O_4 和 V_2O_5。关于偏钒酸铵的热分解过程,研究者进行了大量的研究工作,得到了很多中间产物,结果见表 1-4。

表 1-4 偏钒酸铵热分解产物

温度/℃	气 氛	分解产物	温度/℃	气 氛	分解产物
250	空气和氧气、NH_3	V_2O_5	1000	氢 气	V_6O_{13}, V_2O_3, V_2O_4
250	空 气	$(NH_4)_2O \cdot 3V_2O_5$	350	二氧化碳、氮或氩	$(NH_4)_2O \cdot V_2O_4 \cdot 5V_2O_5$
340	空 气	$(NH_4)_2O \cdot V_2O_4 \cdot 5V_2O_5$	400~500	二氧化碳、氮或氩	V_6O_{13}
420~440	空 气	NH_3, V_2O_5	200~240	氮气和氢气	$(NH_4)_2O \cdot 3V_2O_5$
310~325	氧 气	V_2O_5	320	氮气和氢气	$(NH_4)_2O \cdot V_2O_4 \cdot 5V_2O_5$
320	氢 气	$(NH_4)_2O \cdot 3V_2O_5$	400	氮气和氢气	V_6O_{13}
400	氢 气	$(NH_4)_2O \cdot V_2O_4 \cdot 5V_2O_5$	225	水蒸气	$(NH_4)_2O \cdot 3V_2O_5$

除了上面介绍的钒的化合物之外,钒还能形成卤化物、硫化物、氢化物、硅化物、硼化物和磷化物等。

这里再简单介绍一下钒的氢化物。钒能溶解氢,形成钒的氢化物。根据钒-氢相图(图 1-5),钒吸氢后可生成不同氢化物相,如:α_H 为无序 bcc 固溶体,β_H 为 V_2H 相,γ_H 为 VH_2 相,δ_H 为 V_3H_2 相,ε_H 为 175~197℃ 温度区间的 VH_2 相,η_H 为 β_H 的低温变体。

钒的氢化物为灰色金属物质。随着氢化物成分的不同,其密度比金属钒小 6%~10%。

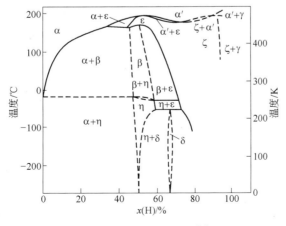

图 1-5 钒-氢体系相图[6]

金属钒吸氢后，晶格膨胀，并且变脆。在空气中将其加热到 $600 \sim 700\,℃$ 时，钒的氢化物分解，随着氢的释放，硬度降低，并恢复塑性。氢化钒不与水作用，也不与盐酸反应，但能被硝酸氧化。钒的氢化物可用于储氢合金，其储氢量大，是很有应用前景的钒化合物。

1.2.5 钒的毒性

钒及其化合物通常具有毒性[11]，随钒化合物价态的升高毒性增大，其中五价钒的化合物毒性最大。

表 1-5 列出了各种钒化合物毒性试验的结果。皮肤接触各种钒化合物时毒性并不高。如果吸入，五氧化二钒和偏钒酸铵有中等毒性，五氧化二钒 14 天半致死浓度（LD_{50}）男性为 16.19mg/L，女性为 4.04mg/L，而偏钒酸铵 14 天半致死浓度（LD_{50}）男性为 2.61mg/L，女性为 2.4mg/L，三氧化二钒的毒性则很低。可溶性钒进入血液，毒性大大增加。

表 1-5 钒化合物毒性试验[6]

钒化合物	14 天半致死浓度（LD_{50}）/mg·kg⁻¹		钒化合物	14 天半致死浓度（LD_{50}）/mg·kg⁻¹	
	口 服	静脉注射		口 服	静脉注射
五氧化二钒	23	1 ~ 2	四钒酸钠		6 ~ 8
三氧化二钒	130		二氯化钒	540	
偏钒酸铵		1.5 ~ 2	三氯化钒	350	
正钒酸钠		2 ~ 3	四氯化钒	160	
偏钒酸钠	100		氯化氧钒	160	
焦钒酸钠		3 ~ 4	硫酸氧钒		18 ~ 20

为了预防钒中毒，各国对涉及钒生产的环境粉尘、烟尘及废水排放进行控制，见表 1-6。

表 1-6 各国环境标准对钒量的要求[6]

项 目	限 量	制定标准的国家
悬浮 V_2O_5 微尘/mg·m⁻³	0.4 ~ 0.5	中、日、俄、德等
烟气中 V_2O_5 含量/mg·m⁻³	0.1	中、日、俄、德等
大气中 V_2O_5 长期标准浓度/mg·m⁻³	0.02	俄、德等
钒酸盐、钒的氯化物中钒含量/mg·m⁻³	0.5	俄
吹炼钒渣环境悬浮 V_2O_5 粉尘/mg·m⁻³	0.4	俄
钒铁合金中钒含量/mg·m⁻³	1	中、美、日、俄等
V_2O_3 含量/mg·m⁻³	0.5	俄
排放水中钒化合物最大允许浓度/mg·L⁻¹	5	俄
地面水中钒最高允许浓度/mg·L⁻¹	0.1	中、俄

1.3 钒的生产和应用

钢铁工业是钒消耗最大的行业。近年来，随着全球钢铁产量的快速增长，钒的生产和消耗也有很大的发展，见图 1-6。到 2010 年，世界范围内钒的产量已接近年产 12 万吨 V_2O_5，钒的年消耗量达到了约 11 万吨 V_2O_5。

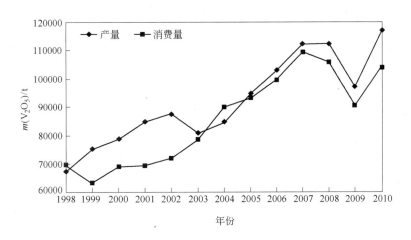

图 1-6 世界钒的生产和消耗[12]

全球钒的生产主要集中在南非、俄罗斯、中国、美国、澳大利亚等少数几个有钒资源的国家，其中南非、俄罗斯、中国是三个最主要的产钒国家。从图 1-7 可以看出，中国是近年来钒产量增速最快的国家，从 2008 年起中国已经成为全球最大的钒生产国。

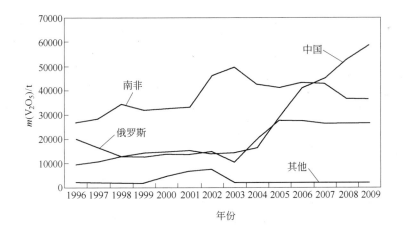

图 1-7 主要钒生产国家的钒产量[12]

南非 Highveld、俄罗斯 Evraz、美国 Stratcor、瑞士 Xstrata、中国攀钢和承钢是目前世界上主要的几个钒生产企业，产能占世界 80% 以上。表 1-7 列出了世界上主要钒生产商的产能。

表 1-7 世界上主要钒生产商的产能

生产厂家	V_2O_5 产能/t·a^{-1}	生产厂家	V_2O_5 产能/t·a^{-1}
南非 Highveld	25000	中国攀钢	21000
美国 Stratcor	20000	中国承钢	28000
俄罗斯 Evraz	23500	其 他	40000
瑞士 Xstrata	20000	合 计	177500

钒的主要应用领域有三个方面：钢铁、钛合金和化学工业。钢铁的合金化是钒最主要应用领域，占总消耗量的85%以上，并且这一比例相当稳定。近年来，随着钢铁产能的快速增长，钒在钢铁中消耗的比例呈递增趋势，最新的统计显示钒在钢铁中的应用比例达到93%。除了用于钢和铸铁的合金化以外，钒还是航空航天工业中钛合金的重要添加元素。虽然钒合金由于其核物理特性、高温力学性能和耐蚀性已被应用于核反应堆，而且被认为是未来核反应堆的替代材料，但是，作为结构材料目前还没有得到大量的应用。其余部分钒主要用于化学工业的催化剂。

1.4 含钒钢的发展

钒在钢中最初的应用是在19世纪末基于英国谢菲尔德大学阿诺德教授的研究工作。为了促使钒能够作为合金化元素在钢中应用，阿诺德教授在1889年开始研究钒在各种钢中的合金化作用。阿诺德等人在谢菲尔德大学的研究工作奠定了钒在整个工、模具钢领域的应用基础。由于钒碳化物的高硬度以及其高温稳定性，钒在高速钢、冷作和热作模具钢中获得广泛应用。近年来，新工艺、新技术的发展，特别是粉末冶金技术的发展，使得人们可以大幅度增加高速钢和冷作模具钢中硬化相的含量，钒在工模具钢中的应用亦有了大幅增长[13~15]。

钒在工程用钢中的作用也早已得到证实[15~17]。20世纪初，英国和法国的研究表明，钒合金化能使碳钢的强度大幅提高，尤其是在淬火加回火的工艺条件下，性能改善更为明显。在美国，一次偶然事件促使了钒在汽车用钢中的应用。亨利·福特一世在观看一次赛车比赛时，一辆法国轿车被撞毁，在检验汽车残骸时他发现一根由瑞典生产的曲轴的破损度比预想的要小得多。经过试验检验，发现该钢中含有钒。于是福特采用钒合金化钢制作福特车的关键部件，以便更好地抵抗路面的振动与疲劳，尽管在当时的条件下还缺乏对钒的有益作用的理解。现在，人们已经有了清楚的认识：在冷却和回火过程中，细小碳氮化钒的析出能提高钢的强度；在淬火或正火温度下，氮化钒能阻止晶粒长大，细化最终组织，从而改善钢的冲击性能。钒合金钢的其他一些重要应用，主要集中在20世纪70年代前发展起来的高温电站用钢、钢轨钢以及铸铁等。钒能够提高钢的高温蠕变抗力，在Cr-Mo-V高温电站用钢中广泛应用[18~20]。

高强度低合金钢（HSLA）领域是钒的应用中意义最大的、也是目前用量最大的领域[13,15,16,21~25]。这类钢也称为"微合金化钢"。

微合金化钢和相应的控轧工艺的发展始于20世纪50年代后期。第二次世界大战后焊接结构得到广泛应用，由于碳对焊接结构韧性及焊接性的不利影响，通过增碳提高强度的传统手段受到了限制。此时，人们研究发现晶粒细化可以同时提高材料的强度和韧性，这种新观点强烈刺激着热轧新工艺和新钢种的开发。同时人们认识到，微合金化元素的析出强化可以有效弥补降低碳含量造成的强度损失，从而改善焊接性。

20 世纪六七十年代，一种热轧的低碳钒微合金钢（0.15% ~ 0.20% C、0.10% ~ 0.15% V）替代传统的正火热处理钢获得了广泛应用[16]。60 年代初期，美国伯利恒钢铁公司[19]在 C-Mn 钢基础上开发了系列 V-N 钢，其 C、Mn 含量上限分别为 0.22% 和 1.25%，屈服强度达 320 ~ 460MPa，以热轧态供货使用，规格包括了板、带和型钢的所有产品。1975 年左右 Jone & Laughlin 公司开发出最早的高强度钒微合金化热轧带钢（VAN80 钢），该钢首次采用在线控制加速冷却工艺生产，通过利用微合金元素的析出增加了晶粒细化和析出强化作用，其屈服强度达到 560MPa[26]。随着控轧工艺的商业化，铌微合金化控轧钢得到快速发展。采用铌微合金化技术，可以阻止热轧过程中的形变奥氏体再结晶，因此随压下量的增加奥氏体晶粒逐渐被拉长，通过这种方法，变形的奥氏体可以转变为非常细小的铁素体。为了进一步提高强度，人们发现同时采用铌钒复合微合金化[27]更有利于增加强度。这类控轧 Nb-V 微合金钢（0.10% C，0.03% Nb 和 0.07% V）已广泛应用于管线制造[28~30]。

20 世纪 80 年代，伴随着控轧控冷工艺技术的发展，采用 Ti-V 微合金化设计，开发了一种新的控轧工艺路线，称为再结晶控制轧制（RCR）[31,32]。通过使每道次变形后的形变奥氏体的再结晶，可以同样达到传统上低温控轧方法所能达到的晶粒细化效果。此工艺可采用较高的终轧温度，因此对轧机的轧制力要求较低，不但提高生产率，同时能在轧制力较弱的轧机上实现轧制生产。

20 世纪 90 年代，薄板坯连铸连轧工艺得到快速发展，进一步促进了钒微合金化技术在高强度带钢产品中的应用[33~35]。薄板坯连铸连轧工艺一系列冶金学特征，包括近终形的快速凝固、低的板坯加热温度、铸态组织直接轧制、机架道次大变形等，导致传统铌微合金化 HSLA 钢因铸坯裂纹和混晶组织问题造成了生产上的困难。通过采用 V/V-N 微合金化技术，人们在薄板坯连铸连轧工艺下开发出屈服强度为 350 ~ 700MPa 级的系列高强度带钢产品[36~39]。

进入 21 世纪，中国在低成本 V-N 微合金化高强度钢筋方面的研究成果及推广应用，有力地促进了钒微合金化技术在我国的应用[40~43]。目前，中国屈服强度 400MPa 的Ⅲ级钢筋产量已经超过 5000 万吨，并且正在大力发展屈服强度 500MPa 的Ⅳ级钢筋，钒在中国高强度钢筋的生产中有广阔的应用前景。

近年来，随着研究工作的不断深入，人们开发出一系列钒微合金化的新技术和新工艺。VN 晶内铁素体（IGF）形核技术与 RCR 工艺结合，形成了第三代 TMCP 工艺[44~47]。该工艺采用 V-N 微合金化设计，通过 RCR 细化原始奥氏体晶粒，依靠终轧阶段的形变诱导 VN 在奥氏体中的析出，促进 IGF 形核，细化了铁素体组织。这一新工艺技术不仅发挥钒的传统沉淀强化优势，还利用 VN 促进 IGF 形核起到了晶粒细化作用，充分发挥了微合金钢晶粒细化和沉淀强化的优点，该技术在一些难以实现低温控轧的钢铁产品，如厚壁型钢、高强度厚板等，获得了成功应用。

最新的研究结果表明，纳米级 V(C,N) 颗粒在贝氏体中析出起到了明显的强化作用，提高了贝氏体钢的强度，这一最新研究成果显示出钒的析出强化作用可以应用到贝氏体钢领域[48,49]。

1.5 钒钢的技术经济性和环境优势

进入21世纪，全球钢铁产能和钢铁消耗空前增长。过去的十年全球钢产量增长了近80%，从20世纪末的8亿吨左右增长到2010年的14.14亿吨。钢铁产量的剧增已经造成了资源、能源供应短缺，原材料价格成本增加，导致钢铁生产成本大幅增长，钢材价格上涨，影响到下游用户行业的发展，危及世界经济复苏。产能的过度扩张难以实现可持续发展，并且造成严重的环境保护压力。为了满足可持续发展和低碳经济的需要，钢铁工业一个重要的发展趋势就是品种结构调整，用更好更少的钢来满足经济发展的需要，减少钢材的使用量，达到减少资源能源消耗、保护环境的目的。微合金化在低成本下可实现高性能，用微合金化钢替代碳锰钢，具有显著的技术经济性。

微合金化钢的屈服强度可以达到传统热轧碳素钢的2~3倍。采用高强度的微合金化钢替代低强度的碳素钢可以显著降低构件重量。一般而言，重量的降低与强度的升高程度成正比。在连续拉伸加载下，若钢的屈服强度提高一倍，则用钢的重量可以降低50%。用钢重量的减少带来了制造成本的显著降低，见图1-8。这样钢厂和用户获得了双赢：一方面钢铁企业生产出具有高附加值的高强度钢材，用更少的钢获得更高的利润；另一方面钢铁用户通过节省钢材用量而降低制造成本[50~52]。

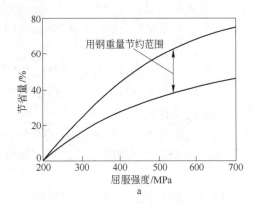
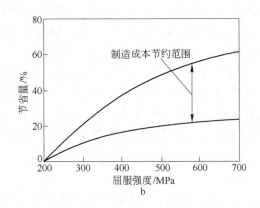

图1-8 高强度钢替代低强度钢在重量和成本上的节约[50~52]

a—用钢重量节约；b—制造成本节约

用钢量的减少不仅仅体现在使用成本的节约方面，更重要的是减少了资源、能源的消耗，降低了污染排放，保护了环境，并且有助于节约钢厂的投资，减轻交通运输的压力。制造产品的重量减轻还有助于进一步减少能源消耗、降低污染排放。如汽车制造业，通过钢铁企业与汽车厂家的合作，发展超轻钢制汽车车体（ULSAB）。通过使用高强度钢，ULSAB结构车体重量减轻25%，燃油消耗降低10%。再如造船行业，随着高强度钢材应用比例的增加，船体重量减轻可带来显著的燃油成本降低，见图1-9。

钒微合金化钢的另一个技术优点是廉价氮元素的利用[21,23,25,54~56]。众所周知，氮通常是作为钢中的有害元素，炼钢过程中要设法去除。但对含钒的微合金化钢，氮是一个有效的合金化元素。氮在钢中改变了钒的分布，促进V(C,N)析出，使析出相的颗粒尺寸明显

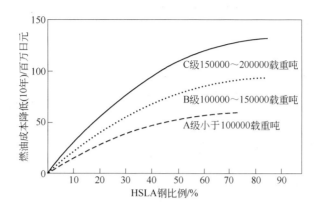

图 1-9 船体用钢重量减轻对燃油成本的降低[53]

减小，从而充分发挥了钒的析出强化作用，大幅度提高钢的强度。通过钢中增氮，可节约 20% ~ 40% 的钒含量。

参 考 文 献

[1] Wieser Michael E, Coplen Tyler B. Atomic Weights of the Elements 2009 [J]. Pure Appl. Chem. , 2011, 83：359 ~ 396.

[2] 杨守志. 钒冶金 [M]. 北京：冶金工业出版社，2010.

[3] 陈厚生. 钒化合物 [M]. 化工百科全书，第 4 卷. 北京：化学工业出版社，1993：73 ~ 92.

[4] 廖世明，柏谈论. 国外钒冶金 [M]. 北京：冶金工业出版社，1985.

[5] 利亚基舍夫. 钒及其在黑色冶金中的应用 [M]. 崔可中，等译. 重庆：科技文献出版社重庆分社，1987.

[6] 杨绍利，刘国钦，陈厚生. 钒钛材料 [M]. 北京：冶金工业出版社，2007.

[7] US Geological Survey. Mineral Commodity Summaries. January 2010.

[8] Gupta C K, Krishnamurthy N. Extractive Metallurgy of Vanadium [M]. Amsterdam：Elsevier, 1992.

[9] Wriedt H A. The Oxygen Vanadium System [J]. Bull of Alloy Phase Diagram, 1989, 10：271 ~ 277.

[10] Alexander D G, Carlson O N. The V-VO Phase System [J]. Metall. Mater. Trans. B, 1971, 2 (10)：2805 ~ 2811.

[11] Leuschner J, Haschke H, Sturm G. New Investigations on Acute Toxicities of Vanadium Oxides [J]. Monatshefte für Chemie-Chemical Monthly, 1994, 125：623 ~ 646.

[12] 中国钢铁工业协会. 我国钒产业 “十二五” 发展规划 . 2010.

[13] Lagneborg R, Siwecki T, Zajac S, Hutchinson B. The Role of Vanadium in Microalloyed Steels [J]. Scand. J. Metall. , 1999, 28(5)：186 ~ 241.

[14] Baker T N. Processes, Microstructure and Properties of V Microalloyed Steels [J]. Mater. Sci. Technol. , 2009, 25(9)：1083 ~ 1107.

[15] Woodhead J H. The Physical Metallurgy of Vanadium Steels [C]. In：Proc. Semin. Vanadium '79, Chicago, IL：Vanitec, 1979. (Also Available as Vanitec Award Paper No. V0284, London, 1983).

[16] Pickering F B. High-Strength Low-Alloy Steels-A Decade of Progress [C]. In：Korchynsky M. Proceedings of

Microalloying'75. New York: Union Carbon Corp. , 1977: 9 ~ 30.

[17] Irvine K J, Pickering F B, Gladman T. Grain-refined C-Mn Steels [J]. J. Iron Steel Inst. , 1967, 205: 161 ~ 182.

[18] Oakes G, Barraclough K C. Steels (for Gos Turbines)[M]. London: Applied Science Publishers Ltd. , 1981: 31 ~ 61.

[19] Woodhead J H, Quarrell A G. The Role of Carbides in Low-alloy Creep-resisting Steels [J]. J. Iron Steel Inst. , 1965, 203: 605 ~ 620.

[20] Senior B A. A Critical Review of Precipitation Behaviour in 1CrMoV Rotor Steel[J]. Mater. Sci. Eng. A. , 1988, A103: 263 ~ 271.

[21] 雍岐龙, 马鸣图, 吴宝榕. 微合金钢——物理和力学冶金[M]. 北京: 机械工业出版社, 1989.

[22] 杨才福, 张永权. 钒氮微合金化技术在 HSLA 钢中的应用[J]. 钢铁, 2002, 37(11): 42 ~ 47.

[23] Zajac S, Lagneborg R, Siwecki T. The Role of Nitrogen in Microalloyed Steels [C]. In: Korchynsky M. Microalloying'95. Warrendale, PA: ISS-AIME, 1995: 321 ~ 340.

[24] Gladman T. The Physical Metallurgy of Microalloyed Steels[M]. London: The Institute of Materials, 1997.

[25] Korchynsky M. Glodowski R J. The Role of Nitrogen in Microalloyed Forging Steel [C]. In: International Conference of Forging, Proto Alegre-RS, Brazil, 1998: 12.

[26] Korchynsky M. Twenty Years Since Microalloying'75 [C]. In: Korchynsky M. Microalloying'95. Warrendale, PA: ISS-AIME, 1995: 3 ~ 13.

[27] Repas P E. Control of Strength and Toughness in Hot-rolled Low-carbon Manganese Columbium Vanadium Steels[C]. In: Korchynsky M. Proceedings of Microalloying'75. New York: Union Carbon Corp. , 1977: 387 ~ 396.

[28] Gray J M. Microalloyed Plate, Pipe and Forgings: Critical Materials in Oil and Gas Production [C]. In: Liu Guoxun, Harry Stuart, Zhang Hongtao. HSLA Steels '95. Beijing: China Science & Technology Press, 1995.

[29] Hillenbrand H-G, Gras M, Kalwa C. Development and Production of High Strength Pipeline Steels [C]. In: Niobium-Science & Technology. Bridgcville, PA: Niobium 2001 Limited & TMS, 2001: 543 ~ 569.

[30] Bordignon P J P. Development and Production of Microalloyed Steels in South America [C] In: Korchynsky M. Microalloying'95. Warrendale, PA: ISS-AIME, 1995: 49 ~ 59.

[31] Roberts W. Recent Innovations in Alloy Design and Processing of Microalloyed Steels[C]. In: Korchynsky M. Proc. HSLA Steels: Technology and Applications. Metals Park, OH: ASM, 1984: 33 ~ 66.

[32] Zheng Y Z, DeArdo A J. Achieving Grain Refinement through Recrystallization Controlled Rolling and Controlled Cooling in V-Ti-N Microalloyed Steel [C]. In: Korchynsky M. Proc. HSLA Steels: Technology and Applications. Metals Park, OH: ASM, 1984: 85 ~ 94.

[33] Korchynsky M. New Steels for New Mills[J]. Scand. J. Metall. , 1999, 28: 40 ~ 45.

[34] Korchynsky M, Zajac S. Flat Rolled Products from Thin-slab Technology—Technological and Economic Potential[C]. In: Thermo-Mechanical Processing. Proceeding of an International Conference. Stockholm, Sweden, 1996: 364 ~ 381.

[35] Lubensky P J, Wigman S L, Johnson D J. High Strength Steel Processing Via Direct Charging Using Thin Slab Technology [C]. In: Korchynsky M. Microalloying'95. Warrendale, PA: ISS-AIME, 1995: 225 ~ 233.

[36] Glodowski R J. V-N Microalloyed HSLA Strip Steels Produced by Thin Slab Casting[C]. In: Liu Guoquan, et al. HSLA Steels'2000. Beijing: Metallurgical Industry Press, 2000: 313 ~ 318.

[37] 杨才福, 张永权. 薄板坯连铸高强度钢的微合金化选择[J]. 钢铁研究学报, 2005, 17(增刊):

21 ~25.

[38] Mitchell P S, Crowther D N, Green M J W. The Manufacture of High Strength Vanadium-containing Steels by Thin Slab Casting[C]. In: 41st MWSP CONF. PROC. Warrendale, PA: ISS-AIME, 1999: 459 ~470.

[39] Glodowski R J. The Effect of V and N on Processing and Properties of HSLA Strip Steels Produced by Thin Slab Casting[C]. In: 42nd MWSP CONF. PROC. Warrendale, PA: ISS, 2000: 441 ~454.

[40] 杨才福. 高强度建筑钢筋的最新技术进展[J]. 钢铁, 2010, 45(11): 1 ~11.

[41] Yang Caifu, Zhang Yongquan, Liu Shuping. Precipitation Behavior of Vanadium in V-N Microalloyed Rebars Steels [C]. In: Liu Guoquan, et al. HSLA Steels '2000. Beijing: Metallurgical Industry Press, 2000: 152 ~157.

[42] 杨才福, 张永权, 柳书平. V-N 微合金化钢筋强化机制[J]. 钢铁, 2001, 36(5): 57 ~59.

[43] 张永权, 杨才福, 柳书平. V-N 微合金化高强度钢筋的研究[J]. 钢铁钒钛, 2000, 21(3): 14 ~17.

[44] Kimura T, Ohmori A, Kawabata F, et al. Ferrite Grain Refinement through Intra-granular Ferrite Transformation VN Precipitates in TMCP of HSLA Steel[J]. In: Chandra T and Sakai T. Thermec'97: International Conference on Thermomechanical Processing of Steels and Other Materials. Warrendale PA: TMS-AIME, 1997: 645 ~651.

[45] Kimura T, Kawabata F, Amano K, et al. Heavy Gauge H-shapes with Excellent Seismic-resistance for Building Structures Produced by the Third Generation TMCP[C]. In: Proc. of International Symposium on Steel for Fabricated Structures. Cincinnati, USA, 1999: 165 ~171.

[46] Zajac S. Ferrite Grain Refinement and Precipitation Strengthening Mechanisms in V-Microalloyed Steels [C]. In: 43rd MWSP CONF. PROC., Warrendale, PA: ISS, 2001: 497 ~508.

[47] Zajac S. Expanded Use of Vanadium in New Generations of High Strength Steels [J]. Mater. Sci. Technol., 2006, 22: 317 ~326.

[48] De Ro A, Schwinn V, Donnay B, et al. Production of Low Carbon Bainitic Steels for Structural Applications [R]. RFCS-Project Final Report, 2010: 1 ~189.

[49] Zajac S. Vanadium Microalloyed Bainitic Hot Strip Steel [J]. ISIJ Int., 2010, 50(5): 760 ~767.

[50] Korchynsky M. Economics of Microalloyed Steels[C]. In: Iron & Steel Society International Technology Conference and Exposition 2003. Indianapolis USA: ISS 2003: 781 ~788.

[51] Korchynsky M. Cost Effectiveness of Microalloyed Steels[C]. In: International Symposium Steel for Fabricated Structures. Metals Park, OH: ASM, 1999: 139 ~145.

[52] Korchynsky M. A New Role for Microalloyed Steels-Adding Economic Value [C]. In: Proceedings of the 9th International Ferroalloys Congress. Washington, DC: Ferroalloys Association: 2001.

[53] Morrison W B. Overview of Microalloying in Steels[C]. In: The Proceedings of the Vantiec Symposium, Guilin, China: Vanitec Limited, 2000: 25 ~35.

[54] 杨才福, 张永权. 氮在非调质钢中的作用[J]. 钢铁钒钛, 2000, 21(3): 18 ~24.

[55] Balliger N K, Honeycombe R W K. The Effect of Nitrogen on Precipitation and Transformation Kinetics in Vanadium Steel[J]. Metall. Trans. A, 1980, 11: 421 ~429.

[56] Zajac S, Siwecki T, Korchynsky M. Importance of Nitrogen for Precipitation Phenomena in V-Microalloyed Steels[C]. In: Asfahani R, Tither G, Eds. Conf. Proc. On Low Carbon Steels for the 90's. Warrendale, PA: TMS-AIME, 1993: 139 ~150.

2 物理冶金基础

微合金化钢的发展和应用被认为是钢铁工业 20 世纪物理冶金领域最突出的成就。通过添加微量钒、铌、钛（通常小于 0.1%），可使普通碳-锰钢的强度成倍提高，显著改善了钢的强韧性配合。在过去的半个多世纪，人们对钒、铌、钛微合金化的物理冶金原理、微合金钢的生产工艺技术和产品的组织性能关系以及微合金钢的应用技术等各个方面开展了深入、系统的研究工作，积累了丰富的经验和大量的研究成果。本章就钒微合金钢的物理冶金基础，包括钒的碳化物和氮化物的固溶度、析出热力学和动力学、析出相对奥氏体晶粒长大的控制、钒钢的形变再结晶行为以及相变特性等，进行了全面的描述。

2.1 热力学基础

微合金化元素的强化作用来自细小碳、氮化物的弥散析出强化和碳、氮化物阻止晶粒长大的晶粒细化，或者是两者综合作用的结果。从晶粒细化角度考虑，为使相变前奥氏体晶粒保持细小尺寸，要求碳、氮化物粒子在奥氏体中部分不溶或在热轧过程中有部分析出。而从析出强化来考虑，要求微合金化元素固溶在奥氏体中，这样在奥氏体/铁素体相变过程中或相变后能够发生析出，获得细小析出物（即粒子直径为 3~5nm）以实现弥散强化效果。由此可见，为了充分发挥微合金化元素的作用，使微合金钢获得理想的冶金状态，需要对微合金化元素的碳化物和氮化物的溶解与析出行为有详细的认识和理解。

图 2-1 示意给出了[1]不同微合金元素碳化物和氮化物的固溶度。在所有的微合金化元素的碳、氮化物中，氮化钛非常稳定，在再加热或焊接的高温条件下都不会溶解。铌的碳化物和氮化物溶解度相对较低，在随后的轧制过程中析出。而钒在奥氏体中有很大的溶解度，即使在 1050℃ 的相对较低的温度下也能溶解。从图 2-1 所示的结果中还可以看到，微合金元素的氮化物比相应的碳化物溶解度低得多，特别是对钛和钒两种微合金化元素来说，这种差异尤其明显。根据这些溶解度数据可了解不同微合金化元素所起的作用，也为选择微合金化元素指明了方向。

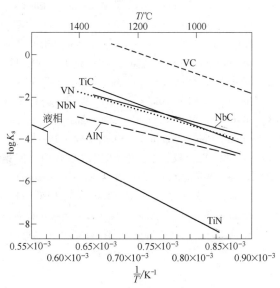

图 2-1　微合金化碳化物和氮化物的固溶度积[1]

2.1.1 固溶度

2.1.1.1 固溶度积公式

微合金元素碳化物和氮化物在奥氏体和铁素体中的溶解度通常以微合金化元素和碳、氮的质量分数的固溶度积来表示。表达固溶度积-温度函数的关系式如下：

$$\log K_s = \log[M][X] = A - B/T \tag{2-1}$$

式中，K_s 为平衡常数；[ ] 表示某元素处于固溶态的质量分数，%；M 代表微合金元素；X 代表碳或氮，%；A 和 B 为常数；T 为绝对温度，K。

不同的研究者努力测得了各种微合金元素碳化物和氮化物在奥氏体和铁素体中的溶解度数据。所有这些结果都可以用固溶度积公式的形式表达。然而不同研究者得到的结果有时相差很大。如图 2-2 所示[2]，从已发表的 VC、VN、NbC、NbN、TiN 和 AlN 的溶解度数据可以发现，每种微合金化元素的碳化物和氮化物均能发现 10 种以上的固溶度积公式，并且相互之间所给出的计算结果存在较大差异，多数情况大于 150℃。需要指出的是，当钢中有多种微合金化元素同时存在，并且钢中碳氮比发生改变时，情况会变得更加复杂。

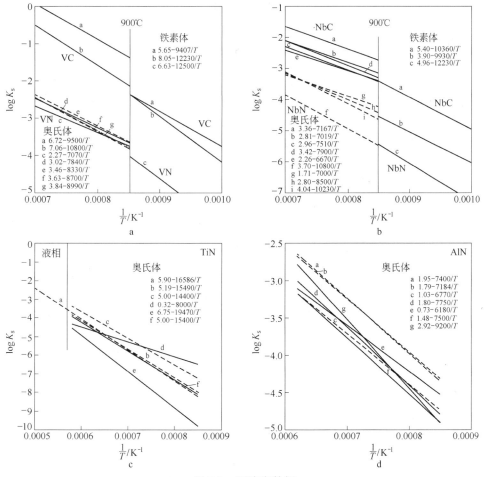

图 2-2　固溶度数据
a—VC 和 VN；b—NbC 和 NbN；c—TiN；d—AlN[2]

不同研究者采用了不同方法处理碳、氮对碳氮化物形成的影响[3]。例如，对于铌微合金化钢，氮可通过改变有效碳浓度为$[w(C)+12w(N)/14]$的形式加以考虑[4]。

以固溶度积来表达溶解度数据作了以下假设：碳、氮以及微合金元素的活度系数等于1；微合金元素处理为稀溶质；忽略了体系中溶质间的任何交互作用。因此，每种固溶度积公式只适用于具体试验成分的合金体系，而不能用于预测在不同成分下的溶解度，尤其是溶质交互作用很显著的情况。碳化物和氮化物一般是非理想配比的，因此在钢中析出时其成分也会发生变化。

2.1.1.2　碳化钒和氮化钒固溶度积数据

根据文献数据[2,4~11]，目前可得到的VC（包括V_4C_3）、VN在铁基体中的固溶度积公式主要有：

$$\log\{[V][C]\}_\gamma = 6.72 - 9500/T^{[4]} \tag{2-2}$$

$$\log\{[V][C]\}_\gamma = 7.06 - 10800/T^{[5]} \tag{2-3}$$

$$\log\{[V][C]^{0.75}\}_\gamma = 5.36 - 8000/T^{[6]} \tag{2-4}$$

$$\log\{[V][N]\}_\gamma = 3.63 - 8700/T^{[4]} \tag{2-5}$$

$$\log\{[V][N]\}_\gamma = 3.46 - 8330/T^{[3]} \tag{2-6}$$

$$\log\{[V][N]\}_\gamma = 3.02 - 7840/T^{[2]} \tag{2-7}$$

$$\log\{[V][C]\}_\alpha = 8.05 - 12265/T^{[6]} \tag{2-8}$$

$$\log\{[V][C]\}_\alpha = 2.72 - 6080/T^{[7]} \tag{2-9}$$

$$\log\{[V][C]\}_\alpha = 4.55 - 8300/T^{[8]} \tag{2-10}$$

$$\log\{[V][C]^{0.75}\}_\alpha = 5.65 - 9340/T^{[9]} \tag{2-11}$$

$$\log\{[V][C]^{0.75}\}_\alpha = 6.34 - 9975/T^{[6]} \tag{2-12}$$

$$\log\{[V][C]^{0.75}\}_\alpha = 4.24 - 7045/T^{[10]} \tag{2-13}$$

$$\log\{[V][N]\}_\alpha = 2.45 - 7830/T^{[9]} \tag{2-14}$$

$$\log\{[V][N]\}_\alpha = 2.48 - 8120/T^{[11]} \tag{2-15}$$

碳化钒和氮化钒在奥氏体中的固溶度积比较见图2-3。可以看出，对VC而言，式2-3

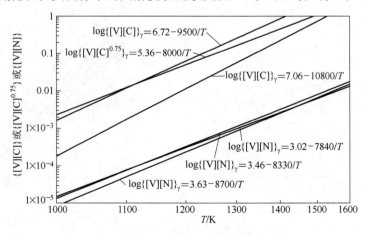

图2-3　VC和VN在奥氏体中的固溶度积

比式2-2明显偏小,很可能是实验时钢中氮含量的影响没有消除所致,目前广泛采用的VC在奥氏体中的固溶度积公式为式2-2。对VN来说,相关固溶度积公式的结果比较集中,目前广泛采用的是式2-5和式2-6。比较VC和VN在奥氏体中的固溶度积差异可知,VN在奥氏体中的固溶度积比VC大致要小2个数量级以上。

　　碳化钒和氮化钒在铁素体中的固溶度积见图2-4,可以看出,碳化钒在铁素体中的固溶度积的实验测定或热力学计算的不同结果之间相差较大,相互比较可得式2-10(VC)和式2-11(V₄C₃)可能更为合适一些。而对于VN,更倾向于采用式2-15。由此分析比较可知,VN在铁素体中的固溶度积比VC的固溶度积大致也要小接近于2个数量级。

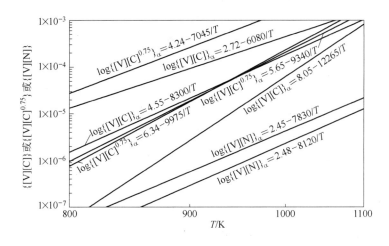

图2-4　VC和VN在铁素体中的固溶度积

　　图2-5给出了VC(V₄C₃)和VN在不同温度下的溶解度极限图。可以看出,碳化钒在钢中有很高的溶解度,通常的含钒微合金化钢中($< 0.15\% C$,$< 0.15\% V$),在900℃的温度下VC能够完全溶解在奥氏体中。

　　氮化钒在奥氏体中的固溶度积与钢中的锰含量有关。Irvine等人[3]的研究结果显示,

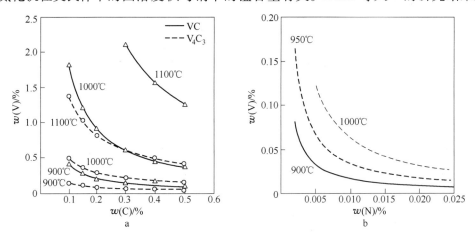

图2-5　VC(V₄C₃)和VN不同温度下的溶解度极限图[2]

a—VC(V₄C₃);b—VN

随着钢中锰含量的增加，氮化钒在奥氏体中的固溶度积也有增长的趋势，见表 2-1。锰含量对氮化钒在奥氏体中固溶度积的影响可用下列表达式来表示：

$$\log\{[V][N]\}_\gamma = 3.46 - 8330/T + 0.12[Mn] \tag{2-16}$$

表 2-1　锰含量对氮化钒在奥氏体中固溶度积的影响

温　度		0.5% Mn		1.0% Mn		1.5% Mn	
℃	K	$\log K_s$	K_s	$\log K_s$	K_s	$\log K_s$	K_s
900	1173	-3.64	2.3×10^{-4}	-3.58	2.6×10^{-4}	-3.52	3.0×10^{-4}
1000	1273	-3.08	8.2×10^{-4}	-3.02	9.5×10^{-4}	-2.96	1.1×10^{-3}
1100	1373	-2.61	2.5×10^{-3}	-2.55	2.8×10^{-3}	-2.49	3.3×10^{-3}
1150	1423	-2.39	4.0×10^{-3}	-2.33	4.6×10^{-3}	-2.27	5.3×10^{-3}
1200	1473	-2.20	6.4×10^{-3}	-2.14	7.3×10^{-3}	-2.08	8.4×10^{-3}
1250	1523	-2.01	9.8×10^{-3}	-1.95	1.1×10^{-2}	-1.89	1.3×10^{-2}
1300	1573	-1.84	1.5×10^{-2}	-1.78	1.7×10^{-2}	-1.72	1.9×10^{-2}
1350	1623	-1.67	2.1×10^{-2}	-1.61	2.4×10^{-2}	-1.55	2.8×10^{-2}

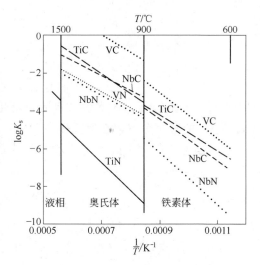

图 2-6　各种微合金元素碳化物、氮化物
固溶度积的比较[2]

不同微合金化元素碳化物和氮化物固溶度积的比较如图 2-6 所示。从图 2-6 比较中可以清楚地看出其变化的规律性：

（1）对每一个微合金化元素，奥氏体中氮化物比碳化物更稳定。微合金氮化物和碳化物溶解度的差异与微合金化元素种类有关。氮化钒和碳化钒、氮化钛和碳化钛之间的固溶度积存在很大差异，而氮化铌和碳化铌之间固溶度的差异相对要小得多。

（2）除氮化钛和碳化钒外，其他微合金化元素氮化物和碳化物在奥氏体中的溶解度多非常接近。氮化钛的稳定性要远高于其他微合金化元素的氮化物和碳化物，溶解度差异在 10^3 数量级；相反，碳化钒是所有微合金化元素氮化物和碳化物中最容易溶解的，溶解度的差异比其他要低 10^3 数量级。

（3）液态钢水中只有氮化钛能够析出，氮化钛在液态钢水中的固溶度比在同样温度下奥氏体中的固溶度高 1~2 个数量级。

（4）碳化钒、碳化铌和氮化铌在铁素体中的固溶度比在相同温度下奥氏体中的固溶度约低 1 个数量级。

上述微合金碳化物和氮化物固溶度积变化的规律，为微合金化元素的选用指明了方向。如钒在正火钢和高碳钢中的应用，相对于铌、钛两种微合金化元素，钒是最易溶解的，在奥氏体中不易析出，在随后的冷却过程中会析出，从而通过析出强化提高钢的强度水平。氮化钛具有高稳定性，在奥氏体过程中不发生溶解，被用于控制高温奥氏体化的晶粒粗化，从而达到细化晶粒的目的。这些数据为钢中微合金化元素的选择提供了依据。

2.1.1.3 碳氮化钒固溶度积

钒、铌、钛微合金化元素的碳化物、氮化物都是 NaCl 型的面心立方晶体结构，点阵参数相近，相互完全互溶，形成微合金化元素的碳氮化物 $M(C_xN_{1-x})$。与单独的碳化物、氮化物不同，微合金化元素碳氮化物的点阵参数一般是随着化合物中碳氮比（C∶N）的变化而改变。

微合金化元素碳氮化物 $M(C_xN_{1-x})$ 的固溶度可以根据其碳化物和氮化物固溶度数据进行计算。Gladman 在文献[2]中详细介绍了微合金化元素碳氮化物 $M(C_xN_{1-x})$ 的固溶度的计算方法。由于铌的碳化物和氮化物固溶度积最为接近，铌是钢中最容易形成碳氮化物的微合金化元素。因此，这方面的研究工作主要集中在碳氮化铌上。

由于钒、钛的氮化物和碳化物固溶度积存在巨大差异，因此，钒、钛钢中碳氮化物析出相中碳化物分数（x）明显低于相同碳、氮水平的含铌钢，见表 2-2。从表中可看出，在典型正火温度下（900℃），0.15% V-0.05% C-0.010% N 的含钒钢碳氮化钒析出相中碳化物分数（x）仅为 0.13，即使增加钢中碳含量到 0.15%，碳氮化钒析出相中碳化物分数（x）也只有 0.35。对含钛钢，x 达到 10^{-3} 的数量级，到了可忽略不计的水平，说明析出相几乎是纯 TiN。

表 2-2　钒、钛钢碳氮化物析出相中碳化物分数（x）计算结果[2]

900℃时钒的碳氮化物						
$w(C_T)/\%$	$w(N_T)/\%$	$w(V_T)/\%$	$[V]/\%$	$w(V_{V(C,N)})/\%$	x	$1-x$
0.05	0.010	0.15	0.113	0.037	0.13	0.87
0.15	0.010	0.15	0.100	0.050	0.35	0.65
0.15	0.015	0.15	0.081	0.069	0.28	0.72

0.05% C-0.005% N 钢中钛的碳氮化物				
温度/℃	$w(Ti_T)/\%$	$[Ti]/\%$	$w(Ti_{Ti(C,N)})/\%$	x
1000	0.015	0.16×10^{-4}	0.014984	7×10^{-4}
1200	0.015	5.35×10^{-4}	0.014465	16×10^{-4}
950	0.030	0.0041	0.0259	0.34
1000	0.030	0.0064	0.0236	0.24
1200	0.030	0.0123	0.0177	0.04

Popov 和 Gorbachev[12,13]基于 Fe-V-C、Fe-V-N 和 Fe-V-C-N 合金系的热力学数据，对钒的碳氮化物的溶解度进行了深入研究。结果表明，氮对碳氮化钒的成分和溶解度有很大的影响。

复合微合金化钢中，同时存在两种微合金化元素钒、钛或钒、铌和两种间隙元素（C、N），将形成复杂的微合金碳氮化物 (V, Ti)(C, N) 或 (V, Nb)(C, N)。Gladman[2] 和 Staffanson[14] 等人研究建立了这类复杂的微合金碳氮化物热力学计算的模型，用于处理这类复杂的微合金碳氮化物热力学参数的计算。Adrian[15] 和 Speer 等人[16] 利用上述热力学模型研究了 V-Ti 钢和 V-Nb 钢中微合金化碳氮化物的溶解度和相成分。

更复杂的合金体系，包括钛、铌、钒三个或三个以上微合金化元素，也可以按照上述的原则进行处理，只是数学计算上的难度更大一些。具体可参考 Adrian 等人[17] 关于 Fe-Al-Ti-Nb-V-C-N 体系的处理方法。

2.1.1.4 平衡固溶量

由固溶度积公式可以计算出不同温度下相关元素在铁基体中的平衡固溶量和平衡析出的第二相的质量分数[18]。当只有平衡析出二元第二相 MX 时，可通过该第二相的固溶度积公式与该第二相的理想化学配比式联立来计算确定温度下的平衡固溶量。

设 M、X 元素在钢中的含量分别为 $w(M)$、$w(X)$（质量分数），M、X 元素的相对原子质量分别为 $A(M)$、$A(X)$，当温度低于第二相的全固溶温度时，则：

$$[M] \cdot [X] = 10^{A-B/T} \tag{2-17}$$

$$\frac{w(M) - [M]}{w(X) - [X]} = \frac{A(M)}{A(X)} \tag{2-18}$$

求解式 2-17、式 2-18，可得到温度为 T 时元素 M、X 平衡固溶于铁基体的量 $[M]$、$[X]$，而处于第二相 MX 中的量则为 $w(M) - [M]$ 和 $w(X) - [X]$。由此可以计算出该温度下平衡析出的 MX 相的质量分数为：

$$w(MX) = (w(M) + w(X)) - ([M] + [X]) \tag{2-19}$$

第二相的全固溶温度是一个重要的控制参量。高于此温度并达到平衡后，第二相将完全处于固溶状态。只有当温度低于此温度时，第二相才有可能析出而以第二相的形式发挥作用。第二相 MX 的全固溶温度 T_{AS} 可由下面公式计算：

$$T_{AS} = \frac{B}{A - \log(w(M) \cdot w(X))} \tag{2-20}$$

对钒的碳氮化物 $V(C_x N_{1-x})$，由 VC 和 VN 在铁基体中的固溶度积公式及 $V(C_x N_{1-x})$ 中钒、碳、氮必须保持理想化学配比，可以得到：

$$\log\left\{\frac{[V] \cdot [C]}{x}\right\} = A_1 - B_1/T \tag{2-21}$$

$$\log\left\{\frac{[V] \cdot [N]}{1-x}\right\} = A_2 - B_2/T \tag{2-22}$$

$$\frac{w(V) - [V]}{w(C) - [C]} = \frac{A(V)}{xA(C)} \tag{2-23}$$

$$\frac{w(V) - [V]}{w(N) - [N]} = \frac{A(V)}{(1 - x)A(N)} \tag{2-24}$$

式中，A_1、B_1 和 A_2、B_2 分别为 VC 和 VN 在铁基体中的固溶度积公式的相应常数；$w(V)$、$w(C)$、$w(N)$ 分别为 V、C、N 元素在钢中的含量（质量分数）；$A(V)$、$A(C)$、$A(N)$ 分别为 V、C、N 元素的相对原子质量。

求解以上四式可计算出给定温度下 V、C、N 元素在基体中的平衡固溶量 [V]、[C]、[N] 以及 $V(C_xN_{1-x})$ 的化学式系数 x 这四个未知数。显然，当钢的化学成分和温度改变时，x 也将随之变化，即 $V(C_xN_{1-x})$ 相的化学式可以在很大的范围内变化。

2.1.2 热力学计算模型

为了精确预测奥氏体/铁素体、碳氮化物间的相平衡，需要建立描述过渡金属和碳、氮在奥氏体和金属碳氮化物中的化学势与成分、温度因素的表达式函数。采用 Wagner 的三元稀溶体的表达式[19]或由 Hillert 和 Staffanson 提出的亚点阵-亚规则固溶体模型[14]可以分别描述奥氏体、铁素体和非化学计量比的碳氮化物的热力学性质。如果忽略二次幂项，Wagner 表达式等价于规则溶体模型。

在 Hillert 和 Staffanson 提出的亚点阵-亚规则溶体模型中，每个相中的组元 M 的偏吉布斯自由能表达式如下：

$$G_M = RT\ln a_M = RT\ln x_M + {}^E G_M \tag{2-25}$$

式中，a_M 是活度；${}^E G_M$ 是过剩吉布斯自由能；x_M 是 M 组元的摩尔分数。

氮化物和碳化物的实际晶体学结构以双亚点阵结构表达，一个亚点阵由置换原子占据，另一个则由间隙原子占据。大多数间隙位置通常是空的，因此空位必须作为一个附加元素来处理。理论上，间隙固溶体的成分不可能超过所有间隙位置都被占据的情况。以面心立方（fcc）的 VN 为例，由纯钒到 VN 都可以用此固溶体模型描述，纯钒表达为 V_1Va_1，化合物表达为 V_1N_1。

基于 Hillert 和 Staffanson 提出的亚点阵-亚规则溶体模型，瑞典金属所开发并完善了用于描述微合金钢热力学性质的 Thermo-Calc 数据库[5]，它包括多组元 HSLA 钢体系的热化学参数。在 Thermo-Calc 方法中[20]，合金元素和相的性质是通过它们的热力学数学表达式来描述的，相平衡和完整的相图是通过最小吉布斯自由能计算得到。此数据库也可以用于计算亚稳平衡，所需数据可以通过相关的相在其热力学稳定区的热力学性质外推得到。对多元体系，不同原子间的交互作用通过混合参数来描述。该模型现已成功地用于计算析出驱动力、不同温度下析出粒子的体积分数和成分。

2.1.2.1 碳化钒和氮化钒析出驱动力

只有存在驱动力的条件下，即在母相和转变产物之间存在自由能差时，析出过程才会以可观察到的速度进行。驱动力决定稳态形核率，如果要计算甚至只是估计形核率，必须在一定精度下能够计算驱动力。图 2-7 示出了由 Thermo-Calc 数据库计算得到的钒微合金钢中 VN 和 VC 形核的化学驱动力。由图可以看到，随着温度的下降，驱动力单调增加，在 γ→α 相变之后其斜率发生变化。由图还可清楚地看到 N 对驱动力的显著影响。

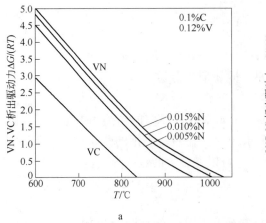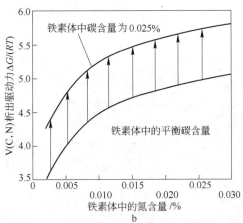

a

b

图 2-7　钒微合金化钢 VC 和 VN 析出驱动力（$\Delta G/(RT)$）计算结果

a—0.12% V 钢中 VC 和 VN 析出的化学驱动力，$\Delta G/(RT)$；b—铁素体中
平衡态和亚平衡态碳含量对 650℃时 V(C,N) 析出驱动力的影响

2.1.2.2　微合金化钢中析出相成分

A　Fe-V-C-N 合金系

图 2-8 示出了钒微合金钢中析出 V(C,N) 的热力学计算结果。在这些计算中，C、N、V 与钢中其他元素的交互作用参数取自 Thermo-Calc 数据库[20]。在钒微合金钢中，Mn 对 V 活度的影响尤其重要。已知 Mn 增加 V 的活度系数，同时降低 C 的活度系数。图中还可看到在不同温度，不同含 N 量（由无氮到超化学计量含氮量）的条件下，碳氮化物中氮的摩尔分数的变化。由图 2-8b 可见，奥氏体中高温下开始的析出物为纯 VN，直到所有 N 耗尽为止；当 N 趋于耗尽时，析出物有一个向碳氮化物逐渐转变的过程；富 N 的碳氮化钒会在 γ→α 相变过程中或随后析出。这是由于在 γ→α 转变过程中碳氮化钒的溶解度大幅度下降的结果。

在奥氏体中碳化钒的固溶度有一个显著特点，它比其他微合金元素的碳化物和氮化物

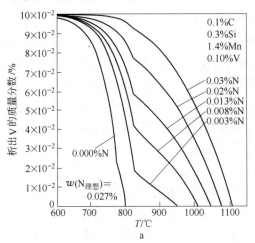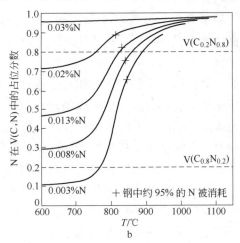

a

b

图 2-8　含 V 钢在不同氮含量水平下氮化物、富氮的碳氮化物和碳化物析出的计算结果

a—析出 V 的质量分数；b—V(C,N) 中 N 的占位分数

的固溶度高得多，甚至可以在低温奥氏体区充分溶解。

B　Fe-Ti-C-N 合金系

图 2-9 给出了含 Ti 微合金钢中析出相 TiN 和 TiC 的计算结果。图中还给出了在不同温度、不同 N 含量（由无氮到超过化学计量的 N 含量）的条件下，碳氮化物中 N 的摩尔分数的变化。Ti 能形成相当稳定的 TiN，它在奥氏体中实际上是不溶解的，因此在热加工和焊接过程中可以有效阻止晶粒长大。要达到此目的只需加入很少量的 Ti（约 0.01%）。如果 Ti 含量较高，过量的 Ti 会在较低的温度下以 TiC 的形式析出，起到析出强化作用。这表明 Ti 的碳化物和氮化物的固溶度存在显著差异，在奥氏体中直到所有 N 耗尽之前析出物几乎为纯氮化物。值得注意的是，在含 Ti 钢中，为控制奥氏体晶粒长大，加入 0.01% 甚至更少量的 Ti，通常钢中要有足够的 N 与所有的 Ti 结合形成 TiN。当 N 要耗尽时，析出物会由 TiN 逐渐过渡到混合的碳氮化物，见图 2-9b。

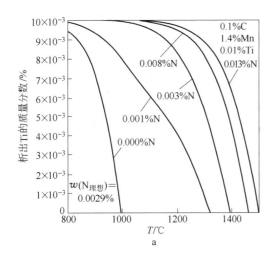
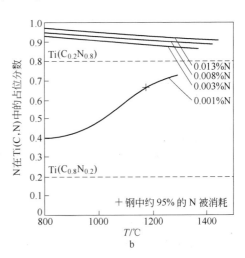

图 2-9　0.01%Ti 钢在不同 N 含量水平下氮化物、富氮碳氮化物和碳化物析出的计算结果
a—析出 Ti 的质量分数；b—Ti（C，N）中 N 的占位分数

Ti 不但与 C、N 有很强的亲和力，与其他元素，如 O、S，同样有较强的亲和力。在 Ti 微合金化低碳钢中会有 $Ti_4C_2S_2$ 或 TiS 生成，它们在热轧时不变形[21]。由图 2-10 可见，$Ti_4C_2S_2$ 比 MnS 更稳定，通过加 Ti 可抑制钢中 MnS 的形成。图中还可清楚看到，硫化钛或碳硫化钛的形成减少了生成 TiN 和 TiC 的 Ti 量。因此要合理计算微合金碳、氮化物的析出，必须考虑所有元素的作用。

C　Fe-Nb-C-N 合金系

对于铌微合金钢，其碳化物和氮化物的固溶度差异较小，如图 2-11 所示。

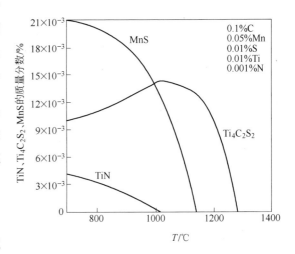

图 2-10　低锰钢中 MnS、$Ti_4C_2S_2$ 和 TiN 沉淀的计算值

在所有 N 含量下，都能形成混合碳氮化物，即使 N 含量超过化学计量比时也如此[22]。因此，在钢中实际 C、N 含量水平下，不会形成纯的 NbN。

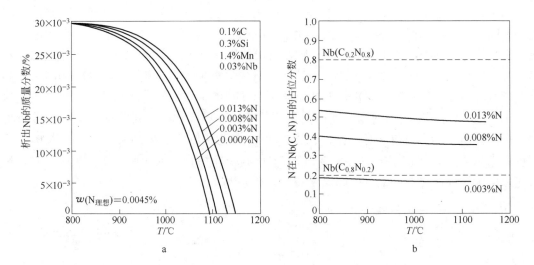

图 2-11 0.03% Nb 钢在不同 N 含量水平下碳氮化铌析出的计算结果
a—析出 Nb 的质量分数；b—Nb（C，N）中 N 的占位分数

Nb（C，N）在低温奥氏体中是稳定的，但在高温奥氏体中将会溶解，例如轧前的再加热过程。在变形条件下，Nb（C，N）很容易析出（应变诱导析出），这些粒子可以抑制晶粒长大，甚至可以抑制低温间歇变形过程中奥氏体的再结晶，在随后的冷却过程中，变形奥氏体组织转变成细晶铁素体，从而使得这种控轧钢具有高的强度和韧性。在随后的冷却过程中，剩余的 Nb 以更加细小的粒子进一步析出，从而产生附加的强化作用。

D Fe-Al-B-C-N 合金系

人们通常不把 Al 归入微合金元素一类。然而 AlN 的析出可以强烈地影响微合金钢的性能，其作用甚至与 Nb、V、Ti 微合金化元素产生的作用同样显著。很久以来人们就已认识到，Al 镇静钢能改善钢的应变时效抗力和深冲性能。多年来，"Al 细化晶粒" 被作为晶粒尺寸控制的同义词[23]。Al 在轧制前通常能溶于高温奥氏体中，但在较低温度时，AlN 成为热力学稳定相。然而，AlN 在钢中形核存在某些困难，且与其他氮化物的形貌存在很大差别[24]。人们大量的研究证实，AlN 在铁素体中的析出可促进有利的晶体学织构的形成。然而 AlN 在奥氏体中析出的研究就相当少。众所周知，AlN 在奥氏体中的析出动力学通常比较慢，且依赖于热过程。

添加 B 提高了热处理钢的淬透性，且有助于控制深冲带钢应变时效[25]。人们很早就知道，B 作为微合金化元素加入到钢中有很大的影响，但由于实际操作时难以控制，使它的应用受到了限制。主要的问题是由于 B 与 O、N 有强的亲和力，而一般要求加入的 B 含量要求非常低（约 0.001%），这样就使得很活泼的 B 的真实水平难以控制[26]。

当钢中同时含有 B 和 Al 时，情况就比其他微合金化元素复杂得多[26]，见图 2-12。在实际的应用温度下，BN 的固溶度较 AlN 小，以至于从热力学角度预测，BN 会优先析出。然而在典型的 Al 镇静钢中，Al 的总量至少要比通常 B 的加入量大一个数量级，因此 AlN 通常是趋于稳定的。

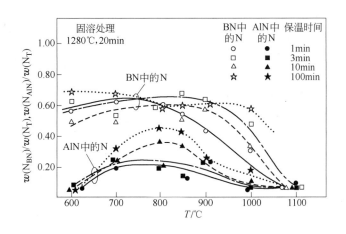

图 2-12 含 B 铝镇静钢中 BN 和 AlN 的析出[25]

E 复合微合金钢中析出相成分

由于 V、Ti、Nb 的碳化物和氮化物具有相同的立方晶体学结构和非常相似的晶格常数，所以 V、Ti、Nb 的碳化物和氮化物表现出很大的互溶性。

图 2-13a 示出了 V、Nb、Ti 和 Al 复合微合金钢中碳、氮化物析出的计算结果，这里，溶质组元表达为随温度变化的函数。在图 2-13b 中，还给出了 M(C，N) 中 Ti、Nb、V 的摩尔分数随温度的变化关系。

正如所预料的那样，高温主要析出物是 TiN，随着温度的降低，析出物以 Nb(C，N) 为主。因此，在奥氏体中主要析出物是复合 (Ti，Nb)N，其中 Ti、Nb 的含量取决于钢的成分和析出温度。热力学计算显示，在 1200℃ 高温，复合微合金化钢中 (Ti，Nb，V)N 析出颗粒约含 20% Nb 和 5% V。图中还可清晰地看到，在 Ti-Nb-V 钢中高温时微合金氮化物析出相的体积分数较单一微合金化钢的大得多。还可看到，其他微合金元素在 AlN（密排六方结构）中几乎不能溶解。当钢中含 0.035% Al 时，AlN 约在 1200℃ 开始析出，见图

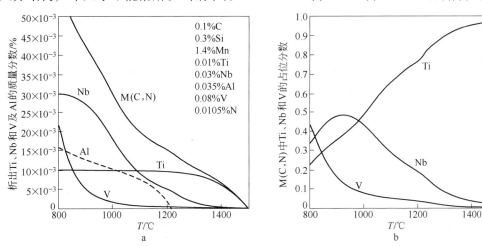

图 2-13 复合微合金化钢中氮化物和富氮碳氮化物析出的计算结果
a—析出 Ti、Nb 和 V 以及 Al 的质量分数；b—M(C，N) 中 Ti、Nb 和 V 的占位分数

2-13a。

需要指出的是，热力学计算得到的是第二相粒子的均匀成分，通常与实际情况并不一致。钢中的析出粒子通常是包心的，具有高温稳定性的富钛和富氮的化合物在粒子内部，而 Nb、V 等析出相富集在粒子的外部。这表明那些首先形成的氮化物可以作为随后的低温析出相的核心，如 NbN 沉积在 TiN 核心上。在 Nb-V 钢中也观察到了相似的结果，由于 NbN 有较高的热力学稳定性，因此，(Nb，V)N 中富集了 Nb 和 N。这种包心效应可能是由于 Ti 在碳氮化物中的扩散非常慢或存在混溶区间所致。

复合微合金化的另一个非常重要的特征是，形成 (Ti，Nb，V)N 粒子的 Nb 和 V 在随后的热机械加工中不能发挥作用。图 2-13b 表明，钢中添加的 Nb 有相当一部分即使在很高的再加热温度下仍保持未溶状态，因此不能起到阻止奥氏体再结晶或沉淀强化作用。相反，V 有很高的固溶度，在铁素体中可以充分发挥析出强化作用。

2.2 析出动力学

微合金碳氮化物第二相沉淀析出相变属于形核—长大型的扩散型相变，其主要规律完全可以用经典形核长大理论来分析。关于微合金碳氮化物在钢基体中（奥氏体和铁素体）的沉淀析出行为已经开展了大量而深入的研究工作，书中后面的章节将对钒在钢中的析出进行详细的讨论，这里主要介绍微合金化元素析出动力学过程的理论研究结果。

2.2.1 析出相变的动力学理论

Johnson-Mehl 最早导出了形核长大的相变动力学数学方程表达式，为相变动力学研究奠定了理论基础。Johnson-Mehl 相变动力学数学方程表达式如下：

$$X = 1 - \exp\left[(-\pi/3)(I\mu^3 t^4)\right] \quad (2-26)$$

式中，X 为转变量；I 为新相形核率；μ 为晶核长大速度；t 为时间。

实际相变过程中，新相形核率 I 和晶核长大速度 μ 都与时间有关，因而 Johnson-Mehl 方程并不一定成立。实际观测到的大量相变动力学曲线可由 Avrami 提出的经验方程式来表达：

$$X = 1 - \exp(-Bt^n) \quad (2-27)$$

式中，B 和 n 为相应的系数，主要取决于相变温度、相变自由能、界面能等参量，时间指数 n 主要取决于相变类型，特别是微观形核机制和长大机制。

根据 Avrami 方程，将不同温度下相变开始时间和相变完成时间在温度-对数时间坐标上分别连线可得到相变过程的动力学曲线，称为 TTT（相转变量-温度-时间）曲线，如图 2-14 所示。对冷

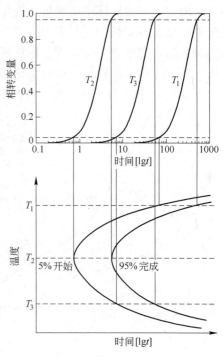

图 2-14 由相变动力学方程曲线得到相转变量-温度-时间曲线（"C"曲线）

却过程的相变,多数情况下其 TTT 曲线呈"C"形,人们也称之为"C"曲线。对沉淀析出反应,习惯上称为 PTT 曲线。

析出相的 PTT 曲线可以通过实验方法进行实际测量,也可通过理论计算来获得。在析出相的 PTT 曲线的理论计算过程中,若可以通过相关的文献资料或初步试验结果确定其形核长大机制,则相应的计算就相对简单得多,仅需对与温度有关的各参量进行计算就可得到析出相 PTT 曲线。

2.2.2　碳氮化钒析出动力学计算和实验结果

2.2.2.1　碳氮化钒在奥氏体中析出

Zajac[27]通过实验测得未变形奥氏体中 V(C,N) 析出的 PTT 曲线,结果如图 2-15 所示。试验钢中钒含量为 0.12%,氮含量为 0.0082%。图中可以看出,V(C,N) 在未变形奥氏体中的析出过程是非常缓慢的。V(C,N) 奥氏体中析出的鼻点温度约在 850～900℃的温度范围。850℃的鼻点温度下保温 10000s,以 V(C,N) 形式在奥氏体中析出的 V 仅为 0.01%。

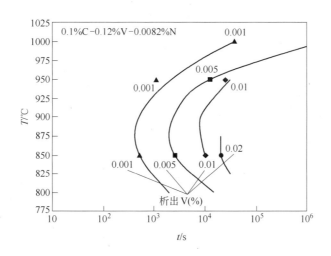

图 2-15　含钒钢未变形奥氏体中 V(C,N) 析出的 PTT 曲线[27]

在变形条件下,微合金化元素碳氮化物的析出过程大大加快。图 2-16 显示了 V、Ti、Nb 微合金化钢中碳氮化物在变形奥氏体中析出的 PTT 曲线[28]。图中可见,变形条件下各种微合金化碳氮化物在奥氏体中析出过程明显加快,鼻点温度缩短到约 10s。比较 V、Nb、Ti 钢在变形奥氏体中析出的 PTT 曲线可以看出,三种微合金钢在奥氏体中的形变诱导析出行为存在明显差异,Nb 钢在较高的温度下(约 1000℃)就开始产生形变诱导析出 Nb(C,N);而 V(C,N) 在奥氏体中产生诱导析出的温度要低得多,约在 900℃;TiC 的形变诱导析出温度与 V(C,N) 相似,但其孕育期的时间明显要比 Nb 钢和 V 钢的更长。

Medina 等人[29~34]通过热扭转试验方法深入研究了微合金化钢奥氏体热变形过程中形变诱导析出与再结晶的交互作用。依据微合金化钢热变形过程中再结晶规律的变化,绘制

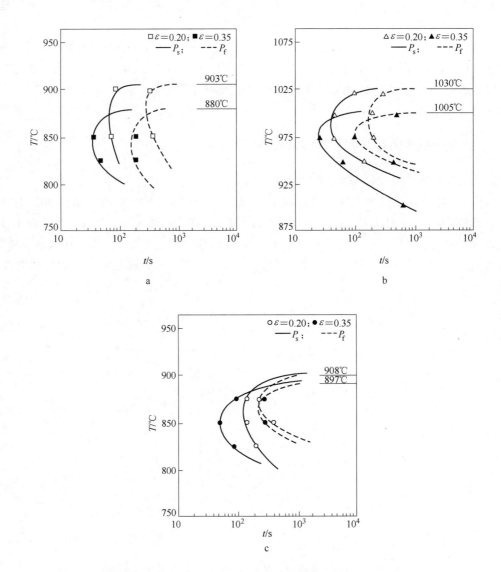

图 2-16 V、Nb、Ti 钢形变奥氏体中析出的 PTT 曲线[28]

a—V 钢；b—Nb 钢；c—Ti 钢

出再结晶-析出-时间-温度曲线，称为 RPTT 曲线。图 2-17 给出了钒氮钢（0.10% C-0.14% V-0.016% N）的 RPTT 曲线实例。再结晶曲线上出现平台的起点和终点被看做是形变诱导析出的起始点（P_s）和终止点（P_f）。由图中可见，在奥氏体中形变诱导析出 V(C,N) 的 RPTT 曲线的鼻点接近 50% 再结晶体积分数；当再结晶体积分数低于 20% 时，析出相的形核将变得非常困难。也就是说要使 VN 在奥氏体中有效形核，需要有足够的变形确保再结晶奥氏体体积分数在 20% 以上。

钢中的 V、N 含量对奥氏体中 V(C,N) 的诱导析出有显著影响。从图 2-18 可以看出，随着钢中 V、N 含量的增加，V(C,N) 析出的 PTT 曲线向左上方向移动。对 0.17% V-0.016% N 的钒氮钢，VN 开始析出的时间缩短到 10s 之内。

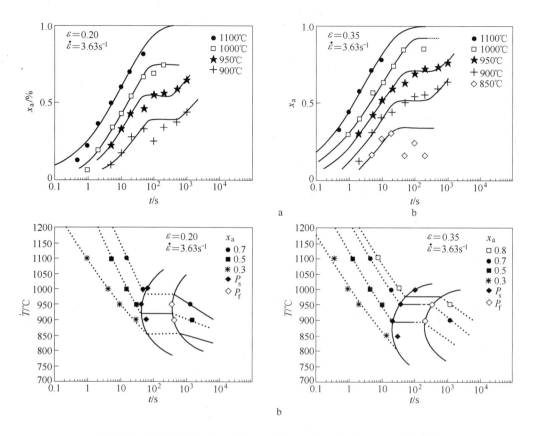

图 2-17　V-N 钢（0.10% C-0.14% V-0.016% N）的 RPTT 曲线[33]

a—再结晶-时间-温度曲线；b—析出-时间-温度曲线；x_a—再结晶体积分数

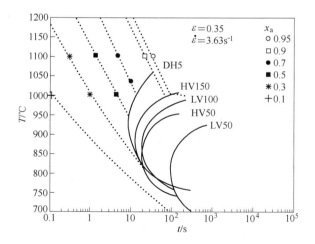

图 2-18　V、N 含量对 V(C,N) 在奥氏体中析出 RPTT 曲线（P_s）的影响[35]

DH5—0.140% V-0.0160% N，1230℃（1230℃为再加热温度，保温时间 10min；以下同）；

HV150—0.140% V-0.015% N，1200℃；LV100—0.048% V-0.010% N，1300℃；

HV50—0.092% V-0.0065% N，1200℃；

LV50—0.053% V-0.0052% N，1100℃

雍岐龙等人[18,36,37]基于不同形核长大机理的假设，对碳氮化钒析出动力学理论及计算方法进行深入研究。图 2-19 给出了含钒钢中 V(C,N) 在奥氏体中位错线上析出的 PTT 曲线的计算结果实例。钢中氮含量对 V(C,N) 在奥氏体中的沉淀析出行为具有非常显著的影响。随钢中氮含量增加，V(C,N) 在奥氏体中的沉淀析出动力学过程明显加快，析出鼻点温度升高的同时，析出开始时间大大缩短。低氮钢中(0.005% N)V(C,N)不大可能在奥氏体中析出，氮含量增加到 0.02% 时 V(C,N) 析出将非常迅速。碳含量对 V(C,N) 在奥氏体中析出动力学有相似的影响，但与氮的作用比较，影响程度要小很多。

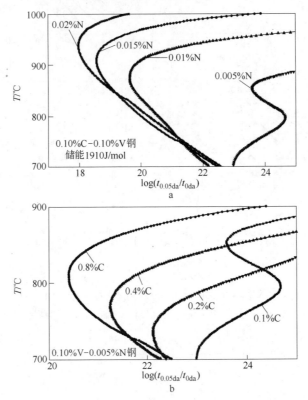

图 2-19　V(C,N) 在奥氏体中位错线上析出的 PTT 曲线的比较

($t_{0.05da}/t_{0da}$ 代表第二相在位错线上形核且形核率为零的情况下，析出相变开始（5% 转变量）的相对时间）

a—氮含量的影响；b—碳含量的影响

图 2-19 的理论计算结果与相关的试验研究结果[1,27,38~44]有很好的一致性。龚维幂等人[39]的研究结果表明，低碳钢中氮含量对 V(C,N) 在奥氏体中的沉淀析出行为具有显著的影响。0.1% V 的低碳钢中，氮含量为氮含量为 0.0036% 时，V(C,N) 在奥氏体区域的沉淀析出十分缓慢，鼻点温度下开始析出时间在 400s 左右。当钢中氮含量增加到 0.014% 时，鼻点温度下开始析出时间缩短为 70s 左右。可以看出，钢中增加约 0.01% 的氮含量，V(C,N) 在奥氏体中析出开始时间相差将近一个数量级。

2.2.2.2　碳氮化钒在铁素体中析出

由于 V(C,N) 在奥氏体中的固溶度积较大，轧制过程时间较短，V(C,N) 很难在奥氏体中完全沉淀析出，大量的钒在随后冷却过程中将以相间析出方式或位错线上形核析出方式在铁素体中沉淀析出，产生强烈的析出强化效果。深入了解和掌握 V(C,N) 在铁素体中的沉淀析出行为具有非常重要的工业生产应用意义。受相变过程的影响，碳氮化钒在铁素体中析出过程难以通过实验方法进行测量。

雍岐龙等人[18,45,46]基于碳氮化钒在铁素体中形核长大机理的理论研究成果，建立了碳氮化钒在铁素体中析出动力学理论计算方法。图 2-20 为 V(C,N)在铁素体中位错线上析出且形核率迅速衰减为零的情况下的沉淀析出 PTT 曲线的计算结果。可以看出，钢中氮含量水平对 V(C,N)在铁素体中沉淀析出的 PTT 曲线有很大影响。氮含量较高时（大于0.01%），V(C,N)在铁素体中沉淀析出的 PTT 曲线为单调曲线，温度越高，析出开始时间越短。计算结果表明，高氮含量的情况下，基体中无论是否发生珠光体相变，对V(C,N)在铁素体中析出的 PTT 曲线的影响很小。然而，对于 0.005% N 的低氮钢，V(C,N)在铁素体中析出的 PTT 曲线具有明显的"C"曲线特征。此时，基体中是否发生珠光体相变对 V(C,N)在铁素体中析出的 PTT 曲线有明显影响。在未发生珠光体相变时，由于第二相析出相变的自由能数值较大，因而其 PTT 曲线的鼻点温度较高，且析出时间也相对较短；与发生珠光体转变的情况相比较，其 PTT 曲线上鼻点温度下的析出时间提前约2 个数量级。图 2-21 示出了不同碳含量的 0.10% V-0.005% N 钢中 V(C,N)在铁素体中的沉淀析出行为的计算结果。计算时假设 V(C,N)在奥氏体温度区域未发生析出。随钢中碳含量的升高，V(C,N)在铁素体中析出的 PTT 曲线不断向左上方移动。因此，中、高碳钢中，V(C,N)很容易在铁素体区沉淀析出并发挥重要作用。相关实验研究结果[46]证实了上述理论计算所得到的 V(C,N)在铁素体中析出的规律性。Maugis 等人[47]提出的理论模型也得到了类似的计算结果。

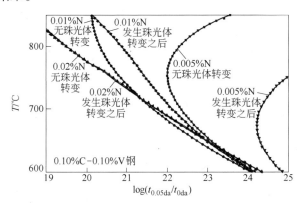

图 2-20　氮含量对 V(C,N)在铁素体中沉淀析出 PTT 曲线影响的计算结果

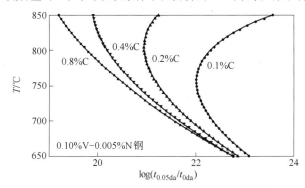

图 2-21　碳含量对 V(C,N)在铁素体中沉淀析出 PTT 曲线影响的计算结果

2.2.3　碳氮化钒的 Ostwald 熟化

第二相沉淀析出过程完成之后，随之就会发生聚集长大过程，即 Ostwald 熟化过程。这一过程的驱动力是第二相与基体之间的界面能，即在第二相的体积分数保持不变的情况下，若第二相的尺寸增大，则总的界面面积将减小，由此导致系统界面能的减小。当温度足够高且保持时间足够长时，第二相可能严重粗化，从而导致实际存在的第二相尺寸远远大于沉淀析出过程完成时的尺寸，由此将减弱或甚至丧失第二相在高温下的相关有利作用。

第二相体系不同，其 Ostwald 熟化规律及熟化速率往往具有非常大的差别，由此导致实际得到的第二相尺寸出现显著的差别。很多第二相在沉淀析出过程完成时具有十分细小的尺寸，但一旦发生一定程度的 Ostwald 熟化，其尺寸将非常迅速地长大，从而丧失相关的作用；而另外一些第二相可能在非常高的温度下仍然可以保持非常细小的尺寸，从而保持相应的作用。

为了对含钒钢中 V(C,N) 的行为进行深入的研究和定量的理论计算，必须掌握其 Ostwald 熟化规律和其颗粒尺寸随温度和时间变化的定量规律。

关于不同控制机制下第二相的 Ostwald 熟化规律，已进行了大量深入研究工作[48~50]，其平均尺寸与高温保温时间的关系有 1/2、1/3、1/4 和 1/5 次方关系，但相关的试验研究结果表明，对于在基体中较为均匀分布的化学稳定性较强的第二相而言，溶质原子反应生成第二相的过程很容易进行（化学稳定性强的第二相的形成自由能数值很大），而快速扩散通道处的溶质原子不多，因而将很快被耗尽，因此其高温聚集长大行为必然是受控制性溶质原子在基体中的扩散过程所决定，其 Ostwald 熟化过程主要遵从 1/3 次方规律[18]，即：

$$r_t^3 = r_0^3 + \frac{8D\sigma V_P^2 c_0}{9V_B RT}t = r_0^3 + m^3 t \tag{2-28}$$

式中，r_0 和 r_t 分别为初始时刻和 t 秒后第二相的平均半径；D 为控制性元素在基体相中的扩散系数；σ 为比界面能；V_P 为第二相的摩尔体积；c_0 为控制性元素在基体相中溶解的平衡摩尔浓度；V_B 为控制性元素的摩尔体积；R 为摩尔气体常数；T 为温度，K；m 参量被称为第二相在 Ostwald 熟化过程中的平均颗粒尺寸的熟化速率（或粗化速率）。

碳化钒、氮化钒及碳氮化钒均是非常稳定的第二相，它们在很高的温度下长时间保温仍可保持细小的尺寸，在铁基体中均匀分布时其平均尺寸的粗化规律可用上式计算。

根据第二相相关元素在铁基体中的固溶度公式或固溶度积公式，可以计算出确定化学成分的钢中在确定温度下控制性元素 M 在基体中的平衡固溶量 [M]，但由此计算得到的固溶量 [M] 是质量分数，必须进行相应的换算才可得到控制性元素 M 在基体中的物质的量浓度 c_0：

$$c_0 = \frac{[M]\overline{A}(Fe)}{100A(M)} \tag{2-29}$$

式中，$\overline{A}(Fe)$ 和 $A(M)$ 分别为铁基体的平均相对原子质量和控制性元素 M 的相对原子质量，当铁基体中固溶的合金元素的量很小时，$\overline{A}(Fe) \approx A(Fe)$，而 $A(Fe)$ 为铁的相对原子质量，这时：

$$c_0 = \frac{[M]A(Fe)}{100A(M)} \tag{2-30}$$

根据相应的计算，当钢材成分满足理想化学配比时，各种微合金碳氮化物在奥氏体中的粗化速率随温度的变化见图2-22。可以看出，由于扩散系数及溶质浓度均随温度的升高而明显增大，因而微合金碳氮化物的粗化速率随温度升高而增大；由于控制性元素（微合金元素）在奥氏体中的平衡固溶度的差别，微合金氮化物的粗化速率明显小于相应的微合金碳化物；而各种微合金元素相比，钒的碳化物或氮化物的粗化速率大于铌更远大于钛；TiN的高温尺寸稳定性则特别优异。900℃时，VC、NbC、TiC、VN、NbN、TiN的粗化速率系数 m

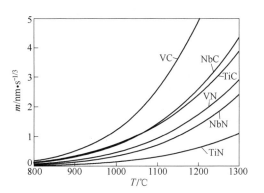

图2-22　不同微合金碳氮化物在奥氏体中的粗化速率比较（理想化学配比成分）

（$nm/s^{1/3}$）分别为0.497、0.298、0.318、0.186、0.127、0.049，1200℃时则分别为4.87、2.60、2.41、1.73、1.38、0.60。因此，轧制过程中在900℃保温125s（约2min），沉淀析出的VC、NbC、TiC、VN、NbN、TiN的半径将分别长大2.49nm、1.49nm、1.59nm、0.93nm、0.63nm、0.25nm，这可有效保证应变诱导析出的微合金碳氮化物的粒子半径保持在5nm左右。而在奥氏体均匀化温度1200℃均热保温8000s（2.2h）时，未溶的VC、NbC、TiC、VN、NbN、TiN的粒子半径将分别长大97nm、52nm、48nm、35nm、28nm、12nm，显然，即使不考虑未溶微合金碳氮化物的体积分数的问题，若控制晶粒长大的第二相颗粒的尺寸必须小于60nm，则微合金碳化物和VN均不能胜任，NbN的尺寸可基本满足要求，而TiN则具有明显的富余。

相对于其他微合金碳氮化物，V(C,N)在奥氏体温度区域相对容易粗化，主要原因是钒在奥氏体中的平衡固溶度较大所致，增大钢中氮含量可有效降低V(C,N)的粗化速率。

通常钢材成分中微合金元素的含量均低于理想化学配比，这时其粗化速率将比图2-22的计算结果明显减小。此外，复合微合金碳氮化物的粗化过程需要所涉及的所有相关元素均能有效扩散，因而其粗化速率将主要取决于DC_0值最小的元素，因此，含铌或钛的钒微合金钢中(V,Nb)(C,N)或(V,Ti)(C,N)的粗化速率将明显减小。

同样，当钢材成分满足理想化学配比时，可计算出各种微合金碳氮化物在铁素体中的粗化速率随温度的变化见图2-23。可以看出，微合金氮化物的粗化速率明显小于相应的微合金碳化物；而各种微合金元素相比，钒的碳化物或氮化物的粗化速率大于铌和钛。700℃时，VC、NbC、TiC、VN、NbN、TiN的粗化速率系数 m（$nm/s^{1/3}$）分别为0.259、0.168、0.071、0.101、0.079、0.0064，因此，在700℃的卷取温度保温8000s（2.2h）时，沉淀析出的VC、NbC、TiC、VN、NbN、TiN的半径将分别长大0.518nm、0.336nm、0.142nm、0.201nm、0.157nm、0.013nm，并

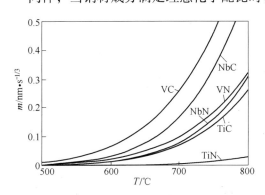

图2-23　不同微合金碳氮化物在铁素体中的粗化速率比较（理想化学配比成分）

不会发生明显长大，从而可保持数纳米级的颗粒尺寸产生强烈的析出强化效果。

同样，复合微合金化的沉淀相的 Ostwald 熟化过程中，涉及多种合金元素的扩散及相互协调，因而其粗化速率会明显减小。钢中微合金元素的含量低于理想化学配比也将使微合金碳氮化物的粗化速率减小。

尽管相比于其他微合金碳氮化物，V(C,N) 的粗化速率要大一些，但相对于其他类型的合金碳化物如 $M_{23}C_6$ 型、M_2C 型、M_6C 型等，V(C,N) 的粗化速率无论在奥氏体区还是在铁素体区均显著减小。V(C,N) 的高温尺寸稳定性使得其在合金结构钢、工模具钢中广泛应用，其高温下仍可保持在 100nm 左右的尺寸，可有效阻止奥氏体晶粒长大。近年来，在耐热钢中也广泛采用钒、铌合金化[51]，在 600 ~ 650℃温度范围内，(V,Nb)(C,N) 颗粒的粗化速率系数 m 小于 0.1nm/$s^{1/3}$，即使工作时间长达 10^9s（约 30 年），(V,Nb)(C,N) 颗粒的尺寸仍能保持在 100nm 左右，仍具有一定的第二相强化作用。

2.3　微合金化对奥氏体的调控作用

2.3.1　奥氏体晶粒尺寸的控制

对于给定成分的微合金化钢，根据溶解度数据可计算出未溶解的碳氮化物的数量、平衡状态下固溶的微合金元素含量和碳氮间隙元素含量、微合金碳氮化物完全溶解温度等。钢中未溶解的碳氮化物将对再加热过程中奥氏体晶粒长大行为产生显著影响。

2.3.1.1　第二相质点对晶界钉扎的作用

第二相钉扎晶界是最重要的阻止晶粒长大的方法。Zener[52] 最先提出了第二相质点钉扎晶界阻止晶粒长大的理论。根据第二相质点的钉扎理论，Zener 建立了晶粒尺寸（直径 D）与第二相质点大小（直径 d）和体积分数（f）的关系，即 Zener 方程式：

$$D = 4d/(3f) \tag{2-31}$$

式 2-31 清楚地表明了第二相质点阻止晶粒长大的特征：质点尺寸一定的条件下，增加质点体积分数可得到更细小的晶粒尺寸；反过来，当质点体积分数固定时，质点尺寸越细小，所得到的晶粒尺寸也越小。

Gladman[53] 基于 Zener 的研究结果，考虑晶界挣脱质点钉扎时的能量变化得到了描述晶粒粗化的 Gladman 公式：

$$D \leqslant \frac{\pi d}{6f}\left(\frac{3}{2} - \frac{2}{Z}\right) \tag{2-32}$$

式中，$Z = D_M/\overline{D}$，为晶粒尺寸不均匀性因子，即最大晶粒的直径（D_M）与平均晶粒直径（$\overline{D}$）的比值。对任何平均晶粒尺寸，总存在一组质点大小与体积分数的配合，它们阻止晶粒粗化。

由式 2-31 或式 2-32，能够被有效钉扎的临界晶粒尺寸正比于第二相粒子的平均尺寸，而反比于第二相的体积分数，为保证一定晶粒尺寸的晶粒不发生粗化，就必须存在足够体积分数的平均尺寸足够小的第二相颗粒。

需要指出的是，第二相阻止晶粒长大存在临界值[54]：当晶粒尺寸大于临界尺寸时，晶粒可被有效钉扎而不发生长大；而当晶粒尺寸小于或等于临界尺寸时，晶界将挣脱钉扎并出现晶粒的异常长大。因此，第二相粒子钉扎晶粒具有方向性，当第二相颗粒的体积分数不断增大及第二相颗粒的平均尺寸不断减小时，晶界被有效钉扎而使晶粒不发生不长大，晶粒尺寸的均匀性高；而当第二相颗粒的体积分数不断减小或第二相颗粒的平均尺寸不断增大时，一旦发生解钉则将发生快速的异常晶粒长大，此时，必须到晶粒尺寸足够大之后（接近原晶粒尺寸的4倍）才会重新被钉扎。因此，不同的热履历条件下要达到完全控制晶粒长大，需要不同的第二相尺寸与体积分数的控制要求。异常晶粒长大将导致混晶现象的产生，严重损害钢的塑性和韧性，必须严格控制，避免其发生。

Hellman 和 Hillert[55] 基于第二相质点钉扎理论，得到了单个晶粒的长大速率：

$$\frac{\mathrm{d}D}{\mathrm{d}t} = \alpha\sigma M\left(\frac{1}{\overline{D}} - \frac{1}{D} \pm \frac{3f}{8r}\right) \tag{2-33}$$

式中，D 为晶粒直径；$\overline{D}$ 为平均晶粒直径；r 为平均颗粒半径；f 为颗粒体积分数；α 为常数（约1）；σ 为晶界能；M 为晶界迁移率；$\frac{3f}{8r}$ 表示钉扎作用。

从式 2-33 可以得出下面的结论：

（1）正常晶粒长大的极限平均晶粒直径为：

$$\overline{D}_{极限} = \frac{8r}{9f} \tag{2-34}$$

（2）在平均晶粒尺寸为 $\overline{D}_{极限}$ 的组织中，若存在尺寸大于 $1.5\overline{D}_{极限}$ 的粗大晶粒，它将长大并且其长大速率随长大过程而递增。因此，少数几个晶粒以这种方式长大导致异常晶粒粗化。

（3）随 $\overline{D}$ 和 $\frac{3f}{8r}$ 增加，异常晶粒长大倾向减小。事实上，存在一个极限平均晶粒直径，超过它时异常晶粒长大将被完全阻止，该极限晶粒直径为：

$$\overline{D}_{极限}^{异常} = \frac{8r}{3f} \tag{2-35}$$

由此可见，稳定弥散的析出颗粒可阻止正常的晶粒长大，但不能保证晶粒以异常长大的方式粗化。

2.3.1.2 微合金化钢的晶粒粗化行为

从前面 2.1 节的固溶度数据可知，在所有的微合金化元素碳化物、氮化物中，只有 TiN 具有最高的稳定性，在钢材轧制再加热的高温条件下（通常达到 1200～1300℃），能够保持未溶解状态。而其他的各种微合金化元素的碳化物、氮化物，在通常的轧制再加热高温条件下，基本处于完全溶解状态。图 2-24 显示出 V、Nb、Ti 对再加热过程中奥氏体晶粒粗化温度的影响。TiN 可提高奥氏体晶粒粗化温度到 1300℃ 以上。而钒的碳氮化物在高温奥氏体中能完全溶解，对提高奥氏体晶粒粗化温度没有明显作用。

在实际的含钒微合金化钢中，往往添加微量的 Ti（约 0.01%）以阻止高温奥氏体晶粒粗化，其技术原理就是利用 Ti 可与钢中的氮结合形成细小弥散的稳定 TiN 颗粒。为了获得细小弥散的 TiN 质点以有效地阻止奥氏

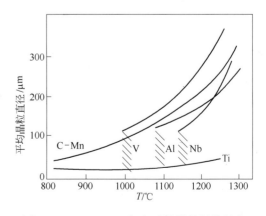

图 2-24　V、Nb、Ti 钢奥氏体晶粒粗化温度

体晶粒长大，钢水凝固时必须采用快冷工艺，如目前钢铁生产中广泛采用的连铸工艺。

然而，TiN 析出相容易受钢中复合添加的第二种微合金化元素（如钒或铌）的强烈影响。也就是说，含 Ti 的 V 钢或 Nb 钢中，V、Nb 参与 TiN 析出将影响到析出相的稳定性，因此也将显著影响奥氏体晶粒的粗化行为。如图 2-25 所示，V 和 Nb 的加入改变了平衡状态下高温析出的氮化物中 Ti、V、Nb 的所占分数[5,56]，因此也对晶粒粗化温度产生影响。从图中可以看出，随着温度的降低，V-Ti 钢和 Nb-Ti 钢中的 V 或 Nb 在已析出的 TiN 上产生复合析出，导致 V-Ti 或 Nb-Ti 钢中析出颗粒长大。在更低的温度下，V-Ti 钢和 Nb-Ti 钢将形成 V 和 Nb 的碳氮化物新析出相[57,58]。试验结果证实，在高温形成的大尺寸粒子富 Ti，而 V 或 Nb 含量较少；而在低温形成的尺寸较小的粒子贫 Ti，但 V 或 Nb 含量较高。在 V-Ti 钢中，(Ti,V)N 颗粒中的 Ti 含量随着颗粒尺寸的减小而降低，如图 2-26 所示。由图 2-27 可以看出，V-Ti 钢中的 (Ti,V)N 析出颗粒中，V 在析出相中所占分数随再加热温度的降低而升高，并且其分散度范围随再加热温度的降低而增加，在铸态钢中分散度达到最大[59]。当钢中 Ti/N 比接近理想配比（图 2-27 中低氮钢）时，所有的氮均形成 TiN，因此，析出相中钒的范围也最小。

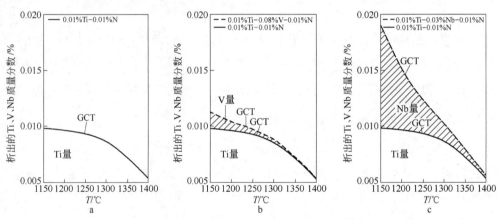

图 2-25　(Ti,M)N 析出相中 Ti、V、Nb 的计算结果

GCT—晶粒粗化温度，针对 220mm 连铸坯[5]

a—Ti 钢；b—Ti-V 钢；c—Ti-Nb 钢

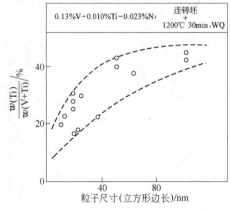

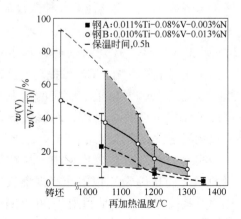

图 2-26　V-Ti 钢中 (Ti,V)N 颗粒成分
与颗粒尺寸关系[57]

图 2-27　V-Ti 钢中 (Ti,V)N 颗粒的成分
分布随加热温度的变化[59]

一般来说，TiN 本身的稳定性并不受添加其他微合金化元素（如 V、Nb）的影响。然而，单独形成的含 V 或 Nb 的碳氮化物稳定性低，在较低的温度下就能溶解[60]。因此，与单独的含 Ti 钢相比，V 或 Nb 的加入降低了晶粒粗化温度。

钢中的 Ti/N 比影响 TiN 的稳定性。图 2-28给出了不同温度条件下 TiN 在奥氏体中的溶解度曲线。如图 2-28 所示，当含 Ti 钢中的氮含量超过 Ti/N 理想化学配比时，将引起如下变化：（1）提高 TiN 的溶解温度；（2）温度提高时，TiN 的溶解量相对减少；（3）随TiN 形成，Ti 在奥氏体中含量减少，从而降低

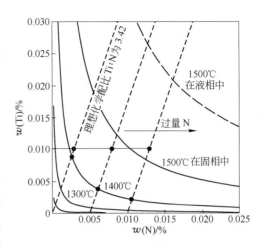

图 2-28 过量 N 对溶解 Ti 的影响[56]

粒子粗化速率。试验结果还证明，V-Ti 钢中超过理想配比的 N 含量对焊接热影响区的晶粒尺寸控制有利[56,61]。

为了说明 TiN 在奥氏体中的沉淀与时间、温度的关系，对下列问题进行了热力学计算：

（1）Ti、N 从初始的全部固溶到完全析出（90%）的时间；

（2）从 TiN 和奥氏体在 1000℃下的完全平衡态到溶解 90% TiN 的时间；

（3）析出相颗粒尺寸粗化 50% 的时间。

图 2-29 和图 2-30 给出了不同的颗粒弥散度下（以颗粒间距表示）与溶质贫乏和富集区相邻的微合金元素溶解和析出规律的计算结果。TiN 在奥氏体中的溶解度对粒子的粗化速率和溶解速率有较大的影响。由于文献中可找到的溶解度数据散差较大，此计算主要选

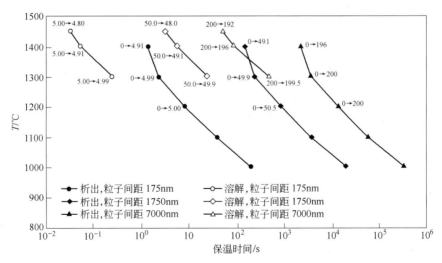

图 2-29 0.01% Ti-0.01% N 钢中 TiN 完全析出和溶解（90%）的时间与温度的关系

（颗粒间距分别为 175nm、1750nm、7000nm，析出开始时 Ti、N 处于完全固溶状态，而溶解开始于1000℃温度下奥氏体与 TiN 的完全平衡状态，图中数据（带箭头）表示颗粒半径的变化）

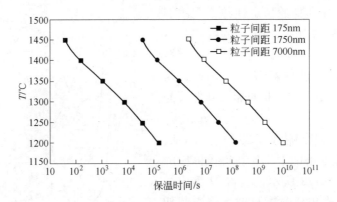

图 2-30 TiN 颗粒尺寸长大 50% 所需粗化时间与温度的关系
（初始状态为 TiN 完全析出）

择一些与已观察到的 TiN 的熟化现象相一致的溶解度数据，这些数据略低于所有溶解度数据散差带的平均值[59]。

由图 2-29 可以看到，即使在最高的温度下 TiN 也不易溶解。如在 1000℃ 温度下平衡时的初始颗粒尺寸为 5.0nm，而温度达到 1450℃ 时仅减小到 4.8nm。TiN 溶解的时间比析出的时间将近快一个数量级，其原因是 TiN 溶解量远小于 TiN 完全析出的数量。图 2-30 的颗粒粗化计算结果进一步表明，对正常的加热温度和时间来说，粗化过程不会使颗粒发生显著的粗化，除非颗粒十分细小、弥散，如颗粒半径为 5nm，间距为 175nm，且加热温度高于 1300℃。

2.3.1.3 工艺条件对奥氏体晶粒长大的影响

根据第二相质点钉扎理论，微合金化钢加热进入奥氏体区，奥氏体发生正常晶粒长大，并达到由第二相质点所确定的极限平均晶粒尺寸（如式 2-34 所示）。这是人们所期望的结果。然而，实际情况往往与理论结果有很大差异。Siwecki 等人[58]对 V-Ti-N 钢奥氏体晶粒粗化行为的研究结果表明，铁素体-奥氏体相变后得到的奥氏体晶粒尺寸要远大于 $\overline{D}_{极限}$。试验研究还发现，在奥氏体晶粒粗化温度下，尽管 TiN 析出相的数量发生很大变化，但最终的奥氏体晶粒尺寸基本是相同的。一种推论是，在发生铁素体-奥氏体相变时，奥氏体晶粒粗化温度是加热速度的函数。随加热速度降低，转变的奥氏体晶粒尺寸增加，因此，发生异常晶粒长大的驱动力减小，晶粒粗化温度提高。这种解释已得到试验结果的证实，见图 2-31。相反，如果晶粒尺寸是由 TiN 弥散析出相所控制，那么，晶粒粗化温度应该与加热速度无关。

我们知道，焊接过程的加热速度很高，铁素体-奥氏体相变应该形成非常细小的奥氏体晶粒，因此导致具有很高的异常晶粒长大驱动力。但是，含有细小弥散 TiN 析出的 Ti 微合金化钢，由

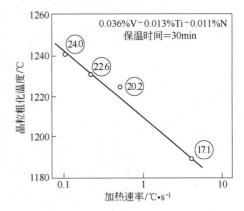

图 2-31 加热速率对 0.036% V-0.013% Ti-0.011% N 钢晶粒粗化温度的影响
（圆圈内数据表示在晶粒粗化温度下正常长大的奥氏体晶粒尺寸）[58]

于形成细小的奥氏体晶粒，其焊接热影响区
（HAZ）获得了良好的韧性。这种反常现象
是因为少数粗大晶粒吞并细小晶粒而导致异
常晶粒长大所需要的时间很长，而焊接时高
温停留时间非常短暂，使得晶粒异常长大过
程难以发生。另外，大多数晶粒通过正常晶
粒长大而粗化的过程也被阻止，因为尽管这
些晶粒比缓慢加热时的更细，但它们仍有可
能比正常晶粒长大的极限尺寸 $\overline{D}_{极限}$ 更大。因
此，最终得到较细的奥氏体组织。上述的理
论解释与在 Ti 微合金化钢焊缝的 HAZ 中观
察到的细小奥氏体组织是一致的。

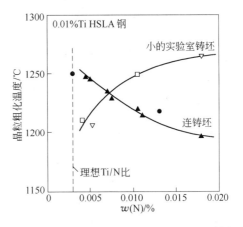

图 2-32 0.01%Ti 钢连铸坯(220mm)和实验室铸锭中
奥氏体晶粒粗化温度和 N 含量之间的关系[56]

图 2-32 示出了钢中 Ti/N 比和铸造冷却
速度对晶粒粗化温度的影响[56]。实验室条件下所铸钢锭的冷却速度较大，从而得到了更
细小的析出相，而且析出相的颗粒密度随 N 含量的升高而增加。工业生产的连铸坯冷却速
度相对较慢，所形成 TiN 颗粒较粗大，并且随 N 含量增加，析出温度更高，TiN 颗粒进一
步粗化。前者由于析出相密度的增加阻止了晶粒异常长大，从而使晶粒粗化温度提高。相
反，连铸坯中由于 TiN 密度降低，产生相反的结果。

图 2-32 中晶粒粗化温度的实验结果包括了 Ti 和 Ti-V 微合金钢所得到的实验数
据[59,62]。从所有实验结果中可以看出，只有 Ti、N 成分和铸坯冷却条件对实验钢的晶粒粗
化温度有影响。由此可见，V 对 Ti 微合金化钢的晶粒粗化温度几乎没有影响。

人们早就知道，热轧 Ti 微合金化钢的晶粒粗化温度比铸态的要低[58]。并且还发现随
加热次数的增加，钢的晶粒粗化抗力减弱。这种现象是由于多次加热促使平均晶粒尺寸细
化所导致（见式 2-33）。然而，Roberts 等人[58]指出，对 V-Ti 钢热轧态的晶粒粗化温度比
铸态低的现象不能单纯地用热轧时的晶粒细化来解释。Roberts 等人通过改变奥氏体-铁素
体相变时的冷却速度，获得 TiN 弥散度和奥氏体晶粒尺寸基本相同、但钒的碳氮化物析出
却有较大的差别的不同实验样品，它们的晶粒粗化温度如图 2-33 所示，由图可见，冷却

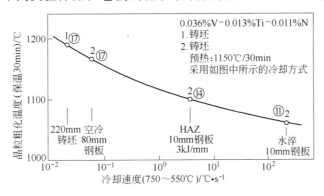

图 2-33 冷却速率对 0.036% V-0.013% Ti-0.011% N 钢 GCT 的影响
（圆圈内数字表示在晶粒粗化温度下基体奥氏体晶粒的平均直径）[58]

速率范围包含了从 220mm 连铸坯空冷到 10mm 钢板水淬，所观察到的晶粒粗化温度大约降低 130℃。研究认为，钢中产生了 V(C,N) 和 (Ti,V)N 两种质点的共同析出，前者在加热时迅速溶解，导致晶粒尺寸分布发生变化，促进了晶粒异常长大。图 2-33 的结果还表明，当两种弥散析出相密度的差别增加时，晶粒粗化温度进一步下降。

2.3.2　钒对形变奥氏体再结晶的影响

微合金化元素的最显著特征之一是它们对变形过程中再结晶的影响，通常有如下两种方式：其一是可有效地阻止变形奥氏体再结晶并获得"扁平"的变形奥氏体晶粒，由奥氏体向铁素体的相变过程中，使奥氏体转变为细小的铁素体晶粒。对这种工艺，要求主要变形发生在图 2-34 中的再结晶终止温度（T_5）温度以下。这是传统的控制轧制工艺（CCR）。显然，T_5 温度越高，则可以安排更多的轧制道次，控制轧制工艺也更有效。因此，CCR 控轧钢必须具有高的再结晶终止温度。另一种方式是尽量减小对变形奥氏体再结晶的影响，并使变形奥氏体在多道次变形时可反复再结晶，以此获得细化的奥氏体组织并最终得到细化的铁素体组织。这种工艺变形发生在高于图 2-34 中的完全再结晶温度（T_{95}）以上的温度区间。由于温度区间高，新的细小再结晶晶粒在道次间隔时间内有强烈粗化趋势，因此，需要有合适的抑制晶粒粗化的机制才能保持细小的晶粒尺寸。这种工艺称为再结晶控制轧制工艺（RCR）。第一种工艺路线适合于含铌微合金化结构钢的控制轧制；而第二种路线适合于 V-Ti 微合金化结构钢的控制轧制。这两种工艺的选择主要取决于不同微合金化元素对变形过程中再结晶影响规律的差异。

微合金化元素强烈影响形变奥氏体的再结晶行为。如图 2-35 所示，各种微合金化元素对形变奥氏体再结晶终止温度的影响存在很大差异[63]，这里指的是在热变形开始时溶解的微合金化元素含量，即在奥氏体中的固溶量。可以看出铌强烈提高形变奥氏体再结晶终止温度，微量的铌（0.05% Nb）可使钢的再结晶终止温度提高到 1050℃；而钒对钢的再结晶终止温度的影响很小，即使在很低的变形温度下，如 850℃，0.15% V 钢也能发生再结晶。关于微合金化元素提高形变奥氏体再结晶终止温度的机理一直是微合金化钢发展过程中人们争论的话题。人们对此也开展了大量的试验研究工作。目前提出的理论解释有两

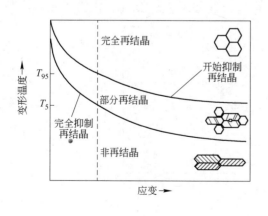

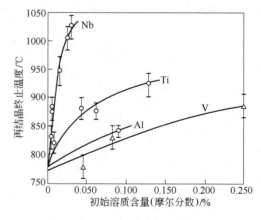

图 2-34　不同变形条件下奥氏体再结晶示意图　图 2-35　微合金化元素固溶量与再结晶终止温度的关系

（基体钢成分：0.07% C-0.225% Si-1.40% Mn）[63]

种：溶质原子拖曳理论[64,65]和第二相质点钉扎[66,67]理论。

再结晶过程涉及晶界或亚晶界的迁移，当溶质原子大量偏聚在晶界或亚晶界上时，晶界的迁移需要或者挣脱溶质原子移动或者带着溶质原子一起迁移，由此使晶界迁移受到阻碍，迁移速度被减缓，这就是溶质原子拖曳阻止再结晶作用。显然，溶质原子尺寸与铁原子尺寸相差越大越容易发生晶界偏聚，溶质原子在铁基体中的扩散系数若与铁的自扩散系数有明显差异也将明显减缓晶界迁移速度。铌、硼等元素的原子尺寸与铁原子相差较大，且在奥氏体中的扩散系数与铁的自扩散系数相差很大，因而具有显著的溶质拖曳阻止再结晶作用。钛的原子尺寸与铁的原子尺寸相差较大，但在奥氏体中的扩散系数与铁的自扩散系数相差不大，因而具有一定的溶质拖曳作用，但不如铌、硼显著。钒、铬、锰等元素的原子尺寸与铁原子很接近，故溶质拖曳作用很小。Jones[68]实验测量了不同微合金化元素溶质拖曳的阻力系数，结果如图2-36所示。可以看出，与钒、钛相比，铌的溶质拖曳的阻力系数要大得多。

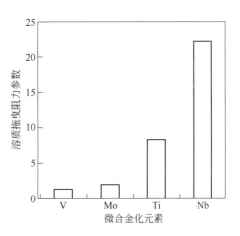

图 2-36 不同微合金化元素对溶质
拖曳阻力参数的影响[68]

第二相质点钉扎理论是人们广为接受的另一个观点。热变形过程中在晶界或亚晶界上应变诱导析出的微合金碳氮化物会产生显著的钉扎作用，从而抑制了奥氏体再结晶，这就是第二相钉扎阻止再结晶作用。大量试验结果表明[69]，微合金碳氮化物在奥氏体中的应变诱导析出一旦发生，形变奥氏体的再结晶过程就被显著推迟。由于形变储能既可促进形变奥氏体的再结晶，也可促进第二相应变诱导析出，这两个过程具有明显的竞争性，先发生形变诱导析出必然由于微区形变储能的耗散及钉扎作用而显著阻止基体再结晶，而先发生再结晶后形变储能的耗散将使第二相的沉淀过程显著推迟，从而使钉扎作用显著减弱。$Nb(C,N)$和TiC在奥氏体中的有效析出温度范围均在900℃以上，均能通过应变诱导析出方式阻止形变奥氏体再结晶。而在通常氮含量的钒微合金钢中，$V(C,N)$在奥氏体温度范围一般不会发生析出，因此对形变奥氏体的再结晶过程基本没有影响。对含铌钢，有证据表明，在奥氏体再结晶终止温度下，弥散析出的$Nb(C,N)$所产生的钉扎力要大于再结晶的驱动力[70,71]。

Boratto等人[72]得到各种微合金化元素对形变奥氏体再结晶终止温度影响的经验表达式：

$$T_{nr} = 887 + 464w(C) + (6445w(Nb) - 644\sqrt{w(Nb)}) + (732w(V) - 230\sqrt{w(V)}) +$$
$$890w(Ti) + 363w(Al) - 357w(Si) \tag{2-36}$$

式中，$w(M)$表示合金元素M的质量分数，%。该式的化学成分适用范围为0.04%~0.17%C、0.41%~1.90%Mn、0.15%~0.50%Si、0.002%~0.65%Al、不大于0.060%Nb、不大于0.120%V、不大于0.110%Ti、不大于0.67%Cr、不大于0.45%Ni的低碳低合金高强度钢。

Yamamoto 等人[73]通过实验方法，建立了在某一温度下软化比率与保温时间的关系图，比较了 V、Nb、Ti 微合金化元素对 0.002%C 钢软化效果的影响，结果见图 2-37。对奥氏体的早期研究工作表明，开始 25% 的软化是由静态回复引起的，剩下的 75% 的软化是由再结晶引起的[74,75]。从图 2-37 研究结果可以明显看出 V、Nb、Ti 微合金化元素对再结晶延迟作用的差异。Nb 对形变奥氏体再结晶的延迟作用最大，Ti 位于中间，而 V 对再结晶的延迟作用最小。这一研究结果与图 2-35 中 Cuddy 经典曲线有同样的变化趋势。

目前，人们还无法完全说明为什么不同微合金化元素对形变奥氏体再结晶的作用会有图 2-35 中所显示的如此大的差别。部分原因可通过溶解度曲线（图 2-8 和图 2-11）得到解释。从这两个图中我们可以看到，对 0.03% Nb 钢，当温度为 1000 ~ 800℃时，大部分的铌可沉淀析出；而对 0.10% 钒钢，当温度为 900 ~ 800℃时，仅有少量的钒能在奥氏体中沉淀析出。但是，仅凭这一点还是无法解释图 2-35 中 Nb 和 V 曲线如此巨大的差别。

另一种可能的解释可以用图 2-38 来说明[76]。图中给出了不同微合金化系统中析出的驱动力与温度的关系，其中析出的驱动力用过饱和度来表示。从图 2-38 中可以看出，在所有可能的析出系统中，只有 NbC 在大部分典型变形温度范围内具有高的过饱和度，即含铌钢在变形温度范围可产生显著的应变诱导析出。对钒钢来说，只有 VN 在低温变形的条件下才有一定的过饱和度，而 VC 不可能在变形的奥氏体中产生应变诱导析出。

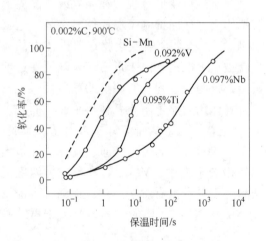

图 2-37   V、Nb、Ti 对 0.002% C 钢
软化效果的比较[73]

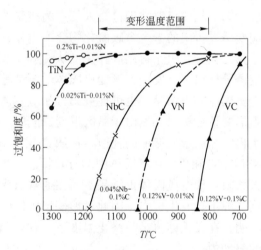

图 2-38   不同微合金化体系的析出潜力[76]

2.3.3　钒对奥氏体-铁素体相变的影响

V、Nb、Ti 微合金化元素对奥氏体-铁素体相变开始温度（A_{r3}）有一定的影响，如图 2-39 所示[76~78]。图中可见，Nb 对 A_{r3} 相变开始温度的影响最大，微量的 Nb 显著降低 A_{r3} 相变开始温度，在高的冷却速度条件下，影响效果更明显。与 Nb 相比，固溶 V 几乎对 A_{r3} 相变开始温度没有影响。Ti 对 A_{r3} 相变开始温度的影响效果介于 Nb 与 V 之间。

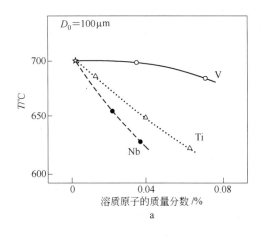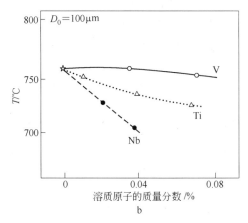

图 2-39　Nb、V、Ti 对相变温度 A_{r3} 的影响[76~78]

a—10℃/s；b—0.5℃/s

影响奥氏体-铁素体相变后铁素体晶粒尺寸的主要因素是铁素体形核速率和晶粒长大速率。传统上，原始奥氏体晶粒尺寸是影响相变后铁素体晶粒尺寸的关键因素。对微合金化钢，由于形变再结晶与微合金碳氮化物的交互作用，相变之前的奥氏体组织状态十分复杂，变形的奥氏体晶粒内产生的形变带也成为铁素体形核的有效位置，此时再用传统的原始奥氏体晶粒尺寸的概念难以准确描述。Kozasu 等人[79]提出用奥氏体有效晶界面积（S_V）的参数，即晶界面积/单位体积，来描述这类钢相变前奥氏体的组织状态。奥氏体有效晶界面积（S_V）和冷却速度是影响微合金化钢奥氏体-铁素体相变后铁素体晶粒尺寸的主要参数。

图 2-40 给出了 V 钢和 V-Ti 钢在不同奥氏体有效晶界面积（S_V）条件下铁素体晶粒细化的效果，并与 Nb 钢的晶粒细化效果进行了比较。图中显示，对 Nb 微合金化钢，人们发现即使在相同的 S_V 情况下，从未再结晶的形变扁平奥氏体组织中相变所得到的铁素体晶粒尺寸要比从再结晶的等轴奥氏体组织中相变所产生的铁素体晶粒尺寸更细小[79]。这种差别是因为铁素体在大变形的奥氏体内形变带上形核，从而增加铁素体的形核率。但是，对 V 钢和 V-Ti 钢进行相同的实验时，却未发现这种差别[80,81]。图 2-40 显示，在 V 钢和 V-Ti 钢中，在相同的 S_V 情况下，形变的未再结晶奥氏体相变后所得到的铁素体晶粒尺寸与等轴的再结晶奥氏体相变得到的铁素体晶粒尺寸基本相同。由此可以看出，含钒微合金化钢相变后的铁素体晶粒尺寸与奥氏体晶粒形状和生产工艺方法无关。由图 2-40 还可以看出，

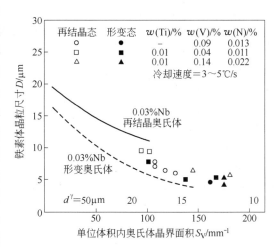

图 2-40　铁素体晶粒尺寸与单位体积内奥氏体界面面积的关系

（数据点表示 Ti-V 钢和 V 钢，曲线表示 Nb 钢）[80,81]

钒钢和钒钛钢相变后所得到的铁素体晶粒尺寸处于再结晶和未再结晶 Nb 钢的铁素体晶粒尺寸之间。由此可以得出一个重要的结论，只要奥氏体有效晶界面积足够大，钒钢也可以达到与 Nb 钢相同的细化效果，即获得大约 4.0μm 的细小晶粒。

参 考 文 献

［1］ Lagneborg R, Siwecki T, Zajac S, et al. The Role of Vanadium in Microalloyed Steels ［J］. Scand. J. Metall., 1999, 28(5): 186～241.

［2］ Gladman T. The Physical Metallurgy of Microalloyed Steels ［M］. London: The Institute of Materials, 1997.

［3］ Irvine K J, Pickering F B, Gladman T. Grain-refined C-Mn Steels ［J］. JISI, 1967, 205: 161～182.

［4］ Narita K. Physical Chemistry of the Group IVa (Ti, Zr), Va (V, Nb, Ta) and Rare Earth Elements in Steel ［J］. Trans. ISIJ, 1975, 15: 145～152.

［5］ Zajac S. Thermodynamic Model for the Precipitation of Carbonitrides in Microalloyed Steels ［J］. Swedish Institute for Metals Research, 1998, Report IM-3566.

［6］ Tailor K A. Solubility Products for Titanium-, Vanadium-, and Niobium-Carbides in Ferrite ［J］. Scripta Metall. Mater., 1995, 32: 7～12.

［7］ Koyama S, Ishii T, Narita K. Solubility of Vanadium Carbide and Nitride in Ferric Iron ［J］. J. Jpn. Inst. Met., 1973, 37: 191～196.

［8］ Todd J A, Li P. Microstructure-Mechanical Property Relationships in Isothermally Transformed Vanadium Steels ［J］. Metall. Trans. A, 1986, 17A: 1191～1202.

［9］ Hudd R C, Jones A, Kale M N. A Method for Calculating the Solubility and Composition of Carbonitride Precipitates in Steel with Particular Reference to Niobium Carbonitride ［J］. J. Iron Steel Inst., 1971, 209: 121～125.

［10］ Sekine H, Inoue T, Ogasawara M. Solubility Product of V_4C_3 in α-Iron ［J］. Trans ISIJ, 1968, 8: 101～102.

［11］ Baker L J, Daniel S R, Parker J D. Metallurgy and Processing of Ultra-low Carbon Bake Hardening Steels ［J］. Mater. Sci. Technol., 2002, 18(4): 355～368.

［12］ Popov V V, Gorbachev I I. Analysis of Solubility of Carbides, Nitrides, and Carbonitrides in Steels Using Methods of Computer Thermodynamics: II. Solubility of Carbides, Nitrides, and Carbonitrides in the Fe-V-C, Fe-V-N, and Fe-V-C-N Systems ［J］. Phys. Met. Metall., 2005, 99: 286～299.

［13］ Popov V V, Gorbachev I I. Simulation of VC Precipitate Evolution in Steels with Consideration for the Formation of New Nuclei ［J］. Philos. Mag., 2005, 85: 2449～2467.

［14］ Hillert M, Staffanson J. The Regular Solution Model for Stoichiometric Phases and Ionic Melts ［J］. Acta Chem. Scand., 1970, 24: 3618～3626.

［15］ Adrian H. A Thermodynamic Analysis of Microalloy Carbonitride Precipitation ［C］. In: Korchynsky M, Gorczyca S, Blicharski M. Microalloyed Vanadium Steels. Krakow, Poland: Assoc. of Polish Met. Eng., 1990: 105～124.

［16］ Speer J G, Michael J R, Hansen S S. Carbonitride Precipitation in Niobium/Vanadium Microalloyed Steels ［J］. Metall. Trans. A, 1987, 18A: 211～222.

［17］ Adrian H. Thermodynamic Calculations of Carbonitride Precipitation as a Guide for Alloy Design of Micro-alloyed Steels ［C］. In: Korchynsky M. Microalloying'95. Warrendale, PA: ISS-AIME, 1995: 285～305.

［18］雍岐龙. 钢铁材料中的第二相［M］. 北京：冶金工业出版社，2006.

［19］Wagner C. Thermodynamics of Alloys ［M］. Reading （MA，USA）：Addison-Wesley Co.，1952.

［20］Sundman B，Jansson B，Andersson J O. Thermocalc Databank System ［J］. CALPHAD，1985，9：153～159.

［21］Yoshinaga N，Ushioda K，Akamatsu S，Akisue O. Precipitation Behaviour of Sulfides in Ti-added Ultra Low-Carbon Steels in Austenite［J］. ISIJ Int.，1994，34：24～32.

［22］Zajac S，Jansson B. Thermodynamics of the Fe-Nb-C-N System and the Solubility of Niobium Carbonitrides in Austenite［J］. Metall. Trans. B，1998，29B：163～176.

［23］Wilson F G，Gladman T. Aluminium Nitride in Steel ［J］. Int. Mater. Rev.，1988，33：221～287.

［24］Brown E L，DeArdo A J. Aluminium Nitride Precipitation in C-Mn-Si and Microalloyed Steels ［C］. In：DeArdo A J，Ratz G A，Wray P J. Conf. Proc. Thermomechanical Processing of Microalloyed Austenite. Pittsburgh，PA：The Metallurgical Society of AIME，1982：319～341.

［25］Takahashi N，Shubata M，Furuno Y，et al. Boron-bearing Steels for Continuous Annealing to Produce Deep Drawing and High Strength Steel Sheets ［C］. In：Bramfitt B L，Mangono P L ed. Metallurgy of Continuous-annealed Sheet Steel. Warrendale，PA：AIME，1982：133～153.

［26］Lin H R，Cheng G H. Analysis of Hardenability Effect of Boron ［J］. Mater. Sci. Technol.，1990，6：724～729.

［27］Zajac S. Expanded Use of Vanadium in New Generations of High Strength Steels ［J］. Mater. Sci. Technol.，2006，22：317～326.

［28］Medina S F. Determination of Precipitation-time-temperature （PTT）Diagrams for Nb，Ti or V Microalloyed Steels［J］. Journal of Materials Science，1997，32：1487～1492.

［29］Medina S F，Mancilla J E，Hernández C A. Static Recrystallization of Hot Deformed Austenite and Induced Precipitation Kinetics in Vanadium Microalloyed Steels［J］. ISIJ Int.，1994，34：689～696.

［30］Medina S F，Quispe A，Gómez M. Model for Static Recrystallisation Critical Temperature in Microalloyed Steels ［J］. Mater. Sci. Technol.，2001，17：536～544.

［31］Medina S F，Quispe A，Gómez M. Strain Induced Precipitation Effect on Austenite Static Recrystallisation in Microalloyed Steels ［J］. Mater. Sci. Technol.，2003，19：99～108.

［32］Quispe A，Medina S F，Gómez M，et al. Influence of Austenite Grain Size on Recrystallisation-Precipitation Interaction in a V-Microalloyed Steel ［J］. Mater. Sci. Eng. A，2007，447：11～18.

［33］Medina S F，Gómez M，Chaves J I，et al. Study on Ferrite Intragranular Nucleation in a V-Microalloyed Steel ［C］. In：Materials Science Forum，Vols. 500～501：Trans Tech Publications Ltd，2005：371～378.

［34］Gómez M，Rancel L，Medina S F. Effects of Aluminium and Nitrogen on Static Recrystallisation in V-Micro-alloyed Steels ［J］. Materials Science and Engineering A，2009，506：165～173.

［35］Bertrand C，Albarran J，Pichard C，et al. Aspects on Recrystallization-precipitation in Microalloyed Steels ［R］. European Communities，Technical Steel Research，Final Report，Luxembourg：2004.

［36］雍岐龙，李永福，孙珍宝，等. 微合金碳氮化物与奥氏体之间的半共格界面比界面能的理论计算［J］. 金属学报，1988，24：A373～375.

［37］Yong Q. Theory of Nucleation on Dislocations［J］. Chin J Met Sci Tech，1990，6：239～243.

［38］徐曼，孙新军，刘清友，等. 低碳含钒钢组织变化及 V（C，N）析出规律［J］. 钢铁钒钛，2005，26（2）：25～30.

［39］龚维幂，杨才福，张永权，等. 低碳钒氮微合金钢中 V（C,N）在奥氏体中的析出动力学［J］. 钢铁研究学报，2004，16（6）：41～46.

[40] 王照东，曲锦波．松弛法研究微合金钢碳氮化物的应变诱导析出行为[J]．金属学报，2000，36：618~621.

[41] 刘胜新，陈永，刘国权，等．用应力松弛法研究微合金钢碳氮化物的应变诱导析出行为[J]．机械工程材料，2006，30(10)：84~87.

[42] Roberts W, Sandberg A. The Composition of V(C,N) as Precipitated in HSLA Steels Microalloyed with Vanadium [R]. Swedish Institute for Metals Research, 1980, Internal Report IM-1489.

[43] Liu W J, Jonas J J. A Stress Relaxaion Method for Following Carbonitride Precipitation in Austenite at Hot Working Temperatures [J]. Metall. Trans. A, 1988, 19A: 1430~1413.

[44] Akben M G, Weiss I, Jonas J J. Dynamic Precipitation and Solute Hardening in a V Microalloyed Steel and Two Nb Steels Containing High Levels of Mn [J]. Acta Met. , 1981, 29: 111~121.

[45] 雍岐龙，李永福，孙珍宝，等．微合金碳氮化物与铁素体之间的半共格界面比界面能的理论计算[J]．科学通报，1989：34：467~470.

[46] 方芳，雍岐龙，杨才福，等．V(C,N)在V-N微合金钢铁素体中的析出动力学[J]．金属学报，2009，45：625~629.

[47] Maugis P, Gouné M. Kinetics of Vanadium Carbonitride Precipitation in Steel: A Computer Model [J]. Acta Mater. , 2005, 53: 3359~3367.

[48] Lifshitz I M, Slyozov V V. The Kinetics of Precipitation from Supersaturated Solid Solutions [J]. J. Phys. Chem. Solids, 1961, 19: 35~50.

[49] 雍岐龙．稀溶体中第二相质点的Ostwald熟化（Ⅰ．普适方程）[J]．钢铁研究学报，1991，3(4)：51~60.

[50] 雍岐龙，白埃民，干勇．稀溶体中第二相质点的Ostwald熟化（Ⅱ．解析解)[J]．钢铁研究学报，1992，4(1)：59~66.

[51] 刘正东，程世长，包汉生，等．钒对T122铁素体耐热钢组织和性能的影响[J]．特殊钢，2006，27(1)：7~10.

[52] Zener C. Grains, Phases, and Interfaces: An Interpretation of Microstructure [J]. Trans AIME, 1948, 175: 47.

[53] Gladman T. The Theory of Precipitate Particles on Grain Growth in Metals [J]. Proc. R. Soc. London, Ser. A, 1966, 294A: 298~309.

[54] Pickering F B. Physical Metallurgy and the Design of Steels [M]. London: Applied Science Publishers, 1978.

[55] Hellman P, Hillert M. On the Effect of Second-Phase Particles on Grain Growth [J]. Scand. J. Metall. , 1975, 4: 211~219.

[56] Zajac S, Lagneborg R, Siwecki T. The Role of Nitrogen in Microalloyed Steels [C]. In: Korchynsky M. Microalloying'95. Warrendale, PA: ISS-AIME, 1995: 321~340.

[57] Roberts W, et al. Prediction of Microstructure Development during Recrystallization Hot Rolling of Ti-V Steel [C]. In: Korchynsky M, Proc. HSLA Steels: Technology and Applications. Metals Park, OH : ASM, 1984: 67~84.

[58] Siwecki T, Sandberg A, Roberts W. Processing Characteristics and Properties of Ti-V-N Steels [C]. In: Korchynsky M, Proc. HSLA Steels: Technology and Applications. Metals Park, OH: ASM, 1984: 619~634.

[59] Zajac S, Siwecki T, Hutchinson B, et al. Recrystallization Controlled Rolling and Accelerated Cooling for High Strength and Toughness in V-Ti-N Steels[J]. Metall. Trans. A, 1991, 22A : 2681~2694.

[60] Lehtinen B, Hansson P. Characterisation of Microalloy Precipitates in HSLA Steels Subjected to Differ-

ent Weld Thermal Cycles [R]. Swedish Institute for Metals Research, 1989, Internal Report IM-2532.

[61] Zajac S, Siwecki T, Svensson L E. The Influence of Plate Production Processing Route, Heat Input and Nitrogen on the HAZ Toughness in Ti-V Microalloyed Steel [C]. In: DeArdo ed A J. Proc. Conf. on Processing, Microstructure and Properties of Microalloyed and Other Modern Low Alloy Steels. Warrendale, PA: TMS, 1991: 511 ~ 523.

[62] Siwecki T, Sandberg A, Roberts W. The Influence of Processing Route and Nitrogen Content on Microstructure Development and Precipitation Hardening in Vanadium-Microalloyed HSLA Steels[R]. Swedish Institute for Metals Research, 1981, Internal Report IM-1582.

[63] Cuddy L J. The Effect of Microalloy Concentration on the Recrystallization of Austenite during Hot Deformation[C]. In: DeArdo A J, Ratz G A and Wray P J. Conf. Proc. Thermomechanical Processing of Microalloyed Austenite. Pittsburgh, PA: The Metallurgical Society of AIME, 1982: 129 ~ 140.

[64] Jonas J J, Weiss I. Effect of Precipitation on Recrystallization in Microalloyed Steels [J]. Metal Science, 1979, 13: 238 ~ 245.

[65] Luton M J. Interaction between Deformation, Recrystallization and Precipitation in Niobium Steels [J]. Metall. Trans. A, 1980, 11A: 411 ~ 420.

[66] Jones J D, Rothwell A B. Controlled Rolling of Low-Carbon Niobium-Treated Mild Steels [C]. In: Proc. Deformation under Hot Working Conditions. London: ISI Publication 108, 1968: 78 ~ 82, 100 ~ 102.

[67] Davenport A T, Brossard L C, Miner R E. Precipitation in Microalloyed High-Strength Low-Alloy Steels [J]. Journal of Metal, 1975, 27 : 21 ~ 27.

[68] Jones J. Mechanical Testing for the Study of Austenite Recrystallisation and Carbo-nitride Precipitation [M]. Woolongong, Australia: 1984: 80 ~ 91.

[69] Balance J B. The Hot Deformation of Austenite[M]. New York: TMS-AIME, 1976.

[70] DeArdo A J. Modern Thermomechanical Processing of Microalloyed Steel: A Physical Metallurgy Perspective [C]. In: Korchynsky M. Microalloying'95. Warrendale, PA: ISS-AIME, 1995: 15 ~ 33.

[71] Palmiere E J. Precipitation Phenomena in Microalloyed Steels[C]. In: Korchynsky M. Microalloying'95. Warrendale, PA: ISS-AIME, 1995: 307 ~ 820.

[72] Boratto F, Barbosa R, Yue S, Jonas J J. Effect of Chemical Composition on Critical Temperatures of Microalloyed Steels[C]. In: Imao Tamura. THERMEC'88 Proceedings. Tokyo: ISIJ, 1988: 383 ~ 390.

[73] Yamamoto S, Ouchi C, Osuka T. The Effect of Microalloying Elements on the Recovery and Recrystallization in Deformed Austenite[C]. In: DeArdo A J, Ratz G A, Wray P J. Conf. Proc. Thermomechanical Processing of Microalloyed Austenite. Pittsburgh, PA: The Metallurgical Society of AIME, 1982: 613 ~ 638.

[74] Palmiere E J. The Influence of Niobium Supersaturation in Austenite on the Static Recrystallization Behavior of Low Carbon Microalloyed Steels [J]. Metall. Trans. A, 1996, 27A(4): 951 ~ 960.

[75] Kwon O, DeArdo A J. Interactions between Recrystallization and Precipitation in Hot-Deformed Microalloyed Steels [J]. Acta Met. , 1991, 39 : 529 ~ 538.

[76] DeArdo A J. Niobium in Modern Steels [J]. Int. Mater. Rev. , 2003, 48(6): 371 ~ 402.

[77] DeArdo A J, Hua M J, Cho K G, et al. On Strength of Microalloyed Steels: an Interpretive Review [J]. Mater. Sci. Technol. , 2009, 25(9): 1074 ~ 1082.

[78] Okaguchi S, Hashimoto T and Ohtani H. Effect of Nb, V and Ti on Transformation Behavior of HSLA Steel in Accelerated Cooling [C]. In: Imao Tamura. Thermec'88 Proceedings. Tokyo: ISIJ, 1988: 330 ~ 336.

[79] Kozasu I, Onchi C, Sampei T, et al. Hot Rolling as a High-temperature Thermo-mechanical Process [C]. In: Korchynsky M. Proceedings of Microalloying'75. New York: Union Carbon Corp. , 1977: 120～135.

[80] Siwecki T, Hutchinson B, Zajac S. Recrystallisation Controlled Rolling of HSLA Steels [C]. In: Korchynsky M. Microalloying'95. Warrendale, PA: ISS-AIME, 1995: 197～212.

[81] Lagneborg R, Roberts W, Sandberg A, et al. Influence of Processing Route and Nitrogen Content on Microstructure Development and Precipitation Hardening in V-Microalloyed HSLA-Steels [C]. In: DeArdo A J, Ratz G A, Wray P J. Conf. Proc. Thermomechanical Processing of Microalloyed Austenite. Pittsburgh, PA: The Metallurgical Society of AIME, 1982: 163 ～194.

3 钒在钢中的析出

在实际生产中,钢坯轧制加热的停留时间一般都比较长,微合金碳氮化物的溶解很充分,基本能达到平衡状态。根据微合金元素碳氮化物固溶度数据,可以计算出平衡状态下溶解的微合金化元素含量和间隙元素含量。未溶解的微合金碳氮化物,如果尺寸足够小的话,根据质点钉扎理论,可以起到阻止晶粒长大的作用。而溶解在钢中的微合金化元素和间隙元素,在低温下将重新析出,起到细化晶粒和析出强化的作用。与其他微合金化元素相比,钒有较高的溶解度,在高温奥氏体区基本处于固溶状态。因此,钒是钢中最常用的析出强化元素。

第 2 章中已经对钢中钒的碳化物、氮化物、碳氮化物固溶度及析出的热力学、动力学规律进行了详细介绍,本章主要讨论钒在钢中的析出相类型、奥氏体和铁素体中钒析出相的形貌、分布及析出机理以及钒在钢中的析出强化作用等方面的内容。

3.1 析出相类型

关于钢中的析出相,人们已经开展了大量的研究工作。Edmonds 和 Honeycombe 在文献[1]中详细总结了 20 世纪 70 年代中期之前人们关于铁基合金中析出相研究的成果,特别是对钒的碳化物在钢中的析出机理进行了深入探讨。根据析出阶段的不同,Liu 和 Jonas 等人[2]把微合金钢中的析出相分为三种类型:

(1)第一类析出相是在液相、凝固期间或 δ 铁素体中析出的,这类析出相通常被称为夹杂物。这类析出相以氧化物和硫化物为主,氮化钛也是这一类析出相。由于析出温度高,尺寸较大,第一类析出相一般对奥氏体再结晶没有影响,而较细小的第一类析出相可以有效地阻止再加热或焊接热循环过程奥氏体晶粒长大。由于钒的碳、氮化物溶解度高,钒在钢中一般不会形成第一类析出相,但对 Ti-V 复合微合金化钢,有时 Ti 的高温析出相中会出现(Ti,V)(C,N)复合析出相。

(2)第二类析出相是奥氏体中的析出相,特别是在热变形过程,应变诱导形成的析出相能够有效地阻止奥氏体回复再结晶。应变诱导析出是铌微合金钢中的主要析出方式,而钒微合金钢中 V(C,N)在奥氏体中析出的驱动力小,只有在较高的钒和氮含量情况下,少量的 V(C,N)可以在奥氏体中产生应变诱导析出。

(3)第三类析出相是在奥氏体向铁素体相变期间或在相变后的铁素体中析出的。这类析出相非常细小,主要起沉淀强化作用。根据析出相的不同形貌,第三类析出相又可分为纤维析出、相间析出、一般析出三种类型。由于钒的碳氮化物溶解度高,基本能够完全溶解在高温奥氏体中,因此,第三类析出相是钒微合金钢中主要的析出相。

钒是强碳化物和氮化物形成元素,在钢中主要与碳、氮元素反应形成钒的碳化物、氮化物或碳氮化物。钒的碳化物和氮化物具有 NaCl 型的面心立方 (fcc) 晶体结构。理想化学计量配比下，钒的碳化物和氮化物中钒与碳、氮的摩尔比为 1:1，即其化学式应该表示为 VC 和 VN。由于点阵缺陷的原因，实际钒的化合物中的碳、氮原子存在空位，不能完全充填。研究结果表明，钒的碳化物和氮化物中碳、氮原子的化学配比在 0.75~1 之间变化。实际生产的钢中，钒的碳化物中碳的化学配比接近于下限，即 0.75；而钒的氮化物中氮的化学配比接近于上限。因此，钒的碳化物通常被表示为 V_4C_3，钒的氮化物一般表示为 VN。

碳化钒和氮化钒具有相同的晶体结构，点阵参数接近，可以完全互溶。实际上，含钒钢中钒的析出相很难区分为纯的碳化钒或氮化钒，通常都是以碳氮化钒的形式出现，化学式表示为 VC_xN_y，$x+y$ 在 0.75~1 范围之间变化。为了方便表达，这里统一把钢中的碳氮化钒析出相表示为 $V(C,N)$。

根据 $V(C,N)$ 析出相与铁素体基体的位向关系，可以判断其析出过程是发生在奥氏体中还是在铁素体中[3]。

如果析出相与铁素体基体符合 Baker-Nutting(B-N)位向关系[4]，即：

$$\{100\}_{\alpha\text{-Fe}} \,/\!/\, \{100\}_{V_4C_3}$$
$$[011]_{\alpha\text{-Fe}} \,/\!/\, [010]_{V_4C_3}$$

表明析出相是在铁素体析出的。

当析出相与铁素体基体符合 Kurdjumov-Sachs(K-S)位向关系[5]，即：

$$\{110\}_{\alpha\text{-Fe}} \,/\!/\, \{111\}_{V_4C_3}$$
$$[111]_{\alpha\text{-Fe}} \,/\!/\, [110]_{V_4C_3}$$

表明该析出相是在奥氏体中析出的。

Tekin 和 Kelly[6]的研究结果表明，碳化钒析出相与铁素体基体点阵之间存在一定的错配度，如图 3-1 所示，垂直于（100）面方向的错配度为 31%，平行于（100）面方向的错配度为 3%。这种位向关系被证实适用于在铁素体析出的所有碳化物和氮化物。

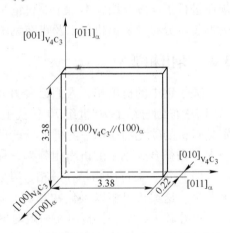

图 3-1 V_4C_3 与 α-Fe 之间的关系[6]

3.2 奥氏体中的析出

第 2 章中关于钒析出动力学部分已经提到，$V(C,N)$ 在未变形奥氏体中析出的动力学过程十分缓慢。实际上，对于正常成分的含钒钢，在高于 1000℃ 终轧时，几乎所有的钒将在铁素体中析出，而不会在奥氏体中析出。当钢中钒和氮含量都比较高时，少量的钒有可能在奥氏体中析出。在控制轧制过程中一些固溶态的钒可以通过形变诱导以 $V(C,N)$ 形式在奥氏体中析出。对 Ti-V 复合微合金化钢，在连铸过程或再加热过程中（如薄板坯连铸连轧的低加热温度下），奥氏体中可形成$(Ti,V)(C,N)$复合析出相粒子。在钒微合金化钢中增氮，大大加快了 $V(C,N)$ 颗粒在奥氏体中的析出过程。

3.2.1 夹杂物上的析出

MnS 夹杂物是 $V(C,N)$ 颗粒在奥氏体中析出的有利位置。图 3-2 和图 3-3 显示 0.10%

V-0.020% N 钒氮微合金化低碳钢中 V(C,N)析出相的形貌[7~9]。V(C,N)依靠 MnS 夹杂物作为形核核心，长大成为方形的 VN 析出相，见图 3-2a。钢中 AlN 夹杂物也能作为奥氏体中 V(C,N)形核的核心，见图 3-2b。当然，钒氮钢中有时还能观察到其他形貌的奥氏体中的 V(C,N)析出相颗粒，见图 3-3。

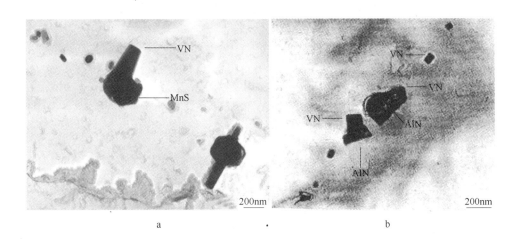

图 3-2　钒氮低碳钢中 VN 在 MnS、AlN 夹杂上的析出[7,8]
a—MnS 上析出的 VN；b—AlN 上析出的 VN

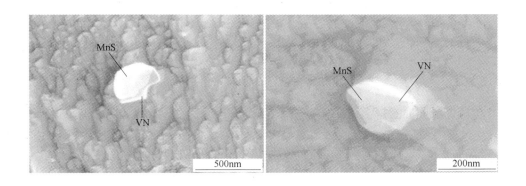

图 3-3　钒氮微合金化低碳钢（0.11% C-0.41% Si-1.32% Mn-0.11% V-0.014% N）中 MnS 夹杂上析出的 VN 颗粒形貌[9]

Li Y. 等人[10~12]的研究结果表明，在薄板坯连铸连轧的 V-Ti-N 微合金化钢中，钒参与高温奥氏体中的析出，形成 V、Ti 复合析出相。V、Ti 复合析出相颗粒在钢中呈现不同的析出形貌，除了传统的立方形 TiN 析出相的形貌外，还可观察到星形分布的 V、Ti 复合析出相（图 3-4），以及成串分布的立方形颗粒（图 3-5）。析出相成分分析结果表明，这些高温析出相几乎是纯氮化物，N/(Ti + V)的摩尔比在 0.9 ~ 1.1 之间。Ti/(Ti + V)的摩尔比随析出温度升高而增加，1050℃温度保温时，析出相中 Ti/(Ti + V)摩尔比在0.2 ~ 0.3 之间，而温度超过 1150℃时，析出相中 Ti/(Ti + V)摩尔比升高到 0.40 ~ 0.55 之间。

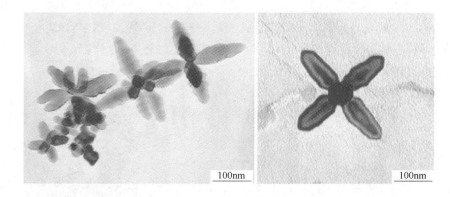

图 3-4 V-Ti-N 钢中星形分布的(Ti,V)(C,N)析出相的 TEM 照片[10,11]

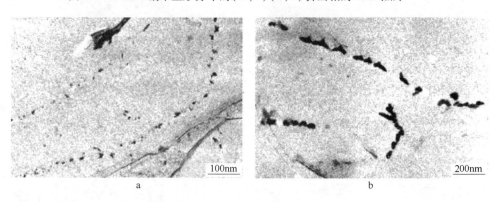

图 3-5 V-Ti-N 钢中立方形状的(Ti,V)(C,N)析出相 TEM 照片[7]
a—铸态试样；b—1100℃温度均热

3.2.2 奥氏体晶界上的析出

除夹杂物上产生的复合析出外，钒氮钢中 V(C,N)颗粒可沿原始奥氏体晶界析出。图 3-6 示出了薄板坯连铸连轧的钒氮微合金化钢中，沿原始奥氏体晶界轮廓析出的 V(C,N)颗粒形貌，析出颗粒的尺寸范围在 10～40nm 的范围。

3.2.3 奥氏体晶内的析出

应变诱导析出是微合金化元素在奥氏体中析出的主要方式。特别是对 Nb 微合金化钢，通过应变诱导碳氮化铌在奥氏体中析出来达到阻止回复再结晶的目的，这也是含铌钢能够实现控制轧制的主要原因之一。由第 2 章中图 2-38 可知，在常规的热轧变形温度范围内，碳氮化铌有很大的析出驱动力，在

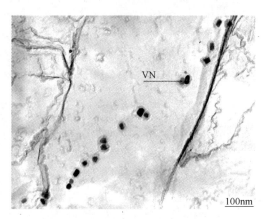

图 3-6 钒氮钢中 V(C,N)颗粒沿
原始奥氏体晶界析出[8]

很宽的变形温度范围内均可产生应变诱导析出，而对钒微合金化钢，VC 一直到850℃温度下均可完全固溶于奥氏体中，只有在较高的钒和氮含量情况下，钢中 VN 在低于1000℃以下温度变形时可以产生少量的析出。

V(C,N)在奥氏体晶粒内的应变诱导析出取决于钢中的钒、氮含量以及形变温度和形变量的大小。对高氮的含钒钢，终轧温度在850～900℃范围进行变形，V(C,N)能够在奥氏体晶粒内部产生诱导析出。图3-7显示，在0.15% C-0.12% V-0.020% N 的 V-N 微合金化热轧 H 型钢中，可观察到奥氏体中独立析出的 V(C,N)析出颗粒，颗粒形貌以立方形为主。

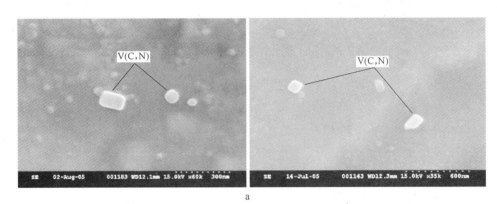

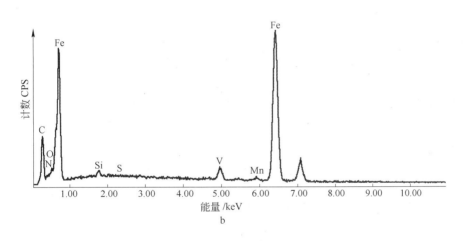

图3-7 V-N 微合金化热轧 H 型钢中 V(C,N)颗粒在奥氏体晶粒内部析出[13]

a—应变诱导析出 V(C,N)颗粒形貌；b—V(C,N)颗粒能谱图

Zajac 等人[14~17]深入研究了钒氮微合金化钢中 V(C,N)颗粒在奥氏体中的析出规律。增加变形量是促进 V(C,N)颗粒在奥氏体中析出的有效方法。0.10% V-0.02% N 的钒氮钢中，经900℃、50%变形后，奥氏体中析出的 V(C,N)颗粒明显增加，见图3-8a。奥氏体中析出的 V(C,N)颗粒形貌主要为立方形，能谱分析的结果表明析出颗粒主要为钒的氮化物，见图3-8b。析出相的尺寸分布如图3-8c 所示，颗粒尺寸大小在20～80nm 范围，颗粒分布密度约为0.5/μm。

奥氏体中析出的 V(C,N)颗粒尺寸相对较大，不能起到析出强化的作用。相反，由于钒在奥氏体中析出减少了基体中固溶的钒含量，导致铁素体中 V(C,N)析出数量的降低，

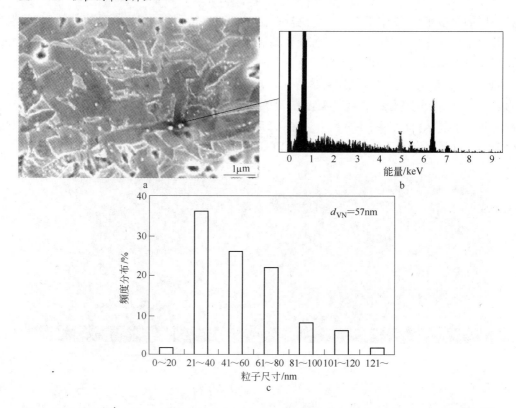

图 3-8　钒氮钢（0.10% V-0.02% N）经 900℃/50% 变形后奥氏体中析出的 V(C,N) 颗粒[14]
　　　　a—V(C,N)颗粒形貌及分布；b—V(C,N)颗粒能谱图；c—V(C,N)颗粒尺寸分布

会减弱钒的析出强化效果。但是，奥氏体中析出的 V(C,N) 颗粒为铁素体形核提供了有效的核心位置，起到诱导晶内铁素体形核的作用[18~21]，从而细化铁素体晶粒。图 3-9 给出

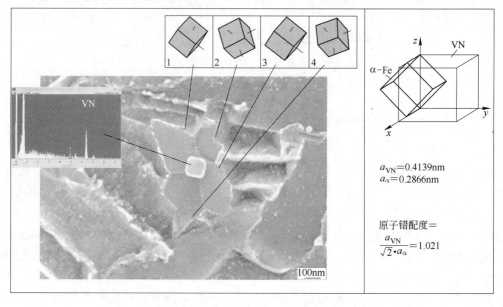

图 3-9　钒氮钢（0.10% V-0.02% N）中晶内铁素体在 VN 颗粒上形核[15]

了晶内铁素体晶粒在 V(C,N) 颗粒上形核长大的例子。图中可见，有四个晶内铁素体晶核在同一个 VN 颗粒上同时形核长大。

奥氏体中析出的 V(C,N) 诱导晶内铁素体形核的技术为含钒钢晶粒细化提供了一条有效途径。V(C,N) 诱导晶内铁素体形核与再结晶控制轧制技术相结合，产生了新一代的 TMCP 工艺，在非调质钢、厚截面钢板、型钢等领域获得了很好的应用[22~26]。

3.3 铁素体中的析出

能起有效强化作用的 V(C,N) 是在 γ/α 相变过程或相变后在铁素体中析出的细小颗粒。铁素体中弥散分布的细小 V(C,N) 颗粒起到了显著的析出强化作用，这是钒微合金化强化的主要方式。关于钒在铁素体中的析出规律也是人们研究最深入的领域之一。Honeycombe[27,28] 根据伴随 γ/α 相变形成的 V(C,N) 析出相形貌把铁素体中 V(C,N) 析出相分为三种类型，即纤维状析出、相间析出和随机析出。

如图 3-10 所示，在 γ/α 相变期间，V(C,N) 可以跟随着 γ/α 界面的移动，平行于 γ/α 界面以一定的间距形成片层状分布的相间析出，或者在铁素体内随机析出，即为一般析出。大量的研究表明，对于典型结构钢，相间析出一般在较高温度形成，而随机析出则产生于较低温度区域，通常低于 700℃。

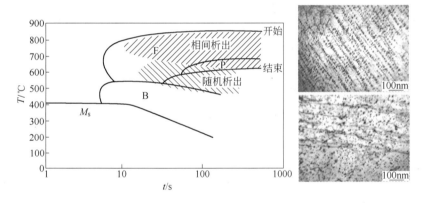

图 3-10 V(C,N) 在铁素体中析出示意图[15]

Khalid 和 Edmonds[29] 的研究表明，V(C,N) 颗粒也可以在珠光体的铁素体中析出。由于珠光体的转变温度较低，这类析出物通常更细小，不仅发生一般析出，也有相间析出。

3.3.1 纤维状析出

当冷速较低或在 γ→α 转变区的高温段保温时，钒钢中有时可观察到纤维状形貌的 V(C,N) 析出相[30~36]。这种析出物的典型特征是纤维束与 γ/α 界面垂直，类似珠光体中的渗碳体形貌，但比珠光体中的渗碳体细小得多，见图 3-11。V(C,N) 以纤维状形貌析

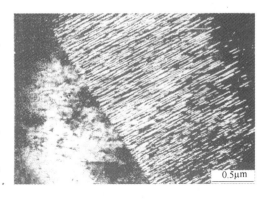

图 3-11 Fe-V-C-Mn 合金中纤维状 VC 析出相，730℃ 等温 15s[35]

出的这种情况很少发生，它不是微合金化钢中主要的析出方式。一般认为，这种析出模式是 $\gamma \rightarrow \alpha + V(C,N)$ 共析转变的一种变异形式[28]。这类分解反应是由 $\alpha/V(C,N)$ 界面前钒的浓度梯度驱动的。$\gamma/V(C,N)$ 和 γ/α 的平衡决定了这种钒的浓度梯度方向平行于 γ 界面，从而导致了钒从 γ 向 $\alpha + V(C,N)$ 中的横向重新再分布，形成了如上所述的纤维状 $V(C,N)$ 形貌。通过分析 Fe-V-C 系的等温截面相图，可以认为这类共析反应只有在具有相对较低过饱和度的 γ 成分中才能发生。值得注意的是，随钒含量的增加，$(\gamma + \alpha)/\gamma$ 相平衡界面必须有一定的坡度，以便为这类共析转变提供空间[37]。

3.3.2　相间析出

3.3.2.1　相间析出特征

相间析出是钒、铌、钛微合金钢中碳氮化物在铁素体析出的最主要形式。其主要特征是析出相沿平行于 γ/α 界面单一惯习面长大[1,9,29,38,39]，在铁素体中形成成排分布的析出相，见图 3-12。相间析出现象在含钼[31,40]、铬[41]、铜[42]钢以及钒[29,35,36,43~47]、铌[48]、钛[49]微合金化钢中均已观察到，Edmonds 和 Honeycombe[1]在其综述文章中有详细描述。

各种不同碳含量的含钒钢中，$V(C,N)$ 均可以在先共析铁素体和珠光体铁素体中以相间析出的形式析出，VC 或 $V(C,N)$ 的非均匀形核与相界面的结构特征相关。相变温度、冷却速率、钢的成分等因素对 $V(C,N)$ 相间析出的形貌、间距、尺寸大小有明显影响。相间析出的特征之一是温度越低析出相越细，这已得到许多研究结果的证实[16,50]。

对于典型成分（0.1% C-0.10% V）的钒微合金化结构钢，在较高的相变温度下（如接近 800℃），相间析出的层间间距分布不规则，且片层常呈弯曲状，如图 3-13 所示。随温度的下降，不规则间距的弯曲状相间析出消失，其片层将趋于规则分布，成为平直状。低于 700℃时，相间析出通常是不完全的，此时，从 γ/α 相变后的过饱和铁素体中发生的随机析出将逐渐占据主要地位。

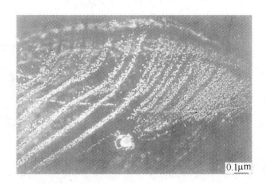

图 3-12　相间析出 $V(C,N)$ 析出相形貌[8]　　　图 3-13　不规则间距的 $V(C,N)$ 相间析出形貌[8]

相间析出与 γ/α 相界迁移有明显关系。但是，对于相间析出是发生在 γ/α 界面上还是在相界前方的奥氏体内或是在相界后方的铁素体内一直存在争论。目前，已有确凿的实验证据证实相间析出的形核发生在相界上[29]。通过透射电镜能够直接观察到在室温下具有稳定奥氏体的高合金钢中 $V(C,N)$ 颗粒在 γ/α 相界上的析出。一般来说，在高温条件下的析出反应其化学驱动力相对较小，析出相形核自然选择那些在能量上最有利的位置形核，如在相界处。在更低的温度下，析出反应的驱动力增大，因此，铁素体基体内部也能发生形核。

有人曾提出异议，认为在 γ→α 转变的过程中 γ/α 相界处奥氏体内碳的富集有利于促进微合金化碳氮化物在此类位置形核。然而，根据 Hillert[51] 的仲平衡（pseudo-para-equilibrium）理论，在正常情况下，γ/α 相变所引起的碳扩散发生在相界面局部平衡（相对于 C 和 V）的条件下，此时，V(C,N) 颗粒无论是在靠近相界处的铁素体一侧析出，还是在奥氏体一侧析出，都具有相同的化学驱动力。因此，伴随 γ/α 相界的快速移动，在相界处奥氏体一侧形成的高碳狭窄区域不能成为析出相优先形核的位置。

面心立方结构的 V(C,N) 颗粒在铁素体中以半共格的圆盘形式析出，与铁素体基体的位向关系是由 Baker 和 Nutting[4] 首先确定的，即 B-N 位向关系。这些颗粒的圆盘面平行于铁素体基体的（110）面。大量的电镜研究结果表明，相间析出的 V(C,N) 颗粒显示出三种可能的 B-N 位向关系中的某一种[36]。这种在晶体学上的选择有两种可能的解释[39,52,53]：（1）当铁素体和奥氏体的位向符合 K-S 关系时，即 (111)γ//(110)α，V(C,N) 的析出将选择与 γ、α 和 V(C,N) 三相的密排面相平行，此时 V(C,N) 颗粒的形核自由能最小；（2）当奥氏体和铁素体没有特定的晶体学取向关系时，如处于非共格关系，V(C,N) 析出相颗粒的圆盘面将会尽可能靠近 γ/α 相界面，从而使自由能最小化。由此可见，V(C,N) 析出相颗粒选择 B-N 取向关系中的某一种，从另一方面证明了相间析出是在 γ/α 相界的形核，这种选择性与单独在 γ 相或 α 相内形核的情况是不一致的。

Batte 和 Honeycombe 等人[34,43]深入研究了不同成分 Fe-V-C 合金在 600 ~ 850℃ 温度范围内奥氏体等温分解过程中碳化钒的析出规律。图 3-14 显示了等温转变温度对 Fe-V-C 合

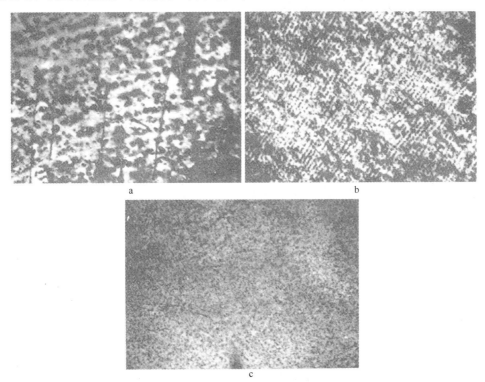

图 3-14　Fe-V-C 合金不同温度等温转变的 VC 析出相形貌（70000 ×）[34]

a—825℃保温 6min；b—775℃保温 5min；c—725℃保温 5min

金碳化钒析出相形貌的影响[34]。图中可见，0.20% C-1.04% V 合金在 825℃ 等温相变时，相间析出的碳化钒颗粒尺寸和层间距离相对比较粗大，平均尺寸超过 10nm，层间距离大于 50nm；当相变温度降低到 775℃ 时，相间析出的碳化钒颗粒平均尺寸和层间距离明显减小；当相变温度进一步降低到 725℃ 时，碳化钒析出相的平均颗粒尺寸约为 5nm，层间距离减小到 10nm。图 3-15 给出了不同合金成分的 Fe-V-C 合金等温相变过程中相间析出的碳化钒平均颗粒尺寸和层间距离随相变温度的变化规律。钢中钒、碳含量越高，即碳化钒析出相的体积分数越大，析出相的平均颗粒尺寸就越细小，并且相间析出的层间间距也越小。图中的统计结果清楚地显示，相间析出的碳化钒颗粒平均尺寸和层间距离随相变温度的升高而增加，钢中钒、碳浓度越低，温度的影响效果越明显。

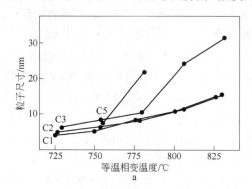 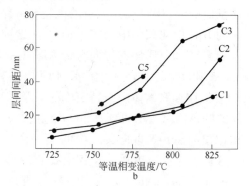

图 3-15 等温相变温度对钒钢中 VC 析出相的影响[43]

a—析出相粒子尺寸；b—析出相层间间距

C1—1.04% V-0.20% C-0.02% Nb，析出相体积分数：1.23%；C2—0.75% V-0.15% C-0.02% Nb，

析出相体积分数：0.93%；C3—0.48% V-0.09% C-0.02% Nb，析出相体积分数：0.55%；

C5—0.55% V-0.04% C-0.02% Nb，析出相体积分数：0.23%

其他合金元素，如扩大奥氏体相区合金元素，镍、铬、锰等，因其延迟 $\gamma \rightarrow \alpha$ 相变过程，这样在给定温度下，分解反应将变得更缓慢，扩散时间也更长，因此，析出相也将更粗大。并且，由于等温相变的 "C" 曲线向右下方移动，因此钢中含有锰、镍、铬等合金元素时，相间析出可以发生在更低的温度。如图 3-16 所示，Mn 元素的加入对含钒钢等温转变曲线（TTT 曲线）有明显的影响。添加 1.5% Mn 可使含钒钢鼻点温度的等温相变开始时间从几秒钟推迟到 100s 左右，并且鼻点温度也明显降低。形貌观察结果证实，钢中加入 1.5% Mn，增加了纤维状 VC 析出相，数量可达到 20% 的水平。钢中加入 Cr 也产生同样的效果，Fe-V-C 合金中添加 2% Cr，可使纤维状 VC 析出相的数量从 5% 增加到 40%。

钢中的氮含量对 V(C,N) 相间析出的层间间

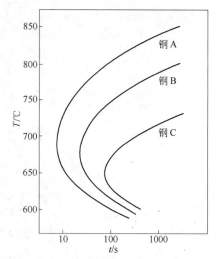

图 3-16 锰对含钒钢等温相变特性的影响[34]

钢 A—0.23% C-0.96% V-0.02% Nb；

钢 B—0.23% C-0.93% V-0.02% Nb-

0.66% Mn；钢 C—0.28% C-

0.98% V-0.02% Nb-1.30% Mn

距也有很大影响。图 3-17 示出了 0.10% C-0.12% V 钢中 V(C,N)相间析出的典型形貌。由图中可看出，随相变前沿不断向奥氏体推进，V(C,N)颗粒平行于 γ/α 界面反复形核，最终形成片层状分布的相间析出特征。对于这类成分的钢，正常在 800 ~ 700℃ 的相变温度范围可观察到这一现象。图中的结果清楚地显示，随钢中氮含量的增加，V(C,N)相间析出的层间间距明显减小，析出相的颗粒尺寸也更细小。图 3-18 显示出相间析出 V(C,N)颗粒的层间间距随相变温度和钢中氮含量变化的规律。随相变温度降低，析出相的层间间距减小。在相同的相变温度下，如 750℃ 等温时，钢中氮含量由 0.005% 提高至 0.026%，析出相的层间间距缩小至原来的 1/3。同时注意到，同一层内的粒子间距比层间间距要小得多。

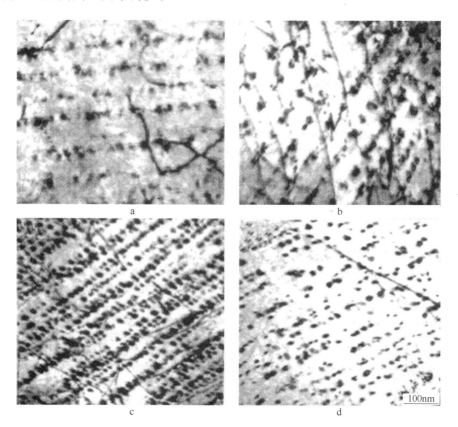

图 3-17　750℃ 等温 500s 时，氮含量对 0.10% C-0.12% V 钢中相间析出间距和
V(C,N)析出相密度的影响（TEM 照片）
a—0.0051% N；b—0.0082% N；c—0.0257% N；d—0.0095% N-0.04% C[16]

钒氮微合金化钢中 V(C,N)析出的另一个重要特征是，在同一个试样中，其至即使是在同一个晶粒内，析出的模式是多种多样的。在许多研究中都观察到了这种特征，Smith 和 Dunne[36]特别强调了 V(C,N)析出的这一特点。不仅相间析出有各种不同模式，而且随机析出也可在高温和低温下发生，并且通常与相间析出出现在同一晶粒内。他们还发现，在 820℃ 的较高相变温度下，随机析出也会出现三种 Baker-Nutting 晶体学位向关系的变化。产生这种异常现象的原因是先形成的铁素体长大速度过快，抑制了相间析出的发生，导致

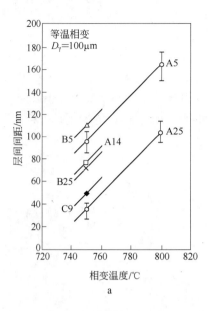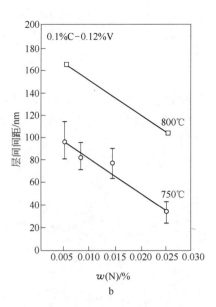

图 3-18 相变温度（a）和氮含量（b）对 V(C,N) 相间析出的层间间距的影响[16]

B5—0.10%C-0.12%V-0.0056%N；A5—0.10%C-0.12%V-0.0051%N；A14—0.10%C-0.12%V-0.014%N；

B25—0.10%C-0.06%V-0.025%N；C9—0.04%C-0.12%V-0.0095%N；A25—0.10%C-0.12%V-0.026%N

铁素体过饱和而发生随后的随机析出。

3.3.2.2 相间析出机制

相间析出机制是人们广泛研究的重要课题。不同的研究者提出了各种模型来解释这一现象，Li 和 Todd[45] 在文章中总结了关于相间析出的不同模型。大体上来说，相间析出机制可分成两类：台阶机制模型和基于溶质扩散控制的模型。Honeycombe 等人[38,43] 首先对相间析出的机制作了深入研究。他们认为相间析出非均匀地在 γ/α 界面上形成，使其在垂直于相界方向上的迁移受到钉扎。相界的局部突出将形成可移动的台阶，台阶向前移动，使得析出相重新形核，形成新的析出层，此时，相界的剩余部分仍保持静止。在这个机制中，层间间距由台阶高度决定。图 3-19 给出了规则台阶高度和不规则台阶高度两种情况下碳化物在 γ/α 界面形核长大机制的示意图。

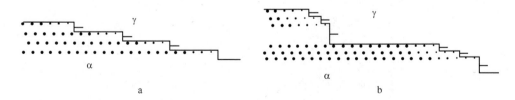

图 3-19 碳化物在 γ/α 界面形核长大机制示意图[43]

a—规则台阶高度；b—不规则台阶高度

台阶机制的主要缺陷之一是难以令人信服地解释层间间距随温度、钢的成分，特别是钒、碳和氮含量的变化而变化的事实，并且也难以看出这些参数是如何影响台阶高度的。Roberts 等人[54,55] 基于溶质扩散控制提出的溶质消耗模型（solute-depletion model）是另一个解释相间析出的主要模型。Roberts 模型后来又经 Lagneborg 和 Zajac 等人[47]完善和发展，建立了一个有预测能力的分析系统，模型预测的结果与实验观察结果有很好的一致性。

图 3-20 给出了 Roberts 的模型示意图。在 Roberts 模型中，假设 V(C,N)颗粒在光滑移动的相界面后形核，随着析出相的长大，铁素体基体中溶质被消耗，最终形成成排排列的相间析出。在相界面迁移速度很慢的情况下，相间析出有可能变成纤维状形貌，即析出相纤维在光滑的 γ/α 相界面处形核，并且沿着平行于缓慢移动的相界面方向长大。

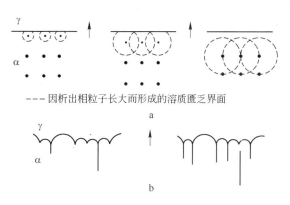

图 3-20　Roberts 相间析出的溶质消耗模型示意图[54]

a—相间析出；b—纤维析出

Lagneborg 和 Zajac[47]对 Roberts 溶质消耗模型进行了定量描述：首先假定铁素体晶粒向奥氏体晶粒内的长大过程是受奥氏体内碳的扩散控制，并且在相界面上保持局部平衡。这一长大过程中将涉及几个方面的交互作用，包括：V(C,N)粒子在 γ/α 界面上的形核，析出相周围贫钒区的长大，以及 γ/α 相界面由析出相片层向外连续迁移的过程，如图 3-21a 所示。

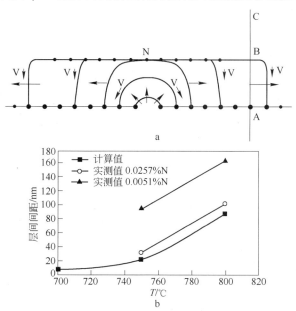

图 3-21　V(C,N)相间析出示意图（a）及 0.10%C-0.13%V 钢相间

析出层间间距的实验测量和计算值与温度的关系（b）[15]

在形核之后的瞬间，贫钒区的长大速率无限大，但随着时间的延长，它将按抛物线关系逐渐下降，即粒子半径 ∝（时间)$^{1/2}$。铁素体的长大也遵循相似的抛物线规律，但相对于铁素体晶粒尺寸而言，在析出相层间间距的短距离范围内铁素体的长大速度可以认为是常数。这意味着，在析出相初始形核之后，γ/α 界面处在贫钒区内，但最终将移出这个不断长大的贫钒区，此时界面又进入原始钒含量的区域，重新开始新一层析出相的形核过程。这样就给计算层间间距确定了条件。图 3-21b 给出了用这种模型作出的预测结果。层间间距随析出温度变化的计算结果与实验观测结果有很好的一致性。该模型还能预测含钒钢在低于700℃的相变温度时相间析出转变为随机析出。

在相变温度 800℃以上高温区，对于典型成分的钒微合金化钢（0.10% C-0.10% V），V(C,N) 析出逐渐变得不规则并且析出量也很少。这一现象也可以从该模型得到解释。根据模型的预测结果，在这个温度范围，相间析出的层间间距将急剧增大，到 850℃时，图 3-21 中的试验钢 V(C,N) 相间析出的层间间距预测值超过 500nm。同时，同一层的颗粒间隔也增大。此时，已经很难通过微观组织来观察作为相间析出特征的析出相。值得注意的是，对于所研究的试验钢，850℃时已接近了 V(C,N) 的溶解度极限。

模型预测结果表明，层间间距与铁素体的长大成正比，或者说与相变程度成正比。实际上，模型预测认为在相变的早期阶段，因铁素体快速长大而使 V(C,N) 不能形核，只有当铁素体的长大速率降低以后，才满足相间形核的条件。在 γ/α 相变的开始阶段，移动的 γ/α 界面后边的铁素体相对于 V(C,N) 来说处于过饱和状态，因此，将发生随机析出。Smith 和 Dunne[36] 基于他们的研究结果对这一现象作出了明确的推断。

基于相界面形核的任何一种相间析出机制必须能够解释相界面脱离片层状密集排列粒子的过程。在 750℃ 相变温度下，根据对 γ/α 相变反应的化学驱动力计算结果，颗粒间距小于 50nm 时相界面将完全被钉扎[45]。从图 3-17 中的电镜照片可以看到，相间析出的 V(C,N) 颗粒间距正好是在这个距离范围内。当然，析出颗粒的间距范围有很大的变化，可使相界面局部突出并绕过颗粒而向前迁移。因此，这个过程只是暂时阻止相界的运动，降低相界平均迁移速率。这可以解释在含钒钢中观察到的 γ/α 相变速率下降的现象。

虽然人们发展了各种相间析出的模型来解释微合金碳氮化物相间析出的规律，但多数情况下只能是定性地解释各种相间析出的规律性，要真正实现相间析出的定量计算还是十分困难的。

3.3.3 随机析出

3.3.3.1 析出相特征

钒钢中的碳氮化物可以在先共析铁素体中析出，也能在珠光体铁素体中析出，如图 3-22 所示[56]。铁素体内随机析出的细小 V(C,N) 颗粒形貌上主要呈现薄片状[35,38,57,58]，与铁素体基体符合 B-N 位向关系[4]。

透射电镜观察结果[35]清楚地显示，Fe-0.25% V-0.05% C 合金经 740℃、2.5h 等温后，铁素体内位错线上析出的碳化钒在三个惯习面方向均呈薄片状形貌，见图 3-23。铁素体中碳化钒析出相的形貌特征可以从析出相与 α 相的晶体学取向关系得到解释。铁素体中析出

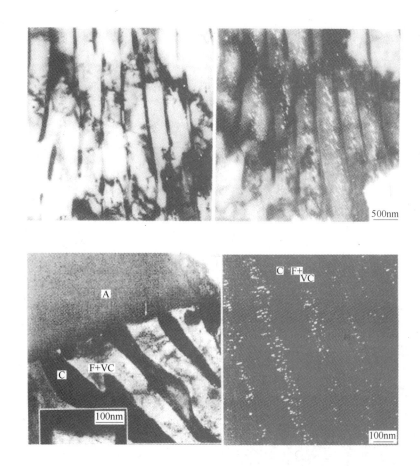

图 3-22　珠光体铁素体中 VC 析出相[56]

的 V_4C_3 与铁素体基体符合 B-N 位向关系，即 $\{100\}_{\alpha\text{-Fe}} // \{100\}_{V_4C_3}$。Tekin 和 Kelly[6]的研究发现，$V_4C_3$ 与 α 相的点阵错配度在平行于（100）面方向仅为 3%，而在垂直于（100）面方向的错配度达到 31%。由于错配度的差异，理论上在平行于（100）面方向 V_4C_3 和 α 相之间维持共格关系的极限尺寸可达到 6nm，而在垂直方向保持共格关系的极限尺寸仅约为 0.4nm。因此，铁素体中碳化钒析出相通常呈薄片状形貌。

微合金化元素碳氮化物在铁素体中均匀析出的初始阶段与铁素体基体保持共格关系。相比其他微合金化元素，钒的碳化物和氮化物与铁素体基体有最小的错配度，见表 3-1[4]。因此，相对铌、钛两种微合金化元素，钒的碳化物和氮化物与铁素体基体的共格关系可以保持到更大的颗粒尺寸。

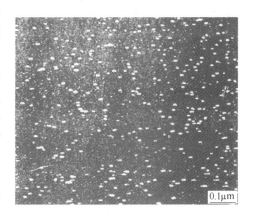

图 3-23　Fe-0.4% V-0.08% C 合金 725℃等温时铁素体中 VC 析出的电镜照片[43]

表 3-1 微合金碳氮化物与铁素体基体错配度估计值[4]

化 合 物	点阵常数/nm	ε_1	ε_2	$\varepsilon_2/\varepsilon_1$
NbC	0.4470	0.0650	0.292	4.49
NbN	0.4388	0.0526	0.279	5.29
TiC	0.4328	0.0435	0.270	6.32
TiN	0.4240	0.0293	0.254	8.65
VC	0.4154	0.0162	0.245	15.15
VN	0.4132	0.0124	0.241	19.42

注：ε_1 是 $(110)_{\alpha\text{-Fe}}$ 与 $(200)_{化合物}$ 界面之间的错配度；ε_2 是 $(100)_{\alpha\text{-Fe}}$ 与 $(100)_{化合物}$ 界面之间的错配度。

    铁素体内随机析出的碳氮化钒主要在位错线上形核，当然也能在铁素体晶内产生均匀析出，见图 3-24。有时，碳氮化钒析出相在铁素体的晶界处形成，如图 3-25 所示。

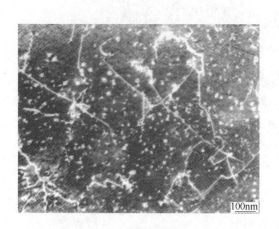

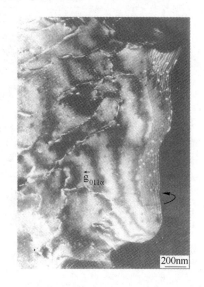

图 3-24 钒钢中铁素体内位错线上 V(C,N)析出相[8]　　图 3-25 钒钢中 V(C,N)颗粒在
铁素体晶界处析出[29]

    关于铁素体中碳氮化物的均匀析出过程，至今还没有一致的认识。有人认为[59]钢中碳化物、氮化物、碳氮化物在铁素体中的均匀析出过程与 Al-Cu 合金时效过程的析出相形成顺序相类似，包括三个阶段，即：偏聚区→中间相→平衡相。析出的初期阶段首先形成溶质偏聚，进而发展成一个区域，类似于 GP 区。虽然偏聚区形核理论主要来源于对合金的研究上，在商业用钢方面并未获得广泛认可，但它仍为铁素体中碳氮化物析出的研究提供了有力的佐证。

3.3.3.2 随机析出的影响因素

    对于典型成分的钒微合金化钢（0.10% C-0.10% V），随机析出发生在 700℃ 以下的温度范围内。如前所述，利用溶质消耗模型，可以很好地预测这种从相间析出到随机析出的转变[47]。当然高于此温度也可以发生局部随机析出。

    热力学的试验结果已证明，无论是在奥氏体中，还是在铁素体中，VN 的溶解度都要比 VC 低得多。也就是说 VN 在奥氏体和铁素体中的析出总是具有更大的化学驱动力。因

此，只要基体内有足够的氮元素存在，这种更大的
化学驱动力将使得在铁素体或奥氏体内都优先析出
富氮的 V(C,N)。图 3-26 显示了含钒钢 600℃ 和
700℃ 等温相变时铁素体中 VC_xN_y 析出相的碳分数 x
随铁素体中固溶氮含量变化的热力学计算结果。图
中可见，随着钢中氮含量的增加，VC_xN_y 析出相中
的碳分数 x 迅速下降。当钢中氮含量超过 0.010%
时，VC_xN_y 析出相中的碳分数 x 低于 10%，说明析
出相主要是富氮的 V(C,N)。只有当氮含量低于约
0.005% 时，V(C,N)析出相中的含碳量才开始有明
显的增加。

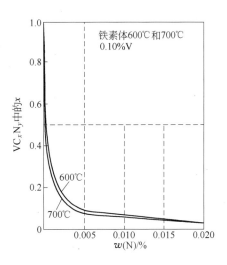

图 3-26 VC_xN_y 析出相成分随铁素体中
固溶氮含量的变化[46]

　　钢中的氮含量对铁素体中 V(C,N)的析出有显
著影响。如图 3-27 所示，氮含量从 0.005% 增加到
0.025%，析出颗粒密度显著提高。与此同时，钢
中增加氮含量还使析出颗粒尺寸大幅度减小，见图
3-28[16]。富氮的 V(C,N)析出时有更大的化学驱动力，因此，其析出时的形核率显著增
加，由此可解释上述的这些结果。在 650℃ 的试验温度下保温，V(C,N)在铁素体相中处
于过饱和状态。由于化学驱动力上的差异，高氮钢中 V(C,N)的形核密度较高，导致贫钒
区更早地相互接触，进而降低了析出相的长大速率，因而产生了高、低氮钢中 V(C,N)析
出相长大方面的差别。

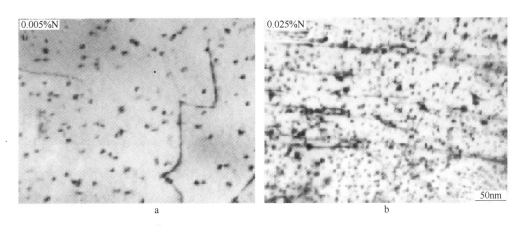

图 3-27 氮含量对 V(C,N)析出相颗粒密度影响的 TEM 照片，650℃ 等温 500s[37]

a—0.005%N；b—0.025%N

　　最新的研究结果表明，在一定条件下钢中碳含量能对析出强化起重要的作用[60,61]。
根据热力学计算的结果[62]，碳在铁素体中存在两个溶解度极限，如图 3-29a 所示。在
600℃ 时，与奥氏体处于亚稳状态下的铁素体中碳的溶解度大约是铁素体-渗碳体平衡状
态下的 5 倍，即亚稳状态铁素体中的碳含量最大能达到 250×10^{-4}%。铁素体中固溶碳
的增加显著提高了 V(C,N)析出的化学驱动力，见图 3-29b，这样就大大促进了 V(C,N)

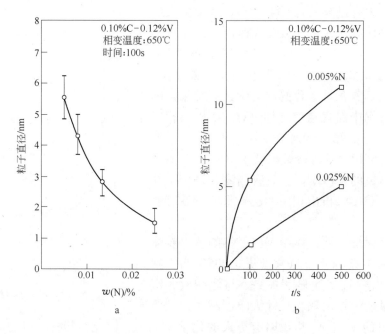

图 3-28　650℃相变后 V(C,N)析出物的长大[16]

a—随钢中氮含量的变化；b—随保温时间的变化

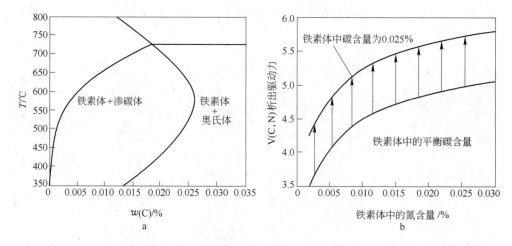

图 3-29　固溶碳含量对铁素体中 V(C,N)析出驱动力影响[60]

a—碳在铁素体与渗碳体、奥氏体平衡态的溶解；b—V(C,N)析出驱动力

的形核。由于奥氏体中能够提供足够的碳，并且碳的扩散速度也非常高，因此，即使开始出现 V(C,N)析出，铁素体中碳的活度也能维持不变。这种状态一直能够持续到珠光体相变开始后建立新的平衡为止。此时铁素体中碳的活度开始降低，将减弱 V(C,N)的形核。

钢中碳含量的增加，γ/α 相变的动力学过程受到抑制，因此，碳在奥氏体中的扩散也需要更多的时间。这样，不仅是铁素体中碳的活度更高，而且铁素体中拥有过饱和碳的时间也被延长，最终导致更多的 V(C,N)颗粒在铁素体中形核，并且产生更致密的析出相，如图 3-30 所示。试验结果表明：含钒钢中每增加 0.01% C 可带来约 5.5MPa 的析出强化增量[60]。

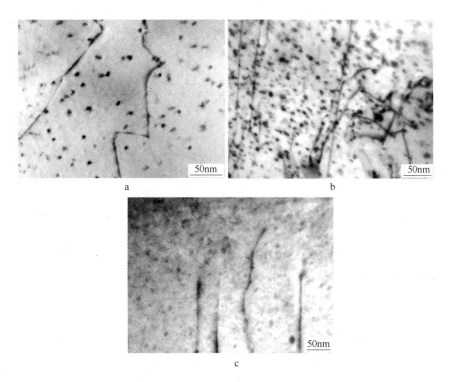

图 3-30   碳含量对含钒钢 V(C,N)析出相的影响[60]
a—0.04% C；b—0.10% C；c—0.22% C

3.4   贝氏体中的析出

贝氏体是钢中最复杂的组织，至今人们对贝氏体相变的机理还没有形成完全一致的认识。贝氏体转变过程中对碳是通过 α/γ 相界面扩散还是在过饱和铁素体中体扩散仍然存在争论。另外，贝氏体相变温度低，析出相更细小，实验观察也更加困难。这些因素一直制约了微合金化元素析出相在贝氏体钢领域中的研究工作。最新的技术发展[63~65]为人们开展这一方面的研究创造了条件。

贝氏体钢应用领域很广泛，从高碳钢一直到超低碳钢都有应用[66~69]。在超低碳贝氏体钢领域，由于其良好的强韧性匹配，近年来获得了越来越广泛的应用。为了进一步提高贝氏体钢的强度，在细化贝氏体组织的同时，充分发挥析出强化的作用是非常重要的。在欧洲煤钢联盟的支持下，欧洲相关的研究机构及钢铁企业合作对钒、铌、钛微合金化在贝氏体铁素体中的析出反应开展了深入的研究工作，取得了许多有意义的成果[63,64,70~74]。

与多边形铁素体相变相比，贝氏体相变温度更低，速度也更快，因此，贝氏体铁素体处于亚稳状态，有可能存在大量过饱和的碳，即贝氏体铁素体中能够参与析出反应的碳有可能要比多边形铁素体中的高很多，这大大增加了碳氮化物在贝氏体铁素体中析出的化学驱动力。热力学计算结果表明[70]，微合金碳氮化物在 350~450℃ 温度范围内的贝氏体铁素体中形核的驱动力比 600℃ 时多边形铁素体中形核的驱动力高 2~3 倍。这些因素为微合金碳氮化物在贝氏体铁素体中的析出创造了条件。

图 3-31 显示了 V-N 微合金化低碳贝氏体钢中碳氮化钒析出相的高分辨扫描电镜（HRSEM）照片。图中可见，细小的 V(C,N) 颗粒在贝氏体铁素体中析出。析出相的形貌与贝氏体形态有关，粒状贝氏体中的析出相弥散随机分布，板条状贝氏体中的析出相出现类似相间析出的成排分布。贝氏体铁素体中的 V(C,N) 析出颗粒都非常细小、均匀，并且析出相也十分稳定。说明 V(C,N) 析出相是在贝氏体铁素体板条形成过程中析出，一旦贝氏体板条完成相变，析出相的长大也随之停止。

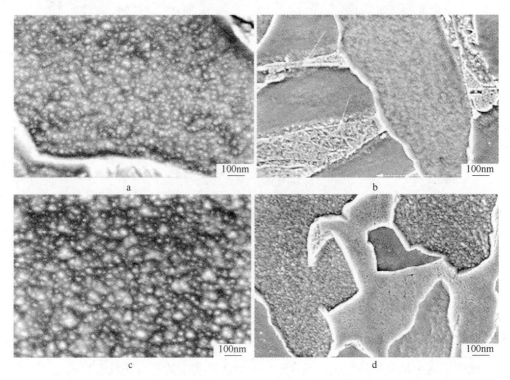

图 3-31　V(C,N) 在 0.1% C-0.20% V-0.015% N 的低碳贝氏体钢等温过程中的析出相[63]
a，b—550℃/1800s；c，d—450℃/1800s

在贝氏体铁素体中析出的碳氮化钒的形貌也是以薄片状为主，如图 3-32 所示。研究发现，析出相与贝氏体铁素体之间的晶体学取向关系符合 B-N 位向关系。

含钒的低碳贝氏体钢中（0.1% C），贝氏体铁素体中碳氮化钒析出相有三种类型：（1）位错线上的析出相；（2）类似相间析出呈层状分布的析出相；（3）球状析出相。贝氏体铁素体中最常见的碳氮化钒析出相是在位错线上形核的析出相，如图 3-33a～d 所示，析出相形貌以薄片状为主，

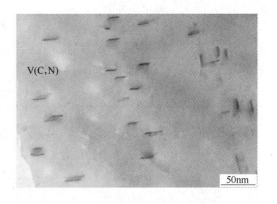

图 3-32　贝氏体铁素体中 V(C,N) 形貌 TEM 照片[63]

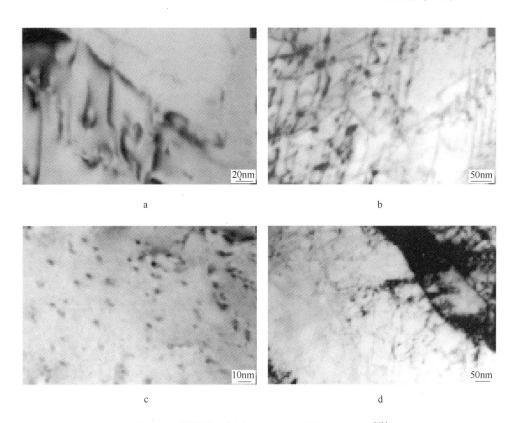

图 3-33 位错线上析出 V(C,N)颗粒 TEM 照片[63]

a—550℃/300s；b—550℃/1800s；c—500℃/300s；d—500℃/1800s

它们与贝氏体铁素体基体保持共格或半共格关系。详细的形貌观察结果表明，大量的碳氮化钒析出相是在贝氏体铁素体板条长大过程中析出的，因此出现了类似相间析出的成排析出相，见图 3-34。TMCP 工艺处理的含钒钢中，贝氏体铁素体中还观察到碳氮化钒的球状析出颗粒，如图 3-35 所示。这种析出相尺寸稍大一些，很可能是发生在形变带上的应变诱导析出所致。

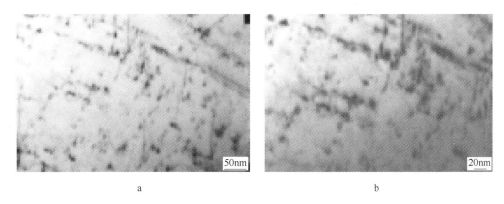

图 3-34 类似相间析出的 V(C,N)析出相[63]

a，b—550℃/300s

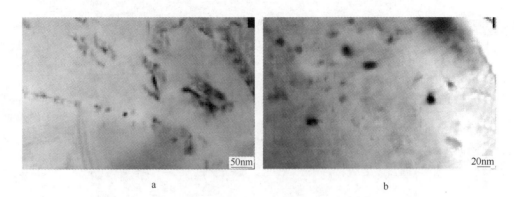

a   b

图 3-35　析出的球状 V(C,N)颗粒 TEM 照片[63]

a—550℃/300s；b—550℃/1800s

3.5　回火过程中的析出

钒在淬火回火钢中的应用要比钒在微合金化钢中的历史早得多。早在微合金化概念被提出之前，钒就在抗高温软化性能的淬火回火 Cr-Mo 钢中得到应用[75~78]。

当钢中含钒量达到一定数量时，将产生明显的二次硬化作用。如图 3-36 所示，约在 550~650℃温度范围，含钒钢在回火软化过程中存在一个二次硬化峰。钒的碳化物的大量析出是产生二次硬化的主要原因。

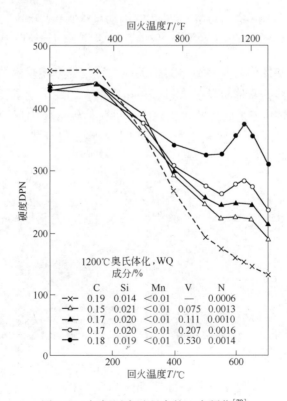

图 3-36　钒钢回火过程中的二次硬化[79]

回火过程中析出的碳化钒通常是 V_4C_3，并不是理想配比的 VC。位错线上非均匀形核析出是回火过程中 V_4C_3 析出的主要方式。析出相形貌通常也是呈薄片状，也有呈短杆状或圆片状[80~83]，如图 3-37、图 3-38 所示。

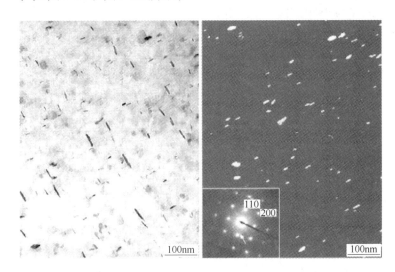

图 3-37　回火过程中 V_4C_3 析出相形貌[83]

钢成分：0.10% C-2.00% Mn-1.59% Mo-0.56% V-0.03% Al-0.0044% N，$w(Si) < 0.005\%$

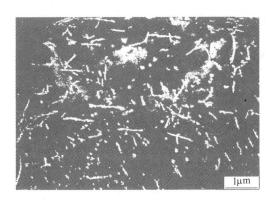

图 3-38　回火过程中位错线上析出钒的碳化物[35]

3.6　析出强化作用

析出强化是微合金化元素最重要的作用之一。根据 Ashby-Orowan 模型，第二相析出强化作用取决于第二相颗粒的体积分数和尺寸大小。第二相颗粒尺寸越小，其析出强化效果越强。第二相体积分数增加，其析出强化作用也加强。Gladman[84] 基于 Ashby-Orowan 模型对比了钒、铌钢中析出强化作用的实验观察结果与理论计算结果，如图 3-39 所示。实验测量得到的析出强化作用与理论计算得到的析出强化作用结果有较好的一致性。

虽然微合金钢中析出相的体积分数较低，但析出相细小弥散，通常其颗粒尺寸小于

10nm,因此,第二相的析出强化对屈服强度的贡献是明显的。由于钒有更高的溶解度,含钒钢中可以得到更高体积分数的析出相,因此也具有产生更大析出强化的能力。从图 3-39 可以看出,含钒钢第二相体积分数为 0.10% ~ 0.15%,当第二相颗粒尺寸达到 3 ~ 5nm 时,最大析出强化效果可达到 150MPa。铌也能产生明显的析出强化,铌钢在第二相体积分数为 0.03% ~ 0.04%、对应第二相颗粒平均尺寸约 3 ~ 5nm 时,能够产生的最大析出强化约 100MPa。需要指出的是,如果 Nb(C,N)析出发生在高温奥氏体热变形过程中,即通常所说的应变诱导析出,其析出强化作用将显著降低。TiC 的

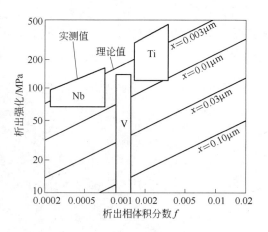

图 3-39 基于 Ashby-Orowan 模型的析出强化与
析出相尺寸和体积分数的关系[84]

析出也能产生强烈的析出强化,在高强度带钢的生产中经常应用。

图 3-39 中 Gladman 示意图的应用需特别小心。正如 DeArdo[86] 所指出的那样,Gladman 示意图推算析出强化作用代表了所能达到的最大强化效果,它是在一种理想的析出条件下才能实现,即微合金化元素能够完全析出。实际情况下,各种因素,如轧制温度、变形量、冷却途径和冷却速度等,对析出反应、析出相尺寸和数量有很大影响。因此,实际的析出强化效果不一定像 Gladman 示意图中所显示的那样强烈。

在所有微合金化元素的析出相中,钒的析出相具有最高的溶解度,能在相对低的温度下就能完全固溶于奥氏体中,从而当钢冷却至铁素体区域时,能全部地参与析出强化。因此,钒通常是析出强化作用优先考虑的元素。

图 3-40 示出了钒在热轧产品中的强化效果[87]。钢中添加 0.10% V 时,最大能产生 250MPa 以上的强度增量,在特殊情况下甚至能达到 300MPa。可以看出,钒在钢中的强化效果与钢中氮含量水平密切相关。0.1% V 的钢中,氮含量从 50×10^{-4}% 增加到 0.025%,钒的强化作用提高一倍,从 140MPa 增加到 280MPa。

Zajac 和 Lagneborg 等人[17,37,60,61] 对不同 V、N 和 C 含量在等温相变中 V 的强化效果进

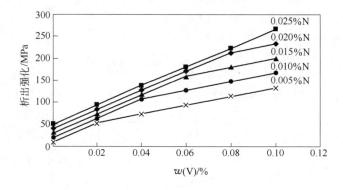

图 3-40 钒、氮对热轧产品析出强化作用的影响[87]

行了深入的研究。图 3-41 示出了 V、N 和等温相变温度对析出强化的影响，可以看到氮在各种等温相变条件下对钒的析出强化效果都有重要影响。

　　除了氮显著影响钒的析出强化作用外，最新的研究已经证实[61,62]，含钒钢的析出强化效果将随碳含量的增加而显著增加。图 3-42a 和 b 给出了析出强化效果随碳、氮含量的变化曲线[60]。结果表明，钢中碳、氮含量均提高析出强化效果。钢中每增加 0.01% C，析出强化增量 ΔR_p 约为 5.5MPa；而每增加 0.001% 的 N，提高 ΔR_p 约为 6MPa。

　　铁素体中的固溶碳能起到提高析出强化效果，这一点很容易理解。然而，随着钢中总含碳量的提高，钒的强化效果增加令人困

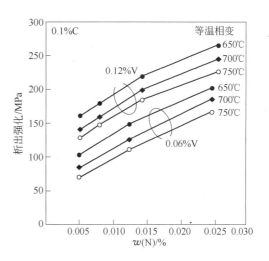

图 3-41　钒、氮含量和等温相变温度对 0.1% C-V-N 钢析出强化的影响[37]

惑不解，因为铁素体中的碳含量是由 γ/α 或者 α/渗碳体的相平衡所决定的。如下解释可以帮助正确理解总碳含量对钒的析出强化效果的影响：（1）低于 A_1 温度时，在 γ/α 和 α/渗碳体的两种平衡状态下，碳在铁素体中的溶解度存在相当大的差别，见图 3-29a。在 600℃ 时，处于 γ/α 平衡态下的碳在铁素体中的溶解度是 α/渗碳体平衡态时的 5 倍，奥氏体相有很高的固溶碳，可以看成是碳的储存器，在发生 V(C,N) 的析出时，碳从奥氏体扩散进入铁素体，使铁素体保持较高的过饱和状态。（2）事实上，总碳含量影响了 γ→α 相变动力学，最终影响到 γ→α + 渗碳体的相变动力学。这里最基本的一点是增加碳含量延迟了珠光体相变。这意味着，对于 V(C,N) 析出，随着钢中碳含量的增加，具有高驱动力条件下的析出相形核时间延长，从而导致 V(C,N) 析出相的颗粒密度更高。

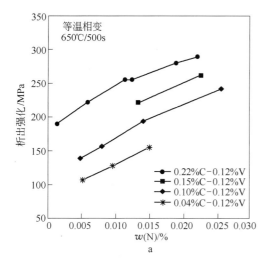
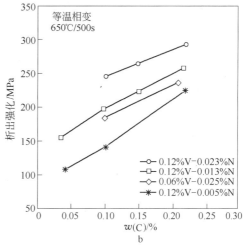

图 3-42　含钒钢的析出强化增量随碳、氮含量的变化[60]（650℃/500s 等温处理）

a—氮含量；b—碳含量

在相同钒含量情况下，Ti-V 钢中的析出强化效果要比不含 Ti 的 V 钢的析出强化效果明显降低，如图 3-43 所示[60]。这是因为在奥氏体中形成了(Ti,V)N 析出相，从而使钢中有效的氮、钒量下降。造成图 3-43 中 0.22% C-0.12% V-Ti 钢和 0.22% C-0.12% V 钢强度巨大差异的另一原因，可能是由于 V-Ti 钢中 γ/α 相变比钒钢中的更快，因此 V-Ti 钢中较早地出现了珠光体转变。

提高 γ/α 相变时的冷却速度能够增加钒的析出强化作用，如图 3-44 所示。

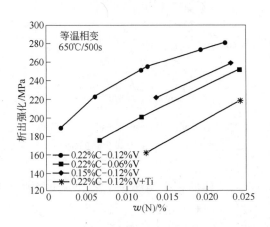

图 3-43   V 钢和 V-Ti 钢析出强化效果比较[60]   图 3-44   冷却速率对 V(C,N)析出强化的影响

钢的化学成分：0.12% C-0.35% Si-1.35% Mn-

0.095% V-0.02% Al[37]

参 考 文 献

[1] Edmonds D V, Honeycombe R W K. Review on Precipitation in Iron Alloys [C]. In: Russell K C and Aaronson H I. Proc. Conf. on Precipitation Process in Solids. Warrendale, PA: Metallurgical Society of AIME, 1978: 121~160.

[2] Liu W J, Jonas J J. TiCN Precipitation in Four Ti Bearing HSLA Steels [C]. In: DeArdo A J. Proc. Conf. Processing, Microstructures and Properties of HSLA Steels. Warrendale, PA: Metallurgical Society of AIME, 1988: 39~45.

[3] Davenport A T, Brossard L C, Milner R E. Precipitation in Microalloyed High-strength Steels [J]. Journal of Metals, 1975, 27: 21~27.

[4] Baker R G, Nutting J. Precipitation Process in Steels [R]. The Iron and Steel Institute, London, 1959: Special Report No. 64: 1~22.

[5] Kurdjumov G, Sachs G. Z. Phys. [J]. 1930, 62: 592.

[6] Tekin E, Kelly P M. Secondary Hardening of Vanadium Steels [J]. J. Iron Steel Inst., 1965, 203: 715~720.

[7] Baker T N, Li Y, Wilson J A, et al. Evolution of Precipitates, in Particular Cruciform and Cuboid Particles, during Simulated Direct Charging of Thin Slab Cast Vanadium Microalloyed Steels [J]. Mater. Sci. Technol., 2004, 20(6): 720~730.

[8] Baker T N. Processes, Microstructure and Properties of Vanadium Microalloyed Steels[J]. Mater. Sci. Technol. , 2009, 25(9): 1083 ~1107.

[9] 龚维幂, 杨才福, 张永权. 钒氮钢的晶粒细化研究 [J]. 钢铁研究学报, 2006, 18(10): 49 ~53.

[10] Li Y, Wilson J A, Crowther D N, et al. The Effects of Vanadium, Niobium, Titanium and Zirconium on the Microstructure and Mechanical Properties of Thin Slab Cast Steels [J]. ISIJ Int. , 2004, 44(6): 1093 ~1102.

[11] Li Y, Baker T N, Mitchell P S. Vanadium Microalloyed Steel for Thin Slab Casting and Direct Rolling [C]. Materials Science Forum, Vols. 500 ~501: Trans Tech Publications Ltd, 2005: 237 ~244.

[12] Li Y, Crowther D N, Green M J W, et al. The Effect of Vanadium and Niobium on the Properties and Microstructure of the Intercritically Reheated Coarse Grained Heat Affected Zone in Low Carbon Microalloyed Steels[J]. ISIJ Int. , 2001, 41(1): 46 ~55.

[13] 程鼎, 张永权, 杨才福. 微合金化技术在55C H 型钢中的应用 [J]. 轧钢, 2008, 25(3): 31 ~33.

[14] Zajac S, Medina S F, Schwinn V, et al. Grain Refinement by Intragranular Ferrite Nucleation on Precipitates in Microalloyed Steels[R]. RFCS-Project Final Report, 2007: 1 ~151.

[15] Zajac S. Precipitation of Microalloy Carbo-nitrides Prior, during and After γ/α Transformation [C]. In: Materials Science Forum, Vols. 500 ~501: Trans Tech Publications Ltd, 2005: 75 ~86.

[16] Zajac S, Siwecki T, Korchynsky M. Importance of Nitrogen for Precipitation Phenomena in V-Microalloyed Steels[C]. In: Asfahani R, Tither G. Conf. Proc. On Low Carbon Steels for the 90's. Warrendale, PA: TMS-AIME, 1993: 139 ~150.

[17] Zajac S, Siwecki T, Hutchinson W B. Precipitation Phenomena in V-Microalloyed 0.15% ~ 0.22% C Structural Steels[R]. Swedish Institute for Metals Research, 1996, Internal Report IM-3453.

[18] Kimura T, Ohmori A, Kawabata F, et al. Ferrite Grain Refinement through Intragranular Ferrite Transformation VN Precipitates in TMCP of HSLA Steel[C]. In: Chandra T and Sakai T. Thermec'97: International Conference on Thermomechanical Processing of Steels and other Materials. Warrendale PA: TMS-AIME, 1997: 645 ~651.

[19] Zajac S. Ferrite Grain Refinement and Precipitation Strengthening Mechanisms in V-Microalloyed Steels[C]. In: 43rd MWSP CONF. PROC. , Warrendale, PA: ISS, 2001: 497 ~508.

[20] Medina S F, Gómez M, Chave J I, et al. Study on Ferrite Intragranular Nucleation in a V-Microalloyed Steel [C]. In: Materials Science Forum, Vols. 500 ~ 501: Trans Tech Publications Ltd, 2005: 371 ~378.

[21] Hernandez D, López B, Rodriguez-Ibabe J M. Ferrite Grain Size Refinement in Vanadium Microalloyed Structural Steels [C]. In: Materials Science Forum, Vols. 500 ~501: Trans Tech Publications Ltd, 2005: 411 ~418.

[22] Kimura T, Kawabata F, Amano K, et al. Heavy Gauge H-shapes with Excellent Seismic-resistance for Building Structures Produced by the Third Generation TMCP[C]. In: Proc. of International Symposium on Steel for Fabricated Structures. Materials Park, OH, USA, 1999: ASM International, 165 ~171.

[23] Ishikawa F, Takahashi T. The Formation of Intragranular Ferrite Plates in Medium-carbon Steels for Hot-forging and its effect on the Toughness [J]. ISIJ Int. , 1995, 35: 1128 ~1133.

[24] Ochi T, Takahashi T, Takada H. Improvement of the Toughness of Hot Forged Products Through Intragranular Ferrite Formation [J]. Iron & Steelmaker, 1989, 16(2): 21 ~28.

[25] Bodnar R L. Applications of Titanium Nitride Technology to Steel Products: Symposium Summary[J]. Iron and Steelmaker, 1994, 21: 19 ~24.

[26] Osuzu H, et al. Application of Microalloyed Steels to Achieve High Toughness in Hot Forged Components

without Further Heat Treatments. In: SAE Int. Congress and Exposition. SAE Technical Paper Series No. 860131, 1986.

[27] Honeycombe R W K. Ferrite [J]. Metal Science, 1980, 14: 201~214.

[28] Honeycombe R W K. Carbide Precipitation in HSLA Steels [C]. In: DeArdo A J. Proc. Conf. Processing, Microstructures and Properties of HSLA Steels. Warrendale, PA: TMS-AIME, 1988: 1~38.

[29] Khalid F A, Edmonds D V. Interphase Precipitation in Microalloyed Engineering Steels and Model Alloy [J]. Mater. Sci. Technol. , 1993, 9: 384~396.

[30] Davenport A T, Berry F G, Honeycombe R W K. Interphase Precipitation in Iron Alloys [J]. Metal Science, 1968, 2: 104~106.

[31] Berry F G, Honeycombe R W K. The Isothermal Decomposition of Austenite in Fe-Mo-C Alloys [J]. Metall. Trans. , 1970, 1: 3279~3286.

[32] Sutton H C, Whiteman J A. Structure and Mechanical Properties of Isothermally Transformed Iron-Vanadium-Carbon Alloys [J]. J. Iron Steel Inst. , 1971, 209: 220~225.

[33] Edmonds D V. Occurrence of Fibrous Vanadium Carbide during Transformation of an Fe-V-C Steel [J]. J. Iron Steel Inst. , 1972, 210: 363~365.

[34] Batte A D, Honeycombe R W K. Precipitation of Vanadium Carbide in Ferrite [J]. J. Iron Steel Inst. , 1973, 211: 284~289.

[35] Balliger N K, Honeycombe R W K. The Effect of Nitrogen on Precipitation and Transformation Kinetics in Vanadium Steels [J]. Metall. Trans. A, 1980, 11A: 421~429.

[36] Smith R M, Dunne D P. Structural Aspects of Alloy Carbonitride Precipitation in Microalloyed Steels [J]. Materials Forum, 1988, 11: 166~181.

[37] Lagneborg R, Siwecki T, Zajac S, Hutchinson B. The Role of Vanadium in Microalloyed Steels [J]. Scand. J. Metall. , 1999, 28(5): 186~241.

[38] Davenport A T, Honeycombe R W K. Precipitation of Carbides at Austenite/ferrite Boundaries in Alloy Steels [J]. Proc. R. Soc. London, Ser. A, 1971, 332A: 191~205.

[39] Honeycombe R W K. Fundamental Aspects of Precipitation in Microalloyed Steels [C]. In: Korchynsky M, Proc. HSLA Steels: Technology and Applications. Metals Park, OH : ASM, 1984: 243~250.

[40] Davenport A T, Honeycombe R W K. Mechanisms of Phase Transformation in Crystalline Solids [J]. J. Iron Steel Inst. , 1973, 211: 209~216.

[41] Campbell K, Honeycombe R W K. The Isothermal Decomposition of Austenite in Simple Chromium Steels [J]. Metal Science, 1974, 8: 197~203.

[42] Fourlaris G, Baker A J, Papadimitriou G D. Microscopic Characterisation of ε-Cu Interphase Precipitation in Hypereutectoid Fe-C-Cu Alloys [J]. Acta Metall. Mater. , 1995, 43: 2589~2604.

[43] Honeycombe R W K, Mehl Medalist R F. Transformation from Austenite in Alloy Steel [J]. Metall. Trans. A, 1976, 7A: 915~936.

[44] Honeycombe R W K. The Precipitation of Alloy Carbides in Austenite and Ferrite [J]. Scand. J. Metall. , 1979, 8: 21~26.

[45] Li P, Todd J A. Application of a New Model to the Interphase Precipitation Reaction in V Steels [J]. Metall. Trans. A, 1988, 19A: 2139~2151.

[46] Roberts W, Sandberg A, Siwecki T. Precipitation of V(C,N) in HSLA Steels Microalloyed with V [C]. In: Proc. Conf. Vanadium Steels, Krakow: Vanitec, 1980: D1~D12.

[47] Lagneborg R, Zajac S. A Model for Interphase Precipitation in V-Microalloyed Structural Steels [J]. Metall. Mater. Trans. A, 2000, 31A: 1~12.

[48] Sakama T, Honeycombe R W K. Microstructures of Isothermally Transformed Fe-Nb-C Alloys[J]. Metal Science, 1984, 18: 449~454.

[49] 周建, 康永林, 毛新平, 等. CSP 流程生产钛微合金化高强度钢的析出行为研究. 见: 国际材料周 (2006BIMW) 钢铁分会论文集, 北京: 2006: 76~80.

[50] Zajac S, Lagneborg R, Siwecki T. The Role of Nitrogen in Microalloyed Steels[C]. In: Korchynsky M. Microalloying'95. Warrendale, PA: ISS-AIME, 1995: 321~340.

[51] Hillert M. Phase Equilibria, Phase Diagrams and Phase Transformations[M]. London: Cambridge Univ. Press, 1998.

[52] Johnson W C, White C L, Marth P E, et al. Influence of Crystallography on Aspects of Solid-solid Nucleation Theory[J]. Metall. Trans. A, 1975, 6A: 911~919.

[53] Lee J K, Aaronson H I. Influence of Faceting upon the Equilibrium Shape of Nuclei at Grain Boundaries [J]. Acta Met., 1975, 23: 799~808.

[54] Roberts W. Hot Deformation Studies on a V-Microalloyed Steel, Swedish Institute for Metals Research[R]. 1978, Internal Report IM-1333.

[55] Roberts W, Sandberg A. The Composition of V(C,N) as Precipitated in HSLA Steels Microalloyed with Vanadium[R]. Swedish Institute for Metals Research, 1980, Internal Report IM-1489.

[56] Morales E V, Gallego J, Kestenbach H J. On Coherent Carbonitride in Commerical Microalloyed Steel[J]. Philosophical Magazine Letters, 2003, 2(83): 79~87.

[57] Baker T N. Structure of Controlled-rolled and Continuously Cooled Low-carbon Vanadium Steels[J]. J. Iron Steel Inst., 1973, 211: 502~510.

[58] Stephenson E T, Karchner G M, Stark P. Strengthening Mechanisms in Mn-V and Mn-VN Steels[J]. Trans. Am. Soc. Metall., 1964, 57: 208~216.

[59] Jack K H. Effect of Substitutional Alloying Elements on the Behavior of Interstitial Solutes in Iron—A Review of Current Work at Newcastle[J]. Scand. J. Metall., 1972, 1: 195~202.

[60] Zajac S, Siwecki T, Hutchinson W B, Lagneborg R. The Role of Carbon in Enhancing Precipitation Strengthening of V-microalloyed Steels[C]. In: Rodriguez-Ibabe J M, Gutiérrez I and López B. Int. Symp. Microalloying in Steels: New Trends for the 21st Century. San Sebastian, Spain: 1998: 295~302.

[61] Zajac S, Siwecki T, Hutchinson W B, Lagneborg R. Strengthening Mechanisms in Vanadium Microalloyed Steels Intended for Long Products[J]. ISIJ Int., 1998, 38: 1130~1139.

[62] Sundman B, Jansson B, Andersson J O. Thermocalc Databank System[J]. CALPHAD, 1985, 9: 153~159.

[63] Zajac S, Perrard F, Kuziak R, et al. Intense Precipitation Strengthening of Bainite Flat and Long Products-Mechanisms, Means and Process Routes[R]. RFCS-Project Final Report, 2009: 1~183.

[64] Zajac S, Komenda J, Morris P, et al. Quantitative Structure-Property Relationships for Complex Bainitic Microstructures[R]. RFCS-Project Final Report, 2007: 1~127.

[65] Bhadeshia H K D H. Bainite in Steels[M]. 2nd Edition, London: The Institute of Materials, 2001.

[66] Hillert M. The Nature of Bainite[J]. ISIJ Int., 1995, 35: 1134~1140.

[67] Hillert M. Paradigm Shift for Bainite[J]. Scripta Mater., 2002, 47: 175~180.

[68] Caballero F G, Bhadeshia H K D H, Mawella K J A. Design of Novel High-strength Bainitic Steels Part I [J]. Mater. Sci. Technol., 2001, 17: 512~516.

[69] Caballero F G, Bhadeshia H K D II, Mawella K J A. Design of Novel High-strength Bainitic Steels Part II [J]. Mater. Sci. Technol., 2001, 17: 517~522.

［70］ De Ro A, Schwinn V, Donnay B, et al. Production of Low Carbon Bainitic Steels for Structural Applications［R］. RFCS-Project Final Report, 2010: 1 ~ 189.

［71］ Kuziak R, Zajac S, Kawalla R, et al. Cold Heading Quality Low-Carbon Ultra-High Strength Bainitic Steels ［R］. RFCS-Project Final Report, 2010: 1 ~ 123.

［72］ Zajac S. Expanded Use of Vanadium in New Generations of High Strength Steels. Steel Product Metallurgy and Applications ［J］. Mater. Sci. Technol. , 2006, 22: 317 ~ 326.

［73］ Siwecki T, Eliasson J, Lagneborg R, et al. Bainitic Hot Strip Steels Microalloyed with Vanadium［J］. Symposium Steel Processing, Products and Applications, Materials Science and Technology, 2009: 1543 ~ 1553.

［74］ Siwecki T, Eliasson J, Lagneborg R, et al. Vanadium Microalloyed Bainitic Hot Strip Steels ［J］. ISIJ Int. , 2010, 50(5): 760 ~ 767.

［75］ Knowlton H B. Heat Treatment, Uses and Properties of Steels ［M］. Cleveland, OH: American Society for Steel Treating, 1929: 105.

［76］ Abram H H. The Influence of Vanadium on Carbon Steel and on Steels Containing Nickel and Chromium ［J］. J. Iron Steel Inst. , 1934, 130: 351 ~ 375.

［77］ Oakes G, Barraclough K C. Steels (for Gas Turbines) ［M］. London: Applied Science Publishers, 1981: 31 ~ 36.

［78］ Woodhead J H, Quarrell A G. Role of Cabides in Low-Alloy Creep Resisting Steels［J］. J. Iron Steel Inst. , 1965, 203: 605 ~ 620.

［79］ Senior B A. A Critical Review of Precipitation Behaviour in Cr-Mo-V Rotor Steels［J］. Mater. Sci. Eng. , A, 1988, 103: 263 ~ 271.

［80］ Raynor D, Whiteman J A, Honeycombe R W K. Precipitation of Molybdenum and Vanadium Carbides in High-Purity Iron Alloys［J］. J. Iron Steel Inst. , 1966, 204: 249 ~ 354.

［81］ Tanino M, Nishida T. On the Secondary Hardening on Tempering in Vanadium Steels ［J］. Trans. JIM, 1968, 9: 103 ~ 110.

［82］ Miyata K, Omura T, Kusida T, et al. Coarsening Kinetics of Multicomponent MC-type Carbides in High-Strength Low-Alloy Steels ［J］. Metall. Mater. Trans. A, 2003, 34A: 1565 ~ 1573.

［83］ Yamasaki S, Bhadeshia H K D H. Modelling and Characterisation of V_4C_3 Precipitation and Cementite Dissolution during Tempering of Fe-C-V Martensitic Steel ［J］. Mater. Sci. Technol. , 2003, 19: 1335 ~ 1343.

［84］ Gladman T, Dulieu D, McIvor I D. Structure-Property Relationships in High-Strength Microalloyed Steels ［C］. In: Korchynsky M, et al. Proceedings of Microalloying' 75. New York: Union Carbon Corp. , 1977: 32 ~ 55.

［85］ Pickering F B. The Spectrum of Microalloyed High Strength Low Alloy Steels ［C］. In: Korchynsky M, Proc. HSLA Steels: Technology and Applications. Metals Park, OH: ASM, 1984: 1 ~ 31.

［86］ DeArdo A J, Hua M J, Cho K G, et al. On Strength of Microalloyed Steels: An Interpretive Review ［J］. Mater. Sci. Technol. , 2009, 25: 1074 ~ 1082.

［87］ Robert Golodowski R J. Technical Communication. Beijing: Central Iron & Steel Research Institute, 2010.

4 氮在含钒钢中的作用

通常认为，氮是钢中有害的杂质元素，能使钢产生时效脆化，因此在炼钢过程中要采用真空脱气和精炼工艺尽量去除钢中的氮，在某种程度上增加了制钢的成本。但是在含钒钢中，氮的性质发生明显变化。大量的研究结果表明，氮能促进含钒钢中碳氮化钒的析出，产生强烈的析出强化。当钢中的氮含量比较低时，加入钢中的微合金化元素钒绝大部分以固溶形式存在于钢中，不能充分发挥钒的析出强化作用，没有达到钢中添加钒的预期目的，在某种意义上说是一种潜在的浪费。当适当增加钢中的氮含量时，可使加入钢中的微合金化元素钒绝大部分以碳氮化钒的形式析出，将钢中的固溶钒转化为析出钒，充分发挥了钒的析出强化作用，不但显著提高了含钒钢的强度，而且也明显细化了钢的铁素体晶粒，改善了含钒钢的综合性能，因此在含钒钢中，传统的有害杂质元素氮就转变成了有利的最经济的合金元素了。

4.1 氮的强化作用

4.1.1 间隙式固溶强化

氮的原子半径（0.075nm）比较小（Fe 0.172nm），较容易侵入母相晶格的间隙中，在钢中形成间隙式固溶体（interstitial solid solution），导致晶格产生畸变，其影响远远大于置换式固溶原子。在体心立方结构的 α-Fe 中，氮原子侵入八面体中的位置如图 4-1 所示[1]，为 bcc 单位晶胞各棱的中央和各面的中心位置。在 α-Fe 中通过间隙型溶质原子的作用，产生了非对称的应变，具有非常强烈的固溶强化作用。

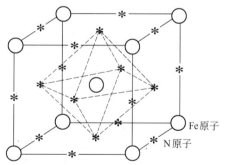

图 4-1 间隙式固溶 N 或 C 原子在 α-Fe 晶格中占据的位置

由于氮原子的侵入，α-Fe 在 ⟨100⟩ 方向被扩张。α-Fe 晶体虽然共有 3 个等价的 ⟨100⟩ 方向，但是氮或碳原子只在其中 1 个特定的方向侵入，通常这个方向就规定为 [001] 方向，结果导致 α-Fe 晶格在 [001] 方向产生伸长的正应变，与刃型位错和螺型位错发生强烈的交互作用。间隙式固溶体的交互作用范围远远大于置换式固溶体的作用范围。α-Fe 的 C 原子与刃型位错的结合能约为 8×10^{-20}J，碳、氮原子在位错芯附近偏析，形成科垂耳气团固定位错。当偏析的 N 或 C 原子达到饱和时，其沿着位错线以碳氮化物的形式析出，阻碍位错运动，导致间隙式固溶原子产生的强化作用远远高于置换式固溶原子。

图 4-2 给出了在低碳铁素体钢中的固溶强化实验结果[2,3]，由图可以看出，各种合金元素加入钢中对钢的屈服强度有较大的影响，以硅为代表的置换型固溶原子虽然可显著提高钢的屈服强度，但是与氮和碳间隙型固溶原子相比其强化能力是较小的，即间隙型固溶原子具有更大的强化作用。由图可以看出，其强化作用约为置换型固溶原子的 10～100 倍。间隙型固溶原子与位错之间有强烈的交互作用，比较容易在位错附近偏析，此时的强化效果还会进一步增强。强化作用的大小与溶质原子的 1/2 次方成正比。

图 4-3 给出了在奥氏体不锈钢中的固溶强化实验结果[1]。由图可以看出，在奥氏体不锈钢中氮的间隙型固溶强化效果非常显著，利用氮能大量固溶于奥氏体不锈钢中的特点，已研制出屈服强度超过 2000MPa 的超高强度钢；利用间隙原子氮具有强烈形成、稳定奥氏体并扩大奥氏体区的作用，节约了较贵重的镍元素，降低了奥氏体不锈钢的制造成本，研制出一系列经济型不锈钢，扩大了不锈钢的应用范围；利用间隙原子氮提高奥氏体不锈钢的耐腐蚀性能的优点，特别是耐局部腐蚀性能，如耐晶间腐蚀、点腐蚀和缝隙腐蚀，研制出一系列高强度、高耐蚀性能的高牌号不锈钢。

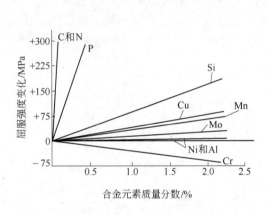

图 4-2　低碳铁素体-珠光体结构钢中的固溶强化[2,3]

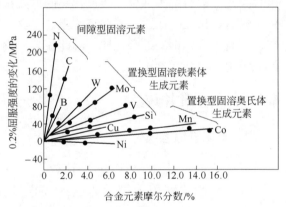

图 4-3　在奥氏体不锈钢中的固溶强化[1]

4.1.2　析出强化

在各种微合金化元素中，钒是最适合产生稳定强烈析出的元素，因为其碳氮化物的溶解度积很大，固溶温度比较低，在高温下的溶解能力大。与铌相比，钒的主要特征是钒的氮化物的溶解度比碳化物低两个数量级，这可使氮在含钒钢中在沉淀强化方面起非常重要的作用，钢中的氮能与钒形成大量弥散的细小碳氮化钒粒子，通过析出强化和晶粒细化强化显著提高钢的强度，改善或保持钢的良好塑性和韧性。

氮含量对钢的强度有很大影响。图 4-4 给出了氮对 20MnSiV 钢强度影响的试验结果[4]。试验结果表明，随着氮含量的增加，V(C,N) 析出的

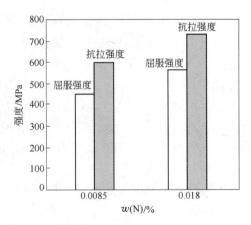

图 4-4　氮含量对 20MnSiV 钢（0.20%C-0.36%Si-1.50%Mn-0.004%P-0.005%S-0.10%V）强度的影响[4]

密度增大，析出颗粒尺寸减小，也就是说析出反应的化学驱动力增加，导致形核率增大。当钢中的氮含量由0.0085%增加到0.018%时，在其他成分均保持不变的情况下，则钢的屈服强度提高118MPa，抗拉强度提高135MPa，即增加钢中的氮含量具有明显的强化效果。

在中碳非调质钢的情况下，氮含量对强度的影响也是非常显著的。图4-5是氮含量对中碳非调质钢强度影响的试验结果[5,6]，当钢中的氮含量从0.004%增加到0.016%时，屈服强度提高110MPa，由此可见，在中碳非调质钢的情况下增氮的强化效果也是很明显的。在实际生产中，为提高中碳非调质钢的强度并改善钢的韧性，采用适当增加钢中的氮含量的方法，通过碳氮化钒的析出，促进晶内铁素体的生成，细化铁素体晶粒，提高中碳非调质钢的综合性能，是钢中充分利用廉价元素氮的典型实例。

氮对钢强度的影响与钢中的钒含量有关。图4-6给出了不同氮含量和不同钒含量对钢强度影响的试验结果[7]。由图可以看出，尽管钢中的钒含量不同，但随着氮含量的提高，钢的屈服强度均能显著提高；在氮含量相同的情况下，随着钒含量的提高，钢的屈服强度显著提高；当钢中的氮含量从0.005%增加到0.015%，钒含量从0.07%增加到0.15%时，钢的屈服强度则从350MPa提高到550MPa。钢中的钒和氮具有复合强化效果。

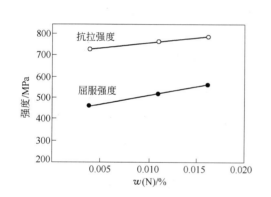

图4-5　氮含量对中碳非调质钢(0.32%C-0.25%Si-1.45%Mn-0.06%V)强度的影响[5,6]

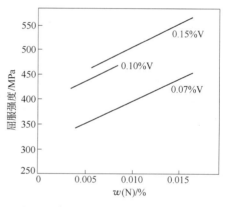

图4-6　氮对不同钒含量钢（0.17%C-1.04%Mn）屈服强度的影响[7]

图3-40已给出钒、氮含量和等温相变温度对0.1%C-V-N钢析出强化的影响规律。随着氮含量的增加，不论较低的钒含量或较高的钒含量，强化增量均成单调线性变化，氮的强化作用是很大的。

钢中添加钒可以很好地结合钢中的游离氮，阻止钢的应变时效脆化现象，当钢中的V/N比达到4:1时，可完全消除应变时效脆化现象。

钒微合金化钢中的碳含量对钢的强度也有影响。由于VN比VC的溶解度低，在各种氮含量的情况下，先形成的V(C,N)总是富氮的，只有当钢中几乎所有的氮全被消耗后，碳氮化物中的碳才开始增加。为进一步产生连续的析出强化，钢中必须有足够的固溶碳和化学驱动力形成新的V(C,N)核心。以前人们认为，钢中的碳含量对微合金化碳氮化物的影响很小或根本没有影响。但最近的研究结果表明[8]，钒微合金化钢的析出强化效果与钢中总碳含量有关，随钢中总碳含量的增加，钢的强度明显增大，碳含量每增加0.01%，则析出强化增量增加5.5MPa。这是由于含钒钢中碳含量的增加延迟了珠光体（铁素体＋渗碳体）转变，奥氏体/铁素体相平衡所决定的铁素体中较高的碳含量能维持更长的时间所致。

根据试验研究结果，采用回归分析方法，可以得出钒微合金化钢中氮和钒对屈服强度（MPa）贡献的数学表达公式：

$$R_{\mathrm{eL}} = 140 \times w(\mathrm{Mn}) + 770 \times w(\mathrm{C}) + 7630 \times w(\mathrm{N}) \tag{4-1}$$

由式 4-1 可以看出，钢中每增加 0.001% 的氮可使屈服强度增加 7 ~ 8MPa。

4.2　氮对细化晶粒的作用

4.2.1　氮促进晶内铁素体的形核

氮能促进晶内铁素体（IGF）的生成，显著细化铁素体晶粒。龚维幂[9]等人对比研究了 V-N 钢和 V 钢对晶内铁素体形核和细化铁素体晶粒的影响，如图 4-7 所示。由金相照片

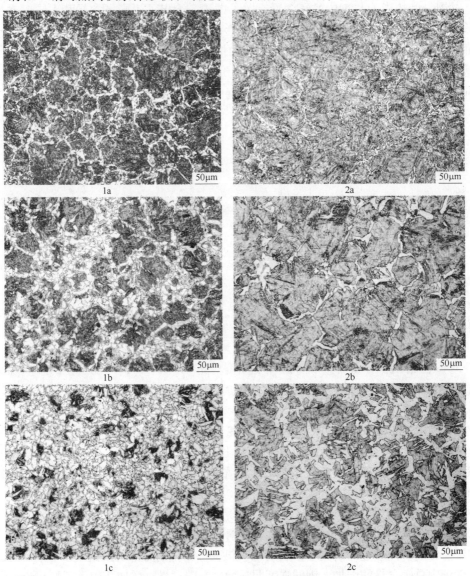

图 4-7　V-N 钢和 V 钢在 1200℃ ×600s 加热→1050℃形变 50%→870℃形变 5%→650℃
等温时晶内铁素体生成数量的比较[9]

1—V-N 钢（0.10% V-0.014% N）；2—V 钢（0.10% V-0.0036% N）；a，b，c—分别表示等温 2s、4s 和 20s

可以看出，N 对晶内铁素体的形成有显著影响。在 V 钢中添加 0.014% N，使晶界铁素体和晶内铁素体数量大大增加，当等温时间为 2s（见图 4-7 的 1a 和图 4-7 的 2a）时，V-N 钢中生成了大量晶界铁素体和部分晶内铁素体，而 V 钢中只生成了很少量的晶界铁素体；随着等温时间的增加，当等温时间为 4s（见图 4-7 的 1b 和图 4-7 的 2b）时，V-N 钢中生成的晶内铁素体数量进一步增加，而 V 钢中只有晶界铁素体略有增加并且长大，沿晶界连接起来形成环状；当等温时间为 20s（见图 4-7 的 1c 和图 4-7 的 2c）时，V-N 钢中生成了大量细小的晶内铁素体，而 V 钢中生成的铁素体不但数量很少，而且尺寸粗大。由此可见，N 对促进晶内铁素体的生成，细化铁素体晶粒具有非常重要的作用。

为深入了解 N 促进晶内铁素体生成的作用，分别测定了 650℃ 不同时间（0~20s）等温后 V-N 钢和 V 钢的铁素体形核总量和晶内铁素体的形核数量，其结果示于图 4-8。在含 0.10% V 的钢中，添加 0.014% N 显著提高了晶内铁素体的形核数量，V-N 钢晶内铁素体的

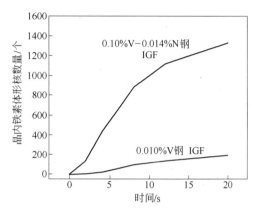

图 4-8　氮对晶内铁素体形核数量的影响[9]

形核数量约是 V 钢的 6 倍，大大细化了钢的铁素体晶粒，因此，钒钢通过添加适量的氮对促进晶内铁素体的生成，细化钢的铁素体晶粒是非常有效的。

4.2.2　提高相变细化比率

众所周知，相变是钢铁材料组织细化的重要方法之一。为描述这种 V-N 微合金钢的铁素体晶粒细化现象，许多研究者[10,11]都采用奥氏体晶粒尺寸 D_γ 与铁素体晶粒尺寸 D_α 的比率来描述，即 D_γ/D_α。在 V-N 微合金钢的情况下，通过再结晶控制轧制或热处理，使 VN 在奥氏体区析出。这种相变前析出的 VN，将成为相变后铁素体形核的核心。在奥氏体区析出的 VN 越多，则铁素体的形核密度就越大，相变后铁素体晶粒尺寸就越细小，如图 4-9 和图 4-10 所示[10,11]。

图 4-9 表明，在相同奥氏体晶粒尺寸下，V-N 钢的相变比率比 C-Mn 高得多，可见钒和

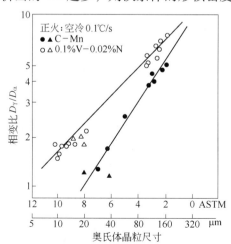

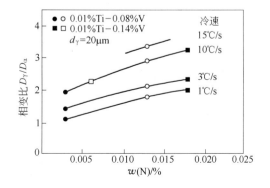

图 4-9　氮和钒对细化铁素体晶粒的影响[10,11]　　图 4-10　氮对 V-Ti-N 钢铁素体晶粒细化的影响[10,11]

氮提高了相变细化比率,对铁素体晶粒的细化有明显影响。同时,奥氏体晶粒尺寸对相变比率 D_γ/D_α 也有较大影响,奥氏体晶粒越细则相变比率就越大。

图 4-10 氮对 V-Ti-N 钢铁素体晶粒细化的影响表明,在 V-N-Ti 钢中,随着氮含量的增加,在各种不同的冷却速度下,相变细化比率都有明显的提高,这是由于增氮促进了碳氮化钒在奥氏体-铁素体晶界上的析出,有效阻止了铁素体晶粒的长大,同时,增加了相变后铁素体的形核位置,起到细化铁素体晶粒尺寸的作用。可以看出,为提高 V-N 微合金钢的相变比率,需要较高的氮含量。研究结果表明[12,13],较高的氮含量可以促进 VN 在奥氏体区析出。VN 析出量越多,奥氏体晶粒就越细。因此,较高氮含量的 V-N 微合金钢的晶粒细化,是由 VN 在奥氏体区析出,使奥氏体晶粒细化和相变时 D_γ/D_α 相变比增大引起的。

4.3　氮对析出的影响

4.3.1　氮促进钒的析出

在含钒钢中,氮能促进 V(C,N) 析出,细化钢的组织,提高或改善钢的综合性能,因此氮就成为钒钢中的一种有益廉价的合金元素。氮促进钒钢中碳氮化物的析出与碳氮化物的溶解析出规律有密切的关系。图 2-1 示出了微合金化碳化物和氮化物的溶解度[12,13],它为选择微合金化元素指出了方向。由图 2-1 可以看出,VC 的溶解度最高,其次是 TiC、NbC 和 VN,其溶解度很接近,以下是 NbN 和 AlN,TiN 的溶解度最低。在高温下 VC 和 VN 的溶解度较大,这表明在给定的温度下加入钢中的钒都能溶解,为以后析出效应的产生创造了前提条件,以利于充分发挥微合金化元素钒的作用;碳化物和氮化物的溶解度有较大差异是钒的另一个特点,VN 的溶解度比 VC 的溶解度约低两个数量级,在各种氮含量的情况下,先形成的 $V(C_x, N_{1-x})$ 总是富氮的,接近二元相 VN,$V(C_x, N_{1-x})$ 中的 x 值接近于零,只有当钢中的氮被消耗后碳氮化物中的碳含量才开始增加,这表明氮在钒微合金化钢中起决定性作用。

当钢中氮含量相对较高、钒含量相对较低(例如,0.05% V-0.02% N 钢)时,钒和氮的理想化学配比 $w(V)/w(N) < 3.64$ 时,加入钢中的钒完全形成 VN 固定钢中所有的钒后,氮含量仍有富裕,在整个范围内 $V(C_x, N_{1-x})$ 中的 x 值均小于 0.3(见图 4-11[14]),由图可以看出,在较高的温度下(例如 1000℃),氮含量对 x 值几乎没影响,x 值趋近于零,这是由于 VC 和 VN 在高温下均有较高的固溶度所致,随着氮含量的降低,x 值逐渐增大;当钢中氮含量相对较低、钒含量相对较高(例如,0.01% C-0.02% N 钢)时,钒和氮的理想化学配比 $w(V)/w(N) > 3.64$ 时,加入钢中的氮完全形成 VN 固定钢中所有的氮后钒含量仍有富裕,

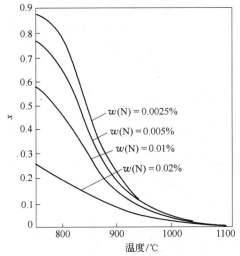

图 4-11　0.10% C-0.10% V 钢的温度和氮含量对 x 值的影响[14]

在接近碳氮化钒全固溶的温度下 x 值也比较小（见图 4-12[14]）。

与氮含量对 x 值的影响相比，碳含量的影响相对较小，如图 4-13[14]所示，随着碳含量的提高 x 值逐渐增加。

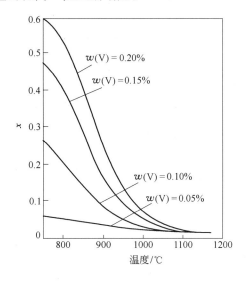

图 4-12　0.10% C-0.02% N 钢的温度和
钒含量对 x 值的影响[14]

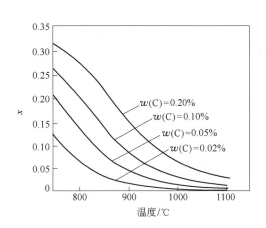

图 4-13　0.02% N-0.010% V 钢温度和
碳含量对 x 值的影响[14]

4.3.2　氮对奥氏体中析出的影响

氮对奥氏体中析出的影响体现在如下方面：

（1）氮提高 V(C,N) 在奥氏体中析出的驱动力。关于氮促进 V(C,N) 在奥氏体中析出的影响，方芳等人曾进行过较深入的研究[15]。钢中第二相析出时取决于相变自由能的大小。采用 Thermo-Calc 热力学软件及其数据库系统，计算了 V(C,N) 的析出体积自由能 ΔG_V，其结果示于图 4-14。这里以体积自由能 ΔG_V 作为 V(C,N) 的析出驱动力。由图可以看出，氮含量对析出驱动力有显著的影响，随着氮含量的增加驱动力迅速增大，当氮含量从 0.005% 增加到 0.02% 时，析出驱动力 ΔG_V 可增大到 109J/m^3（图 4-14c, d）；当氮含量低于 0.01% 时，曲线出现拐点（图 4-14a, b），这表明 V(C,N) 在奥氏体中几乎不能析出；同时还可以看出，当碳含量从 0.05% 增加到 0.3% 时，析出驱动力 ΔG_V 没有明显的变化。适当增加钢中的氮含量（0.01% ~ 0.02%），可显著提高 V(C,N) 在奥氏体中析出的驱动力。

（2）氮使 V(C,N) 在奥氏体中析出的 PTT 曲线左移。氮对 V(C,N) 在奥氏体中析出 PTT 曲线有显著影响[16]。采用理论计算方法研究了氮对 V(C,N) 在奥氏体中析出 PTT 曲线的影响，结果如图 4-15 所示，从图可以看出，在奥氏体区的 PTT 曲线呈典型的"C"形，当钢中的氮含量从 0.005% 增加到 0.020% 时，V(C,N) 在奥氏体中析出的 PTT 曲线明显左移；钢中的氮含量从 0.015% 增加到 0.020% 时，V(C,N) 在"鼻"点温度的析出时间缩短约 1 个数量级；钢中的氮含量过低（如 0.005%）时，V(C,N) 不能在奥氏体中析出，只有钢中的氮含量高于 0.010% 时，V(C,N) 才能在奥氏体中析出，因此氮含量对 V(C,N) 能

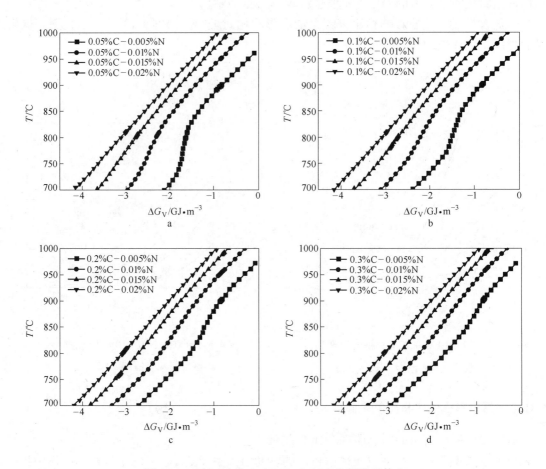

图 4-14　V(C,N) 在 1.5% Mn-0.08% V 钢奥氏体中

析出时 N 含量对自由能 ΔG_V 的影响[15]

a—0.05% C；b—0.1% C；c—0.2% C；d—0.3% C

否在奥氏体中析出起非常重要作用。碳含量对 V(C,N) 在奥氏体中析出 PTT 曲线也有影响，能使 PTT 曲线右移，但相对氮来说碳的影响是比较小的，同时随着氮含量的增加而减小，当氮含量达到 0.02% 时，碳含量对 V(C,N) 在奥氏体中形核析出的影响几乎可忽略不计。

（3）氮含量对 V(C,N) 在奥氏体中的析出有显著影响。龚维幂等人[17]采用应力松弛法测定了不同氮含量的 0.10% C-0.40% Si-1.30% Mn-0.10% V 钢在 850℃ 奥氏体化的应力松弛曲线，如图 4-16a 所示，t_s 表示 V(C,N) 析出的开始时间，t_f 表示 V(C,N) 析出的结束时间。将不同温度（800~950℃）下测得的析出开始时间和析出结束时间作图，就可得到图 4-16b 所示的析出-温度-时间曲线（PTT）。由图可以看出，0.10% C-0.40% Si-1.30% Mn-0.10% V 钢的 PTT 曲线呈典型的"C"曲线形状，在该试验条件下，"C"曲线存在一个析出时间最短的温度——"鼻子"温度为 870℃。

实验结果表明，氮含量对钢的 PTT 曲线确实有显著影响。在以 0.10% C-0.40% Si-1.30% Mn-0.10% V 为基的钢中，当氮含量从 0.0036% 增加到 0.014% 时，开始析出时的

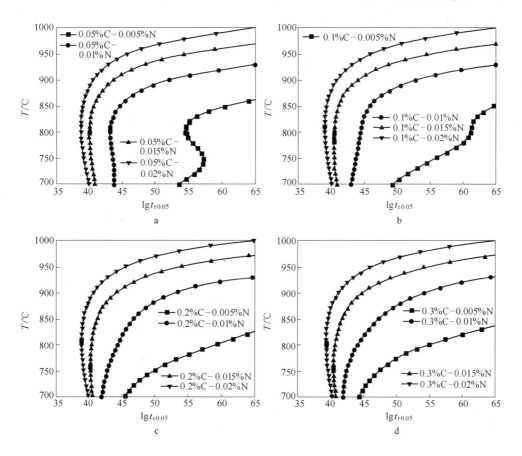

图 4-15 N 含量对 1.5% Mn-0.08% V 钢中的 V(C,N)在
奥氏体中析出 PTT 曲线的影响[16]

a—0.05% C; b—0.1% C; c—0.2% C; d—0.3% C

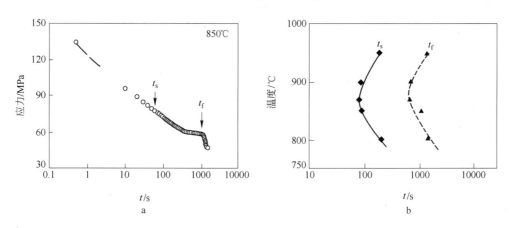

图 4-16 采用应力松弛法确定的 PTT 曲线[17]

a—应力松弛曲线; b—析出-温度-时间曲线

"C" 曲线明显向左移（即向短时间方向移动），如图 4-17 所示[17]。在 870℃下，析出开始时间从 400s 缩短到 70s，析出开始时间相差近一个数量级。正如图 2-1 所示，含钒钢的

主要特征是钒的氮化物的溶解度远远低于碳化物的溶解度，而且热力学的计算结果也表明，钒的氮化物具有更大的形核化学驱动力，这样，在各种含氮量的情况下，在奥氏体中优先析出的总是富氮的 V(C,N)，因而添加到钢中的氮显著促进了 V(C,N) 在奥氏体中的析出，使 PTT 曲线明显向短时间方向移动。

为证实 V(C,N) 在奥氏体中的析出，在应力松弛曲线平台上，取 $t = t_{\text{f}}$ 时的试样直接淬火，制成金相试样，采用 SPEED 方法[18] 腐蚀后，在 S-4300 型场发射扫描电镜观察了 V(C,N) 的析出和分布，结果如图 4-18 和图 4-19 所示，可以看出，在奥氏体中析出了大量细小弥散的 V(C,N)，直接证实了 V-N 微合金化钢在奥氏体中存在的析出现象。

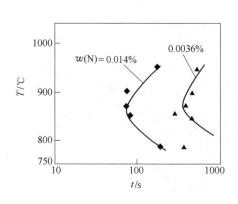

图 4-17   氮含量对 PTT 曲线的影响

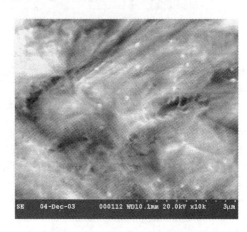

图 4-18   V(C,N) 析出物的 SEM 照片

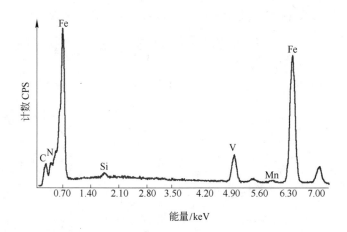

图 4-19   V(C,N) 析出物的能谱

4.3.3   氮对铁素体中析出的影响

尽管 V(C,N) 能在奥氏体中析出，但析出物尺寸较大，体积分数也很小。V(C,N) 在铁素体区的溶解度远远低于奥氏体区，因而析出驱动力大大增加，析出物均匀细小，能产生强烈的强化作用，所以通过 V(C,N) 的析出强化来提高钢的强度，主要依靠在 $\gamma \rightarrow \alpha$ 相

变的最后阶段在铁素体区中的析出。与铌、钛等微合金化元素相比，钒具有较高的溶解度，在通常的热加工范围内更容易处于固溶状态，钢中通过添加钒，依靠沉淀强化来提高钢的强度是最佳选择。

钒的碳氮化物在铁素体中的析出主要有两种形式：相间析出和一般析出；也有研究者认为还有一种纤维状析出，详细请参阅3.3节。钢中的氮含量对各种析出都有重要影响，这里仅简单说明。

（1）相间析出。相间析出的温度通常比较高，在 γ→α 相变过程中，相变前沿不断向奥氏体推进，在平行于 γ/α 的界面上，V(C,N)质点反复形核，最终形成片层状分布的相间析出，如图3-17所示[19]。相间析出一般发生在较高的温度下。图3-17中给出了0.1% C-0.12% V 钢在 750℃ 等温 500s 时氮含量对 V(C,N)析出形貌的影响。随着钢中氮含量的增加，V(C,N)析出粒子数量明显增多，层间间距减小，粒子尺寸减小，弥散度增大，钢中增氮显著促进了 V(C,N)粒子在铁素体区中的相间析出。在 750℃ 的较高温度下，析出相的形核主要发生在相界上，因为此时的析出化学驱动力较小，自然选择那些能量上有利的位置即相界处。随着温度的降低，铁素体中的过饱和度增加，生核驱动力增大，形核密度增加，析出相变得更细小，温度越低析出相越细是相间析出的另一个特点。

氮含量对 V(C,N)在铁素体中析出的 PTT 曲线有显著影响，如图4-20所示[16]。当氮

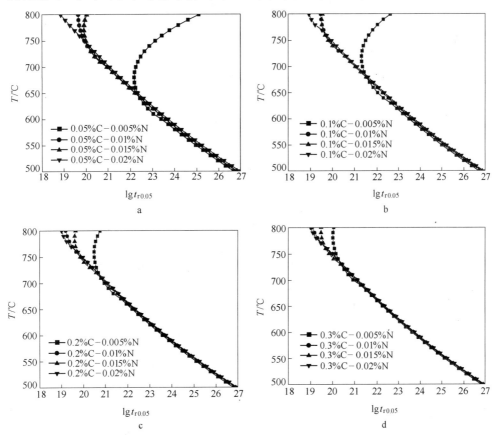

图4-20　N 含量对 1.5% Mn-0.07% V 钢中 V(C,N)在铁素体中析出 PTT 曲线的影响

a—0.05% C；b—0.1% C；c—0.2% C；d—0.3% C

含量低于 0.01% 时，V(C,N) 的临界形核功将随温度的降低而减小，但原子扩散激活能基本不变，因而，计算的 PTT 曲线呈典型的 "C" 形曲线特征，鼻点温度在 650 ~ 670℃ 之间；当氮含量高于 0.01% 时，V(C,N) 在位错线的形核率单调减小，析出开始时间相应增加，PTT 曲线呈单调变化。随着钢中氮含量的增加，V(C,N) 在铁素体中析出的 PTT 曲线将由 "C" 形曲线转变为单调曲线。

(2) 一般析出。一般析出是 V(C,N) 在 V-N 微合金钢中析出的另一种形式。当钢含有较高的氮时，在铁素体基体中将优先析出富氮的 V(C,N) 颗粒。钢中的氮含量越高，析出颗粒的尺寸就越细小，弥散度就越大，析出相长大速率也随之降低，高氮钢析出颗粒的长大速率只为低氮钢的 1/2 还弱。

除氮含量可决定 V(C,N) 析出相的密度和析出颗粒尺寸外，氮的另一个优势是：析出开始时，氮在铁素体中的溶解量与钢中的总氮量基本相同或接近。因为在铁素体中氮的溶解量比碳的溶解量更多。在共析温度下，氮的溶解度约为 0.10%，而碳的溶解度只有 0.02%[20]。这表明，对高氮钢（例如 0.020% N）来说，大量的氮能在较大的温度范围内（800 ~ 350℃）固溶在铁素体中。氮的这个特点与前面已经介绍过的 VN 比 VC 溶解度低的特点相结合，使钒和氮易形成 VN，促进析出强化。当大部分氮被耗尽后，要控制和利用碳来形成富碳的 V(C,N)，进一步产生析出强化作用是很困难的，富碳的 V(C,N) 的化学驱动力很小，不能促进大量析出，观察不到进一步强化[5]，同时，铁素体中的固溶碳含量，是受奥氏体向铁素体、珠光体和渗碳体的相变过程控制，相互关系比较复杂。因此在 V-N 微合金钢中增加氮含量，不仅能显著提高钢的析出强化效果，而且还能控制强化作用。

4.4   钒的节约

在钒钢中加入适量的氮，一方面，显著促进 V(C,N) 的析出，细化钢的铁素体晶粒，提高钢的强度，改善钢的塑韧性，使钢获得了良好的综合性能；另一方面，在保证原钢种强度水平的前提下，在钒钢中增加适量的氮可减少钒的加入量，对钢的制造者来说可以产生明显的经济效益，降低钢的生产成本。为了说明这个问题，以下举几个钢材品种的实例深入说明增氮带来的经济效益。

4.4.1   建筑用钢筋

根据中国的国家标准 GB 1499.2—2007，建筑用钢筋普遍采用 20MnSi(V, Nb, Ti)。2009 年建筑用钢筋总产量达 1.4 亿吨，其中 Ⅲ 级钢筋产量达 3600 万吨，是我国钢材品种中产量最大、应用最多的一个钢类，以此钢（20MnSiV）为例深入研究了钢中适当增加氮含量所产生的经济效益。

表 4-1 给出了试验用钢的化学成分、力学性能和钒节约的试验结果。由表 4-1 可以看出，当 20MnSi 钢筋中的氮含量从 0.0046% 增加到 0.0130%、钒含量从 0.09% 减少到 0.06% 时，低钒钢的屈服强度仍比高钒钢高出 37MPa，即使认为两者强度相同，此时钒的节约量也可达到 33.3%，经济效益明显。按中国年产 20MnSiV Ⅲ 级钢筋 3600 万吨计算，则每年可节约钒达 1.1 万吨，经济效益是相当可观的，同时还可减少生产铁合金时环境的负担，减少有害气体和废物的排放，因此也具有相当可观的社会效益。

表4-1 试验用钢的化学成分、力学性能和钒节约比例的试验结果[21]

钢 号	$w(C)$ /%	$w(Si)$ /%	$w(Mn)$ /%	$w(S)$ /%	$w(P)$ /%	$w(V)$ /%	$w(N)$ /%	R_e /MPa	增氮后，钒的 节约比例/%
20MnSiV	0.18	0.36	1.64	0.003	0.004	0.09	0.0046	493	>33.3
20MnSiVN	0.20	0.34	1.52	0.006	0.003	0.06	0.0130	530	

4.4.2 H型钢

H型钢又名宽缘工字钢，广泛用于钢结构建筑。与钢筋混凝土结构相比，它具有抗震性能好、构件强度高、自重轻、基础工程量减少、造价降低等优点；同时钢结构建筑跨距大，结构占用面积小，可使用面积大，易于进行干法施工，降低噪声，利于环保等。H型钢主要用于民用建筑钢结构中的梁和柱，工业建筑钢结构的承重支架、管道支架、运输桥支架、矿井支架；高炉炉体框、工业楼盖梁；地下工程的钢桩及支护结构；石油、化工、电力等工业设备支架，大跨度钢桥构件及海上采油平台等，应用范围非常广泛。以美国为例，在房屋建筑中使用H型钢的钢结构的占有率高达52%。在中国，H型钢的应用也越来越多，其年产量达千万吨。随着建筑物向高层和大空间方向发展，对H型钢也相应地提出了高强度和厚截面特性的更高要求。

在生产高强度和厚截面H型钢时，根据H型钢的生产工艺特点，与采用铌、钛微合金化方法相比，采用V-N微合金化是最好的选择，可充分利用V(C,N)的析出强化和细化晶粒作用，获得高强度，保证厚截面H型钢的均匀性和良好的综合性能，显著节约合金元素，降低制造成本。

表4-2给出了试验用钢的化学成分、力学性能和钒节约比例的试验结果。由表4-2可以看出，在高强度H型钢的情况下，把钒钢中的氮含量从0.008%增加到V-N钢的0.0136%，其他成分基本保持不变，两者的强度和塑性基本相同或V-N钢略高，则此时节约的钒含量高于39.2%，经济效益十分明显，它不仅大大降低了H型钢的制造成本，而且节省了资源，有利于环境保护，减轻环境负担。由于H型钢的产量比较多，节省的钒的数量也就比较多，因此它所带来的经济效益和社会效益是相当可观的。

表4-2 氮含量对含钒的H型钢节约合金元素影响的试验结果[22]

钢 号	$w(C)$ /%	$w(Si)$ /%	$w(Mn)$ /%	$w(S)$ /%	$w(P)$ /%	$w(V)$ /%	$w(N)$ /%	R_e /MPa	R_m /MPa	A/%	增氮后，钒的节约比例/%
V 钢	0.15	0.43	1.26	0.017	0.025	0.130	0.008	421	625	23	>39.2
V-N 钢	0.16	0.41	1.21	0.019	0.027	0.079	0.0136	450	638	24	

4.4.3 非调质钢

非调质钢是采用微合金化技术研制的取代需淬火＋回火处理的传统调质钢的一种新型结构钢，国外称为微合金化锻钢（microalloyed forging steels）。由于非调质钢不需要热处理、矫直、消除应力和改善切削性能，所以制造成本低，这是非调质钢的突出特点。

在铌、钒、钛三种主要微合金化元素中，钒的溶解度最高，在1150℃较低的加热温度

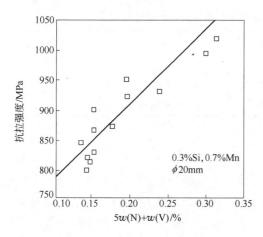

图 4-21　钒氮对中碳非调质钢析出
强化的复合作用[23]

下，只有钒能全部固溶在奥氏体中。特别是在碳含量较高的非调质钢的情况下，铌和钛的溶解度都明显下降，只有钒仍具有较高的溶解度，所以钒是非调质钢用得最多的沉淀强化元素。由于钒与氮的亲和力比碳大得多，加入钢中的钒很容易以富氮的碳氮化物的形式析出。其中氮化钒（或碳氮化钒）比碳化钒的溶解度低得多，因而稳定性好，在钢中能高度弥散分布，可获得显著的强化效应，如图 4-21 所示[23]，氮能显著提高非调质钢的强度。钒和氮的复合作用，既可提高强度，又能保持较好的韧性，因此氮就成为了非调质钢不可缺少的廉价合金元素了[24]，从而为非调质钢节约合金元素钒、降低钢的制造成本奠定了基础。

表 4-3 给出了非调质试验用钢的化学成分、力学性能和钒的节约比例的试验结果[25]。由表 4-3 可以看出，在中碳非调质 35MnV 钢的情况下，当碳和锰含量基本相同或接近、氮含量从 0.006% 增加到 0.014% 时，在保证力学性能基本相同的前提下，则钒的添加量至少可减少 25% 以上。

表 4-3　非调质试验用钢的化学成分、力学性能和钒的节约比例的试验结果[25]

钢　号	$w(C)$ /%	$w(Si)$ /%	$w(Mn)$ /%	$w(V)$ /%	$w(N)$ /%	R_e /MPa	R_m /MPa	增氮后，钒的节约比例/%
35MnV	0.33	0.35	1.74	0.12	0.0060	513	768	>25
35MnVN	0.37	0.40	1.74	0.09	0.0140	605	878	

以上结果表明，氮是含钒非调质钢中一个很有效的合金元素，在保证相同强度水平的情况下，可大大节约钒的加入量，降低钢的制造成本。图 4-22 给出了钒钢中适当增加氮含量对钒含量节约的综合评价结果[26]，由此可以看出，增氮后钒的节约量波动在 20% ~ 40% 范围内。

4.5　钒-氮微合金化的实际应用

4.5.1　钒-氮微合金化在组织细化中的应用

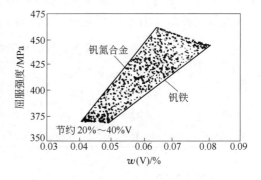

图 4-22　钢中增氮对钒含量节约的影响[26]

晶粒细化可显著提高钢的强度，同时也带来韧化效果，主要表现在：（1）晶粒细化使单位体积中的晶界总面积增加，晶界偏析的有害作用降低，提高了钢的表观高纯度；（2）减轻了与滑移面碰撞的晶界上的应力集中；（3）晶粒细化使应变各向异性引起的不均匀变形更加均匀化，具有应变分散的效果。因此，细化钢的晶粒是同时提高强度并保证韧性的唯一方法[24]。

为了获得细晶粒，最重要的是通过相变尽量多形核。为增大形核速度，就必须增加形核密度，增大形核驱动力。在低碳钢和低合金钢中，在 $\gamma \rightarrow \alpha$ 相变时，为细化铁素体晶粒，主要采用图 4-23 所示的四种方法[27]：（1）尽量细化相变前母相奥氏体的晶粒；（2）改变相变前母相奥氏体的状态，使处于形变硬化状态的奥氏体产生相变；（3）使奥氏体晶粒内弥散分布适当的析出物和夹杂物；（4）尽量增大冷却速度。由上述的四种方法可以看出，（1）、（2）、（3）都是增加铁素体形核位置的方法，第（4）项尽量增大冷却速度的方法，就是增大过冷度，增大相变时形核驱动力的方法。根据钢中采用的微合金化元素的不同，上述方法的选择和组合也不同。对采用铌、钛微合金化钢来说，选择(2)＋(4)组合比较合适；但对采用钒、氮微合金化的钢来说，则选择(1)＋(3)＋(4)组合比较合适。相对而言，前者更适用于扁平钢材，如中厚钢板，后者更适用于长形钢材，如钢筋、钢棒和角钢等。

V-N 微合金化是利用 V 和 N 的一项复合微合金化技术，是发展量大面广微合金化钢的一项具有普遍性的技术，具有其他微合金元素（Nb、Ti）所没有的一些特点。

（1）容易实现奥氏体再结晶细化。在高温奥氏体再结晶区热轧时，钒钢的奥氏体再结晶阻力比较小，容易产生奥氏体的再结晶，随着高温下热轧的反复进行，奥氏体将发生反复的再结晶，可有效破碎原始奥氏体晶粒，使原始奥氏体母相细化，增加单位体积中的晶界总面积。通过这种细化方法可使原始奥氏体晶粒细化到 20μm。原始组织的细化对钢的最终性能将产生很重要的影响。

在 V-N 微合金化钢中，氮对细化原始奥氏体晶粒也有重要作用。图 4-24 示出了氮对钒钢奥氏体晶粒尺寸的影响[28,29]，由图可以看出，氮含量对奥氏体晶粒尺寸有显著影响。随着氮含量的增加，在不同的钒含量下，奥氏体晶粒尺寸都明显减小。

（2）氮促进钒的析出及晶内铁素体形核。与铌、钛相比，钒具有更高的溶解度，

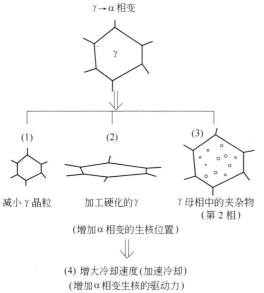

图 4-23 通过相变细化铁素体晶粒的
四种方法（（1）～（4)）[27]

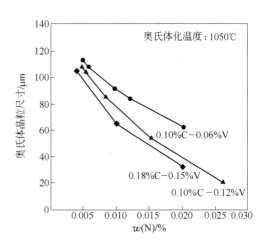

图 4-24 氮对钒钢细化奥氏体晶粒尺寸的影响[28,29]

这表明在较低的温度下钒都能溶解。当钢中的氮含量高于 0.010% 时，如 4.3.2 节所述，VN 可在奥氏体中析出，析出最快温度为 860~900℃，这增加了奥氏体母相中弥散分布的析出物和夹杂物（在此条件下为析出物），增加了相变后铁素体的形核位置和形核密度，为细化钢的组织奠定了基础。

利用夹杂物（或析出物）作为额外的铁素体形核位置促进铁素体形成，通常被称为夹杂物冶金学，被认为是继控制轧制和加速冷却工艺之后的一种新型组织细化工艺，引起了广泛的关注[30~33]。根据错配理论，析出物（夹杂物）对铁素体形核的促进能力取决于析出物（夹杂物）与铁素体之间界面的晶格共格性。对不同析出物（夹杂物）与铁素体之间的界面能及形核驱动力进行了计算，如图 4-25 所示，在各种析出物（夹杂物）中，VN 和 TiN 促进铁素体的形核能力最高。VN 的晶体结构与铁素体非常接近，可以降低铁素体形核的界面能，促进晶内铁素体（IGF）的形成。

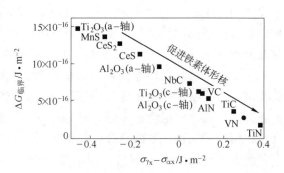

图 4-25　不同析出物（夹杂物）与铁素体之间的界面能对形核驱动力的影响[33]

$\sigma_{\gamma x}$—γ 相与析出物（夹杂物）的界面能；

$\sigma_{\alpha x}$—α 相与析出物（夹杂物）的界面能

VN 与铁素体（100）晶面的错配度比较小，也就是说，VN 与晶内铁素体（IGF）有良好的共格关系，因此 VN 对晶内铁素体（IGF）的形成是非常有利的。利用 V-N 微合金化技术，通过 VN 在奥氏体和 V(C,N) 在铁素体中析出，促进晶内铁素体（IGF）的形成，细化铁素体晶粒，在提高强度的同时改善钢的韧性，这种组织细化的新型工艺在很多钢中已获得广泛的应用。在 V-N 微合金钢中，若同时存在大量细小的 MnS 和较高的氮含量时，在 MnS 周围形成贫锰区，可进一步促进 VN 在 MnS 上析出，增加晶内铁素体的形核位置，细化钢的组织，提高钢的韧性，易切削非调质钢就是一个典型的实例。

（3）采用加速冷却方法，尽量增大冷却速度。V-N 微合金化钢，在再结晶细化原始奥氏体晶粒和 VN 在奥氏体中析出的基础上，通过热轧后的加速冷却，尽量增大冷却速度，增大过冷度，就可增大相变时的生核驱动力，提高相变后铁素体的生核密度，细化铁素体晶粒。

通过上述介绍，综合采用：（1）奥氏体再结晶细化，细化原始奥氏体晶粒；（2）VN 或富氮的 V(C,N) 在奥氏体中析出，增加相变过程中和相变后铁素体的生核位置；（3）加速冷却，增大相变时的生核驱动力等方法，V-N 微合金化钢同样可获得与铌微合金化钢相同的铁素体晶粒细化水平（约 4μm）。通常，为改善钢的焊接性和阻止高温奥氏体晶粒的粗化，V-N 微合金化钢通常添加 0.01% Ti，优化为 V-Ti-N 微合金化钢，利用钢中形成的细小 TiN 粒子，可有效阻止热轧道次间和轧制后奥氏体晶粒的长大，同时，细小 TiN 粒子非常稳定，在 1350℃ 的焊接热循环下也不分解和粗化，有效阻止在该温度下奥氏体晶粒的长大，显著改善焊接热影响区（HAZ）韧性，因此，V-Ti-N 微合金化不仅细化了钢的铁素体晶粒，而且改善了钢的韧性和焊接性等综合性能。如图 2-40 所示[13,34]，采用再结晶控轧工艺生产的 V-N 钢和 V-Ti-N 钢，均可获得与铌微合金化钢相同的铁素体晶粒细化水平。

两者相比，V-N 微合金化钢还有许多技术优势：V-N 微合金化钢加热温度低，终轧温度高，生产效率高，热轧工艺更经济；与铌钢、钛钢相比，钒钢的再结晶终止温度最低（见2.3.2 节）[35]，适于高温再结晶控制轧制，通过反复再结晶细化原始奥氏体晶粒；V-N 微合金化显著提高了奥氏体→铁素体转变的相变比率，进一步细化了相变后的铁素体晶粒，如图 4-10 所示，在相同的奥氏体晶粒尺寸下，V-N 微合金化钢的相变细化率远远高于 C-Mn 钢，这表明即使奥氏体晶粒尺寸相同，最终 V-N 微合金化钢的铁素体晶粒也要细小得多。

4.5.2 钒-氮微合金化在析出强化中的应用

如前所述，V-N 微合金化具有明显的细化铁素体晶粒的作用，此外，V-N 微合金化的另一个主要作用就是显著提高钢的强度，如图 4-26[36,37] 所示，析出强化和晶粒细化强化对屈服强度的贡献是很大的，其中析出强化对屈服强度的贡献率为 32%，晶粒细化强化对屈服强度的贡献率为 41%，两者之合达 73%。通常钢的析出强化能显著提高钢的强度，同时也会使钢的韧性降低。但是，在 V-N 微合金化钢的情况下，晶粒细化强化作用强于析出强化作用，其结果是，晶粒细化作用抵消了析出强化引起的韧性的降低，这是 V-N 微合金化技术的可取之处。在同时获得晶粒细化和析出强化的微合金化技术中，采用 V-N 微合金化是很理想的。

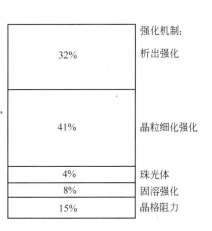

图 4-26 V-N 微合金化钢各种强化机制对屈服强度的贡献[36,37]

通常，高强度低合金钢提高强度的手段，主要利用各种微合金化元素的碳氮化物的析出强化。通过细小弥散的析出粒子与位错的交互作用，造成对位错运动的障碍，显著提高钢的强度。在 V-N 微合金钢的情况下，强化作用的大小与析出粒子的尺寸、间距和数量密切相关。图 4-27[38] 给出了析出物尺寸与位错弯曲的关系。从材料科学的观点看，最重要的是通过析出物增加外力作用下位错运动的阻力，阻力越大屈服强度越高。如图 4-27 所

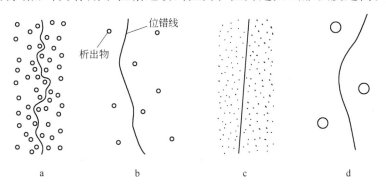

图 4-27 析出物的尺寸与位错弯曲的关系[38]
a—析出物尺寸小密度大时，强化作用大；b—析出物尺寸小密度也小时，强化作用小；
c—析出物尺寸过于小时，强化作用小；d—析出物尺寸大密度小时，强化作用小

示，为获得最好的强化效果，对析出物的尺寸和密度应有严格的要求。如果析出物尺寸小而密度也小，或析出物尺寸过于小，或析出物尺寸大密度小时，均不能获得最佳的强化效果，只有像图4-27a所示，析出物尺寸小、密度大时，才能获得最大的强化效果。在铌、钒、钛等各种微合金化元素中，为充分发挥微合金化元素的析出强化作用，采用V-N微合金化技术是最佳选择。钒具有最高的溶解度，在较低的加热温度下，钒能全部固溶；VN和VC的溶解度有较大差异，在热形变和随后冷却过程中极易析出细小弥散的VN和富氮的V(C,N)；利用这些细小弥散高密度的析出粒子，增大位错运动阻力，钉扎位错运动，显著提高钢的强度。

图4-28给出了20MnSiV钢热轧钢筋的相分析试验结果[39]。由图可以看出，V-N微合金化钢的碳氮化物析出粒子尺寸明显细于钒钢。从析出粒子尺寸的分布看，钒钢小于10nm的粒子质量分数占21.1%，而V-N钢小于10nm的粒子质量分数高达32.2%，V-N钢小于10nm的粒子质量分数明显多于钒钢。通常，析出粒子的平均直径大于10nm时，就不可能产生明显的强化效果，只有小于10nm的粒子才有明显的强化效果，所以，采用V-N微合金化，能产生更多的小于10nm的析出粒子，从而产生更大的强化效果。在利用微合金化技术通过析出强化来提高钢的屈服强度时，采用V-N微合金化容易获得大量细小弥散分布的析出粒子，强化效果很明显，由于这个原因，V-N微合金化技术获得了广泛的应用。

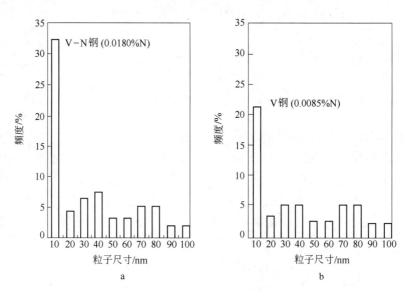

图4-28　20MnSiV-N钢和20MnSiV钢V(C,N)析出粒子尺寸的分布[39]

a—20MnSiV-N钢；b—20MnSiV钢

参 考 文 献

[1] 谷野满，铃木茂，と. 鉄鋼材料の科学[M]. 東京：山岡景仁出版社，2001.

[2] Pickering F B. Physical Metallurgy and the Design of Steels[M]. London：Applied Science Publishers Ltd，1978.

［3］藤田利夫，柴田浩司，と．鉄鋼材料の設計と理論［M］．東京：丸善株式会社出版，1981.

［4］孙邦明，张永权，等．V-N 微合金化钢筋中钒的析出行为［J］．钢铁，2001，36(2)：44～47.

［5］齐俊杰，黄运华，张跃，等．微合金化钢［M］．北京：冶金工业出版社，2006.

［6］Osuzu H, et al. Application of Microalloyed Steels to Achieve High Toughness in Hot Forged Components without Further Heat Treatments［C］. In：SAE Int. Congress and Exposition. Detroit, Michigan：Society of Automotive Engineers, 1986.

［7］Russwiurn D, Wille P. High Strength Weldable Reinforcing Bars［C］. In：Korchynsky M. Microalloying'95. Warrendale, PA：ISS-AIME, 1995：377～389.

［8］Zajac S, Siwecki T, Hutchinson W B, et al. The Role of Carbon in Enhancing Precipitation Strengthening of V-microalloyed Steels［C］. In：Materials Science Forum, Vols. 284～286：Trans Tech Publications Ltd, 1998：295～302.

［9］龚维幂，杨才福，张永权；等．钒氮钢中铁素体等温形核规律的试验研究［J］．钢铁，2005，40(10)：63～67.

［10］Zajac S, Lagneborg R, Siwecki T. The Role of Nitrogen in Microalloyed Steels［C］. In：Korchynsky M. Microalloying'95. Warrendale, PA：ISS-AIME, 1995：321～338.

［11］杨才福，张永权．氮在非调质钢中的作用［A］．见：杨才福，张永权，祖荣祥，等编．钒氮微合金化钢的开发与应用［M］．北京：钢铁研究总院，2002：65～74（内部资料）.

［12］Korchynsky M. 长形材的微合金化与再结晶控轧［A］．见：杨才福，张永权主编．钒氮微合金钢文集［M］．北京：钢铁研究总院，1998：1～11（内部资料）.

［13］Lagneborg R, Siwecki T, Zajac S, et al. 钒在微合金钢中的作用［M］．杨才福，柳书平，张永权编译．北京：钢铁研究总院，2000（内部资料）.

［14］雍岐龙．钢铁材料中的第二相［M］．北京：冶金工业出版社，2006.

［15］方芳，雍岐龙，杨才福．C、N 含量对钢中 V(C,N)析出行为的影响［D］．北京：钢铁研究总院学位论文，2009.

［16］方芳，雍岐龙，杨才福，等．碳氮化钒在奥氏体中析出的动力学模型［J］．钢铁，2008，43(12)：71～74.

［17］龚维幂，杨才福，张永权，等．低碳钒氮微合金钢中 V(C,N)在奥氏体中的析出动力学研究［J］．钢铁研究学报，2004，16(6)：41～46.

［18］镰田仁．最新钢铁状态分析［M］．张永权，姚泽雄译．北京：冶金工业出版社，1987.

［19］Zajac S, Siwecki T, Korchynsky M. Importance of Nitrogen for Precipitation Phenomena in V-Microalloyed Steels［C］. In：Asfahani R, Tither G. Conf. Proc. on Low Carbon Steels for the 90's. Warrendale, PA：TMS-AIME, 1993：139～150.

［20］Lagneborg R, Siwecki T, Zajac S, et al. The Application of Vanadium in Microalloyed Steels［R］. Sweden：Swedish Institute for Metals Research, 1999：S-11428.

［21］张永权，杨才福，柳书平，等．经济型建筑用Ⅲ级钢筋的研究［J］．钢铁，2000，35(1)：43～46.

［22］Yang Caifu, Zhang Yongquan, Cheng Ding, et al. R&D on Low Cost V-N Microalloyed High Strength Heavy Section H-Shape Steel for Building Structure［R］. Beijing：Central Iron & Steel Research Institute, 2003.

［23］Lagneborg R, Sandberg O, Roberts W. Optimisation of Microalloyed Ferrite-Pearlite Forging Steels［C］. In：Fundamentals of Microalloying Forging Steels. Warrendale, Krauss G and Banerji S K. PA：The Metallurgical Society, Inc. , 1987：39～54.

［24］高木節雄．鉄鋼にぉける結晶粒微細化強化の現狀とその限界［J］．CAMP-ISIJ, 1997, 10(6)：1176～1180.

[25] 柳书平，杨才福，张永权. 钒氮微合金化钢[R]. 北京：钢铁研究总院，1998（内部资料）.

[26] 杨才福，张永权. 氮在非调质钢中的作用[J]. 钢铁钒钛，2000，21(3)：66~71.

[27] 牧正志. 鉄鋼の組織制御の現状と将来の展望[J]. 鉄と鋼，1995，81(11)：N547~N555.

[28] Zajac S, Lagneborg R, Siwecki T. 氮在微合金钢中的作用[A]. 见：杨才福，张永权主编. 钒氮微合金钢文集[C]. 北京：钢铁研究总院，1998：12~36（内部资料）.

[29] 土山聡宏，高木節雄. 窒素含有ォ-ストナィト鋼にぉける固溶強化と結晶粒微細化強化[J]. ふぇらむ，2002，7(11)：16，17.

[30] Morikage Y, Oi K, Kawabata F, Amano K. Development of Injection Lance with High Combustibility for High Rate Coal Injection [J]. Tetsu-to-Hagane, 1998, 84(1)：37~42.

[31] Enomoto M. The Mechanisms of Ferrite Nucleation at Intragranular Inclusions[C]. In：Chandra T and Sakai T. Thermec'97：International Conference on Thermomechanical Processing of Steels and other Materials. Warrendale PA：TMS-AIME, 1997：427~433.

[32] Zhang S, Hattori N, Enomoto M, Tarui T. Ferrite Nucleation at Ceramic/Austenite Interfaces[J]. ISIJ Int. , 1996, 36(10)：1301~1309.

[33] 木村達巳，川端文丸，と. VNにょる粒内フェラィト変態を利用した新 TMCP 極厚 H 形鋼[J]. CAMP-ISIJ, 1998, 11：1003.

[34] Zajac S. Thermodynamic Model for the Precipitation of Carbonitrides in Microalloyed Steels[R]. Swedish Institute for Metals Research, 1998, Internal Report IM-3566.

[35] Cuddy L J. The Effect of Microalloy Concentration on the Recrystallization of Austenite during Hot Deformation[C]. In：Conf. Proc. Thermomechanical Processing of Microalloyed Austenite. DeArdo A J, Ratz G A, Wray P J. Pittsburgh, PA：The Metallurgical Society of AIME, 1982：129~140.

[36] 杨才福，张永权. 钒氮微合金化技术在 HSLA 钢中的应用[A]. 见：钒氮微合金化钢的开发与应用[M]. 杨才福，张永权，祖荣祥等编. 北京：钢铁研究总院，2002：1~10（内部资料）.

[37] Korchynsky M. A New Role for Microalloyed Steels：Adding Economic Value[C]. In：Proceedings of the 9th International Ferroalloys Congress. Washington, DC：Ferroalloys Association, 2001.

[38] 北田正弘. 初级金属学[M]. 東京：アグネ承風社，1988.

[39] Zhang Yongquan, Yang Caifu, Liu Shuping. Study of V-N Microalloyed Low Alloy Steels[R]. Beijing：Central Iron and Steel Research Institute, 1998.

5 钒钢的工艺特性及其与组织性能的关系

5.1 钒钢的工艺特点

自美国亨利·福特（Henry Ford）最早把钒钢应用于汽车并大大改善汽车性能之后，人们很快认识了钒钢的各种优异性能。除汽车之外，在其他领域，钒钢也获得了广泛的应用。产量迅速增加，钒的消耗量增加，每百万吨钢铁产品钒的使用量达 35~45t。为获得良好性能的钒钢，充分发挥钒钢的性能潜力，在生产钒钢时必须充分了解钒钢的一些工艺特点。

（1）再加热温度低。由于钒的碳氮化物在奥氏体中具有较高的溶解度，再加热时在较低的再加热温度下 V(C,N) 能全部溶解，由 2.1 节中给出的固溶度积公式计算可知，即使当钒含量为 0.05%、氮含量为 0.02% 时，VN 的完全固溶温度仅为 1140℃，因此在实际生产中可采用较低的均热温度。与此相反，铌钢的固溶温度比较高，至少需加热到 1200℃ 才能完全溶解铌的碳氮化物。钒钢相对较高的溶解度，特别是碳化物的溶解度更高，这对热处理钢来说是很重要的，因为它保证了在热处理温度下大部分合金元素可以溶解，在冷却时又能析出，这样才能充分产生析出强化，达到提高强度的目的。

在再加热时，任何钢都会发生奥氏体晶粒粗化现象，再加热温度越高，原始奥氏体晶粒粗化就越显著，因而采用较低的再加热温度有利于抑制原始奥氏体晶粒的粗大化，钒钢正好具备这样的有利条件，在较低的再加热温度下，如 1150℃，就能使钒的碳氮化物全部溶解，这对细化原始奥氏体晶粒是很有利的。有研究表明[1]，采用较低的再加热温度，可抑制原始奥氏体晶粒的异常粗化，对最终组织的细化和钢韧性的提高有明显效果。许多低温钢和要求高韧性的钢也多采用较低的再加热温度。

（2）热形变抗力小。在铌、钒、钛三种主要微合金化元素中，高温轧制时钒钢阻碍再结晶的能力最弱，再结晶终止温度比较低，因而热轧时轧制抗力比较小，如图 5-1 所示[2]。由图可以看出，随着温度的降低，钒钢的流变应力缓慢增加，与 C-Mn 钢相似，轧制时比较容易变形，对轧机没有特殊要求。但是铌钢的情况就不同了，随着温度的降低，铌钢的流变应力增加，特别是当温度低于 930℃ 时，流变应力急剧增加。铌具有强烈阻碍奥氏体再结晶的能力，使轧制时每一道次的变形产生积累，导致加工硬化，轧制抗力显著增加，老轧机已经不适用，必须采用轧制力更大的新轧机。热形变抗力小是

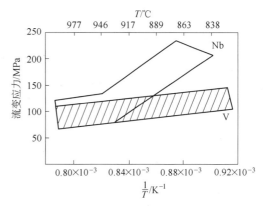

图 5-1 钒钢流变应力与终轧温度的关系

钒钢的另一个主要工艺特点。

（3）终轧温度对性能的影响小。钢中的钒是一个很好的析出强化元素，即使在较高的终轧温度下，也能获得较好的韧性，这是由于钒钢在奥氏体再结晶区往复轧制时，通过多次轧制-再结晶的形变工艺，最终可获得较细小的奥氏体晶粒，极限值约为20μm，终轧温度的高或低对奥氏体反复再结晶后的晶粒尺寸影响较小。因此，Mitchell 曾指出[3]：钒钢再结晶时，再结晶奥氏体的晶粒尺寸在很宽的温度范围内都趋向于保持定值。含钒的 HSLA 钢在800～1000℃的终轧温度范围内性能变化相对较小。这是钒钢的另一个工艺特点。采用较高的终轧温度，为保证钒钢钢板的厚度尺寸公差，特别是为宽度大于1500mm、厚度小于3mm 的高强度带钢的形状控制创造了有利条件，而铌钢不具备这个特点，同时，与铌钢相比，钒钢更适合现代化高效轧机的连续生产，缩短并节约轧制时间，大大提高生产效率。

（4）适应电炉钢较高的氮含量。在电炉炼钢的情况下，电弧区的温度比较高，炉膛内的气氛是与空气相通的，高温的钢液比较容易吸收气氛中的氮，使钢液的氮含量增高；在电弧的作用下，电弧近旁的氮分子容易离解成氮原子。氮原子在钢水中的溶解速度比分子氮的溶解速度更高，使电炉钢的氮含量比转炉更高；电炉炼钢的时间相对较长，炉膛内氮的分压又比较高，也会使氮含量增高；在转炉炼钢的情况下，不但冶炼时间较短，而且脱碳量比较大，在脱碳的同时也有较好的脱氮作用，使转炉钢的氮含量相对较低。通常，转炉钢的氮含量波动在0.003%～0.006%范围内。电炉钢的氮含量波动在0.008%～0.012%范围内，是转炉钢氮含量的2～3倍。

钢中的氮通常被认为是有害的杂质元素。固溶在铁素体中的自由氮是有害的，它提高了钢的时效敏感性和脆性倾向；在连续铸锭中，较高的氮含量可增加纵向或横向开裂的可能性；在焊接过程中，游离的氮会降低焊缝的韧性，提高韧/脆转变温度。

为抑制钢中氮的有害作用，最常用的方法是向钢中添加适量的固氮元素，如铝、钛、钒等。在这些固氮元素中钒是最有效的，钒是唯一对氮具有双重影响的元素，它不但通过形成 VN 或富氮的 V(C,N)固定钢中的自由氮，抑制氮的有害作用，而且还能产生显著的析出强化和晶粒细化。特别应当指出，利用氮的作用可使析出粒子细小弥散分布在钢中，使析出强化达到最佳化，如图5-2[4]所示。由图可以看出，随着氮含量的提高析出粒子尺

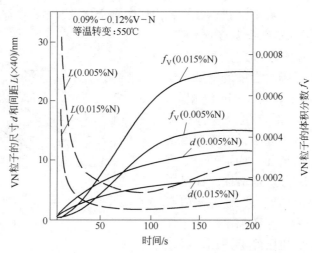

图5-2　氮对析出粒子尺寸 d、体积分数 f_V 和间距 L 的影响

寸减小，析出相体积分数增加，析出粒子间距减小，析出强化显著增大，氮在析出强化中起到非常大的作用。因而在钒钢中氮就由有害的"杂质元素"转变成一种不可或缺的"微合金元素"了。

根据电炉炼钢工艺的特点，电炉钢自然会带来0.008% ~ 0.012%较高的氮含量，这相当于不增加其他额外工艺措施、不增加任何成本、无偿赐予的合金元素，这正是钒钢所需要的。在某些情况下，在电炉钢含氮量的基础上还需略有提高，从而省去了各种脱氮精炼工艺，降低了钢的生产成本。上述事实表明，V-N微合金化对氮含量较高的电炉钢具有很强的适应能力，这是含钒钢的另一个突出特点。

这里应特别指出的是氮含量对含铌钢的影响。当含铌钢中的氮含量较高时，大尺寸的铌的氮化物就可能在钢液中析出，并降低铌碳化物的活度和表观浓度[5]。同时，从溶解度方面来看，铌氮化物的溶解度又低于铌碳化物的溶解度。在钢液凝固时，在凝固前沿比较容易析出尺寸较大有害的铌氮化物，显著降低钢的断裂韧性、疲劳强度和热塑性，限制了充分利用NbC的应变诱析出强化和晶粒细化作用的发挥。可以粗略地认为，加入钢中的铌，只有形成细小弥散的NbC或Nb(C,N)粒子的铌才是有效铌，形成大尺寸的NbN的铌是无效铌。为了尽量不形成大尺寸的铌氮化物，就必须采用真空精炼等方法大幅度降低钢中的氮含量。在某种意义上说，铌在钢中的作用一方面取决于钢中的氮含量；另一方面，为防止在凝固前沿形成大尺寸的铌氮化物，还可以采用降低钢液中的硫、磷等偏析元素含量等手段。因为在宏观偏析区中，硫、磷等偏析元素容易在凝固前沿富集，显著降低钢液的凝固温度，促进大尺寸NbN的析出。只有把硫、磷含量控制到尽可能低的水平，才可能防止大尺寸NbN的析出。因此可以认为，通过降低偏析元素硫、磷等含量，提高钢液凝固温度是防止在宏观偏析区形成大尺寸NbN析出的有效方法。为此对含铌钢的杂质元素含量提出了更高的要求。根据经验，在低碳钢中($w(C) < 0.1\%$)硫含量应控制低于0.01%，磷含量应控制低于0.015%；在中碳和高碳钢中($w(C) > 0.1\%$)硫含量应控制低于0.005%，磷含量应控制低于0.01%。采用真空精炼等手段，上述对杂质元素的要求是可以实现的，但这将导致生产成本提高。对含铌钢来说，氮是一种很有害的杂质元素。

5.2 连铸工艺

在生产过程中，钒钢和其他高强度低合金钢一样，主要采用连铸工艺生产，模铸工艺相对较少，因而对连铸工艺普遍比较关注。连铸坯的质量，如组织结构、表面缺陷、中心偏析、成分和组织的均匀性等都对最终产品的性能和质量有一定的影响。改善和提高连铸坯的凝固组织是获得高性能最终产品的重要一环。

在一般情况下，连铸坯从边缘到中心的凝固组织是由细小等轴晶带、柱状晶带和中心等轴晶带构成。细小等轴晶带位于连铸坯的表层，当液态钢水进入结晶器时，钢水与铜壁结晶器接触，冷却速度很快，在铸坯的边缘形成了细小等轴晶带；柱状晶带位于细小等轴晶带的内侧，细小等轴晶带的形成过程伴随着铸坯的体积收缩，当铸坯脱离铜壁时就形成了气隙，降低了传热速度，铸坯形成了柱状晶区；等轴晶带位于连铸坯的中心，随着凝固前沿的推移，凝固层和凝固前沿的温度梯度逐渐减小，两相区宽度逐渐增大，铸坯心部液相温度降至液相线后，心部开始结晶，由于心部传热的单相性已不明显，形成等轴晶，传热受到限制，晶粒较激冷层粗大。

在连铸过程中防止铸坯产生裂纹是铸坯质量非常重要的一个问题。随着连铸钢水的冷却和凝固，将发生液态收缩、凝固收缩和固态收缩等现象，其中固态收缩量比较大，在温降过程中会产生热应力，在相变过程中会产生组织应力，这些内应力的产生是引发铸坯裂纹的根源，因此，固态收缩对铸坯质量影响最大。

连铸坯的缺陷主要包括连铸坯的纯净度、表面质量、内部质量和外观形状等几个方面，其中比较主要的有两类：表面缺陷和内部缺陷。表面缺陷是影响连铸产量和连铸坯质量的重要缺陷，包括表面纵裂纹、横裂纹、网状裂纹、皮下夹杂和皮下气孔等；内部缺陷主要包括中心偏析、中心疏松、中间裂纹、皮下裂纹和夹杂等，这些内部缺陷是由于铸坯的鼓肚、带液芯弯曲和矫直、铸坯表面温度回升所产生的热应力和部分过剩富集溶质元素充填枝晶的间隙等因素影响下形成的。这些缺陷对轧材的最终质量影响较大，在后部工序的加工中不可能消除。

连铸坯的表面缺陷中，纵裂纹多发生在板坯宽面的中央部位，方坯多发生在棱角处，主要是由于结晶器内冷却强度不均匀造成坯壳厚度不均匀，在坯壳薄的地方应力集中，当应力超过坯壳的抗拉强度时就产生了纵向裂纹。连铸坯表面的横向裂纹多出现在铸坯的内弧侧振痕波谷处，通常是隐蔽看不见的，经金相检查，处于铁素体网状区，也正好是初生奥氏体晶界，还可观察到有细小析出物质点存在，降低了晶界的结合力，诱发了横向裂纹，与铸坯纵向裂纹相比，它对连铸坯质量的影响更大。在高强度低合金钢（HSLA）钢的连铸过程中，横向开裂是一种常见的失效形式，很多研究者[4~7]这方面开展了大量的研究工作，尽管研究条件和试验方法不尽相同，但试验结果却呈现出比较一致的变化趋势，连铸钢在凝固收缩和固态收缩时，在700～950℃存在一个塑性低谷区，当铸坯表面施加机械负载（如矫直）时，容易诱发横向裂纹，因此可以说，连铸坯横向裂纹的产生与连铸钢的700～950℃的高温脆性区密切相关。

图 5-3 给出了不同钢种连铸坯的断面收缩率与温度的关系[8]，图 5-3a 是 Mintz 和 Abushosha[9] 的试验结果，预加热温度为1330℃；图 5-3b 是凝固试样的试验结果[10]。尽管试验方法不同，但试验结果是基本相同的。由图可以看出，随着温度的降低，C-Mn 钢和

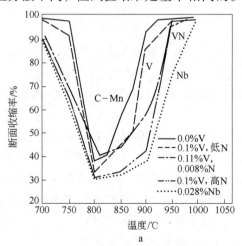 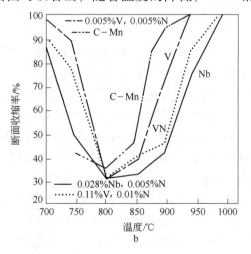

图 5-3　不同钢种连铸坯的断面收缩率与温度的关系

a—预加热温度为 1330℃；b—凝固试样

铌、钒微合金钢的断面收缩率的变化趋势是相同的，随着温度的降低，钢的断面收缩率从950℃开始降低，到810～830℃塑性降至低谷，温度继续降低断面收缩率又开始回升，到750℃附近塑性完全恢复，几种不同的试验钢均存在一个类似的高温塑性低谷区。

C-Mn钢与铌、钒微合金钢的高温塑性是有差异的，主要表现在高温塑性低谷区的宽度和塑性开始降低的温度不同。随着温度的降低，C-Mn钢约从900℃断面收缩率开始降低，当温度降至约820℃时C-Mn钢的断面收缩率最低，出现塑性低谷，温度继续降低时断面收缩率又开始回升，当温度降至750℃左右时C-Mn钢的塑性完全恢复，因此对C-Mn钢来说，从900～750℃就形成一个低谷区。

铌、钒等微合金化元素对连铸坯高温塑性有影响，其中影响最显著的是铌。由图5-3可以看出，含铌钢的上临界温度比较高，约为1000℃，比C-Mn钢高出约100℃，而塑性完全恢复的下临界温度也相应降低近100℃，因而含铌钢的高温塑性低谷区的范围明显扩大，这表明，含铌钢连铸时在更宽的温度范围内弯曲矫直时易产生横向裂纹。N. Bannenberg[11]对含铌钢的高温热塑性也进行了研究，如图5-4所示，给出了铌对钢热塑性的影响，从图可以看出，当温度降低到1050℃时含铌钢的断面收缩率开始降低，在830℃时含铌钢的断面收缩率最低，继续降低温度裂纹处的断面收缩率再次上升，到700℃塑性完全恢复。同时作者对断面收缩率提出了一个临界值的概念，规定浇注过程中断面收缩率必须在75%以上方可避免横向裂纹的产生。很显然C-Mn钢的产生裂纹的临界范围很窄，而含铌钢发生裂纹的临界范围要宽得多，在此温度范围内经受弯曲矫直等机械负载时很容易产生横向裂纹，因此，连铸时随着铸坯的连续冷却，其表面、边缘和棱角等各部分的温度在降低到1000～700℃临界范围之前必须完成连铸坯的弯曲矫直。

含钒钢的高温塑性与C-Mn钢比较接近，介于C-Mn钢和含铌钢之间。从塑性低谷区的宽度上看，钒微合金化钢塑性低谷区宽度比C-Mn钢向高温方向略有增加；从塑性低谷区存在的温度范围上看，钒微合金化钢塑性低谷区存在的温度范围比C-Mn钢向高温方向略有扩展，尽管试验结果不尽相同，其温度范围向高温扩展约为50℃。从上述塑性低谷区宽度及其存在温度范围两方面看，钒微合金化钢对铸坯裂纹并不敏感，与C-Mn钢比较接近，最敏感的是铌微合金化钢。但是，氮对钒微合金化钢的高温塑性低谷有影响，很多研究人员[5~7]对此进行了大量的研究工作。Mintz[9]等人研究了钒和氮含量对0.1%C-1.4%Mn-0.03%Al钢高温塑性的影响，为便于对比，图中也给出了0.03%Nb钢的断面收缩率，如图5-5所示。当

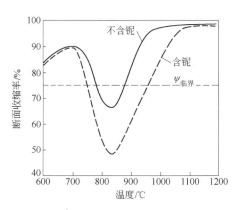

图5-4　铌对钢热塑性的影响

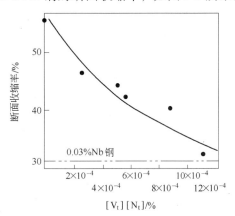

图5-5　V、N总含量的乘积对850℃断面收缩率的影响

钒氮含量比较低时，即氮含量小于 0.005%、钒含量小于 0.1% 时，该钢 850℃ 的断面收缩率远远高于 0.03% Nb 钢。随着钒氮含量的提高，850℃ 的断面收缩率逐渐降低，当氮、钒都比较高时，即氮含量大于 0.01%、钒含量大于 0.1% 时，钒钢的高温塑性才与 0.03% 铌钢接近，这种现象的产生是由于在连铸条件下，析出的 V(C,N) 的粗化速率比 Nb(C,N) 快得多，因此对高温塑性的损害比铌小得多所致。氮含量的提高将促进 V(C,N) 粒子在奥氏体中的析出，降低钒钢的高温塑性。对任何钢来说，析出粒子体积分数的增加都将导致高温塑性的降低。

大量研究和试验结果表明，在连铸过程中，根据各类钢高温塑性低谷区的宽度和温度范围，严格控制二冷区的冷却速度，采用平稳的弱冷却，使弯曲矫直时铸坯的表面温度高于碳氮化物的析出温度，或高于 γ→α 相变温度，或高于产生脆化的上临界温度，避开塑性低谷区，不论钒钢、氮钒含量高的 V-N 钢、铌钢都可以防止铸坯横向裂纹的产生。此外，从采用合理的结晶器及高频率小振幅、性能良好的保护渣、保持结晶器液面的稳定性、降低钢中的硫磷、抑制碳氮化物的晶界析出、通过二次冷却使铸坯表面层奥氏体晶粒细化、降低裂纹敏感性等措施，对防止铸坯横向裂纹的产生也有一定的帮助。

5.3 热机械控制工艺（TMCP）

5.3.1 再结晶控制轧制工艺

再结晶控制轧制（RCR：recrystallization controlled rolling），是指再加热后的钢在奥氏体的再结晶区通过轧制变形-再结晶反复进行，奥氏体晶粒逐渐变细，最终获得细小等轴奥氏体晶粒，增加奥氏体有效晶界总面积，为奥氏体向铁素体相变形核提供更多位置，在随后相变过程中再通过加速冷却最终获得细小铁素体晶粒的一种工艺技术。它是继在奥氏体未再结晶区较低的温度下、通过大变形形成大量被拉长的形变奥氏体、增加奥氏体有效晶界总面积、增加形变储能、增加相变后铁素体生核位置、最终获得细小铁素体晶粒的工艺技术之后的另一种新型的组织细化工艺技术。

图 5-6[12] 给出了再结晶控制轧制细化铁素体晶粒方法的示意图。根据再结晶控制轧制的基本原理，再结晶控制轧制细化最终组织的效果取决于以下各项工艺参数：再加热奥氏体晶粒；轧制时较低的再结晶终止温度；轧制后较低的晶粒粗化率；在奥氏体和铁素体晶粒内有适当的析出物（或非金属夹杂物）；钢具有足够的过冷能力。综合控制这些工艺参数，采用再结晶控制轧制工艺可以达到奥氏体未再

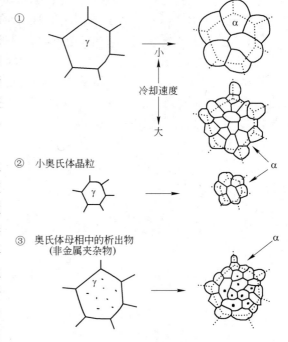

图 5-6 再结晶控制轧制细化铁素体晶粒方法的示意图

结晶区控制轧制相同的组织细化效果。

（1）较高的奥氏体晶粒粗化温度。在再加热时，采用再结晶控制轧制的钢应具有较高的奥氏体晶粒粗化温度，防止再加热时奥氏体晶粒异常长大，使加热后原始奥氏体晶粒尽量细小，为最终获得组织细化创造条件。

为获得细小的再结晶奥氏体晶粒和最终细小的铁素体晶粒，细化相变前母相奥氏体晶粒是非常重要的。原始奥氏体晶粒越细小，再结晶控制轧制后获得的最终组织也就越细小，如图5-6①和②所示，因此为获得细小的原始奥氏体晶粒，适于再结晶控制轧制较理想的钢应具有较高的奥氏体晶粒粗化温度。

为提高钒微合金化钢的奥氏体晶粒粗化温度，通常在钢中添加0.01% Ti，只要冷却速度足够快，如铸坯的冷却，将产生细小稳定的TiN粒子，能有效阻止再加热时高温奥氏体晶粒的粗化，如图5-7[13]所示。由图可以看出，在钒钢的基础上添加0.017% Ti，可显著提高晶粒粗化温度。这主要是由于在V-Ti钢中存在细小而稳定的TiN粒子所致。在V-Ti钢的基础上再添加0.012% N，可进一步提高晶粒粗化温度，这是由于钢中除存在细小稳定的TiN粒子外，还有大量细小而稳定的VN粒子，钢中氮含量越高，总的VN粒子体积分数就越大，有效阻止轧制道次间和轧制后奥氏体晶粒的长大，经过再结晶控制轧制工艺后获得细小奥氏体晶粒，因此在V-N微合金化钢中添加0.01%

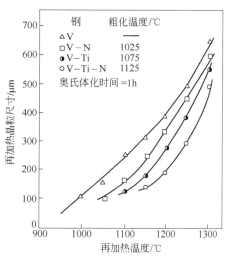

图5-7 再加热温度对 V、V-N、V-Ti、V-Ti-N 钢的晶粒粗化行为的影响（基体：0.08% C-1.20% Mn）

Ti是一种优先选择。添加0.01% Ti-0.01% N 的V-Ti-N钢具有优良的强度、韧性和焊接性能等综合性能。

（2）较低的再结晶终止温度。再结晶控制轧制，是在钢的奥氏体再结晶区通过形变-再结晶反复进行获得较小的奥氏体晶粒，相变后获得细小铁素体晶粒的一种工艺技术。该技术的主要轧制形变是在奥氏体的再结晶区完成的，因此要求钢的再结晶温度尽量低，再结晶区的温度范围尽量扩大，有足够时间反复进行形变-再结晶，细化奥氏体晶粒，这是对再结晶控轧钢的基本要求。

为达到上述要求，在再结晶控制轧制钢合金设计时必须充分考虑合金元素的影响。微合金元素对奥氏体再结晶的终止温度有显著影响，如2.3.2节中的图2-35所示。由图2-35可以看出，铌的影响最大，阻止奥氏体再结晶的能力最强，加入钢中的铌显著提高钢的奥氏体再结晶终止温度；钒对再结晶的影响最小，阻止奥氏体再结晶的能力最弱；钛、铝介于其中。微合金元素对再结晶终止温度的影响由强到弱的顺序为 Nb > Ti > Al > V，由此可以看出，在再结晶控制轧制钢中添加铌是不适当的，采用钒微合金化，降低奥氏体再结晶终止温度，拓宽奥氏体再结晶控制轧制的工艺途径，是一种最佳的选择。

微合金元素抑制形变奥氏体再结晶主要有两种机制：固溶原子产生的溶质拖曳作用和在奥氏体中 M(C,N)析出粒子的钉扎作用，相关描述参见2.3.2节。

（3）较低的晶粒粗化速率。再结晶控制轧制钢，形变-再结晶后要求有较低的晶粒粗化速率，以保证再结晶后获得尽量小的奥氏体晶粒，为此研究了钒钢的奥氏体再结晶晶粒粗化行为，如图5-8所示[13]。在1050℃恒定温度下，以2/s的真应变速率单向压缩55%（$\varepsilon = 0.8$），形变后在1050℃下保持不同时间，然后水淬。结果表明，V钢、V-N钢、V-Ti钢、V-Ti-N钢没有晶粒异常长大现象。晶粒长大速率示于表5-1。由图和表可以看出，V钢和V-N钢形变-再结晶后，保温20s时奥氏体晶粒有长大现象，但是值得特别注意的是钢中加入0.017% Ti后显著降低了奥氏体晶粒粗化速率，在1050℃保温20s时，其晶粒长大速率较小，可忽略不计，保温时间达100s时，晶粒尺寸基本保持不变，这为反复轧制形变-再结晶和终轧后的加速冷却创造了有利的条件，拓宽

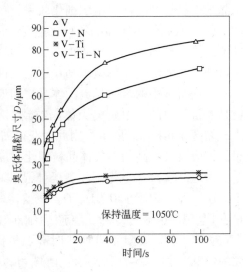

图5-8 形变和再结晶后的晶粒粗化行为
（基体：0.08% C-1.20% Mn）

了再结晶控轧操作时间的工艺途径，因此，对要求热轧后具有较低晶粒粗化速率的钒钢来说，加入0.017% Ti是一种最佳选择。

表5-1 再结晶后的晶粒粗化速率

钢 种	再结晶后的平均晶粒粗化速率/$\mu m \cdot s^{-1}$		
	在第一个20s	在第二个20s	>40s
V	1.30	0.58	0.17
V-N	1.08	0.42	0.17
V-Ti	0.33	0.075	0.016
V-Ti-N	0.37	0.065	0.016

（4）在奥氏体和铁素体内有大量V(C,N)沉淀现象。大量研究结果[14~17]表明，钒微合金化钢在奥氏体和铁素体中存在大量细小V(C,N)析出粒子，可促进多边形铁素体和针状铁素体的晶内形核，从而细化最终铁素体晶粒。与铁素体晶体结构相似的非金属夹杂物（或析出物）能降低铁素体形核的界面能，可诱发晶内铁素体（IGF）的形成。在钒微合金化钢的情况下，在奥氏体和铁素体中析出的VN与晶内铁素体均为体心立方结构，两者有良好的共格关系，在（100）晶面错配度较小，容易诱发晶内铁素体，也就是说与晶内铁素体（IGF）有良好共格关系的析出物（非金属夹杂物）对晶内铁素体的形成最有利，图5-9给出的就是晶内铁素体（IGF）的形核图，图5-9a是在VN + MnS复合粒子上形核，图5-9b是在单独VN粒子上形核。

（5）足够的过冷能力。再结晶控轧后的再结晶奥氏体，进行在线加速冷却是非常重要的。通过加速冷却可增大过冷度，其实质就是增大相变时的铁素体形核驱动力。与再结晶细化相比，相变细化的效果更大。为充分利用相变更大的细化晶粒效果，就必须增大相变时的驱动力，这是由于相变比再结晶需要更大的驱动力所致。同时，相变时临界核的尺寸

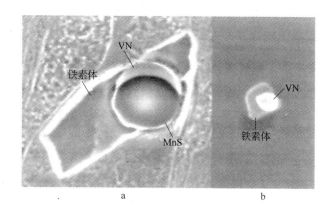

图5-9 铁素体在 VN + MnS(a)和单独 VN 粒子上(b)的形核

是生核驱动力的函数，驱动力越大，临界核的尺寸就越小，生核的密度就越高，获得的最终组织就越细小，因此对再结晶控轧钢来说，应具有足够的过冷能力，热轧后再结晶的奥氏体进行适当的加速冷却是很必要的。图 5-10[8] 给出了再结晶控轧后冷却速率和终轧温度对Ti-V(Nb)-N钢最终显微组织、屈服强度和韧性的影响。从图中可明显看出，冷却速度对力学性能和微观组织有显著影响。

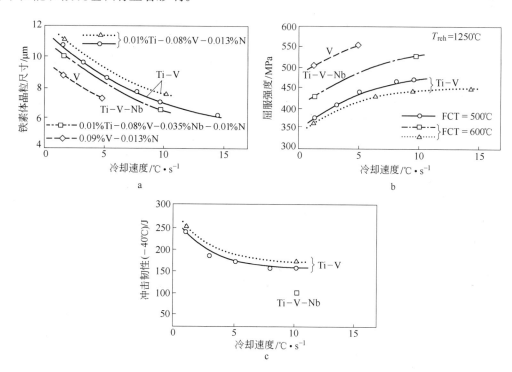

图 5-10 终轧温度（1030℃）到终冷温度（FCT）的冷却速率对 Ti-V(Nb)-N 钢组织和性能的影响
a—铁素体晶粒尺寸；b—屈服强度；c—冲击韧性

冷却速度对钢的综合性能有较大影响。对 Ti-V(Nb)-N 钢来说，随着冷却速度的提高，屈服强度增加。当冷却速度比较低（<7℃/s）时，屈服强度增加比较快，当冷却速度比

较高（>7℃/s）时，强度随冷却速度的变化较小，屈服强度的增加比较缓慢。当冷却速度很高（15℃/s）时，奥氏体将转变为铁素体+贝氏体组织。从图还可以看出，终冷温度在400~600℃范围内对最终铁素体晶粒尺寸的影响很小，尽管加速冷却终止温度低于500℃已经出现了贝氏体组织。但是，加速冷却终止温度对屈服强度却有显著影响。当加速冷却终止温度低于500℃时，屈服强度随加速冷却终止温度的降低而增加。不含Ti的0.09%V微合金钢经再结晶轧制后加速冷却至室温，获得了最高的屈服强度。只有当钢中出现贝氏体组织时，屈服强度对加速冷却终止温度的相关性才发生变化。

随着冷却速率的提高，最终铁素体晶粒尺寸减小，但是经再结晶控轧+加速冷却处理后，钢的冲击转变温度会上升。这是由于M(C,N)析出强化和在较低的加速冷却终止温度下贝氏体的体积分数增加所致。冷却速度对析出相尺寸及其分布有重要影响。随着冷却速度的增加，析出相粒子尺寸减小，粒子间距减小，强化作用增强，导致转变温度升高。

综上所述，再结晶控制轧制的冷却速率应不超过10~12℃/s，加速冷却终止温度应不低于500℃，避免发生贝氏体和马氏体转变。

5.3.2　控制轧制工艺

控制轧制（CR）技术是不断发展的，通常控制轧制后都采用加速冷却，甚至热轧后由高温奥氏体区直接淬火也被广泛应用。与传统工艺相比，控制轧制+控制冷却技术具有明显的技术特点，如图5-11[18]所示。

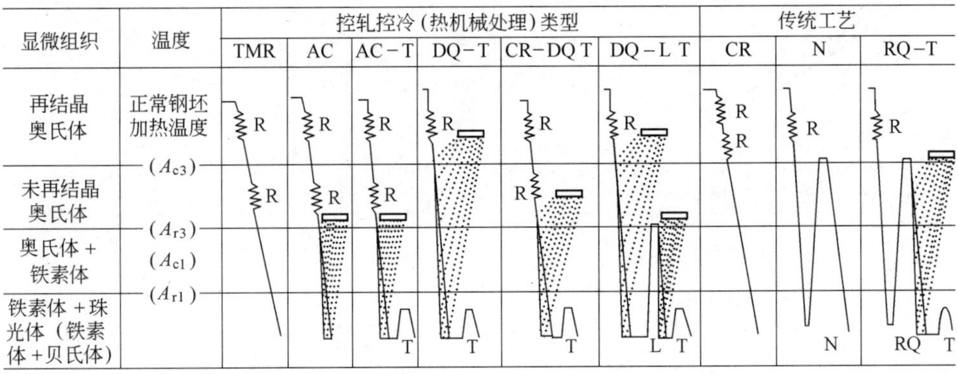

显微组织	温度	控轧控冷（热机械处理）类型						传统工艺		
		TMR	AC	AC–T	DQ–T	CR–DQ T	DQ–L T	CR	N	RQ–T
再结晶奥氏体	正常钢坯加热温度	R	R	R	R	R	R	R / R	R	R
未再结晶奥氏体	(Ac3)	R	R	R		R	R			
	(Ar3)									
奥氏体+铁素体	(Ac1)									
铁素体+珠光体（铁素体+贝氏体）	(Ar1)			T		T	L T		N	RQ T

图 5-11　控轧控冷与传统工艺比较的示意图[18]

TMR—热机械轧制；L—中间淬火；R—热轧；AC—加速冷却；CR—控制轧制；
N—正火；DQ—直接淬火；RQ—传统加热淬火；T—回火

典型的控制轧制有三个不同的温度阶段：再结晶区控轧、未再结晶区控轧和 γ+α 两相区控轧。通常所说的控制轧制主要是指奥氏体未再结晶区的控制轧制。

奥氏体未再结晶区控制轧制的温度在奥氏体再结晶终止温度之下（约950℃~A_{r3}），处于奥氏体区温度的下限范围。在此温度范围内轧制时，奥氏体晶粒产生形变，但不发生再结晶，通过累积形变量，形成大量被拉长的形变奥氏体。形变量越大，奥氏体晶粒内产生的滑移带和位错就越多，有效晶界面积增大，相变时在晶界和形变带上铁素体形核就越多。通过奥氏体未再结晶区的控制轧制改造了奥氏体，使奥氏体转变成以位错、形变带和胞状组织等形式出现的形变累积奥氏体,从而增加了相变时铁素体的形核位置和形核率,还可形变诱导产生铁素体,使晶粒细化。奥氏体未再结晶区控轧后增大冷却速度,也可增加铁素体形核驱动力、形核位置和形核率,使铁素体晶粒进一步细化。

一般地说,采用不同微合金化元素的微合金钢,其轧制工艺也是不同的。对铌微合金钢来说,采用控制轧制工艺是比较适合的,而对钒微合金钢来说,则采用再结晶控制轧制比较适合。但是,在很多情况下,例如管线钢,采用 V + Nb 复合微合金化 + 控制轧制工艺也是很合适的。对于 X60、X65、X70、X80 等管线钢,很多研究者[19]均采用了 V + Nb 复合微合金化技术 + 控制轧制工艺也获得了满意的结果,如表 5-2 所示。

表 5-2   Nb-V 复合微合金化管线钢成分(%)

钢种	C	Si	Mn	Al	V	Nb	Ti	Cu	Ni	Cr	Mo
X60	0.06	0.08	1.50	0.028	0.05						
X65	0.04	0.24	1.25		0.05	0.05	0.01				
X70	0.06	0.39	1.48	0.031	0.045	0.05	0.02				
X80	0.05	0.02	1.80		0.04	0.07	0.015	0.20	0.20	0.10	0.28

在采用控制轧制工艺时,如果在奥氏体未再结晶区轧制形变量不足时,将会得到粗细不均的混晶铁素体晶粒。对采用铌、钒、钛微合金化钢来说,在奥氏体未再结晶区控轧的形变量应达到 40% ~50% 或更大。通常含有铌、钒、钛微合金元素的钢,再结晶温度会升高,奥氏体未再结晶区扩大,实现奥氏体未再结晶区的轧制是非常有利的。但是,在奥氏体未再结晶区的轧制,由于温度比较低,所以生产效率低;低温下钢的形变抗力大,对轧机的轧制力要求很高,传统的老轧机必须进行改造。

5.3.3 第三代 TMCP 工艺

第三代 TMCP 工艺是针对占钢产量 50% 以上的长形钢材,特别是针对大截面 H 型钢的生产工艺特点而开发的一项工艺冶金技术。

以翼缘厚度超过 80mm 的大截面 H 型钢为例,介绍一下第三代 TMCP 工艺特点。以前,建筑用大厚度箱式柱都是采用厚钢板通过焊接方法组装而成的,如果能用轧制方法,直接生产出大截面(翼缘厚度大于 80mm)H 型钢,用 H 型钢直接作为建筑结构的箱式柱,不但减少焊接,而且可靠性提高,施工效率提高,因此近年来在高层建筑的立柱中应用不断增加。

在制造大截面特厚 H 型钢时,由于万能轧机的轧制力相对较小,每道次的形变量 1% ~10% 也较小,因此不可能像轧制厚钢板那样采用大轧制力、大压下的控制轧制技术(TMCP),导致大截面 H 型钢的组织不能充分细化,无法达到抗震性能所要求的韧性。

为克服 H 型钢制造工艺的局限性,采用了最大限度发挥夹杂物(析出物)促进铁素体相变的功能,开发了与传统 TMCP 不同的一种新型 TMCP 工艺,采用此工艺能制造出与用厚钢板制造的箱式柱韧性相当的柱用特厚 H 型钢。如果把控制轧制方法称为第一代 TMCP,把控制轧制 + 控制冷却方法称为第二代 TMCP,则开发的新型 TMCP 工艺就称为第三代 TMCP 工艺。第三代 TMCP 工艺示于图 5-12[17,20,21]。

由图 5-12 可以看出,第三代 TMCP 工艺适用于采用 V-N 微合金化的高强度低合金钢,

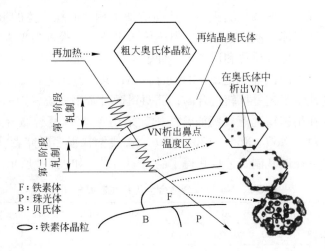

图 5-12 第三代 TMCP 工艺示意图

整个轧制过程由两个冶金阶段组成。再加热温度希望尽可能低，以获得均匀细小的奥氏体晶粒。第一阶段是在奥氏体再结晶区轧制，通过形变-再结晶的反复进行，获得尽可能细的奥氏体晶粒。紧接着的第二阶段轧制是在 VN 析出温度区间，即 VN 析出的鼻子温度区间进行，促进 VN 在奥氏体晶界和晶内析出，在随后的加速冷却过程中在奥氏体晶界和晶内以 VN 粒子为核心生成大量铁素体，细化钢的最终组织。

在第三代 TMCP 工艺中，奥氏体晶粒尺寸对最终组织的细化起很重要的作用，如图 5-13 所示。通过再加热温度的控制和奥氏体的反复再结晶，使奥氏体晶粒尽可能细化。细化了的奥氏体，增加了奥氏体的晶界面积，导致晶界铁素体的数量密度增加，最终细化铁素体晶粒。

采用第三代 TMCP 工艺的主要优点是提高 V-N 钢的性能，如图 5-14 所示，与普通工艺相比，采用第三代 TMCP 工艺细化了微观组织，使 V-N 钢的屈服强度和 0℃夏比冲击功同时显著提高。采用第三代 TMCP 工艺生产的大截面厚壁 H 型钢具有与厚钢板同样的优异性能。

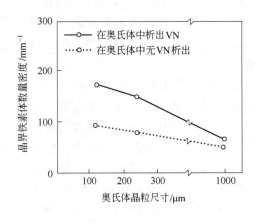

图 5-13 奥氏体晶粒尺寸对 V-N 钢 700℃等温转变时晶界铁素体密度的影响

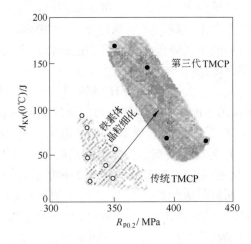

图 5-14 第三代 TMCP 工艺对 V-N 钢性能的影响

5.3.4 TMCP 轧制过程中的组织演变

热机械控制 TMCP 有多种形式[22]，但在工业上最成功使用的是控制轧制控制冷却，所谓 TMCP 往往是指控制轧制 + 控制冷却。在低碳钢的情况下，通过正火可以得到约 10μm 的铁素体晶粒，但是，采用控制轧制 + 控制冷却工艺，在热轧状态下就能获得约 5μm 的微细铁素体组织。

从金属学的观点看，现在的 TMCP 工艺主要由再结晶奥氏体区轧制、未再结晶奥氏体区轧制、(α + γ) 两相区轧制和加速冷却四个阶段组成，如图 5-15 所示[23]。但是，(α + γ) 两相区轧制现在很少采用。

为改善钢的性能，必须优化 TMCP 工艺，了解与热轧工艺相关的组织演变过程是非常重要的。根据钢类的不同，采用的 TMCP 工艺也有差异，如图 5-6 和图 5-15 所示。对钒微合金化钢来说，宜采用图 5-

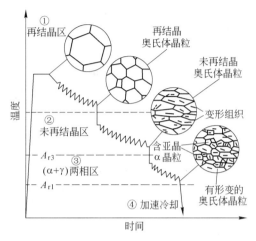

图 5-15 低碳钢 TMCP 的四个阶段和各阶段的组织

6 中的②较低的再加热温度，获得较小的原始奥氏体组织 + 图 5-15 中的①再结晶控制轧制，通过奥氏体的反复再结晶，获得细小的再结晶奥氏体晶粒 + 图 5-6 中的③奥氏体和铁素体中的析出物（VN），增加铁素体的形核密度 + 图 5-15 中的④加速冷却，增大相变时铁素体的形核驱动力等的组合工艺，细化最终组织；对铌微合金钢来说，宜采用图 5-15 中的①奥氏体再结晶区轧制，尽可能破碎粗大的原始奥氏体晶粒 + 图 5-15 中的②奥氏体未再结晶区轧制，通过大变形拉长奥氏体晶粒，增加形变储能和位错密度，使处于形变硬化状态的奥氏体发生 γ→α 相变，获得细小铁素体晶粒 + 图 5-15 中的④加速冷却，增大过冷度，增加相变时的形核驱动力，细化最终组织，在这个工艺过程中，图 5-15 中的②奥氏体未再结晶区轧制，使奥氏体产生形变硬化对铁素体晶粒的细化是最有效的。

瑞典金属研究所 Roberys 和 Siwecki 等人，采用计算机模型 MICDEL[24,25] 计算了热轧过程中微观组织的演变，对优化轧制工艺（变形量、温度、停留时间）是有帮助的。图 5-16 给出了采用相同的轧制工艺，V、Nb、N 含量不同的 0.01% Ti-V-N 钢和 0.01% Ti-V-Nb 钢在实际热轧过程中微观组织演变的情况[26]。图中数据是从 1100℃ 开始经 11 道次轧制的 25mm 钢板的情况。0.01% Ti-V-N 钢再加热后原始奥氏体晶粒尺寸为 20μm，而 0.01% Ti-V-Nb 钢约为 55μm。0.04% V-0.01% N-0.01% Ti 低合金钢，由于出现晶粒异常粗化，原始奥氏体晶粒尺寸达到 500μm。由图 5-16 可以看出，高钒和高氮钢显示出有效的晶粒细化效果。

微观组织演变模型也可用于计算 0.08% V-0.018% N 带钢或相似的 HSLA 热轧带钢奥氏体显微组织的演变[27]，这两种钢在 NUCOR 钢厂的小型轧机上曾进行过再结晶控制轧制，结果表明，只要轧制道次超过 3～4 次，薄板坯连铸或板坯再加热后的原始奥氏体晶粒尺寸，对再结晶轧制后最终奥氏体晶粒尺寸没有影响。经过大压下后，通过新晶粒大量

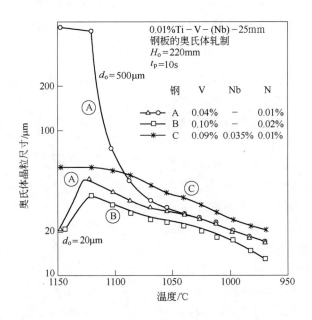

图 5-16   Ti-V-(Nb)-N 钢板模拟工业化热轧过程中奥氏体微观组织的演变

形核发生再结晶，使组织细化。

形变量对组织细化有显著影响。随着形变量的降低，再结晶的形核率降低，组织细化作用减小。高温小压下导致再结晶晶粒异常长大，特别是热轧道次的终轧压下量影响最显著。为了控制板形和板厚，终轧阶段通常采用小压下量的平整轧制，这将有可能导致再结晶控轧工艺细化奥氏体组织的作用降低。图 5-17 给出了 ε-T-t 对奥氏体晶粒影响的三维立体图，指出了防止出现粗晶组织的终轧工艺安全加工区的曲面，这里所说的粗晶是指奥氏

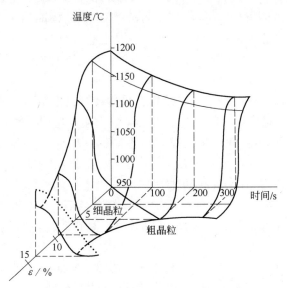

图 5-17   Ti-V-N 钢避开终轧平整道次后出现粗晶奥氏体的工艺窗口
(ε-T-t 三维坐标中的曲面是由再结晶或晶粒长大造成的粗晶区与原始细晶组织的分界面)

体的晶粒尺寸为 $30\mu m^{[28]}$。由图可以看出，在任意温度及保温时间下，当轧制应变量高于 3% 时就不会发生晶粒粗化现象。轧后立即进行加速冷却，可减小组织粗化的危险性。

5.3.5 TMCP 材料的工艺与性能的关系

TMCP 材料的性能取决于材料的组织。在诸多影响因素中，组织细化对性能的影响是最重要的。TMCP 材料的组织细化可显著提高材料的性能，例如，组织细化不仅可同时提高钢的强度和韧性，而且还可以减轻晶界脆化、减少热处理裂纹和形变、提高耐应力腐蚀性、改变钢的物理化学性能等。

通过 TMCP 工艺最终获得微细的组织，进而获得良好的综合性能，这是诸多影响因素的最佳集成，不是某个单一因素造成的，这些影响因素主要有钢的化学成分（包括主要合金元素和微合金化元素）、再加热温度、轧制工艺参数（压下量和终轧温度）和冷却参数（加速冷却速率和终止冷却温度）等。

（1）化学成分。钢的化学成分中主要合金元素对奥氏体晶粒尺寸的影响是比较复杂的，它随钢的冶炼方法、凝固方法、微量元素、热轧条件和热履历的不同而有较大的差异。但是根据 α/γ 的相变特点概括地说，可以把合金元素分成两类：1）降低相变点 A_{c3} 的元素 C、Mn、Ni、Cr 等和碳化物生成元素 C、Cr、Mo；2）显著提高相变点的元素 Si。添加降低相变点元素和碳化物生成元素有利于使钢的奥氏体晶粒尺寸减小，添加提高相变点的元素对钢奥氏体晶粒的细化是不利的。这里应特别指出，Si 是不形成碳化物的元素，它能大幅度提高相变点 A_{c1} 和 A_{c3}，当 Si 含量高于 0.2% 时，奥氏体晶粒显著粗化，如图 5-18 所示[29]。

钢的化学成分中的 Nb、V、Ti、Al、Zr 等微合金化元素，对奥氏体晶粒度的影响主要有两种方式：一种是在奥氏体中析出的 M(C,N) 对晶界起钉扎作用；一种是固溶在奥氏体中的溶质原子起拖曳作用。从温度区间方面看，在高温区以固溶拖曳作用为主，在低温区则以析出钉扎作用为主。

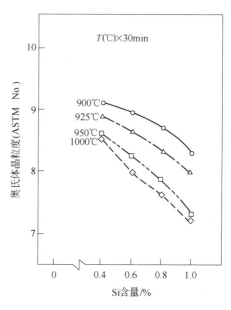

图 5-18 Si 含量对奥氏体晶粒度的影响
（(900~1000)℃×30min，WQ，1%Cr-0.5%Mo 钢）

微合金化元素除通过形成碳氮化物抑制奥氏体再结晶外，同时还能阻碍再结晶后的晶界移动和晶粒长大，提高再结晶奥氏体晶粒的粗化温度，在微合金化元素 Nb、Ti、V 中，以 Ti 的作用最显著。

（2）再加热温度。在钢坯的再加热过程中，加热温度是一个很重要的工艺参数。加热温度的选择，应以加入钢中的微合金化元素是否能全部或绝大部分溶解到奥氏体中为依据。如果再加热温度过高，虽然微合金化元素都能溶解，但原始奥氏体晶粒会过于粗大，这对最终的组织细化不利，可能导致钢的韧性降低，转变温度升高，所以对韧性要求比较高的低合金钢，如低温钢，高韧性低合金结构钢，要求较高韧性的长形钢材等，为提高低温韧性通常都采用较低的再加热温度；如果再加热温度过低，加入钢中的微合金化元素不能全部固溶到奥氏体中，降低了轧制冷却后的析出强化效果，没充分发挥微合金化元素的作用，如 V-Ti-N 微合金钢，加热温度从 1250℃ 降至 1100℃ 时，屈服强度虽降低 40MPa，但韧性却提高了，韧脆转变温度降低约 15℃[30]。根据实践经验和理论计算，含铌钢的再加热温度应不低于 1200℃，含钒钢的再加热温度应不低于 1100℃。

（3）轧制工艺。正如 5.3 节所述，轧制工艺主要有两种方法：一种是在奥氏体再结晶区的再结晶控制轧制；另一种是在奥氏体未再结晶区控制轧制。还有一种是在奥氏体和铁素体两相区轧制，但应用较少。再结晶控制轧制比较适用于含钒的微合金钢，最佳的成分是 V-Ti-N 合金系。奥氏体未再结晶区控制轧制比较适用于含铌的微合金钢。在奥氏体和铁素体两相区轧制时，未相变的形变奥氏体被继续拉长，在晶内形成形变带，提高位错密度，促进进一步形成很细的等轴铁素体，先前析出的铁素体也将产生塑性变形，在晶粒内部形成大量的位错及亚结构，提高钢的综合性能。目前，采用两相区轧制的工艺方法应用还比较少。

终轧温度对奥氏体的再结晶有较大影响。钢的奥氏体再结晶区温度通常不低于 950℃，因此，再结晶控制轧制一般在 950℃ 以上的温度下进行。当终轧温度低于 950℃ 时，奥氏体就不能完全再结晶，有试验结果表明[26]，当终轧温度为 905℃ 时再结晶分数可达 50%，终轧温度为 875℃ 时再结晶分数只有 20%。在热轧条件下，V-Ti-N 系微合金钢通过 900～1000℃ 的再结晶控制轧制，可产生明显的组织细化。在奥氏体温度区轧制时，通常是终轧温度越低，晶粒就越细，强度和韧性都会提高，如图 5-19[31] 和图 5-10 所示。图 5-19 的结果表明，终轧温度是 TMCP 的一个重要工艺参数，它对材料的强度和韧性都有很大影响，但是由于微合金钢的成分体系不同，终轧温度对微观组织和力学性能的影响也不同。在 Ti-V(Nb)-N 钢的情况下，当终轧温度接近 A_{r3} 时，钢的低温韧性（如 50% FATT）和强度获得了良好的配合，然而，当采用再结晶控制轧制，终轧温度为 950℃ 时，也同样获得了良好的强度与韧性的匹配。这表明在 Ti-V(Nb)-N 微合金钢的情况下，终轧温度对钢的力学性能几乎没有影响，为提高生产效率和产品的稳定性创造了十分有利的条件。Chilton 和 Roberts 对 V-N 微合金钢的研究也获得了相同的结果[32]。

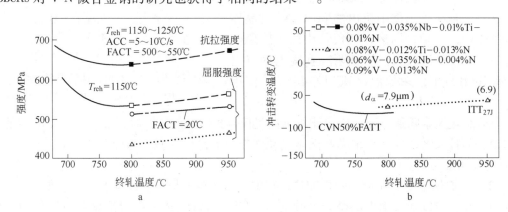

图 5-19　终轧温度对 Ti-V(Nb)-N 钢力学性能的影响

a—强度；b—冲击韧性

T_{reh}—再加热温度；ACC—加速冷却速度；FACT—加速冷却终止温度

（4）冷却工艺。终轧后的冷却速度和加速冷却终止温度对材料的显微组织和综合力学性能有强烈的影响。详细情况请参见 5.3.1 节第 5 项。

终轧后的冷却速度越快，使材料通过相变温度区的速度加快，过冷度增大；终轧后的冷却速度对 $\gamma \rightarrow \alpha$ 的相变温度有显著影响，冷却速度越快，导致 $\gamma \rightarrow \alpha$ 的相变温度降低，铁素体的形核率提高，铁素体晶粒的长大速率降低，使铁素体晶粒细化。当终轧后的冷却速度过快时，尽管铁素体晶粒得到了细化，但钢的综合性能不能明显提高。

在一般情况下，若冷却速度增大，则过冷度增加，形核驱动力增大，铁素体形核率增加，晶粒细化。但在含钒、铌、钛的微合金钢中，由于有析出 M(C,N) 的钉扎作用，当冷却速度减小时，铁素体晶粒的长大并不明显。过快的冷却速度会抑制 M(C,N) 的析出，使微合金元素在奥氏体中的固溶量增加，奥氏体的稳定性增强，促进中温或低温相变产物（如贝氏体、马氏体）的形成，如图 5-10 所示，冷却速度对屈服强度、铁素体晶粒尺寸、冲击转变温度都有显著影响。

对成分为 0.12% ~ 0.15% C、0.30% ~ 0.45% Si、1.30% ~ 1.55% Mn、0.070% ~ 0.085% V、0.010% ~ 0.014% N 的 V-N 微合金化钢板的研究表明，轧后采用不同的冷却速度冷却后，钢的纵横向屈服强度、抗拉强度、冲击韧性和断裂韧性均有不同程度的提高[33]。

5.3.6 TMCP 工艺的实际应用

TMCP 工艺作为提高钢材强度、韧性和焊接性等性能的一种控制技术，广泛用于宽厚钢板、长形钢材、带材和非调质钢的开发，并已获得普遍的实际应用。

5.3.6.1 宽厚钢板轧制

TMCP 工艺是开发高性能厚钢板的核心技术。采用 TMCP 工艺生产的厚钢板与传统的正火钢相比具有突出的优点，它不依赖添加较多的合金元素，只用水冷来控制钢的组织，就可以获得高强度和高韧性，用很低的碳当量就可以制造出相同强度的钢材，降低焊接预热温度或焊接不预热，改善焊接热影响区（HAZ）韧性，为采用大线能量焊接创造了良好的条件，如图 5-20 所示[33]。在保证钢板的强度水平基本相同的情况下，采用 TMCP 工艺可使钢的最低碳当量 Ceq 由 0.38% 降低至 0.32%，降低了预热温度或不预热，显著改善了钢的焊接性，减少了合金元素的添加量，降低了钢的生产成本和装置的制造成本。

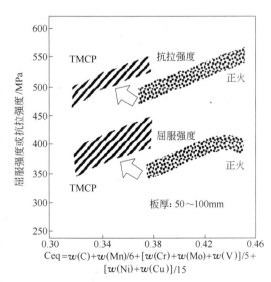

图 5-20 TMCP 钢和正火钢的强度与碳当量的关系

S. Zajac 等人，以 0.01% Ti-0.08% V-0.013% N 钢为例，研究了 RCR（再结晶控轧）、RCR + ACC（加速冷却）、CR（控制轧制）等不同轧制工艺对力学性能的影响，结果示于

图 5-21[30]。由图可以看出，在 RCR、RCR + ACC、CR 各种工艺条件下，钢的低温韧性都比较好，冲击转变温度 ITT$_{40J}$均低于 − 80℃，但仔细比较时还是 CR 控轧工艺处理的钢韧性最好，这是由于在 CR 控轧条件下，形成了非常细小的铁素体晶粒，加速冷却后进一步细化了晶粒，提高了钢的低温韧性。CR 控制轧制工艺是在比较低的温度下进行的，在终轧道次期间在奥氏体中析出了部分 VN，因此，采用 CR 控轧工艺的钢板虽然获得了细小的铁素体晶粒尺寸，但其强度仍比 RCR + ACC 工艺轧制的钢板强度略有降低。

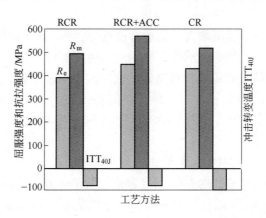

图 5-21　不同生产工艺对 0.01% Ti-0.08% V-0.013% N 钢板力学性能的影响

Siwecki 等人[34]研究了低温控制轧制（CR）对 0.01% Ti-0.04% V（HS-350）钢和 0.01% Ti-0.085% V-0.04% Nb（W-500）钢厚板力学性能的影响，结果示于图 5-22a、b。由图可以看出，终轧温度对钢的屈服强度有影响，当终轧温度从 840℃ 降低至 730℃ 时，钢的屈服强度明显上升。由图还可以看出，钢板的强度和韧性不仅与终轧温度有关，还与钢板的厚度和冷却速率有关。随着钢板厚度的减小，钢板的强度上升但韧性降低。这符合钢板厚度不同引起性能变化的尺寸效应的一般规律。

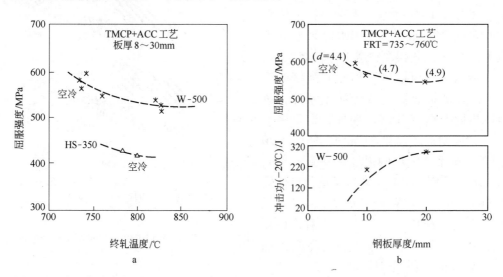

图 5-22　商业化生产的 0.01% Ti-0.04% V（HS-350）和 0.01% Ti-0.085% V-0.04% Nb（W-500）控轧钢的力学性能和铁素体晶粒尺寸与终轧温度（a）和板厚（b）的关系

与控制轧制（CR）工艺相比，再结晶控制轧制（RCR）工艺具有明显的工艺优势：生产效率高、轧制载荷小、钢板平整度好和残余应力水平低，如图5-23所示。由于控制轧制（CR）工艺是在奥氏体未再结晶区轧制，轧制温度较低，轧制变形抗力大，一次变形和累积变形都比较大，导致轧机负荷增加，最大轧制力提高约25%，这对老轧机比较难适应，必要时对老轧机应进行技术改造。由图5-23还可以看出，控制轧制（CR）工艺所用操作时间比较长，这是由于板坯的加热温度比较高，特别是含铌钢，为使合金元素充分固溶，加热温度应不低于1200℃，而控制轧制（CR）又主要在奥氏体未再结晶

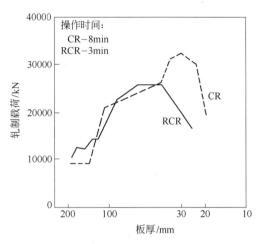

图5-23　Ti-V-N钢采用RCR和CR方法轧制时轧制力的对比

区的低温下进行，由高温到低温的冷却需要耽搁时间，必要时还要待温，也需要一定的时间，再加上轧制道次比较多，因此控制轧制（CR）工艺的生产效率比较低，而再结晶控制轧制（RCR）工艺具有更高的生产效率。此外，再结晶控制轧制（RCR）工艺的终轧温度比较高，有利于控制钢板的平整度，减小钢板的残余应力水平。

5.3.6.2　长型材轧制

长型材是钢铁产品的主要品种之一。从产量上看，长型材约占世界钢铁产品的50%，根据各个国家技术发展水平的不同，这个比例有一些变化，发达国家比例低一些，发展中国家比例高一些。从化学成分上看，长型材的成分以C-Mn钢为主，碳含量跨度较大，从低碳（0.04%C）一直到共析钢（0.8%C）的高碳线材。为提高钢的强度和综合性能常常采用微合金化技术，在铌、钒、钛等各种微合金化元素中，采用钒微合金化对长型材是最适合的。

在生产工艺上，为满足各种成型要求，长型材通常采用高温加热高温轧制工艺进行生产，生产效率很高。在这种生产工艺条件下，要开发出强度高、组织细小并具有较好的低温韧性的长型材，在技术上是有难度的，这是由于它不能像钢板那样采用TMCP工艺，不能在很低的温度下进行控制轧制，必须采用适合上述工艺特点的工艺方法。

大量研究结果表明[35~37]，以钢筋为代表的长型材最适合的轧制工艺是再结晶控制轧制（RCR）。通过奥氏体再结晶区反复轧制—再结晶，形成细小奥氏体晶粒（<20μm），增加奥氏体晶界面积，不必采用低温控制轧制就可以获得细小的铁素体组织。为扩大再结晶控制轧制的工艺窗口，应尽可能降低再结晶终止温度。在各种微合金化元素中，钒对再结晶终止温度影响最小，如图2-35所示，因而采用钒微合金化是最合适的。为了更好地利用钒，促进富氮的V(C,N)的形成是很重要的，细小弥散的质点具有强烈的强化作用。

首钢公司采用V-N微合金化和RCR + ACC工艺生产了大量HRB400MPa级高性能钢筋[38]，钢的化学成分示于表5-3。根据钢筋规格的不同，钢的化学成分也略有差异，主要强化元素钒，随钢筋直径的增大略有提高，φ6~10mm盘条、φ10~16mm钢筋、φ16~40mm钢筋的钒含量分别为：0.022%、0.025%、0.035%，其他元素基本相同或相近，即添加0.2%

C-(0.008% ~0.009%)N，这是比较经济的合金设计，已稳定生产超过 100 万吨钢筋。

表5-3   V-N 微合金化 HRB400 钢筋的化学成分（%）

炉 号	C	Si	Mn	V	N
0A214	0.22	0.56	1.33	0.034	0.0073
0B41	0.22	0.59	1.36	0.035	0.0095
0C256	0.21	0.55	1.43	0.037	0.0095
0C257	0.21	0.57	1.44	0.037	0.0088
0C284	0.21	0.65	1.36	0.035	0.0088
0C285	0.21	0.65	1.37	0.034	0.0092
0A236	0.23	0.55	1.41	0.034	0.0079
0A242	0.21	0.54	1.40	0.034	0.0083
0A352	0.23	0.59	1.32	0.033	0.0071
0A353	0.20	0.54	1.34	0.032	0.0089
0A354	0.21	0.60	1.27	0.031	0.0075
0A358	0.20	0.55	1.31	0.032	0.0093
0C471	0.20	0.53	1.32	0.032	0.0080
0C475	0.21	0.58	1.33	0.033	0.0081

以 0.290% C-0.60% Si-1.30% Mn-0.03% V-0.009% N 为主要成分的各种规格 400MPa
级钢筋强度的统计分布示于图 5-24，伸长率统计分布示于图 5-25。由图 5-24 可以看出，
HRB400 钢筋的屈服强度波动范围比较窄，在 420 ~500MPa 范围内，基本上属于窄屈服点
钢筋；同时强屈比不大于 1.30，对提高抗震性能有益，两者很受建筑行业的欢迎。由图
5-25可以看出，HRB400 钢筋的伸长率均比较高，波动在 22% ~30% 范围内，特别是最大
应力下的总伸长率 A_{gt} 均在国际规定的 2.5% 以上，国际规定 A_{gt} 大于 9% 的材料就是极好的
延性材料，HRB400 钢筋 A_{gt} 的实物水平均达到 12% 以上，使钢筋在最大应力作用下有较大
的变形而不断裂，对建筑物抗震性能的提高是很有利的。

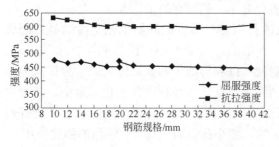

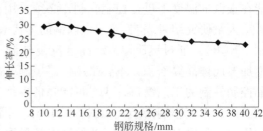

图 5-24   HRB400 钢筋强度的统计分布   图 5-25   HRB400 钢筋伸长率的统计分布

Siwecki 等人[31]采用 RCR + ACC 工艺研究了长型材的冲击转变温度与屈服强度的关
系，并与板材的性能进行了对比，板材的工艺条件为：终轧温度 FRT = 1000 ~1050℃，加

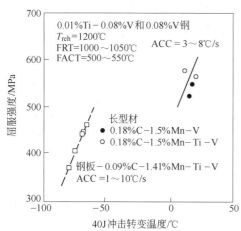

图 5-26 碳含量对 Ti-V 钢和 V 钢强度与韧性的影响

T_{reh}—再加热温度；FRT—终轧温度；

ACC—加速冷却速度；FACT—加速冷却终止温度

速冷却速度 ACC = 8℃/s，终冷温度 FCT = 500 ~ 550℃，研究结果示于图 5-26。由图可以看出，板材的转变温度比较低，低于 −50℃，而长型材的转变温度比较高，在 0℃以上，两者有较大差异。这主要是由于碳含量不同造成的，降低碳含量可显著提高钢的韧性，板材的碳含量比较低，明显降低了冲击转变温度；而长型材的碳含量比较高，导致冲击转变升高。这表明如何提高长型材的低温韧性是必须开展深入研究的问题。

为提高长型材的低温韧性，在保证加入钢中的合金元素基本固溶的前提下，尽量采用较低的再加热温度，防止再加热后原始奥氏体晶粒的异常粗化，提高轧制后钢的低温韧性。在长型材的轧制条件下，异常粗大的原始奥氏体晶粒很难充分破碎和再结晶细化，对低温韧性的提高很不利。因此，对要求高韧性的长型材，采用较低的再加热温度已被实践证明是一种比较有效的方法。同时，在拥有比较先进轧制设备的条件下，如先进的万能轧机，在保证成形性和尺寸精度的情况下，采用比较低的终轧温度，对提高长型材的低温韧性也是很有效的。

5.3.6.3 带钢轧制

热轧带钢的生产工艺是由冶炼—连铸—板坯加热—粗轧—精轧—加速冷却—卷取等一系列的热轧和赋予热处理功能的材料性能控制工艺组成。近年来，随着冶金装备技术的进步，大量涌现了先进的 2150、2250 等热轧机组，可生产 3 ~ 20mm，宽 2100mm 的热轧带钢，不但生产效率高，性能稳定，而且尺寸精度高，表面质量好，规格分档细化，更好地满足用户使用要求，受到普遍欢迎。图 5-27 给出了在热轧带钢生产线上的显微组织控制及热轧带钢制品的示意图，由图可以看出，当卷取温度在 600℃左右时，就可以得到铁素体 + 珠光体组织的热轧钢带；卷取温度在 400℃左右时，可以得到铁素体 + 贝氏体 + （残余奥氏体）的复合组织或单相贝氏体的热轧带钢；卷取温度在 200℃左右时，可得到马氏体复合组织热轧带钢。在实际生产中，必须研究合金元素对相变行为和强度的影响，确定最佳添加量，降低硫含量，选择适当的轧制温度和压下量，通过控制卷取温度使组织细化并调整铁素体体积分数、第二相和第三相的种类及体积

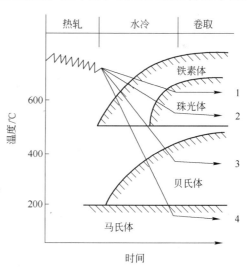

图 5-27 在热轧带钢生产线上的显微组织控制
及热轧带钢制品的示意图

1—低碳热轧钢；2—含铌高强度钢；3—贝氏体
双相钢；4—马氏体双相钢

分数。

桥本[5]研究了粗轧工艺对 0.06% V-0.02% Nb 钢强度和韧性的影响，结果如图 5-28 所示。粗轧温度或加热温度由 1200℃降低到 1100℃，卷板的韧性得到明显改善。

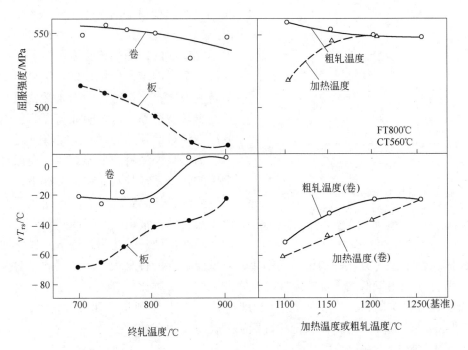

图 5-28　轧制状态对 0.06% V-0.02% Nb 钢屈服强度和韧脆转变温度 vT_{rs} 的影响

（钢：C 0.12%，Si 0.32%，Mn 1.29%，P 0.011%，S 0.012%，V 0.06%，Nb 0.02%，Al 0.023%，N 0.0085%；
基本轧制和冷却情况：加热温度 HT 1250℃；终轧温度 FT 800℃；卷取温度 CT 650℃）

　　轧制压下量对钢的韧性有明显影响，如图 5-29 所示，随着轧制压下量的增加，韧脆转变温度显著降低，韧性明显改善。图 5-29 还给出了轧制温度对韧性的影响，当轧制温度降低时，韧性表现出略有提高的趋势，但是增大压下量对韧性的影响，明显高于轧制温度降低的影响。这表明，在合适的温度下进行大变形，有利于轧制应力的积累，在随后的再结晶过程中使晶粒细化。因为细化晶粒需要大于再结晶临界状态的应力，所以粗轧时，每个道次的轧制累积应力至少要高于临界值。在合适温度下，多道次轧制能有效细化晶粒，细化效果在重复变形和连续再结晶过程中得到加强。

　　图 5-30 给出了在精轧过程中，精轧温度和压下量对韧性的影响。随着精轧压下量的增加，钢的低温韧性明显提高，当变形量达到 70% 时，钢的韧脆转变温度最低，较高的精轧压下量对提高钢的韧性非常有效。精轧温度对韧性的影响相对较小。当精轧温度从 850℃降低到 750℃时，钢的韧性有提高的倾向。当轧制温度降低到 700℃时，有可能已进入 γ 和 α 的混合区，所以在 750℃或更低温度下轧制时，钢的低温韧性会略有下降。由图 5-28 也可以看出，当轧制温度从 800℃降低到 700℃时，热轧卷板的韧性并没有提高，这与平板轧制时终轧温度对韧性的影响规律有些不同，平板和卷板的这种差异，可能是由于卷板的卷取温度及卷取后的冷却速度不同造成的。图 5-30 的研究结果表明，为获得所要求的高韧性，就必须在合适的温度下增加精轧变形量。此外，在热轧带钢的生产过程中，

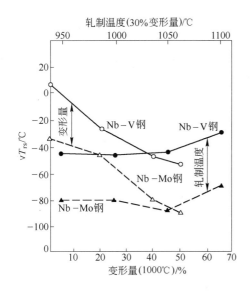

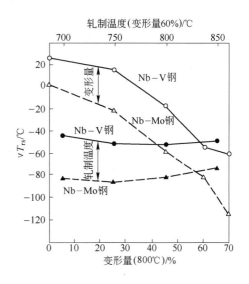

图 5-29 轧制温度和变形量对 vT_{rs} 的影响   图 5-30 轧制温度和变形量对 vT_{rs} 的影响

还必须考虑一些其他因素，如板坯厚度、粗轧变形量、冷却情况和成品厚度，以及这些因素的相互影响。在理想状态下，整个轧制工艺应实现最优化，在任何情况下都要考虑材料的性能要求，确定必须优先考虑的因素。

精轧以后，为防止奥氏体发生回复和再结晶，要尽可能地采用快速冷却，使相变前在轧态奥氏体中保留尽可能多的应变积累。如果终轧温度和卷取温度的差值一定，则两者间平均冷却速率也能确定，而终轧温度、冷却速率、卷取温度就不能任意或独立控制，但可通过冷却模型部分改变冷却速率。图 5-31 给出了 3 种冷却模型（A、B、C）。例如前半个区域（C）或后半个区域（B）可以独立地快速冷却，即使平均冷却速率一定。用这种方法，通过控制最重要区域范围内的冷却速率，就可以获得最佳的力学性能。通过控制冷却速率可以调节铁素体转变后的微观组织。此外，通过控制转变组织的种类和构成来提高产品的力学性能。

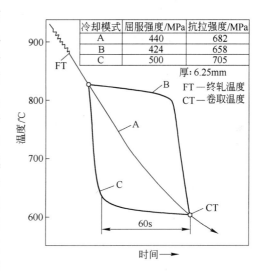

图 5-31 层流冷却模型和 APL5A 中
K-55 的抗拉强度要求

卷取温度对力学性能有较大影响，如图 5-32 所示，由图可以看出，随着卷取温度的降低，屈强比、抗拉强度和屈服强度均提高，转变温度降低，韧性明显改善。为提高这类热轧带钢的强度和韧性，卷取温度应控制在 600℃ 以下，但是当卷取温度接近 550℃ 时，强度和韧性都有所降低。

在热轧带钢的生产中，加热温度、粗轧温度及形变量、精轧温度及形变量、应变速率、终轧温度、卷取前的冷却速率和卷取温度等生产工艺对钢的强度和韧性有重要影响，为了生产高性能的带钢，必须系统地控制这些生产工艺，系统优化这些工艺参数，可以生产出强韧匹配的高质量的热轧带钢。

根据上述系统生产工艺原则，Kovac 等人[39]采用终轧温度为 930℃ + 层流冷却的 RCR 工艺，使 8 ~ 10mm 的 V-Ti 微合金钢热轧带钢获得了良好的性能，其屈服强度达到 550MPa，35J 的转变温度达 – 40℃。

采用薄板坯连铸连轧工艺生产热轧带钢，是带钢生产的重要途径之一，已获得广泛应用[19]。珠江钢铁公司与钢铁研究总院合作[40]，采用电炉 CSP 工艺流程，选择 V-N 微合金化技术，生产了 1.8mm、2.5mm、3.2mm、6.3mm 的热轧带钢。工业生产的结果表明，在 CSP 工业生产条件下，采用 V-N 复合微合金化技术生产的 1.8 ~ 6.3mm 热轧带钢的铁素体晶粒尺寸可细化到 3.4 ~ 4.0μm，平均为 3.75μm，达到了超细晶粒钢的水平。钢板的力学性能示于表 5-4，热轧带钢的

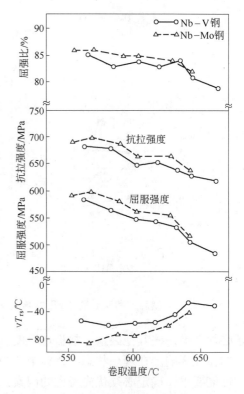

图 5-32　卷取温度和力学性能的关系

屈服强度达到 590 ~ 620MPa，抗拉强度达到 660 ~ 685MPa，在获得高强度的同时，还具有良好的低温韧性，– 20℃ 非标准 5mm × 5mm × 10mm 试样的冲击韧性达到 70J，综合性能良好，而且性能很稳定。这个结果表明，采用 V-N 复合微合金化的合金设计 + 高温再结晶轧制（RCR）+ 控制冷却技术，正如 2.3.3 节中图 2-40 所示，完全可以达到甚至超过 Nb 微合金化 + 低温控制轧制（CR）+ 控制冷却工艺相同的组织细化效果，生产出具有超细组织的热轧带钢，该热轧带钢具有优良的综合性能。

表 5-4　V-N 微合金化热轧带钢的力学性能

钢带规格 /mm	R_m/MPa		$R_{p0.2}$/MPa		A_5/%		宽冷弯 $B = 35mm$ $D = 2a$，180°	冲击韧性/J	
	纵向	横向	纵向	横向	纵向	横向		0℃	– 20℃
1.8	685	670	620	605	29	27	完　好		
2.5	675	695	600	625	29	27	完　好		
3.2	665	660	600	590	30	27	完　好		
6.3	675	665	610	605	28	26	完　好	81	70

5.4　钒钢的热处理

钢铁材料的成分、工艺、组织和性能是钢铁材料的四大要素，相互间有机联系在一起。一旦钢的成分确定之后，显微组织就是钢性能的决定因素。通过钢的各种显微组织变

化及其配合获得良好的综合性能，是钢铁材料科技工作者孜孜不倦追求的目标。尽管现代钢铁材料通过 TMCP 等在线工艺手段，调整钢的显微组织，获得良好的综合性能，但是离线热处理仍是不可或缺的显微组织调整手段。通过离线热处理，获得最佳的显微组织及其配合，提高材料的强度、韧性、疲劳抗力、硬度和耐磨性，延长材料的使用寿命。所以，离线热处理是充分发挥钢铁材料性能潜力的重要手段。尽管热处理方法很多，如淬火、正火、退火、回火、冷处理、渗碳处理、渗氮处理和磁场处理等，但对钒钢来说，应用最多的只有淬火 + 回火的调质热处理和正火热处理。

5.4.1 调质热处理

广义地说，施以淬火和 A_{c1} 以下回火的热处理钢统称调质钢。传统的调质钢是指淬火和高温回火的钢。

钒钢的调质钢种类繁多，应用范围很广泛。大多数含钒调质钢为中碳（0.2% ~ 0.5% C）合金结构钢，抗拉强度在 490 ~ 1200MPa 范围内，同时具有较好的塑性和韧性；少量高强度和超高强度中碳含钒调质钢；还有一种是强调良好焊接性的低碳含钒高强度钢。

传统中碳含钒调质钢的主要代表有：Cr-V 钢、Cr-Mo-V 钢、Cr-Ni-Mo-V 钢，其主要化学成分示于表 5-5[41]。为改善和提高钢的综合性能（强度、塑性和韧性），这类钢均采用淬火和高温回火的调质热处理，细化钢的显微组织，使钒、钼的碳化物均匀分布在钢中，在保证要求强度的同时，尽可能提高钢的韧性。

表 5-5 中碳含钒调质钢的化学成分（%）[41]

钢 种	C	Si	Mn	P(≤)	S(≤)	Cr	Ni	Mo	V
27MnCrV	0.24 ~ 0.30	0.15 ~ 0.35	1.00 ~ 1.30	0.035	0.035	0.60 ~ 0.90			0.07 ~ 0.12
42CrV	0.38 ~ 0.46	0.15 ~ 0.35	0.50 ~ 0.80	0.035	0.035	1.4 ~ 1.7			0.07 ~ 0.12
50CrV	0.47 ~ 0.55	0.15 ~ 0.35	0.80 ~ 1.10	0.035	0.035	0.90 ~ 1.20			0.07 ~ 0.12
30CrMoV	0.26 ~ 0.34	0.15 ~ 0.35	0.40 ~ 0.70	0.035	0.035	2.30 ~ 2.70		0.15 ~ 0.25	0.10 ~ 0.20
34CrNiMoVA	0.32 ~ 0.40	0.15 ~ 0.35	0.50 ~ 0.80	0.035	0.035	1.30 ~ 1.70	1.30 ~ 1.70	0.40 ~ 0.50	0.10 ~ 0.20
30CrNi3MoVA	0.27 ~ 0.32	0.15 ~ 0.35	0.20 ~ 0.50	0.035	0.035	1.20 ~ 1.70	3.00 ~ 3.50	0.40 ~ 0.65	0.10 ~ 0.20

除采用高温回火外，还有一类采用淬火 + 低温回火的中碳含钒调质钢，典型的钢种是 Cr-Ni-Mo-V 钢，其主要化学成分示于表 5-6[42]。

表 5-6 低温回火中碳含钒高强度和超高强度调质钢的化学成分（%）[42]

钢 种	C	Si	Mn	Ni	Cr	Mo	V
300M	0.40 ~ 0.46	1.45 ~ 1.80	0.65 ~ 0.90	1.65 ~ 2.00	0.70 ~ 0.95	0.30 ~ 0.50	0.05 ~ 0.10
4340V	0.37 ~ 0.44	0.20 ~ 0.35	0.60 ~ 0.95	1.55 ~ 2.00	0.60 ~ 0.95	0.40 ~ 0.60	0.01 ~ 0.10
D6AC	0.42 ~ 0.48	0.15 ~ 0.30	0.60 ~ 0.90	0.40 ~ 0.70	0.90 ~ 1.20	0.90 ~ 1.10	0.07 ~ 0.15
4330V	0.28 ~ 0.33	0.15 ~ 0.35	0.65 ~ 1.00	1.65 ~ 2.00	0.75 ~ 1.00	0.35 ~ 0.50	0.05 ~ 0.10

为改善含钒调质钢的焊接性，在中碳调质钢的基础上大幅度降低碳含量（低于0.20%），在保证高强度高韧性的同时，显著改善钢的焊接性，主要用于各种大型焊接结构，这类钢的代表性钢种是 Cr-Ni-Mo-V 钢，其主要化学成分示于表 5-7[43~45]。

表 5-7　高强度高韧性良好焊接性的低碳含钒调质钢化学成分（%）[43~45]

钢 种	C	Mn	Si	Ni	Cr	Mo	V	Cu
Hy-130	≤0.12	0.60~0.90	0.15~0.35	4.75~5.25	0.40~0.70	0.30~0.65	0.05~0.10	
NS80	≤0.10	0.35~0.90	0.15~0.40	3.50~4.50	0.30~1.00	0.20~0.60	≤0.10	
NS90	≤0.12	0.35~1.00	0.15~0.40	4.75~5.50	0.40~0.80	0.30~0.65	≤0.10	
NS110	≤0.08	0.10~0.75	≤0.10	9.20~10.20	0.35~1.00	0.70~1.50	≤0.20	
AK-44	0.08~0.10	0.30~0.60	≤0.35	4.3~4.70	0.60~0.90	0.55~0.65	≤0.10	1.20~1.45

综上所述，在各类调质钢中，较多的钢均添加微合金化元素钒，对调质钢性能的改善起较好的作用。概括地说，在调质钢中钒的主要作用是：提高淬透性、提高回火稳定性、产生析出强化和二次硬化。

在上述调质钢中添加少量的钒可降低钢的临界冷却速度，提高钢的淬透性，如图 5-33[45,46] 所示。所谓淬透性是指在一定奥氏体化条件下，淬成全部或部分马氏体的能力。钢的力学性能与淬透性密切相关。特别是大截面构件，淬透性就更加重要。如果淬透性不足，将直接影响构件表面和心部性能的均匀性。由图可以看出，钢中加入少量的钒，在加热后溶入奥氏体中可使淬透性提高，但超过一定量后反而使钢的淬透性降低。上述各类调质钢中钒的添加量均低于 0.20%。当钒与锰等合金元素复合添加时，由于合金元素间的交互作用，增大了合金元素在奥氏体中的固溶度，提高了奥氏体的稳定性，可显著提高钢的淬透性。例如，42Mn2V 钢的淬透性，比 45Mn2 和 42SiMn 钢显著提高，这是由于在 42Mn2V 钢中添加了钒，在钒和锰的交互作用下，促进了钒的溶解，使奥氏体中有足够的碳和钒，增加了奥氏体的稳定性，提高了钢的淬透性。

在调质钢中添加适量钒的另一个作用是提高调质钢的回火稳定性，如图 5-34 所示[47]。5NiCrMoV 钢（0.10% C-0.75% Mn-5.0% Ni-0.5% Cr-0.5% Mo-0.07% V）是一种屈服强度为 960MPa 的高强度高韧性调质钢。由图 5-34 可以看出，不添加钒的 5NiCrMo 钢回火时，随着回火温度的提高，钢的屈服强度迅速下降，在 600℃（1100 ℉）回火时，屈服强度产

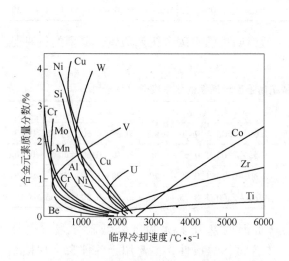

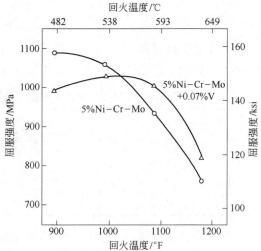

图 5-33　合金元素含量对钢临界冷却速度的影响[45,46]　　图 5-34　钒对 5NiCrMo 钢回火稳定性的影响[47]

生陡降现象。但是，在 5NiCrMo 钢的基础上添加
0.07% V 时，通过钒碳化物的析出强化，在480～
600℃（990～1100℉）回火温度范围内，钢的屈服
强度基本不变，回火曲线出现平台，变成直线，
钢的屈服强度保持在 960MPa，5NiCrMoV 钢的回
火稳定性显著提高。

在调质钢中添加钒还能产生二次硬化现象，
显著提高回火软化抗力，如图 5-35[48] 所示。所谓
二次硬化，是指在钢和合金基体中析出第二相碳
化物所产生的弥散强化现象，二次硬化效应的高
低与碳化物形成元素（如钒、钼、铬）含量密切
相关。二次硬化现象在调质钢、热作模具钢、工
具钢和超高强度钢中已获得广泛应用。由图可以
看出，在 0.4% C-1% Mn-1% Cr 钢中添加 0.5% V，
在回火保温过程中，通过析出 V_4C_3，将产生明显

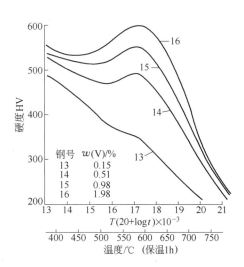

钢号	$w(V)$/%
13	0.15
14	0.51
15	0.98
16	1.98

图 5-35 V 对 0.4% C-1% Mn-1% Cr 钢
回火特性的影响[48]

的二次硬化现象，大幅度提高钢的硬度或强度。在含钼和钒钢回火时，也产生明显的二次
硬化现象，不过此时析出的碳化物不是 V_4C_3，而是 Mo_2C，进一步提高了回火软化抗力。
这是由于钒固溶在 Mo_2C 中，使 Mo_2C 的晶格常数增加，提高了 Mo_2C 的生成温度，使
Mo_2C 更加稳定，难以产生过时效现象。

为在钢中更好地利用二次硬化现象，碳化物的选择是非常重要的。从碳化物的生成倾
向上看，钒是最强的，即钒 > 钼 > 铬；从碳化物集聚长大和过时效抗力方面看，钒的碳化
物抗力是最大的，即 V_4C_3 > Mo_2C > Cr_7C_3；从产生二次硬化的温度（即回火软化最小的温
度）来看，钒的碳化物是最高的，即 V_4C_3 为 600～625℃，Mo_2C 为 575℃，Cr_7C_3 为
500℃；从回火过程中，合金元素对马氏体中位错消失速度影响来看，钒的延迟效果最显
著，即钒 > 钼 > 铬。由此可见，钒及其碳化物在二次硬化钢和合金中有较大影响，是可供
选择的重要元素之一。为改善钢及合金的性能，应充分利用支配二次硬化强度的基本原
则，即提高回火曲线的总体水平、提高二次硬化的强度、提高二次硬化的温度和降低二次
硬化碳化物的过时效速度，最大限度改善钢及合金的回火软化抗力。

5.4.2 正火热处理

正火热处理是钢铁材料组织细化的重要方法之一。通过正火处理，钢的晶粒进一步细
化，强度和韧性同时提高。特别是对于热加工用的钢材，为保证组织和性能的稳定性，热
加工前通常都要进行正火处理。正火处理的热加工钢材的综合性能，明显优于 TMCP 工艺
处理的钢材。

关于钒氮微合金化钢的正火处理，以前已开展了大量的研究工作[49～52]。代表性的研
究结果美国已纳入 ASTM A633E 标准中，钢板的化学成分示于表5-8 中。该钢采用 920℃
正火处理，当厚度超过 75mm 时，将采用两次正火，适合制造大厚度钢板，最大厚度可达
到 150mm，用于焊接、铆接及螺栓连接的各种结构，其力学性能示于表5-9。

表 5-8   正火 V-N 钢的化学成分[53] （%）

C	Mn	P	S	Si	V	N	Al
0.22	1.15~1.50	0.04	0.04	0.15~0.50	0.04~0.11	0.01~0.03	0.018

表 5-9   正火处理后钢的力学性能[53]

厚度/mm	R_m/MPa	R_p/MPa	A_{50}/%
≤65	550~690	415	23
>65~100	550~690	415	23
>100~150	515~655	380	23

内田等人[51,52]采用基体成分为 0.20% C-0.50% Si-1.50% Mn 的钢，研究了不同 V、N 含量对正火时奥氏体晶粒度和铁素体晶粒度的影响，结果表明，较高氮含量的钒钢正火时，在奥氏体中析出了 VN，使奥氏体晶粒细化，同时使 γ/α 相变比增大，两者共同作用细化了正火钢的铁素体晶粒，如图 5-36 所示。在奥氏体中析出的 VN 越多，奥氏体晶粒就越细。当 VN 中的 N 含量达到 0.003%~0.005% 时，奥氏体晶粒显著细化；当 VN 中的 N 含量达到 0.01% 时，细化奥氏体晶粒的效果达到饱和状态，再进一步增加氮也不能继续细化奥氏体晶粒。

根据 V-N 微合金化钢和正火工艺的研究结果，日本开发出抗拉强度为 500MPa 级的低碳当量正火钢，钢的化学成分示于表 5-10。由表可以看出，钢的铝含量比较低，全铝仅为 0.014%，钒为 0.087%，氮为 0.0173%，碳当量为 0.345%。在生产时，板坯的加热温度为 1100℃、1250℃，钢的力学性能示于表 5-11。

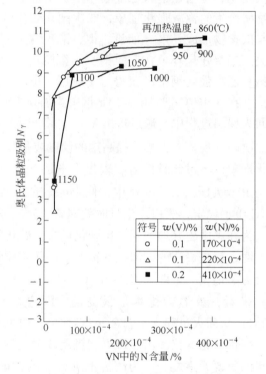

图 5-36   奥氏体晶粒度与析出的 VN 之间的关系[51,52]

表 5-10   正火钢的化学成分 （%）

C	Si	Mn	P	S	V	Alt	N	Ca	Ceq
0.09	0.39	1.43	0.014	0.005	0.09	0.014	0.0173	0.0040	0.35

表 5-11   正火型工业生产的 V-N 钢的力学性能

钢板厚度/mm	板坯加热温度/℃	热处理	抗拉性能				V 型缺口冲击韧性		
			R_e/MPa	R_m/MPa	A/%	Z/%	vT_{rs}/℃	$A_K(-20℃)$/J	$A_K(-40℃)$/J
75	1250	热 轧	380.5	545.2	35	72	-22	163.7	25.5
		正 火	339.3	503.1	41	80	-85	263.9	211.8
	1100	热 轧	356.0	519.8	35	74	-53	212.7	183.3
		正 火	391.3	507.0	40	79	-85	281.4	280.4

　　从表 5-11 可以看出，正火钢和热轧钢的抗拉强度都可以达到 500MPa，但是不同的板坯加热温度对钢的韧性有影响。1250℃加热的热轧钢的转变温度为 -22℃，1000℃加热的热轧钢的转变温度为 -53℃。这表明，在生产可能的条件下，为获得优良的强韧性匹配，宜采用较低的板坯加热温度。从表还可以看出，热轧钢经过正火处理后，在保证强度基本不变的情况下，钢的韧性有大幅度提高，韧脆转变温度达到 -85℃，正火钢比热轧钢降低 30~50℃。

　　75mm 大厚度钢板经正火处理后，韧性之所以能大幅度改善，是因为正火处理细化了钢的铁素体晶粒所致，如图 5-37a、b 所示。图中给出的是 V-N 微合金钢，经 1100℃加热后轧成 75mm 的厚钢板，正火处理后从钢板的中心取样的显微组织照片，热轧钢的铁素体晶粒度为 ASTM No. 9，正火处理后钢的铁素体晶粒变得很细，为 ASTM No. 11.3。由此可见，正火处理是细化钢的组织、提高钢的韧性的重要方法之一。

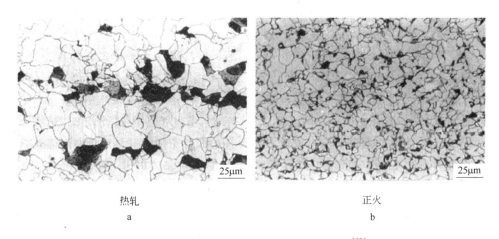

热轧
a

正火
b

图 5-37　正火钢和热轧钢显微组织的对比[52]
a—热轧（ASTM No. 9）；b—正火（ASTM No. 11.3）

参 考 文 献

[1] 水泽六男，久保弘，と. 低温用形鋼の開發[J]. 制铁研究，1985，318：87~94.

[2] Lisi M de, et al. Journees Siderurgiques[M]. Paris：ATS, 1992：

[3] Mitchell P S, Morrison W B. 含 V 钢的生产、性能及焊接性. 见：杨才福，张永权，祖荣祥编译. 钒氮微合金化钢的开发与应用[M]. 北京：钢铁研究总院，2002：87~99（内部资料）.

[4] Mintz B, Arrowsmith J M. Hot Working and Forming Processes[M]. Metals Society Book, 1980, 264：99~103.

[5] 武智宏. 如何用铌改善钢的性能——含铌钢生产技术[M]. 付俊岩，尚成嘉译. 北京：冶金工业出版社，2007：1~35.

[6] Coleman T H, Wilcox J R. The Manufacture, Properties and Weldability of Vanadium-containing Steels[J]. Mater. Sci. Technol., 1985, 1(1)：80~83.

[7] Hannerz N E. Critical Hot Plasticity and Transverse Cracking in Continuous Slab Casting with Particular Reference to Composition [J]. Trans. Iron & Steel Inst. Japan, 1989, 25：149~158.

[8] Lagneborg R, Siwecki T, Zajac S, et al. 钒在微合金钢中的作用[M]. 杨才福, 柳书平, 张永权等译. 北京: 钢铁研究总院, 2000: 65~71 (内部资料).

[9] Mintz B, Abushosha R. Influence of Vanadium on Hot Ductility of Steel[J]. Ironmaking and Steelmaking, 1993, 20: 445~452.

[10] Mintz B, Abushosha R. The Hot Ductility of V, Nb/V and Nb Containing Steels[C]. In: Materials Science Forum, Vols. 284~286: Trans Tech Publications Ltd., 1998: 461~468.

[11] Bannenberg N. Niobium Alloys and High Temperature Applications[C]. In: Niobium-Science & Technology, Bridgcville, PA: Niobium 2001 Limited & TMS, 2001: 243~259.

[12] 牧正志. 鉄鋼の組織制御の現状と将来の展望[J]. 鉄と鋼, 1995, 81(11): N547~N555.

[13] Zheng Y, Fitzsimons G, DeArdo A J, et al. Achieving Grain Refinement Through Recrystallization Controlled Rolling and Controlled Cooling in V-Ti-N Microalloyed Steels[C]. In: Korchynsky M. Proc. HSLA Steels: Technology and Applications. Metals Park, OH : ASM, 1984: 85~94.

[14] Zajac S. 钒微合金钢中的铁素体晶粒细化[C]. In: 2004年中国钢铁年会论文集. 北京: 冶金工业出版社, 2004: 543~546.

[15] Lagneborg R. The Significance of Precipitation Reactions in Microalloyed Steels[C]. In: Liu Guoquan, Wang Fuming, Wang Zubin, et al. HSLA Steels'2000. Beijing: Metallurgical Industry Press, 2000: 61~70.

[16] 森影康, と. 鉄と鋼. 低炭素鋼におけるTiN上のフエラィト核生成に及ぼすTiNサィズの影響[J]. 鉄と鋼. 1998, 84(7): 40~45.

[17] 大森章夫, 大井健次, 川端文丸, と. V-N添加鋼の粒界および粒内フェラィト変態に及ぼすオーステナィト中のVN析出の影響[J]. 鉄と鋼, 1998, 84(11): 35~41.

[18] 齐俊杰, 黄运华, 张跃等. 微合金化钢[M]. 北京: 冶金工业出版社, 2006: 94.

[19] 毛新平, 等. 薄板坯连铸连轧微合金化技术[M]. 北京: 冶金工业出版社, 2008.

[20] 木村達已, 川端文丸, 天野一, と. VNによる粒内フェラィト変態を利用した新TMCP極厚H形鋼[J]. CAMP-ISIJ, 1998, 11(5): 1003.

[21] 三本广一. 形鋼制造のプロセスメタラジ[J]. ふぇらむ, 1997, 2(5): 51~57.

[22] 牧正志. 二相ステンレス鋼の加工熱処理による組織制御[J]. 熱処理, 1999, 39(1): 5~11.

[23] 牧正志. 鉄鋼材料の结晶粒细化の原理と方法. 西山紀念技術講座, 2003 (内部资料).

[24] Roberys W, Sandberg A, Werlefors T. Prediction of Microstructure Development during Recrystallization Hot Rolling of Ti-V-Steels [C]. In: Proc. HSLA Steels: Technology and Applications. Korchynsky M. Metals Park, OH : ASM, 1984: 67~84.

[25] Siwecki T, Hutchinson B. Modelling of Microstructure Evolution during Recrystallization Controlled Rolling of HSLA Steels[C]. In: 33rd MWSP CONF. PROC. Warrendale, PA: ISS-AIME, 1992: 397~406.

[26] Siwecki T. Modelling of Microstructure Evolution during Recrystallization Controlled Rolling[J]. ISIJ Int., 1992, 32: 368~376.

[27] Pettersson S, Siwecki T. Microstructure Evolution during Recrystallization Controlled Rolling of V-Microalloyed Steels[R]. Swedish Institure for Metals Research. 1998, Contract Report No. 39. 190.

[28] Kovac F, Siwecki T, Hutchinson B, Zajac S. Finishing Conditions Appropriate for Recrystallization Controlled Rolling of Ti-V-N-Steel[J]. Metall. Trans. A, 1992, 23A: 373~375.

[29] 津村辉隆, 镰田芳彦, 田上修二, 大谷泰夫. 低合金鋼のォ-ステナィト结晶粒の微细化と粗大化[J]. 鉄と鋼, 1984, 70(5): 203~210.

[30] Zajac S, Siwecki T, Hutchinson B, et al. Recrystallization Controlled Rolling and Accelerated Cooling as the Optimum Processing Route for High Strength and Toughness in V-Ti-N Steels[J]. Metall. Trans. A,

1991, 22A: 2681~2694.

[31] Siwecki T, Engberg G. Recrystallization Controlled Rolling of Steels[C]. In: Hutchinson B. Thermo-Mechanical Processing in Theory, Modeling & Practice. Stockholm: ASM International, 1997: 121~144.

[32] Mchilton J, Roberts M J. Microalloying effects in Hot Rolled Low-carbon Steels Finished at High Temperatures[J]. Metall. Trans. A, 1980, 11A: 1711~1721.

[33] 木下浩幸, 安藤隆一, 和田典已, 村上弘樹. 厚板にぉける制御冷却技術の发展[J]. ふぇらむ, 2004, 9(9): 636~643.

[34] Siwecki T, Engberg G, Cuibe A. Thermomechanical Controlled Processes for High Strength and Toughness in Heavy Plates and Strips of HSLA Steels[C]. In: Chandra T and Sakai T. Thermec'97 : International Conference on Thermomechanical Processing of Steels and Other Materials. Warrendale PA: TMS-AIME, 1997: 757~763.

[35] 张永权, 杨才福, 柳书平. 经济型建筑用Ⅲ级钢筋的研究[J]. 钢铁, 2000, 35(1): 43~46.

[36] 杨才福, 张永权, 柳书平. 钒氮微合金化钢筋的强化机制[J]. 钢铁, 2001, 36(5): 55~57.

[37] Liu Shuping, Yang Caifu, Zhang Yongquan. Effect of Adding Nitrogen on Microstructure and Property of Vanadium Microalloyed Bar Steel Reinforcing[J]. J. Iron and Steel Res. Int., 2003, 10(2): 45~50.

[38] 杨才福, 王全礼. V-N 微合金化 HRB400 热轧钢筋的研制与推广应用[R]. 钢铁研究总院及首钢总公司, 2002 (内部资料).

[39] Kovac F, Jurko V, Stefan B. Report, UEM SAV Kosice, 1990.

[40] 刘清友, 毛新平, 林振源, 等. CSP 流程 V-N 微合金钢冶金学特征研究[J]. 钢铁, 2005, 40(12): 64~68.

[41] 祖荣祥. 碳及合金元素对弹簧钢性能的影响[J]. 钢铁研究学报, 1986, 6(4): 59~66.

[42] 富田惠之. 中炭素低合金超强力鋼の破壊じん性の改善[J]. 材料, 1991, 40(2): 1~11.

[43] MIL-S-24371: 美国军用规格. 高屈服强度合金结构 (HY130) 钢板[S], 2003.

[44] NDSG3111: 日本防卫厅规格. 舰船用超高张力钢板[S], 1978.

[45] 日本鉄鋼协会. 鉄鋼便览[M]. 3 版. 東京: 丸善株式会社, 1981, Ⅳ-3.

[46] 钢铁热处理编写组. 钢铁热处理—原理及应用[M]. 上海: 上海科学技术出版社, 1979: 114~121.

[47] Manganello S J, Dabkowski D S, Portez L F, et al. Development of a High-toughness Alloy Plate Steel with a Minimum Yield Strength of 140ksi[J]. Welding Journal, 1965, 5(1): 514~522.

[48] Pickering F B. Physical Metallurgy and the Design of Steels[M]. London: Applied Science Publishers Ltd, 1978: 133~140.

[49] König V P, Schoiz W, Ulmer H. Wechselwirkung von Aluminium, Vanadin und Stickstoof in Aluminiumberuhigten, Mit Vanadin und Stickstoff Legierten Schweiβbaren Baustählen mit rd. 0. 2% und 1. 5% Mn [J]. Archiv Für Das Eisenhütten Wesen, 1961, 32: 541~556.

[50] Kampschaefer G E Jr., Jesseman R J. Use of Microalloyed Steels in Heavy Construction[C]. In: Korchynsky M, et al. Proceedings of Microalloying'75. New York: Union Carbon Corp., 1977: 694~708.

[51] 内野耕一, 大野恭秀, 矢野清之助, と. 焼ならし型高張力鋼のフェライト細粒化にぉよぼす窒素, バナジウムの効果[J]. 鉄と鋼, 1990, 76: 1380~1386.

[52] 内野耕一, 大野恭秀, 矢野清之助, と. 高窒素-バナジウム添加による低炭素当量焼ならし型引張強さ50kgf/mm² 級高張力鋼の開発[J]. 鉄と鋼, 1991, 77: 172~178.

[53] ASTM A633E: Standard Specification for Normalized High-Strength Low-Alloy Structural Steel [S].

6 含钒钢的焊接性

近年来，随着钢的精炼技术、微合金化技术、控轧控冷技术、形变热处理技术等一些先进技术的发展与应用，微合金钢的焊接性得到显著改善。其主要表现在焊接热影响区冷裂纹敏感性大幅度降低、焊接粗晶区的低温韧性显著提高、高效率大热输入焊接工艺的逐步应用等。关于微合金钢的焊接性，近些年大量的研究学者对此给予了关注，并进行了相关研究工作。一般认为，在保证经济性和强度的情况下，控制微合金钢中低的碳含量以及低的碳当量可以提高钢的焊接性，同时采用微 Ti 处理技术，通过钢中细小的 TiN 析出物阻碍原始奥氏体晶粒的长大也可以提高焊接热影响区的低温韧性。

和其他微合金钢一样，钒微合金钢通过降低钢中的碳含量可以提高钢的焊接性。另外，目前有证据表明钒微合金化钢通过第二相粒子（VN）对焊接热影响区微观组织的影响可以显著提高其低温韧性。和铌相比，钒微合金化钢在增加氮含量时的使用效果较好，尽管部分研究关注了氮对焊接热影响韧性存在不利的影响。有关氮对钒微合金化钢的影响还需要更多的研究数据，但是目前已有的低热输入焊接数据表明氮对钒微合金化钢的焊接性没有或几乎没有不良影响。

影响含钒微合金钢焊接性的主要因素可归结为以下：

（1）钢中 VN、VC 粒子的固溶度及其之间的相互作用；

（2）母材中第二相粒子（钒的碳氮化物）的粒度及第二相粒子在焊接条件下的粗化速率；

（3）焊接热影响区原始奥氏体的晶粒尺寸；

（4）钒对在焊接过程中对相变温度、相变速率以及相变组织的影响；

（5）钒在焊接热影响区中的析出硬化作用。

6.1 钒对焊接热裂纹和冷裂纹的影响

6.1.1 热裂纹

本书中的热裂纹（hot cracking）主要涉及凝固裂纹，或也称之为结晶裂纹，其主要特征是沿原始奥氏体晶界开裂。精炼技术和微合金化带来的最重要的好处之一就是钢中碳含量、硫含量的大幅度下降，焊接热裂纹显著降低。20 世纪 70 年代英国焊接研究所（TWI）针对铁素体类型的低合金钢，并采用埋弧焊的方法，系统研究了钢中的成分变化对凝固裂纹的影响规律。利用式 6-1 计算的 UCS 评价了钢中的化学成分对焊缝凝固裂纹的影响程度：

$$UCS = 230w(C) + 190w(S) + 75w(P) + 45w(Nb) - 12.3w(Si) - 5.4w(Mn) - 1$$

$$(6-1)$$

上述公式适用于以下化学成分：0.08% ~ 0.23% C、0.010% ~ 0.050% S、0.010% ~ 0.045% P、0.15% ~ 0.65% Si、0.45% ~ 1.60% Mn、0 ~ 0.07% Nb。研究同时认为，低于 1% Ni、0.5% Cr、0.40% Mo、0.07% V、0.30% Cu、0.02% Ti、0.03% Al、0.002% B 对钢的凝固裂纹没有明显影响。有文献[1]研究了钒对管线钢（0.16% C-1.40% Mn）埋弧焊焊缝凝固裂纹的影响，结果表明钒的加入降低了钢中凝固裂纹的敏感性。

6.1.2 冷裂纹

冷裂纹（cold cracking）是焊接施工过程中较为普遍的一种裂纹，主要是在焊后冷却至较低温度时产生的。在过去的 15 ~ 20 年里，钢中碳含量、氢含量大幅度降低，焊接材料中的氢含量也显著降低，氢致裂纹的倾向大幅度下降。通常采用碳当量公式来评价钢的冷裂纹倾向，同时计算避免冷裂纹产生应施加的最低焊接预热温度等。在所有的评价钢的冷裂纹倾向的碳当量公式中，有以下四种类型的碳当量公式被广泛采用：

$$(1)\quad CE = w(C) + \frac{w(Mn)}{6} + \frac{w(Cr) + w(Mo) + w(V)}{5} + \frac{w(Ni) + w(Cu)}{15} \qquad (6-2)$$

$$(2)\quad CEN = w(C) + f(C) \times$$

$$\left(\frac{w(Si)}{24} + \frac{w(Mn)}{6} + \frac{w(Cu)}{15} + \frac{w(Ni)}{20} + \frac{w(Cr) + w(Mo) + w(V)}{5} \right)$$

式中
$$f(C) = 0.75 + 0.25 \tanh[20(w(C) - 0.12)] \qquad (6-3)$$

$$(3)\quad CE = w(C) + \frac{w(Mn) + w(Si)}{6} + \frac{w(Cr) + w(Mo) + w(V)}{5} + \frac{w(Ni) + w(Cu)}{15}$$

$$Pcm = w(C) + \frac{w(Si)}{30} + \frac{w(Mn)}{20} + \frac{w(Ni)}{60} + \frac{w(Cr)}{20} + \frac{w(Mo)}{15} + \frac{w(V)}{10} + 5w(B) \qquad (6-4)$$

$$(4)\quad CET = w(C) + \frac{w(Mn) + w(Mo)}{10} + \frac{w(Cr) + w(Cu)}{20} + \frac{w(Ni)}{40} \qquad (6-5)$$

其中，式6-2 为英国焊接研究所提出，式6-3 为日本焊接学会提出，式6-4 为美国焊接学会提出，式6-5 为德国提出。从上面的这些碳当量及冷裂纹敏感系数评价公式可以看出，除德国研究学者提出 CET 公式认为 V 低于 0.18% 时不会对冷裂纹产生影响外，其他三种公式均认为钒对钢的冷裂纹产生不利影响。20 世纪 80 年代，Hart 和 Harrison[2]针对 C-Mn-Ni-V-Mo 钢，研究了产生焊接冷裂纹的临界冷却时间公式：

$$\log t_{8/5临界} = 3.7 \left(w(C) + \frac{w(Mn)}{13} + \frac{w(V)}{6} + \frac{w(Ni)}{40} + \frac{w(Mo)}{10} \right) - 0.31 \qquad (6-6)$$

上述公式中认为产生冷裂纹的倾向取决于两个因素：一是钢的淬透性，可以描述为形成淬硬组织的倾向；二是形成淬硬组织的硬度，经常用形成裂纹的临界硬度来表示。Hart 和 Harrison 认为钒对这两个方面的影响是截然不同的。对于临界硬度在 350HV 时，钒可以降低钢的淬透性，从而降低钢的冷裂纹敏感性。但研究同时发现钒含量显著降低产生冷裂纹的临界硬度（式6-7），即冷裂纹敏感性提高：

$$HV = 283.3 + 668.1 \left(w(C) + \frac{w(Mn)}{42} - \frac{w(V)}{4} + \frac{w(Mo)}{24} \right) \qquad (6-7)$$

在后续的对 C-Mn 钢（其中多为铌微合金钢）的回归分析研究中，Hart 等人找到了一种类似的成分特性计算临界硬度公式：

$$HV_{临界} = 207 + 692 \left(w(C) + \frac{3w(Mn)}{100} + \frac{4w(Si)}{25} + \frac{3w(Mo)}{50} + \frac{3w(Cu)}{25} - \right.$$

$$\left. \frac{2w(Cr)}{25} + \frac{17w(Al)}{25} + \frac{5w(P)}{3} - \frac{w(V)}{4} - \frac{4w(Nb)}{3} \right) \tag{6-8}$$

此外，在考虑某种合金元素对钢的冷裂纹影响时，应该从整个钢的合金添加水平来考虑，不同强度级别的钢种对应不同水平的合金含量。Hart 和 Harrison 指出，即使对于正火钢，获得相同强度增量的情况下，采用钒微合金化比采用锰合金化具有更小的冷裂纹产生倾向。

评价焊接热影响区冷裂纹的主要方法有焊接热影响区最高硬度法和斜 Y 型坡口试验法（小铁研）。Kimura 等人[3]研究了采用 V-N 微合金化设计的厚壁 H 型钢焊接接头的抗冷裂纹敏感性，如图 6-1 所示。结果表明，采用 V-N 微合金化设计后，钢的碳当量由 0.43% 降低到 0.39%，厚壁 H 型钢焊接热影响区最大硬度由 380HV 降低到 280HV，大于 25℃预热时小铁研试验裂纹率由 100% 降低到 0，钢的冷裂纹敏感性显著降低。

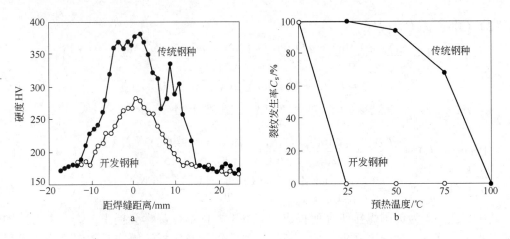

图 6-1　厚壁 H 型钢冷裂纹敏感性试验结果

a—最高硬度试验；b—小铁研试验

6.2　钒在焊接热影响区中的硬化特性

研究微合金元素在焊接热影响区中的硬化作用非常重要，这主要是由于焊接热影响区的硬度与其冷裂纹敏感性有着非常重要的关系。虽然微合金钢焊接热影响区的冷裂纹倾向已经越来越小，但是微合金元素的硬化特性对于氢致延迟裂纹、应力腐蚀裂纹等仍然存在显著影响。将焊接热影响区的硬度控制在一定范围内（如全酸性气候控制在 250HV 内）可以有效防止这些焊接裂纹的产生。

Hart 和 Harrison 在研究焊接热影响区冷裂纹的同时，还提出了预测焊接热影响区硬度的计算公式，该公式适用于 HAZ 硬度为 250 ～ 450HV 范围内，如表 6-1 所示。从表 6-1 中可以看出，钒对焊接热影响区硬度的影响与其最大硬度存在对应关系。当焊接热影响区的最大硬度大于 325HV 时，由于焊接热循环时间较短，冷却速度快，钒降低了钢的淬硬性。但对于相对较软的组织（300 ～ 250HV），钒对最大硬度的影响规律截然相反，钒的加入增加了焊接热影响区的淬硬性。在其他的相关研究工作中钒对于焊接热影响区最大硬度的影响规律没有表6-1那样明显，如Suzuki等人的研究结果仅仅认为钒提高钢的淬硬性，这主要是由于其研究中的钒含量相对较低。

表 6-1　预测冷却时间（$\Delta t_{8/5}$）的线性回归方程

序号	平均线公式	成 分 特 征
1	$\log \Delta t_{8/5}(250\text{HV}) = M(\text{CCP}_1) + K$	$w(\text{C}) + 0.1191w(\text{Mn}) + 0.3010w(\text{V}) + 0.0828w(\text{Ni}) + 0.1777w(\text{Mo})$ $\left(w(\text{C}) + \dfrac{w(\text{Mn})}{8} + \dfrac{w(\text{V})}{3} + \dfrac{w(\text{Ni})}{12} + \dfrac{w(\text{Mo})}{6} \right)$
2	$\log \Delta t_{8/5}(275\text{HV}) = M(\text{CCP}_2) + K$	$w(\text{C}) + 0.1032w(\text{Mn}) + 0.2480w(\text{V}) + 0.0700w(\text{Ni}) + 0.1508w(\text{Mo})$ $\left(w(\text{C}) + \dfrac{w(\text{Mn})}{10} + \dfrac{w(\text{V})}{4} + \dfrac{w(\text{Ni})}{14} + \dfrac{w(\text{Mo})}{7} \right)$
3	$\log \Delta t_{8/5}(300\text{HV}) = M(\text{CCP}_3) + K$	$w(\text{C}) + 0.0828w(\text{Mn}) + 0.0213w(\text{V}) + 0.0362w(\text{Ni}) + 0.1037w(\text{Mo})$ $\left(w(\text{C}) + \dfrac{w(\text{Mn})}{12} + \dfrac{w(\text{V})}{47} + \dfrac{w(\text{Ni})}{28} + \dfrac{w(\text{Mo})}{10} \right)$
4	$\log \Delta t_{8/5}(325\text{HV}) = M(\text{CCP}_4) + K$	$w(\text{C}) + 0.0641w(\text{Mn}) - 0.0293w(\text{V}) + 0.0136w(\text{Ni}) + 0.0969w(\text{Mo})$ $\left(w(\text{C}) + \dfrac{w(\text{Mn})}{16} - \dfrac{w(\text{V})}{34} + \dfrac{w(\text{Ni})}{74} + \dfrac{w(\text{Mo})}{10} \right)$
5	$\log \Delta t_{8/5}(350\text{HV}) = M(\text{CCP}_5) + K$	$w(\text{C}) + 0.0485w(\text{Mn}) - 0.0565w(\text{V}) + 0.0047w(\text{Ni}) + 0.0758w(\text{Mo})$ $\left(w(\text{C}) + \dfrac{w(\text{Mn})}{21} - \dfrac{w(\text{V})}{18} + \dfrac{w(\text{Ni})}{213} + \dfrac{w(\text{Mo})}{13} \right)$
6	$\log \Delta t_{8/5}(375\text{HV}) = M(\text{CCP}_6) + K$	$w(\text{C}) + 0.0508w(\text{Mn}) - 0.0390w(\text{V}) + 0.0020w(\text{Ni}) + 0.0836w(\text{Mo})$ $\left(w(\text{C}) + \dfrac{w(\text{Mn})}{30} - \dfrac{w(\text{V})}{26} + \dfrac{w(\text{Ni})}{500} + \dfrac{w(\text{Mo})}{12} \right)$
7	$\log \Delta t_{8/5}(400\text{HV}) = M(\text{CCP}_7) + K$	$w(\text{C}) + 0.1972w(\text{Mn}) - 0.0996w(\text{V}) + 0.0917w(\text{Ni}) + 0.1792w(\text{Mo})$ $\left(w(\text{C}) + \dfrac{w(\text{Mn})}{5} - \dfrac{w(\text{V})}{10} + \dfrac{w(\text{Ni})}{11} + \dfrac{w(\text{Mo})}{6} \right)$
8	$\log \Delta t_{8/5}(450\text{HV}) = M(\text{CCP}_8) + K$	$w(\text{C}) + 0.3743w(\text{Mn}) - 0.3930w(\text{V}) + 0.0240w(\text{Ni}) + 0.3854w(\text{Mo})$ $\left(w(\text{C}) + \dfrac{w(\text{Mn})}{3} - \dfrac{w(\text{V})}{3} + \dfrac{w(\text{Ni})}{42} + \dfrac{w(\text{Mo})}{3} \right)$

　　关于钒含量对上述不同硬度影响规律存在差异的原因不得而知，但是推测可能与钒影响 $\gamma \rightarrow \alpha$ 相变有关，也可能与 V(C, N) 粒子在高温条件下钉扎奥氏晶界、阻碍奥氏体晶粒长大有关。虽然 V(C, N) 粒子影响相变以及阻碍奥氏体晶粒长大的作用很弱，但是在冷却速度较快时，大部分粒子在焊接热循环的加热过程中来不及溶解，在随后的冷却阶段可以阻碍奥氏体晶粒的长大。对于相对较低的硬度水平，通常对应冷却速度较慢、冷却时间较长的焊接热循环，析出硬化机制起主导作用，增加了钢的淬硬性。

Hanners[4]等人早在其 20 世纪 70 年代的研究工作中便发现了钒等元素在微合金钢焊接热影响区中的析出硬化作用。Rothwell[5]的研究工作也认为（图 6-2），在焊接以及焊后热处理条件下，钒和铌均显著提高焊接热影响区的硬度，其中焊后热处理时钒、铌的析出硬化效果更为明显，这主要是由于焊后热处理（600℃回火 1h）促进了钒的析出硬化作用。Mitchell[6]在研究了钒、氮含量对 0.07% C-1.6% Mn-0.03% Al-0.008% N 钢焊接热影响区硬度的影响，研究表明热输入为 4.9kJ/mm 时，0.1% V 对 HAZ 硬度的增量约为 25HV（图 6-3）。此外，不同的文献结果均表明，焊接热输入对钒、铌在焊接热影响区中的硬化作用影响不显著，在 2.5 ~ 5kJ/mm 热输入范围内，其 HAZ 硬度变化幅度小于 15HV（图 6-4）。

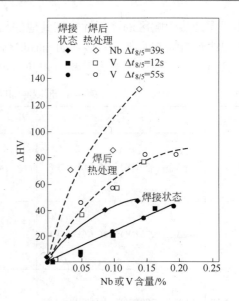

图 6-2　微合金钢焊接和焊后
热处理条件下的硬化作用

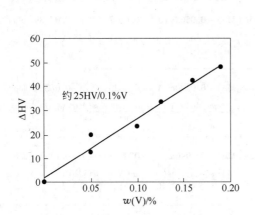

图 6-3　钒含量对焊接热影响区硬度的影响

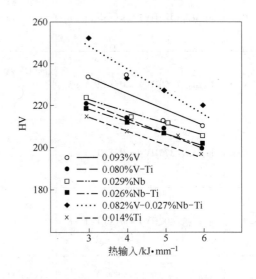

图 6-4　不同微合金钢焊接热影响区的硬化效应

6.3　钒在焊接热影响区中的作用

6.3.1　钒的碳氮化物在焊接热影响区中的溶解度

在 2.1.1 节中给出了 VC 和 VN 在奥氏体和铁素体中的溶解度数据。由这些数据可知，钒的碳、氮化物在钢的不同相中溶解度存在显著差异，钒的碳化物溶解度大于钒的氮化物溶解度，钒的碳氮化物在奥氏体中的溶解度要远大于其在铁素体中的溶解度。

焊接过程属于非平衡过程，Easterling[7]等研究发现，在焊接条件下大部分的 VC 和

VN 都能固溶在熔合线附近的焊接粗晶区中。随着距离熔合线的增大，如在焊接热影响区的临界再加热区（intercritical reheated region），未熔的 VC 和 VN 粒子数量显著增多，这些未溶解的第二相粒子对焊接热影响区的组织与性能同样存在显著影响。

6.3.2 钒对焊接粗晶区原始奥氏体晶粒尺寸的影响

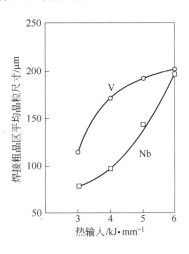

由于 VC、VN 粒子在奥氏体中的溶解度较大，因此钒及钒氮微合金化钢在焊接熔合线附近的粗晶区中无法依靠第二相粒子阻碍奥氏体晶粒的长大。对于含钒钢，奥氏体的粗化温度为 1000 ~ 1100℃（考虑到焊接非平衡过程），而实际熔合线附近的粗晶区温度高达 1350 ~ 1450℃。Lau[8] 研究了不同焊接热输入时含钒钢和含铌钢焊接粗晶区的奥氏体晶粒尺寸（图 6-5），当热输入从 3kJ/mm 提高到 6kJ/mm 时，粗晶区的原始奥氏体晶粒尺寸从 100μm 增大到 200μm。

图 6-5 不同热输入时焊接粗晶区的奥氏体晶粒长大规律

在焊接过程中，奥氏体的晶粒粗化取决于焊接热输入量和钢的化学成分。对不同微合金钢的晶粒粗化行为研究结果示于图 6-6。图中表明，随着加热速度的增大，焊接粗晶区奥氏体晶粒长大速率逐渐趋于缓慢。加热速率低于 300℃/s 时，钒微合金钢在焊接加热过程中晶粒粗化最为显著。

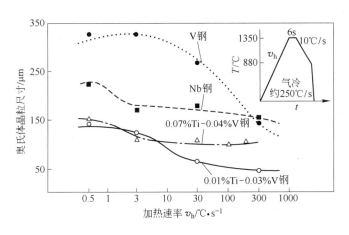

图 6-6 奥氏体晶粒尺寸和加热速率的关系

不同微合金化元素在不同焊接峰值温度下对奥氏体晶粒尺寸长大的影响示于图 6-7。由图可见，在 1350℃保温 30min 后，含钛/铌/钒的微合金钢的平均奥氏体晶粒尺寸是 C-Mn 钢的 1/6 ~ 1/15。同时还可以看到，微合金钢的奥氏体晶粒尺寸随着峰值温度的降低显著降低。钛微合金钢抑制奥氏体晶粒长大的效果最好，在钒微合金钢中添加约 0.01% Ti 可以有效细化含钒钢原始奥氏体晶粒尺寸，显著提高含钒钢的焊接性。

6.3.3　钒对焊接粗晶区相变的影响

根据前人的文献调研结果，单独的钒对焊接粗晶区的相变没有明显影响，但是有文献报道在焊缝金属中加入钒有利于促进晶内针状铁素体的形成，避免粗大的先共析铁素体和侧板条铁素体组织。图 6-8a 为不同钒含量对模拟焊接粗晶区奥氏体向铁素体相变的影响。如图所示，和 C-Mn 钢相比，0.14%C-1.45%Mn-V 钢在不同 $t_{8/5}$（5～250s，涵盖了各种常见的焊接方法）条件下，钒含量对相变开始温度几乎没有影响。除此之外，从图 6-8b 中也可以看出，在钒含量低于 0.10% 的含钒钢中，钒含量对相变速率以及相变温度范围均没有显著影响。

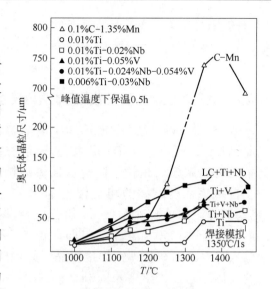

图 6-7　不同峰值温度和化学成分对粗晶区奥氏体晶粒尺寸的影响

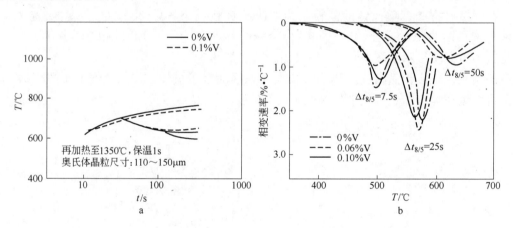

a

b

图 6-8　钒含量对焊接热影响区相变的影响

a—奥氏体向铁素体相变开始温度；b—相变速率和相变温度范围

6.3.4　钒对焊接热影响区组织的影响

微合金钢焊接热影响区的组织较为复杂且类型较多，不同研究中关于焊接热影响区组织的定义也各不相同，但是可以对不同合金设计时焊接热影响区的组织进行对比，分析其焊接热影响区组织的变化规律。对 C-Mn 钢、C-Mn-V 钢以及 C-Mn-Nb 钢的研究中发现，随着焊接冷却时间（$t_{8/5}$）的减小，焊接热影响区中晶界多边形铁素体的数量显著减少，如图 6-9a 所示。对比含钒钢和含铌钢焊接热影响区的组织可以发现，冷却时间（即焊接热输入）较大时，含钒钢焊接热影响区组织中出现较多的晶界多边形铁素体，而含铌钢组织中则出现较多的侧板条铁素体和仿晶界铁素体。另外，不同合金设计时焊接热影响区晶内组织也显著不同。C-Mn 钢晶内主要为侧板条铁素体和上贝氏体组织，含钒钢晶内主要为相互交错排列的晶内针状铁素体组织，而含铌钢晶内则主要为典型的上贝氏体组织（图6-10）。

此外，含钒钢和含铌钢焊接热影响区中均发现有 M-A 岛状组织的形成，但是对于钒等合金元素对与 M-A 岛状组织形成的影响，目前仍然没有研究给出全面的解释。Mitchell 研究了临界热影响区中 M-A 岛状组织的形成并指出，钢中 M-A 的形成主要取决于钢的碳含量，其他合金元素如 B、Cr、Mn、Mo、P 等奥氏体稳定化元素会加速 M-A 岛状组织的形成。同时针对 0.10% C-0.20% Si-1.40% Mn-0.039% Al-0.005% N-V 钢，研究了钒含

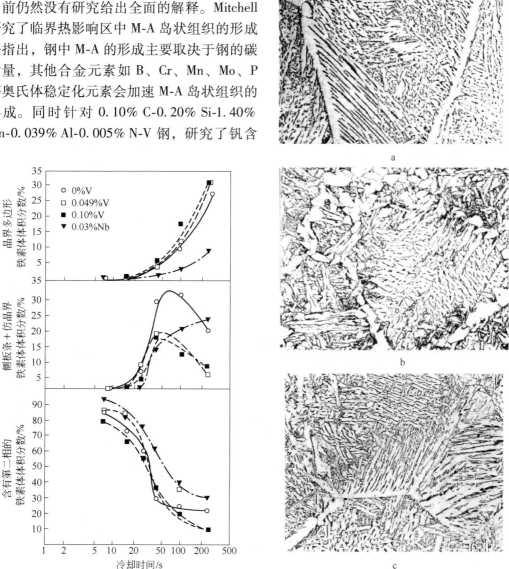

图6-9　不同合金设计钢焊接热影响区的组织分布[6]

图6-10　不同微合金钢焊接热影响区组织
a—C-Mn 钢；b—C-Mn-0.10% V；c—C-Mn-0.03% Nb

量对临界热影响区 M-A 岛尺寸和面积百分比的影响。研究表明，钒含量在 0 ~ 0.10% 之间变化时其对 M-A 岛状组织的形成没有明显影响（图6-11）。

在含钒 H 型钢中的研究表明，VN 粒子能在冷却过程中促进针状铁素体的形成，从而细化

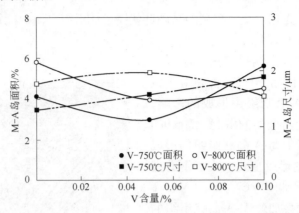

图 6-11 钒含量对临界热影响区中 M-A 岛状组织形成的影响

最终的铁素体组织。同样，在含钒钢的焊接热影响区中，钒能显著地促进晶内针状铁素体的形成。Mitchell 研究了激光焊接时钒对 0.07% C-1.60% Mn 钢焊接热影响区组织（图 6-12）影响时发现，随着钒含量的增加(0 ~ 0.10% V)，组织中针状铁素体的数量显著增加（图 6-13）。

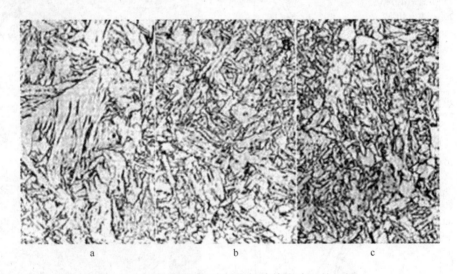

图 6-12 三种不同钒含量钢焊接热影响区的组织

a—0.0% V；b—0.1% V；c—0.19% V

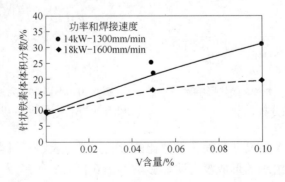

图 6-13 钒含量对焊接热影响区中针状铁素体形成的影响

此外，对照含钒钢和不含钒钢在气体保护焊、自动激光焊、电子束焊三种焊接条件焊接热影响区的组织可以看出，含钒钢中针状铁素体的数量均显著高于不含钒钢（图6-14）。

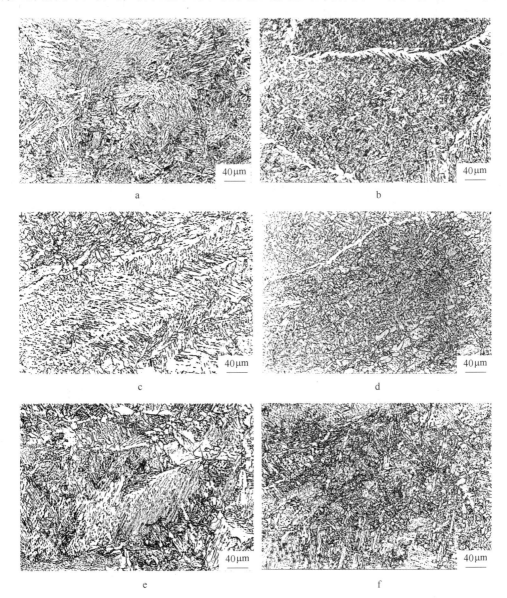

图 6-14　含钒钢和不含钒钢在气体保护焊、自动激光焊、电子束焊下的组织对比

a—气体保护焊，C-Mn 钢；b—气体保护焊，C-Mn-0.10V 钢；c—自动激光焊，0.07%C-1.70%Mn-0.43%Si 钢；

d—自动激光焊，0.07%C-1.70%Mn-0.43%Si-0.16%V 钢；e—电子束焊，0.07%C-1.70%Mn-0.43%Si 钢；

f—电子束焊，0.07%C-1.70%Mn-0.043%Si-0.16%V 钢

6.3.5　钒对焊接热影响区韧性的影响

早在 1974 年，Hanners[4] 首次系统研究了钒对 0.15%C～1.40%Mn 钢焊接热影响区组织和性能的影响。研究针对的钒含量范围为 0～0.45%，$t_{8/5}$ 为 33s、100s、300s，研

究结果示于图 6-15。研究认为，当钒含量小于 0.10% 时（$t_{8/5}=33s$、$100s$），钒含量对焊接热影响区的低温韧性没有显著影响。对钒含量为 0.06% 的 20mm 钢板施加 3.6kJ/mm 的焊接热输入时，焊接热影响区的低温韧性甚至还略有提高。Hanners 还同时认为，即使对 20mm 厚含钒钢板施加 10.8kJ/mm 的线能量，韧性下降幅度也非常小。只有高钒含量（钒含量大于 0.20%）、大热输入焊接时，钒对焊接热影响区的低温韧性具有显著降低的作用。

　　Mitchell[6] 在上述研究结果上采用对 25mm 厚钢板施加 2kJ/mm 热输入（$t_{8/5}=12s$）的多道次焊方法，深入研究了 0～0.16% 钒含量对焊接热影响区韧脆转变温度和 CTOD 转变温度的影响。图 6-16 为其主要研究结果，研究表明在焊接条件下，当钒含量增加到 0.16% 时，ITT_{40J} 降低约 40℃，0.25mmCTOD 转变温度提高约 10℃。钒含量提高了 V 型缺口冲击韧性，却降低了 CTOD 断裂韧性，这主要是由于钒的加入促进了晶内铁素体组织的形成，针状铁素体组织对韧性的提高作用高于钒析出硬化对韧性的损害作用。

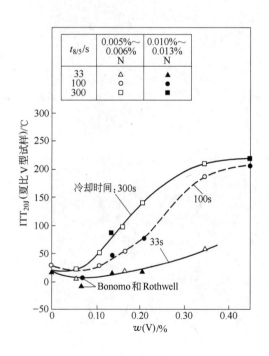

图 6-15　钒含量对模拟焊接热影响区
韧脆转变温度的影响

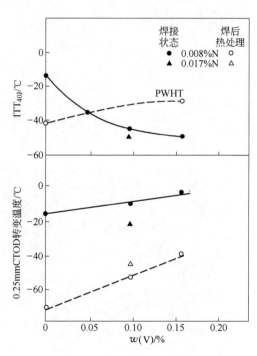

图 6-16　钒含量对 0.12%C-1.60%Mn 钢
多道焊焊接热影响区韧性的影响

　　图 6-16 揭示了焊后热处理（600℃保温 1h）条件下钒含量对焊接热影响区韧性的影响。焊后热处理后由于钒的析出硬化作用进一步增强，钒含量的增加提高了焊接热影响区的 ITT_{40J} 温度。当钒含量低于 0.06% 时，焊后热处理时的 ITT_{40J} 温度低于焊接条件下的转变温度。而当钒含量高于 0.06% 时，焊后热处理时的 ITT_{40J} 温度高于焊接条件下的转变温度。对 CTOD 转变温度而言，焊后热处理相对焊接条件下降低了钢的 CTOD 转变温度 30～50℃，但是钒含量的增加同样提高了 0.25mmCTOD 转变温度。一般认为，为降低焊接施

工建造成本，在保证焊接接头低温韧性的情况下尽量不采用焊后热处理等后续施工工艺。在此情况下，含钒钢凸显了其合金化的优势，其在焊接状态下不需要通过焊后热处理就能保证焊接接头的低温韧性。从图 6-5 中也可以看出，含钒量大于 0.06% 时，焊接状态下的韧脆转变温度低于焊后热处理状态下的韧脆转变温度。但对 CTOD 转变温度而言，焊后热处理提高了钢的 CTOD 断裂韧性。Hart[9] 在研究 0.12% C-0.10% V 钢时也发现采用焊后热处理后，40J 的冲击功转变温度由 - 24℃ 降低到 - 39℃，但是其 - 10℃ 的 CTOD 值由 0.46mm 降低到 0.30mm。研究认为，这种混合效应是由于焊后热处理时的回火过程和析出硬化过程综合作用的结果。这种混合作用效果的程度取决于原始组织状态、焊接热输入的大小等。

上述关于钒含量对焊接热影响区韧性的研究是建立在钢中钒含量变化、其他元素固定的基础上，因此其结果具有较好的借鉴性。Harrison[10] 研究了其他元素变化时钒含量对焊接热影响区韧性的影响，如图 6-17 所示为亚临界粗晶热影响区（SRCGHAZ）硬度和 0.1mmCTOD 转变温度之间的关系。如图所示，不同成分设计的钢种在硬度相同时，无论是焊后状态，还是焊后热处理状态（590℃回火 2h），含钒钢表现出更好的 0.1mmCTOD 断裂韧性。

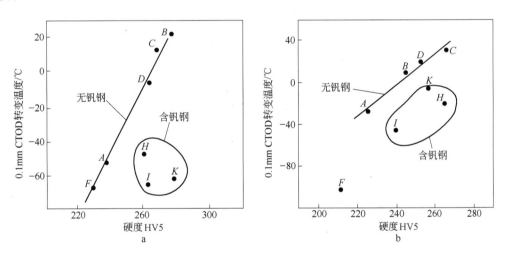

图 6-17　亚临界粗晶区硬度和 0.1mmCTOD 转变温度关系
a—焊接状态；b—焊后热处理状态

6.4　合金元素对含钒钢焊接热影响区组织及韧性的影响

6.4.1　氮元素的影响

在传统低合金钢中，氮元素被认为是对钢焊接性有损害作用的元素，增加氮含量会显著降低钢的低温韧性（图 6-18）。因此，钢中通常控制较低的氮含量（小于 0.0040%），并且还添加微量 Ti/Ca 等其他元素进行固氮。然而，在实际生产中要保证如此低的氮含量比较困难，且成本较高。瑞典金属研究所对不同微合金钢的许多特征做了大量研究，特别对氮在不同微合金体系（钒、钛、铌）下的焊接性能进行了深入研究[11,12]。研究认为，游离的氮会降低焊接热影响区的韧性，但是通过选择合适的微合金化元素进行固氮以及选择合适的焊接工艺参数，高氮含量的含钒钢可以获得良好的低温韧性。

文献[13]研究了氮含量对 0.08% 含钒钢焊接热影响区组织和性能的影响，氮含量从 0.003% 增大到 0.013% 时，贝氏体铁素体的数量减少，先共析铁素体的数量增多（图 6-19）。峰值温度较高（大于 1250℃）时高氮钢的原始奥氏体晶粒尺寸显著低于低氮钢，且两者的差异随着峰值温度的增高而增大（图 6-20）。$t_{8/5}$ 较小（10s）时高氮钢的粗晶区低温韧性显著高于低氮钢，随着 $t_{8/5}$ 的增大，两者差异逐渐缩小，$t_{8/5} = 20$s 时高氮钢和低氮钢焊接粗晶区低温韧性无明显差异（图 6-21）。

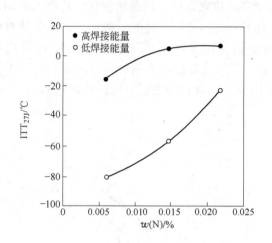

图 6-18 传统低合金钢中 N 元素对模拟焊接
粗晶区韧脆转变温度的影响（$T_p = 1350℃$）

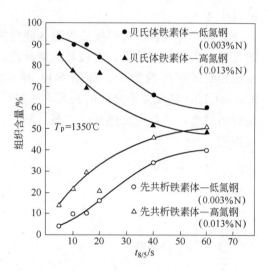

图 6-19 氮含量对 0.08% V 钢
焊接热影响区组织影响

为了研究钢板生产工艺路线、氮含量和热输入对 HAZ 韧性和组织的影响，采用再结晶控制轧制、再结晶控制轧制 + 加速冷却和传统控制轧制工艺路线生产的高氮（0.013% N）和低氮（0.003% N）含钒钢（0.08% V），对 25mm 厚钢板进行了焊接热模拟和实际焊接试验[14]。图 6-22a 显示了焊接热模拟得到的含钒钢的模拟粗晶区冲击韧性变化曲线，图 6-22b 示出了实际焊接试验的结果。由图可见，中小热输入时高氮钢表现出更高的低温韧性，大热输入时高氮钢低温韧性显著降低。

氮含量和热输入对含钒钢粗晶区 40J 韧脆转变温度的复合影响如图 6-23 所示。根据这些结果，我们并不能把游离氮与高线能量

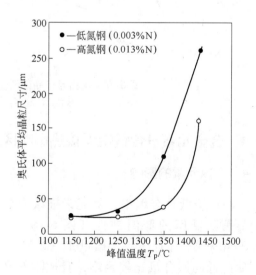

图 6-20 氮含量对 0.08% V 钢原始
奥氏体晶粒尺寸影响

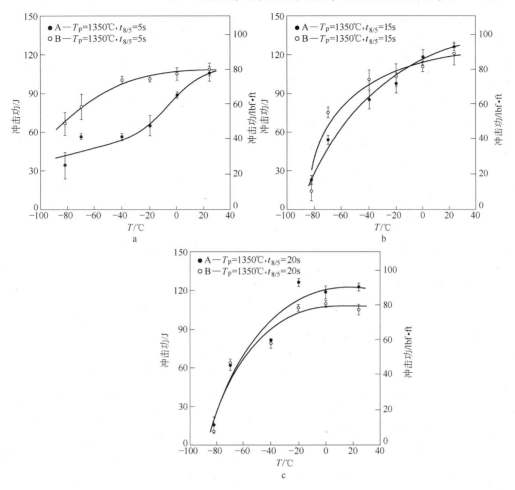

图 6-21 氮含量对焊接粗晶区冲击功影响

A—低氮钢（0.003%N）；B—高氮钢（0.013%）

a—$t_{8/5}=5$s；b—$t_{8/5}=15$s；c—$t_{8/5}=20$s

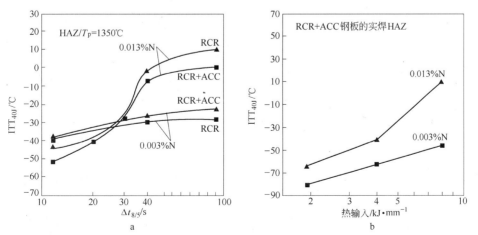

图 6-22 高氮（0.013%N）和低氮（0.003%N）含量含钒钢焊接热影响区的韧脆转变温度（ITT$_{40J}$）

a—模拟 HAZ；b—实焊 HAZ

焊接后的低韧性直接联系起来。相反，从图 6-23 还可以看出，高氮钢（0.013% N）在 $t_{8/5} = 10s$ 时（低热量输入量）表现出最高的焊接热影响区低温韧性。由于中小热输入（$t_{8/5} \leqslant 30s$）条件下冷却速度较快，冷却至相变温度过程中很难产生 VN 析出，铁素体中的游离氮将比慢冷试样中的高。随着冷却时间（$t_{8/5}$）的增加，V(C,N) 的析出物将降低了固溶氮的含量。但是，这些试样却表现出更低的韧性。由此可见，自由氮不是影响含钒钢大热输入焊接性的主要原因。

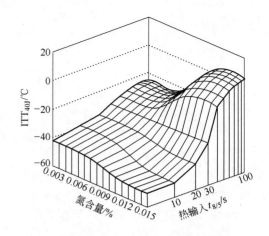

图 6-23　氮含量和热输入对含钒钢韧脆转变温度（ITT_{40J}）复合影响

6.4.2　铝元素的影响

在许多低合金钢标准中通常规定铝的最低含量，除晶粒细化作用外，通常通过添加铝形成铝的氮化物，避免自由氮的形成，防止钢的时效脆化现象。由于铝和钒都是氮化物形成元素，铝的加入会对钢中氮化钒的形成有显著影响，并最终对含钒钢焊接热影响区的组织和性能产生显著影响。

常用的钒、铌、钛等微合金化元素在钢中会形成面心立方结构的第二相粒子，且相互之间会形成复合结构的析出物，如 (V,Ti)(C,N)。铝的氮化物是六方结构，且和 MC 结构的析出物之间没有互溶关系。Craven[15,16] 详细研究了 Al-Nb-Ti 钢的第二相粒子类型，并且认为铝不会进入铌、钛的析出物中。同时，研究表明 AlN 形成的动力学条件低于 V/Ti/Nb 形成 MC 结构析出物的动力学条件，即 AlN 在钢中形成更加缓慢。König[17] 研究了 0.052% Al-0.14% V-0.023% N 钢 950℃时各种第二相粒子的析出动力学关系，如图 6-24 所示，钢中 AlN 的形成显著慢于 VN 的形成，因此 VN 的析出分数峰值较 AlN 显著提前。

Blondeau[18] 研究了焊接条件下 AlN 的形成规律，在单道次焊后没有发现铝的氮化物形成，这主要是由于焊接热循环峰值温度超过了 AlN 的固溶温度，同时焊后冷却速度较快，不利于 AlN 重新形成。研究同时针对 0.035% Al-0.10% V 钢中第二相粒子对原始奥氏体晶粒长大的抑止作用，研究发现钢中氮含量从 0.015% 降低到 0.002% 时，奥氏体的粗化温度从 1150℃降低到 1000℃，但是是否 AlN 在其中发挥抑止作用还不得而知。Sage[19] 认为铝含量从 0.04% 降低到 0.018% 时，对含钒钢焊接粗晶区韧脆转变温度没有明显影响（多道焊焊接热输入为 3.5kJ/mm）。

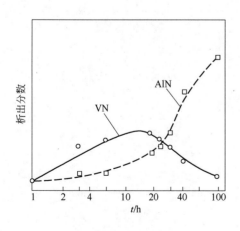

图 6-24　AlN 和 VN 在 0.052% Al-0.14% V-0.023% N 钢中析出动力学关系

6.4.3　铌元素的影响

铌和钒都是强碳化物形成元素，在钢中都会和碳、氮结合形成面心立方结构的碳氮化物。Hanners[20]系统研究了两种 $t_{8/5}$（33s 和 300s）条件下铌对含钒钢焊接性的影响。研究表明，铌含量最高添加到 0.29% 时将会导致焊接热影响区韧脆转变温度的提高，这主要是铌加入导致析出硬化作用加强，同时形成了大量脆性组织。Dollby[21]也研究了铌对含钒钢焊接性的影响，当钢中铌含量最高添加到 0.06% 时，同样对韧性和CTOD 断裂韧性有损害作用。

一些研究针对铌、铌钒复合钢、含钒钢进行焊接热影响区韧脆转变温度和 CTOD 转变温度对比，结果示于图 6-25[22,23]。研究认为中小热输入时，铌的加入对含钒钢韧脆转变温度和 CTOD 转变温度无明显影响，但是在 5kJ/mm 以上的大热输入焊接时，铌加入到含钒钢中显著提高其焊接影响区韧脆转变温度和 CTOD 转变温度。这主要

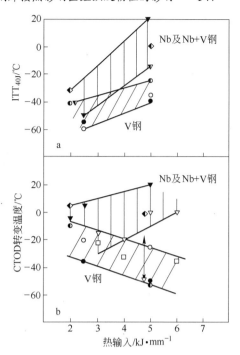

图 6-25　铌对含钒钢焊接性的影响
a—ITT$_{40J}$；b—CTOD 转变温度

是铌促进了焊接热影响区中脆性组织如 M-A 岛的形成，显著降低了钢的低温韧性。

6.4.4　钛元素的影响

钛元素常用于改善低合金钢的焊接性能，这主要是由于钛的氮化物在钢中的溶解温度较高，可以阻碍焊接热循环高温阶段原始奥氏体晶粒的长大，而钒和铌的碳氮化物却没有类似的作用。因此，在低合金钢的炼钢过程中，通过微钛处理在凝固阶段获得大量细小的 TiN 颗粒，在焊接过程中可以提高熔合线附近粗晶热影响区的低温韧性。以前的研究表明，通过控制合适的 Ti/N 比，有利于在钢中获得大量细小的 TiN 第二相粒子。Kasamatsu 的研究表明[24]，为获得最大冲击韧性，钢中的钛含量应控制在 0.014%，而氮含量控制在 0.005%（见图 6-26）。

通常情况下含钒钢具有较高的氮含量，添加微量钛后 Ti/N 比偏离了理想配比（3.42），因此钛添加到含钒钢中对焊接性的影响也较为复杂。Zajac 系统研究了不同热输入下钛对含钒钢焊接性能的影响。研究结果表明，钛添加到低氮含量（30×10^{-4}%）的含钒钢中能显著提高 V 型缺口冲击韧性，钛添加到高氮含量（130×10^{-4}%）的含钒钢中对焊接性的影响受焊接热输入影响较大。只有在较低的热输入（小于 3.5kJ/mm）时钛能改善高氮含钒钢的焊接性，热输入较大（大于 3.5kJ/mm）时钛的加入显著恶化了焊接热影响区的 V 型缺口冲击韧性。此外，从焊接热影响区的 CTOD 转变温度（图 6-27b）也可看出，热输入较大（大于 5kJ/mm）时，钛的加入显著提高了 CTOD 转变温度。

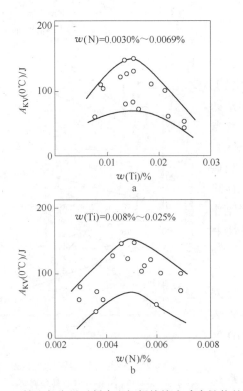

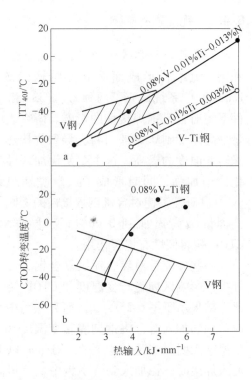

图 6-26　钛和氮含量对低合金钢焊接接头冲击性能的影响
a—0.0030% ~ 0.0069% N；b—0.008% ~ 0.025% Ti
(0.13% C-0.35% Si-1.45% Mn-0.035% Al 钢，埋弧焊单面焊接)

图 6-27　钛对含钒钢焊接性的影响
a—ITT$_{40J}$；b—CTOD 转变温度

6.5　焊接热输入对含钒钢焊接热影响区组织及韧性的影响

6.5.1　热输入对焊接热影响区组织的影响

　　焊接粗晶区的缺口韧性取决于其显微组织。对高氮含量的含钒钢，研究认为，不是钢中的游离氮，而是 HAZ 出现的粗大晶界铁素体才导致缺口冲击韧性的显著降低。图 6-28 为 $t_{8/5}$ = 10s、40s、100s 下的显微组织，可以看出随着 $t_{8/5}$ 的增大，组织中先共析铁素体组织的含量显著增大，高氮含量的含钒钢先共析铁素体的数量显著高于低氮含量含钒钢。

　　热模拟试验结果表明，当 $t_{8/5}$ < 40s，特别是 $t_{8/5}$ = 10s 时，由于得到含有第二相的细小铁素体组织（FS），高氮钢板的 HAZ 获得了优异的缺口韧性（见图 6-29）。因此，若选择合适的热输入且能够确保获得 50% 细小 FS 组织，就可以得到良好冲击缺口韧性，并且它与氮含量无关。

　　$t_{8/5}$ > 40s 时，粗晶 HAZ 形成的粗大晶界铁素体使钢板低温缺口韧性恶化。Zajac 等人[14] 研究了含 0.003% N 和 0.013% N 钢板在加热温度到 1350℃后，以相当于低、中和高热输入量焊接的冷却速度冷却对相变温度的影响。试验结果表明，在低热输入量焊接条件下，高氮钢的相变开始温度比低氮钢高 75℃；在高热输入量焊接时高 45℃。虽然其中原因并不十分清楚，但却为高氮钢中观察到的粗大网状铁素体晶粒的出现提供了一个解释。

0.003%N   0.013%N

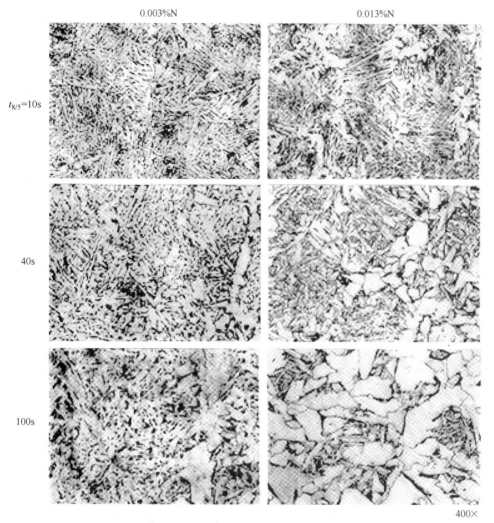

400×

图 6-28　高氮（0.013%）和低氮（0.003%）含钒钢经不同热输入（$t_{8/5}$）

后 HAZ 的显微组织[25]（热模拟加热温度 1350℃）

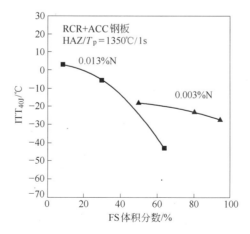

图 6-29　含钒钢模拟 HAZ 的 ITT_{40J} 与含有第二相的铁素体（FS）体积分数的关系

此外，Xu[26]研究了不同热输入对含钒钢模拟焊接粗晶区中 M-A 岛形成的影响（图 6-30）。随着热输入的增大，模拟粗晶区中 M-A 岛的尺寸显著增大、块状 M-A 岛的数量增多，大尺寸 M-A 岛的增多（图 6-31）是韧性下降的主要原因。总而言之，通过研究热输入的影响可以看出，大热输入焊接时产生的有害作用主要是由于粗大的先共析铁素体、M-A 岛以及析出物而引起的。

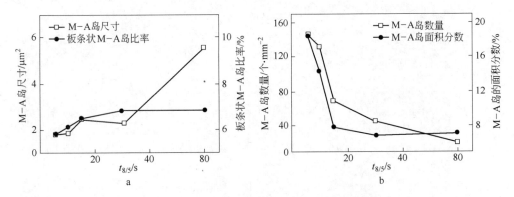

图 6-30　热输入对含钒钢中形成 M-A 岛的影响

a—M-A 岛形貌和尺寸；b—M-A 岛数量和面积分数

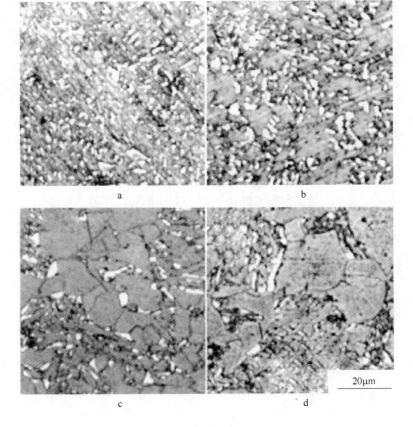

图 6-31　不同热输入下含钒钢模拟粗晶区中 M-A 岛的定量腐蚀

a—6s；b—15s；c—30s；d—60s

6.5.2 热输入对焊接热影响区韧性的影响

一般情况下微合金钢焊接热影响区的低温韧性随着热输入的增大而降低，微合金钢应该在一定范围的热输入条件下进行焊接。图 6-32 总结了焊接热输入对不同钒含量的微合金钢 ITT_{40J} 温度和 CTOD 转变温度的影响。如图 6-32 所示，焊接热输入从 2kJ/mm 增大到 6kJ/mm 时，不同钒含量微合金钢的 ITT_{40J} 转变温度升高约 20℃，低温韧性显著降低。但随着焊接热输入的增大，CTOD 转变温度降低，断裂韧性提高。根据前面的分析（热输入和组织关系），随着热输入的增大，含钒钢组织中晶界多边形铁素体数量逐渐增多，侧板条铁素体和仿晶界铁素体数量减少，焊接热影响区组织的变化是不同热输入下韧性和断裂韧性变化的主要原因。

Mitchell[27] 研究了 0.06% C-1.40% Mn 钢焊接热影响区 ITT_{40J} 转变温度和热输入的关系。热输入小于 4kJ/mm 时，ITT_{40J} 温度基本不变，当热输入高于 4kJ/mm 时低温韧性显著降低（图 6-33）。采用焊接热模拟的方法研究了不同 $t_{8/5}$（热输入）对 0.06% C-0.05% V-0.012% N 钢模拟焊接粗晶区 −20℃ 冲击功的

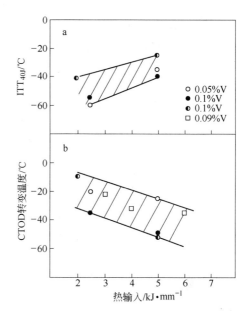

图 6-32 焊接热输入对含钒钢焊接
热影响区韧性的影响
a—ITT_{40J}；b—CTOD 转变温度

影响（图 6-34）。模拟焊接粗晶区 −20℃ 冲击功随着 $t_{8/5}$（热输入）的增大显著降低，当 $t_{8/5} < 30s$ 时（20mm 厚钢板对应热输入约为 4kJ/mm），−20℃ 冲击功较高（大于50J）。由此可见，焊接热输入显著降低含钒钢的低温韧性，含钒钢适合中、小热输入焊接。

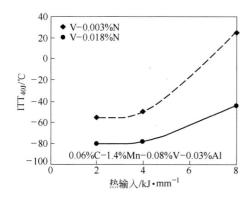

图 6-33 热输入对 0.06% C-1.40% Mn-0.08% V
钢 40J 韧脆转变温度的影响

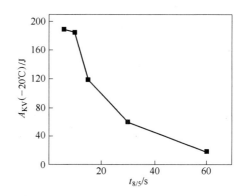

图 6-34 $t_{8/5}$ 对 0.06% C-0.05% V-0.012% N 钢
模拟焊接粗晶区 −20℃ 冲击功的影响

参 考 文 献

[1] Mandel S L, Rybacov A A, Sidorenko B G. Resistance of Weld Joints in Steel Tubes to Hot Cracking [J]. Automatic Welding, 1972, 25(3): 1~5.

[2] Hart P H M, Harrison P L. Compositional Parameters for HAZ Cracking and Hardening in C-Mn Steels [J]. Welding Journal, 1987, 66(10): 310s~322s.

[3] Kimura T, Kawabata F, Amano K, et al. Heavy Gauge H-shapes with Excellent Seismic-resistance for Building Structures Produced by the Third Generation TMCP. In: International Symposium on Steel for Fabricated Structures. Meterials Park, OH, USA, ASM International, 1999: 165~171.

[4] Hanners N E, Johnson H B. Influence of Vanadium on the Heat Affected Zone Properties of Mild Steel [J]. Metal Science, 1974, 8: 228~234.

[5] Rothwell A B. Heat Affected Zone Toughness of Welded Joints in Microalloy Steels, Part I. II W Document, IX-1147-80.

[6] Mitchell P S, Hart P H M, Morrison W B. The Effect of Microalloying on HAZ Toughness. In: Korchynsky M. Microalloying' 95. Warrendale, PA: ISS-AIME, 1995: 149~162.

[7] Easterling K. Introduction to the Physical Metallurgy of Welding, Butterworth-heinemann, 1992.

[8] Lau T W. Heat Affected Zone Properties of Ti-bearing Steels, A Study of Microstructures[C]. In: 6th International OMAE Conference, Houston: 1987: 57~69.

[9] Hart P H M, Mitchell P S. The Effect of Vanadium on the Toughness of Welds in Structural and Pipeline Steels[J]. Welding Jounral, 1995, 74(7): 240s~248s.

[10] Harrison P L, Hart P H M. Relationship between HAZ Microstructures and CTOD Transition Behavior in Multipass C-Mn Steel Welds[C]. In: 2nd Int. Conference on Trends in Welding Research, Gatlinburg, Tennesee: ASM International, 1989.

[11] Hansson P, Ze X Z. The Influence of Steel Chemistry and Weld Heat Input on the Mechanical Properties in Ti-Microalloyed Steels[R]. Swedish Institute for Metals Research, 1988, Internal Report IM-2300.

[12] Hansson P. Influence of Nitrogen Content and Weld Heat Input on Charpy and CTOD Toughness of the Grain Coarsened HAZ in Vanadium Microalloyed Steels[R]. Swedish Institute for Metals Research, 1987, Internal Report IM-2205.

[13] Liao F C, Liu S, Olson D L. Weldability of Nitrogen-Enhanced HSLA Steels[C]. In: Proceedings of the 12th International Conference on Offshore Mechanics and Arctic Engineering. New York, NY, USA, ASME, 1993: 231~243.

[14] Zajac S, Siwecki T, Svensson L E. The Influence of Plate Production Processing Route, Heat Input and Nitrogen on the Toughness in Ti-V Microalloyed Steel[C]. In: DeArdo A J. Intern. Symp. on Low Carbon Steel at Material Week' 93, Pittsburgh, PA: TSM: 511~523.

[15] Craven A J, He K, Garvie L A J, et al. Complex Heterogeneous Precipitation in Titanium Niobium Microalloyed Al-killed HSLA Steels-I (Ti, Nb) (C, N) Particles [J]. Acta Mater., 2000, 48 (15): 3857~3868.

[16] Craven A J, He K, Garvie L A J, et al. Complex Heterogeneous Precipitation in Titanium Niobium Microalloyed Al-killed HSLA Steels-II (Ti, Nb) (C, N) Particles [J]. Acta Mater., 2000, 48 (15): 3869~3878.

[17] König V P, Schoiz W, Ulmer H. Wechselwirkung Von Aluminium, Vanadin und Stickstoof in Aluminiumberuhigten, Mit Vanadin und Stickstoff legierten Schweißbaren Baustählen mit rd. 0.2% und 1.5% Mn [J]. Archiv für Das Eisenhütten Wesen, 1961, 32: 541~556.

[18] Blondeau R. Les Aciers Faiblement Allie Soudables-influences Des Elements Additions[J]. Soudage et Techniques Connexes, 1980, 34: 21 ~ 31.

[19] Sage A M. A Study of the Effects of Vanadium, Aluminum and Nitrogen on the Properties and Weldability of Low Carbon Steels. In: Gray J M, Ko T, Zhang Shouhua, et al. HSLA Steel' 85: Metallurgy and Applications. Beijing, China: ASM International, 1985: 657 ~ 667.

[20] Hanners N E. Effect of Cb on HAZ Ducility in Constructional HT Steels[J]. Weld Joural Research Supplement, 1975: 162 ~ 168.

[21] Dollby R E. The Effects of Niobium on the HAZ Toughness of High Heat Input Welds in C-Mn Steels [J]. The Welding Institute, Research Bulletin, 1977, (9): 209 ~ 216.

[22] Crowther D N. British Steel Contract Report for VANITEC (R), 1994.

[23] Wang G R. Microalloying Additions and HAZ Fracture Toughness in HSLA Steels[J]. Weld Journal Research Supplement, 1990: 14 ~ 22.

[24] Kasamatsu Y, Takashima S, Hosoya T. Effect of Titanium and Nitrogen on Toughness of Heat Affected Zone of Steel Plate with Tensile Strength of $50kg/mm^2$ in High Heat Input Welding[J]. Tetsu-to-Hagane, 1979, 65(8): 1232 ~ 1241.

[25] Zajac S, Siwecki T, Hutchinson B, et al. Weldability of High Nitrogen Ti-V Microalloyed Steel Plates Processed via Thermomechanical Controlled Rolling(R). Swedish Institute for Metals Research, 1991, Internal Report IM-2764.

[26] Xu W W, Wang Q F, Su H, et al. Effect of Welding Heat Input on Simulated HAZ Microstructure and Toughness of a V-N Microalloyed Steel[C]. In: Proceedings of Sino-Swedish Structural Materials Symposium. Beijing, 2007: 234 ~ 239.

[27] Mitchell P S. The Effect of Vanadium on the Microstructure and Toughness of Weld Heat Affected Zone (OL). www. vanitec. org. Vanitec Technical Information.

7 钒微合金化结构钢

7.1 线材和棒材

棒线材是我国量大面广的一类钢铁产品，占我国钢铁总产量的近40%，主要用于建筑、公路和城镇化建设等。棒线材产品的分类方法繁多，按照产品特点及主要用途可分为建筑用钢筋、一般结构用钢材、高碳硬线、易切削钢、弹簧钢、工具钢、轴承钢、焊条钢等。从生产工艺或最终使用状态来分，主要有热轧、热处理或冷加工等棒线材。本节主要介绍在低合金高强度钢范畴内的几类典型棒线材产品，如建筑用热轧钢筋、高碳硬线钢和预应力钢棒。

7.1.1 热轧钢筋

钢筋主要用作钢筋混凝土及预应力混凝土结构的配筋，以提高结构的强度和抗变形能力，满足结构的承载和使用的要求。钢筋作为工程结构的主要材料之一，被广泛用于工业与民用建筑、铁道、桥梁、公路、水电、港口等行业。钢筋混凝土已成为当今世界上用量最大的建筑材料。在我国的钢材消费中，钢筋占很大比重，约占钢材总产量的20% ~ 25%。近年来，随着我国国民经济建设的快速发展，钢筋的消耗成倍地增长。1995年我国热轧螺纹钢筋产量约1500万吨，2005年增长至8000万吨，2010年钢筋的产量达到1.31亿吨，比1995年几乎增长了一个数量级，这其中的大部分为热轧钢筋。由此可见，钢筋或热轧钢筋在我国国民经济建设中起着非常重要的作用。

7.1.1.1 生产工艺特征和合金化选择

钢筋的热轧工艺过去与一般的型钢生产工艺基本相同。随着对生产效率要求的提高，热轧钢筋的生产由过去的横列式轧制为主逐步过渡到连续、半连续轧制生产。直径在10 ~ 12mm以上的钢筋、连续棒材生产线是当前主要的生产方式；直径12mm以下的钢筋，可以在高速线材生产线上进行生产。由于轧制速度快，大多数情况下钢筋是升温轧制过程，导致终轧温度高，这也决定了高强度热轧钢筋所采用的合金化及微合金化的原则。

高强度化是钢筋的重要发展趋势之一。就目前现状而言，世界各国设计规范要求的钢筋屈服强度约在350 ~ 460MPa范围。随着建筑技术的进步，500 ~ 550MPa级钢筋将取代350 ~ 460MPa的钢筋。钢筋技术以欧洲为代表，在欧洲的许多国家，已经广泛采用屈服强度500MPa以上的钢筋，如德国，主要使用500MPa级的钢筋；奥地利最常用的钢筋为550MPa级[1,2]；而英国500MPa级钢筋应用技术早已成熟，目前，英国标准仅保留500MPa强度级别钢筋，不同的要求在于对强屈比和均匀伸长率的要求[3]。我国现行的热轧钢筋标准规定的最高强度等级也达到500MPa[4]。

随着对钢筋强度、塑性和焊接性要求的不断提高,微合金化技术于20世纪70年代逐步用于高强度可焊接钢筋的生产。最初,人们对钒、钛、铌三种微合金化技术在钢筋生产中的应用均开展了研究工作。由于钢筋的轧制速度快,终轧温度比较高,钛、铌微合金化在钢筋生产上的应用均未获得成功。由于含钛钢筋强度性能波动大,含铌钢筋容易在冷床上造成弯曲,目前世界各国钢筋标准中基本没有含钛、铌的钢筋钢种。国内外的研究表明,钒微合金化技术十分适合钢筋的生产工艺要求,是发展高强度可焊接钢筋有效的途径[5,6]。微合金化元素钒在钢中通过形成碳、氮化物来起作用。由于钒的氮化物比碳化物具有更高的稳定性,析出相更细小弥散,其强化效果明显提高。大量的研究结果表明,氮是含钒钢中一种十分有效的合金元素,含钒钢中每增加0.001%的氮可提高强度7~8MPa[6]。通过充分利用廉价的氮元素,可显著提高钒钢的强化效果,达到节约合金含量、降低成本的目的。为进一步降低高强度钢筋成本,充分挖掘微合金化的技术潜力,国内外开展了采用钒、氮微合金化生产高强度钢筋的研究和开发工作,并已实现工业化生产及批量供货。目前,世界范围内微合金化高强度热轧钢筋大部分采用V/V-N微合金化技术。

7.1.1.2 钒、氮元素的影响

图7-1示出了氮对含钒钢筋强度的影响[7]。虽然含钒钢筋与V-N钢筋中钒含量几乎相同,但钒氮钢的强度明显高于钒钢。由图可看出,钒氮钢中由于增加了约0.01%的氮,使得钢的屈服强度和抗拉强度分别增加117.5MPa和135MPa。此结果清楚地表明,氮对含钒钢筋具有显著强化作用,可以说氮是含钒钢筋中一个十分有效的强化元素。

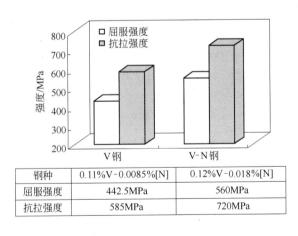

钢种	0.11%V-0.0085%[N]	0.12%V-0.018%[N]
屈服强度	442.5MPa	560MPa
抗拉强度	585MPa	720MPa

图7-1 含钒钢筋和钒氮钢筋的强度比较

钒在高、低氮钢中的相间分布有明显差异[8]。表7-1列出了钒钢和钒氮钢中V(C,N)析出相的相分析结果。在添加钒铁的钒钢中,仅有35.5%的钒形成V(C,N)析出相,其余钒除少量存在于渗碳体中外,主要以固溶状态存在,固溶钒占总钒含量的56.3%。这说明钒钢中大量的钒元素没有起到析出强化作用,可以说是钒的一种浪费。在钒氮钢中,70%的钒形成了V(C,N)析出相,20%的钒固溶于基体。钒氮钢中析出的V(C,N)数量超过钒钢的一倍,说明氮的加入大大促进了钒的析出。研究结果还显示,见图4-28,钢中增氮不仅促进了V(C,N)的析出,而且小于10nm的细小粒子的数量明显增加。因此,钒氮钢中

V(C,N)的大量析出以及细小弥散 V(C,N)粒子数量的增加是钒氮钢强度升高的主要原因。

表 7-1 钒钢和钒氮钢中 V(C,N)析出相的数量

钢 种	成 分	析 出 钒		V(C,N)析出/%
		质量分数/%	占总钒量的比例/%	
V 钢	0.11% V-0.0085% N	0.039	35.5	0.0498
V-N 钢	0.12% V-0.018% N	0.084	70.0	0.1062

基于大量的研究结果，微合金化钢的强度关系式可表达为：

$$R_{eL} = 85.7 + 37[Mn] + 83[Si] + 17.4 \times D^{-1/2} + R_{PR} \qquad (7-1)$$

式中，$37[Mn] + 83[Si]$ 代表 Si、Mn 的固溶强化项，$17.4 \times D^{-1/2}$ 代表晶粒细化强化项，R_{PR} 为析出强化项。依据实验测量的晶粒尺寸结果以及实验钢的屈服强度测试结果，可由上式估算出各种强化机制对屈服强度的贡献。图 7-2 示出了各种强化机制对钢筋屈服强度的贡献。三种钢筋中基体强化和固溶强化贡献基本相同，其强度差异主要是由析出强化和细晶强化作用的不同而引起。V-N 钢的析出强化和细晶强化作用比钒钢明显提高，其中细晶强化作用高出 20MPa，析出强化作用高出 100MPa，两者之和达 120MPa。比较两者的析出强化贡献

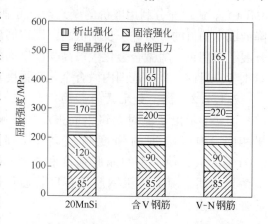

图 7-2 各种强化机制对钢筋屈服强度的贡献

可看出，V-N 钢中 R_{PR} 比钒钢中的增加一倍多；析出强化的增量占钢屈服强度总增量的 83%。由此可见，钢中增氮以后，充分地发挥了钒在钢中的析出强化和细晶强化作用，显著提高了钢的屈服强度。

7.1.1.3 其他性能

A 应变时效

钢筋经 5% 预变形，在 250℃ 人工时效 1h，应变时效前后钢筋拉伸性能变化见表 7-2[9]。结果发现，V-N 微合金化钢筋经应变时效处理后，屈服和抗拉强度仅提高 10MPa 左右，伸长率也仅降低 2%，而 20MnSi 普碳钢则发生明显的强度提高而塑性下降的现象。和 20MnSi 钢筋相比，V-N 钢筋具有良好的抗应变时效性能。这是由于钒与碳、氮等间隙原子具有较强的结合能力，使碳、氮以 V(C,N) 的形式几乎完全被固定，形成柯氏气团的机会降低，从而降低钢筋的应变时效敏感性。

表 7-2 时效对钢筋性能的影响

钢 种	时 效 前			时 效 后		
	R_e/MPa	R_m/MPa	A_5/%	R_e/MPa	R_m/MPa	A_5/%
V-N	460	640	27	470	655	25
20MnSi	380	575	30	425	615	24.5

B 低周疲劳性能

模拟强地震条件下的高应变低周疲劳性能的试验结果如图 7-3 所示[9]。在疲劳试验过程中，试样有循环硬化和软化现象，应力幅值是变化的，本试验钢种在第 3 周之后趋于稳定。材料吸收地震能量的能力的大小可用 $\sigma_{amax} \cdot \Delta\varepsilon_t$ 来表示，其中 σ_{amax} 取 $\Delta\varepsilon_t = 5\%$ 时的第 10 周应力幅值，$\Delta\varepsilon_t$ 取疲劳寿命 $N_f = 100$ 周左右时的循环应变范围，可由疲劳寿命-应变关系的回归公式计算得到。两种钢筋的疲劳性能对比结果列于图 7-3 和表 7-3。可以看出，V-N 钢筋的抗震性能优于 20MnSi 钢筋，其 $\sigma_{amax} \cdot \Delta\varepsilon_t$ 值是 20MnSi 钢筋的 1.04 倍。

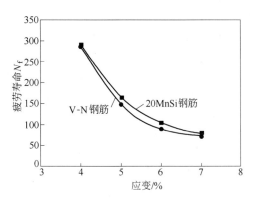

图 7-3 V-N 钢筋和 20MnSi 钢筋疲劳寿命曲线

表 7-3 V-N 钢筋和 20MnSi 钢筋的疲劳性能对比

钢 种	σ_{amax}/MPa	$\Delta\varepsilon_t$/%	$\sigma_{amax} \cdot \Delta\varepsilon_t$/MPa · %	两钢种 $\sigma_{amax} \cdot \Delta\varepsilon_t$ 的比值
V-N	1207.559	5.92884	7159.42	1.04
20MnSi	1104.891	6.22300	6886.79	1

C 大气腐蚀行为

在以钢筋混凝土的形式安装在建筑结构中之前，钢筋难免要经历生产厂的储存、途中运输和工地的放置等中间环节，随着时间的推移会出现钢筋在大气或其他环境中的锈蚀行为，在钢筋表面形成锈蚀层。锈蚀层的出现和加深将使钢筋表面的粗糙度发生变化，在一定程度上影响钢筋与混凝土之间的黏结强度，改变钢筋混凝土结构的强化效果。

文献[10,11]研究了钢筋的锈蚀层对钢筋与混凝土之间黏结强度的影响。150μm 内的氧化物锈蚀层由于增加了钢筋表面的粗糙度，可在一定程度上提高钢筋与混凝土的黏结强度。当锈蚀层厚度继续增加时，黏结强度下降。钢筋混凝土的黏结能力可以用试验中的最大脱出载荷（pull-out load）或最大脱出载荷所对应的滑移量来表征，如图 7-4 所示。实验对象包括清洁钢筋试样、大气腐蚀 45 天后的钢筋试样和大气腐蚀 122 天后的钢筋试样分

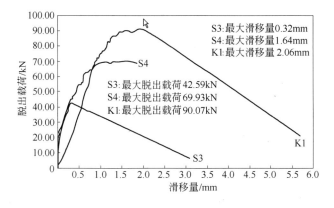

图 7-4 大气腐蚀对钢筋混凝土黏结强度的影响

K1—清洁钢筋试样；S4—大气腐蚀 45 天后的钢筋试样；S3—大气腐蚀 122 天后的钢筋试样

别与混凝土形成的钢筋混凝土结构。结果发现，经大气腐蚀 45 天和 122 天后，钢筋混凝土的黏结强度（最大脱出载荷）分别降低 22% 和 53%，说明钢筋上的腐蚀锈层对钢筋混凝土的黏结强度有较大的影响❶。

因此，评估钢筋的腐蚀行为非常有必要。Zitrou 等[12] 研究了不同生产工艺条件下钢筋的大气腐蚀行为，包括热轧普碳 400MPa 钢筋，热轧钒微合金化 500MPa 钢筋、余热自回火 500MPa 钢筋和加工硬化 500MPa 钢筋，各种钢筋的成分如表 7-4 所示。各种钢筋在生产后立即投入试验中，大气腐蚀时间有 1 个月、3 个月、6 个月和 9 个月等四个时段。腐蚀试验结果发现，与大气接触的锈层为 γ-FeOOH，其次为 β-FeOOH，在腐蚀后期形成最内层的 α-FeOOH。

表 7-4　不同生产工艺条件下钢筋的化学成分

钢筋种类	化学成分/%											
	C	Si	S	P	Mn	Ni	Cr	Mo	V	Cu	Sn	Co
热轧普碳	0.375	0.287	0.029	0.022	1.304	0.064	0.085	0.009	0.003	0.197	0.016	0.000
热轧钒微合金化	0.245	0.154	0.043	0.014	1.029	0.143	0.127	0.023	0.050	0.502	0.020	0.011
余热自回火	0.219	0.193	0.047	0.015	0.870	0.106	0.083	0.014	0.001	0.261	0.016	0.010
加工硬化态	0.271	0.160	0.046	0.027	0.786	0.099	0.168	0.013	0.001	0.532	0.023	0.001

钢筋锈蚀层厚度的试验结果示于图 7-5。结果显示，腐蚀时间对不同生产工艺条件下的钢筋的锈层厚度有较大影响。在腐蚀初期，热轧普碳钢筋和热轧钒微合金化钢筋的原始锈层厚度最大，而加工硬化钢筋的锈层厚度最小。随着腐蚀时间的延长，两种热轧钢筋的锈层厚度的增长速度最慢而加工硬化钢筋的锈层厚度增长速度最快。余热自回火钢筋的原始锈层厚度和增长速度均处于热轧钢筋和加工硬化钢筋之间。试验结果说明，钢筋锈层的增长速度与钢筋的生产工艺及钢筋生产过程形成的腐蚀层厚度有较大的关系。热轧普碳钢筋和

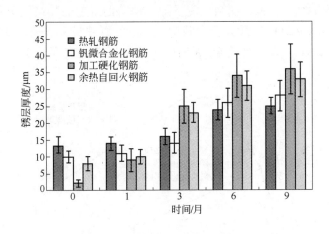

图 7-5　大气腐蚀产物的厚度

❶该实验在海边城市含氯离子的潮湿环境下进行——编者注

热轧钒微合金化钢筋在生产过程中即形成较厚的致密氧化物层，对于防止钢筋内部在室温大气环境下的进一步氧化具有一定的有益作用；而余热自回火钢筋由于采用穿水工艺，这一过程中形成致密氧化物层的机会低于热轧钢筋，因此在随后的腐蚀过程中不断被侵蚀，依次形成 γ-FeOOH、β-FeOOH 和 α-FeOOH。Batis 也有类似的研究结论[10]。

7.1.1.4　钒和钒-氮微合金化钢筋的生产实践

A　400MPa 级钢筋的工业生产

在实验室研究的基础上，采用转炉＋连铸工艺进行了钒和 V-N 钢筋的工业化试制。工业试制结果也同样说明：采用 V-N 微合金化可充分发挥钒的强化作用，V-N 钢筋中钒的强化能力几乎比钒钢中的提高一倍，因此在相同强度水平下，V-N 钢中所需要的钒含量比钒钢中的明显降低，达到了节约合金含量、降低生产成本的目的。经过合金成分的优化，采用 V-N 微合金化技术生产 400MPa 高强度钢筋，钒含量可降低到 0.02% ~ 0.04% 的水平；与采用 V-Fe 生产相比较，钒含量降低了一半，如表 7-5 所示。

表 7-5　转炉工艺生产 400MPa 级钢筋的化学成分范围

合金化	连铸坯尺寸 /mm×mm	化学成分/%					钢筋尺寸 φ/mm
		C	Si	Mn	P，S	V	
V-N	140×140	0.18~0.24	0.45~0.60	1.25~1.45	<0.035	0.03~0.04	16~40
	120×120					0.02~0.03	6~16
V-Fe	140×140	0.18~0.24	0.45~0.60	1.25~1.45	<0.035	0.07~0.09	16~40
	120×120					0.05~0.07	10~16

采用钒氮合金生产高强度钢筋，钒、氮的回收率非常稳定。大批量的工业性生产实践证明，V-N 钢筋中钒含量的波动范围非常小，φ6 ~ 14mm 钢筋中钒含量在 0.024% ~ 0.028% 之间，φ16 ~ 40mm 钢筋中钒含量在 0.033% ~ 0.038% 之间，因此，钢中钒含量可稳定控制，为钢筋获得稳定的性能创造了便利条件。而添加 V-Fe 的含钒钢筋中的钒含量波动范围要高得多，达到了 0.015% ~ 0.02%。钢中钒含量的大幅波动造成了钢筋性能的不稳定。对钢筋性能统计数据表明，添加 V-Fe 的含钒钢筋很难控制其强度波动在 80MPa 之内，即很难达到一级抗震钢筋的要求。

依据对大批量生产的 V-N 钢筋性能统计数据，得到了钢筋尺寸规格对强度和伸长率的影响规律，见图 5-24 和图 5-25，屈服强度平均值波动 17MPa，抗拉平均值波动 19MPa，不同规格的 V-N 钢筋性能十分接近，并且非常稳定，说明 V-N 钢筋的尺寸效应不明显。所有规格钢筋均满足强屈比大于 1.25 的一级抗震要求。

B　500MPa 级钢筋的工业生产

采用 V-Fe 和 V-N 两种微合金化方式进行 500MPa 级高强度钢筋的工业生产，钢筋的成分和力学性能分别如表 7-6 和图 7-6 所示。结果显示，采用 V-N 微合金化技术，在保证钢筋强度

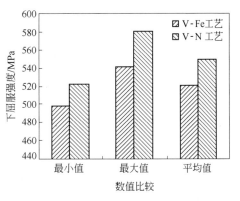

图 7-6　500MPa 级钢筋的实际
屈服强度（φ16 ~ 32mm）

相同或相近的情况下，所需的钒含量明显降低；在钒含量相同或相近的情况下，可显著提高钢筋的强度。以 $\phi16 \sim 32mm$ 规格的钢筋为例，添加 V-Fe 的钒钢筋的平均钒含量为 0.09%，而 V-N 钢筋的平均钒含量为 0.06% 左右，钒含量有较大降低。同时，钒钢筋的平均屈服强度只有 525MPa，富余量较小，且有个别产品没有达到 500MPa 的最低屈服强度要求；而 V-N 钢筋的平均屈服强度为 550MPa，有较大富余量。

表 7-6 500MPa 级高强度钢筋的化学成分

合金化	规格 ϕ/mm	化学成分/%				
		C	Si	Mn	V	N
V-Fe	16 ~ 32	0.20 ~ 0.25	0.50 ~ 0.80	1.35 ~ 1.60	0.07 ~ 0.12	残 余
V-N	16 ~ 32	0.20 ~ 0.25	0.50 ~ 0.80	1.35 ~ 1.60	0.05 ~ 0.07	0.010 ~ 0.015
	40	0.20 ~ 0.25	0.50 ~ 0.80	1.35 ~ 1.60	0.07 ~ 0.09	0.012 ~ 0.018

C 加速冷却含钒、钒-氮钢筋的生产

轧后采用加速冷却工艺，可在更低钒含量的钢中获得满足三级和四级钢筋的性能指标要求[13]。表 7-7 和表 7-8 给出了加速冷却条件下 HRB400 和 HRB500 钢筋的批量工业生产结果。可以看出，轧后采取适当加速冷却条件，在满足强度和塑性技术指标要求的前提下，HRB400 钢筋的钒含量可降低到 0.02% ~ 0.03% 范围，而 HRB500 钢筋中的钒含量可降低到 0.04% ~ 0.05%。此时，两种级别钢筋的屈服强度均有 25 ~ 65MPa 的富裕量。这个结果表明，轧后加速冷却工艺可进一步降低 V-N 钢筋中钒含量，减少合金化的成本。

表 7-7 低成本 V-N 微合金化高强度钢筋的化学成分 （%）

钢级	C	Si	Mn	P	S	V	N
400MPa	0.20 ~ 0.24	0.4 ~ 0.5	1.4 ~ 1.5	约 0.030	约 0.020	0.020 ~ 0.030	0.0080 ~ 0.012
500MPa	0.20 ~ 0.23	0.45 ~ 0.55	1.40 ~ 1.55	约 0.030	约 0.020	0.040 ~ 0.060	0.010 ~ 0.014

表 7-8 低成本 V-N 微合金化高强度钢筋的工艺与性能

钢 级	规格 ϕ/mm	终冷温度/℃	R_{eL}/MPa	R_m/MPa	$A/\%$
400MPa	16	810 ~ 856	435	605	30.5
	20	800 ~ 850	450	615	27
	32	840	455	615	25.5
500MPa	20	700	555	715	25
	25	730 ~ 755	525	660	27
	28	710 ~ 725	545	695	24.5
	32	690	565	705	21

图 7-7 对比了钒钢筋、V-N 钢筋和加速冷却 V-N 钢筋屈服强度随钒含量的变化结果。从图可看出，在达到相同强度水平时，V-N 钢筋比钒钢筋可大大降低钒含量。对 400MPa 级高强度钢筋来说，钒用量可从 0.06% ~ 0.08% 降低至 0.03% ~ 0.04%，对 500MPa 级钢筋来说，钒用量从 0.07% ~ 0.12% 降低至 0.05% ~ 0.07%。当轧后采用加速冷却工艺，400MPa 级 V-N 钢筋中钒含量还可进一步降低至 0.02% ~ 0.03% 的水平，500MPa 级 V-N

钢筋中钒含量还可降低至 0.04% ~0.05% 的水平。由此可见，采用 V-N 微合金化技术与轧后加速冷却工艺相结合，可最大限度地节约钒含量，降低合金成本。

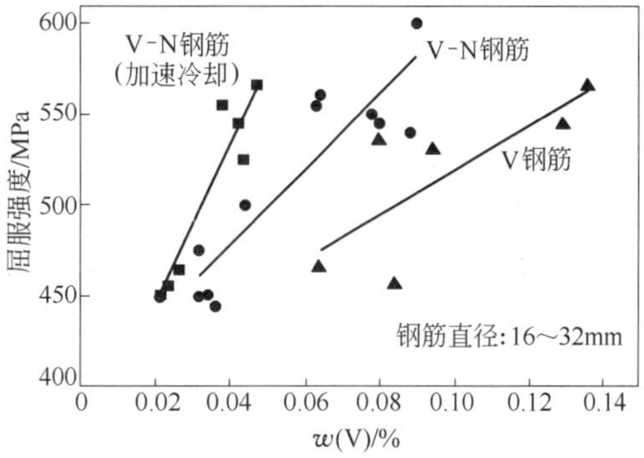

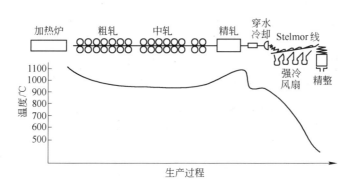

图 7-7　V 钢筋和 V-N 钢筋中 V 含量
对屈服强度的影响

7.1.2　高碳硬线钢

硬线盘条，简称硬线，是指含碳量较高的优质碳素钢盘条，主要用于生产碳素结构钢丝、胎圈钢丝、钢丝绳、弹簧、钢芯铝绞线、预应力钢丝和钢钉等。高碳硬线是我国技术含量较高的一类线材产品，钢材出厂后一般还需经金属制品厂通过冷拔加工制成成品，强度进一步提高。

7.1.2.1　生产工艺特征

高碳硬线钢一般采用高速线材生产线生产，轧后配备强制冷却线，如采取强风冷却的 Stelmor（斯太尔摩）线或采取热水淬火的 EDC 线，如图 7-8 所示[14]。线材坯料经初轧、中轧和精轧等三个过程的快速轧制后，温度达到 900 ~1050℃，采取 Stelmor 或 EDC 强制冷却线进行冷却，以细化产品的珠光体组织。

图 7-8　线材轧制和冷却过程中 Stelmor 线和温度历史的示意图

当线材的碳含量超过共析点（0.77% C）后，容易在原始铸态坯（如模铸锭或连铸坯）中产生明显的碳元素中心偏析现象。而且，随着平均碳含量的升高，碳的中心偏析程度增加。在过共析钢中，这种碳的中心偏析系数可达到 1.2 ~1.5 的水平[15~17]。这种偏析一旦被保留在最终的线材产品中，将形成网状碳化物或中心马氏体（见图 7-9），使产品的拉拔性能显著降低。为保证产品的强度级别，碳含量应保持在较高的水平。在碳含量保持不变的情况下，工业上减轻这种碳偏析的危害可采取模铸钢锭或经电磁搅拌、低过热度浇注的连铸大方坯生产，同时精确改进 Stelmor 线的冷却工艺制度和参数。

但是，上述工艺手段均需对冶金装备（浇注和冷却生产线）进行较大程度的改进，而且产品性能的稳定性很难得到保证。为从根本上改善碳偏析的状态，必须从产品的合金设计方面进行一定的调整和优化。碳含量是保持硬线钢强度水平的主要元素，也是产生中心偏析的主要原因。在传统的高碳硬线钢中，降低碳含量的同时加入少量微合金化元素钒或铬，可保持硬线钢的强度级别不变，如图 7-10 所示。钒微合金化是提高硬线钢产品综合力学和加工性能的重要手段之一[14,18,19]。

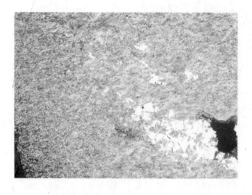

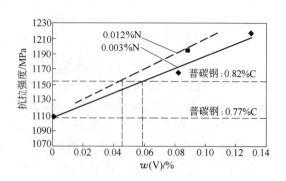

图 7-9　过共析钢中的 C 偏析　　　　　图 7-10　微合金化对硬线钢强度的影响

7.1.2.2　钒微合金化

在高碳硬线钢中加入少量钒元素，对钢的再结晶行为、相转变特性、显微组织和精细结构以及力学行为等方面均产生一定的影响。以下简单介绍钒对高碳硬线钢组织和性能的影响。

A　奥氏体再结晶

在共析硬线钢（0.78% C-0.21% Si-0.79% Mn-0.28% Cr）中加入 0.11% V，研究其对奥氏体再结晶行为的影响[20]。如图 7-11 所示，钒使奥氏体的变形抗力增加，且累积变形越大，变形温度越低，变形抗力的增加值越大。根据该多道次流变应力图，可计算出奥氏体再结晶终止温度 T_{nr}，其与道次变形量的关系如图 7-12 所示。对于 C-Mn 钢，道次变形量为 0.4 时没有出现再结晶终止现象，证明再结晶终止温度低于 850℃；对于加钒钢，所有的道次变形量条件下均可测出再结晶终止温度 T_{nr}，且在相同的道次变形条件下，加钒钢的再结晶终止温度显著高于 C-Mn 钢。

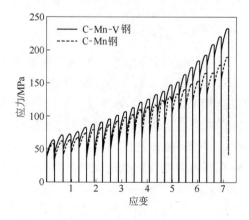

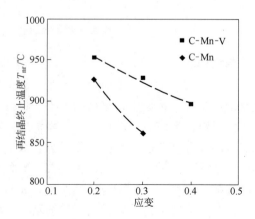

图 7-11　钒对硬线钢奥氏体流变应力的影响　　　图 7-12　钒对再结晶终止温度 T_{nr} 的影响
　　　　（每道次应变量：0.30）　　　　　　　　　　（道次间停留时间：10s）

两种钢实验后的奥氏体组织如图7-13所示。C-Mn钢和加V钢在原始奥氏体组织上显示出明显的不同。C-Mn钢的奥氏体晶粒只在道次变形量 $\varepsilon=0.2$ 时有部分拉长，显示流变应力有一定程度的积累，当 $\varepsilon=0.3$ 和 $\varepsilon=0.4$ 时奥氏体晶粒基本上保持等轴状，这说明应变后发生了再结晶，流变应力基本上被消除。而加V钢则在所有的条件下均显示出明显的奥氏体晶粒拉长和细化现象，当 $\varepsilon=0.2$ 和 $\varepsilon=0.3$ 时奥氏体晶粒明显拉长，当 $\varepsilon=0.4$ 时奥氏体具有同时被拉长和再结晶细化的特征。奥氏体晶粒的具体特征如表7-9所示。原始奥氏体晶粒尺寸和变形后单位体积的晶界面积特征均显示，V对硬线钢的再结晶行为产生重要影响，从而改变奥氏体晶粒尺寸和形状，进而影响随后的相变行为。

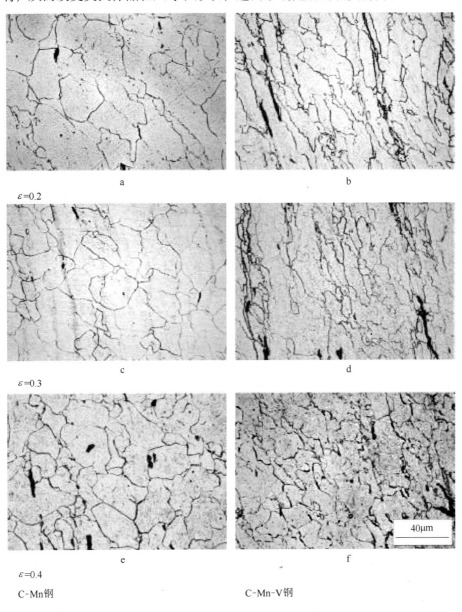

图7-13 奥氏体晶粒形貌

a，b—$\varepsilon=0.2$；c，d—$\varepsilon=0.3$；e，f—$\varepsilon=0.4$

表 7-9　奥氏体晶粒特征（C-Mn 钢和加 C-Mn-V 钢）

钢　种	初始奥氏体晶粒尺寸 $D_o / \mu m$	道次变形量 ε	变形后奥氏体组织形貌 $D_\gamma / \mu m$	$S_V = 2 N_L / mm^{-1}$
C-Mn	135	0.2	未再结晶	132
		0.3	再结晶 $D_\gamma = 14 \mu m$	143
		0.4	再结晶 $D_\gamma = 14 \mu m$	154
C-Mn-V	105	0.2	未再结晶	204
		0.3	未再结晶	292
		0.4	未再结晶	220

B　相转变特性

硬线钢中钒对奥氏体再结晶行为的影响与钒在高碳钢中的析出行为有密切关系。钢中的碳含量越高，V(C,N)颗粒的析出量就越大，如图 7-14 所示。V(C,N)粒子在奥氏体中析出，阻碍奥氏体的再结晶，导致硬线钢的晶粒细化。

在奥氏体中析出的 V(C,N)粒子还通过对奥氏体的调控进一步影响硬线钢的相变过程[21]，如图 7-15 所示。在无钒钢中，由于没有微合金化粒子的钉扎作用，奥氏体晶粒充分长大，奥氏体晶界面积减少，珠光体相变的潜在形核位置减少，因而相变延迟，相变温度较低。而在含钒钢中，由于 V(C,N)粒子对奥氏体晶粒的细化作用，奥氏体晶界面积增大，珠光体的潜在形核位置增多，相变易于开始，因此相变温度提高。B 钢的相变开始温度高于 A 钢是由于 B 钢的氮含量比 A 钢高，更易促进 V(C,N)粒子在奥氏体中析出所致。

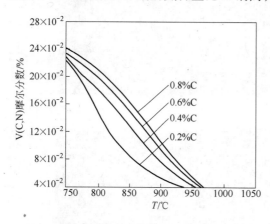

图 7-14　不同碳含量对 V(C,N)析出的影响

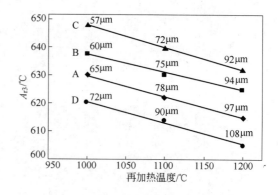

图 7-15　钒和氮对珠光体相变开始温度的影响
（0.9% ~ 1.0% C）

D—无 V 钢；A—0.17% V-0.007% N；
B—0.08% V-0.013% N；C—0.26% V

C　显微组织和珠光体片层间距

钒元素基本不改变高碳硬线钢的基本组织，在 600℃以下发生的珠光体相变组织为不规则的珠光体，而 600℃以上则基本为片层状珠光体组织，如图 7-16 所示。钒对珠光体组织的影响主要体现在珠光体团的尺寸和片层间距上。

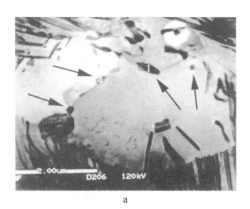 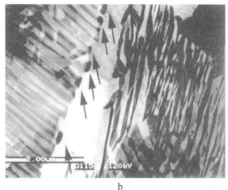

a   b

图 7-16 含钒硬线钢 (0.82% C-0.92% Si-0.2% V) 的显微组织

相变温度：a—580℃；b—650℃

经过多道次奥氏体变形，C-Mn 钢和含钒钢具有不同的奥氏体晶粒尺寸和状态[20]。在两种奥氏体状态下，以 3℃/s 的固定冷速冷却至 500℃ 以下，可获得微观特征明显不同的珠光体组织。在相同的变形条件和冷却条件下，含钒钢的珠光体团尺寸和片层间距均明显小于无钒钢（表 7-10）。说明钒不仅调控奥氏体组织，也进一步对珠光体组织的尺寸和精细结构产生重要的影响。

表 7-10 钒对珠光体团尺寸和片层间距的影响（含 V 钢：0.11% V；冷却速度：3℃/s）

钢 种	道次变形量 ε	片层间距 λ/μm	硬度（HV1）	珠光体团尺寸/μm
C-Mn	0.3	0.138 ± 0.025	278	10.8
	0.4	0.135 ± 0.024	279	11.0
C-Mn-V	0.3	0.130 ± 0.016	348	7.6
	0.4	0.100 ± 0.012	377	9.7

上述含钒钢和无钒钢的珠光体组织是基于不同的奥氏体状态获得的。为排除奥氏体组织状态的不同对结果产生的干扰，将两种不同钒含量（0.05% V 和 0.10% V）的硬线钢，在相同奥氏体状态下，采取不同冷却速度，获得各种珠光体显微组织，比较两种钢的片层间距，如图 7-17 所示[22]。结果清楚显示出，较高的钒含量明显降低珠光体片层间距尺寸，细化珠光体组织，与 Mendizabal 等的结果相吻合[23]。

D 强度和硬度

钒的加入对硬线钢的强度有明显的提高作用[24]，如图 7-18 所示。结果显示，随着钒、碳含量或冷却速率的提高，强度水平提高。一旦冷却速率超过 15 ~ 20℃/s，0.8% C 钢的强度水平随着冷却速度的提高效果明显

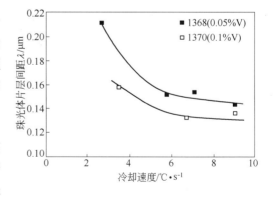

图 7-17 在不同的冷却速度下
钒对珠光体组织的影响

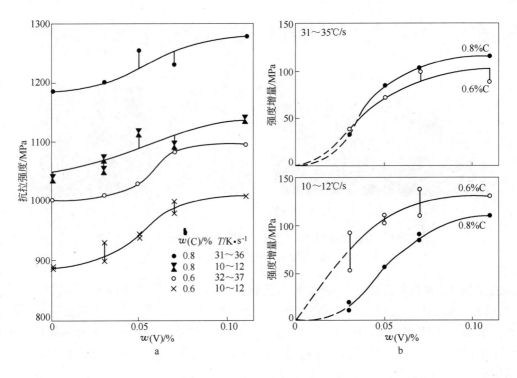

图 7-18　V 对硬线钢强度的影响
a—抗拉强度；b—强度增量

高于 0.6%C。平均来看，钒含量从 0.03% 增加至 0.07%，强度平均增加 60MPa，然而继续提高钒含量，强化的效果并不显著（仅增加 25MPa 左右），如图 7-18a 所示。定量分析图 7-18b 显示，当钒含量逐渐增加至 0.11%，强度增量最高达 120MPa 左右，其中 0.03% ~ 0.07%V 含量时，强度增加的速度最快，这个结果表明，硬线钢的钒含量在 0.03% ~ 0.07% 的范围内具有最佳的强化效果。Eissa 也指出[25]，在高碳钢中强度可由下式表示：

$$R_m = 267(\log(CR) - 293) + 1029(\%C) + 152(\%Si) + 210(\%Mn) +$$

$$504(\%V)(\%C)^{-4.52} + 442(\%P)^{1/2} + 5244(\%N_{free})$$

考虑到钒的强化项，以 0.77%C 的碳含量为例，其强化因子为 1677MPa/w(V)，与上述研究结果基本相吻合。

与对强度的作用相类似，钒的加入提高硬线钢的硬度[19]。在等温相变处理的条件下，考察了钒对共析钢和过共析钢以及加硅钢硬度的影响，如图 7-19 所示。在所有的钢种（共析与过共析，普碳和加硅）中，加入 0.10% ~ 0.20%V，可显著提高硬线钢的硬度。每增加 0.10%V 含量，硬度将增加 HV30 ~ 40，这个结果也与上述强度研究结果相一致。

钒对硬线钢强度和硬度的提高作用主要来自于以下几个方面：（1）通过对奥氏体的调控细化奥氏体晶粒尺寸；（2）固溶于奥氏体中，提高钢的淬透性，改善硬线钢的显微组织状态，细化珠光体团尺寸和片层间距；（3）在珠光体铁素体中沉淀析出，起析出强化作用。

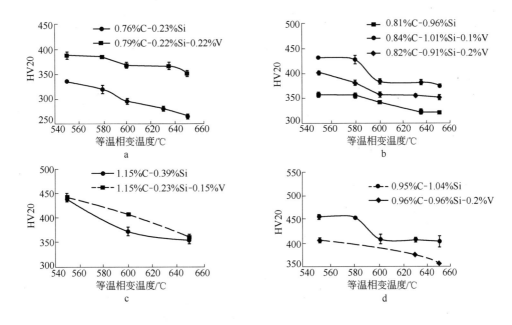

图 7-19 钒对硬线钢硬度的影响

a—普碳共析钢；b—加硅共析钢；c—过共析钢；d—加硅过共析钢

E 应变时效

应变时效是硬线钢的重要性能之一。由于存在碳、氮等间隙原子，在常温下长期放置或在 100~300℃ 保温一段时间，硬线钢的强度上升，塑性下降，尤其是断面收缩率显著降低，恶化硬线钢的拉拔性能。不同成分和工艺下钒对硬线钢应变时效性能的影响[22]如表7-11 所示，在各种成分和工艺条件下，硬线钢经应变时效后强度均有一定程度的升高（60~130MPa），断面收缩率均有降低，一般从 30%~40% 降低至 20%~30%。但是，C-Mn或 C-Mn-Cr 钢加钒后，强度增加和塑性降低的幅度减小，屈服强度增加的幅度降低了30~60MPa，而断面收缩率降低的幅度平均减少了6%左右。结果说明，钒的加入降低了硬线钢中碳、氮等间隙原子的活度，从而降低硬线钢的时效敏感性。

表 7-11　钒对硬线钢应变时效性能的影响（5%预应变 +150℃时效）

钢　种	N 含量/%	ΔR_e/MPa	ΔR_m/MPa	ΔA/%	ΔZ/%	ΔR_e 变化（加钒后）/MPa	ΔZ 变化（加钒后）/%
C-Mn	60×10^{-4}	114	94	−8	−11	−31	+8
C-Mn-0.05% V	57×10^{-4}	83	86	−4	−3		
C-Mn-Cr(工艺1)	36×10^{-4}	126	104	−7	−11	−66	+9
C-Mn-Cr +0.05% V(工艺1)	32×10^{-4}	60	113	−6	−2		
C-Mn-Cr(工艺2)	39×10^{-4}	124	80	−7	−9	−63	+2
C-Mn-Cr +0.05% V(工艺2)	32×10^{-4}	61	104	−5	−7		

7.1.2.3　微合金化硬线钢的工业试制

Aneli 等人介绍了奥钢联集团下属的 Voest-Alphine Austria Draht 公司研制开发微合金化

硬线钢的工业试制情况[22]，评估了钒微合金化对硬线基准钢基本力学性能和加工硬化能力的影响。结果显示，钒微合金化获得了良好的试制效果，抗拉强度提高了 6% 左右，断面收缩率提高了 16% 左右（相对量），同时加工硬化能力提高。

A　化学成分

采用微合金化技术进行 82B 硬线钢的工业试制，所有钢均加入 0.20% ~ 0.30% 的铬元素，前四炉没有加入钒，后三炉进行微钒处理，根据前面的研究结果，加入 0.05% ~ 0.06% 的钒含量，以期获得较好的强化效果。为了防止 Al_2O_3 硬性夹杂物对拉拔性能的影响，铝含量被控制在 0.002% 以下，平均水平为 0.001%。平均氮含量为 0.003%。工业试制钢的化学成分如表 7-12 所示。工业试制钢轧制成 ϕ13 ~ 19mm 棒材，观察了棒材的显微组织状态，测量基本力学性能并冷拉拔成 ϕ5.2 ~ 9.4mm 的线材。

表 7-12　工业试制硬线钢的化学成分（%）

钢　种	炉号	C	Si	Mn	P	S	Cr	Ni	Cu	Al	Ti	Mo	V	Sn	O_2	N_2
基准钢 1	641315	0.788	0.242	0.74	0.012	0.005	0.27	0.02	0.02	0.001	0.001	0.005	0.001	0	0.002	0.001
基准钢 2	650065	0.798	0.266	0.77	0.0009	0.007	0.28	0.02	0.03	0.001	0.001	0.02	0.002	0	0.002	0.003
基准钢 3	740594	0.8	0.276	0.77	0.0009	0.006	0.27	0.03	0.03	0.001	0.001	0.02	0.002	0	0.003	0.004
基准钢 4	655718	0.8	0.256	0.82	0.01	0.007	0.27	0.04	0.04	0.001	0.001	0.02	0.002	0	0.003	0.004
基准钢 + V	728428	0.801	0.239	0.72	0.008	0.008	0.27	0.04	0.04	0.001	0.001	0.005	0.058	0	0.003	0.003
基准钢 + V	813822	0.804	0.25	0.77	0.007	0.009	0.25	0.03	0.04	0.001	0.001	0.005	0.054	0	0.002	0.003
基准钢 + V	644380	0.805	0.245	0.78	0.009	0.007	0.24	0.02	0.04	0.001	0.001	0.006	0.053	0	0.003	0.003

B　显微组织状态

工业试制钢的平均晶粒尺寸、珠光体组织以及中心偏析的马氏体组织级别如表 7-13 所示。在相同的轧制规格下，加钒使奥氏体晶粒尺寸有所细化，即使在轧制规格较大（15.5mm）时，加钒钢的晶粒尺寸也能保持在小规格无钒钢的水平。其他组织如退化珠光体和中心偏析马氏体级别，加钒钢和无钒基准钢基本一致。

表 7-13　工业试制硬线钢的组织状态

钢　种	规格 /mm	炉号	样品数量 /个	中心晶粒 尺寸/μm	表面晶粒 尺寸/μm	马氏体 中心偏析	退化珠光体 含量/%	游离渗碳体 含量/%
C-Mn 钢 VAAD	13	649217	13	38	27	0	17.5	0
C-Mn 钢 ISPAT	13	89595	13	38	27	0	17.5	0
基准钢 1	13	641315	5	28	20	0	12.5	0
基准钢 2	13	650065	8	32	27	1.5	7.5	0.5
基准钢 3	13	740594	6	27	38	1	11.7	0
基准钢 + V	13	644380	5	21	13	2	17.5	1
基准钢 + V	15.5	813822	6	32	27	1	7	2
基准钢 + V	15.5	728428	16	29	33	0.5	19.5	1

C 力学性能

工业试制钢的基本力学性能如表 7-14 所示。结果显示，普通 C-Mn-Cr 硬线钢在轧制规格 13mm 时的抗拉强度为 1160MPa 左右，加入 0.05% 左右的钒后，在相同规格下抗拉强度达到 1239MPa，提高了 79MPa，提高幅度为 6% 左右。而在轧制规格提高至 15.5mm 时也能保持无钒钢 13mm 规格硬线钢的强度水平。在本研究范围内，断面收缩率也有所提高。

表 7-14 工业试制硬线钢的基本力学性能

钢 种	尺寸/mm	抗拉强度/MPa	断面收缩率/%
基准钢 1 （炉号 641315）	13	1169	36.6
基准钢 2 （炉号 650065）	13	1154	40
基准钢 3 （炉号 740594）	13	1165	42.7
基准钢 + V （炉号 644380）	13	1239	40
基准钢 + V （炉号 813822）	15.5	1169	28.5

D 加工硬化行为

加工硬化能力对比如表 7-15 所示。硬线钢从 13mm 直径拉拔至 8.0mm 后，无钒钢的加工硬化率为 1.30 左右，而加钒钢则为 1.28，说明加钒后不仅硬线钢的基本强度获得了约 6% 的提高，而且加工硬化率也基本没有降低，体现了较好强化效果。

表 7-15 工业试制硬线钢的加工硬化能力

基准钢 1 （炉号 641315）					基准钢 2 （炉号 650065）					基准钢 3 （炉号 740594）				
d/mm	Δ/%	R_m/MPa	A/%	Z/%	d/mm	Δ/%	R_m/MPa	A/%	Z/%	d/mm	Δ/%	R_m/MPa	A/%	Z/%
13.0	0.0	1169	17.2	36.6	13	0.0	1154	13.6	40.0	13.0	0.0	1165	15.5	42.7
11.8	17.6	1276	10.4	34.3	11.8	17.6	1252	8.7	38.0	11.8	17.6	1252	8.3	38.8
10.8	31	1345	8.9	33.3	10.7	32.3	1299	9.3	36.1	10.7	32.3	1343	9.7	44.3
9.6	45.5	1414	8.9	40.8	9.7	44.3	1397	9	41.2	9.7	44.3	1374	8.9	41.4
8.6	56.3	1508	9.5	43.5	8.7	55.2	1477	8.5	42.9	8.7	55.2	1453	9.7	48.2
7.8	63.8	1558	10.8	47.1	7.9	63.5	1522	9.6	48.2	7.9	63.1	1519	10.6	50.4
7.0	70.8	1642	11.7	48.3	7.1	70.2	1602	11.4	51.7	7.1	70.2	1592	11.4	52.8
6.4	75.8	1739	13.7	51.5	6.4	75.8	1717	12.2	50.6	6.4	75.8	1710	12.8	49.5
5.8	80.1	1765	14	54.9	5.8	80.1	1732	11.8	50	5.8	80.1	1795	10.8	49.2
5.2	84	1906	15.3	54.2	5.2	84	1824	13.3	49.4	5.2	84	1845	13.2	46.6

基准钢 + V （炉号 644380）					基准钢 + V （炉号 813822）				
d/mm	Δ/%	R_m/MPa	A/%	Z/%	d/mm	Δ/%	R_m/MPa	A/%	Z/%
13.0	0.0	1239	16.5	40.0	15.5	0.0	1169	12.0	28.5
11.8	17.6	1354	11.2	38.1	14.0	18.4	1317	7.4	28.2
10.8	31.0	1383	7.2	26.4	12.8	31.8	1362	6.5	23.5
9.7	44.3	1495	8.6	34.8	11.8	42.0	1418	6.8	28.0
8.9	53.6	1539	7.9	39.6	10.8	51.5	1485	8.0	33.4
稳定处理					回火处理				
8.0	61.8	1584	9.2	44.2	9.4	63.2	1651	10.1	28.7

7.1.3 高强度热处理 PC 棒

预应力混凝土用钢棒（PC 棒）是日本 20 世纪 60 年代开发的一种高档次预应力钢材，表面呈凹螺纹。PC 钢棒具有高强韧性、低松弛性，与混凝土黏结力强并且具有可焊性、镦锻性等特点，在国外已被广泛应用于高强度预应力混凝土离心管桩（PHC 管桩）、电杆、高架桥墩、铁路轨枕等预应力构件。PC 棒也是强度等级较高的一类棒线材产品，考虑到可焊性、镦锻性等，一般采用 0.25% ~ 0.50% 的中等碳含量设计，为达到高强度一般需采用调质热处理工艺。

日本标准 JIS G3109—1988 中对 PC 棒的化学成分没有具体规定[26]，可采用中碳钢、高碳钢、低合金钢及弹簧钢等。我国在 PC 棒的研发和生产方面起步比较晚，近些年发展较快，已具备数 10 条 PC 钢棒生产线，并修改采用 ISO6934-3：1991 标准制定了我国的国家标准[27]。国内 PC 钢棒一般采用 Si-Mn 系低合金钢生产。为提高 PC 钢棒的晶粒细化效果，在一些钢种中考虑采用钒微合金化，一般钒的加入量为 0.05% ~ 0.12%。一般常采用的钢种有 27Si2MnV、35Si2MnV、30SiMn2、25SiMnB、25Si2Cr 等[28]。我国典型 PC 钢棒用盘条的化学成分和基本力学性能如表 7-16 和表 7-17 所示[29]。

表 7-16 国内典型 PC 钢棒用盘条的化学成分（质量分数,%）

序 号	C	Si	Mn	P	S	V	B	备 注
1	0.27	1.65	0.83	0.028	0.028	0.080	—	27Si2Mn
2	0.35	1.26	0.81	0.016	0.030	0.081	—	35Si2Mn
3	0.31	0.78	1.42	0.025	0.021	—	—	30SiMn2
4	0.27	0.46	1.29	0.012	0.008	—	0.092	25SiMnB

表 7-17 国内典型 PC 钢棒用盘条的基本力学性能

序 号	R_m/MPa	$R_{p0.2}$/MPa	A_8/%	备 注
1	1520	1440	8.0	27Si2MnV
2	1600	1530	7.5	35Si2MnV
3	1550	1470	7.5	30SiMn2
4	1500	1420	8.0	25SiMnB

7.2 微合金非调质钢

微合金非调质钢（以下简称非调质钢）的产生和发展伴随着世界各国在汽车零部件的生产过程中寻求节能降耗途径的努力。20 世纪 70 年代，中东战争爆发，世界范围的石油危机迫使人们对节能降耗技术非常关注。调质钢良好的综合性能是以合理的热处理工序为保障和前提的，而非调质钢最初的研制目的就是，依靠适当的微合金化手段，仅通过锻造或轧制工艺（必要时辅以适当的冷却方式）控制，获得所需的力学性能，来减少调质钢材的热处理工序所带来的高能耗和附加成本。从世界上第一个微合金非调质钢种 49MnVS3 研制成功并取代 CK45 钢用于汽车曲轴的制造开始，各国在取消调质处理而得到相近力学性能非调质钢的研究和开发方面投入了大量精力，使非调质钢的品种和应用得到不断的发展。

7.2.1 合金化和工艺特点

从世界各国非调质钢的化学成分来看，基本上是中等碳含量，含有一定的硅、锰等固溶强化元素。非调质钢的另一个显著成分特点是均含有适量的微合金元素，如钒、铌、钛、硼等。微合金元素的存在，使非调质钢在轧制（或锻造）状态下具有调质钢的力学性能成为可能。

非调质钢本质上是一种机械结构用钢，要求具有与调质钢基本相当的良好综合力学性能。对于调质态的机械结构用钢，其轧制（锻造）工艺是产品的中间过程，仅对性能产生有限的影响，零件的最终力学性能主要依赖调质热处理工艺的控制。而对于非调质钢来说，轧制（锻造）及后续冷却是近终态生产工艺，其加热温度、变形工艺、终轧（锻）温度及变形后的冷却制度均对产品的最终力学性能产生直接影响。而微合金化方式只有与适当的轧制（锻造）工艺及冷却工艺相结合，才能充分发挥两者（微合金化和控轧控冷）的有效作用，达到优化的强韧化效果。

非调质钢的工艺特点决定其最常用的微合金化元素是钒[30,31]。非调质钢中钒元素的强化作用主要取决于富氮的 V(C,N) 粒子在先共析铁素体、珠光体铁素体或贝氏体铁素体中的弥散析出。非调质钢中的钒含量一般为 0.06% ~ 0.15%。通常情况下，随着钒含量的增加，非调质钢的屈服强度和抗拉强度显著增加，而伸长率及冲击韧性有所下降[30,32]。

非调质钢达到调质钢的强度性能，在很大程度上依靠钒钢的析出强化作用，而析出强化或多或少对冲击韧性有损害作用[32,33]。近些年，为改善非调质钢的韧性水平发展了一系列新的技术和相应的新钢种，包括采用阻止晶粒过分长大的细化技术思路、氧化物冶金工艺及相应的晶内铁素体技术思路等[34~36]。经过数十年的发展，目前，在保持强度基本一致的前提下，工业生产非调质钢的冲击韧性已经可接近、达到甚至超过调质钢的水平[37]。

7.2.2 钒和氮的作用

微合金化是非调质钢的核心技术，钒又是非调质钢获得强韧性的主要微合金化元素。为改善非调质钢中钒元素的析出状况，提高性能水平，经常规定钢中氮含量应高于一般水平。在非调质钢中，普碳（非微合金化）钢、含钒钢和 V-N 钢在奥氏体调控、显微组织及析出行为、强韧性、应变时效、疲劳性能等方面均体现出较大的差异。

通常情况下，由于溶解度较大，钒的加入基本不影响高温奥氏体的再结晶行为和晶粒尺寸，但是随着奥氏体温度的降低，钒的析出趋势逐渐增大（尤其在增氮的条件下），奥氏体的再结晶受到一定程度的抑制，对变形奥氏体起到一定的调控作用。而钒对相变的作用也与钒的析出和溶解有一定的关系。在相变前析出的一定数量和尺寸的 V(C,N) 粒子（包括单独形核析出和以 MnS 等夹杂物为形核质点析出），诱导铁素体形核，提高铁素体相变形核率，从而细化铁素体晶粒尺寸。上述作用的综合影响，导致钒对非调质钢的强度和韧性的作用非常复杂，既与钒、氮的析出强化和 V(C,N) 的晶粒细化效果有关系，也和显微组织的变化情况相对应。另外，钒元素对碳、氮等间隙原子的固定作用也是含钒非调质钢具有较低应变时效敏感性的主要原因之一。

7.2.2.1　奥氏体再结晶行为

钒在奥氏体中的溶解度较大，在 1000℃
以上的保温温度下基本上可保持固溶在奥氏体
中。一般认为，钒微合金化对奥氏体晶粒长大
的阻碍作用不强。因此，对于中碳非调质钢，
钒和 V-N 微合金化对变形前的奥氏体晶粒尺
寸的影响不大[38]，见图 7-20。为阻止奥氏体
晶粒的过分长大，一般在非调质钢中加入微量
的钛元素（0.01%~0.02%）[39,40]。

但是，当温度低于 1000℃ 时，V(C,N)
粒子开始在奥氏体中出现析出，随着
V(C,N)粒子的析出，钉扎于晶界，阻止奥
氏体晶界移动，析出粒子对奥氏体晶粒长大

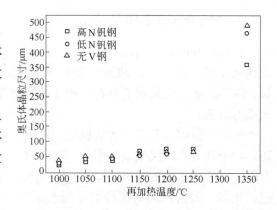

图 7-20　钒及 V-N 微合金化对奥氏体晶粒
尺寸的影响（高奥氏体温度）

起强烈的阻碍作用。研究结果[41]表明，在较低的奥氏体温度范围内，钒和氮含量越高，V
(C,N)粒子在奥氏体中析出的温度越高，在相同条件下粒子析出量越多，对晶界移动的阻
碍作用越强烈，奥氏体晶粒尺寸越小，如图 7-21 所示。因此，对于中碳非调质钢，由于
碳含量的因素，在一定的钒、氮含量和温度条件下，V(C,N)粒子具有在奥氏体中析出的
条件，从而对未变形奥氏体晶粒起到调控的影响。

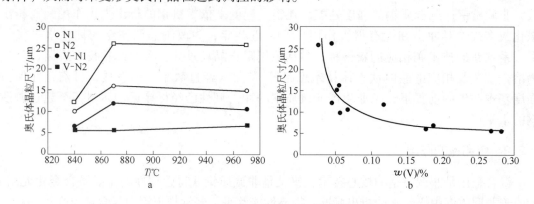

图 7-21　钒及 V-N 微合金化对奥氏体晶粒尺寸的影响（低奥氏体温度）
a—奥氏体晶粒尺寸与奥氏体温度的关系；b—奥氏体晶粒尺寸与 V(C,N)析出粒子的关系

钢材的控轧控冷技术是基于对热变形后的奥氏体相变进行控制，从而在钢的轧后
冷却过程中得到理想的微观组织。合理运用控轧控冷，可以使钢的强韧性得到较大的
改善和提高，对于无须进行后续热处理的非调质钢来说，显得尤为重要。非调质钢的
热加工过程是一个相当复杂的过程，其中不仅会发生钢的动态和静态再结晶，而且由
于合金元素的存在，在热变形的条件下还会发生碳氮化物的形变诱导析出行为。形变
诱导析出与再结晶之间存在着竞争的机制。这两种机制相互之间的作用是非常复
杂的。

以 33Mn2V 中碳非调质钢的静态再结晶行为为例进行说明[42]。在较高温度 920~

940℃变形与等温时，绝大部分钒固溶于奥氏体中，V(C,N)析出量少，对于等温过程静态再结晶分数的影响比较小。而在较低温度760~880℃下变形时，V-N微合金化使钢的静态再结晶出现明显的滞后，这种滞后作用就是由于部分V(C,N)沉淀析出对再结晶的动力学因素造成了显著影响，如图7-22a所示。而且，氮含量越高，非调质钢的静态再结晶被阻止的趋势越明显，如图7-22b显示了氮元素对钒在奥氏体中析出的促进作用，从而调控非调质钢的变形奥氏体组织。

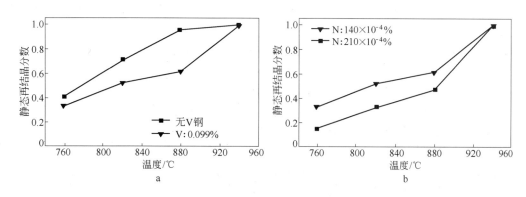

图7-22 钒和氮对奥氏体静态再结晶的影响

a—钒；b—氮

7.2.2.2 显微组织

钒和V-N微合金化对非调质钢的显微组织也产生重大的影响[38,43,44]。在通常条件下，0.30%左右碳含量的中碳非调质钢均获得以铁素体+珠光体为主的显微组织，但是，若中碳钢不含钒、铌等微合金元素，则具有一定的出现侧板条铁素体（魏氏组织）的倾向，如图7-23a所示[38,43]，同时先共析铁素体也多为晶界非整形铁素体，铁素体沿晶界方向生长，该方向上铁素体的尺寸较大，晶界上单位长度的铁素体数量较少。随着钒在中碳钢中的加入，魏氏组织得以较大程度的避免或消除，使非调质钢中的显微组织趋于正常化，如图7-23b所示，形成先共析铁素体+珠光体组织。而先共析铁素体多为

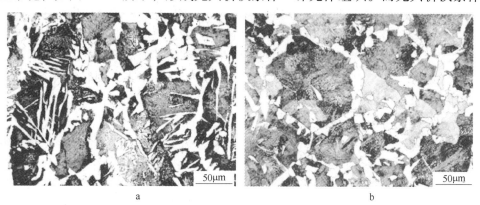

图7-23 钒对非调质钢显微组织的影响

(0.30%C-0.25%Si-1.4%Mn，1200~900℃锻造后空冷)[43]

a—无钒钢；b—含钒钢（0.095%V）

晶界块状铁素体，块状铁素体的数量与无钒钢相比有了较大的提高，晶界上单位长度的铁素体数量有了明显增加。

在含钒的中碳非调质钢中提高氮含量，则有利于显微组织中先共析铁素体总体含量的继续增加和晶内铁素体比例的提高，如图 7-24 所示。其显微组织主要有如下变化[44]：（1）通常氮含量水平（0.005%左右）下，铁素体主要在原奥氏体晶界形成，有块状形态和少量晶界非整形形态；（2）增加氮含量至中等水平（0.014%），铁素体的形态发生显著变化，铁素体的数量明显增加（增加 30%以上），尺寸减小，分布更为均匀，晶内铁素体的比例大幅度增加，以至晶内和晶界铁素体已经难以完全区分开；（3）继续增加氮含量（0.021%），铁素体的尺寸进一步减小，数量继续增加，分布继续优化。

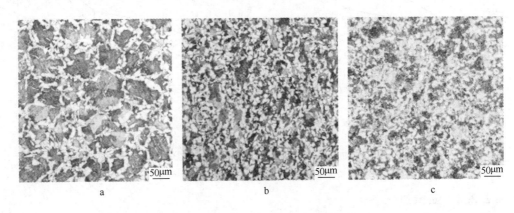

图 7-24 氮对含钒非调质钢显微组织的影响

(0.33%C-0.4%Si-1.4%Mn-0.1%V，1150~850℃锻造后空冷)[44]

a—0.005%N；b—0.014%N；c—0.021%N

大部分研究结果均支持上述 V-N 微合金化诱导析出晶内块状（多边形）铁素体的规律。而文献[38]则认为，在不同的加热温度条件下，常规无钒钢获得晶界魏氏组织或晶界多边形铁素体及晶内侧板条铁素体，V-N 微合金化使 VN 粒子具有更强的析出驱动力，使组织总体上向针状铁素体方向转变，如图 7-25c 所示。钒或 V-N 微合金化对铁素体含量的提高和对形态的改变作用，与原始奥氏体中 VN 析出粒子诱发晶内铁素体形核有密切的关系，尤其当氮含量显著提高后这种变化更为明显，详细请见前面第 4 章内容。有部分研究结果[33,38]也认为，当钢中的氮含量不足时，中碳钢中加入钒元素，因改变淬透性而导致有时易产生贝氏体组织，如图 7-25b 所示。

7.2.2.3 力学性能

大量的研究结果表明，与其他低合金钢的特点相类似，在非调质钢中增加钒含量，可显著提高屈服强度和抗拉强度[32,33,38,39]，如图 7-26′所示；而增加氮含量使强化效果更为显著[38,44]，见第 4 章图 4-5。而钒和氮对非调质钢的塑性和冲击韧性的影响则相对较为复杂，不仅取决于钒、氮对析出强化和晶粒细化的贡献，也和它们对显微组织形态的改变有密切关系。当钒的加入主要起析出强化作用时，随着钒含量的增加，塑性和冲击韧性有所降低，如图 7-26[38]和图 7-27[30]所示。文献[30]认为，析出强化的作用在基本不改变显微组织状态的情况下，仅降低非调质钢的冲击功，而对韧脆转化温度没有影响。Glisic 则认为，

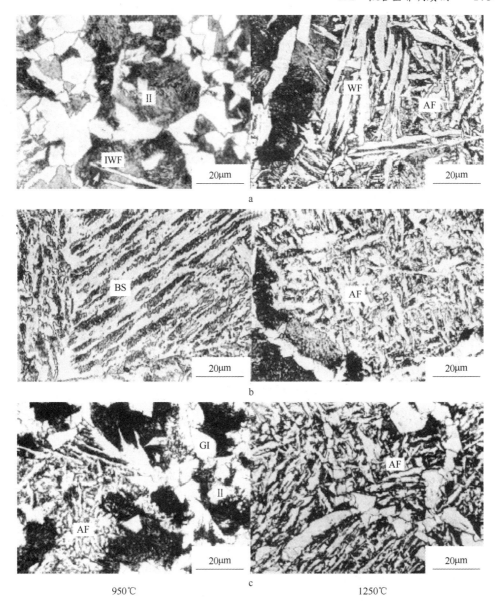

图 7-25　中碳非调质钢不同奥氏体化温度的空冷显微组织[38]

a—无钒钢；b—含钒钢；c—V-N 钢

钒的加入促进了贝氏体组织的形成，对冲击韧性有较大的损害作用。通过氮含量的提高，诱导晶内铁素体（块状或针状）的形核，改善非调质钢的显微组织，提高钢的韧性[38,44]，见图 7-28。

7.2.2.4　动态应变时效

在中碳非调质钢中，钒含量对动态应变时效性能的影响有系统的研究[45]。通常情况下，锯齿状屈服和加工硬化率的升高可以认为是发生动态应变时效的主要特征。在中碳钢中，没有发生锯齿状屈服。但是，对于无钒钢和中钒钢（0.08% V），在 300℃时出现了加

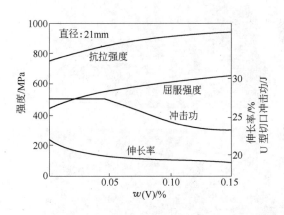

图 7-26   钒含量对非调质钢力学性能的影响

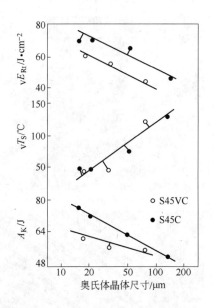

图 7-27   奥氏体晶粒尺寸及钒含量对
非调质钢冲击性能的影响

工硬化率的明显上升（图 7-29a、b），这是表现为蓝脆的动态应变时效的典型特征。而钒含量增加至 0.14% 后，加工硬化率随温度的升高逐渐下降，没有发生动态应变时效。在高钒钢中加工硬化率的降低和总体伸长率的提高，与钒含量对 C/N 间隙原子的亲和作用有直接关系。

与此相类似，无钒钢和中钒钢（0.08% V）的屈服强度和抗拉强度均在 300℃ 达到极大值而伸长率在 300℃ 左右达到极小值，表现出动态应变时效敏感性，而高钒钢（0.14% V）的屈服强度和抗拉强度却随温度的升高而稳步降低，伸长率却在 300℃ 以上出现显著提高，同样显示较低的应变时效敏感性，如图 7-30 所示，在较大程度上说明间隙原子碳、氮被钒含量所固定。Glen[46] 的研究结果证明，在更高的钒含量（0.55% V）情况下，应变时效性可被完全抑制。

7.2.2.5   硬度和耐磨性

与对强度的贡献相类似，钒对中碳非调质钢的硬度和耐磨性具有显著的影响[47]。不同的冷却速率条件（退火态、沙冷态、空冷态和水冷态）下，相同的基本成分（40SiMn）下，含钒

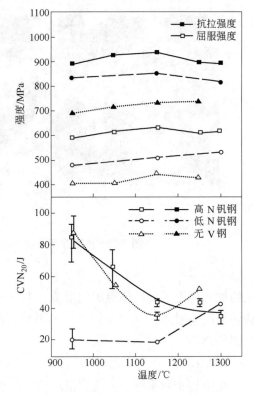

图 7-28   不同加热温度及钒、氮含量对
非调质钢强度和韧性的影响

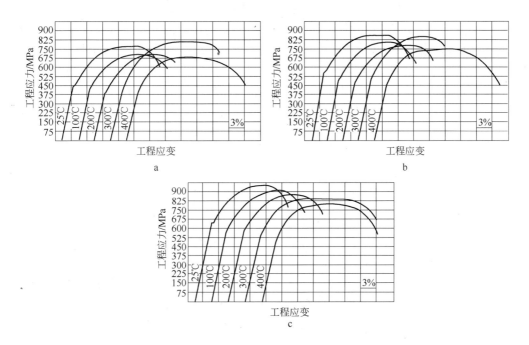

图 7-29 不同钒含量的非调质钢在不同温度下的拉伸曲线

a—1 号钢：无钒钢；b—2 号钢：0.08% V；c—3 号钢：0.14% V

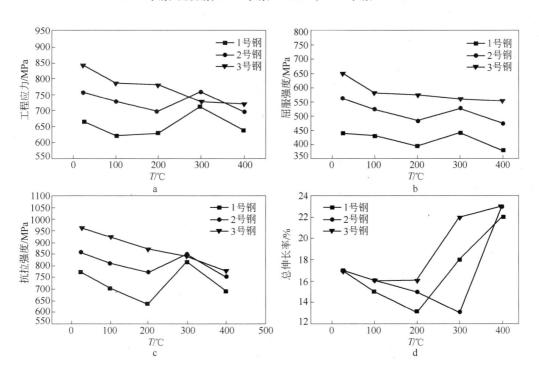

图 7-30 钒含量对不同温度下动态应变时效性能的影响

（1 号钢：无钒钢；2 号钢：0.08% V；3 号钢：0.14% V）

a—3% 应变对应强度；b—屈服强度；c—抗拉强度；d—总伸长率

钢 (0.08% V) 的硬度均分别高于无钒钢。前三种状态的显微组织为铁素体 + 珠光体，水冷态为马氏体组织。对不同处理状态的两种钢进行干磨实验，结果如图 7-31 所示。0.08% V 的加入对非调质钢产生如下影响：（1）提高硬度；（2）考虑硬度与耐磨性的正向关系，加钒降低失重水平，提高耐磨性；（3）即使在相同的硬度水平下，含钒钢的失重水平仍低于无钒钢，耐磨性提高，这与干磨实验加钒钢的表面粗糙度降低有关。

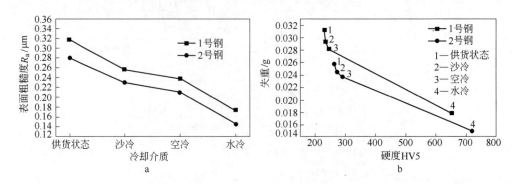

图 7-31 不同冷却条件下无钒钢（1 号钢）和含钒钢（2 号钢 - 0.08% V）的耐磨性
a—表面粗糙度；b—失重量

钒含量与耐磨性的关系可以从纳米性能的表征上得以体现[48]。在同等的珠光体片层间距水平上，由于钒对铁素体和珠光体的析出强化效应，含钒钢的硬度高于无钒钢；同时，由于钒对珠光体片层间距的细化作用，同等条件下含钒钢的珠光体片层间距比无钒钢的细小，如图 7-32a 所示。因此，尽管因硬度仪对不同钢的接触深度的差异，使含钒钢表观纳米硬度低于无钒钢，但是，总体上含钒钢的抗磨损性能显著优于无钒钢，如图 7-32b 所示。

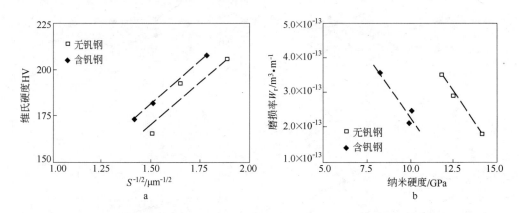

图 7-32 珠光体片层间距与硬度、耐磨性之间的关系
a—硬度与珠光体片层间距的关系；b—耐磨性

7.2.2.6 疲劳性能

钒的加入对非调质钢的疲劳性能也有明显的改善作用[49]。在相同强度水平下，增加钒可提高钢的疲劳极限强度，即疲劳极限比率提高，如图 7-33 所示。这种效果来源于：（1）钒的析出强化作用，使铁素体相的强度提高；（2）钒的加入提高铁素体的形核率，从而增加钢的铁素体

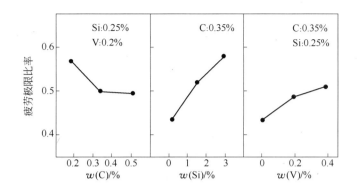

图 7-33　中碳非调质钢中合金元素对疲劳极限比率的影响

体积含量；（3）上述两者的共同效应，使珠光体/铁素体的强度比下降，提高钢材强度贡献的分布均匀性，减少因强度差异带来的额外应力集中程度，改善钢的疲劳性能。

进一步研究[50]显示，钒对非调质钢疲劳性能的改善作用主要体现在热锻态，而这种作用对退火态不显著，如图7-34所示，含钒钢的热锻态疲劳极限比率达到0.53，比无钒钢的0.48高出许多。对于铁素体珠光体型非调质钢，铁素体相的硬度低于珠光体相，在疲劳周期应力的作用下，塑性滑移变形主要集中于软相铁素体中，硬相珠光体中则难以产生塑性滑移变形，因此疲劳早期裂纹往往萌生于铁素体中邻近铁素体珠光体界面处，并优先沿铁素体相扩展。这表明，提高铁素体的塑性滑移变形抗

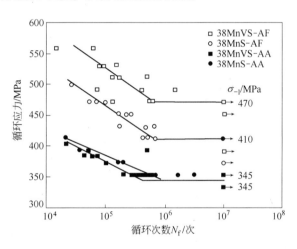

图 7-34　热锻态和退火态钢的疲劳强度性能

力，即提高其强度和硬度，能够改善铁素体珠光体型钢的疲劳性能。提高铁素体强度主要依靠热锻态 V(C,N) 粒子的弥散析出，而退火态非调质钢中 V(C,N) 粒子已发生聚集长大，析出物与基体逐渐失去共格关系，强化作用逐渐消失。

7.2.3　硫含量的影响

在相当比例的非调质钢中，硫含量比其他钢种高出一个数量级，达到 0.015% ~ 0.1% 的水平。硫含量在非调质钢中的特殊作用主要体现在[51,52]：（1）形成一定数量的 MnS 夹杂物，使钢具有较好的易切削性能，这类钢属非调质钢中的一大类产品，即易切削钢，这一类作用不在本文讨论范围；（2）形成一定数量的、弥散分布的 MnS 夹杂物，诱导析出晶内铁素体，提高钢的冲击韧性水平。硫元素与钒元素在钢中产生复杂的相互作用是提高伸长率和纵向冲击韧性的重要因素。

在含钒钢和无钒钢中，硫含量对强度和塑性、韧性的影响规律如图7-35、图7-36所示。随着硫含量的增加，非调质钢的强度基本保持不变或略有增加，伸长率和断面收缩率显著提

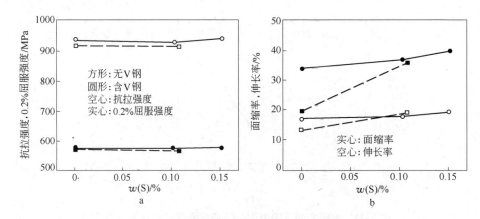

图 7-35 硫含量对非调质钢拉伸性能的影响

a—强度；b—塑性

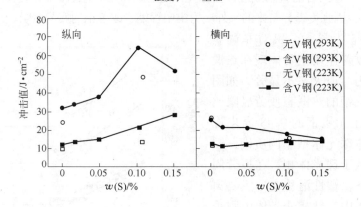

图 7-36 硫含量对非调质钢纵、横向冲击性能的影响

高。硫含量对纵向冲击韧性的影响与塑性相类似，随着硫含量的提高，纵向冲击韧性显著改善。横向冲击性能的略微降低与 MnS 夹杂物沿轧制（锻造方向）的延展有关。实验结果还发现，当硫和钒元素复合添加时，对非调质钢的塑性和纵向冲击韧性的改善作用更为显著。

硫含量对塑性和韧性的影响取决于三方面的因素：（1）硫含量的增加，提高单位体积中的 MnS 的数量，对奥氏体晶界迁移起到钉扎和阻碍作用，细化奥氏体晶粒[45]，如图7-37和图7-38所示；（2）MnS 夹杂物本身诱导晶内铁素体的形核，提高铁素体含量，如图 7-39 所示；（3）更为显著的是，与钒元素形成复合作用，提高 MnS 在钢中作为形核质点的数量，促进随后低温奥氏体中V(C,N)的析出，形成 MnS + V(C,N)复合析出物，而 V(C,N)又是晶内铁素体非常有效的形核核心，通过复杂的诱导促进作

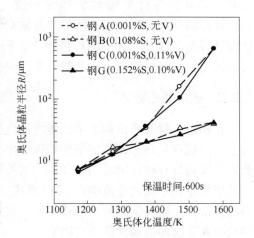

图 7-37 不同硫含量下奥氏体晶粒尺寸
与保温温度的关系

用，提高晶内铁素体的形核能力，改善组织中铁素体形态，提高铁素体含量(V(C,N)粒子在MnS上的形核以及铁素体在V(C,N)粒子上的形核作用及机理详见第3章的相关内容)。

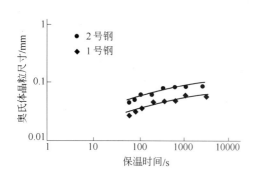

图 7-38　不同硫含量下奥氏体晶粒尺寸
与保温时间的关系

(1 号钢：0.068%S；2 号钢 0.010%S)

图 7-39　不同硫含量下铁素体含量
与冷却相变温度的关系

(1 号钢：0.068%S；2 号钢 0.010%S)

　　显然，硫与钒的复合作用效果与钒在非调质钢中的存在形式有非常密切的关系[51,53]。当钢中钒、氮含量偏低时，钒在MnS夹杂物上形核析出的温度降低，析出数量减少，同时析出物中为晶格常数 a 更大的富碳的V(C,N)粒子。理论上，为保持与铁素体结构的共格关系，晶格常数 a 较小的富氮的V(C,N)粒子，其与 bcc 结构的错配度更小，更有利于铁素体形核。因此，在保持硫和钒含量的同时，提高非调质钢中的氮含量，可明显改善晶内铁素体的调控效果。Furuhara 等[53]观察到，在不同尺寸的 MnS 条件下，MnS + V(C,N)复合析出物促进晶内铁素体的形核能力明显高于 MnS 或 MnS + VC 的析出物，如图 7-40所示。

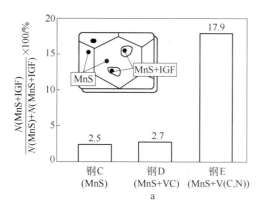

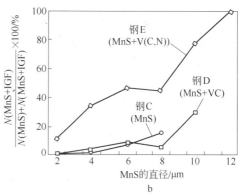

图 7-40　晶内铁素体形核率与析出物种类的关系(a)
及晶内铁素体与 MnS 尺寸的关系(b)

7.2.4　各国非调质钢的研发和生产

7.2.4.1　标准及其钢种特征

世界范围使用频度最高的标准为 ISO 11692—1994，其中包含 5 个钢种成分[54]。1998

年，欧盟首个非调质钢标准 EN 10267—1998[55] 采纳了 ISO 标准中的 5 个钢种成分，并对元素含量规定范围进行了细化，同年，德国宣布同等采用该 EN 标准，非调质钢在更大的范围得以推广应用。

我国虽然在非调质钢方面的研究和开发工作开展得比较晚，为了推动这一新型钢种在国内的更快发展，中国国家技术监督局于 1995 年 10 月颁布了"GB/T 15712—1995 非调质机械结构钢"标准，并于 1996 年 3 月 1 日正式实施。为了适应非调质钢新的研究成果和发展需要，该标准于 2008 年进行修订，形成了我国现行的"GB/T 15712—2008 非调质机械结构钢"标准[56]，包含 10 个钢种成分。

从目前这些标准来看，如表 7-18 ~ 表 7-20 所示，非调质钢在成分设计上具有一些典型特点：

（1）基本成分。由于取消调质热处理工艺，为兼顾强度和韧性，一般采用中碳含量设计，碳含量的成分范围为 0.20% ~ 0.50%，根据服役工况和实际使用需要选择上下限范围。为保证适当的固溶强化和珠光体细化效果，适量添加硅和锰元素。

（2）钒。非调质钢中一般加入一定量的钒，以达到控轧（控冷）与析出强化相配合，不经调质处理获得较好的强韧匹配。我国国家标准规定钒含量在 0.06% ~ 0.15% 之间，而 ISO 标准则更高，为 0.08% ~ 0.20%。

（3）氮。为使钒的析出以及对性能的调控效果更为显著，一般在非调质钢中有意增加一定的氮含量。EN 标准规定氮含量范围必须为 0.010% ~ 0.020%，比常规低合金钢的实际氮含量高 0.003% ~ 0.015%，属有意增氮的钢种。过去我国 GB 15712 标准的 1995 年版本也直接规定钢种的氮含量应为 0.009% 以上，说明氮含量的增加对于非调质钢的综合性能改善是非常重要的。现行的 2008 年版本对氮含量的要求方式则由"规定"改为"推荐"，主要是基于生产厂的实际条件和其他特殊需要考虑。

（4）硫。在普通低合金钢中，硫一般作为杂质元素处理，含量越低对钢材的力学性能越有利。而在非调质钢中，大量的研究结果说明了硫元素的特殊效用。各国非调质钢标准均规定了硫含量的下限范围，如 ISO 标准规定硫含量为 0.020% ~ 0.060%，我国国家标准规定硫含量为 0.035% ~ 0.075%，比一般优质低合金钢的 0.001% ~ 0.01% 的实际含量范围高出一个数量级。

表 7-18　非调质钢标准 ISO 11692—1994 规定的钢种和化学成分

钢　种		化学成分（质量分数）/%					
序　号	名　称	C	Si（最大值）	Mn	P（最大值）	S	V
1	19MnVS6	0.15 ~ 0.22	0.8	1.20 ~ 1.60	0.035	0.020 ~ 0.060	0.08 ~ 0.20
2	30MnVS6	0.26 ~ 0.33	0.8	1.20 ~ 1.60	0.035	0.020 ~ 0.060	0.08 ~ 0.20
3	38MnVS6	0.34 ~ 0.41	0.8	1.20 ~ 1.60	0.035	0.020 ~ 0.060	0.08 ~ 0.20
4	46MnVS6	0.42 ~ 0.49	0.8	1.20 ~ 1.60	0.035	0.020 ~ 0.060	0.08 ~ 0.20
5	46MnVS3	0.42 ~ 0.49	0.8	0.60 ~ 1.00	0.035	0.020 ~ 0.060	0.08 ~ 0.20

表7-19 欧洲非调质钢标准 EN 10267—1998 规定的钢种和化学成分

钢种的设计		化学成分(质量分数)/%								
编号	名称	C	Si	Mn	P (最大值)	S	N	Cr (最大值)	Mo (最大值)	V
1.1301	19MnVS6	0.15 ~ 0.22	0.15 ~ 0.8	1.20 ~ 1.60	0.025	0.020 ~ 0.060	0.010 ~ 0.020	0.3	0.08	0.08 ~ 0.20
1.1302	30MnVS6	0.26 ~ 0.33	0.15 ~ 0.8	1.20 ~ 1.60	0.025	0.020 ~ 0.060	0.010 ~ 0.020	0.3	0.08	0.08 ~ 0.20
1.1303	38MnVS6	0.34 ~ 0.41	0.15 ~ 0.8	1.20 ~ 1.60	0.025	0.020 ~ 0.060	0.010 ~ 0.020	0.3	0.08	0.08 ~ 0.20
1.1304	46MnVS6	0.42 ~ 0.49	0.15 ~ 0.8	1.20 ~ 1.60	0.025	0.020 ~ 0.060	0.010 ~ 0.020	0.3	0.08	0.08 ~ 0.20
1.1305	46MnVS3	0.42 ~ 0.49	0.15 ~ 0.8	0.60 ~ 1.00	0.025	0.020 ~ 0.060	0.010 ~ 0.020	0.3	0.08	0.08 ~ 0.20

表7-20 中国非调质钢标准 GB/T 15712—2008 规定的钢种和化学成分

序号	统一数字代号	牌号	化学成分(质量分数)/%									
			C	Si	Mn	S	P	V	Cr	Ni	Cu	其他
1	L22358	F35VS	0.32 ~ 0.39	0.20 ~ 0.40	0.60 ~ 1.00	0.035 ~ 0.075	≤0.035	0.06 ~ 0.13	≤0.30	≤0.30	≤0.30	
2	L22408	F40VS	0.37 ~ 0.44	0.20 ~ 0.40	0.60 ~ 1.00	0.035 ~ 0.075	≤0.035	0.06 ~ 0.13	≤0.30	≤0.30	≤0.30	
3	L22468	F45VS	0.42 ~ 0.49	0.20 ~ 0.40	0.60 ~ 1.00	0.035 ~ 0.075	≤0.035	0.06 ~ 0.13	≤0.30	≤0.30	≤0.30	
4	L22308	F30MnVS	0.20 ~ 0.33	≤0.80	1.20 ~ 1.60	0.035 ~ 0.075	≤0.035	0.08 ~ 0.15	≤0.30	≤0.30	≤0.30	
5	L22378	F35MnVS	0.32 ~ 0.39	0.30 ~ 0.60	1.00 ~ 1.50	0.035 ~ 0.075	≤0.035	0.06 ~ 0.13	≤0.30	≤0.30	≤0.30	
6	L22388	F38MnVS	0.34 ~ 0.41	≤0.60	1.20 ~ 1.60	0.035 ~ 0.075	≤0.035	0.08 ~ 0.15	≤0.30	≤0.30	≤0.30	
7	L22428	F40MnVS	0.37 ~ 0.44	0.30 ~ 0.60	1.00 ~ 1.50	0.035 ~ 0.075	≤0.035	0.06 ~ 0.13	≤0.30	≤0.30	≤0.30	
8	L22478	F45MnVS	0.42 ~ 0.49	0.30 ~ 0.60	1.00 ~ 1.50	0.035 ~ 0.075	≤0.035	0.06 ~ 0.13	≤0.30	≤0.30	≤0.30	
9	L22498	F49MnVS	0.44 ~ 0.52	0.15 ~ 0.60	0.70 ~ 1.00	0.035 ~ 0.075	≤0.035	0.08 ~ 0.15	≤0.30	≤0.30	≤0.30	
10	L27128	F12Mn2VBS	0.09 ~ 0.16	0.30 ~ 0.60	2.20 ~ 2.65	0.035 ~ 0.075	≤0.035	0.06 ~ 0.13	≤0.30	≤0.30	≤0.30	B 0.001 ~ 0.004

注:1. 当硫含量只有上限要求时,牌号尾部不加"S"。
　　2. 热压力加工用钢的铜含量不大于0.20%。
　　3. 为了保证钢材的力学性能,允许钢中添加氮,推荐氮含量为0.008% ~0.020%。

7.2.4.2　世界各国研发的非调质钢品种

除了标准规定的非调质钢种外，世界各国进行各种非调质钢的研究和开发工作，并取得了显著的成绩，见表 7-21。德国是世界上最先研制非调质钢的国家，其开发的典型钢种包括 49MnVS3、44MnVS6、38MnVS6 和 27MnVS6，并将其产品应用于汽车用曲轴、连杆、半轴、传动齿轮、凸轮轴以及各种紧固件等。瑞典由于其先进的汽车制造工艺及 Volvo 品牌，也投入大批研发力量，开发出 V290X 系列非调质钢。英国的 VANARD 系列非调质钢也具有其独特的风格和品种特点。

表 7-21　世界各国研发的非调质钢品种[35,39]

国家	钢种	化学成分(质量分数)/%						
		C	Si	Mn	S	V	Ti	N
德国	49MnVS3	0.44 ~ 0.50	≤0.6	0.7 ~ 1.0	0.04 ~ 0.07	0.08 ~ 0.13		
	44MnSiVS6	0.42 ~ 0.47	0.5 ~ 0.8	1.3 ~ 1.6	0.02 ~ 0.035	0.10 ~ 0.15	0.02	
	38MnSiVS6	0.35 ~ 0.40	0.5 ~ 0.8	1.2 ~ 1.5	0.04 ~ 0.07	0.08 ~ 0.13	0.02	
	27MnSiVS6	0.25 ~ 0.30	0.5 ~ 0.8	1.3 ~ 1.6	0.03 ~ 0.05	0.08 ~ 0.13	0.02	
瑞典	V-2906	0.43 ~ 0.47	0.15 ~ 0.40	0.6 ~ 0.8	0.04 ~ 0.06	0.07 ~ 0.10		$(90 \sim 140) \times 10^{-4}$
	V-2903	0.30 ~ 0.35	0.50 ~ 0.70	1.4 ~ 1.6	0.03 ~ 0.05	0.07 ~ 0.12	0.015 ~ 0.030	$(150 \sim 200) \times 10^{-4}$
	V-2904	0.36 ~ 0.40	0.50 ~ 0.70	1.2 ~ 1.5	0.04 ~ 0.06	0.07 ~ 0.10	0.015 ~ 0.030	$(150 \sim 200) \times 10^{-4}$
英国	BS 970-280M01	0.30 ~ 0.50	0.15 ~ 0.35	0.6 ~ 1.5	0.045 ~ 0.06	0.08 ~ 0.20		
	VANARD	0.30 ~ 0.50	0.15 ~ 0.35	1.0 ~ 1.5	≤0.1	0.05 ~ 0.20		
	VANARD850	0.36	0.17	1.25	0.04	0.09		
	VANARD1000	0.43	0.35	1.25	0.06	0.09		
中国	YF35MnV	0.32 ~ 0.39	0.30 ~ 0.60	1.0 ~ 1.5	0.035 ~ 0.075	0.06 ~ 0.13		
	YF40MnV	0.37 ~ 0.44	0.30 ~ 0.60	1.0 ~ 1.5	0.035 ~ 0.075	0.06 ~ 0.13		
	YF45MnV	0.42 ~ 0.49	0.30 ~ 0.60	1.0 ~ 1.5	0.035 ~ 0.075	0.06 ~ 0.13		
	F35MnVN	0.32 ~ 0.39	0.20 ~ 0.40	1.0 ~ 1.5	≤0.035	0.06 ~ 0.13		$\geqslant 90 \times 10^{-4}$
	F40MnV	0.37 ~ 0.44	0.20 ~ 0.40	1.0 ~ 1.5	≤0.035	0.06 ~ 0.13		

国 家		钢 种	化学成分(质量分数)/%						力学性能			
			C	Si	Mn	Cr	V	S	R_m/MPa	$A_{K,室温}$/J	Z/%	A/%
德 国		38MnSiVS6	0.35 ~ 0.40	0.5 ~ 0.8	1.20 ~ 1.50		0.08 ~ 0.13	0.03 ~ 0.065	820 ~ 925	—	≥25	≥12
英 国		Vanard	0.32 ~ 0.40	0.15 ~ 0.35	1.20 ~ 1.50		0.08 ~ 0.13	<0.05	770 ~ 1000	—	—	10 ~ 18
瑞 典		850 ~ 1000	0.35 ~ 0.40	0.15 ~ 0.40	0.60 ~ 1.20		0.07 ~ 0.10	0.04 ~ 0.06	750 ~ 950	—	—	≥12
法 国		V2905	0.25 ~ 0.40	0.10 ~ 0.40	1.20 ~ 1.70		0.08 ~ 0.20	0.02 ~ 0.04	800 ~ 1000	—	—	—
芬 兰		METASAFE 800 ~ 1000	0.30 ~ 0.40	—	0.50 ~ 1.50	0.5	0.05 ~ 0.15	0.05 ~ 0.10	770 ~ 1000	—	—	—
日本	爱知制钢	SVdT30	0.27 ~ 0.32	0.15 ~ 0.35	1.18 ~ 1.32			0.04 ~ 0.07	≥680	70 ~ 90	35 ~ 40	≥20
	川崎制铁	NH30MV	0.27 ~ 0.32	0.15 ~ 0.35	1.00 ~ 1.60	<0.35	0.05 ~ 0.20	—	840 ~ 1000	42 ~ 72	—	19 ~ 23
	神户 制钢所	KNF23M	0.23	0.25	1.5		—	—	810	100	58	24
		KN33M	0.33	0.25	1.2		—	—	910	50	50	22
	山阳特殊 制钢	SMnV30TL	0.3		1.3		—	0.1	735	—	—	—
		TMAX3	0.35	—	1.5		—	0.3	980	—	—	—
	新日铁	NQF250-300XM	0.25 ~ 0.30	0.5	1.6		0.12	0.06	810 ~ 900	98	—	—
		NQE22TiN	0.32	0.3	1.52		0.05	0.02	760	137	—	—
	住友金属 东亚制钢	LMIC90F	—	—	—		—	—	880	—	—	—
		THF50B	—	—	—		—	—	840	104	56	23
	NKK	NC40HFC	0.4	—	1.69		0.1	—	985	37	—	—
	三菱制钢	VMC30	0.3	0.25	1.7		0.2	—	960	50	—	—

7.2.4.3 欧洲某工程用钢公司的非调质钢生产实践[32,57]

A 商用汽车发动机用曲轴

采用非调质钢来取代调质钢生产汽车发动机曲轴,可以取消热处理和矫直工序,同时提高加工性能。在该公司将该技术进一步发展,采用控冷获得相应力学性能的同时,使用感应淬火获得 2mm 深度范围内超过 HRC45 的硬度,使弯曲疲劳性能显著上升。结果表明,采用改进技术生产的曲轴疲劳性能达到 850 ~ 920MPa,甚至超过钢材本体的拉伸强度,如表 7-22 所示。

表 7-22 汽车发动机曲轴用非调质钢的化学成分和力学性能

分 类	化学成分(质量分数)/%						0.2%屈服强度 /MPa	抗拉强度 /MPa	伸长率 /%	面缩率 /%
	C	Si	Mn	S	V	其他				
SAE4140 H&T	0.430	0.250	0.860	0.020	—	1.0Cr, 0.2Mo	680	875	20	55
SAE1046 mod H&T	0.450	0.220	0.980	0.032	—	—	620	875	21	57
38MnSiVS5 A/C	0.380	0.570	1.370	0.062	0.110	—	598	896	19	39
SAE1548 mod A/C	0.470	0.230	1.170	0.020	—	—	460	803	17	34
38MnSiVS5	0.370	0.590	1.430	0.038	—	0.016N	476	820	19	49

B　轿车和商用汽车用连杆

用于商用客车发动机的大尺寸连杆，通常需要较高强度，常采用高钒含量的 VANARD 925 和 VANARD 1000。另外，裂解工艺是汽车发动机连杆制造的一项新技术，与传统加工方法相比，该工艺具有提高产品质量、降低生产成本、减少加工工序、设备和工具投资以及节省能源等突出优点。例如，采用 0.70% 左右碳含量，辅以一定的钒含量（0.04% V），可获得性能较好的裂解连杆，如表 7-23 所示。

表 7-23　客车发动机连杆用非调质钢的化学成分和力学性能

分　类	化学成分（质量分数）/%					0.2%屈服强度 /MPa	抗拉强度 /MPa	伸长率 /%	面缩率 /%
	C	Si	Mn	S	V				
080A47	0.47	0.16	0.77	0.079	—	459	802	16	35
SAE1045	0.45	0.21	0.74	0.032	—	430	781	17	37
C70S6	0.72	0.22	0.49	0.062	0.04	530	910	12	20
VANARD925	0.38	0.24	1.25	0.070	0.094	627	907	22	50

C　四轮驱动汽车用轮毂

采用 38MnSiVS5 微合金非调质钢，来取代 605M36 调质型合金钢，比较容易获得规范要求的较好力学性能，如表 7-24 所示。锻造后，每个零件分别采用特殊的冷却装置控制冷却至 600℃ 以下。工序的准确控制可保证工件的平均硬度为 HB 280.7 ± 5.4，很好地符合内控标准的要求。

表 7-24　汽车轮毂用非调质钢的化学成分和力学性能

分　类	化学成分（质量分数）/%						0.2%屈服强度/MPa	抗拉强度 /MPa	伸长率 /%	面缩率 /%
	C	Si	Mn	S	Mo	V				
38MnSiVS5	0.37	0.56	1.39	0.061	0.03	0.09	614	911	16	40
605M36 Spec	0.32 ~ 0.4	0.10 ~ 0.35	1.30 ~ 1.70	≤0.05	0.22 ~ 0.32	—	≥560	850 ~ 1000	≥12	—

D　热轧非调质钢棒

采用控制轧制提高了直径为 22 ~ 47mm 非调质钢棒的性能，如 080A47 和 VANARD 1000。而非汽车用零部件材料 17M 可在 19 ~ 95mm 的尺寸范围内采用非调质工艺生产，用于建筑工程。目前采用的控制轧制工艺，加热温度降低达 75℃，终轧温度降低至 920℃ 以下，通过晶粒细化手段，使热轧非调质钢棒的力学性能达到正火态的水平，如表 7-25 所示。

表 7-25　热轧非调质钢棒的化学成分和力学性能

分　类	化学成分（质量分数）/%						晶粒尺寸 /mm	0.2%屈服强度/MPa	抗拉强度 /MPa	伸长率 /%	面缩率 /%	冲击功 （-20℃）/J
	C	Si	Mn	S	V	其他						
080A47	0.48	0.25	0.89	0.071	0.04	—	22	630	864	16.7	36.2	—
VANARD 1000	0.46	0.29	1.33	0.037	0.16	—	40	687	974	18.0	42.0	—
17M	0.18	0.22	1.3	—	0.1	Cr 0.14	19	467	661	20.8	—	38，52，55
17M	0.19	0.23	1.44	—	0.13	Cr 0.11	85	507	678	21.0	—	35，37，37

E 冷拔钢棒

最近的研究进展是将非调质钢应用于冷拔钢棒中。冷拔大幅度提高钢的屈服强度，从而解决非调质钢屈强比仅为 $0.6 \sim 0.7$ 的弱点，如表 7-26 所示。改进型 27MnSiVS5 非调质钢轧制成 $17 \sim 22mm$ 直径钢棒，用户要求热轧态强度为 $750 \sim 900MPa$，显微组织为铁素体＋珠光体组织，不允许出现马氏体；冷拔 15% 后获得 $960 \sim 1020MPa$ 的抗拉强度；最终产品应用于汽车转向件，节约了大量成本。采用 38MnSiVS5 钢轧制成 25mm 直径钢棒，冷拔后显著提高屈服强度，产品应用于屈服强度要求 750MPa 的汽车齿轮箱轴。65MnCrV 非调质钢，控制轧制生产 $25 \sim 52mm$ 直棒，终轧温度为 $920 \sim 960℃$；经 3% 冷拔后应用于预应力钢筋混凝土的建筑结构中。

表 7-26 冷拔非调质钢棒的化学成分和力学性能

牌　号	化学成分(质量分数)/%						$R_{p0.2}$/MPa	R_m/MPa	A/%	Z/%
	C	Si	Mn	V	Ti	Cr				
27MnSiVS5-改进型	0.31	0.61	1.45	0.11	0.03	—	平均值：512 范围：403 ~ 639	平均值：845 范围：772 ~ 909	平均值：19.4 范围：14 ~ 24	平均值：48.4 范围：30 ~ 55
38MnSiVS5	0.37	0.54	1.4	0.09	—	—	平均值：624 范围：596 ~ 643	平均值：891 范围：884 ~ 896	平均值：18 范围：17 ~ 18	平均值：42 范围：40 ~ 48
65MnCrV	0.60 ~ 0.65	0.20 ~ 0.35	0.75 ~ 0.90	0.09 ~ 0.15	—	0.80 ~ 0.90	≥835[①]	≥1060	≥6	—

① 此值为 0.1% 屈服强度。

7.3 型钢

7.3.1 型钢的种类

型钢生产历史悠久，品种、规格繁多，广泛地应用于建筑、机械制造、船舶制造、铁路、桥梁、矿山、国防、农业及民用等各个部门，如图 7-41 所示。据统计，各类型钢的形状多达 1500 多种，尺寸规格达 3900 多个。型钢的分类方法主要有三类：

(1) 按加工方法分类，型钢分为热轧型钢、冷轧型钢、挤压型钢、冷弯型钢；

(2) 按尺寸规格分类，型钢分为大型型钢、中型型钢、小型型钢和线材；

(3) 按断面形状分类，型钢分为简单断面型钢和复杂断面型钢。简单断面型分为圆钢、方钢、扁钢、螺纹钢等；复杂断面型钢分为角钢、槽钢、重轨、轻轨、工字钢等。

尽管各国钢材生产中板管比在不断提高，但型钢仍然占据较高的比例（30% ~ 60%）。我国目前型材产量约占钢材产量的 50%，除少数型钢能采用轧后控制冷却、热处理外，目前大部分型钢主要采用热轧状态供货。由于热轧型钢形状各异，其表示方法也各不相同。表 7-27 列举了部分热轧型钢的表示方法、规格规范及其用途。随着型钢装备水平、工艺水平、产品质量水平以及合金设计理论的快速发展，型钢的综合性能得到大幅度改善，其主要表现在型钢冶金质量的大幅度提高、轧制生产的自动化、轧机强度与生产能力的提高、新的控制轧制及形变热处理的应用、微合金化技术的应用等[58]。

图 7-41　型钢在典型行业中的应用

a—船舶结构；b—铁道钢轨；c—电力铁塔；d—桥梁结构

表 7-27　部分热轧型钢的表示方法、规格范围与用途

名　称	表示方法	规　格　范　围	用　途
H 型钢	高×宽/mm×mm	（193~715）×（150~500）	土建、桥梁、建筑、支护
钢　轨	单重/kg·m⁻¹	5~30 38~75 80~120	轻轨 重轨 吊车轨
工字钢	腰高的 1/10（No.）	No. 5~63 ［高（50~630）mm×底宽（32~115）mm］	建筑、造船、金属结构件
槽　钢	腰高的 1/10（No.）	No. 5~45 ［高（50~450）mm×底宽（32~115）mm］	建筑、车辆制造、金属结构件
U 型钢	单重/kg·m⁻¹	18~36	结构件、支护
Z 字钢	高度/mm	60~310	结构件、铁路车辆
T 字钢	腿宽×厚度/mm×mm	（150~400）×（9~32）	结构件、铁路车辆
等边角钢	边长的 1/10（No.）	No. 2~25 ［（20~250）mm×（20~250）mm］	建筑、造船、机械、车辆、结构件

名　称	表示方法	规 格 范 围	用　途
不等边角钢	长边长/短边长的 1/10(No.)	No. 2.5/1.6～25/16.5 (25mm/16mm～250mm/165mm)	建筑、造船、机械、车辆、结构件
扁　钢	厚×宽/mm×mm	(3～10)×(60～240)	薄板坯、焊管坯
圆　钢	直径φ/mm	9～350	无缝管坯、机械零件、冷拔
六角钢	内接圆直径/mm	5～100	机械制造零件
球扁钢	宽×厚/mm×mm	(50～270)×(4～14)	造　船
带肋钢筋	外径/mm	12～40	建　筑

7.3.1.1　型钢的生产特点

热轧型钢的生产工艺过程包括：坯料准备、坯料加热、轧制、切割、冷却、矫直、精整、表面清理、包装等。型钢生产工艺过程与其轧机的特点及布置方式密切相关。不同类型的轧机所轧制出的产品范围不同、综合性能也各不相同。不同类型轧机的特征与生产产品规格示于表7-28。

表7-28　各种型钢轧机特征与产品范围

轧机类型	轧辊直径/mm		轧制速度 /m·s^{-1}	产品范围
	直　径	长　度		
轨梁轧机	750～900	1200～2300	5～7	38kg/m 以上重轨；No.24 以上工字钢、槽钢
大型轧机	500～750	800～1900	2.5～7	18～75kg/m 钢轨；No.22～63 工字钢、槽钢；φ80～350mm 圆钢
中型轧机	350～500	600～1200	2.5～15	直径或边长 32～102mm 圆钢、方钢；8～32kg/mm 钢轨；No.5～16 工字钢、槽钢
小型轧机	250～350	500～800	4.5～20	直径或边长 9～65mm 圆钢、方钢；No.5～8 工字钢、槽钢；No.2～8 角钢

为轧制一些特殊截面型钢及构件（轮箍、轴等），通常需要建立各种型钢轧机或专门的轧机，如轨梁轧机、H 型钢轧机、万能轧机和机组等。型钢轧机的尺寸按精轧机架人字齿轮直径或轧辊的名义来划分。轧机类型分为轨梁轧机、大型轧机、中型轧机以及小型轧机。其中型钢轧机典型的布置形式有：横列式、棋盘式、半连续式和连续式，如图7-42所示。

型钢的主要生产特点可以概括如下：

（1）型钢的产品断面形状不规则。除方钢、圆钢、扁钢等简单截面产品外，大多数型钢都是异型断面产品，这给金属孔型内的变形带来困难。首先，孔型内金属变形比较复杂，在轧制过程中，孔型内部金属的变形非常不均匀，孔型各个部分存在明显的辊径差，同时某些产品在轧制过程中还存在热弯变形等；其次，型钢的连续轧制比较困难，在轧制过程中，复杂断面的型钢，不能像带钢和线材那样产生较大的变形，也不能用较大的张力进行轧制，否则断面形状和尺寸难以保证，同时由于断面各个部分尺寸不一致，难以在轧制过程中进行连续测量和连续探伤，因此实现连续轧制比较困难；第三，型钢精整工艺比较复杂，由于轧件断面复杂，轧后冷却收缩不均匀，造成轧件内部产生较大的残余应力，成品尺寸也会产生某些偏差。因此，如何防止冷却变形的不均匀、如何防止轧件切断后的端部变形、如何控制矫直效果和侧弯变形都是型钢生产中必须解决的重点问题。

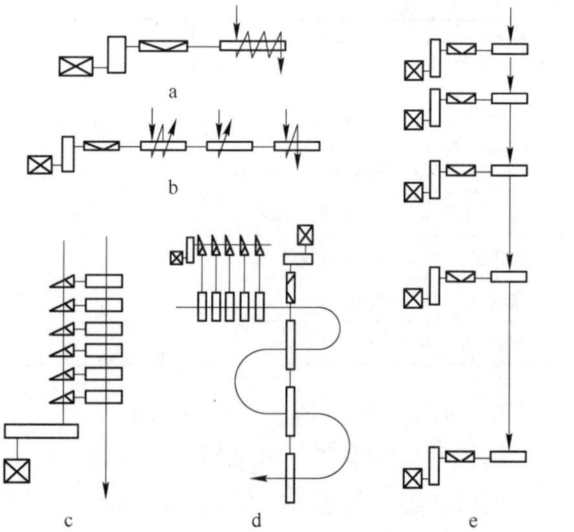

（2）配套备品备件储备量大。型钢的品种繁多，同一品种也有较多的规格。除少数专业化型钢轧机外，大多数型钢轧机都可以进行多品种和多规格的

图 7-42　各种型钢轧机的布置形式
a—单机架；b—横列式；c—连续式；d—半连续式；e—纵列式

生产。因此，型钢配套轧辊等备品、备件储备量大，换辊也较为频繁，管理工作较为复杂。

（3）轧机类别繁多。采用哪种轧机、生产方式以及布置方式需要根据生产的品种、规模及产品技术条件而定。一般将轧机分为大批量、专业化和小批量、多品种两类。专业化轧机包括 H 型钢轧机、重轨轧机以及特殊型钢轧机（如车轮轧机）等。

7.3.1.2　型钢的轧制工艺特点

型钢一般采用孔型轧制，和板材轧制不同，型钢轧制往往受装备条件、孔型设计等影响，具有以下特点：

（1）加热温度高。高温快烧是目前我国大部分型钢的主要生产工艺特点，为片面追求生产效率，提高型钢产品产量，大部分型钢在生产过程中提高坯料加热温度（＞1250℃）、缩短坯料加热时间（约 2~3h），由此导致坯料组织中原始奥氏体晶粒尺寸的粗大化。

（2）道次变形量小。型钢轧制受其孔型设计的影响，单道次变形量较小，且变形量受其截面影响较大，即截面的变形量分配不均匀。

（3）终轧温度高。型钢终轧温度较板材高约 100~200℃，一般在 900~1100℃ 之间。受轧机能力的影响，大部分型钢无法采用低温轧制技术。同时由于生产流程控制不均匀，终轧温度波动范围较大。

（4）轧后以空冷为主。目前除少数型钢如部分 H 型钢采用轧后冷却外，大部分型钢无法采用轧后控制冷却，往往以空冷为主。由于终轧温度高，冷却速度慢，原始奥氏体晶粒尺寸粗大，因此冷却到室温的最终组织也较为粗大。

（5）截面变形和冷却不均匀。由于型钢截面的不均匀，孔型轧制时无法保证在所有截面获得相同的变形量，局部位置变形量较低。同时，截面的不均匀造成不同部位的冷却速度也不均匀。因此导致型钢在不同截面位置上的组织和性能差异较大。表 7-29 列出了部分型钢轧制工艺与中厚板轧制工艺之对比。

表 7-29　部分型钢轧制工艺与中厚板轧制工艺之对比

项　目	角　钢	厚壁 H 型钢	中厚板
再加热温度/℃	≥1250	≥1200	约 1150
总形变率/%	≤40	≤50	75
终轧温度/℃	约 1050	约 900	约 800
再结晶区道次形变率/%	5～10	5～10	10～15
未再结晶区道次形变率/%	0	0	约 20
冷却条件	空冷（AC）	空冷（AC）	加速冷却（ACC）
截面均匀性	不均匀	不均匀	均　匀

7.3.2　型钢的组织性能均匀性

型钢的截面形状比较复杂，其轧制又采用独特的装备，因此沿截面的组织性能均匀性是型钢关注的重点之一。随着工程结构向大型化和重载化方向的发展，对型钢的综合性能，尤其是截面均匀性的要求更加严格，如 H 型钢，要求全面考核厚度不同的腹板、翼缘和 R 角处的综合力学性能；球扁钢要求全面考核不同尺寸的球头和腹板处的综合力学性能；铁塔用角钢要求考核沿直角边方向的截面均匀性等。微合金化技术被认为是改善型钢截面组织性能均匀性最好的技术手段，本文以 H 型钢和球扁钢为例，介绍 V-N 微合金化技术对其截面组织性能均匀性的改善。

7.3.2.1　H 型钢

V-N 微合金化厚壁 H 型钢一个突出的优点是使截面不同部位的力学性能趋向均匀。如表 7-30 所示，采用 V-N 微合金化后腹板、翼缘、R 角处的抗拉强度、屈服强度差异缩小，最大差值仅为 15MPa。和传统 S355H 型钢相比，截面性能的均匀性显著提高，如图 7-43 所示。

表 7-30　V-N 微合金化高强度 H 型钢不同部位力学性能

取样部位	R_{eL}/MPa	R_m/MPa	A/%	Z/%
腹　板	495/490	625/630	25.5/25.5	67/66
翼　缘	498/500	635/635	26/26.5	64/65.5
R 角	485/480	625/620	23.5/25.5	65/64

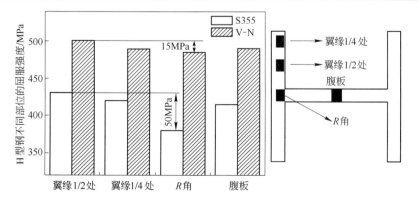

图 7-43　V-N 厚壁 H 型钢与 S355H 型钢截面性能均匀性对比

　　对比 C-Mn 钢、V 钢、V-N 钢 R 角处的显微组织可以看出（图 7-44），三种 H 型钢的显微组织均为铁素体 + 珠光体组织，但其铁素体晶粒尺寸差异较大。普通 C-Mn 钢的平均铁素体尺寸最为粗大，约为 $20\mu m$，V-N 微合金化 H 型钢的平均铁素体晶粒尺寸最为细小，约为 $10\mu m$。由此可见，V-N 微合金化技术有效细化了 H 型钢 R 角处的显微组织[59]。

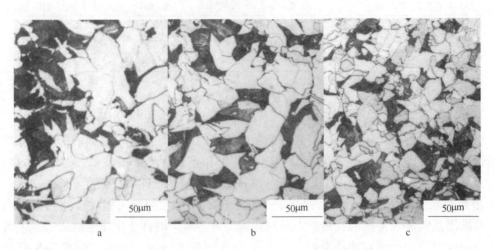

图 7-44　三种不同合金设计 H 型钢 R 角处的显微组织

a—C-Mn 钢；b—V 钢；c—V-N 钢

　　从 H 型钢冷却过程中的模拟温度场可以看出（图 7-45），由于截面的不均匀性，在冷却过程中不同部位的冷却速度是不同的，R 角处冷却速度最慢，翼缘处冷却速度最快。研究发现，翼缘为 30mm 厚的 H 型钢从 850℃ 冷却 600s 后其 R 角处和腹板的温差为 80 ~ 100℃。由此可见，冷却过程中温度场的不均匀是造成 H 型钢性能差异的主要原因。

　　对 V-N 微合金化 H 型钢 R 角、翼缘、腹板处进行相分析试验，重点分析了钢中 MC 结构类型的第二相粒子，结果示于表 7-31。相分析试验结果表明，R 角处钒、氮元素以 MC 结构析

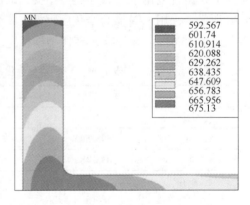

图 7-45　H 型钢冷却过程中的温度场模拟

出的量分别占钢中钒、氮元素总量的 71.2% 和 79.4%，高于翼缘部位钒、氮元素的析出量（67.4%，75.3%）。利用 X 射线小角衍射方法对 R 角、翼缘处萃取的第二相粒子进行粒度分析，结果示于图 7-46。与翼缘处的第二相粒子尺寸相比，R 角处第二相粒子尺寸明显细小，且小于 36nm 的粒子的质量分数明显增加。由此可见，R 角处低的冷却速度促进了钒、氮的析出，析出量较翼缘部位提高 5.7%，同时析出物尺寸也较为细小。第二相钒、氮粒子析出量增大、析出尺寸减小，显著地增强了析出强化效果，弥补了晶粒粗化带来的强度损失，改善了 R 角处的显微组织，提高了截面性能的均匀性。

表 7-31 不同部位 MC 相中各元素的质量分数（%）

部 位	Nb	V	Ti	C	N	Σ
翼 缘	0.0032	0.0741	0.0012	0.0072	0.0128	0.0985
腹 板	0.0034	0.0748	0.0011	0.0074	0.0128	0.0995
R 角	0.0036	0.0783	0.0011	0.0076	0.0135	0.1041

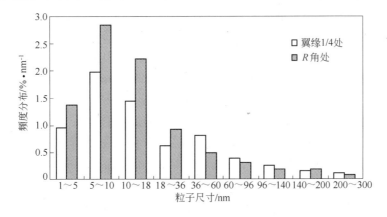

图 7-46 H 型钢 R 角、翼缘处 V(C,N)析出相的尺寸分布

7.3.2.2 球扁钢

球扁钢的截面形状比较复杂，如图 7-47a 所示，在轧制过程中球头心部和腹板部位的

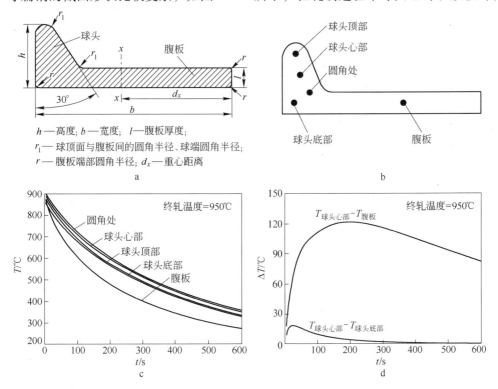

h—高度；b—宽度；l—腹板厚度；

r_1—球顶面与腹板间的圆角半径、球端圆角半径；

r—腹板端部圆角半径；d_x—重心距离

a

b

c

d

图 7-47 试验钢轧后冷却过程中的有限元模拟结果

a—单球扁钢的截面形状；b—模拟位置；c—模拟冷却曲线；d—球头心部和腹板温差

变形量差异较大，导致最终的组织性能也有较大差异。为深入了解这种差异的本质，采用有限元软件 ANSYS 建立了球扁钢轧后冷却过程中的 2D 模型，模拟冷却结果示于图 7-47。由图可以看出，球扁钢在连续冷却过程中球头顶部、心部、圆角、底部以及腹板不同部位的冷却速度是各不相同的，其中圆角和心部冷却速度最慢，腹板冷却速度最快（图7-47c）。图 7-47d 球头心部和腹板温差随冷却时间的演变规律，在冷却约 150s 时两者温差达到最大值（120℃）。球扁钢截面不均匀性是导致球头不同部位以及腹板之间存在冷却速度差异的主要原因。

在有限元模拟冷却模型的基础上，开展了 V-N 微合金化和钒微合金化钢的工业生产试制，钢的化学成分示于表 7-32。两种钢的球头心部、腹板部位的拉伸、冲击性能示于图 7-48。如图所示，从两种球扁钢腹板的屈服强度看，V-N 微合金化球扁钢腹板与钒钢腹板屈服强度相差不大，但从两种球扁钢球头心部的屈服强度看，V-N 微合金化球扁钢球头心部的屈服强度显著高于钒钢（约 55MPa）；对同一种钢来说，V-N 钢球头心部、腹板屈服强度相差不大，仅为 5MPa，但钒钢球头心部、腹板屈服强度则相差较大，约为 45MPa；从两种试验钢的 -40℃ 冲击功方面看，V-N 钢无论是球头心部还是腹板，其低温韧性均显著高于钒钢。因此，采用钒氮微合金化后，球扁钢的综合性能均得到改善，球头心部的屈服强度显著提高，球头心部与腹板的强度差异显著减小，-40℃ 低温冲击韧性显著提高。

表 7-32 工业试制钢的化学成分（质量分数,%）

钢 种	C	Si	Mn	S, P	Ti	V	N
V 钢	0.10	0.47	1.28	≤0.015	0.013	0.062	0.0060
V-N 钢	0.10	0.49	1.25	≤0.015	0.014	0.064	0.0140

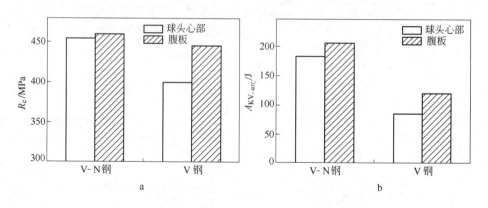

图 7-48 工业试制钢力学性能

a—强度；b—冲击韧性

两种试验钢球头心部、腹板的显微组织示于图 7-49。如图所示，两种试验钢球头心部、腹板的显微组织主要为珠光体铁素体组织，不同部位金相组织主要特征是铁素体晶粒尺寸有差异。钒钢球头心部、腹板铁素体晶粒尺寸差异较大（约为 3.11μm），V-N 钢球头心部、腹板铁素体晶粒尺寸差异较小（约为 1.24μm）。无论是球头心部、圆角还是腹板

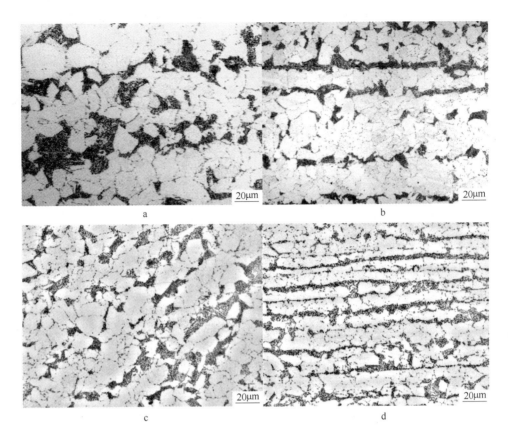

图 7-49 工业试制钢显微组织

a—钒钢球头心部；b—钒钢腹板；c—V-N 钢球头心部；d—V-N 钢腹板

处，V-N 钢的平均铁素体晶粒尺寸均显著小于 V 钢（图 7-50）。由此可见，采用钒氮微合金化后，球扁钢的铁素体晶粒显著细化，尺寸减小，球头与腹板的晶粒尺寸差异显著降低。

采用相分析的方法，对 V-N 钢球头心部、腹板部位的析出粒子进行了定量分析，结果示于表 7-33。钒在球头心部以 V(C,N) 形式析出的质量分数为钢中总钒含量的 67.8%，高于钒在腹板中的析出质量分数（56.71%），因此，V(C,N) 在球头心部的强化作用也必然高于在腹板部位

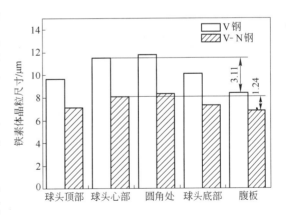

图 7-50 工业试制钢不同部位铁素体
平均晶粒尺寸统计

的强化作用，弥补了球头部位由尺寸因素带来的强度损失。从球扁钢冷却过程中温度场的模拟可以看出，球头心部、腹板冷却速度存在显著差异，其中心部冷却速度显著低于腹板冷却速度。由此可以看出，球头心部较低的冷却速度有利于钒在铁素体中的析出，即增加了钒析出的质量分数，提高了基体的强度。从析出相粒度分布可以看出（图 7-51），V-N

钢球头心部析出的细小 V(C,N)粒子（0～36nm）的数量显著高于腹板处析出物的数量。根据 Hall-Petch 理论，第二相析出物的数量越多，粒度越小，则对屈服强度的贡献越大。

表 7-33　V-N 微合金化球扁钢不同位置处钒的分布情况

钒的存在形式	球头心部/%	腹板/%	钒的存在形式	球头心部/%	腹板/%
V(C,N)	67.80	56.71	固溶于 F 中	25.95	38.61
M_3C	6.25	4.68			

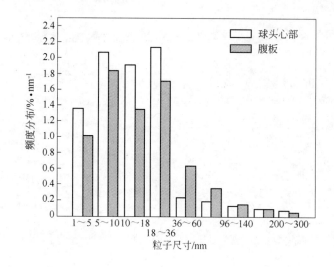

图 7-51　V-N 钢中 V(C,N)粒子的尺寸分布

通过以上的分析可以看出，采用钒氮微合金化设计后，球扁钢的屈服强度、低温冲击韧性显著提高，球头心部与腹板的性能差异减小，不同部位组织均匀性显著提高。钒氮微合金化球扁钢综合性能的大幅度提高，可以用图 7-52 所示的 V-N 微合金化球扁钢的强韧化机理示意图来解释。对于钒钢（图 7-52a，b），由于氮含量相对较低，钢中的钒主要以固溶形式存在，以碳氮化物形式析出的数量较少，析出强化作用不明显。同时由于球头心部、腹板轧后冷却速度以及变形量的不同，钒钢球头心部、腹板铁素体晶粒尺寸存在较大差异，截面性能不均匀。采用钒氮微合金化设计后（图 7-52c、d），氮促进了 V(C,N)粒子的析出，绝大部分钒以 V(C,N)形式析出，显著提高了析出强化作用。同时，球头心部较低的冷却速度进一步促进了钒的析出，且析出物粒度显著减小，大量细小弥散析出的 V(C,N)粒子弥补了心部强度的不足。大量研究结果表明[60,61]，VN 析出物能有效促进晶内铁素体的形成，显著细化铁素体的晶粒尺寸。本文研究结果也表明，V-N 钢球头心部、腹板处铁素体晶粒尺寸差异较钒钢显著减小，钒的析出细化了球头心部显微组织，提高了球头心部低温韧性。

7.3.3　钒微合金化技术在型钢中的应用

7.3.3.1　钢轨钢

微合金化强化是钢轨钢的主要强化方式之一，GB 2585—2009 中列出了各种牌号规格

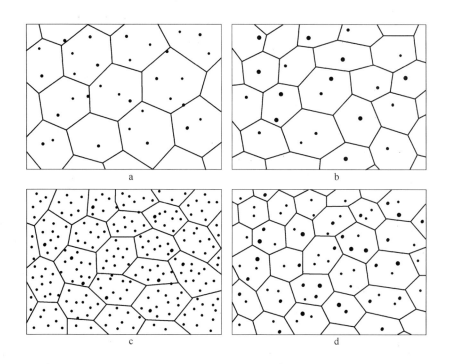

图 7-52 钒钢和 V-N 钢强韧化机理示意图

a—钒钢球头心部；b—钒钢腹板；c—V-N 钢球头心部；d—V-N 钢腹板

的热轧钢轨钢化学成分（表 7-34）。由表可以看出，在热轧钢轨中，钒主要应用在抗拉强度大于 980MPa 的 PD3（U75V）钢轨钢中。

表 7-34 GB 2585—2009 中关于热轧钢轨钢的化学成分要求范围

牌 号	化学成分(质量分数)/%						
	C	Si	Mn	S	P	V	Nb
U74	0.68 ~ 0.79	0.13 ~ 0.28	0.70 ~ 1.00	≤0.030	≤0.030	≤0.030	≤0.010
U71Mn	0.65 ~ 0.76	0.15 ~ 0.35	1.10 ~ 1.40	≤0.030	≤0.030		
U70MnSi	0.66 ~ 0.74	0.85 ~ 1.15	0.85 ~ 1.15	≤0.030	≤0.030		
U71MnSiCu	0.64 ~ 0.76	0.70 ~ 1.10	0.80 ~ 1.20	≤0.030	≤0.030		
U75V	0.71 ~ 0.80	0.50 ~ 0.80	0.70 ~ 1.05	≤0.030	≤0.030	0.04 ~ 0.12	
U76NbRE	0.72 ~ 0.80	0.60 ~ 0.90	1.00 ~ 1.30	≤0.030	≤0.030	≤0.030	0.02 ~ 0.05
U70Mn	0.61 ~ 0.79	0.10 ~ 0.50	0.85 ~ 1.25	≤0.030	≤0.030		≤0.010

钒在钢轨钢中的强化作用非常明显，研究表明，在空冷条件下加入 0.16% V 可获得 100MPa 的强度增量，而在控冷条件下则可获得 200MPa 的强度增量。对于 0.09% V 钢，钒的加入不仅可以有效提高钢的强度，且韧性也有较大改善，此时强韧性配合较好，如图 7-53 所示。该研究还表明，无论是空冷还是控冷，氮含量的增加会促进碳氮化钒的沉淀析出，但对 PD3 钢的强韧性关系无明显影响。因此高碳钢中碳氮化钒的沉淀析出对性能的影响不像在中、低碳钢那样显著。

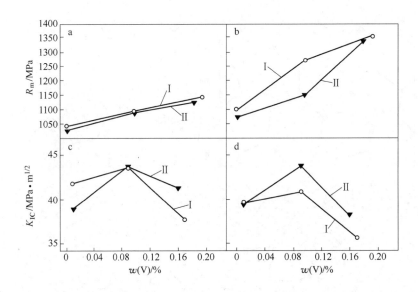

图 7-53　V 含量对 PD3 钢强韧性的影响

a，c—空冷；b，d—控冷

Ⅰ—0.0060% V；Ⅱ—0.0120% V

钒在钢轨钢中的一个重要作用是钒可以使 C 曲线右移，从图 7-54 中的 U74 和 PD3 钢轨钢的 C 曲线比较可以看出，PD3 钢轨钢的 C 曲线明显右移。PD3 钢轨钢中的碳、锰元素含量和 U74 基本相同，硅元素含量略有差异但不显著，唯一差异较大的是钢中的钒含量。由于硅元素对珠光体转变的影响不大，因此钒含量的差异是造成 C 曲线右移的主要原因。在发生珠光体转变前，大部分的钒仍然固溶在奥氏体中，这部分的钒增加了过冷奥氏体的稳定性，推迟了珠光体转变。

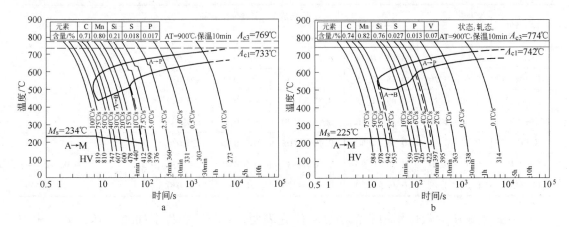

图 7-54　U74 和 PD3 钢轨钢的 CCT 转变曲线

a—U74；b—PD3

因此，钒在钢轨钢中主要是以合金渗碳体和固溶于铁素体的形式存在，沉淀析出较少。其强韧化作用主要是通过降低珠光体转变温度，减小珠光体片层间距来实现的。

我国早在"七五"期间就开始开发含钒微合金 PD3 钢轨，PD3 钢轨是在普通碳素轨的基础上提高碳、硅含量，并加入钒微合金元素（表7-35、表7-36）。大量的铺设结果表明，PD3 钢轨的使用寿命，特别是耐磨性能较 U71Mn 钢轨显著提高。钢轨不涂油使用时，PD3 钢轨的平均磨损率是 U74 热处理钢轨的 1/3，英钢联热处理钢轨的 1/2，U74 和 U71Mn 普轨的 1/4.8、1/6。涂油处理时，其耗损量不到 U71Mn 普轨的 1/10（表7-37）。

表 7-35 PD3 钢轨钢的化学成分（%）

钢 种	C	Si	Mn	V	P, S
PD3	0.75 ~ 0.81	0.60 ~ 0.90	0.70 ~ 1.05	0.05 ~ 0.12	≤0.035

表 7-36 PD3 钢轨钢的力学性能

类 别	$R_{p0.2}$/MPa	R_m/MPa	A_5/%	a_{KU}/J·cm^{-2}	K_{IC}/MPa·m$^{1/2}$
要求值	≥880	≥1275	≥10	—	—
实际值	890 ~ 1010	1290 ~ 1370	10 ~ 13	20 ~ 32	44.0 ~ 50.5

表 7-37 PD3 钢轨的磨耗和其他钢轨比较

区段里程	曲线半径 R/m	钢轨	铺设时间	使用时间/月	通过总重/Mt	最大侧磨/mm	平均侧磨/mm	磨损率/mm·Mt^{-1} 最大	磨损率/mm·Mt^{-1} 平均	磨损率比值 PD$_3$淬/其他轨	涂油状态
京包线 K254	580	PD$_3$淬	1992-02-23	50	443.2	9.5	3.73	0.0214		1/6	不涂油
		U74 普	1990-11-16	15	120.0	15.4		0.1283			
北环线 K4	400	PD$_3$淬	1992-03-25	49	312.5	7.5	3.28		0.0105	1/3	
		U74 淬	1994-04-25	24	153.0		5.10		0.0333		
太焦线 K369	295	PD$_3$淬	1992-05-08	48	280.13	3.2	1.22	0.0123		<1/10	涂油
		U74Mn	1991-06-01	10	56.9	12.5	9.8	0.2190			
广水段京广线	K1031	485	PD$_3$淬	1994-10-22	18	189.0	6.8	3.93		0.0208	1/3	不涂油
		U74 淬	1992-12-05	22	220.4	18.5			0.063		
	K1036	479	PD$_3$淬	1994-10-20	18	189.0	8.5	6.47	0.0450		1/4.8	
		U74 普	1994-01-13	7	73.5	16.0		0.2176			
郴州段京广线	K1813	400	PD$_3$淬	1994-11-22	17	83.56	2.5	1.1		0.0132	1/2	涂油
		英淬	1993-09-28	31	186.0	7.5	4.6		0.0274		
	K1898	450	PD$_3$淬	1994-11-14	17	101.1	0.2		0.0019		<1/10	
		U71Mn	1993-06	16	95.1	16.0		0.1682			

早在 20 世纪 80 年代初，日本钢管公司（NKK）在碳素钢的基础上加入少量的铬、钒合金元素并开发出 NKK-AHH 低合金钢轨。这种钢轨首次采用欠速淬火冷却，有效地提高了焊缝区的硬度，使其和母材硬度相当。其化学成分示于表7-38，由于该钢轨性能优越，在北美地区获得广泛应用。

表 7-38   日本钢管公司 AHH 钢轨化学成分及性能（离线热处理）

钢种	化学成分/%							力学性能		
	C	Mn	Si	P(≤)	S(≤)	Cr	V	R_t/MPa	A/%	HB
AHH	0.72 ~ 0.82	0.80 ~ 1.0	0.40 ~ 0.60	0.03	0.02	0.40 ~ 0.60	0.04 ~ 0.07	1225	>10	350 ~ 405

90 年代初，日本钢管公司又采用在线热处理法研制生产出 Cr-V 系低合金余热淬火轨（NKK-THH 轨）。THH 轨有两种强度级别：THH340 和 THH370。这种余热淬火轨，轨头硬化层深度达 35mm 以上，硬度梯度小而均匀，抗疲劳性能好，且焊后焊缝区不软化。该钢轨的化学成分和力学性能示于表 7-39。

表 7-39   日本钢管公司 THH 钢轨化学成分及性能

钢种	化学成分/%							力学性能		
	C	Mn	Si	P(≤)	S(≤)	Cr	V	R_t/MPa	A/%	HB
THH340	0.72 ~ 0.82	0.70 ~ 1.10	0.10 ~ 0.55	0.03	0.02	<0.2	<0.03	1210	13.4	321 ~ 375
THH370A	0.72 ~ 0.82	0.80 ~ 1.10	0.40 ~ 0.60	0.03	0.02	0.40 ~ 0.60	<0.10	>1230	≥10	350 ~ 405
THH370S	0.70 ~ 0.82	0.80 ~ 1.10	0.10 ~ 0.50	0.03	0.02	≤0.20	<0.03	>1180	≥10	341 ~ 388

近年来，欧洲在 R65 钢轨钢的基础上开发出含钒贝氏体钢轨[62]，其化学成分和力学性能示于表 7-40 和表 7-41。研究表明，含钒贝氏体钢轨钢不仅具有良好的力学性能，其同时具有较好的加工性能（剪切、磨整、钻孔）以及冷矫性能。Bhadeshia[63] 的研究也表明，与珠光体铁素体类型钢轨相比，贝氏体类型钢轨具有较低的磨损率（图 7-55）。

表 7-40   典型贝氏体钢轨钢的化学成分（%）

钢 种	C	Mn	Si	P	S	Cr	Mo	V	N	Al
É2	0.32	1.48	1.21	0.017	0.005	1.00	0.2	0.13	0.012	0.010

表 7-41   典型贝氏体钢轨钢的力学性能

钢种	热处理(℃)	HB_{trs}	HB_{10}	HB_{22}	HB_W	HB_{fl}	Hb_{fl}	R_e/MPa	R_m/MPa	A/%	Z/%	a_{KU}/J·cm^{-2}	
												20℃	-60℃
É2	HR	375	375	363	363	375	375	880; 890	1270; 1290	17; 15	33; 25	32; 37	11; 17
	N(870)	388	388	388	375	388	388	1050; 1020	1300; 1290	14; 12	37; 35	35; 37	14; 18
	HR + T(420)	375	375	375	388	388	388	1020; 1060	1240; 1280	15; 14	49; 48	74; 73	33; 23
	HR + T(420) + S	375	375	375	388	375	388	1200; 1280	1290; 1280	16; 15	47; 49	47; 45	18; 15

钢种	热处理(℃)	HB_trs	HB₁₀	HB₂₂	HB_W	HB_fl	Hb_fl	R_e/MPa	R_m/MPa	A/%	Z/%	a_{KU}/J·cm⁻²	
												20℃	-60℃
É2	HR + T(420) + S + T(420)	375	375	375	388	375	388	1200;1280	1290;1280	15;14	49;48	46;45	17;16
	N(870) + T(350) + S	388	388	388	375	388	388	1100;1050	1290;1300	13;14	37;35	78;83	28;25
	N(870) + T(460) + S	388	388	375	375	388	388	1010;1010	1290;1300	12;13	29;29	32;30	12;12

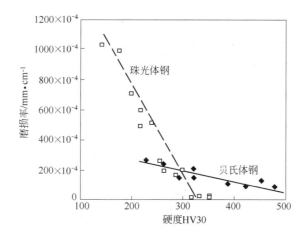

图7-55 珠光体钢和贝氏体钢磨损率与硬度关系对比

7.3.3.2 高强度铁塔角钢

电力行业的快速发展对输电铁塔用角钢提出了高强度、高韧性、易焊接等要求。我国每年用于 110~500kV 输变电线路上铁塔用钢材总量在 200 余万吨,其中型材占 84% 左右,其需求量每年递增 10% 左右。长期以来,我国输变电铁塔所用钢材局限于 C-Mn 系 Q235 钢和 Q345 钢两种强度等级。表7-42 为 Q420、Q460 角钢与 Q345 角钢在建造铁塔时的承载力和重量的对比,可以看出,和传统角钢相比,高强度铁塔角钢具有安全性、重载性以及经济性等优点。此外,传统铁塔角钢的质量等级较低,主要以 A 级、B 级为主,缺乏高质量等级的 C 级角钢,这些低质量等级的钢种已经不能适应输变电铁塔,甚至在极端气候条件下产生严重的破坏,如 2008 年我国南方发生的冰冻雪灾导致输变电塔大量破坏,造成巨大损失。随着我国 750kV 和 1000kV 高压输变线路的铺设以及高压线路远距离、大功率和低耗损的发展,高压重载是电力铁塔的基本特点,18mm 以下的传统尺寸规格、20mm 以下的厚规格角钢已不能满足铁塔的建造要求。综合上述可以看出,传统铁塔角钢主要存在强度等级低、质量等级低、规格尺寸少等特点,急需开发出经济节约型的高强度、高质量等级以及大规格的铁塔角钢。

表 7-42　不同强度等级钢材建造输电铁塔的承载力和重量对比

钢材品种	稳定系数	承载力/kN	与 Q345 的承载力比值	与 Q345 比较节省钢材量/%
Q345	0.8180	1244.2	1.00	—
Q420	0.7860	1465.5	1.18	7~10
Q460	0.7690	1565.9	1.26	10~18

　　微合金化强化是高强度铁塔角钢的主要强化方式之一。在 YB/T 4163—2007 中对热轧铁塔角钢的化学成分做了详细的要求（如表 7-43 所示），其中 V 广泛应用在 Q345/Q420/Q460 高强度铁塔角钢中，其加入方式可以采用钒铁和钒氮合金两种方式。

表 7-43　YB/T 4163—2007 中关于热轧铁塔角钢的化学成分要求范围（%）

牌号	C(≤)	Si(≤)	Mn(≤)	S(≤)	P(≤)	V	Nb	Ti
Q235T	0.20	0.35	1.40	0.045	0.045			
Q275T	0.21	0.35	1.50	0.045	0.045			
Q345T	0.20	0.55	1.70	0.040	0.040	0.01~0.15	0.005~0.060	0.01~0.20
Q420T	0.20	0.55	1.70	0.040	0.040	0.02~0.15	0.005~0.060	0.01~0.20
Q460T	0.20	0.55	1.70	0.040	0.040	0.02~0.15	0.005~0.060	0.01~0.20

　　在传统的 16MnV 角钢中，通常需要添加 0.07%~0.10% 较高的钒才能达到屈服强度高于 420MPa 的要求，钒的析出强化作用未能得到充分发挥。从资源节约和追求成本最低化的角度考虑，单独利用钒微合金化提高角钢强度的技术思路受到极大的制约。而采用 V-N 复合微合金化技术，可使加入钢中的钒绝大部分转化为以 V(C,N) 形式存在的析出钒，显著提高钢的强度；在保证强度满足要求的前提下，可进一步减少钒的添加量，降低生产成本。不同钒、氮含量对角钢抗拉强度的影响规律（图 7-56）的研究结果表明，随着钒、氮的增加，角钢的屈服强度/抗拉强度显著上升。在 C-Mn 钢基础上仅添加约 0.04% 以上的钒就可以满足 Q420 角钢的强度设计要求，添加约 0.06% 以上的钒就可以满足 Q460 角钢的强度设计要求。从角钢的显微组织可以看出（图 7-57、图 7-58），随着钒、氮含量的增加，铁素体晶粒尺寸更细小。钒氮复合微合金化设计显著细化了角钢的铁素体组织的同时，又提高了钢的强度。

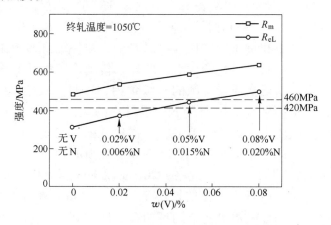

图 7-56　钒、氮含量对角钢强度的影响

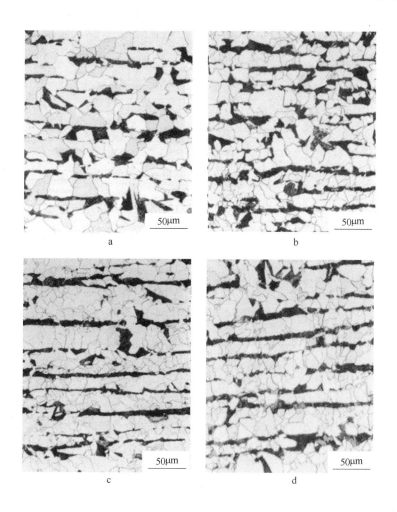

图 7-57 不同钒、氮含量角钢的铁素体显微组织

a—16Mn；b—0.02%V-0.006%N；c—0.05%V-0.015%N；

d—0.08%V-0.020%N

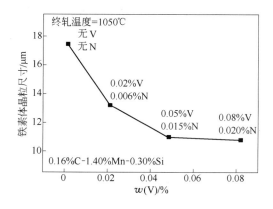

图 7-58 钒、氮含量对角钢铁素体晶粒尺寸的影响

利用上述研究结果，相继成功开发出 Q420、Q460 钒氮微合金化角钢，其化学成分和力学性能示于表7-44、表7-45。与16MnV 钢进行对比，V-N 微合金化 Q420 角钢中钒的用量降低约一半，大幅度降低了生产制造成本。

表 7-44　V-N 微合金化 Q420 角钢的化学成分和力学性能

牌号	化学成分/%							力学性能			
Q420	C	Si	Mn	S	P	V	N	R_m/MPa	R_{eL}/MPa	A/%	A_{KV}(室温)/J
平均	0.16	0.40	1.48	0.025	0.030	0.05	0.012	600	460	26	65
最大	0.20	0.45	1.68	0.040	0.040	0.07	0.015	670	525	29	92
最小	0.14	0.30	1.40	0.020	0.020	0.03	0.008	570	420	23	47

表 7-45　V-N 微合金化 Q460 角钢的化学成分和力学性能

牌号	化学成分/%							力学性能			
Q460	C	Si	Mn	S	P	V	N	R_m/MPa	R_{eL}/MPa	A/%	A_{KV}(室温)/J
平均	0.16	0.40	1.40	0.025	0.030	0.08	0.013	700	510	27	56
最大	0.20	0.45	1.60	0.035	0.040	0.10	0.016	730	550	29	80
最小	0.12	0.30	1.30	0.020	0.020	0.07	0.008	650	480	23	40

由于角钢生产条件的制约，大尺寸规格条件下提高强度、改善韧性水平都是十分困难的。通过钒氮的合理设计，适当降低钢中碳含量水平，依靠钒氮钢的强烈析出强化和晶粒细化的作用，钒氮高强度角钢获得了良好的强韧性配合。从大批量工业生产的实际性能数据可以看出，钒氮微合金化 Q420 铁塔角钢在满足屈服强度大于 420MPa 的条件下，钢的质量等级由 B 级全部拓展到 C 级，0℃冲击功均高于 50J，且冲击值相对较为稳定（图7-59），满足了用户的使用要求。

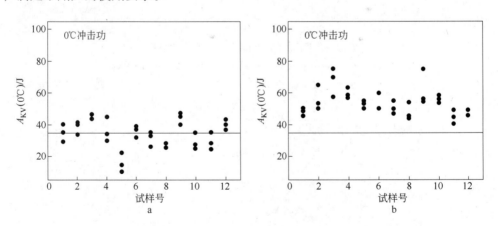

图 7-59　传统 Q420 角钢与 V-N 微合金化 Q420 角钢冲击性能对比
a—传统 Q420 角钢；b—V-N 微合金化 Q420 角钢

尺寸效应对角钢的性能有较大影响。当角钢厚度增大时，角钢的强度和韧性均降低。但是，厚度达到32mm、边长大于200mm 的大号高强度角钢，又是国家电网 750kV 以上超高压输变电发展的新需求，必须设法解决。通过调整钒氮微合金化的合金设计，结合轧制生产工艺和冷却工艺的控制，开发出了满足性能指标要求的大规格高强度角钢产品，钢的化学成分和力学性能示于表 7-46 和表 7-47。所研制生产的钒氮微合金化大号高强度角钢力学性能稳定，各项性能满足技术指标要求，满足了我国电力行业发展超高压输变电塔用关键结构材料的急需。

表 7-46 大号铁塔角钢（32mm 厚，20 号）化学成分设计（%）

合 金	C	Si	Mn	S	P	V	N
V-N	0.16	0.30 ~ 0.55	1.25 ~ 1.45	≤0.010	≤0.015	0.08 ~ 0.12	0.016

表 7-47 厚度 32mm 的 20 号角钢力学性能

取样部位	R_{eL}/MPa	R_m/MPa	A/%	$A_{KV}(20℃)$/J
边长 1/3 处	465/460	685/590	25.5/25.5	67/66/58

7.3.3.3 厚壁 H 型钢

H 型钢作为一种异型结构钢，在坯料加热、轧制、冷却方式上均和普通中厚板存在显著的差异（参见表 7-29）。高强度中厚板在轧制过程中多采用"低温大压下"的控制轧制生产方式，而厚壁 H 型钢只能采用"高温、轻压下"的传统生产方式[64]。采用这种传统的轧制工艺，厚壁 H 型钢就得到了比中厚板更为粗大的铁素体 + 珠光体组织，钢的性能较中厚板显著降低，尤其是 H 型钢截面不同部位的组织性能差异较大。为使厚壁 H 型钢获得高强度高韧性，同时改善截面组织性能的不均匀性，必须采用新的生产工艺。V-N 微合金化技术被认为是提高 H 型钢综合性能、改善其截面组织性能均匀性的最好技术手段。

针对厚壁 H 型钢的工艺特点，为了获得细晶粒的组织，人们研究了利用钒、氮形成晶内铁素体（IGF）的技术来细化组织的方法，并与再结晶控轧工艺（RCR）相结合，此即为第三代 TMCP 工艺，该工艺的核心是由钒、氮诱导 IGF 与 RCR 工艺组合而成。在合金设计上，钢中必须含有较高的钒、氮含量，以利于钒、氮在奥氏体中析出。在轧制工艺方面，首先应尽可能选择低的加热温度，以便获得细小均匀的奥氏体组织。V-N 钢中 V(C, N) 相对较低的固溶温度为低温加热创造了条件。具体的轧制工艺分为两个阶段：第一阶段是在高温的再结晶区轧制，通过奥氏体反复再结晶来细化奥氏体晶粒；第二阶段是在钒、氮析出温度范围变形诱导钒、氮在奥氏体中析出，为铁素体相变提供形核核心，增加铁素体的形核密度，达到细化铁素体晶粒的目的。日本川崎钢铁公司应用该技术开发一种壁厚为 80mm 的高强度 H 型钢产品，其化学成分和性能见表 7-48、表 7-49。该钢的屈服强度大于 355MPa，并且厚度截面方向性能基本均匀一致。

表 7-48 日本川崎钢铁公司开发 V-N 微合金化 H 型钢的化学成分

钢 种	化学成分/%					其他元素
	C	Si	Mn	Al	V	
V-N H 型钢	0.13	0.38	1.38	0.028	0.05 ~ 0.10	Cu, Ni, N
传统 H 型钢	0.15	0.38	1.50	0.030	—	Cu, Ni

表7-49　日本川崎钢铁公司开发 V-N 微合金化 H 型钢的力学性能

钢　种	位　置	R_m/MPa	R_{eL}/MPa	A/%	A_{KV}/J
V-N H 型钢	$1/4t$	545	400	29	205
	$2/4t$	535	375	29	200
	$4/4t$	550	390	29	160
传统 H 型钢	$1/4t$	570	360	33	140
	$2/4t$	550	350	33	80

　　·最近，我国采用该技术成功地开发出了屈服强度为 450MPa 级的 55C 高强度 H 型钢，其化学成分和力学性能见表 7-50、表 7-51。该钢采用 V-N 微合金化的合金设计，碳当量控制在不大于 0.42%，确保了该钢优良焊接性的要求。轧制状态下，壁厚为 30mm 的厚规格 H 型钢铁素体晶粒尺寸达到 11 级，实际的屈服强度在 480MPa 以上。

表7-50　55C 高强度 H 型钢的化学成分（%）

牌号	C	Si	Mn	P	S	V	N	Ceq
55C	0.15 ~ 0.17	0.46 ~ 0.50	1.38 ~ 1.45	0.013 ~ 0.028	0.018 ~ 0.028	0.101 ~ 0.128	0.018 ~ 0.021	0.38 ~ 0.42

表7-51　55C 高强度 H 型钢不同部位力学性能

取样部位	R_{eL}/MPa	R_m/MPa	A/%	Z/%
腹　板	495/490	625/630	25.5/25.5	67/66
翼　缘	498/500	635/635	26/26.5	64/65.5
R 处	485/480	625/620	23.5/25.5	65/64

7.3.3.4　球扁钢

　　大型船舶在设计时其主船体大多选用球扁钢作扶强材，与船体钢板焊接或其他方式连接组成各种结构，用于扶强及防挠，主要应用在船体中的船头、双层底、斜边舱、甲板、货舱、驾驶室等。典型的球扁钢截面形状示于图 7-47a，球扁钢由球头和腹板两部分组成，即断面的一端近似为球形，使其不易弯曲变形。同时球头和腹板尺寸差异非常悬殊，最大比例达到 4∶1，因此球扁钢在轧制成型过程中通常球头和腹板性能差距较大，尤其是球头部位的综合性能往往只有腹板的 2/3。因此，钒及钒氮微合金化技术常用于球扁钢的合金设计中。

　　GB/T 9945—2009 中对 315MPa 及以上的高强球扁钢规定了化学成分要求，可以添加 0.05% ~ 0.10% 的钒进行微合金化处理，如表 7-52 所示。

表7-52　GB/T 9945—2009 中关于热轧球扁钢的化学成分要求范围（%）

钢　类	钢等级	C	Mn	Si	P	S	Als	Nb	V	Ti
高强度钢	A32	≤0.18	0.90 ~ 1.60	≤0.50	≤0.035	≤0.035	≥0.015	0.02 ~ 0.05	0.05 ~ 0.10	≤0.02
	D32				≤0.035	≤0.035				
	E32				≤0.035	≤0.035				
	A36				≤0.035	≤0.035				
	D36				≤0.035	≤0.035				
	E36				≤0.035	≤0.035				
	A40				≤0.035	≤0.035				
	D40				≤0.035	≤0.035				

表 7-53、表 7-54 为典型 14 号 D36 球扁钢的化学成分，通过添加约 0.04% 的钒，同时提高钢中氮含量（0.01%），D36 球扁钢球头和腹板部位屈服强度均有较大富余，其中球头部位屈服强度为 445～450MPa，腹板处屈服强度为 480MPa，球头腹板的强度差异为 30～35MPa。

表 7-53 钒氮微合金化 14 号 D36 球扁钢化学成分

牌 号	化学成分/%							
	C	Mn	Si	S	P	V	N	Ti
D36	0.06	1.50	0.28	0.002	0.009	0.04	0.0100	0.014

表 7-54 钒氮微合金化 14 号 D36 球扁钢力学性能

试样部位	R_{eL}/MPa	R_m/MPa	A/%	Z/%	冷弯	$A_{KV}(-20℃)$/J		
球 头	445/450	550/555	33/33	82/79	—	224	234	229
腹 板	480/480	555/550	32/31	—	完好	236	245	232

表 7-55、表 7-56 为典型 18 号 390MPa 级 D40 球扁钢化学成分和力学性能。D40 球扁钢在 D36 球扁钢基础上进一步提高钒含量为 0.06%，同时将氮含量控制在 0.0120%～0.0160% 范围内。D40 球扁钢球头屈服强度为 545～580MPa，腹板屈服强度为 555～600MPa，球头和腹板差异缩小到 20MPa 以内。

表 7-55 钒氮微合金化 18 号 D40 球扁钢化学成分 （%）

D40	C	Mn	Si	S	P	V	N	Ti
平 均	0.10	0.95	0.50	0.003	0.008	0.06	0.0140	0.014
上 限	0.11	1.01	0.55	0.005	0.010	0.07	0.0160	0.017
下 限	0.09	0.90	0.45	0.001	0.006	0.04	0.0120	0.013

表 7-56 钒氮微合金化 18 号 D40 球扁钢力学性能

D40	R_m/MPa	R_{eL}/MPa	A/%	Z/%	$A_{KV}(-20℃)$/J	冷 弯
球 头	545～585	420～445	31～34	74～76	180～210	—
腹 板	555～600	420～460	31～36	74～78	220～240	完 好

在 D36、D40 球扁钢的基础上开展了更高强度级别 440MPa 级 D45 球扁钢的研究工作，表 7-57、表 7-58 为 14 号 D45 球扁钢的化学成分和力学性能。D45 球扁钢同样采用钒氮微合金化技术，钢中添加 0.07%～0.09% V 和 0.015%～0.0190% N，同时，为进一步改善 D45 球扁钢的韧性，采用了热轧＋回火的热处理工艺，回火温度为 600～660℃。

表 7-57 钒氮微合金化 14 号 D45 球扁钢化学成分 （%）

D45	C	Mn	Si	S	P	V	N	Ti
平 均	0.10	1.08	0.50	0.002	0.009	0.08	0.0170	0.013
上 限	0.11	1.20	0.60	0.004	0.010	0.09	0.0190	0.016
下 限	0.09	1.00	0.40	0.001	0.008	0.07	0.0150	0.012

表 7-58　钒氮微合金化 14 号 D45 球扁钢力学性能

D45	R_m/MPa	R_{eL}/MPa	$A/\%$	$Z/\%$	$A_{KV}(-20℃)/\text{J}$	冷　弯
球头	595 ~ 620	485 ~ 505	28 ~ 31	75 ~ 76	145 ~ 160	—
腹板	595 ~ 610	490 ~ 500	28 ~ 32	74 ~ 76	150 ~ 180	完　好

7.4　热轧钢板和带钢

钒在板带钢中有广泛的应用。微合金化技术的发展，某种程度上说也是从高强度板带产品的发展而起步的，特别是大直径管线用中厚板和热轧带钢生产技术的发展，促进了人们对微合金化合金设计、生产工艺及其与钢的最终组织、性能关系的研究。其实早在微合金化概念提出之前，钒就在板带钢中得到了应用[65]。1934 年，美国钒公司[66]就开发出了 0.18% C-1.45% Mn-0.08% ~ 0.10% V 的热轧钢板，屈服强度达到 345MPa。1945 年，Neumeister 和 Wiester[67]在碳锰钢中添加 0.1% V 可提高钢的屈服强度达到 390MPa。到 20 世纪 60 年代，伴随微合金化技术的发展，钒在高强度热轧板带钢中得到了越来越广泛的应用。20 世纪 60 年代初期，美国伯利恒钢铁公司[68]在 C-Mn 钢中采用 V-N 微合金化技术开发出屈服强度达到 320 ~ 460MPa 级的系列高强度钢板。到 1975 年左右，通过钒微合金化结合控轧控冷工艺，依靠钒的析出强化和细晶强化，美国 Jone & Laughlin 公司[69]开发出屈服强度达到 550MPa 的高强度钒微合金化热轧带钢（VAN80 钢）。

微合金化技术早期的大量研究[70~76]是针对高强度管线钢的发展需求而展开的。Nb-V 复合微合金化高强度管线钢，包括 X60、X65、X70 等系列钢种，是微合金钢发展历史上的重要里程碑，这些钢种成功应用于世界各国管线工程的建设，同时也推动了钒微合金化与控轧控冷技术的不断完善和发展。20 世纪 80 年代，针对 V-Ti 微合金化钢的合金设计，发展了与传统低温控轧工艺（Nb 微合金化钢）不同的控制轧制路线，称为再结晶控制轧制（RCR）技术[77,78]。该技术拓展了微合金化在高强度钢板生产方面的应用领域。20 世纪 90 年代，采用 VN 晶内铁素体（IGF）形核技术与 RCR 工艺结合，形成了第三代 TMCP 工艺[60,79~81]。钒氮钢中依靠终轧阶段形变诱导 VN 在奥氏体中的析出，促进 IGF 形核，细化了铁素体组织。这一新工艺技术不仅发挥钒的传统沉淀强化优势，还利用 VN 促进 IGF 形核起到了晶粒细化作用，在高强度厚板产品的生产中得到了良好应用。进入 21 世纪，研究发现[82,83]纳米级 V(C,N)颗粒在贝氏体中析出起到了明显的强化作用，显示了钒微合金化在高强度热轧贝氏体钢中的良好发展前景。

实际上，钒在热处理钢中的应用比钒作为微合金化元素的历史要长得多。20 世纪初，英国和法国的研究结果表明，在淬火回火的工程用钢中，钒合金化能大幅提高钢的强度。钒对钢的淬透性有明显影响，添加钒显著增加钢的淬透性[84~89]。回火过程中，细小碳氮化钒的析出提高钢的强度，产生明显的二次硬化效应，改善钢的抗回火稳定性[90~92]。由于钒的碳氮化物在钢中溶解度高，正常的正火温度范围内，大部分钒能够溶解于奥氏体中，在随后的冷却过程中析出产生沉淀强化作用，提高正火钢的强度。钒在淬火回火的热处理工程用钢以及正火钢中都有广泛的应用。

7.4.1　钒在热轧板带钢中的作用

Morrison[93]概括性地总结了钒、铌、钛三种微合金化元素在钢铁生产过程中的不同作用，见表 7-59。钒、铌、钛三种微合金化元素的析出强化作用与钢的生产工艺有密切关系。对热轧产品，钒的碳化物和氮化物、铌的碳氮化物以及钛的碳化物均能起到析出强化的作用。但对正火钢，只有 VC 能够起到析出强化作用，而 VN、Nb(C,N)和 TiC 在正常的正火温度下能够保持未溶解状态从而起到阻止晶粒长大、细化晶粒的作用。TiN 具有最高的稳定性，在钢坯加热的高温奥氏体条件下保持未溶状态，因此，钛微合金化技术通常被用于控制加热过程中的奥氏体晶粒长大。铌是对热轧过程中奥氏体再结晶影响最大的元素，如图 2-35 所示，微量的铌显著提高钢的再结晶终止温度，因此，含铌钢能够在较宽的温度范围轧制产生未再结晶的形变奥氏体，从而有效地细化了相变后的铁素体晶粒。铌还是强烈影响轧后相变过程的微合金化元素。

表 7-59　微合金化元素的作用

微合金元素	热轧后的析出强化	正火后的析出强化	热轧期间影响再结晶	正火温度下细化晶粒尺寸	高温奥氏体时细化晶粒化	热轧之后影响相变特征
V	VN, VC	VC		VN		
Nb	Nb(C,N)		Nb, Nb(C,N)	Nb(C,N)		Nb
Ti	TiC			TiC	TiN	

从表 7-59 中可以看出，钒、铌、钛三种微合金化元素在钢中的作用是不同的，这主要与它们的碳化物和氮化物的固溶析出规律，也即它们在不同温度范围的稳定性和溶解度有密切关系。总体来说，钒主要在钢中起析出强化的作用，铌主要是通过影响热变形奥氏体的再结晶过程，并与控轧控冷工艺相结合来细化铁素体晶粒，TiN 主要被用于控制钢坯加热过程中奥氏体晶粒长大以改善钢的韧性，也被用于控制焊接热影响区的晶粒长大而改善钢的焊接性。下面主要介绍钒在热轧板带品种中所发挥的一些作用。

7.4.1.1　析出强化

A　热轧产品

钒是最常用的微合金析出强化元素，可适用各种不同成分的钢种，从低碳的铁素体钢一直到高碳的珠光体钢。钒在热轧钢板中有明显的强化作用。图 7-60 示出了钒含量对热轧中板拉伸强度的影响，微量钒（0.05% ~ 0.10%）的加入明显提高热轧钢板的强度水平。

如前面第 3 章、第 4 章中所述，钒的析出强化作用强烈依赖于钢中氮含量水平。如图7-61 所示，在常规轧制和控制轧制的含钒钢中，随钢中氮含量水平的提高，钒的析出强化效果呈线性递增关系。图中可见，在低氮含量水平下（0.005% N），0.09%V 钢中的析出强化水平约为 100MPa，但当钢中氮含量增加到 0.019% 时，其析出强化效果增加了一倍，达到 200MPa 以上。但是对正火钢，其析出强化作用明显减弱。并且，正火钢中钒的析出强化作用随氮含量的增加并不是呈线性递增的关系，在一定的氮含量水平下达到饱和。钒在正火钢中的作用下一节再详细描述。

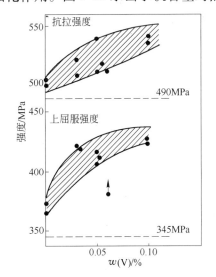

图 7-60　钒含量对热轧中板强度的影响[94]

　　轧制工艺对钒的析出强化影响较小。图 7-62 显示了终轧温度对含钒钢的析出强化效果的影响。图中可见，在 800~950℃ 的终轧温度范围内，随终轧温度的降低，V-N 钢的屈服强度有所增加，但这一强度增加主要是由晶粒细化带来的强度贡献。而析出强化作用随轧制温度变化几乎没有发生改变。

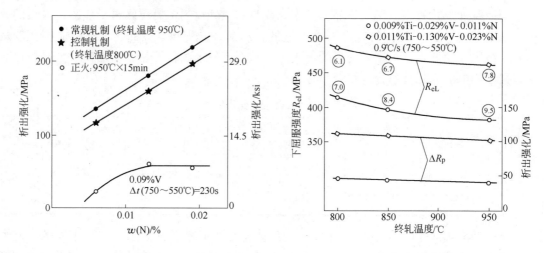

图 7-61　氮含量对含钒热轧钢板析出强化的影响[95]　　　图 7-62　终轧温度对钒析出强化的影响[96]

　　轧后冷却工艺参数对钒的析出强化有明显影响。图 7-63 显示了冷却速度和加速冷却

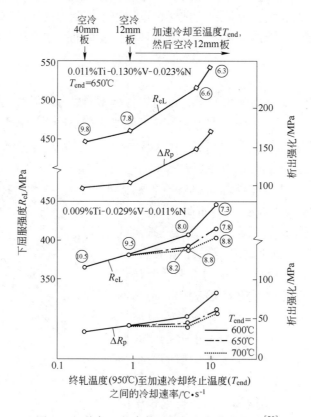

图 7-63　冷却工艺参数对钒析出强化的影响[96]

的终止温度对钒析出强化的影响。快速冷却明显提高钒的析出强化效果。但这一强化作用的提高与加速冷却的终止温度有关。当加速冷却的终止温度低于600℃时，快速冷却对钒的析出强化效果的提高是明显的。但如果加速冷却的终止温度过高，相变发生时冷却速度减慢，导致晶粒尺寸粗大，从而得到较粗大的析出相，析出强化的效果也因此而减弱。

图7-64 显示了钒、铌、钛对热连轧带钢强度的影响[97]。对厚度8mm的热连轧带钢，钒、铌、钛三种微合金化方式均能生产出屈服强度达到500MPa的高强度带钢。我们知道，铌微合金化钢主要是通过晶粒细化方式提高钢的强度，因此，微量的铌（约0.03%）就能够产生显著的强化效果。但是随着铌含量的增加，强化效果减弱，在0.06% Nb 含量时达到饱和。与铌不同，钒的强化效果主要来自于析出强化，因此，在较宽的钒含量范围（约0.15% V），其强化作用随钒含量增加而呈现线性增长方式。图中还可以看出，钢中锰含量的增加显著提高钒的析出强化作用，这与锰降低相变温度从而降低了碳氮化钒的析出温度、细化了析出相颗粒有关。

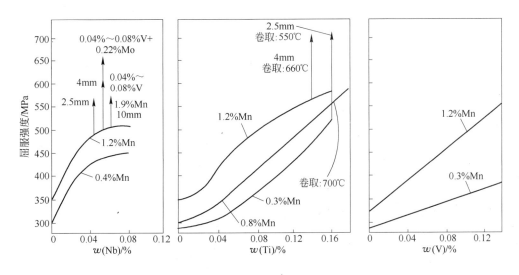

图7-64 钒、铌、钛对热连轧带钢强度的影响[97]

钒在热轧带钢中的析出强化作用与卷取温度以及钢中的氮含量有密切关系[98]。如图7-65所示，对6.3mm厚的含钒（0.13% C-1.40% Mn-0.5% Si-0.12% V）带钢，卷取温度在500~700℃范围内变化时，屈服强度随卷取温度变化存在一个峰值，最高屈服强度出现在600℃的卷取温度。图7-65的结果还清楚地显示，钢中的氮含量对钒的强化作用有显著影响。随钢中氮含量水平的提高，钒的析出强化作用明显增加。当钢中的氮含量从0.005%增加到0.025%，含钒钢的峰值屈服强度从450MPa提高到600MPa以上。

V-Nb复合微合金化是高强度钢板通常采用的方式。微量的铌能够通过细化晶粒的方式提高钢的强度。为了进一步提高含铌钢的强度，通常的方法是在铌微合金化钢中添加钒，依靠钒的析出强化作用达到提高强度的目标。图7-66显示了钒-铌复合微合金化的强化效果。钒-铌钢与铌钢有相同的基体成分（0.10% C-1.4% Mn-0.2% Si），钢坯经1200℃加热，终轧温度为900℃。图中可见，铌钢的屈服强度为420MPa，而钒-铌钢的屈服强度达到了490MPa。微观组织观察结果证实钒-铌钢与铌钢的组织结构相同，铁素体组织占

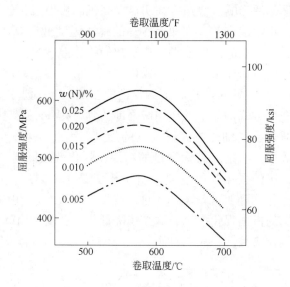

图 7-65　卷取温度和氮含量对 6.3mm 厚板卷屈服强度的影响
（0.13% C-1.40% Mn-0.5% Si-0.12% V，终轧温度 900℃，以 17℃/s 冷却[98]）

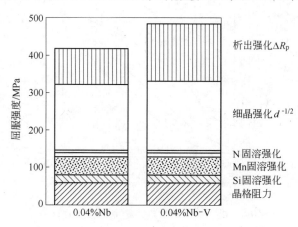

图 7-66　钒-铌复合微合金化钢的强度效果[99]

92%，珠光体组织占 8%。根据各强化机制对强度的贡献，从图中可以清楚地看出，钒-铌钢中析出强化的贡献达到 153MPa，而铌钢中析出强化的贡献仅 94MPa。

　　B　正火处理钢板

　　正火处理是改善热轧钢板强韧性匹配的常用方法，特别是在厚钢板的生产中有广泛应用。根据钒、铌、钛微合金化碳化物和氮化物的溶解度数据，只有 VC 能够在正火钢中起到析出强化作用，而 VN、Nb(C,N) 和 TiC 在正火钢中只能起到阻止晶粒长大、细化晶粒的作用。对正火钢，V-Al 复合微合金化的合金设计是最常用的方法之一。

　　图 7-67 概括总结了钒、铌、铝对正火钢的强韧性影响规律。铌在正火钢中能够起到阻止正火加热温度下奥氏体晶粒长大作用，从而细化了铁素体晶粒。正火温度下Nb(C,N)溶解度不足以产生任何析出强化作用，正火条件下的含铌钢强度增加主要来自于晶粒细化。AlN 具有更低的溶解度，并且铝的加入能有效地减少钢中自由氮，因此，正火的铝处

理钢在相同的强度水平下得到了更好的低温韧性。钒是正火条件下唯一能够获得析出强化的微合金化元素，与正火过程中的晶粒细化相结合，正火含钒钢可获得更好的强韧性配合。图7-68显示，依靠钒的析出强化和铝的晶粒细化，C-Mn-Al-V正火厚钢板屈服强度达到460MPa，并且韧脆转变温度降低50℃。

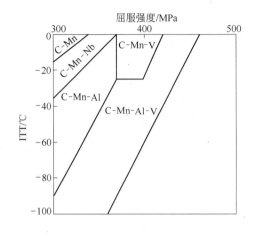

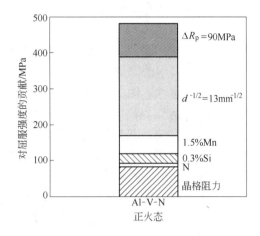

图7-67 微合金化对正火条件下碳锰钢强韧性影响[99]　　图7-68 C-Mn-Al-V正火厚钢板屈服强度[99]

如图7-69所示[100]，低碳含钒钢中，当钢中锰含量从0.5%增加到1.5%，正火状态下钢板的屈服强度增加120MPa，其中，固溶强化对强度的直接贡献约30MPa，剩余的强化作用来

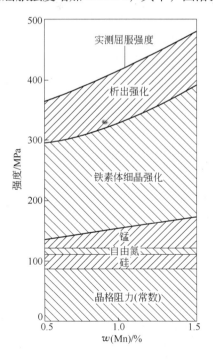

自于析出强化和晶粒细化的强度增量。也就是说，增加锰含量不仅通过细化铁素体晶粒提高细晶强化作用，同时也通过降低相变温度改善了钒的析出强化效果。图7-70显示了相变温度对正火C-Mn-Al-V钢析出强化的影响。钒的析出强化作用随相变温度的降低呈线性增长，相变温度降低100℃，析出强化作用增加约80MPa。

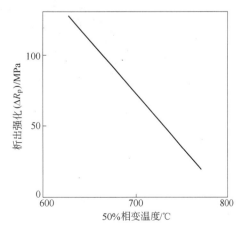

图7-69 锰含量对含钒钢正火钢板
屈服强度的影响[100]
(0.2% C-0.2% Si-0.15% V-0.015% N)

图7-70 相变温度对含钒钢正火
钢板析出强化的影响[100]

正火工艺对钒的析出强化作用也有明显的影响。正火后的冷却速度对影响析出强化的两个关键因素——析出相尺寸和析出相数量，有着相反的作用。增加冷速可减小析出相的尺寸，有利于提高析出强化作用；但冷速增加的同时也减少析出相数量，这将减弱析出强化作用。因此，为了获得最佳的析出强化效果，含钒正火钢存在一个适合的冷却速度范围。

　　C　调质热处理钢板

　　钒在调质的工程用钢中有广泛应用，也是钒在钢中应用最早的领域之一。少量钒的加入显著提高钢的淬透性[84~88]，并且提高钢的抗回火稳定性。图 7-71 显示，随钒含量增加，钢的淬透性提高。钒对淬透性影响存在一个极限值，超过极限值后，随钒含量增加钢的淬透性下降。对给定的奥氏体化温度，在达到微合金化碳氮化物的溶解度极限之前，随钢中钒含量的增加，固溶钒含量也随之递增，导致淬透性提高；当钢中钒含量超过溶解度极限后，钢中的钒不能完全溶解，未溶

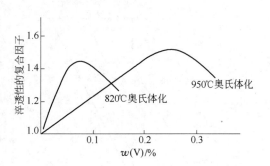

图 7-71　钒含量、奥氏体化温度对
淬透性的影响[101]

颗粒将阻碍奥氏体晶粒长大，并且促进铁素体形核，因此降低钢的淬透性。淬透性最大值所对应的钒含量随奥氏体化温度的增加而提高。

　　钒显著提高调质处理钢的强度。淬火加热过程中，VC 能够在钢中完全溶解，溶解的钒在高温回火过程中析出，起到二次硬化作用。由图 7-72 的结果可以看出，0.10% C-1.5% Mn-0.4% Si-0.5% Mo-B 钢中，钒含量从 0.068% 增加到 0.20%，经 900~1000℃ 淬火 +650℃ 回火，钢板的屈服强度和抗拉强度随钒含量增加显著提高[102]。

　　对低氮的钒钢，淬火加热温度对钒的强化效果影响较小。图 7-73 显示，在 900~

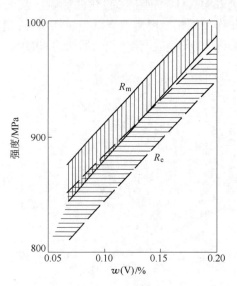

图 7-72　钒含量对低碳调质钢强度的影响[102]

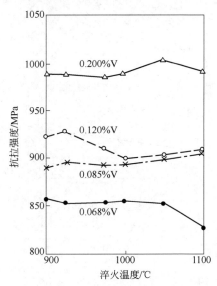

图 7-73　淬火加热温度对低氮含钒调质
钢强度的影响[102]

1000℃淬火温度范围内，淬火回火钢板的强度随淬火加热温度的变化很小。但对高氮的含钒钢，淬火加热温度对钢的强度有明显影响，见图7-74。可以看出，在较低淬火温度（900~1000℃）范围内，其强度水平相近；而在较高温度下，高氮钢的强度明显提高。低氮钢中的析出以钒的碳化物为主，淬火加热过程中VC能够完全溶解；而高氮钢中的析出相以钒的氮化物为主，其溶解温度比VC明显升高，在较低淬火加热温度下，高氮钢中钒的氮化物不能完全溶解，导致析出强化效果减弱。随淬火温度升高，固溶钒含量增加，其析出强化作用也得到提高。

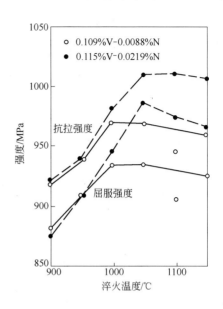

图7-74 淬火加热温度对高氮含钒调质钢的强度的影响[102]

7.4.1.2 晶粒细化

传统上钒被认为是一种析出强化元素，主要通过V(C,N)在铁素体中析出产生强烈的强化作用。然而，最新的技术研究结果表明[36,53,60,79~81,103]，钒也能有效地用于铁素体晶粒细化。我们知道，再结晶控制轧制（RCR）和常规的控制轧制（CR）是两种常用的细化晶粒工艺[104,105]，它们通过提供更多的铁素体形核位置细化铁素体晶粒。基于钒氮微合金化技术，利用奥氏体中析出的V(C,N)颗粒诱导晶内铁素体形核，钒可以直接用于增加晶内多边铁素体和针状铁素体的形核，从而起到细化铁素体晶粒的作用。

V-N钢中V(C,N)在奥氏体中析出诱导晶内铁素体形核的作用已经在第4章中有详细讨论。低氮的含钒钢中，VN在未变形的奥氏体中析出过程十分缓慢，因此，在实际生产过程中传统钒微合金化钢一般不会发生VN在奥氏体中的析出。含钒钢中增氮后，增加了VN在奥氏体中析出的驱动力，大大加快了VN在奥氏体中析出的动力学过程，特别是在一定的变形条件下，VN在奥氏体中形变诱导析出过程可缩短到10s之内。奥氏体中析出的VN是铁素体形核的有利位置，大大促进了晶内铁素体形核，如图7-75所示，MnS夹杂上析出的VN颗粒起到了铁素体形核核心的作用[81]，因此，钒氮微合金化钢中在550~

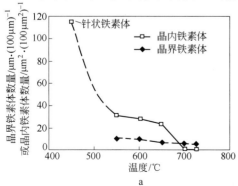

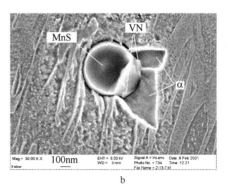

a

b

图7-75 钒氮钢中（0.10%C-0.12%V-0.025%N）VN促进晶内铁素体形核

a—铁素体形核数量；b—在MnS夹杂上析出的VN颗粒

650℃等温转变温度范围内晶内铁素体形核的数量远大于晶界铁素体的数量，这样就显著细化了相变后的铁素体晶粒尺寸。

如图 7-76 所示[106]，钒氮钢和含钒钢 650℃等温相变过程中铁素体形核率存在明显差异。随等温时间的延长，钒氮钢中晶界铁素体和晶内铁素体的形核数量显著增加，而含钒钢中晶界铁素体和晶内铁素体的形核数量变化缓慢。图中可以看出，相变开始后的 10s 之内，钒氮钢中晶内铁素体形核起到了主导作用，与含钒钢相比，晶内铁素体形核数量增加了 10 倍。这是钒氮钢促进铁素体晶粒细化的主要原因。

Kimura 等人[79]对比研究了含铌钢和钒氮钢在等温相变过程中晶内铁素体形核的规律，见图 7-77。图中可见，铌钢在 700℃和 650℃等温相变时晶内铁素体形核速率没有明显变化，并且形核率较低；而钒氮钢在 650℃等温相变时晶内铁素体形核速率显著增加。由此可说明，奥氏体中析出的 Nb(C,N)对铁素体形核没有作用，只有奥氏体中析出的 V(C,N)才能起到诱导晶内铁素体形核的作用。

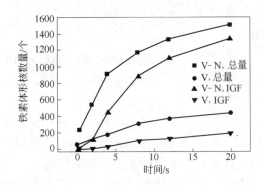

图 7-76　含钒钢和钒氮钢中 650℃等温相变
对铁素体形核率的影响[106]

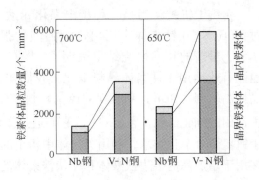

图 7-77　钒氮钢与含铌钢铁素体
形核率的比较[79]

图 7-78 显示了钒含量对 25mm 厚钒氮钢板铁素体晶粒尺寸的影响结果[107]。不含钒的钢板铁素体晶粒尺寸约 11μm，钢中添加约 0.1% V 后，铁素体晶粒尺寸降低到 5~6μm。钒氮微合金化的晶粒细化效果十分显著。

龚维幂[61]研究了钒氮微合金热轧钢板中奥氏体和铁素体晶粒的细化效果，结果如图 7-79 所示。三种实验钢具有相同的基体成分，即在 0.10% C-1.3% Mn-0.4% Si 的碳锰钢基础上，含钒钢中添加 0.10% V 但是低的氮含量（0.0036% N），而钒氮钢

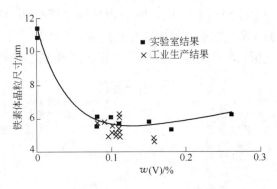

图 7-78　钒对 C-Mn-Al-V 钢（含 0.015%~0.02% N）
25mm 厚正火板铁素体晶粒尺寸的影响[107]

在 0.10% V 的基础上增加钢中氮含量到 0.014% N。三种实验钢经 1200℃加热，然后经 870℃终轧后空冷至室温。图中可见，含钒钢轧后奥氏体晶粒尺寸为 46.8μm，与碳锰钢轧后奥氏体晶粒尺寸 51.4μm 相接近，而钒氮钢轧后奥氏体晶粒尺寸明显细化，仅为

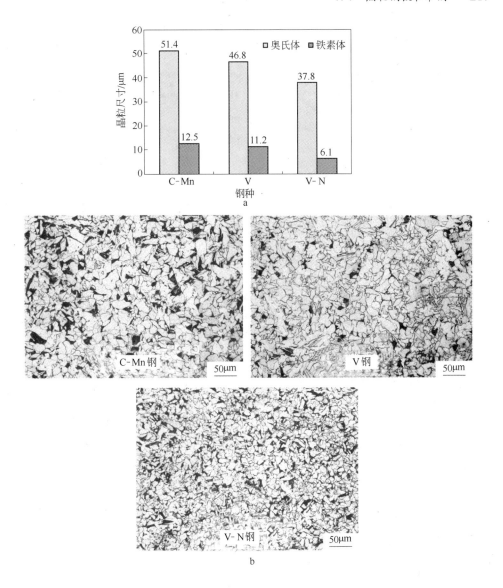

图 7-79 钒氮钢中的晶粒细化作用[61]

a—晶粒尺寸；b—显微组织

37.9μm。由此可见，钒氮钢中 V(C,N) 在奥氏体中的析出起到了阻止奥氏体晶粒长大的作用。三种实验钢相变后铁素体晶粒细化的对比效果更加明显。碳锰钢相变后铁素体晶粒尺寸为 12.5μm，含钒钢的铁素体晶粒尺寸为 11.2μm，与碳锰钢几乎相等，而钒氮钢的铁素体晶粒尺寸达到了 6.1μm，约为含钒钢的一半。可以看出，采用钒氮微合金化的合金设计，利用晶内铁素体形核技术，可以得到细晶粒的铁素体组织，实现了含钒钢的晶粒细化。

钒氮微合金化诱导晶内铁素体从而细化铁素体晶粒的技术在薄板坯连铸连轧的高强度带钢得到了广泛应用。如图 7-80 所示[108]，钒氮微合金化的薄板坯连铸连轧带钢中，经过控轧控冷后可以得到 3~5μm 的超细晶粒铁素体组织。关于钒在薄板坯连铸连轧带钢中的

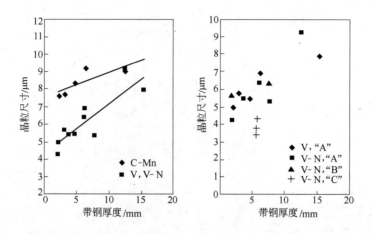

图 7-80 V-N 热轧带钢中超细晶粒组织（铁素体晶粒 3～5μm）

应用在后面的章节有详细描述，这里不再赘述。

钒微合金化有利于促进碳锰钢的针状铁素体组织转变[109]。如图 7-81 所示，0.1% V 钢中得到 50% 针状铁素体组织；当钒含量增加到 0.25% 时，针状铁素体组织可以达到 80%。细小的针状铁素体组织对改善焊接热影响区的韧性十分有利。

7.4.1.3 抗回火稳定性

钒在调质钢中提高钢的回火抗力。钒能够减慢 Fe_3C 的形核和长大，显著地阻碍早期阶段的回火软化[90,91]，并且这种影响随着回火温度的提高而增加。由图 7-82 可见，钒是抑制回火软化最有效的常用合金化元素。

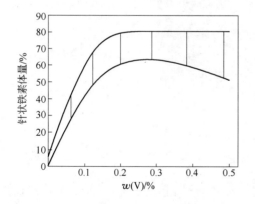

图 7-81 钒含量对针状铁素体的影响[109]

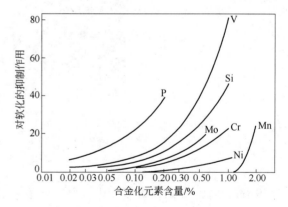

图 7-82 在 400℃低温回火中合金元素
对回火抗力的影响[101]

溶解于奥氏体中的微合金化元素，在较高温度回火时析出细小的合金碳化物，从而产生二次硬化效应。早在 20 世纪 60 年代，对钒钢的二次硬化现象就进行过深入的研究[110,111]。回火过程中碳化钒析出相在形成的早期阶段与基体保持共格关系，位向关系符合 B-N 关系，因此出现观察到的二次硬化现象。钒钢一般观察到的最大二次硬化效果出现在化学理想配比处，见图 7-83。

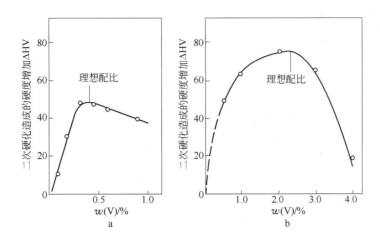

图7-83 钒的二次硬化作用[101]

a—0.1% C；b—0.6% C

前面第3章中已经提到含钒钢二次硬化作用与回火温度的关系，见图3-35。含钒钢二次硬化峰出现在550~650℃温度范围，温度升高将产生过时效。

7.4.1.4 厚板尺寸效应及厚板截面均匀性

钢板厚度对轧制状态钢板的性能有显著影响。图7-84显示了0.16% C-1.6% Mn钢轧制状态钢板强度随厚度规格的变化。钢板厚度从7mm增加到50mm，强度下降100MPa以上。随钢板厚度增加，钢板的冷却速度降低，导致相变温度升高，产生粗大的铁素体晶粒，降低钢的屈服强度。即使在加速冷却的条件下，厚板表面和心部冷却也不均匀，板厚尺寸效应对性能的影响仍然十分显著。图7-85给出了控轧含铌钢板力学性能随板厚规格的变化。图中可见，12mm的钢板屈服强度可以达到460MPa，冲击韧脆转变温度低于-50℃；当钢板厚度达到38mm时，屈服强度将低于390MPa，冲击韧脆转变温度升高到-10℃以上。可以看出，厚度规格的变化对钢板的强韧性产生了显著影响。对厚钢板，受到钢板轧制的压缩比、变形的均匀性、高的终轧温度、慢的冷却速度等因素的影响，容易产生粗大的铁素体组织，降低钢的强韧性能。

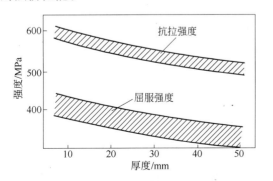

图7-84 钢板厚度对热轧碳锰钢强度的影响[112]

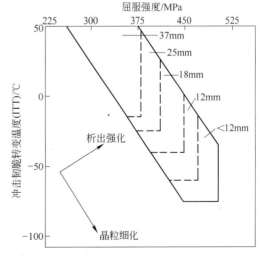

图7-85 控轧含铌钢板的板厚效应[113]

钒微合金化对减轻板厚尺寸效应、改善厚板截面性能均匀性十分有效。图 7-86 显示了化学成分为 0.16%C-0.37%Si-1.40%Mn-0.056%V-0.010%N 的钒氮微合金化热轧钢板拉伸性能随钢板厚度的变化[114]。如图所示，钢板厚度从 16mm 增加到 50mm，钢板的屈服强度从 455MPa 下降到 438MPa，抗拉强度从 605MPa 降低到 595MPa。可以看出，虽然厚度规格范围有了明显变化，但钢板的屈服强度和抗拉强度变化很小，说明钒氮微合金化钢对钢板厚度变化的敏感性很小。

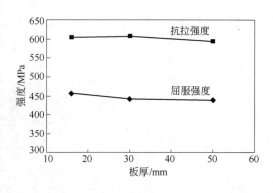

图 7-86 钢板厚度对 V-N 钢拉伸性能影响[114]
(0.16%C-0.37%Si-1.40%Mn-0.056%V-0.010%N)

图 7-87 示出了钢板厚度对 V-N 微合金化 ASTM A663 E 级钢板力学性能的影响[115]。钢板的化学成分范围为：不大于 0.22%C，1.15%~1.50%Mn，0.15%~0.50%Si，0.04%~0.11%V，0.01%~0.03%N。钢板厚度从 9.5~102mm 的范围变化，正火钢板的屈服强度和抗拉强度变化很小，均满足屈服强度 414MPa（60ksi）和抗拉强度 552MPa（80ksi）的要求。对调质钢板，屈服强度和抗拉强度提高到了 517MPa（75ksi）和 655MPa（95ksi），但与正火钢板相比较，调质钢板的厚度效应明显增加。

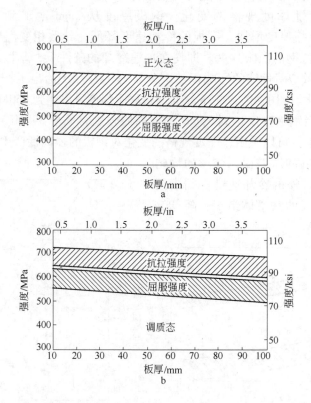

图 7-87 钢板厚度对 V-N 微合金化 A663 钢板力学性能影响[115]
a—正火钢板；b—调质钢板

7.4.1.5　应变时效

含钒钢和 V-N 钢一个显著的优点是其优良的抗应变时效性能。如图 7-88 所示[115]，即使经过铝处理的 C-Mn 钢仍然有明显的应变时效行为；而 V/V-N钢彻底消除了应变时效对钢性能造成的不利影响，成为了无应变时效钢。

7.4.2　含钒热轧板带钢品种

7.4.2.1　管线钢

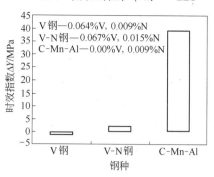

图 7-88　钒对应变时效的影响[115]

管线钢的发展历史，实质上也是微合金钢的发展历史。图 7-89 示出了高强度管线钢的发展历程。应该说，微合金化钢发展的起源来自高强度管线钢的发展。实际上，在 1975 年美国华盛顿召开的 Microalloying'75 国际会议之前，该领域大部分研究和开发工作都是以大直径管线用中厚钢板的生产为目标。从图 7-89 可以看出，钒是最早用于高强度管线钢生产的微合金化元素。在控制轧制工艺出现之前，高强度管线钢是通过热轧加正火热处理工艺来生产的。正如前面所述，钒是唯一能够在正火工艺下产生析出强化的微合金化元素。因此，早期的高强度管线钢是在 C-Mn 钢基础上添加微量的钒来生产的，强度级别可以达到 X52～X60。20 世纪 60 年代，伴随铌微合金化技术的研究，人们逐步认识到铌在改进奥氏体变形工艺方面的益处，控制轧制工艺随之得到发展。70 年代，热轧加正火工艺被控制轧制工艺所取代。控制轧制能使铌、钒复合的微合金化钢生产出 X70 级的管线钢。到 80 年代，控制轧制加轧后加速冷却技术的应用，推动了管线钢生产技术的进一步发展，可以生产出更高强度级别的 X80 管线钢。并且，控轧控冷技术的应用，使钢中碳含量进一步降低（见图 7-90），显著提高了钢板的韧性水平，并且改善了钢的焊接性能。利用控制轧制和加速冷却技术，在铌、钒微合金化同时适当添加钼、铜、镍等合金元素可使管线钢的强度级别提高到 X100、X120。

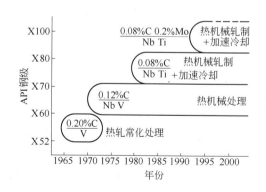

图 7-89　高强度管线钢的发展历程[75]

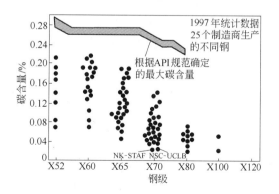

图 7-90　典型高强度管线钢碳含量和屈服强度关系[116]

A　高强度管线钢

为了满足油气管线向长距离、大口径、高压力大型管道方向发展的需要，采用高强度、高韧性的高钢级管材成为管线钢发展的必然趋势。在过去的半个多世纪，管线钢的研究开发和应用水平得到了大幅度提升，而高强度化一直是管线钢发展最重要的方向。在长距离输送管线方面，管线钢的应用水平已经从最初的 350MPa 级 X52 管线钢升级到目前的 550MPa 级 X80 管线钢，更高强度级别的 X100 和 X120 管线钢也处在开发和实际使用阶段。

　　经过过去几十年的研究开发，国内外长距离油气输送管线钢品种已经形成了强度系列化的产品，包括：X52、X56、X60、X65、X70、X80、X100、X120 等[117~124]。因强度级别、韧性要求、厚度规格以及制管工艺和使用环境的不同，管线钢在合金设计、生产装备和工艺等方面存在很大差异。从微观组织来看，高强度管线钢可以分为三种类型的组织结构：（1）铁素体-珠光体组织；（2）细晶铁素体 + 少珠光体组织；（3）针状铁素体/铁素体-贝氏体组织。图 7-91 示出了三类管线钢的典型微观组织。正火处理的 X60 管线钢是在 C-Mn 钢基础上添加钒来提高强度水平的，典型化学成分为：0.2% C-1.5% Mn-0.12% V-0.03% Nb，带状铁素体和珠光体组织以及粗大的铁素体晶粒是常规轧制加正火处理的特征。采用控制轧制工艺后，X70 管线钢中碳含量降低到 0.12% 以下，控制轧制使铁素体晶粒明显细化，钢的组织更加均匀，晶粒细化是唯一能提高强度同时又改善韧性的方法。碳含量降低和珠光体数量的减少，改善了钢的焊接性能和低温韧性，其强度损失可以通过晶粒细化和析出强化来弥补。对更高强度级别的管线钢（X80 以上），其强度和韧性的提高只能通过改变钢的基体组织，即从铁素体-珠光体组织变为铁素体-贝氏体组织来实现。图 7-91 可见，与控轧的 X70 管线钢相比，X80 管线钢设计采用更低的碳含量，通过控制轧制 + 加速冷却，得到更加细小的晶粒尺寸和位错密度更高的铁素体-贝氏体组织来实现更高的强度和韧性。下面分别介绍钒微合金化在这三种不同组织类型管线钢中的具体应用。

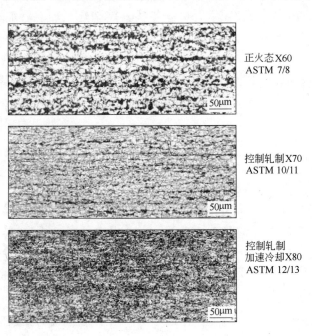

图 7-91　管线钢的典型微观组织[75]

　　（1）铁素体-珠光体管线钢。具有铁素体-珠光体组织的热轧 C-Mn 钢是最早发展的高强度管线钢。为了改善钢的焊接性能，对钢中的碳含量和锰含量进行适当控制是必要的。

添加微量的钒以弥补碳、锰含量降低对强度的损失。通常通过轧后正火来改善钢的强韧性水平。正火型铁素体-珠光体管线钢的强度级别一般不超过 X60，典型化学成分为：0.15% ~0.20% C-1.5% Mn-0.07% ~0.12% V-0.04% Nb。表 7-60 列出了 X52 ~X60 不同强度级别铁素体-珠光体管线钢的典型化学成分。随着冶金装备及工艺技术水平的进步，这种高碳含量水平的铁素体-珠光体型正火型管线钢已经逐步被低成本性能更优良的低碳甚至超低碳控轧控冷钢板所替代。

表 7-60　铁素体-珠光体型管线钢的典型化学成分（%）

钢级	国家	C	Si	Mn	P	S	V	Nb	Al	备注
X52		0.20	0.30	1.50	≤0.035	≤0.035	0.07		0.02 ~0.04	正火
X56		0.18	0.30	1.50	≤0.035	≤0.035	0.10		0.02 ~0.04	正火
X60	巴西	0.15	0.22	1.24	0.016	0.010	0.055	0.035	0.02 ~0.04	正火
X60	英国	0.16 ~0.18	0.20 ~0.30	1.35 ~1.45	≤0.040	≤0.030	0.04 ~0.06	0.05 ~0.07	0.02 ~0.05	正火
X60	德国	0.14 ~0.16	<0.50	1.45 ~1.60	<0.015	<0.002	0.070 ~0.090			热轧

（2）少珠光体管线钢。为了避免珠光体组织对管线钢韧性的损害，在控制轧制工艺基础上，采用铌、钒、钛微合金化技术，发展了少珠光体组织的高强度管线钢，钢中碳含量被降低到 0.12% 甚至是 0.10% 以下。少珠光体钢突破了传统铁素体-珠光体钢热轧正火的生产工艺，采用了微合金钢的控轧生产工艺。控制轧制工艺明显细化了铁素体晶粒，在提高强度同时又改善了钢的韧性。低碳含量的合金设计减少了珠光体组织的数量，进一步改善了钢的焊接性能和低温韧性。与传统正火型铁素体-珠光体钢相比，控轧钢的强韧化机理发生了根本性的变化，其主要的强度贡献来自于晶粒细化强化和铌、钒、钛微合金化元素的析出强化，因此，强度水平进一步提高。对控轧的少珠光体管线钢，强度级别可以达到 X70 级管线钢的要求。表 7-61 和表 7-62 给出了各国生产的高强度管线钢的成分与规格、性能的关系。可以看出，铌、钒复合微合金化是该类高强度管线钢的主要设计思路。

表 7-61　各国生产的 X60 ~X70 高强度管线钢典型化学成分

级别	生产厂家	化学成分/%									
		C	Si	Mn	P	S	Mo	V	Nb	Ti	其　他
X60	宝　钢	≤0.10	≤0.35	≤1.55	≤0.025	≤0.010	0.015	0.010	0.039	0.022	N：0.009
X65	宝　钢	≤0.11	≤0.35	≤1.22	≤0.022	≤0.010		0.051	0.038	0.018	N：0.009
X65	德国蒂森	0.08	0.32	1.30	≤0.023	≤0.010	0.01	0.018	0.05	0.02	Cu：0.02
X65	日本住友	0.09	0.13	1.18	≤0.012	≤0.004	0.231	0.010	0.020	0.02	Cu：0.04
X70	日本川崎	0.08	0.20	1.19	≤0.016	≤0.002	0.025	0.039	0.042	0.009	Cu：0.073，B
X70	宝　钢	≤0.10	≤0.35	≤1.55	≤0.025	≤0.006		0.04 ~0.07	0.04 ~0.07	0.020	Cu：0.015 ~0.077

表 7-62 **X60 ~ X70 高强度管线钢规格和性能**

级别	生产厂家	钢板厚/mm	强度		A_K		交货状态
			R_e/MPa	R_m/MPa	℃	J	
X60	宝 钢	7.1 ~ 8.7	516	593	-30	163	控轧控冷
X65	宝 钢	7.1 ~ 8.7	517	594	-40	145	控轧控冷
X65	德国蒂森	16	549	628	-40	66 ~ 103	控轧控冷
X65	日本住友	25	495	550	-20	200	控轧控冷
X70	日本川崎	25	539	620	-40	185	控轧控冷
X70	宝 钢	20	510	620	-20 -40	93 70	控轧控冷

（3）针状铁素体/贝氏体管线钢。对更高强度等级（X80 级以上）的高强度管线钢，铁素体-珠光体组织难以满足其性能指标要求，必须改变钢的基体组织，得到针状铁素体或超低碳贝氏体组织来达到高强度、高韧性的要求。超低碳（低于 0.06%）的合金设计是保证获得高韧性水平的必要条件，为了提高钢的淬透性，钢中通常添加锰、钼、铌、硼等提高淬透性的合金元素，确保在较宽的冷却速度范围内得到贝氏体组织。控制轧制 + 加速冷却是细化基体组织的重要手段。表 7-63 给出了钒在 X80、X100 级的高强度管线钢中的应用[125 ~ 129]。

表 7-63 **钒在 X80、X100 级的高强度管线钢中的应用**（%）

级别	国家或公司	C	Si	Mn	P	S	Ni	Cr	Mo	Cu	V	Nb	Ti
X80	日 本	0.05	0.40	1.85	0.015	0.005	0.20	0.30		0.3	0.03	0.09	
X80	川 崎	0.07	0.34	1.50	0.016	0.001					0.04	0.04	0.02
X80	德 国	0.10	0.45	1.80	0.015	0.005					0.09	0.045	0.01
X80	巴 西	0.10	0.30	1.50	0.016	0.005			0.34		0.01 ~ 0.05	0.01 ~ 0.05	
X100	NKK	0.05	0.26	1.74	0.014	0.001	0.45		0.20	0.27	0.047	0.038	0.011
X100	住 友	0.06	0.25	1.80	0.005	0.002			0.19		0.04	0.04	0.02
X100	新日铁	0.07	0.29	1.73	0.003	0.002	0.20	0.04	0.22	0.22	0.040	0.037	0.014

B 厚壁海底管线用钢

能源需求的发展促进了海洋油气资源的开发利用。海洋有丰富的油气资源，随着陆地资源逐步枯竭，发展海洋资源成为新世纪的重点。21 世纪被称为是海洋世纪。为了利用好海洋油气资源，海底管线的重要性日益凸显。恶劣的海洋环境对海底管线用钢提出了更加严格的质量要求。随着海洋油气开采从近海向深海发展，深水海底管线如何防止在深水巨大压力下的抗压溃性能愈来愈重要。如图 7-92 所示，海底管线的压溃抗力与壁厚/管径的比值（t/D）呈正比，因此，为了提高压溃抗力，原则上海底管线要求小管径和大壁厚[130]。在壁厚/管径的比值（t/D）较小时，压溃抗力与材料强度水平无关；只有在较大 t/D 值的情况下，提高强度才能得到更高的压溃抗力。钢管的外形尺寸（椭圆度）是影响

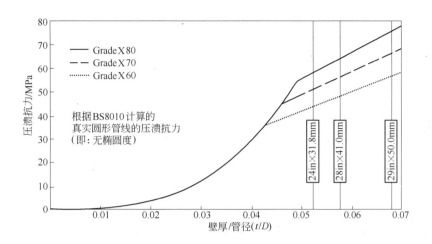

图7-92 壁厚/管径比值（t/D）和抗压屈服强度对海底管线
压溃抗力的影响（1in≈2.54cm）[130]

压溃强度的另一个重要因素。沿钢管圆周方向具有均匀性可以降低钢管压溃的敏感性。总之，大壁厚高强度管线钢是深水海底管线显著的特点之一[130～135]。

表7-64给出了世界主要深水海底管线工程中管线钢材料及钢管尺寸要求。可以看出，采用的管线钢主要为X65和X70级别的高强度钢，钢板的厚度较大，范围在30～50mm。

表7-64 世界主要深水海底管线工程[130]

项 目	钢管尺寸/in×mm （外径×壁厚）	材 料	管线长度/km	最大海水深度/m
阿曼-印度	28×41	X70	1200	3500
Blue Stream	24×31.8	X65	374	2200
利比亚-西西里岛	32×30	X65	560	约800
Mardi Gras	28×38	X65	712	2000
伊朗-印度	29×（约50）	X70/X80	1200～1500	3500

注：1in≈2.54cm。

图7-93显示了钒对40mm厚壁管线钢强度的影响[132]。超低碳合金设计（0.033% C-0.31% Si-1.35% Mn-0.04% Nb）的基体钢中，添加0.05%～0.06% V可生产出40mm厚的X65级厚壁海底管线钢板；钢中添加约0.10%的钒含量时，40mm厚钢板强度水平可满足X70级厚壁管线钢的要求。

Nb-V复合微合金化是大壁厚海底管线钢的主要成分体系。表7-65给出了X70级厚壁海底管线钢及焊缝金属化学成分的实例。

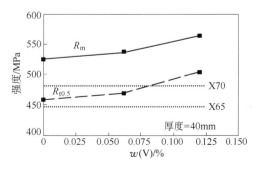

图7-93 钒含量对40mm厚壁管线钢
强度的影响[132]

表7-65   X70 级厚壁海底管线钢母材及焊缝金属化学成分[133]（%）

材　料	C	Si	Mn	P	S	Al	Cu	Cr	Ni
母　材	0.09	0.25	1.69	0.011	0.0008	0.044	0.02	0.03	0.22
焊缝金属	0.07	0.29	1.40	0.012	0.0041	0.022	0.03	0.04	0.15

材　料	Mo	V	Ti	Nb	N	B	CE	Pcm
母　材	0.01	0.08	0.003	0.05	0.0036	0.0001	0.41	0.20
焊缝金属	0.20	0.05	0.022	0.03	0.0056	0.0036	0.38	0.20

C   抗氢致裂纹管线钢

工作在酸性条件下的管线钢，以高韧性和抗氢致裂纹（HIC）性能为特征，通过低杂质元素和极高纯净度的控制，从而控制有害的夹杂物和析出相的出现，是保证管线钢获得高抗 HIC 性能的关键。

为了满足对其他性能，如强度、焊接性和加工制造性能等要求，钢的成分、冶炼和轧制以及轧后冷却工艺的控制是十分重要的。抗 HIC 管线钢合金设计方面，最重要的要求是控制低碳、锰、硫含量，减轻成分偏析、带状组织、夹杂物等因素对抗 HIC 性能的不利影响。采用加速冷却工艺可使显微组织更均匀，从而提高了抗 HIC 性能。

研究结果表明[75,134]，Nb-V 复合管线钢具有更好的抗 HIC 性能，见表7-66。表中对比了 Nb-V 和 Nb-Ti 两种工艺路线生产的 X70 级管线钢的抗 HIC 性能测试结果。两种方法试制的 30mm 厚抗 HIC 的 X70 管线钢，生产中采用了控制轧制＋加速冷却的技术。两种钢板的力学性能相近，均满足 X70 管线钢的性能指标。母材 –30℃夏比冲击功大于 450J，–10℃DWTT 试验的剪切面积大于 90%。按照 NACE 标准，对母材和焊缝金属 HIC 试验，从表7-66中的结果可看出，虽然两种方法生产的 X70 管线钢均满足抗 HIC 的要求，但 Nb-V 复合的试验钢具有更好的抗 HIC 性能。

表7-66   X70 管线钢氢致裂纹（HIC）性能测试结果（%）

规范要求		Nb-Ti		Nb-V	
试验条件	验收标准	母　材	焊　缝	母　材	焊　缝
pH＝3，1×10⁵Pa H₂S	CTR≤5	≤3	≤3	≤5	≤4
	CLR≤15	≤8	≤8	≤7	≤6
	CSR≤1.5	≤15	≤15	≤1	≤1

表7-67 和表7-68 给出了 X65、X70 级抗 HIC 管线钢典型化学成分和力学性能数据。

表7-67   X65、X70 级抗 HIC 管线钢典型化学成分[75]（%）

级别	规格/mm	C	Si	Mn	P	S	Al	V	Nb	Ti	其他	Ceq
X65 Nb-V	28.4	0.04	0.31	1.34	0.012	0.0005	0.038	0.07	0.044			0.286
X70 Nb-V	30	0.04	0.25	1.35	<0.010	<0.001	0.02~0.04	0.05	0.05		Cu, Ni, Mo	0.39
X70 Nb-Ti	30	0.04	0.25	1.40	<0.010	<0.001	0.02~0.04	—	0.08	0.02	Cu, Ni	0.32

表 7-68　X70 级抗 HIC 管线钢力学性能[75]

性　能	取样方向	X70 Nb-V	X70 Nb-Ti
屈服强度 $R_{t0.5}$/MPa	横　向	502	509
	纵　向	504	519
抗拉强度 R_m/MPa	横　向	582	595
	纵　向	566	582
屈强比/%	横　向	86	86
	纵　向	89	89
伸长率/%	横　向	25	24
	纵　向	27	25
冲击功(−30℃)/J	母　材	470	480
	HAZ	95	135
	焊缝金属	140	160
DWTT, SA/%	母材，−10℃	92	97
	母材，−20℃	82	91

7.4.2.2　船舶、海洋工程用钢

造船和海洋工程用钢是中厚板应用最大的领域。船用钢板根据强度等级的差别分为三类，即：一般强度、高强度和超高强度船舶及海洋工程结构用钢。一般强度船舶及海洋工程结构用钢即为屈服强度 235MPa 级的碳素钢，按韧性要求的不同，分为 A、B、D、E 四个等级。高强度船舶及海洋工程结构用钢包括 32kg(315MPa)、36kg(355MPa)、40kg(390MPa) 三个强度级别的钢种，每个强度级别的钢种又按照韧性要求的不同，分为 A、D、E、F 四个等级。超高强度船舶及海洋工程结构用钢共分 6 个强度等级，包括屈服强度为 420MPa、460MPa、500MPa、550MPa、620MPa、690MPa 6 个级别，每个级别的钢种也按韧性要求的不同，分为 A、D、E、F 四个等级。表 7-69 和表 7-70 分别给出了三类船舶及海洋工程结构用钢的牌号和化学成分。为了改善钢的焊接性能，除化学成分的要求外，对高强度和超高强度船舶及海洋工程结构用钢碳当量还有严格要求，见表 7-71。

表 7-69　一般强度级、高强度级船用钢的牌号和化学成分

牌号	化学成分[e,f,g]/%													
	C	Si	Mn	P	S	Cu	Cr	Ni	Nb	V	Ti	Mo	B	Als[d]
A	≤0.21[a]	≤0.50	≥0.50	≤0.035	≤0.035	—	—	—	—	—	—	—	—	—
B			≥0.80[b]											
D		≤0.35	≥0.60	≤0.030	≤0.030									≥0.015
E	≤0.18		≥0.70	≤0.025	≤0.025									

续表 7-69

牌号	化学成分[e,f,g]/%													
	C	Si	Mn	P	S	Cu	Cr	Ni	Nb	V	Ti	Mo	B	Als[d]
AH32	≤0.18	≤0.50	0.90 ~ 1.60[c]	≤0.030	≤0.030	≤0.35	≤0.20	≤0.40	≤0.05	≤0.10	≤0.02	≤0.08	≤0.004	≥0.015
AH36														
AH40														
DH32				≤0.025	≤0.025									
DH36														
DH40														
EH32														
EH36														
EH40														
FH32	≤0.16			≤0.020	≤0.020			≤0.80						
FH36														
FH40														

a A 级型钢的碳含量最大可达 0.23%。

b B 级钢做冲击试验或 Si 含量为 0.10% 以上或使用 Al 脱氧时,锰含量下限可到 0.60%。

c 当 AH32 ~ EH40 级钢材的厚度≤12.5mm 时,Mn 的最小值可为 0.70%。

d 可测定总铝含量代替酸溶铝含量,此时总铝含量应不小于 0.020%。

e 细化晶粒元素 Al、Nb、V、Ti 可以单独加入或以任一组合形式加入。混合加入两种以上细化晶粒元素时,$w(\mathrm{Nb} + \mathrm{V} + \mathrm{Ti}) \leqslant 0.12\%$。

f F 级钢的 N 含量不大于 0.012%。

g A、B、D、E 的碳当量 Ceq≤0.40%。碳当量计算公式:$\mathrm{Ceq} = w(\mathrm{C}) + w(\mathrm{Mn})/6$。

表 7-70 超高强度船用钢的牌号和化学成分

牌号	化学成分[a,b]/%													
	C	Si	Mn	P	S	Cu	Cr	Ni	Nb	V	Ti	Mo	B	Als	N
AH420	≤0.21	≤0.55	≤1.70	≤0.030	≤0.030	≤0.60	≤0.40	≤0.50	≤0.05	≤0.10	≤0.02	≤0.08	≤0.004	≥0.015	≤0.020
AH460															
AH500															
AH550															
AH620															
AH690															
DH420	≤0.20	≤0.55	≤1.70	≤0.025	≤0.025										
DH460															
DH500															
DH550															
DH620															
DH690															

牌号	化学成分[a,b]/%														
	C	Si	Mn	P	S	Cu	Cr	Ni	Nb	V	Ti	Mo	B	Als	N
EH420	≤0.20	≤0.55	≤1.70	≤0.025	≤0.025	≤0.80	≤0.50	≤0.80							
EH460															
EH500															
EH550															
EH620															
EH690															
FH420	≤0.18	≤0.55	≤1.60	≤0.020	≤0.020										
FH460															
FH500															
FH550															
FH620															
FH690															

a 细化晶粒元素 Al、Nb、V、Ti 可以单独加入或以任一组合形式加入。混合加入两种以上细化晶粒元素时，$w(\mathrm{Nb}+\mathrm{V}+\mathrm{Ti})\leqslant0.12\%$。

b 应采用表 7-71 注 2 中公式计算裂纹敏感系数 Pcm 代替碳当量，其值应符合各船级社认可的标准。

表 7-71 高强度船用钢碳当量规定

牌 号	碳当量 Ceq/%	
	厚度≤50mm	厚度>50~100mm
AH32、DH32、EH32、FH32	≤0.36	≤0.38
AH36、DH36、EH36、FH36	≤0.38	≤0.40
AH40、DH40、EH40、FH40	≤0.40	≤0.42

注：1. 碳当量计算公式：$Ceq = w(\mathrm{C}) + w(\mathrm{Mn})/6 + [w(\mathrm{Cr}) + w(\mathrm{Mo}) + w(\mathrm{V})]/5 + [w(\mathrm{Ni}) + w(\mathrm{Cu})]/15$。

2. 根据需要，可用裂纹敏感系数 Pcm 代替碳当量，其值应符合各船级社接受的有关标准。裂纹敏感系数计算公式：$Pcm = w(\mathrm{C}) + w(\mathrm{Si})/30 + w(\mathrm{Mn})/20 + w(\mathrm{Cu})/20 + w(\mathrm{Ni})/60 + w(\mathrm{Cr})/20 + w(\mathrm{Mo})/15 + w(\mathrm{V})/10 + 5w(\mathrm{B})$。

A 高强度船板

从船体用钢化学成分的要求可以看出，铌、钒、钛微合金化结合 TMCP 工艺是各国高强度船板钢的主要生产方法。表 7-72 给出了采用钒微合金化工艺生产高强度船体钢的应用实例[136,137]。

表 7-72 高强度船体钢典型化学成分（%）

钢种	国家	厚度/mm	C	Si	Mn	P	S	Ni	Cu	Als	V	Nb	Ti	N
E36	中国	60	0.11	0.31	1.48	0.008	0.002	0.23	0.23	0.038	0.03	0.09		
E40	中国	32	0.12~0.18	0.40	1.50	0.015	0.010				0.04~0.10			

钢种	国家	厚度/mm	C	Si	Mn	P	S	Ni	Cu	Als	V	Nb	Ti	N
E46	中国	32	≤0.18	0.35	1.45	0.015	0.010				0.04 ~ 0.10		0.09 ~ 0.16	
EH46	英国	20	0.09	0.37	1.61	0.010	0.003	0.30	0.21	0.048	0.077	0.037	0.01	0.0055
		35	0.13	0.49	1.49	0.018	0.004	0.019	0.012	0.039	0.071	0.035	0.003	0.0063

B 采油平台用高强度厚板

海洋采油平台服役条件非常严苛,在海洋环境中要长期受到风浪等交变应力的作用以及冰块等漂浮物的冲撞,因此对海洋平台用钢要求也非常高。除了要满足高强度要求外,还需有良好的焊接性、低温韧性、抗腐蚀性及抗层状撕裂性能。其中,自升式海洋平台用钢的要求最为苛刻,其平台部分大量使用屈服强度 460~690MPa、钢板厚度为 15~75mm 厚的高强度钢,节点部位使用的钢板厚度达到 80~125mm,难度最大的材料是齿条钢。齿条机构安装在自升式平台的大腿部位,贯穿数百米长的整个平台支撑桩腿,用于升降整个平台甲板,载荷大、要求高,要求使用板厚 100~200mm、屈服强度 690MPa 的高强度齿条钢。表 7-73 列出了不同企业生产的各种规格齿条用钢的典型化学成分。为了确保特厚钢板的淬透性,合金体系采用了 Ni-Cr-Mo-V-B 的合金设计。

表 7-73 Ni-Cr-Mo-V-B 系齿条钢的化学成分[138,139]

企业或牌号	t/mm	化学成分/%									
		C	Si	Mn	Ni	Cr	Mo	V	B	Ceq	Pcm
Indu A517Q-Mod	177.8	0.13	0.13	1.15	1.93	0.49	0.54	0.010	0.0021	0.67	0.31
Indu A517Q-Mod	177.8	0.13	0.14	1.32	1.83	0.51	0.56	0.010	0.0023	0.70	0.31
新日铁	180	0.12	0.32	1.07	1.85	0.51	0.56	0.04	0.0012	0.64	0.29
新日铁	195	0.11	0.26	1.11	2.46	0.70	0.51	0.04	0.0013	0.71	0.29
新日铁	210	0.11	0.24	1.06	3.30	0.69	0.54	0.03	0.0014	0.76	0.31
神户	180	0.15	0.24	0.98	0.98	0.96	0.52	0.050	0.0010	0.70	0.33
神户	180	0.10	0.26	1.12	1.54	0.84	0.50	0.051	0.0012	0.69	0.29
神户	180	0.10	0.24	1.03	3.03	0.60	0.51	0.050	0.0014	0.72	0.30
川崎	200	0.12	0.24	0.94	1.90	0.49	0.48	0.056	0.0010	0.62	0.28
NK-Hiten 80	127	0.12	0.23	0.86	1.39	0.72	0.39	0.04	0.0014	0.60	0.28
NK-Hiten 80A Mod	127	0.15	0.24	0.94	0.23	1.14	0.34	0.05	0.0013	0.65	0.32
NK-Hiten 80B Mod	127	0.13	0.28	1.00	0.99	0.65	0.39	0.06	0.0013	0.60	0.29
住友	100	0.11	0.28	0.88	1.44	0.52	0.49	0.03	0.0018	0.58	0.27

C 高强度舰船用钢板

钒在船舶及海洋工程结构用钢领域中的另外一个应用实例是舰船用钢。舰船用钢有更高的强度等级要求,其屈服强度范围从 390MPa 到 1100MPa,最大厚度规格达到 150mm。由表 7-74 可见,世界各国海军高强度舰船用钢基本采用了低碳 Ni-Cr-Mo-V 的合金设计体系,通过淬火+高温回火的调质热处理工艺得到回火马氏体组织来确保钢板良好的强韧性配合。

表 7-74　美、日、俄等国舰船用钢化学成分[140]　（%）

国家	钢种	C	Si	Mn	Ni	Cr	Mo	V	Cu
美国	HTS	≤0.18	0.15 ~ 0.35	≤1.30	≤0.25	≤0.15	≤0.06	0.02 ~ 0.13	≤0.25
	HY80	≤0.18	0.15 ~ 0.35	0.10 ~ 0.40	2.0 ~ 3.25	1.0 ~ 1.8	0.20 ~ 0.6	≤0.20	≤0.25
	HY100	≤0.20	0.15 ~ 0.35	0.10 ~ 0.40	2.25 ~ 3.50	1.0 ~ 1.8	0.20 ~ 0.6	≤0.20	≤0.25
	HY130	≤0.12	0.20 ~ 0.35	0.60 ~ 0.90	4.75 ~ 5.25	0.4 ~ 0.7	0.3 ~ 0.65	0.05 ~ 0.10	≤0.25
日本	NS46	≤0.16	0.15 ~ 0.50	0.50 ~ 1.40	≥0.60	≤0.30	≤0.15	≤0.10	≤0.25
	NS63	≤0.16	0.15 ~ 0.40	0.35 ~ 0.80	2.5 ~ 3.5	0.3 ~ 1.2	0.20 ~ 0.60	≤0.10	≤0.15
	NS80	≤0.10	0.15 ~ 0.40	0.35 ~ 0.90	3.5 ~ 4.5	0.3 ~ 1.0	0.20 ~ 0.60	≤0.10	≤0.15
	NS90	≤0.12	0.15 ~ 0.40	0.35 ~ 1.00	4.75 ~ 5.25	0.4 ~ 0.8	0.3 ~ 0.65	≤0.10	≤0.15
俄罗斯	АБ2	≤0.12	≤0.25	≤0.50	≤2.70	≤1.00	≤0.25	≤0.07	≤0.15
	АБ2К	≤0.12	≤0.25	≤0.50	≤2.50	≤1.40	≤0.30	≤0.07	≤1.10
	АБ2А	≤0.12	≤0.25	≤0.50	≤3.25	≤1.70	≤0.40	≤0.07	≤1.10
	АБ3А	≤0.09	≤0.25	≤0.50	≤3.5	≤0.70	≤0.40	≤0.07	≤1.25

7.4.2.3　锅炉压力容器用钢

钒在各类锅炉和压力容器用钢中有广泛的应用。表 7-75 ~ 表 7-77 列出了世界各国锅炉压力容器用含钒的高强度低合金钢钢种[141 ~ 143]。

表 7-75　各国锅炉压力容器用含钒的高强度低合金钢

国家	钢　种	化学成分/%							规格 /mm	屈服强度 /MPa	热处理
		C	Si	Mn	Ni	Cr	Mo	V			
中国	09Mn2V	≤0.12	0.15 ~ 0.50	1.40 ~ 1.80	—	—	—	0.04 ~ 0.10	6 ~ 16 17 ~ 36	290 270	正火、调质
	15MnV	0.10 ~ 0.18	0.20 ~ 0.60	1.20 ~ 1.60	—	—	—	0.04 ~ 0.12	6 ~ 16 17 ~ 25 26 ~ 36 37 ~ 60	390 375 355 335	热轧、正火
	15MnVN	≤0.20	0.20 ~ 0.60	1.30 ~ 1.70	—	—	N: 0.010 ~ 0.020	0.10 ~ 0.20	6 ~ 16 17 ~ 36 37 ~ 60	440 420 400	热轧、正火
	14MnMoV	0.10 ~ 0.18	0.20 ~ 0.50	1.20 ~ 1.60	—	—	0.40 ~ 0.65	0.05 ~ 0.15	30 ~ 115	490	正火 + 回火

国家	钢 种	化学成分/%							规格 /mm	屈服 强度 /MPa	热处理
		C	Si	Mn	Ni	Cr	Mo	V			
中国	07MnCrMoV	≤0.09	0.15 ~ 0.40	1.20 ~ 1.60	≤0.30	0.10 ~ 0.30	0.10 ~ 0.30	0.02 ~ 0.06	16 ~ 50	490	调质
	07MnNiCrMoV	≤0.09	0.15 ~ 0.40	1.20 ~ 1.60	0.20 ~ 0.50	0.10 ~ 0.30	0.10 ~ 0.30	0.02 ~ 0.06	16 ~ 50	490	调质
	12MnNiV	≤0.09	0.15 ~ 0.35	1.10 ~ 1.50	≤0.30	≤0.50	≤0.30	0.02 ~ 0.06	14 ~ 50	490	调质
	17MnNiVNb								6 ~ 25		
美国	SA225C	≤0.25	0.15 ~ 0.45	≤1.72	0.37 ~ 0.73		0.11 ~ 0.20		≤75 >75	485	热轧、 正火
	SA225D	≤0.20	0.08 ~ 0.56	≤1.84	0.37 ~ 0.73		0.08 ~ 0.20		≤75 >75	415 380	正火
	ASTM A225C	≤0.25	0.15 ~ 0.30	≤1.60			0.40 ~ 0.70	0.09 ~ 0.14	15	485	热轧、 正火
	ASTM A737A	≤0.20	0.15 ~ 0.50	1.00 ~ 1.35				≤0.10		345	正火
	ASTM A737C	≤0.22	0.15 ~ 0.50	1.15 ~ 1.50	Nb: 0.05			0.04 ~ 0.11		415	正火
日本	SFV245	≤0.20	0.15 ~ 0.60	0.80 ~ 1.60	Nb: 0.05		≤0.35	≤0.10	≤50 50 ~ 100 100 ~ 125 125 ~ 150	370 355 345 335	
	SFV295	≤0.10	0.15 ~ 0.60	0.80 ~ 1.60	Nb: 0.05		0.15 ~ 0.35	≤0.10	≤50 50 ~ 100 100 ~ 125 125 ~ 150	420 400 390 380	
	SFV345	≤0.10	0.15 ~ 0.60	0.80 ~ 1.60	Nb: 0.05		0.10 ~ 0.40	≤0.10	≤50 50 ~ 100 100 ~ 125 125 ~ 150	430 430 420 410	
	HITEN-590U	≤0.09	0.15 ~ 0.40	0.90 ~ 1.40	B: 0.003	≤0.30	≤0.20	≤0.08	6 ~ 50	450	调质
	HITEN-610U	≤0.09	0.15 ~ 0.40	0.90 ~ 1.40	B: 0.003	≤0.30	≤0.20	≤0.08	6 ~ 50	490	调质
	K-TEN62	≤0.18	≤0.55	≤1.60	0.20 ~ 0.60	0.10 ~ 0.30	≤0.20	≤0.10	6 ~ 75	490	调质
	K-TEN80	≤0.18	≤0.55	≤1.50	≤1.60	≤0.80	≤0.60	≤0.10	6 ~ 50	686	调质
	Wel-Ten 63CF	≤0.09	0.15 ~ 0.35	1.00 ~ 1.60	≤0.60	≤0.30	≤0.30	≤0.10		490	调质
	Wel-Ten 60H	≤0.18	0.15 ~ 0.70	0.90 ~ 1.50	0.30 ~ 1.60		V + Nb: ≤0.10		6 ~ 38 38 ~ 50	440 410	正火

表 7-76 压力容器用耐热抗氢钢（％）

国家	钢种	C	Si	Mn	Cr	Mo	V	W	Ti	B
美国	SA542B	0.09 ~ 0.18	≤0.50	0.25 ~ 0.66	1.88 ~ 2.62	0.85 ~ 1.15	≤0.03			
	SA542C	0.08 ~ 0.18	≤0.50	0.25 ~ 0.66	2.63 ~ 3.37	0.85 ~ 1.15	0.18 ~ 0.33			
	SA542D	0.09 ~ 0.18	≤0.50	0.25 ~ 0.66	1.88 ~ 2.62	0.85 ~ 1.15	0.23 ~ 0.37			
德国	47CrMoV	0.15 ~ 0.20	0.15 ~ 0.35	0.30 ~ 0.50	2.70 ~ 3.00	0.20 ~ 0.30	0.10 ~ 0.20			
	20CrMoV	0.17 ~ 0.23	0.15 ~ 0.35	0.30 ~ 0.50	3.00 ~ 3.30	0.50 ~ 0.60	0.45 ~ 0.55			
	21CrVMoW	0.18 ~ 0.25	0.15 ~ 0.35	0.30 ~ 0.50	2.70 ~ 3.00	0.35 ~ 0.45	0.75 ~ 0.85			
中国	12Cr1MoV	0.08 ~ 0.15	0.17 ~ 0.37	0.40 ~ 0.70	0.90 ~ 1.20	0.25 ~ 0.35	0.15 ~ 0.30			
	12Cr2MoWVTiB	0.08 ~ 0.15	0.45 ~ 0.75	0.40 ~ 0.65	1.60 ~ 2.10	0.50 ~ 0.65	0.28 ~ 0.42	0.30 ~ 0.55	0.08 ~ 0.18	0.002 ~ 0.008
	12Cr3MoVSiTiB	0.09 ~ 0.15	0.60 ~ 0.90	0.50 ~ 0.80	2.50 ~ 3.00	1.00 ~ 1.20	0.25 ~ 0.35		0.22 ~ 0.38	0.005 ~ 0.011
	10Cr5MoWVTiB	0.07 ~ 0.12	0.40 ~ 0.70	0.40 ~ 0.70	4.50 ~ 6.00	0.48 ~ 0.65	0.20 ~ 0.33	0.20 ~ 0.40	0.16 ~ 0.24	0.008 ~ 0.014

表 7-77 核压力容器用钢（％）

国家	钢种	C	Si	Mn	Ni	Cr	Mo	V	Cu
美国	A508-Ⅱ	≤0.27	0.15 ~ 0.35	0.50 ~ 0.90	0.50 ~ 0.90	0.25 ~ 0.45	0.55 ~ 0.70	0.01 ~ 0.05	<0.10
美国	A508-Ⅲ	≤0.26	0.15 ~ 0.40	1.20 ~ 1.50	0.40 ~ 1.00	<0.25	0.45 ~ 0.55	0.01 ~ 0.05	<0.10
俄罗斯	15Kh2MFA	0.13 ~ 0.18	0.17 ~ 0.37	0.50 ~ 0.70	≤0.4	2.5 ~ 3.0	0.50 ~ 0.70	≤0.30	<0.15
俄罗斯	15Kh2NMFA-A	0.13 ~ 0.18	0.17 ~ 0.37	0.50 ~ 0.70	≤0.4	2.5 ~ 3.0	0.50 ~ 0.70	0.10 ~ 0.12	<0.05

7.4.2.4 工程机械用钢

工程机械是矿山开采和各类工程施工用设备，如钻机、电铲、电动自卸车、挖掘机、装载机、推土机、各类起重机及煤矿液压支架等机械设备的总称。由于种类繁多，工作条件各异,对工程机械用钢性能要求是多方面的,除强度、韧性、焊接性、冷热加工性等方面的要求外,有的还要求耐磨性、耐蚀性、抗疲劳性能等。在繁多的工程机械用钢品种中,中厚板的需求最多,约占45%。为了提高装备的能力和效率,延长使用寿命,减轻设备自重,各国研究开发了系列的高强度工程机械用钢产品,如美国 A514 系列钢,抗拉强度达到690~895MPa;日本 Wel-Ten 系列高强度钢,包括 HT60、HT70、HT80、HT100 等钢种,抗拉强度范围为590~980MPa;瑞典开发了 Domex、WELDOX 系列等工程用钢,最高屈服强度达到1300MPa。

A　高强度工程机械用钢板

高强度工程机械用钢主要是通过淬火+回火的调质热处理工艺来生产,钒是这类调质钢中的一个重要的微合金化元素。表7-78 给出各国高强度工程机械用钢牌号实例。可以看出,各国高强度工程机械用钢基本采用了相同的合金体系,不同强度级别的钢种虽然在合金含量上有所差别,但均采用了低碳 Ni-Cr-Mo-V 的合金设计。

表 7-78　各国高强度工程机械用钢化学成分

国家	钢　种	化学成分/%								规格/mm	屈服强度/MPa
		C	Si	Mn	Ni	Cr	Mo	V	Ti		
中国	HQ60	0.09~0.16	0.15~0.50	1.10~1.60	0.30~0.60	≤0.30	0.08~0.20	0.03~0.08		4~40 40~50	450 440
	HQ70	0.09~0.16	0.15~0.40	0.60~1.20	0.30~1.0	0.30~0.60	0.20~0.40	V+Nb: ≤0.15 B: 0.0005~0.003		18~50	590
	HQ80	0.10~0.16	0.15~0.35	0.60~1.20	—	0.60~1.20	0.03~0.08	0.03~0.08	B: 0.0006~0.005	20~50	685
	HQ100	0.10~0.18	0.15~0.35	0.80~1.40	0.70~1.50	0.40~0.80	0.30~0.60	0.03~	Cu: 0.15~0.50	8~50	880
美国	A514Q	0.14~0.21	0.15~0.35	0.95~1.30	1.20~1.50	1.00~1.50	0.40~0.60	0.03~0.08		≤63.5 >63.5~152	690 620
	A514B	0.12~0.21	0.20~0.35	0.70~1.00		0.40~0.65	0.15~0.25	0.03~0.08	B: ≤0.005	≤32	690
德国	STE460	≤0.20	0.10~0.50	1.20~1.70	0.40~0.70			0.10~0.13	N: ≤0.020	≤16 16~35 35~50 50~100 100~150	460 450 440 400 390
	STE885	≤0.18	≤0.45	≤1.00	≤1.40	≤0.80	0.20~0.60	≤0.10		≤35	885

国家	钢 种	化学成分/%								规格 /mm	屈服强度 /MPa
		C	Si	Mn	Ni	Cr	Mo	V	Ti		
日本	Wel-Ten 60	≤0.16	0.15~0.55	0.90~1.50	≤0.60	≤0.30	≤0.30	≤0.10		6~50	450
	Wel-Ten 70	≤0.16	0.15~0.35	0.60~1.20	0.30~1.00	≤0.60	≤0.40	V+Nb：≤0.15 B：≤0.006		6~50 50~75	615 610
	Wel-Ten 80	≤0.16	0.15~0.55	0.60~1.20	0.40~1.50	0.40~0.80	0.30~0.60	≤0.10	B：≤0.006	6~50 50~100	685 685
	Wel-Ten 100	≤0.18	0.15~0.55	0.60~1.20	0.70~1.50	0.40~0.80	0.30~0.60	≤0.10	B：≤0.006	6~32	880
瑞典	WELDOX1300	≤0.25	≤0.5	≤1.4	≤2.0	≤0.8	≤0.7	≤0.08	≤0.005		
	WELDOX1100	≤0.21	≤0.5	≤1.4	≤3.0	≤0.8	≤0.7	≤0.08	≤0.005		
	WELDOX960	≤0.20	≤0.5	≤1.6	≤1.5	≤0.7	≤0.7	≤0.06	≤0.005		
	WELDOX900	≤0.20	≤0.5	≤1.6	≤0.1	≤0.7	≤0.7	≤0.06	≤0.005		
	WELDOX700	≤0.20	≤0.6	≤1.6	≤2.0	≤0.7	≤0.7	≤0.09	≤0.005		

B 耐磨钢

部分工程机械部件磨损较为严重。矿山采运、工程机械设备大量使用耐磨性要求很高的材料。表7-79列出各种工程机械行业使用的含钒耐磨钢的化学成分及性能指标。

表 7-79 各种含钒耐磨钢的化学成分及性能指标

国家	钢 种	化学成分/%								规格 /mm	HB
		C	Si	Mn	Ni	Cr	Mo	V	B		
中国	20MnVK	0.17~0.24	0.17~0.37	1.20~1.60				0.07~0.20			
	25MnVK	0.22~0.30	0.50~0.90	1.30~1.60				0.06~0.13			
	NM360	≤0.26	0.20~0.40	≤1.60	0.30~0.60	0.80~1.20	0.15~0.50	≤0.10	≤0.005	12~50	360
日本	WeltenAR320	≤0.22	≤0.35	0.60~1.20	0.40~1.50	0.40~0.80	0.15~0.60	≤0.10	≤0.005	6~100	321
	WeltenAR360	≤0.22	≤0.35	0.60~1.20	0.40~1.50	0.40~0.80	0.15~0.60	≤0.10	≤0.005	6~75	361
	WeltenAR400	≤0.24	≤0.35	0.60~1.20	0.40~1.50	0.40~0.80	0.15~0.60	≤0.10	≤0.005	6~32	401
瑞典	Hardox HiTuf	≤0.20	≤0.50	≤1.60	≤2.0	≤0.70	≤0.70	≤0.06	≤0.005	40~70	310~370
		≤0.20	≤0.60	≤1.60	≤2.0	≤0.70	≤0.70	≤0.09	≤0.005	70~130	310~370

7.4.2.5　其他

A　低合金结构钢

我国纳入国家标准的含钒低合金结构钢品种包含了 Q315～Q440 系列强度级别的HSLA 钢钢种，屈服强度范围为 315～440MPa，钢号及化学成分范围见表7-80。这些含钒的高强度低合金结构钢在建筑、桥梁、汽车等各种工程结构中得到广泛应用[144~148]。

表7-80　含钒的高强度低合金结构钢[144]　（%）

等级	钢　号	C	Si	Mn	P(≤)	S(≤)	V	Ti	N	Re
Q315	09MnV	≤0.12	0.20～0.55	0.8～1.20	0.045	0.045	0.04～0.12			
Q345	12MnV	≤0.15	0.20～0.55	1.0～1.20	0.045	0.045	0.04～0.12			
Q390	15MnV	0.12～0.18	0.20～0.55	1.20～1.60	0.045	0.045	0.04～0.12			
Q420	15MnVN	0.12～0.20	0.20～0.55	1.30～1.70	0.045	0.045	0.10～0.20		0.010～0.020	
Q440	14MnVTiRe	≤0.18	0.20～0.55	1.30～1.60	0.045	0.045	0.04～0.10	0.09～0.16		0.02～0.20

B　汽车用可成型的高强度热轧带钢

钒微合金化钢在高强度可成型的汽车用钢中有广泛应用。图7-94 示出了钒氮含量及卷取温度对微合金化带钢屈服强度的影响。图中可见，随着钢中钒氮含量的增加，在580～600℃的最佳卷取温度范围内，钢板的屈服强度达到了 610～680MPa。基于钒氮微合金化技术，开发出了屈服强度 590MPa 和 640MPa 级的具有良好成型性能的高强度带钢产品，见表7-81。表7-81 中还列出了其他一些含钒高强度可成型汽车用钢品种。

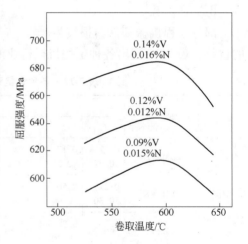

图7-94　钒、氮含量及卷取温度对微合金化带钢屈服强度的影响[149]

（基本成分：C 0.10%，Mn 1.5%，Nb 0.035%；厚度 4～6mm）

C　耐候钢

钒在耐候钢产品中的应用如表7-82 所示。中国开发的经济型耐候钢产品 08CuPVRe 钢中添加了 0.02%～0.08% V，用于提高钢的强度。美国传统的 CORTEN 系列耐候钢中，CORTEN-B 钢中也添加了 0.02%～0.10% V。

表7-81　汽车用钒微合金化带钢（%）

钢　种	C	Si	Mn	P(≤)	S(≤)	V	Nb	Al	N
Domex590	≤0.12	≤0.4	≤1.5	0.03	0.01	0.09～0.12	0.03～0.04	0.02～0.05	0.012～0.016
Domex640	≤0.12	≤0.4	≤1.65	0.03	0.01	0.10～0.15	0.03～0.04	0.02～0.05	0.012～0.016

钢　种	C	Si	Mn	P(≤)	S(≤)	V	Nb	Al	N
VAN-60	≤0.15	≤0.30	≤1.20	0.03	0.03	≤0.010	≤0.04	0.02 ~ 0.05	
09SiVL	0.08 ~ 0.15	0.7 ~ 1.0	0.45 ~ 0.75	0.03	0.03	0.04 ~ 0.10	—	0.02 ~ 0.05	残留
W510L	0.08 ~ 0.11	0.10 ~ 0.30	1.30 ~ 1.50	0.03	0.03	0.05 ~ 0.06	0.01 ~ 0.03	0.02 ~ 0.05	残留
P510	0.08 ~ 0.12	0.40 ~ 0.70	0.90 ~ 1.30	0.03	0.03	0.06 ~ 0.09	—	0.02 ~ 0.05	残留

表7-82　含钒耐候钢品种的应用实例（%）

国家	钢　种	C	Si	Mn	P	S	Cr	Cu	V	Re
中国	08CuPV	0.12	0.20 ~ 0.4	0.20 ~ 0.50	0.07 ~ 0.12	0.04	0.25 ~ 0.45	0.02 ~ 0.08	0.02 ~ 0.20	
美国	CORTEN-B	0.10 ~ 0.19	0.16 ~ 0.30	0.90 ~ 1.25	0.04	0.05	0.40 ~ 0.65	0.25 ~ 0.40	0.02 ~ 0.10	
德国	KT52-3	0.08 ~ 0.12	0.25 ~ 0.50	0.90 ~ 1.20	0.05 ~ 0.09	0.04	0.50 ~ 0.80	0.30 ~ 0.50	0.04 ~ 0.10	

7.5　薄板坯连铸连轧高强度带钢

　　自从 1989 年美国 Nucor 公司采用德国 SMS 开发的 CSP 技术在 Crawfordsville 建成投产世界上第一条薄板坯连铸连轧生产线以来，薄板坯连铸技术就像燎原之火一样传遍全世界。至 2008 年年底，全球共建设薄板坯连铸连轧生产线 65 条，年生产能力达 11008 万吨。我国自 1999 年第一条薄板坯连铸连轧生产线投产以来，仅过 10 年左右的发展，到 2010 年底已建成各种不同类型的薄板坯连铸-连轧生产线合计 15 条，铸机 31 流，年生产能力超过 3500 万吨。2007 年，我国的薄板坯连铸连轧板卷产量达 3073 万吨，占 2007 年全国板卷产量的 39.65%。我国的薄板坯连铸连轧生产线在数量、产能、年产量方面都位居世界前列[150]。

　　采用薄板坯连铸连轧技术，从熔融态的钢水在线直接连铸连轧生产热轧薄钢板，取代传统厚板坯连铸技术生产的热轧板，不但降低了设备投资费用，缩短了生产时间，降低了生产成本，而且还提高了成材率，从而提高了在市场上的竞争力。因此，薄板坯连铸连轧工艺的出现及其惊人的发展，不可逆转地改变了钢铁板带材产品生产的现状，被誉为继转炉炼钢取代平炉炼钢、连铸工艺取代模铸工艺后钢铁生产技术的第三次革命。从世界上第一条薄板坯连铸连轧生产线建设投产到目前已经经历了两个十年的时间。第一个十年（1989 ~ 1998 年），薄板坯连铸连轧作业线的特点以电炉流程为主，生产线大都采用第一代薄板坯连铸连轧技术。由于第一代薄板坯连铸连轧技术是技术初创期，以生产中、低档产品为主，主要依靠其特有的流程优势，如生产成本低、能耗低和投资少等，与传统的板带材流程在中低档品种市场方面进行竞争，并表现出良好的市场竞争能力。1999 ~ 2008 年是薄板坯连铸连轧技术发展的第二个十年，这一时期出现了薄板坯连铸连轧技术与转炉匹配的应用，这一时期我国共建设薄板坯连铸连轧生产线 12 条，均采用转炉—薄板坯连铸连轧流程，产品中包括了较大比例的小于 2mm 的薄规格产品，经过热轧镀锌后，以取代一部分冷轧产品为目标。在产品开发方面包括低合金高强度钢、深冲用钢以及硅钢等。预计 2008 年以后新投产的生产线在产品方面，厚度小于 2.0mm 热轧板卷将占有较大比例（如大于 30% ~ 50%），实现薄板以热带冷；开发热轧-酸洗-热镀锌产品、开发热轧-冷轧-热镀锌产品；进一步开发特种高附加值产品如硅钢等[150]。

　　微合金化技术是提高钢材综合性能的有效的技术措施。基于传统流程的微合金化技术的研究有几十年的历史，已形成了较系统的理论体系，而薄板坯连铸连轧流程存在许多有别于传统流程的特点，使薄板坯连铸连轧工艺条件下的微合金化技术具有新的特征。钒微合金化技术是最早应用于薄板坯连铸连轧流程的微合金化技术。大量的基础研究和生产实践表明，钒微合金化非常适合薄板坯连铸连轧工艺。含钒钢在浇注过程中很少出现横向裂纹；钒在奥氏体中固溶度大、析出温度低、对粗晶奥氏体再结晶的抑制作用小，这些特征与薄板坯连铸连轧流程的工艺特点相适应，如加热温度低、加热时间短、铸造粗晶组织直轧轧制；特别是氮含量较高的电炉—薄板坯连铸连轧流程更有利于发挥钒的作用。在薄板坯连铸连轧流程上，已开发出屈服强度 275 ~ 550MPa 级的各种用途的含钒低合金高强度钢；基于钒及其碳氮化物在薄板坯连铸连轧流程上对细化组织的显著作用，开发出铁素体晶粒尺寸为 3 ~ 4μm、屈服强度达 550MPa 级的超细晶高成型性结构钢[151]；钒与其他元素复合添加，开发 700MPa 级超高强度钢板。随着薄板坯连铸连轧技术的不断发展以及产品定位的不断变化，钒在薄板坯连铸连轧技术中的研究还需不断深入，以满足在薄板坯连铸连轧生产线上进行高端品种开发的需求。

　　本节主要介绍薄板坯连铸连轧工艺的冶金学特征、钒在薄板坯连铸连轧工艺中的作用机理，以及已经取得的一些研究成果。

7.5.1　薄板坯连铸连轧工艺的冶金学特征

　　图 7-95 所示为薄板坯连铸连轧工艺与传统轧制工艺之对比示意图。传统流程中钢水连铸成 200 ~ 250mm 厚的板坯，经过冷却、重新加热，再通过粗轧和精轧得到热轧宽带钢。在薄板坯连铸连轧流程中，钢水被铸成 50 ~ 90mm 厚的薄板坯，直接热装进入辊底式炉均热后，进入机架较少的热连轧机组轧成宽带钢。表 7-83 列出了两种工艺之区别。

表 7-83　传统厚板坯连铸和薄板坯连铸典型工艺比较

工　艺	传统厚板坯	薄板坯
铸坯厚度/mm	200 ~ 250	50 ~ 90
铸坯完全凝固时间/min	10 ~ 15	1 ~ 2
冷却速度/℃ · s^{-1}	0.15	2
轧制前是否发生相变	是	否
轧制前奥氏体晶粒尺寸/mm	0.25	0.6 ~ 1.4
总变形量/% 铸坯厚度→成品厚度	高 250mm→2 ~ 15mm	低 50 ~ 90mm→1 ~ 15mm

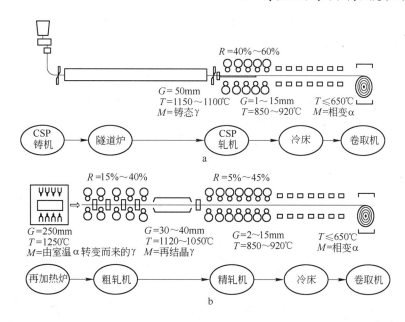

图7-95 薄板坯连铸连轧工艺（a）与传统轧制工艺（b）对比示意图[152]

与传统厚板坯轧制工艺相比，薄板坯连铸连轧工艺具有如下特征[153～159]：

(1) 铸坯凝固迅速、铸态组织均匀、第二相析出物细小。薄板坯连铸时通常都采用高速铸造技术。传统连铸时的铸造速度通常为 0.75～1.25m/min，最高可达 2.5m/min；在薄板坯连铸时，铸造速度通常提高至 4～6m/min，最高可达 8.0m/min，因此薄板坯连铸的冷却强度大、凝固速率高。以 50mm 的薄板坯为例，液态钢水在 1.5min 内就可凝固完毕，而传统的 200mm 的厚板坯，液态钢水则需要 15min 才能凝固完毕。薄板坯高的凝固速率改善了铸造组织，使其二次、三次枝晶更短，如 50mm 厚板坯的二次枝晶间距约为 90～120μm，传统厚板坯的二次枝晶间距约为 200～500μm 时，薄板坯原始的铸态组织晶粒更细、更均匀，为最终组织的细化创造了条件；由于冷却强度大，板坯的微观偏析可得到较大的改善，合金元素分布更均匀；快速凝固导致氧化物、氮化物、硫化物等非金属夹杂物的尺寸减小，甚至可以达到纳米级，从而达到阻止奥氏体晶粒长大、细化晶粒和通过沉淀强化提高强度的作用。

(2) 采用直接轧制工艺，精轧前原始奥氏体晶粒粗大。传统流程中，铸坯要经过冷装或热装、再加热的过程，因此铸坯经历了由钢水→δ 铁素体→奥氏体 γ(1)→α 铁素体→奥氏体 γ(2)的过程，铸坯通过冷却过程中 γ(1)→α 相变和再加热过程中 α→γ(2)的两次相变过程，细化了铸态组织，形成细小的奥氏体晶粒组织 γ(2)；进入精轧机的是经过粗轧的中间坯，奥氏体晶粒均匀、细小，晶粒尺寸约在 30～100μm。薄板坯连铸连轧技术采用直接轧制工艺，铸坯经历由钢水→δ 铁素体→γ(1)奥氏体的过程，直接送入均热炉加热，不存在 γ(1)→α→γ(2)两次相变过程，进入热连轧机的是呈铸造枝晶形态的连铸坯，铸坯组织是粗大的原始奥氏体晶粒 γ(1)，晶粒尺寸约 0.6～1.4mm。所以原始铸态的粗大的奥氏体晶粒只能靠再结晶控轧来解决。在薄板坯连铸连轧工艺中在 5～7 机架变形中要完成铸造枝晶的碎化、均匀化和粗大奥氏体晶粒细化等一系列复杂的过程。

(3) 总变形量小、道次变形量大，采用高刚度轧机大压下轧制。薄板坯连铸连轧工艺因铸坯厚度减薄，从铸坯到成品总的变形量减小，不利于铸态组织的均匀化和细化。但薄板坯连铸连轧流程比传统流程的道次变形量大（最大可达60%），从而有利于奥氏体再结晶的进行。相关研究认为，从薄板坯到成品的总变形率可以分为两部分：

$$\varepsilon_\Sigma \longrightarrow \varepsilon_r + \varepsilon_c \tag{7-1}$$

式中，ε_Σ 为总变形量；ε_r 为使铸态组织发生再结晶的临界变形量；ε_c 为奥氏体组织发生多形性转变的临界变形量，其作用是提高 $\gamma \rightarrow \alpha$ 的相变驱动力，增加铁素体形核位置，以便在相变后得到均匀细小的铁素体组织。因此，为确保产品性能，需要对每一轧制道次的变形量进行有效分配。实践表明达到上述要求的基本条件是：$\varepsilon_r \geqslant 50\%$，$\varepsilon_c \geqslant 60\% \sim 70\%$，$\varepsilon_\Sigma \geqslant 80\%$ [159]。

7.5.2 薄板坯连铸连轧工艺的微合金化要求及钒微合金化

为提高薄板坯连铸连轧工艺产品的强度和综合力学性能，通常都采用微合金化技术，常用的微合金化元素主要有钒、铌、钛等。在薄板坯连铸连轧工艺条件下，选择钒作为微合金化元素主要有如下考虑[160,161]。

薄板坯连铸连轧工艺的特点之一是快速凝固，它可以细化铸态组织、改善夹杂物形态，使长条状夹杂物形成弥散分布的球状非金属夹杂物，有利于获得各向同性的弯曲性能。但快速凝固也导致连铸坯容易产生裂纹，连铸坯裂纹是由于钢的高温热塑性降低所产生的。AlN在奥氏体晶界上的析出降低钢的热塑性，微合金钢中因微合金元素碳氮化物的析出进一步恶化热塑性。热塑性开始降低的温度与微合金化合物的析出温度有关，第5章图5-3显示了微合金化元素铌、钒对钢热塑性影响。铌的碳氮化物的析出温度（尤其是在高氮含量时）高于钒碳氮化物，因此，铌钢的热塑性开始下降温度比钒钢高约100℃。为解决连铸坯的裂纹问题，铸坯弯曲矫直的温度应高于其热塑性开始降低的温度。从防止连铸坯裂纹的角度考虑，含钒钢比含铌钢更容易实现。这也是在美国多数薄板坯连铸生产线上选择钒微合金化生产高强度带钢的主要原因之一。

另外，薄板坯连铸连轧流程中连铸坯进入轧机时的组织为粗大的铸态枝晶组织，为了保证连铸坯在经过5~7道次轧制后获得细小而均匀的奥氏体组织，应确保在轧制道次之间很短的时间内发生完全再结晶，初轧机架通常需要有很大的变形量。图7-96所示为在1150℃高温下变形时，要使C-Mn钢1000μm的粗大奥氏体晶粒在1~2s的时间内发生完

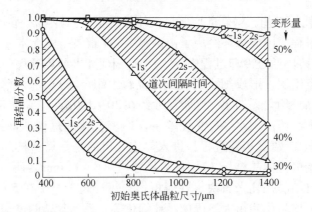

图7-96 高温1150℃时，变形量、奥氏体晶粒尺寸对C-Mn钢奥氏体再结晶的影响

全再结晶，变形量应在 50% 以上。如图 7-97 所示，在铌、钒、钛三种微合金化元素中，铌对再结晶的阻碍作用最大，微量的铌（约 0.05%）可提高再结晶终止温度到 1000℃ 以上。而钒对形变奥氏体再结晶过程的阻碍作用是最小的，即使钒含量达到 0.10%，其再结晶终止温度也不高于 850℃。因此，含钒微合金钢宽泛的再结晶温度区间非常适合薄板坯连铸连轧流程铸造组织直接轧制的特点，通过再结晶控制轧制工艺实现粗大奥氏体组织的细化，即奥氏体结构的变化和晶粒的逐渐细化是反复再结晶的结果。由于含钒高强度低合金钢的热轧工艺与普碳钢的热轧工艺相似，因此在生产含钒钢种的时候，轧制工艺不需要改变。

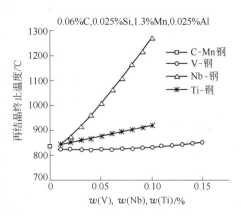

图 7-97 微合金化元素对再结晶的影响[162]

在各种微合金化元素中，钒在奥氏体中具有较高的溶解能力。在一般的低合金高强度钢成分范畴内，VC 在 850℃ 就能完全固溶在奥氏体中；钒与氮的亲和力大于钒与碳的亲和力，VN 在 1150℃ 也能完全固溶在奥氏体中，因此钒微合金钢铸坯的再加热或均热温度可以相对较低，这一特点与薄板坯连铸连轧流程均热炉均热温度低、均热时间短的工艺特性相匹配。由于钒在奥氏体中的溶解度高，几乎钢中所有的钒都对铁素体的析出强化有帮助。钒与氮的亲和力远比与碳大，通过提高钢中氮含量，可以显著地促进钒的析出，在奥氏体中析出的 VN 能够抑制再结晶奥氏体晶粒长大[163]，在铁素体区析出的 VN，可以增加晶内铁素体的形核核心[164]，两方面共同促进铁素体晶粒细化。同时钢中增加氮含量，使低温析出的 V(C，N)粒子的数量增加、尺寸减小且粒子粗化的趋势减小，显著提高钒的沉淀强化效果[165,166]。因此钒在一定程度上解决了电炉炼钢氮含量高的问题，同时氮使钒的微合金化作用得到充分发挥。通过这一机理，提高氮含量可使钒的加入量减少 20% ~40%。

钒与钢中的自由氮结合，可以消除自由氮带来的时效性[167]。由于钒是强氮化物形成元素，它与固溶体中的氮形成钒氮化物或碳氮化物；形成钒氮化物的化学当量比是 3.64：1。在生产实践中，每 0.04% 的钒可以与大约 0.01% 的氮结合，与其形成鲜明对比的是每 0.04% 的铌只能与 0.001% 的氮结合。在无自由固溶氮的情况下，含钒钢无时效现象；铌不能避免钢的时效性。

Korchynsky 总结了薄板坯连铸连轧工艺微合金钢合金设计应考虑的因素[168]，见表 7-84，认为钒适合用于薄板坯连铸连轧工艺来生产高强度低合金钢的主要原因为：（1）使连铸更简便；（2）高温热轧制度与普通碳锰钢一样；（3）可将氮作为一种物美价廉的合金元素；（4）无时效性。

表 7-84 薄板坯连铸连轧工艺微合金钢合金设计的要求[168]

影响合金设计的因素	Nb	V
碳氮化物在奥氏体中的溶解度	低	高
铸坯裂纹倾向	高	低
再结晶终止温度	高	低
有利于再结晶	低	高

影响合金设计的因素	Nb	V
适合的轧制工艺	CCR	RCR
和 N 的亲和性	排斥	亲和
对细化晶粒的影响	强	强
对析出强化的影响	弱	强
对 N 析出强化奥氏体的影响	强	有限
对 N 析出强化铁素体的影响	可忽略	有利
和 N 的结合能力	弱	强

7.5.3　薄板坯连铸连轧钒微合金化技术的研究与开发

与传统流程相比，薄板坯连铸连轧工艺在铸坯厚度、铸造速度、钢水凝固的冷却速度、铸态组织、在线连轧等方面都发生了很大变化，因此在利用连铸连轧工艺开发新品种时，不能完全照搬传统连铸及轧制的工艺技术，需要深入研究该工艺条件下微合金化技术的冶金学特征，根据其特点采取针对性的技术措施，才能生产出满足不同使用要求的新产品。

7.5.3.1　热裂纹倾向

Mitchell 等人[169]采用薄板坯连铸连轧工艺的模拟设备，将表 7-85 中不同成分体系的实验钢经感应炉冶炼后铸成 50mm 厚板坯。为了评估连铸过程中出现横向裂纹的倾向以及确定温度对产生裂纹的影响，铸坯被冷到不同温度在三点弯曲试验机上进行弯曲试验，弯曲开始的温度范围为 680 ~ 1030℃。图 7-98 示出了最大裂纹长度随实验钢成分及温度变化曲线图，可以看出，对于所有的实验温度，C-Mn 钢和 C-Mn-V 钢中都仅出现较短的裂纹，含钒钢中的裂纹比 C-Mn 钢中的更短；剩下的三种钢都有较长裂纹，特别当实验温度在 A_{r3} 附近时。C-Mn-Nb 钢中存在最长的裂纹（17mm）和最宽的裂纹出现温度范围（725 ~ 875℃），C-Mn-V-N 钢和 C-Mn-V-Nb 钢中也存在相当长的裂纹，其长度分别为 15mm 和 12mm，但是在这两种钢中裂纹出现的温度范围（775 ~ 825℃）比 C-Mn-Nb 钢明显变窄。图 7-99 是试验温度在 A_{r3} 附近时 C-Mn-V 钢和 C-Mn-Nb 钢中裂纹宽度的对比。在电子显微镜下观察铸坯的碳萃取复型试样，发现在 C-Mn 钢中没有析出物，C-Mn-V 钢中也只有很少的析出物；其他钢中不仅在晶界上而且在晶内都有大量的析出物，在 C-Mn-Nb 钢中的析出物一般比 V-N 钢和 V-Nb 钢中的细小。一般认为，微合金析出物的出现导致了所观察到的裂纹行为，析出物数量越少和/或尺寸越大，裂纹出现的几率越小；相反地，析出物数量越多和/或粒子细小，越容易产生裂纹。此实验结果也在一定程度上证实了传统的热拉伸试验的结论，如图 5-3 所示，即含铌钢在此温度范围内伴随着铌的析出而具有明显的塑性低谷。

表 7-85　实验钢的化学成分（%）

钢　种	C	Si	Mn	Al	N	V	Nb
C-Mn	0.067	0.52	1.43	0.022	0.005		
C-Mn-V	0.063	0.49	1.45	0.029	0.007	0.1	
C-Mn-V-N	0.069	0.57	1.47	0.027	0.02	0.1	
C-Mn-V-Nb	0.065	0.50	1.46	0.031	0.007	0.1	0.031
C-Mn-Nb	0.060	0.55	1.48	0.025	0.006		0.037

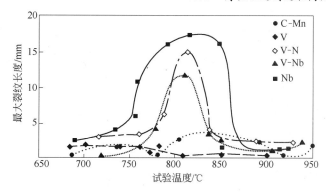

图 7-98 最大裂纹长度随温度和钢种的变化

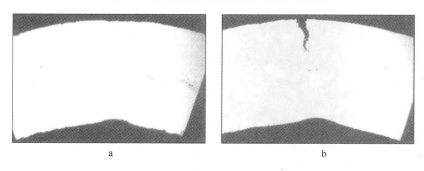

图 7-99 V 钢和 Nb 钢的裂纹对比

a—V 钢, 808℃; b—Nb 钢, 792℃

已有的结果表明, C-Mn-Nb 钢在防止连铸坯横向裂纹形成上具有最大难度; 而 C-Mn 和 C-Mn-V 钢在防止横向裂纹上没有或是只有很小的困难, C-Mn-V-N 和 C-Mn-V-Nb 两种钢介于上述两者之间。在矫直操作前保证板坯中心的温度超过 1000℃, 对任何钢种都不用采取相应措施即可保证连铸坯质量。但是, 一些钢板的边角或由于水分布不均的激烈冷却区域, 温度会大大低于 1000℃, 正是这些区域最容易发生横向裂纹, 连铸含钒钢的优势在这些区域表现得很明显。

7.5.3.2 薄板坯连铸连轧工艺中钒的析出规律

为了充分发挥钒在薄板坯连铸连轧工艺中的作用, 需要全面掌握钒在薄板坯连铸连轧流程中各工艺阶段连铸、均热、热连轧等的析出情况。采用热模拟实验机、实验室模拟手段以及取自生产线上的工业化产品, 结合扫描电镜、透射电镜、物理化学相分析等方法对薄板坯连铸连轧流程中各工艺阶段的试样析出物进行定性和定量分析。

潘涛等人[170,171]在 Gleeble1500D 热模拟实验机上对 CSP 铸坯热历史及热连轧过程进行了热模拟实验。实验用钢取自实际工业生产的 CSP 铸坯, 成分为 0.05% C-0.2% Si-1.5% Mn-0.11% V-0.020% N-0.004% Ti (质量分数), 模拟过程示意图如图 7-100 所示。过程 A 在 1300℃淬火来模拟铸坯刚从二冷段经过的情况, 过程 B 用来模拟从二冷段至进入均热炉前的降温过程, 而过程 C 用来模拟铸坯进入均热炉的情况。CSP 热连轧过程则用 1100℃变形 (模拟初轧变形) 和 900℃变形 (模拟终轧变形) 来模拟; 卷取过程用 600℃等温来模拟。

表 7-86 列出了不同阶段铸坯中存在的第二相粒子及其相关具体数据。在过程 A 的试

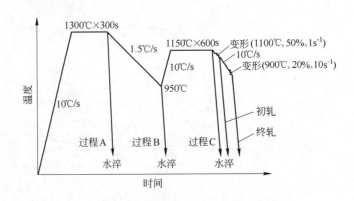

图 7-100　CSP 生产过程的物理模拟

样中，即 1300℃保温后，仍然存在一些正方形 TiN 析出物，这些粒子的平均尺寸约为 18nm，没有出现钒的析出物。这表明实验钢中的微量钛在薄板坯连铸过程的早期就已经析出稳定的 TiN 颗粒。过程 B 的试样是模拟铸坯从 1300℃冷却至 950℃，发现析出物颗粒发生了一些变化。如图 7-101 所示，这些析出物基本可分为两类：一类是含钛的富钒析出物，即(Ti,V)(C,N)粒子，一类是基本不含钛的 V(C,N)粒子。前者颗粒较大，平均尺寸约为 36nm，而后者的颗粒直径较小，平均尺寸约为 20nm。在此样品中，很难再发现只含钛不含钒的纯 TiN 粒子了，而多以含钛的(Ti,V)复合颗粒为多，显示 TiN 是钒析出的有效的形核核心，V(C,N)附着其上析出；能谱分析显示，$w(V)/w(Ti+V)$ 达 70%，说明复合颗粒中已经以钒的析出物为主了。在过程 C 的样品中，第二相粒子仍然分为(Ti,V)(C,N)和 V(C,N)两类，但(Ti,V)(C,N)碳氮化物中钒的含量有一定程度的下降。单独形核的 V(C,N)粒子比例也减少了许多，而且尺寸开始长大，说明进入均热炉后，析出物中的钒开始向奥氏体中回溶，没有回溶的粒子则开始聚集长大。对模拟终轧后和卷取后的试样观察发现：钢中不仅保留了在均热时没有溶解的(Ti,V)(C,N)和 V(C,N)粒子，而且在轧制过程中以及在铁素体中析出了许多细小的 V(C,N)粒子，这些粒子在 CSP 带钢中将起到较好的析出强化作用。

表 7-86　CSP 铸坯中不同阶段(Ti,V)(C,N)析出物的状态分析

过　程	(Ti,V)(C,N)		V(C,N)	V(C,N)粒子在全部
	平均尺寸/nm	$w(V)/w(Ti+V)$/%	平均尺寸/nm	粒子中的比例/%
A	18	0	—	0
B	36	73.7	20	47
C	29	38.8	27	20

Li Y 等人[172~174]采用薄板坯连铸连轧的模拟设备，研究了五种低碳钒微合金化钢种，包括 V 钢、V-N 钢、V-Ti-N 钢、V-Nb 钢和 V-Nb-Ti 钢，在模拟薄板坯连铸过程中微合金元素的析出情况，这些钢种的具体化学成分如表 7-87 所示。实验钢在空气炉中熔炼，采用模铸的方法浇铸成 50mm 厚钢锭，钢锭 1/4 厚度处的典型冷却速度是 3.5℃/s。钢锭热脱模后直接送进均热炉，其温度分别设定为 1050℃、1100℃以及 1200℃（其中钒钢钢锭只在 1100℃和 1200℃两个温度均热），轧前保温 30~65min。经均热处理后，钢锭在实验

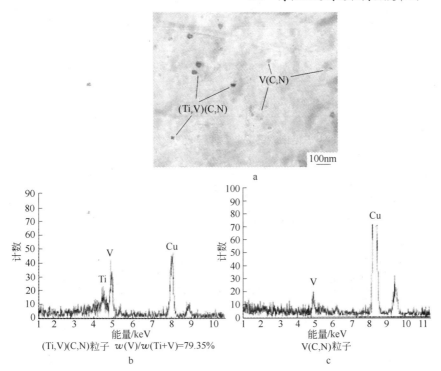

图 7-101 连铸坯进入均热炉前第二相粒子的析出情况

a—析出物形貌；b—含 Ti、V 颗粒的能谱图；c—纯 V 颗粒的能谱图

室可逆轧机上经 5 道次轧制成 7mm 厚的钢板。为了便于取样，第四道次轧制后在 870℃ 左右停留了 25～40s；终轧温度在 850～870℃ 范围之间。轧制完成后，为模拟实际输出辊道上的冷却条件，钢板喷水冷却，冷速约为 18℃/s；冷后钢板迅速送进 600℃ 炉子缓冷以模拟卷取过程（600～400℃ 之间冷速为 35℃/h）。为研究析出物的演变，分别在浇铸后（A）、均热后（B）、第四道次轧制后（C）淬火取样以及卷取后（D）取样，如图 7-102 所示。

表 7-87　钢的化学成分（%）

钢种	C	Si	Mn	P	S	Al	N	Nb	Ti	V
V	0.062	0.45	1.47	0.015	0.004	0.020	0.007	<0.005	<0.005	0.10
V-N	0.068	0.37	1.40	0.014	0.005	0.025	0.020	<0.005	<0.005	0.10
V-Ti-N	0.065	0.47	1.44	0.015	0.006	0.026	0.017	<0.005	0.010	0.10
V-Nb	0.061	0.48	1.45	0.015	0.005	0.035	0.011	0.030	<0.005	0.11
V-Nb-Ti	0.056	0.51	1.45	0.016	0.005	0.022	0.011	0.031	0.007	0.11

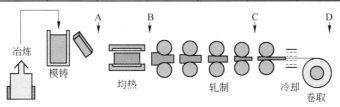

图 7-102　研究析出规律的取样示意图

表 7-88 示出了 V 钢、V-N 钢、V-N-Ti 钢在不同阶段的析出情况。

表7-88 V钢、V-N钢、V-N-Ti钢在不同阶段的析出物总结[173]

取样位置	V钢 1100℃	V钢 1200℃	V-N钢 1050℃	V-N钢 1100℃	V-N钢 1200℃	V-Ti-N钢 ($R=w(V)/w(V+Ti)$) 1050℃	V-Ti-N钢 1100℃	V-Ti-N钢 1200℃
铸 态	Al_2O_3		Al_2O_3:0.5~1.5μm			(1)Al_2O_3,MnS; (2)(V,Ti)N: 1)不规则形状,40~200nm,$R=0.5$; 2)立方形,50~350nm,$R=0.07$; 3)树枝状,$R=0.3~0.4$		
均 热								
均热后			(1)MnS:50~150nm; (2)CuS:50~150nm; (3)AlN+MnS; (4)VN:10~80nm	(1)MnS:50~150nm; (2)CuS:50~150nm	(1)MnS:50~150nm; (2)CuS:50~150nm	(V,Ti)N: (1)十字形,20~50nm,$R=0.7$; (2)复合型:含V,Ti,S,Mn	(V,Ti)N: 十字形,30~150nm,$R=0.7$	(V,Ti)N: 球形,20~50nm,$R=0.6$
第4道次后			VN:30~80nm			(V,Ti)N: 应变诱导析出方形,十字形,20~80nm,$R=0.7$	(V,Ti)N: 应变诱导析出方形,10~20nm,$R=0.6~0.7$	(V,Ti)N: 应变诱导析出方形,10~20nm,$R=0.6~0.7$
带 钢	V(C,N)	V(C,N)	(1) V(C,N):2~20nm; (2)AlN+VN	V(C,N):2~20nm	V(C,N):2~20nm	V(C,N):2~20nm,$R=0.95$	V(C,N):2~20nm,$R=0.85$	V(C,N):2~20nm,$R=0.9$

在浇铸后（阶段 A），V、V-N 和 V-Nb 钢中均只观察到了氧化物和硫化物；但在含 Ti 钢中，包括 V-N-Ti 和 V-Nb-Ti 钢，观察到了呈较大尺寸的枝晶状氮化物及其他形貌的析出物。图 7-103 示出了 V-N-Ti 钢中析出物的各种形貌，有少量的富钛长方形颗粒，摩尔比 $x(V)/x(Ti+V) \approx 0.07$（图 7-103a），绝大部分富钛长方形颗粒尺寸在 $50 \sim 350nm$ 之间，但也有少数颗粒尺寸在 $1\mu m$ 左右；还发现了一些复杂的枝晶状颗粒（图 7-103b），其晶核和枝干处有相似的 $x(V)/x(Ti+V)$ 摩尔比约为 $0.3 \sim 0.4$；还观察到了通常成行排列、呈不规则的颗粒状析出物（图 7-103c），颗粒尺寸在 $40 \sim 200nm$ 之间，这些不规则的颗粒同时含有钒和钛，两者摩尔比 $x(V)/x(Ti+V)$ 约为 0.5。

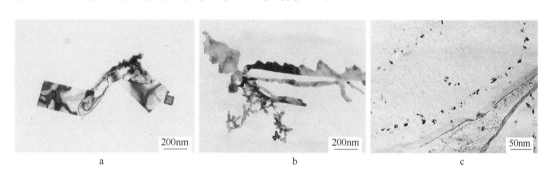

图 7-103 铸态下，V-Ti-N 钢中的析出颗粒形貌
a—富 Ti 的长方形颗粒；b—枝晶状颗粒；c—奥氏体晶界上形成的不规则形状的析出粒子

在均热阶段（阶段 B），均热温度对钢中的析出有着显著影响。对于不含钛的钢种，V 和 V-N 钢 1200℃ 和 1100℃ 均热后均没有发现碳氮化物；V-Nb 钢 1100℃ 均热后，原奥氏体晶界上有长方形颗粒，尺寸为 $50 \sim 110nm$（平均 $68nm$），其 $x(V)/x(V+Nb)$ 摩尔比为 0.29；基体内还有大块复合颗粒，含钒、铌、铝和氧等元素，$x(V)/x(V+Nb)$ 摩尔比为 0.41。1050℃ 均热后，V-N 和 V-Nb 钢中都观察到了原始奥氏体晶界上的长方形颗粒。在 V-N 钢中的这些颗粒经鉴定为 VN，如图 7-104a 所示，尺寸为 $10 \sim 80nm$（平均为 $24nm$）；在 V-N 钢中还发现了一些 VN 颗粒与 MnS 夹杂伴生出现，只在 V-N 钢中发现了 AlN 的存在，并且它总是伴随 MnS（图 7-104b）或者 MnS 和 VN 一起析出。V-Nb 钢中的长方形颗粒则为 $(V,Nb)(C,N)$，$V/(V+Nb)$ 摩尔比为 0.35，尺寸则为 $40 \sim 100nm$（平均为 $62nm$）。在含 Ti 钢中，即使均热温度在 1200℃，也发生明显的钒或铌的析出。在 V-N-Ti 钢中，1200℃ 均热时，基体上发现有球形的氮化物颗粒，这些氮化物颗粒的尺寸约为 $20 \sim 50nm$，$V/(Ti+V)$ 摩尔比为 0.6；1100℃ 均热时，主要析出物为十字形颗粒，分布在原始奥氏体的晶界上，基体内也有一部分（图 7-105a），十字形颗粒臂长约在 $30 \sim 150nm$ 之间，经鉴定为 $(V,Ti)N$，其摩尔比 $V/(Ti+V)$ 为 0.6，十字形颗粒的 EDAX 谱如图 7-105b 所示。1050℃ 均热时其主要析出物与在 1100℃ 均热的试样是一致的，只是在 1050℃ 均热的颗粒尺寸要小一些，并且钒含量也更高，十字形颗粒的臂长约在 $20 \sim 50nm$ 之间，$V/(Ti+V)$ 摩尔比为 0.7。在 V-Nb-Ti 钢中，1200℃ 均热时基体上发现了成行排列的长方形颗粒和十字形颗粒，但是颗粒密度要比 1050℃ 和 1100℃ 均热后的小得多。其中长方形颗粒的尺寸为 $10 \sim 70nm$（平均为 $27nm$），$V/(V+Nb+Ti)$ 摩尔比为 0.29；十字形颗粒臂长为 $30 \sim 60nm$（平均为 $42nm$），成分和长方形颗粒相似。1100℃ 与 1050℃ 均热时，其主要析

出物是一样的，只是在1050℃均热的颗粒尺寸要小一些，并且钒含量也更高。图7-106示出了1100℃均热时 V-Nb-Ti 钢分布在原始奥氏体晶界上的长方形颗粒（图7-106a），一些颗粒有长大的十字形颗粒的外貌特征，其尺寸为 10~60nm（平均为27nm）；长方形颗粒的 EDAX 谱见图7-106b，V/(V + Nb + Ti) 摩尔比为0.32，Ti/(V + Nb + Ti) 摩尔比为0.38。1050℃，长方形颗粒为 10~40nm（平均为22nm），十字形颗粒为 20~40nm（平均臂长为33nm）；这两种颗粒的 V/(V + Nb + Ti) 摩尔比均为0.39，Ti/(V + Nb + Ti) 摩尔比为0.25。

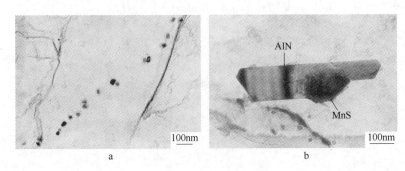

图 7-104　V-N 钢 1050℃均热后的析出粒子

a—长方形颗粒；b—AlN + MnS 颗粒

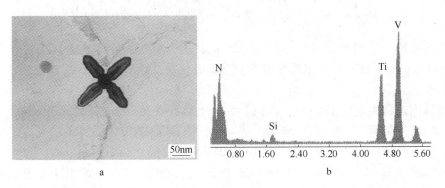

图 7-105　V-Ti-N 钢 1100℃均热后十字形颗粒的 TEM 照片及其能谱图

a—十字形颗粒；b—能谱图

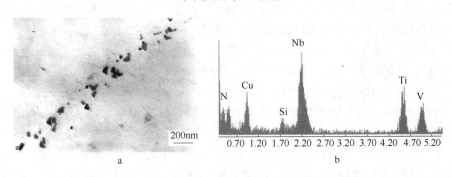

图 7-106　V-Nb-Ti 钢 1100℃均热后的长方形颗粒的 TEM 照片及其能谱图

a—奥氏体晶界上的长方形颗粒；b—能谱图

第四道次轧制后（阶段 C）的析出分析表明，从轧制开始到第四道次轧制结束的过程中，这几种钢中都没有观察到大量的析出物。在浇铸和均热中析出的那些颗粒会保留到第四道次轧制结束之后，但是它们在轧制期间或轧制后是会长大的。对于 V-N 钢而言，经 1050℃ 均匀化处理后，已析出的粒子长大，粒子尺寸在 30～80nm 之间，平均粒子尺寸为 55nm。没有观察到明显的应变诱导沉淀。对于 V-Ti-N 钢，经 1100℃ 和 1200℃ 均匀化处理样品，观察到了细小的应变诱导析出粒子，尺寸在 10～20nm 之间，V/(V + Ti) 摩尔比为 0.6～0.7。经1050℃ 均匀化处理样品，在均匀化阶段已经析出的粒子在轧制过程中长大，粒子尺寸在 20～80nm 和 V/(V + Ti) 摩尔比约为 0.7。此外，在 V-Ti-N 钢和 V-Nb-Ti 钢中此阶段还都观察到了一些破碎的十字形颗粒（图 7-107）和枝晶颗粒。

卷取后（阶段 D），所有试验钢的最终板材中都观察到了基体上分布的细小的析出相（小于 15nm，图 7-108）。这些细小颗粒中的 V/金属、Nb/金属、Ti/金属、N/金属和 C/金属的摩尔比见表 7-89。从中可以看出铁素体中的细小颗粒基本上是富钒的氮化物。在 V 和 V-N 钢中，细小的粒子为 V(C,N)，随氮含量增加，粒子中的 N/金属摩尔比增加；在 V-Ti-N 钢中，为富钒的 V-Ti 的氮化物，V/(V + Ti) 摩尔比在 0.85～0.95 之间，V-Ti-N 钢中的细小粒子的析出数量少于 V-N 钢中，特别是在 1050℃ 均匀化处理的 V-N 钢中。而且，添加 Ti、降低均热温度或者是升高水冷终止温度似乎都会降低这些颗粒中的 N/金属摩尔比。

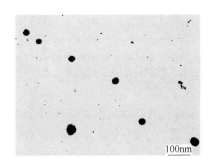

图 7-107 V-Ti-N 钢第四道次轧制后破碎的十字形颗粒   图 7-108 V-N 钢轧制板中粗、细析出粒子

表 7-89 铁素体中细小析出物的成分

钢 种	摩 尔 比				
	V/金属	Nb/金属	Ti/金属	N/金属	C/金属
V	0.96			0.63	0.17
V-N	0.92			0.82	0.14
V-Ti-N	0.88		0.12	0.82	0.12
V-Nb	0.73	0.27		0.77	0.19
V-Nb-Ti	0.69	0.23	0.07	0.66	0.27

从实验结果可以看到在钢中添加钛将改变析出物的形态。对含钛钢来说，铸后可以观察到枝晶颗粒，均热期间还观察到十字形颗粒析出，即在钢中添加钛会促进钒的碳氮化物在更高的温度下析出，从而导致更多的钒和氮在相变前从固溶体中析出，这样就降低了细小颗粒的体积分数，减弱了弥散强化的贡献。

刘清友等人对薄板坯连铸连轧生产线生产的成分为 0.06% C-0.12% V-0.020% N 高氮钒钢中钒的析出规律进行研究[163,175]。试样分别取连铸出坯后进入均热炉之前、均热炉均热后以及不同规格的带钢产品：采用适合的连铸拉速和结晶器二次冷却水强度，使连铸出坯的温度达到 950~1000℃，然后取样水淬；采用 1150℃ 的均热温度在均热炉内对连铸坯进行均热，均热 20~30min 后取样水淬；采用薄板坯连铸连轧流程六机架热连轧机组 60mm 厚薄板坯轧制成厚度分别为 1.8mm、3.2mm 和 6.3mm 的钢带。表 7-90 为连铸坯均热前后以及轧制成不同厚度带钢的析出相分析结果。

表 7-90　V-N 微合金钢析出物化学相分析

试　样	M(C,N) 相中各元素占钢中的质量分数/%							M(C,N) 相的组成结构
	V	Ti	Mo	Cr	C[①]	N	Σ	
铸坯均热前	0.1151	0.0040	0.0021	0.0024	0.0140	0.0174	0.1550	$(V_{0.973}Ti_{0.035}Cr_{0.019}Mo_{0.009})$ $(C_{0.485}N_{0.515})$
铸坯均热后	0.0573	0.0043	0.0024	0.0022	0.0049	0.0122	0.0833	$(V_{0.877}Ti_{0.070}Cr_{0.033}Mo_{0.020})$ $(C_{0.321}N_{0.679})$
1.8mm 钢带	0.0943	0.0041	0.0023	0.0022	0.0097	0.0168	0.1294	$(V_{0.924}Ti_{0.043}Cr_{0.021}Mo_{0.012})$ $(C_{0.401}N_{0.599})$
3.2mm 钢带	0.0772	0.0039	0.0024	0.0022	0.0070	0.0152	0.1079	$(V_{0.911}Ti_{0.049}Cr_{0.025}Mo_{0.015})$ $(C_{0.348}N_{0.652})$
6.3mm 钢带	0.0580	0.0038	0.0023	0.0023	0.0041	0.0132	0.0837	$(V_{0.885}Ti_{0.062}Cr_{0.032}Mo_{0.019})$ $(C_{0.267}N_{0.733})$

① 为计算结果。

分析表明，高氮钒钢在连铸出坯后的铸坯中有大量的含钒微合金析出物。采用 Thermo-Calc 热力学软件计算 0.06% C-0.12% V-0.024% N 钢中 V(C,N) 开始析出温度约为 1140℃，因此，在薄板坯连铸过程中铸坯中有 V(C,N) 析出符合热力学规律。化学相分析结果表明，析出物以 V(C,N) 为主，并有少量 (Ti,V)(C,N) 复合析出。铸坯中析出的钒质量分数为 0.115%，即钢中的钒在连铸过程中已大量析出。对化学萃取析出物进行小角度衍射分析，如图 7-109a 所示，因薄板坯连铸冷却速度快，析出物粒度较小，大部分析出物的粒度小于 60nm，100nm 以上的大粒度颗粒量较少。铸坯均热后，与均热前铸坯中析出物比较，析出物约一半重新溶解，铸坯中析出的钒质量分数下降为 0.0573%，析出物仍以 V(C,N) 为主，有少量 (Ti,V)(C,N) 复合析出物。析出物仍保持较小的粒度，大部分析出物的粒度小于 60nm。这说明在均热过程中析出物发生了溶解和长大。1150℃ 的均热温度略高于此钢 V(C,N) 沉淀析出温度 1140℃，导致 V(C,N) 粒子溶解和长大，而短的均热时间使已经析出的 V(C,N) 粒子不可能全部溶解和充分长大。

在不同厚度的钢带产品中均有大量的析出物，EDAX 分析结果表明主要是含钒的析出物。1.8mm、3.2mm 和 6.3mm 厚度钢带析出钒的质量分数分别为 0.0943%、0.0772% 和 0.0580%。6.3mm 厚钢带的析出物数量与均热后铸坯中析出物数量基本相同，但粒度大，说明钢带的微合金析出物主要是在连铸过程中析出，在热连轧、层流冷却和卷取过程中，析出物略微长大。分析结果还表明，钢带越薄，即轧制变形量越大，析出物数量越多。对于析出是在连轧过程中应变诱导析出，还是变形促进了在卷取过程中析出的动力学还有待

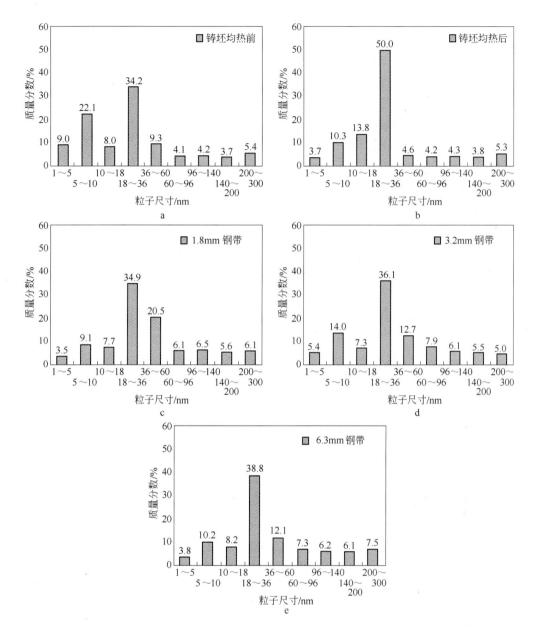

图 7-109 V-N 微合金钢在薄板坯连铸连轧流程中不同阶段的析出物的粒度分布
a—铸坯均热前；b—铸坯均热后；c—1.8mm 钢带；d—3.2mm 钢带；e—6.3mm 钢带

进一步研究。虽然不同规格钢带产品中的微合金沉淀量不同，但对钢带的组织分析表明它们的晶粒尺寸却基本一致，说明在连轧以及卷取过程中析出的微合金析出对钢带的组织细化影响较小，也就是说铸坯中的沉淀析出物可能是导致钢带组织超细化的主要原因。

综上所述，薄板坯连铸后的冷却过程中，含钒粒子已析出。一种情况是钒依附 TiN 粒子形核长大，尺寸较大；另一种情况是钒独立形核长大，粒子细小；此外，钛的存在、氮的存在均促进钢中钒析出。在薄板坯连铸连轧流程中，由于铸坯均热温度低，而且均热时间短，析出物不能完全溶解。因此，在热连轧开始前，铸坯上已有一定量含钒的析出物存在，这种现象与传统流程有较大差别。在传统流程中，铸坯上析出的微合金沉淀物可通过高温加热使微合金元素重新固溶，并在热连轧生产中通过应变诱导析出和卷取时过冷析出影响钢带的组织演变和力学性能。在薄板坯连铸连轧流程中，推测热连轧前铸坯中业已存在的含钒粒子将对热连轧过程中的组织演变产生影响。

7.5.3.3　薄板坯连铸连轧钒微合金钢的组织演变规律

Y. Li 等人[172]对模拟薄板坯连铸连轧工艺下的钢锭微观组织、经过四道次轧制后的奥氏体晶粒尺寸以及轧制板的组织进行了详细分析，实验钢成分见表 7-87，模拟工艺见图 7-102。

钢锭微观组织包括三个区域，如图 7-110 所示：（1）相对细小的等轴晶区，邻近板坯表层，厚度约一到两个晶粒大小；（2）柱状晶区，长度为 5 ~ 10mm 的拉长晶粒；（3）中心粗大的等轴晶区。所有的试验钢中钢锭 1/4 厚度部位的原始奥氏体平均晶粒尺寸均约为 1mm。均热后，微观组织和原始奥氏体晶粒尺寸与铸态钢锭相似。

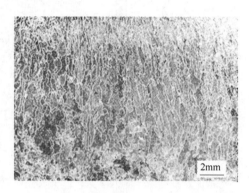

图 7-110　铸态薄板坯奥氏体晶粒
组织的光学显微照片

经过四道次轧制后的奥氏体晶粒尺寸如表 7-91 所示，此数据表明，在轧制过程中 1mm 的铸态奥氏体发生了再结晶，并且反复再结晶消除了原始粗大的铸态组织，获得了细小的、均匀的奥氏体组织，不同微合金钢的奥氏体晶粒尺寸在 16 ~ 51μm 之间。高温奥氏体中的析出物对延迟再结晶作用不显著，但是它们在轧制过程中或轧后阻碍再结晶奥氏体晶粒的长大，这种作用在复合微合金钢中更加明显。与钒微合金钢和钒氮微合金钢相比，复合微合金钢的奥氏体晶粒更加细小。均热温度对第四道次轧制后的奥氏体晶粒尺寸有影响，随着均热温度的升高，晶粒尺寸略有增大。在 1050℃ 均热的钒铌微合金钢中，观察到了混合奥氏体组织（90% 再结晶晶粒，10% 变形晶粒），说明发生了部分再结晶。与钒微合金钢和钛微合金钢相比，钒铌微合金钢混晶组织要归因于铌对再结晶的抑制作用。

所有轧制钢板的微观组织由铁素体和珠光体组成，铁素体平均晶粒尺寸为 4.5 ~ 7.2μm，如表 7-91 所示。可以发现这样一个趋势：随着均热温度和水冷终止温度的升高，铁素体晶粒也相应长大，但是均热温度和水冷终止温度对晶粒尺寸的这种影响并不显著。在相同均热温度或相近水冷终止温度条件下，复合微合金化的钢中铁素体晶粒都会比钒和钒氮钢中的略微细小一些，这是由 $\gamma \rightarrow \alpha$ 相变前奥氏体晶粒的差异所致。

表 7-91　第四道次轧制后的奥氏体晶粒尺寸和成品钢带的铁素体晶粒尺寸

钢　种	均热温度 T/℃	奥氏体晶粒尺寸/μm	水冷终止温度 T/℃	铁素体晶粒尺寸/μm
V	1100	43	603	5.6
	1200	51		
V-N	1050	40	602	6.2
			750	6.2
			764	6.0

续表 7-91

钢 种	均热温度 $T/℃$	奥氏体晶粒尺寸$/\mu m$	水冷终止温度 $T/℃$	铁素体晶粒尺寸$/\mu m$
V-N	1100	40	720	5.3
			511	5.7
	1200	50	646	7.2
			700	6.8
V-Ti-N	1050	20	609	6.0
			590	5.7
	1100	22	537	4.8
	1200	22	643	6.6
V-Nb	1050	16	693	4.5
	1100	16	647	5.8
	1200	28	558	5.5
V-Nb-Ti	1050	16	678	5.9
	1100	16	603	4.8
	1200	28	504	5.2

图 7-111 示出了成分为 0.06% C-0.12% V-0.024% N 的高氮钒钢的工业铸坯均热前和均热后的低倍组织[153,163]。由图可见，钒微合金钢的铸坯组织形貌主要特征为一次枝晶间距较小、铸坯的表面没有明显的细晶区，中心也没有明显的等轴晶区。均热前的低倍分析显示铸坯的中心偏析较为严重，但经均热后铸坯的中心偏析得到明显改善。在铸坯厚度横截面中，边部因冷却速度快，原始奥氏体晶粒较小，平均约 $300\mu m$；心部和 1/4 处组织基本相同，平均 $700 \sim 800\mu m$。文献[167]报道了工业薄板坯中铸态奥氏体晶粒尺寸分布，如图 7-112 所示，薄板坯的奥氏体晶粒尺寸在 1mm 数量级。薄板坯连铸连轧流程连轧开始前的原始奥氏体组织异常粗大，与传统连轧差异较大，如何在热连轧过程中实现粗晶奥氏体的再结晶细化是薄板坯连铸连轧工艺控制的关键。

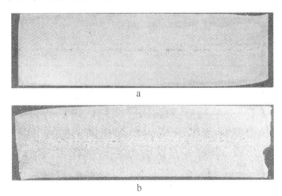

图 7-111 工业薄板坯铸坯的低倍组织

a—均热前（出坯温度 950 ~ 1000℃）；

b—均热后（均热温度 1150℃，均热时间 20 ~ 30min）

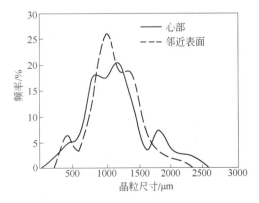

图 7-112 工业薄板坯中铸态奥氏体
晶粒尺寸分布

图 7-113 是成分为 0.06% C-0.12% V-0.02% N 的高氮钒钢基于薄板坯连铸连轧工艺生产的四种不同规格的钢带金相组织，钢带的铁素体晶粒尺寸见表 7-92。实验钢带组织为超细晶铁素体 + 少量珠光体；钢带沿厚度截面的组织比较均匀，且随钢带规格变化显微组织变化很小，即钢带组织的尺寸效应较小。

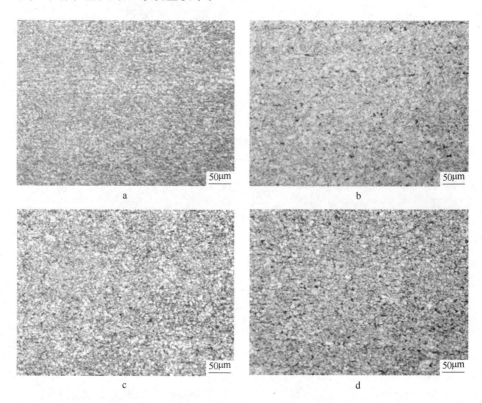

图 7-113 高氮钒钢带钢的显微组织
a—1.8mm；b—2.5mm；c—3.2mm；d—6.3mm

表 7-92 高氮钒钢不同厚度钢带的铁素体晶粒尺寸

钢带规格/mm	1.8	2.5	3.2	6.3
铁素体晶粒尺寸/μm	3.4	4.0	3.8	3.8

组织超细化是薄板坯连铸连轧流程生产的高氮钒微合金钢最显著的特征。获得超细组织的原因除了粗大的铸态奥氏体晶粒通过反复再结晶获得细小、均匀的奥氏体组织外，刘清友等认为[163,175]热连轧前铸坯中的沉淀析出物是导致钢带组织超细化的主要原因。表 7-90 对实验钢的析出物分析表明，热连轧开始前铸坯中有大量钒微合金析出物 V(C,N) 粒子，不同厚度钢带的析出分析表明，析出还发生在热连轧和卷取过程中。虽然不同厚度钢带中的微合金沉淀量不同，但钢带的最终晶粒尺寸却基本一致，这说明在热连轧以及卷取过程中析出的微合金沉淀物对钢带的组织细化影响较小，热连轧前铸坯中的沉淀析出物是导致钢带组织超细化的主要原因。

近年来广泛研究的 V-N 微合金钢晶内铁素体形核理论在一定程度上对薄板坯连铸连轧

高氮钒钢钢带的组织超细化给出合理的解释，即在相变前的奥氏体中存在的大量析出颗粒可能会作为相变铁素体形核位置，使铁素体在奥氏体晶内形核，增加铁素体相变形核率，使最终钢带组织超细化，相关内容在第 4 章中有所阐述。对 0.06% C-0.12% V-0.024% N 钢铸坯中纳米 V(C, N) 粒子对热连轧过程中再结晶奥氏体晶粒长大的抑制作用研究表明[153]，铸坯中析出物会起到抑制热连轧中再结晶奥氏体晶粒长大的作用，从而为相变后铁素体的细化创造良好的条件。Y. Li 等人研究结果也证实了这一点[172]。

7.5.3.4 薄板坯连铸连轧含钒高强度的力学性能及强化机制

Y. Li 等采用实验室模拟薄板坯连铸连轧工艺轧制钢板的力学性能见表 7-93[172~174]，钢板下屈服强度和抗拉强度分别在 459 ~ 632MPa 和 555 ~ 740MPa 范围内，伸长率为 10% ~ 27%，夏比 V 型缺口韧性良好，低标试样 13J 时的冲击转变温度为 -120 ~ -40℃。不同工艺、不同钢种钢的析出强化量和细晶强化量也列于表 7-93，其中析出强化量为试验测得的屈服强度减去晶格阻力、固溶强化量和铁素体晶粒细晶强化量。细晶强化量为 205 ~ 251MPa，析出强化量为 86 ~ 247MPa，这两种强化机制提供了薄板坯连铸连轧流程钒微合金化的高强度低合金钢 70% ~ 75% 的屈服强度。

表 7-93 轧制钢板的力学性能

钢种	均热温度 T/℃	终冷温度 T/℃	R_{eL} /MPa	A/%	$A_{KV}(-20℃)$ /J	ITT_{13J} /℃	DS/MPa	GS/MPa	$100(DS+GS)$ /R_{eL}
V	1100	603	493	24	72	-100	113	233	70.2
	1200	537	560	17	23	-45			
V-N	1050	602	557	24	43	-85	200	221	75.6
	1050	750	521	15	36	-80	163	221	73.7
	1050	764	466	10	68	-75	106	225	71.0
	1100	511	600	20	20	-45	236	230	77.7
	1100	720	527	24	35	-45	145	239	72.9
	1200	646	489	19	27	-40	149	205	72.4
	1200	700	518	20	37	-60	173	211	74.1
V-Ti-N	1050	590	463	22	68	-120	86	230	68.3
	1050	609	459	26	71	-120	87	225	68.0
	1100	537	522	18	43	-90	137	251	74.3
	1200	643	461	27	45	-100	110	214	70.3
V-Nb	1050	693	574	23	52	-105	166	259	74.0
	1100	647	544	17	45	-100	166	228	72.4
	1200	558	632	19	39	-95	247	235	76.3
V-Nb-Ti	1050	678	487	24	76	-75	109	227	69.0
	1100	603	547	24	63	-100	147	251	72.8
	1200	504	590	20	43	-90	197	241	74.2

注：DS—析出强化量；GS—细晶强化量。

析出强化量与钢成分中 V×N 积、均热温度以及终冷温度均有关系。图 7-114 为 V×N

积对析出强化量的影响，析出强化随 V×N 积
升高而加强。在钒微合金钢中，氮对增加析出
驱动力有重要影响，这就使氮含量较高的钢中
V(C,N)粒子尺寸更细小，密度更高且使粒子
粗化的趋势减小。另外还可以看到，V-N 钢和
V-Nb 钢中添加钛会减弱析出强化作用，因为
添加钛使得在浇注以及均热过程中析出较大尺
寸的含钒或铌的氮化物颗粒，从而减少了奥氏
体-铁素体相变前溶解的钒和氮量，也就是减
少了铁素体中产生析出强化的可析出的钒和氮

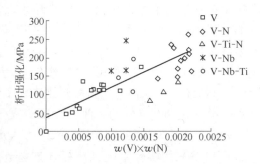

图 7-114 钒、氮含量乘积
对析出强化量的影响

量。图 7-115 和图 7-116 分别示出了均热温度和终冷温度对析出强化量的影响。对于同一
成分的钒微合金钢，采用高均热温度（1200℃）、低终冷温度（低于560℃）工艺的钢带
较采用其他工艺的钢带析出强化量大，这说明高均热温度使微合金元素充分溶解，为低温
析出提供化学驱动力；低的终冷温度可以促使细小沉淀物大量析出，从而提供较大的析出
强化量。

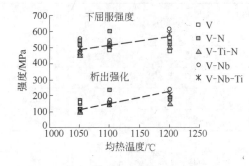

图 7-115 均热温度对下屈服强度和
析出强化量的影响

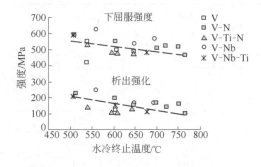

图 7-116 水冷终止温度对下屈服强度和
析出强化量的影响

在薄板坯连铸连轧流程生产线上采用再结晶控制轧制与控制冷却工艺生产的成分为
0.06% C-0.12% V-0.024% N 的高氮钒钢不同厚度钢带的力学性能在第 5 章表 5-4 中已经
列出，在此不再重复。由表可见，所有钢带的屈服强度均在 550MPa 以上，而且性能比较
稳定；钢带的纵、横向力学性能差异较小，且力学性能随厚度规格变化也较小。对较厚规
格的 6.3mm 钢带的韧性分析表明，CSP 流程开发的 V-N 微合金钢也具有良好的韧性。这表
明，在 CSP 流程中采用 V-N 微合金化技术可实现较高强度级别钢带的生产。按 HALL-PETCH
关系及扩展屈服强度经验计算公式分析其强化机制，表明晶格阻力、固溶强化以及珠光体组
织强化的综合贡献约200MPa，细晶强化的强度贡献为300~320MPa，其余60~100MPa 应为
析出强化所致。因此 CSP 流程 V-N 微合金钢的强化机制应该是以细晶强化为主、沉淀强化为
辅的综合强化机制。超细组织的实现显著提高了钢带的强韧性水平，也为 V-N 微合金化技术
在薄板坯连铸连轧流程高强度钢生产中的应用开辟了广阔的前景[163]。

7.5.3.5 薄板坯连铸连轧含钒高强度低合金钢的合金设计
对成分在包晶区间（0.07% ~0.15% C）的钢，因为包晶反应过程中将产生体积变化

和应变，连铸（4~6m/min）是非常困难的，并且有可能发生破裂，因此薄板坯连铸连轧工艺生产的高强度低合金钢碳含量应避免在发生包晶反应的碳含量范围，因此大多数钢的含碳量限制在0.06%以下，一般在0.04%~0.06%，在这个碳含量范围内钢显示出很好的焊接性和韧性。根据成品规格和强度的需要，锰含量为0.6%~1.5%，这些钢均为铝镇静钢（最高0.035% Al），硫含量一般低于0.01%。

Mitchell等人采用实验室模拟薄板坯浇注和直接轧制实验研究了屈服强度达到350~700MPa所需要的微合金元素V、N、Nb、Ti、Mo的含量要求以及相关的工艺参数[169]。表7-94总结了屈服强度达到一定数值所需要的V、N含量和工艺条件；对于高强度钢给出了Nb和Mo的使用建议并指出适当的均热温度和卷取温度。

表7-94 在不同氮含量下达到400~700MPa屈服强度所需的钒含量

屈服强度级别/MPa	不同氮含量水平所需的钒含量/%			均热温度/℃	卷取温度/℃
	$50 \times 10^{-4}\%\,[\mathrm{N}]$	$100 \times 10^{-4}\%\,[\mathrm{N}]$	$150 \times 10^{-4}\%\,[\mathrm{N}]$		
400	0.05	0.026	—	1100	600
450	0.11	0.05	—	1100	600
500	—	0.11	0.07	1100	600
550	—	—	0.11	1150	600
700	0.15V-0.5Mo-0.02N 或 0.15V-0.5Mo-0.02Nb			1150	<500

A 屈服强度350~550MPa的高强度钢

通过钒氮微合金化可以使钢达到350~550MPa的屈服强度。图7-117、图7-118分别示出了钒、氮含量对钢强度及韧性、铁素体晶粒尺寸及析出强化效果的影响。根据强度要求，钒含量最高为0.12%，氮含量在0.008%~0.018%范围内变化。这些钢的工艺要求包括均热温度为1100℃，要达到最高的强度水平则需升高到1150℃；终轧温度大约为850℃；喷水冷却到600℃，并在这一温度下卷取。在屈服强度为550MPa的钢中添加0.01% Ti，在冲击性能提高的同时明显降低钢的拉伸性能，因此，其屈服强度只能达到500MPa。

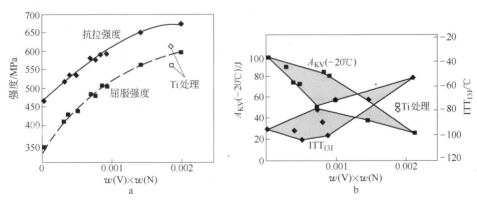

图7-117 钒、氮含量乘积对钢强度和韧性的影响
a—强度；b—韧性

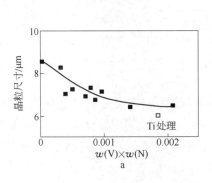
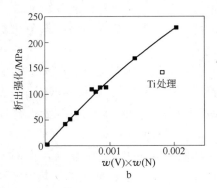

图 7-118　钒、氮含量乘积对铁素体晶粒尺寸和析出强化的影响

a—铁素体晶粒尺寸；b—析出强化

B　屈服强度为 700MPa 的高强度钢

700MPa 级别钢中主要的微合金元素是 V、N、Nb，并把锰含量提高到 1.8% 以及添加 0.5% Mo，同时将终冷温度和卷取温度相应地降到 500℃ 以下。图 7-119 示出了钒氮含量乘积对不同卷取温度的钢板屈服强度的影响，图 7-120 示出了终冷温度对屈服强度的影响。可以看出 V-N-Mo 钢和 V-Nb-Mo 钢的卷取温度和终冷温度为 500℃ 或更低时，轧制的薄板可以获得 700MPa 的屈服强度。

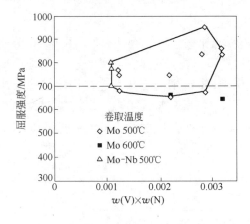
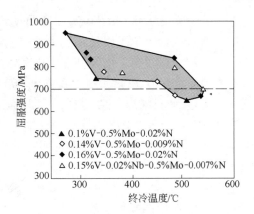

图 7-119　钒、氮含量乘积对屈服强度的影响　　图 7-120　终冷温度对随后在 500℃ 卷取的钢
屈服强度的影响

此研究还表明，含钒高氮钢中加 0.02% ~ 0.04% Nb，对拉伸或冲击性能的改善不明显，此时可以把屈服强度为 550MPa 和 700MPa 钢中的氮含量从 0.018% 降低到 0.008%。

7.5.4　薄板坯连铸连轧含钒高强度钢的生产实践及应用

多年来的生产实践已经证明，采用低碳成分、结合钒微合金化技术路线，在薄板坯连铸连轧流程上能够生产出具有均匀细晶微观组织的各强度级别的高强度结构钢。薄板坯连铸连轧流程生产的钒微合金化高强度钢已经用于螺旋焊水管、集装箱、铁路车辆、重载货车、工程机械、冲压成型产品等的制造。

7.5.4.1 高强度结构钢

A 屈服强度 275~460MPa 级别高强度结构钢

最早将钒微合金化技术用于薄板坯连铸连轧流程的是美国 Nucor 公司 Crawfordsville 薄板坯连铸连轧厂。表7-95 列出 Nucor 公司开发的屈服强度 350~410MPa 级高强度结构钢化学成分范围[176,177]，它们均采用了低碳（不大于 0.07%）和钒氮微合金化的合金设计技术路线；其典型力学性能水平如表 7-96 所示。通过适当调整锰和钒的含量，还开发了屈服强度为 275MPa 和 310MPa 级的钢种。

表 7-95 屈服强度 350~410MPa 级高强度结构钢的化学成分（%）

最小屈服强度/MPa	C	Si	Mn	V	N	Al
275	0.04~0.07	≤0.03	0.30~0.35	0.015~0.030	0.009~0.013	0.02~0.05
310	0.04~0.07	≤0.03	0.50~0.60	0.025~0.035	0.01~0.014	0.02~0.05
340	0.04~0.07	≤0.03	0.70~0.80	0.045~0.055	0.012~0.016	0.02~0.05
380	0.04~0.07	≤0.03	1.00~1.15	0.055~0.065	0.013~0.017	0.02~0.05
410	0.04~0.07	≤0.03	1.20~1.30	0.075~0.085	0.015~0.019	0.02~0.05

表 7-96 屈服强度 350~410MPa 级高强度结构钢的力学性能

规格/mm	化学成分/%				屈服强度/MPa	抗拉强度/MPa	伸长率/%	铁素体晶粒尺寸/μm
	C	Mn	V	N				
6.0	0.04	0.9	0.08	0.0136	460	522	27	6.5
9.6	0.04	0.7	0.05	0.0120	420	500	25	11.5
9.6	0.05	0.6	0.03	0.0100	364	462	36	11.9

国内某转炉—薄板坯连铸连轧厂采用低碳钒微合金化成分设计和热机械控制轧制工艺，开发并生产了 Q345D 高强度结构钢[178]。Q345D 的化学成分控制和力学性能统计的平均值见表 7-97。该厂在生产实践中发现薄板坯连铸连轧流程生产的 Q345D 屈服强度富余量较大，抗拉强度接近产品标准要求的下限。Q345D 的冲击性能富余量较大，−40℃时半尺寸冲击试样的冲击吸收功为 100~130J；韧脆转变温度在 −50~ −60℃之间。

表 7-97 Q345D 化学成分控制及平均力学性能

钢种	化学成分/%						力学性能			
	C	Si	Mn	P	S	V	R_{eL}/MPa	R_m/MPa	A/%	A_{KV}(−40℃)/J
Q345D	≤0.07	≤0.30	1.40~1.60	≤0.02	≤0.008	≤0.07	345	517	28	110~130①

① 冲击试样尺寸为 5mm×10mm×55mm。

该厂采用铌、钒、钛复合微合金化成分设计，碳含量控制在 0.17% 以上以避开包晶区，同时采用低温轧制和快速冷却技术，开发并生产了 Q460D 高强度结构钢[178]。Q460D 的成分控制和 7.5mm 钢带的平均力学性能详见表 7-98。Q460D 屈服强度为 475~510MPa，抗拉强度为 580~610MPa，伸长率为 24%~27.5%。半尺寸冲击试样-60℃低温冲击吸收功大于 50J。Q460D 组织为铁素体+珠光体和粒状贝氏体，组织细小均匀，其中铁素体晶粒平均尺寸为 5μm。多相组织的出现有利于提高钢板强度和成型性能。

表 7-98　Q460D 化学成分控制及平均力学性能

钢种	化学成分/%						力学性能			
	C	Si	Mn	P	S	Nb+V+Ti	R_{eL}/MPa	R_m/MPa	A/%	A_{KV}(0℃)/J
Q460D	≤0.20	≤0.30	≤1.60	≤0.02	≤0.008	≤0.10	490	600	25.6	85[①]

① 冲击试样尺寸为 5mm×10mm×55mm。

B　屈服强度 550~600MPa 高强度结构钢

表 7-99 列出了美国 Nucor 公司 Crawfordsville 厂和 Gallatin 薄板坯连铸连轧厂开发的屈服强度 550MPa 级高强度结构钢的化学成分。

表 7-99　屈服强度 550MPa 级高强度结构钢的化学成分（%）

厂　家	C	Si	Mn	V	N	Al	Nb	Mo
Crawfordsville	0.03~0.06	0.30~0.40	1.45~1.55	0.11~0.13	0.018~0.022	0.02~0.05	0.015~0.025	
Gallatin	0.056~0.075	0.02~0.15	1.25~1.45	0.12~0.13	0.015~0.0205	0.013~0.035		0.010~0.055

美国 Nucor 公司 Crawfordsville 厂采用电炉—薄板坯连铸连轧工艺开发并生产了屈服强度 550MPa 级高强度结构钢[176]，合金设计是在高氮钒微合金化的基础上添加了微量的铌，钒钢中加入少量的铌，在不损害热塑性的前提下进一步细化铁素体晶粒。试制钢板的铁素体晶粒尺寸在 4.8~5.0μm 之间；屈服强度为 585~619MPa，抗拉强度为 652~693MPa，伸长率为 23%~24%。推测细晶强化对屈服强度的贡献约为 220MPa；析出强化对屈服强度的贡献约为 200MPa。这种钢的韧性很好，成型性能优异，无各向异性。

美国 Gallatin 薄板坯连铸连轧厂开发的屈服强度 550MPa 级高强度结构钢的合金设计是在钒氮微合金化的基础上添加 0.010%~0.055% 的钼，采用高温再结晶控制轧制（RCR）技术和加速控制冷却[179]。使用此项技术可以使钢带获得细小均匀的铁素体组织，相应地 ASTM 晶粒度级别在 10.5~11.5 之间，细小铁素体晶粒内有大量的 V(C,N)、VN 和 Mo_2C 的析出。研究表明，在热轧初期完全再结晶温度以上，采用大轧制压下量是非常关键的，F1 到 F3 机架变形量不小于 50%，轧制温度 1030~1050℃以上。为促进 V(C,N) 和 Mo_2C 快速析出，缩短工艺过程时间，特别是缩短各轧制道次的间隔时间以及应用加速控制冷却也是很重要的。

国内某厂在电炉—薄板坯连铸连轧流程上采用高氮钒微合金化及再结晶控制轧制控制冷却工艺路线成功开发并生产出符合《热轧碳素结构钢、低合金高强度钢和改善成型性能的高强度低合金钢热轧钢薄板和钢带》ASTM A1011/A1011M—2002 标准的 550MPa 级改善成型性能高强度结构钢，钢号为 HSLAS-F80[153,180]。对 HSLAS-F80 力学性能要求如表 7-100 所示。其化学成分设计采用了低碳（小于 0.07%）、高氮、钒微合金化的技术路线，化学成分控制如表 7-101 所示。超低碳控制是为满足先进工程结构材料对成型、焊接性能的要求，钢中增加 N 含量以充分发挥微合金元素钒的作用；在生产工艺过程中，控制钢的洁净度、夹杂物数量和形态；在热轧过程中，采用适合于 V-N 微合金化高强钢的控轧控冷工艺：铸坯在 F1 ~ F2 机架通过高温大变形，使奥氏体组织细化；在 F3 ~ F6 机架尽可能提高累计应变，使组织具有高位错密度和亚晶结构；在随后的快速层流冷却过程中得到细小的铁素体晶粒。

表 7-100　ASTM A1011/A1011M—2002 标准对 HSLAS-F80 性能要求

标　准	屈服强度/MPa	抗拉强度/MPa	伸长率/%	冷弯①，≥90°，$d = 2a$
ASTM A1011/A1011M—2002	≥550	≥620	≥18	完　好

① d 为弯心半径；a 为钢带厚度。

表 7-101　HSLAS-E80 钢带的化学成分控制（%）

标　准	C	Si	Mn	P	S	V	Als	N
控制成分	≤0.7	≤0.5	≤1.6	≤0.03	≤0.02	≤0.15	≥0.015	0.02 ~ 0.03

HSLAS-F80 钢带显微组织均匀细小，是由超细晶铁素体和少量珠光体组成，铁素体晶粒平均尺寸为 3 ~ 4μm，不同厚度规格钢带组织差异很小，如图 7-113 所示。表 5-4 为 HSLAS-F80 钢带的拉伸性能，可见 HSLAS-F80 钢带的拉伸性能均满足标准要求，并且有

较大的富余量，不同厚度规格钢带性能变化小，同规格纵横向性能波动小，性能十分稳定。冷弯性能优良（试样宽度为 38mm、弯心半径为 2a、冷弯角度为 180°）。HSLAS-F80 钢带具有良好的冲击韧性，在 -20℃ 下半尺寸试样 V 型冲击吸收功为 65 ~ 85J。对 HSLAS-F80 钢带进行焊接性能检验，各规格钢带焊接热影响区组织没有出现明显的粗化现象，焊接热影响区均未出现明显的软化现象，如图 7-121 所示。可见，HSLA-F80 钢带具有较好的焊接性能。

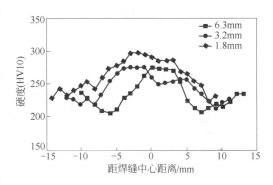

图 7-121　HSLAS-80 钢带焊接区域硬度分布

目前，HSLAS-F80 钢带主要应用在出口北美半挂车和欧洲绑接车型的侧立柱、滑轨梁、纵梁及横梁等一些重要部件上。使用结果表明，HSLAS-F80 钢带性能稳定，具有优良的冷冲压成型性能、良好的塑性和焊接性能，各项性能均符合现场加工试制要求，完全可应用于对成型性和焊接性有较高要求的工程机械、交通运输和车辆制造行业。

采用高氮钒微合金化技术对较厚规格（8 ~ 12mm）的带钢进行了工业试制[181]，采用的基本化学成分为 0.067% C-0.19% Si-1.55% Mn-0.016% V-0.020% N。所有厚度规格（12.0mm、8.0mm、6.0mm、4.5mm）均设定出炉温度为 1120℃，终轧温度为 900℃，卷取温度为 600℃。试制带钢的显微组织如图 7-122 所示，所有试制带钢的组织均以铁素体 + 少量珠光体为主，沿厚度方向组织都比较均匀，未出现明显的混晶现象；6mm 厚度以下

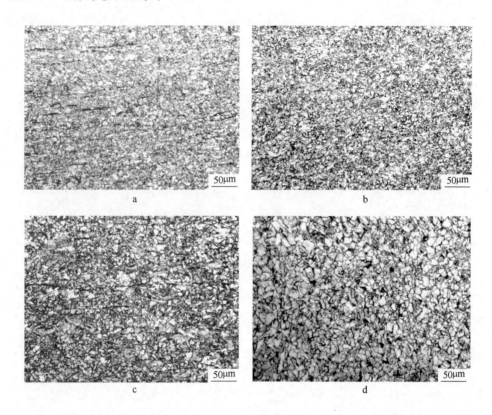

图 7-122　不同厚度规格 F80 带钢的金相组织

a—4.5mm；b—6.0mm；c—8.0mm；d—12.0mm

的带钢获得小于 5μm 的超细晶组织；随带钢厚度的增加，铁素体晶粒尺寸增加。不同厚度规格带钢力学性能见表 7-102，随着厚度的增加，抗拉强度基本不变，屈服强度有所降低，但是仍在 600MPa 之上，塑性水平基本不变。

表 7-102　工业试制 F80 钢带的横向力学性能

厚度/mm	R_m/MPa	$R_{p0.2}$/MPa	A/%	$A_{KV}(-20℃)$/J	铁素体平均晶粒尺寸/μm
4.5	700	632.5	24.3		3.7
6.0	700	607.5	25.0	56.0	4.2
8.0	680	595	24.3	31.3	5.9
12.0	702.5	607.5	25.0	32.5	7.6

注：6.0mm、8.0mm 和 12.0mm 钢带进行冲击试验时，分别采用 5.0mm×10mm×55mm、7.5mm×10mm×55mm 和 10mm×10mm×55mm 试样。

C　屈服强度 700MPa 级超高强度结构钢

目前国内在薄板坯连铸连轧生产线上试制和开发的屈服强度为 700MPa 级的超高强度钢板主要利用 V、Nb、Ti 的复合微合金化，配合以适当的提高淬透性元素 Cr、Mo，采用适当的控轧空冷工艺，通过细晶强化、析出强化和相变强化机制，保证钢板获得所要求的性能。涟钢利用其 CSP 生产线对 700MPa 级低碳贝氏体钢进行了工业试制[182]。

本钢在1880mm薄板坯连铸连轧机组上成功开发了700MPa级别的集装箱钢板BX700C-D和700MPa级冷成型用热轧高强度钢板BGS700MC[183,184]。其中BGS700MC冷成型用热轧高强度钢板在成分设计上采用了低的碳含量、低的硫含量并辅以硫化物的球化处理，采用铌、钒、钛复合微合金化，添加适量的Mo。BGS700MC钢金相组织为贝氏体+铁素体+少量的M-A组元，其中贝氏体含量约70%，组织均匀、细小，A类夹杂均为0级。表7-103为BGS700MC力学性能和工艺性能检验结果，可见该钢板除具备高强度外，同时又具有良好的冷弯性能、冲击韧性和焊接性能，可应用于工程机械、车辆等领域。

表 7-103　BGS700MC 力学性能和工艺性能检验结果

厚度/mm	屈服强度 R_{eH} 或 $R_{p0.2}$/MPa	抗拉强度 R_m/MPa	伸长率 A/%	$A_{KV}(-20℃)$/J	180°冷弯试验 $d=2a$, $b≥35mm$
6.0	740	825	17.0	35	完好
8.0	740	765	18.5	81	完好
8.0	720	770	15.5	84	完好
标准	≥700	≥750	≥15	≥40	$d=2a$

注：b—弯心直径；拉伸试验取纵向试样，冲击试验取纵向试样，弯曲试验取横向试样；8.0mm厚钢板冲击试验采用7.5mm×10mm×55mm的试样，6.0mm厚钢板冲击试验采用5.0mm×10mm×55mm的半试样。

7.5.4.2 石油管线用钢

钒是传统流程生产管线钢常采用的微合金元素，早期开发的管线钢曾采用单一钒微合金化技术，随着管线用钢对韧性提出了更高的要求，目前较普遍地采用了铌、钛复合微合金化技术。目前在薄板坯连铸连轧流程开发生产高钢级（X60～X70）管线钢有两条技术路线：一条技术路线是铌、钒、钛复合微合金化；另一条技术路线是钒氮复合微合金化。铌、钒、钛复合微合金化技术路线设计思路是在不影响管线钢韧性的情况下加入适量的钒，钒主要发挥析出强化的作用，铌发挥细晶强化的作用。钒氮复合微合金化技术路线的设计思路是发挥钒、氮的细晶强化的作用，其析出强化作用是辅助作用[153]。

20世纪90年代初期国外采用电炉—薄板坯连铸连轧流程生产出7mm厚的铌、钒、钛复合微合金化X65管线钢[185]。近年来，埃及Ezz钢厂在电炉—薄板坯连铸连轧流程上采用铌、钒、钛复合微合金化生产出北极高寒冷地区用10mm厚度规格的X70管线钢[186]。他们的化学成分如表7-104所示。国内采用铌、钒、钛复合微合金化成分设计和控制轧制控制冷却工艺，在薄板坯连铸连轧流程生产出了满足用户及API标准要求的X60～X65管线钢；采用同样的技术路线研制开发X70级管线钢的工作也取得良好进展[187～194]。

表 7-104　X65 管线钢化学成分（%）

钢级	生产厂家	C	Mn	Si	P	S	Ni	Cr	Nb	V	Ti	Cu	Al
X65	美国 Nucor	0.04	1.25	0.24	0.015	0.009	0.06	0.03	0.05	0.05	0.01	0.14	
X70	埃及 Ezz	0.064	1.48	0.39	0.013	0.001	0.08	0.03	0.05	0.045	0.020	0.16	0.031

国内某转炉—薄板坯连铸连轧厂采用钒氮微合金化技术路线开发、生产了 X60 管线钢，其化学成分见表 7-105[195]。X60 管线钢的拉伸力学性能和系列冲击吸收功如表 7-106 所示。可以看到，钢的拉伸性能波动小，在不低于 -40℃ 的情况下冲击吸收功平均大于 109J，即使在 -60℃ 冲击吸收功平均也达 93J 以上。可见，X60 管线钢的各项性能均符合 API Spec 5L 标准的要求，低温冲击韧性较好，具有优良的综合力学性能。X60 管线钢的典型微观组织如图 7-123 所示，主要由铁素体和珠光体组成，铁素体的形状很不规则，珠光体的含量比较少且主要分布在晶界上，1、2、3 号试样铁素体晶粒的平均尺寸分别为 4.8μm、4.5μm、5.1μm，实现了组织超细化。

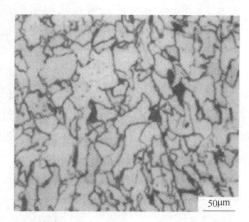

图 7-123　钒氮微合金化 X60 管线钢的典型微观组织

表 7-105　X60 管线钢的化学成分（%）

试样编号	C	Si	Mn	P	S	Alt	Als	V	N
1	0.06	0.08	1.50	0.008	0.004	0.03	0.028	0.05	0.0096
2	0.05	0.08	1.46	0.007	0.006	0.023	0.019	0.05	0.010
3	0.05	0.09	1.45	0.006	0.007	0.025	0.022	0.04	0.011

表 7-106　X60 管线钢的力学性能

标　准	R_{eL}/MPa	R_m/MPa	A/%	A_{KV}（纵向）/J				
				20℃	0℃	-20℃	-40℃	-60℃
API Spec 5L	414~565	517~758	≥23		≥41			
1	460	530	29.5	116	122	120	109	95
2	450	525	32.0	117	126	120	108	80
3	465	525	25.0	116	130	119	111	106

注：冲击试样尺寸为 5.0mm×10mm×55mm。

7.6　冷轧钢板

冷轧钢板具有品种多、用途广、性能好的优点。通过一定冷轧变形量与冷轧后热处理的恰当配合，可以在比较广的范围内满足用户的要求。冷轧薄板包括汽车用冷轧薄板、用于制造机电产品的冷轧硅钢片，用于家电、建筑装饰等的不锈钢板等。近年来，表面处理钢板有了很大发展，以冷轧板为基板的各种涂层钢板品种繁多，用途极为广泛。

20 世纪 70 年代之前，冷轧薄板通常的生产工艺流程是[196]：酸洗、冷轧、电解清洗、罩式炉退火、平整、精整（横切、纵切、重卷）、成品（板、卷）包装。20 世纪 70 年代初出现了一种新的生产工艺，将冷轧后的电解清洗、罩式退火、钢卷冷却、平整轧制和精整检查等 5 个单独的生产工序连接成一条生产机组，实现了连续化生产，这种连续生产线称作连续退火机组（简称 CAPL）。连续退火工艺与罩式炉退火工艺的对比如图 7-124 所示，与罩式炉退火相比，连续退火工艺具有周期短、生产率高、温度均匀性好等优点，连续退火产品具有产品性能均匀、表面质量高，带钢板型、平直度好；钢材收得率高且平整效率高等优点。正是由于上述优点，连续退火机组在世界范围内得到了迅速发展。到目前为止凡是用罩式炉能生产的产品，连续退火机组都可以生产，既可以生产普通级别的冲压成型冷轧薄板，也可以生产深冲压和超深冲压成型的汽车用冷轧板和烘烤硬化钢板；既能生产一般强度级别的冷轧板，也能生产微合金化合金钢、双相钢和超高强度冷轧板。

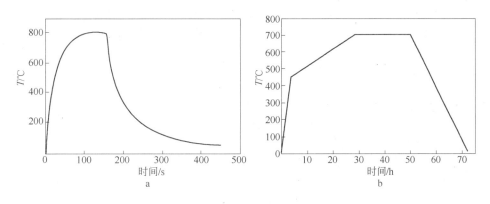

图 7-124　冷轧钢板的退火工艺
a—连续退火工艺；b—罩式炉退火工艺

在冷轧板领域中，近些年来对汽车用冷轧薄板钢的研究相当活跃。为了满足现代汽车安全、轻量化、低排放、高寿命、低成本等发展需求，一系列不同强度级别、不同成型性能水平的钢材被开发出来，总的趋势是钢材强度更高而车身重量更轻。图 7-125[197]示出了汽车用冷轧薄钢板的种类以及它们的力学性能分布范围，包括：（1）以提高成型性能为目标的深冲和超深冲钢板系列，如无间隙原子钢（IF 钢）；（2）以安全和减重节能为目标的高强度钢板系列。可以看到 C-Mn 钢和传统的高强度低合金钢（HSLA 钢）一般抗拉强度低于 800MPa，而先进的高强度钢，例如双相钢（DP）、相变诱发塑性钢（TRIP）、复相钢

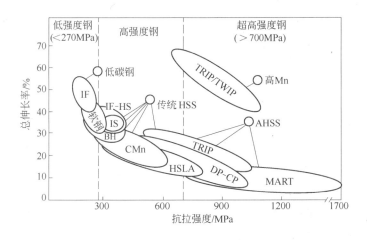

图 7-125　汽车用薄钢板的种类以及它们的力学性能分布

（CP）以及马氏体钢（MS）等抗拉强度可以达到 1000MPa 以上。孪晶诱发塑性钢（TWIP）具有高的强度（600～1000MPa 以上）以及高的塑性（50% 以上）并且对冲击能量的吸收程度是现有高强度钢的两倍，特别适合新一代汽车使用。

　　钒通常是和高强度钢联系起来的合金元素，因为它具有良好的晶粒细化和析出强化潜力。汽车车身用高强度低合金钢（HSLA）使用钒可以提高强度、硬度。除了在 HSLA 产品中的强化作用，钒也被用于其他的冷轧产品中。在具有高度成型性能的超低碳"无间隙原子"钢中，钒可以被用作"稳定碳"的元素；由于钒是比铌、钛弱的碳的稳定剂，它具有开发部分稳定化钢种——烘烤硬化钢的潜力，使钢同时具有良好成型性能与烘烤硬化性能；钒用于双相钢中增加双相钢的淬透性，用于 TRIP、TWIP 钢中可以增加强度；在超高强度冷轧钢板中钒还有可能减轻由氢引起的延迟失效现象。本节主要介绍钒在汽车用钢板中的一些研究结果。

7.6.1　高强度低合金钢

　　钒已经被广泛地用于热轧产品中，利用钒的晶粒细化以及析出强化作用，可以提供材料屈服强度的 70%。钒未被广泛用于冷轧 HSLA 钢产品，因为钒的强化效果不及其他微合金元素。图 7-126 显示了退火条件和微合金元素对含 Mn-Si-P-Nb-0.004% N 和 Mn-Si-P-V-0.011% N 的冷轧 0.06% C-Al 镇静钢屈服强度的综合影响[198]。与普碳钢相比，铌和钒在热轧条件下都提高强度（这里没有显示），在模拟连续退火和罩式炉退火工艺使钢板发生完全再结晶后，两系列钢的强度均降低，这主要是由于微合金碳氮化物粗化的结果。在这些钢中，钒的强度增量小于同等铌含量下的强度增量。对此的解释是，相比其他强碳化物析出物如铌的碳化物，钒的碳化物被认为在退火时更容易粗化[198]。粗化速率增加，导致粒子尺寸增加，强化效果减弱，因而，微合金化元素对强度的贡献在退火条件下减弱。已经知道，热轧板中增加氮含量可以最大限度地增加钒的强化效果，这种增氮的作用对退火过程富氮 V(C,N) 析出物的粗化还不甚清楚。

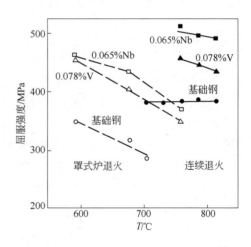

图 7-126　模拟连续退火（1min）和罩式炉退火
工艺对冷轧 0.06% C-Al 镇静钢
屈服强度的影响[198]

　　然而最近的研究表明，在含钒钢的冷轧退火板中铝含量对钒的析出强化有重要影响。文献[199，200]报道了增氮的含钒 HSLA 钢的析出强化的潜在效果，以及铝含量对析出过程中有效氮含量的影响。实验钢为采用薄板坯连铸连轧工艺工业化生产的热轧板，在实验室条件下进行冷轧和退火来模拟实际的生产工艺，成分如表 7-107 所示，为低铝和高铝含量的两种含钒钢。图 7-127 为铝含量对罩式炉退火处理条件下的工程应力-应变曲线的影响，在 690℃ 和 720℃ 两个退火温度下的结果是类似的，低铝钢显示出比高铝钢更高的强度。金相组织的观察表明，两种钢退火后的晶粒尺寸并没有本质上的差别，表明强度的不同可能与析出有关，推测在高铝钢中 AlN 的形成消耗了部分氮，这部分氮不能再形成起强化作

表 7-107　实验用钢的化学成分　(0.013% P-0.003% S-0.02% Si)　(%)

钢　种	C	Mn	V	Al	N
低铝	0.047	0.475	0.04	0.016	0.0117
高铝	0.045	0.461	0.035	0.047	0.0138

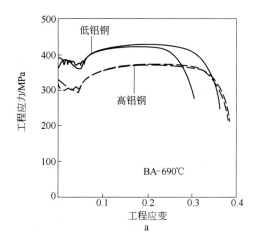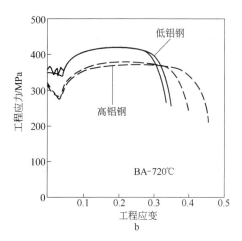

图 7-127　罩式炉退火条件下的应力-应变曲线（每个测试条件下两个试样）

a—690℃；b—720℃

用的 V(C,N)。图 7-128 显示了两种钢在三个不同温度下进行连续退火后的工程应力-应变曲线。可见，高铝钢的性能受温度的影响不大，表明在每一温度下都发生了完全的再结晶，金相观察结果证实了这一点。在低铝钢中，只有在最高的退火温度下（871℃）发生了完全的再结晶。在低的退火温度下低铝钢所表现出的高强度和低塑性表明发生了不完全的再结晶，推测可能与在这种钢中形成更多的 V(C,N) 具有更大的晶界钉扎效果有关。与热轧态和罩式炉退火处理后一样，在完全再结晶的条件下，连续退火后低铝钢呈现出更高的强度，两者的强度差别接近 100MPa。

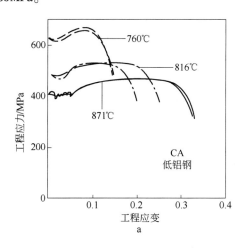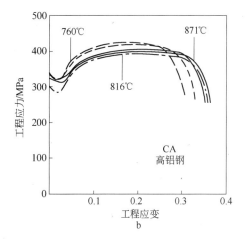

图 7-128　连续退火条件下的应力-应变曲线（每个测试条件下两个试样）

a—低铝钢；b—高铝钢

对于两种钢在871℃连续退火后的析出粒子分析分别见图7-129和图7-130。低铝钢中的粒子主要为V(C,N)，如图7-129所示；高铝钢中显示出含铝粒子的存在，如图7-130中的4号粒子所示。对比两种钢中的粒子尺寸，可以看到低铝钢具有细小的平均粒子尺寸，因而导致了低铝钢再结晶的推迟和高的强度。

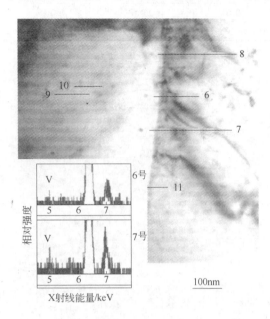

图 7-129　低铝钢中析出粒子的透射电镜照片
以及6号和7号粒子的X射线能谱图，
每个粒子中显示了钒的存在

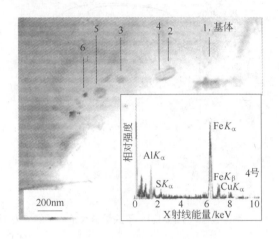

图 7-130　高铝钢中析出粒子的
透射电镜照片以及4号粒子的
X射线能谱图，显示铝的存在

图7-131示出了在各种处理条件下两种钢的析出强化效果，包括热轧态，罩式炉退火和连续退火条件下。它表明在所有条件下低铝钢中的强化效果明显高于高铝钢，尤其是在退火条件下，反映出V(C,N)粒子的抗粗化能力增强。文献[201]认为，在高铝钢中，AlN析出增加，减少了起强化作用V(C,N)形成的可用氮含量，铝影响了V(C,N)的析出强化效果。

文献[202]的研究证实了上述结果。该研究采用的实验材料为工业化生产的热轧钢板，钢板化学成分除铝含量不同外，其他成分保持一致，工艺参数尽量保持一致。研究表明热轧板之间力学性能差别不大；实验钢经过冷轧后模拟罩式炉退火处理工艺，退火后钢板性能展示出与文献[197,198]相同的结果，即屈服强度和抗拉强度随着铝含量的增加而降低。

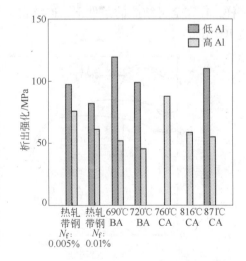

图 7-131　铝对含钒-HSLA 钢在各种状态下的
析出强化效果的影响
BA—罩式炉退火；CA—连续退火

7.6.2　超低碳 IF 钢

最初的 IF 钢是在普通低碳钢中加入足够量

的钛（约为碳含量的 4 ~ 5 倍），钢中碳、氮原子被固定成 Ti(C,N)，从而使该钢具有优良的冲压性能，这成为 IF 钢发展的基础。但是由于经济上的原因，IF 钢的发展受到限制。20 世纪 80 年代采用改进的 RH 技术，可以经济地生产出 $w(C) \leqslant 20 \times 10^{-4}\%$ 的超低碳钢，RH 处理时间为 10 ~ 15min，从而使传统的 IF 钢转变为现代 IF 钢。现代 IF 钢具有如下特征：$w(C) \leqslant 0.005\%$，$w(N) \leqslant 0.003\%$，具有优异的深冲性能，平均塑性应变比 $r_m \geqslant 2$，应变硬化指数 $n \geqslant 0.23$[203]。80 年代以后，IF 钢在国际范围内取得了飞速发展，并成为汽车工业的重要材料。总的来讲，IF 钢的典型应用可由车体结构和内、外板来代表。根据屈服强度可将 IF 钢划分为两类：第一类为高成型性软钢，其屈服强度接近 150MPa；第二类为高强度型 IF 钢，其屈服强度约为 250MPa。获得高强度型 IF 钢的方法有两种：一种通常是基于磷的固溶强化；而另一种则是部分稳定化的涂漆烘烤硬化（BH）钢。

除了烘烤硬化 IF 钢需要一定量的固溶碳来产生应变时效提高强度外，IF 钢中碳、氮原子需要通过稳定沉淀完全从固溶体中除去，以改善晶体学织构，同时消除屈服点和应变时效。对于 IF 钢中稳定化元素的研究大多集中在钛稳定化和铌、钛复合稳定化上，这些钢的应用有些局限性。高钛含量水平导致合金化热镀锌钢板的粉化现象；这种缺陷可以通过添加铌、降低钛含量来降低或消除。但是铌作为替代物，显著增加了钢的再结晶温度，特别是在连续退火过程中，如果需要烘烤硬化性能，则需要采用更高的退火温度，然后快冷以保证足够的碳原子保留在铁素体固溶体中。钒也可以形成稳定的碳化物，并且在铁素体中有相对高的固溶度，因此在 IF 钢中存在用钒替代铌的可能性，目的是为了在相对低的退火温度下获得满意的性能水平，同时也能得到烘烤硬化性能。

图 7-132 所示为冷轧钢板在一定温度下保温 30s 时微合金元素对完全再结晶温度的影响[204]。由图可以看到，钒对完全再结晶温度的影响很小，当钒从 0 增加至 0.08% 时，无论是 V-Ti 钢还是仅含 V 钢，完全再结晶温度仅提高 10 ~ 20℃。V-Ti 钢比仅含钒钢完全再结晶温度高 30 ~ 40℃；但是比 Nb-Ti 复合钢低 45 ~ 50℃。因此 V-Ti 钢显示出低温退火的可能性。

IF 钢高水平的塑性应变比（r 值）依赖于晶体学结构，沿轧制面的 [111] 和 [112] 晶体学取向是特别有益的。这些织构组分的发展受诸如热轧、冷轧和退火工艺参数的影响，但是获得高的 r 值的一个重要方面是在冷轧和退火之前的热轧带钢中不存在间隙碳、氮原

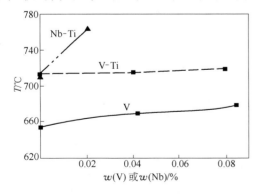

图 7-132 微合金元素对于低间隙原子钢
完全再结晶温度的影响（保温时间 30s）

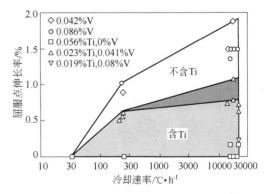

图 7-133 模拟的卷取冷却速度对热轧
含钒钢板屈服点延伸影响

子。图 7-133 显示热轧含钒钢板卷的冷却速率对屈服点延伸的影响，板卷的冷却速率在 30 ~ 30000℃/h 之间变化。它表明当冷却速率小于 30℃/h 时可以消除屈服点伸长，由此可推断冷却速率低于此值，间隙原子的含量应在 $1 \times 10^{-4}\%$ 或更低的水平，这足以保证良好织构的发展。此冷却速率相当于 18 ~ 20t 板卷的冷却速率[205]。

　　通过优化工艺参数，特别是卷取后的冷却速率，通过连续退火生产高 r 值的 V-Ti 钢是可能的。表 7-108 示出了含有不同稳定化元素的实验钢经冷轧连续退火后的力学性能[206]。热轧板模拟卷取的冷速为 28℃/h。由表 7-108 可以看到，尽管 V-Ti 复合钢（0.04% V-0.028% Ti）有明显的屈服点伸长，表明有间隙原子存在，其 r 值为 1.85，类似于含 Ti 钢（0.03% Ti），其 r 值为 1.88，高于 Nb-Ti（0.041% Nb-0.03% Ti）复合钢，其 r 值为 1.56，它表现出很小的屈服点伸长。这三种钢的 n 值相当，都在 0.33 ~ 0.35 的范围内；具有较高总伸长率水平35% ~ 41%。V-Ti 复合钢的屈服强度是 199MPa，高于 Nb-Ti 复合钢屈服强度 165MPa。含钛钢有略高的屈服强度216MPa，这是由于钢中的钛含量不足，不能完全固定间隙原子。V-Ti 钢在连续退火状态下显示出屈服点伸长，这预示着应变时效的可能性，即获得烘烤硬化性能的潜力。

表 7-108　连续退火后 IF 钢的力学性能 （700℃模拟卷取，卷取冷却速率28℃/h，80%冷轧压下率，退火温度800℃，保温30s）

微合金元素	R_{eL}/MPa	$R_{p0.2}$/MPa	R_m/MPa	屈服点伸长率 A_e/%	A/%	r	n
0.03% Ti	216		438	1.31	41	1.88	0.34
0.04% V-0.028% Ti	199		389	1.44	39	1.85	0.33
0.041% Nb-0.03% Ti	165	175	431	0.26	35	1.56	0.35

　　S. W. Ooi 等人[207]的研究进一步证实了 V-Ti 稳定化超低碳钢可以获得高的 r 值和良好的综合力学性能。该研究比较了连续退火条件下仅含钛和 V-Ti 复合超低碳带钢的力学性能。仅含钛钢的基本成分：0.0025% C-0.16% Mn-0.016% Si-0.026% Ti-0.02% Al-0.0038% N；V-Ti 钢的基本成分：0.0033% C-0.17% Mn-0.014% Si-0.081% V-0.020% Ti-0.036% Al-0.0029% N。图 7-134 示出了两种钢的力学性能对比。总的来说，V-Ti 钢的力学性能优于钛钢：V-Ti 钢具有低的屈服强度和高的总伸长率，r 值、n 值均高于钛钢。两种钢的性能随退火温度的变化规律也不相同，V-Ti 钢的抗拉强度和屈服强度不随退火温度而变化，总伸长率随退火温度的升高略有下降，r 值在 800℃时达到最低值，n 值随退火温度的升高而提高；Ti 钢屈服强度随退火增加而增加，而抗拉强度有所下降，总伸长率和 r 值、n 值的变化趋势与 V-Ti 钢也有所不同。

　　在实验所采取的退火温度下，钛钢呈现出延长的铁素体晶粒，缺乏发展很好的等轴铁素体晶粒；V-Ti 钢在所有的退火温度下呈现出完全再结晶的铁素体晶粒，如图 7-135 所示。如图 7-136 所示，铁素体晶粒尺寸随退火温度增加而增加，V-Ti 钢显示出比钛钢粗大的铁素体晶粒尺寸。对于钛钢，退火温度从 780℃增加到 800℃时，V-Ti 钢是退火温度从 800℃增加到 820℃时，铁素体晶粒增加不明显；对于钛钢退火温度从 800℃增加到 820℃时，V-Ti 钢退火温度从 780℃增加到 800℃时，铁素体晶粒尺寸增加明显。

　　该研究表明两种钢性能与组织上的明显差异归因于两种钢中析出的变化。仅含钛的

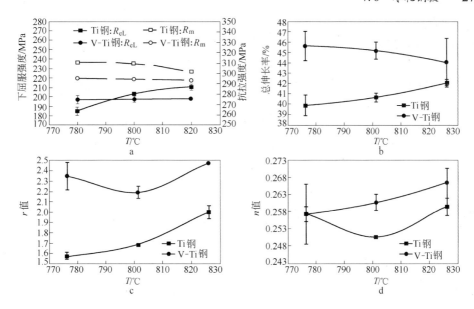

图 7-134　连续退火温度对 V-Ti 钢和 Ti 钢力学性能的影响

a—强度；b—总伸长率；c—r 值；d—n 值

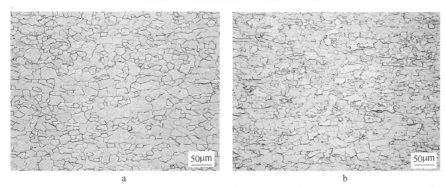

图 7-135　800℃连续退火后的金相组织照片

a—V-Ti 钢；b—Ti 钢

热轧带钢中发生了 TiC 的不完全相间析出，在连续退火过程中 TiC 进一步在位错上析出。在连续退火过程中 TiC 的相间析出增加了钢的屈服强度，但是阻碍了具有理想织构的晶粒结构的形成；导致了冷变形组织再结晶的延迟和具有 {111} 织构晶粒的长大，降低了钢的成型性能[208,209]。在 V-Ti 钢中，热力学计算表明，VC 的析出温度在 655℃；VC 在热轧卷取过程中析出，固定了间隙碳原子，使得热轧带钢成为无间隙原子钢，有利于 r 值的提高。而且研究表明 VC 粒子在已存在的 TiN 上不均匀形核，不会影响连续退火过程中回复、再结晶和晶粒长大，因此 V-Ti 钢中具有高的 r 值。在 780～820℃的连续退火过程中，在卷取过程中形成的 VC 会发生部分溶

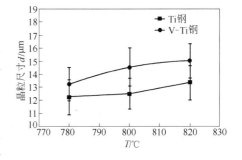

图 7-136　连续退火温度对 V-Ti、Ti 超低碳钢晶粒尺寸的影响

解；因此观察到 V-Ti 钢的伸长率随着退火温度的增加而下降。此研究也表明，V-Ti 钢欲同时获得高的成型性能和烘烤硬化性能，需要对钢的成分和退火工艺进行优化。

VC 的热力学稳定性不如 TiC、NbC，因此在退火条件下，具有明显高的溶解度。这样就允许在达到烘烤硬化所需固溶碳水平时使用较低的退火温度[210]。如图 7-137 所示，在 750℃时，含钒钢中有 $20 \times 10^{-4}\%$ 的固溶碳，而含铌、含钛钢在此温度下只有 $(1 \sim 2) \times 10^{-4}\%$ 的固溶碳。如图 7-138 中所示，在 750℃时，分别添加 0.05%V 和 0.10%V 可使固溶碳达到 $17 \times 10^{-4}\%$ 和 $14 \times 10^{-4}\%$，相比之下，同等温度分别添加 0.02%Nb 和 0.04%Nb 只有 $6 \times 10^{-4}\%$ 和 $2 \times 10^{-4}\%$ 的碳被固溶。因此，相对于含铌钢，V-Ti 钢可以在较低的退火温度下获得适宜的烘烤硬化性能，这除了具有降低能耗和提高产量的潜在好处，低退火温度还有利于更好控制产品板形和平直度[210,211]。

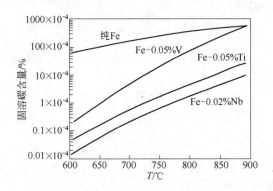

图 7-137　纯铁和合金化铁素体中的固溶碳含量[210]

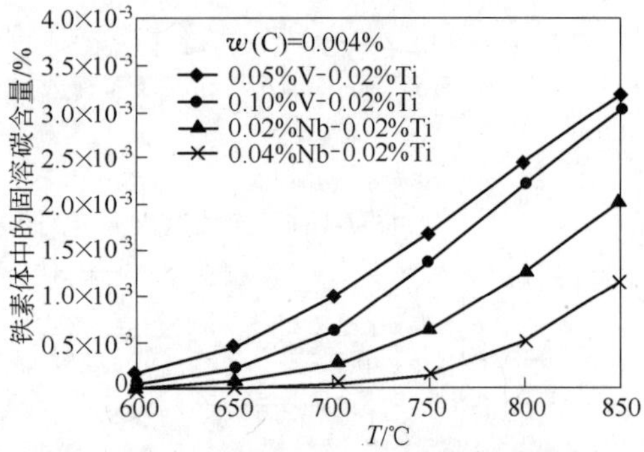

图 7-138　利用 FACTSAGE 热力学软件计算的典型 IF 烘烤硬化钢成分平衡条件下铁素体中的固溶碳含量[210]

钒是中等的碳化物形成元素，完全固定钢中的碳、氮需要较高的钒含量。基于这个原因，V-Ti 组合是普遍采用的，添加足量的钛稳定钢中的氮，钒用来控制溶解碳的水平，适当提供烘烤硬化性能并防止室温时效。如图 7-139 为 V-Ti BH 钢、Nb-Ti BH 钢的烘烤硬化性能随退火温度的变化[210]。V-Ti 钢在整个高温区表现出显著的烘烤硬化性能，随温度增加，烘烤硬化指数稍有增加。Nb-Ti BH 钢只表现出中等水平的烘烤硬化值，由于更多的 NbC 在退火过程中溶解，BH 值随温度增加而增加。因此 V-Ti 钢的优势在于可以在给定温度下获得高的烘烤硬化水平，并且对退火温度没有 Nb-Ti BH 钢那么敏感。其次，卷取温度对含 V-BH 钢的烘烤硬化性能影响并不显著；然而对于含铌钢，低温卷取将导致退火加热阶段更多 NbC 析出，从而降低烘烤硬化性能[210,211]。

屈服点伸长是评估抗室温时效性能的一个重要参数，图 7-140 表明 V-Ti 钢比含钛钢更容易获得较低的屈服伸长率值，这预示着钒作为稳定化元素对于抗时效性能和碳稳定碳原子有好的作用[210]。该研究也表明保持碳和钒的质量比在 10 或以上对于获得满意的抗室温时效性能是重要的。更有趣的是[204]，V-Ti BH 钢在室温时效发生前可以有更多的固溶碳原子存在，如 V-Ti BH 钢中的固溶碳可以为 $(40 \sim 50) \times 10^{-4}\%$，含 Ti-BH 钢固溶碳应小于 $35 \times 10^{-4}\%$。对于此的解释是，钒与碳具有强的亲和力，钒对时效施加动力学效应；由于退火期间 VC 的溶解，碳的可动性受钒存在的限制；因此，含 V-BH 钢发生室温时效比铌

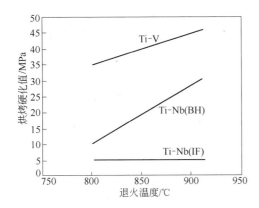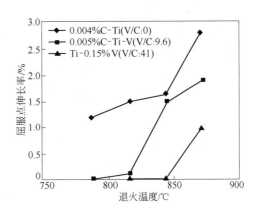

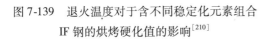

图 7-139　退火温度对于含不同稳定化元素组合 IF 钢的烘烤硬化值的影响[210]

图 7-140　屈服点伸长率与退火温度之间的关系
（钢成分：0.004% C-0.028% Ti；0.005% C-0.022% Ti-0.051% V 和 0.0034% C-0.021% Ti-0.15% V[210]）

和钛钢要慢。还需要进行进一步研究来澄清钒对时效动力学的影响。

已有研究表明[212]，铁素体晶格点阵中的固溶碳的 Snoek 峰高与烘烤硬化值有直接关系，因此用内耗法测得的碳在铁素体中的固溶度对超低碳 BH 钢特别具有实用价值。文献 [213] 采用内耗法测量碳在 V-Ti 钢（足量钛固定钢中氮）中铁素体中的固溶度。结果表明，用内耗法测得的 VC 在铁素体中的固溶度积要小于以前报道的理论值，其中可能的原因包括溶质碳原子的非平衡偏聚如在晶界，以及碳化物和氮化物的互溶等。文献 [214] 进一步研究了退火时间对于超低碳 Ti-V BH 钢中固溶碳的影响，如图 7-141 所示，它表明最大的 Snoek 峰高在约 60s 的短时退火条件下获得，即在退火条件下，退火时间增加至 60s，Snoek 峰高增加；随后随着时间的延长，Snoek 峰高降低。对于两种实验钢——低钒钢（0.0088% V）和高钒钢（0.19% V）的析出物分析表明，绝大多数析出物同时含有钛和钒，在 845℃ 退火 60s 后，两种钢中 Ti/V 比值较热轧态增加，这是由于钒的碳化物的溶解引起；相对应地 TiN 的分数增加。VC 溶解，因而固溶碳增加，Snoek 峰高增加。随着退火时间的延长，溶质碳原子向低能量位置如晶界、第二相粒子的界面处偏聚，导致 Snoek

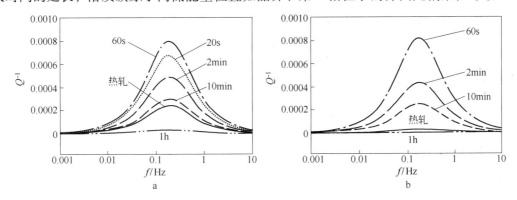

图 7-141　固溶碳的 Snoek 峰，包括热轧态、845℃保温不同时间后淬水
a—低 V 钢；b—高 V 钢

峰高降低。实验钢中存在的 10～50nm 的 TiN、TiS 粒子在连续退火的保温过程中担任着有效去除点阵固溶碳的低能量位置。Snoek 峰高的降低发生于当固溶碳偏聚到低能量位置的速率高于 VC 的溶解速率之时。铁素体晶格点阵中的固溶碳含量与碳的 Snoek 峰高相关性很好，是产生烘烤硬化效果的有效固溶碳。

V-Ti 钢具有的低再结晶温度、良好的成型性能和产生烘烤硬化的能力，导致了 Ti-V IF 型烘烤硬化钢的开发和在美国的生产应用。

7.6.3　双相钢

冷轧双相钢的微观组织是高碳马氏体分散在多边形铁素体（通常占 75%～90% 体积分数）基体中，可以由低碳钢或低合金高强度钢冷轧后经临界区退火而获得。双相钢具有屈服强度低、初始加工硬化速率高以及强度和延性匹配好等特点。它的强度范围很大，可以在 500～1200MPa 范围内变化。强度水平同组织中马氏体数量、尺寸及分布等相关，通过细小岛状马氏体在细晶铁素体基体上的均匀分布可以得到强度和成型性的最佳组合。双相钢已经成为一种强度高、成型性好的新型冲压用钢。

冷轧双相钢可以在连续退火线上生产，也可以采用罩式炉退火生产。连续退火生产线由于冷却速度的变化范围宽（从空冷、喷雾冷却到水淬），因此特别适合双相钢生产。但是采用快速冷却时，在时效温度下终止冷却有一定困难，故需补充回火，以保证钢板的抗时效稳定性。采用连续退火线生产的冷轧双相钢多为低碳系、低碳锰系，钢中基本不含合金元素，钢板价格便宜。采用罩式炉退火生产，钢中应含有较多提高淬透性的元素或者通过控制热轧后的卷取工艺进一步来调整钢板在冷轧退火冷却时的淬透性，以保证在所采用的冷却条件下，得到理想的双相组织。

最初，北美（美国和加拿大）生产的冷轧双相钢多以罩式炉退火生产，都含有 Cr、Mn、Si、V 和 Mo 等提高淬透性的元素。表 7-109 列出了早期北美试制或生产的含钒双相钢的牌号、成分和性能[215]，较成熟的系列为 VAN-QN 系列（低 C-Mn-V 钢）和 GM980X。在那时钒在钢中的作用以及含钒双相钢的性能也得到广泛研究。

表 7-109　早期北美试制或生产的双相钢的牌号、成分和性能

公 司	牌 号	化学成分/%										
		C	Mn	Si	V	Al	N	S	P	Cr	Mo	其他
詹斯拉古林钢公司	VAN-QN50	0.12	1.25	0.30	0.10	0.01	—	0.03	0.03	—	—	RE
	VAN-QN80	0.16	1.60	0.60	≥0.04	0.02	—	0.015	0.04	—	—	RE
	VAN-QN100	0.18	1.60	0.60	0.15	0.01	—	0.03	0.03			RE
通用汽车公司	980X-V	0.12	1.46	0.51	0.11	NA	0.019	NA	0.012		0.008	—
	GM980X	0.11	1.43	0.61	0.04	0.04	0.007	0.012	0.015	0.12	0.08	—
克里特莱克公司	980XDP	0.12	1.55	0.61	0.064	0.05	0.007	0.006	0.010	—	—	RE
	980XDP	0.11	1.79	0.63	0.033	0.06	0.008	0.024	0.001	—	—	RE
内陆钢公司		0.12	1.30	0.46	0.066	—	—	—	—	—	—	—

公司	牌号	力 学 性 能					
		$R_{p0.2}$/MPa	R_m/MPa	$R_{p0.2}/R_m$	n	均匀伸长率 A_u/%	总伸长率 A_t/%
詹斯拉古林钢公司	VAN-QN50	310	518	0.60	0.23	26	32
	VAN-QN80	345	620	0.55	0.20	21	27
	VAN-QN100	380	760	0.50	0.17	18	24
通用汽车公司	980X-V	363	650	0.55	0.24	—	30
	GM980X	364	659	0.58	0.18	18	28
克里特莱克公司	980XDP	422	675	0.63	0.19	20	29
	980XDP	429	692	0.62	0.19	19	28
内陆钢公司	—	292	613	0.50	0.22	25.4	34.2

注：NA 表示未分析。

如前所述，冷轧双相钢是将冷轧板重新加热到临界区温度，保温一定时间，以一定的速率冷却，得到所希望的双相组织。临界区加热时会形成一定数量的奥氏体组织。研究表明[216,217]，微量的碳化物如 VC、TiC、NbC 等对奥氏体形成过程影响不大，但是这些元素对冷却时奥氏体的淬透性及冷却后铁素体的形态和铁素体中的沉淀相有明显影响。

Ostrom 等人[216]采用基本成分相同的不含钒和含钒（0.058% V）的两种钢，考察了各种冷却速度（从 3K/s 到 180K/s）、临界区退火温度（790~840℃，以及奥氏体区温度880℃）、保温时间（0~30min）对双相钢显微组织结构的影响。结果表明，当退火温度和保温时间相同时，含钒钢和不含钒钢几乎含有相同的铁素体和奥氏体的体积分数；在一定的退火温度和冷却速率条件下，在含钒钢中有更多的马氏体 + 残余奥氏体，相对应地铁素体数量减少，即含钒钢中奥氏体向铁素体的相变比普碳钢要慢，钒的加入与增加冷速的效果相当。图 7-142 示出了 790℃、保温 10min 的退火条件下，采用不同冷速条件下组织的变化情况，图中所示的符号对应的冷速分别如下：QC-3K/s、AC-5K/s、 FAC-30K/s、 BQ99-80K/s、 BQ88-180K/s。可以看到，在达到相同组织分数条件下，不含钒钢的曲线向右位移到高冷速区域，亦即钒可以提高临界区加热时所形成的奥氏体的淬透性。因此，含钒钢采用较低的冷却速率就可以获得强度和延性配合良好的双相钢。如

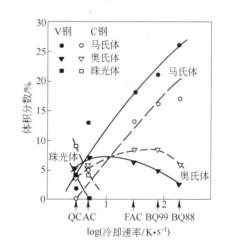

图 7-142　经 790℃保温 10min 退火后，并经不同冷却方式冷却后含钒钢和普碳钢中的马氏体、奥氏体和珠光体的体积分数

图 7-143 所示，经 790℃ 或 840℃加热的含钒钢，采用吹风冷（30K/s）就可获得强度和延性的最佳配合；而不含钒钢，则需淬入 99℃盐水中才可获得与钒钢相近的综合性能。当加热温度升高时（例如从 790~840℃），会使残留奥氏体量增加，使强度和延性进一步改进，但获得强度和延性最佳配合的冷却速度亦需相应地提高。

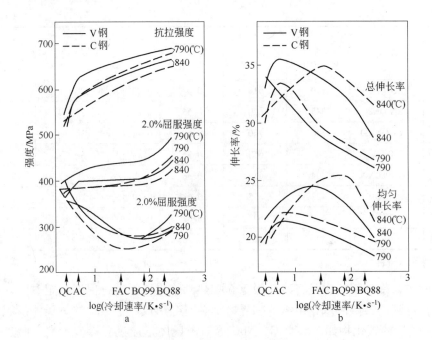

图 7-143　含钒钢和普碳钢在 790℃、840℃保温 10min 退火并经
不同冷却方式冷却后的力学性能
a—强度；b—伸长率

　　Son 等人[218]采用等径角压缩和双相区淬火的方法获得双相钢超细晶组织，对比基本成分为 0.15% C-0.25% Si-1.1% Mn 的无钒钢和含钒钢（0.06% V），在相同的临界区退火条件下，含 V 钢的马氏体体积分数增加。含钒超细晶双相钢的马氏体体积分数为 35%，不含钒钢为 22%。含钒钢的极限抗拉强度为 1044MPa、屈强比为 0.52 和总伸长率 18.1%，不含钒钢分别是 978MPa，0.59，17.6%。

　　钒提高临界区加热时形成的奥氏体的淬透性，一种可能的原因是在临界区加热温度下，钒的碳化物会部分溶解，锰的存在可以加速这一溶解过程[215]。此外，根据透射电镜的观察结果，在马氏体岛或残余奥氏体的边界上有钒的碳化物粒子存在，因此钒的碳氮化物粒子对两相界面的钉扎作用是钒提高临界区退火后奥氏体淬透性的另一原因[219]。钒促进退火后冷却时相变铁素体形成[218,219]，加速碳从相变形成铁素体向岛状奥氏体扩散，从而抑制珠光体与贝氏体形成，利于马氏体形成。

　　Nakagawa 等人[220]针对无钒 0.10% C-1.2% Mn-0.6% Si-0% V 和含钒 0.10% C-1.2% Mn-0.6% Si-0.12% V 钢的研究表明，在双相钢中钒还可以细化铁素体和岛状马氏体晶粒尺寸，如图 7-144 所示。

　　退火后钒有可能以足够细的形式析出以提供析出强化效果[221,222]。析出相的形态和分布受到冷速的影响，从而影响铁素体析出强化水平。文献[222]研究了冷却速率对临界区退火的含钒钢组织结构的影响。实验钢的化学成分：0.12% C-1.44% Mn-0.52% Si-0.13% V-0.0196% N-0.077% Al；临界区的退火工艺 788℃×4min；分别采用空冷（约 6℃/s）和油冷（约 14℃/s）方式冷却。组织分析表明油冷条件下的组织为 50% 未转变铁素体 +

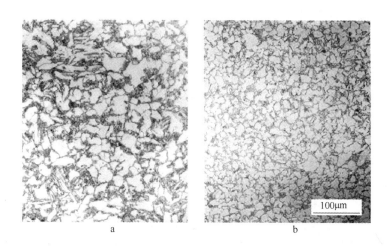

图7-144　双相钢的显微组织照片（800℃临界区退火，然后浸入冰盐水中）

a—普碳钢0.10% C-1.2% Mn-0.6% Si；b—含钒钢0.10% C-1.22% Mn-0.6% Si-0.12% V

50%马氏体；空冷条件下获得的组织为50%未转变铁素体+25%相变铁素体+15%马氏体和贝氏体+10%残余奥氏体。空冷组织比较特别的方面是含有大量的残余奥氏体和相变铁素体。在冷却过程中形成的相变铁素体相对于未转变铁素体而言，它有大量的V(C,N)析出物存在，比未转变铁素体具有更高的强度。

　　钒是强碳、氮化物形成元素，它对减弱铁素体间隙固溶强化，产生高延性的铁素体，消除屈服点伸长均有好处[223]。图7-145所示为成分为0.15% C-0.36% Si-1.50% Mn-0.12% V-0.019% N-0.075% Al的实验钢经临界区790℃×10min退火处理后空冷，在不同温度回火后的应力-应变曲线。可以看到，在100℃、200℃回火条件下，应力-应变曲线是光滑的，在300℃或以上回火出现一定的屈服平台。图7-146示出了流变应力随回火温度和预应变的变化，预应变从0%～15%，在100～400℃回火1h，在所有条件下流变应力增加的峰值均在300℃。上述数据表明，双相钢中的铁素体是无间隙原子的；如果是普碳钢在100℃回火1h，在变形时就会出现很大的屈服点伸长。铁素体固溶体中含有0.03% V可

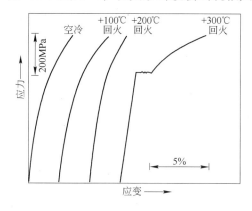
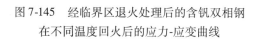
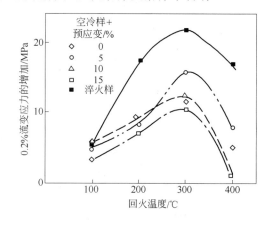

图7-145　经临界区退火处理后的含钒双相钢在不同温度回火后的应力-应变曲线

图7-146　回火温度对预应变试样0.2%流变应力的影响（试样经730℃退火后，空冷或淬入盐水中）

以使普碳钢不出现室温应变时效现象。Davies[224] 的研究表明含钒双相钢时效过程激活能较高（138kJ/mol；碳在纯铁中的扩散激活能为 80.3kJ/mol），他认为含钒双相钢的时效行为受到碳原子与铁素体基体中存在的钒原子聚集区的交互作用的影响，这些区域是在退火保温过程中钒碳氮化物的溶解造成。由于在冷却过程中，钒原子没有足够的时间形成碳化物，而碳原子在这些聚集区周围扩散较为困难，这是导致含钒双相钢时效过程激活能较高的原因之一。Nb、Ti 可以有效地减少铁素体中的间隙原子含量，然而，在临界区退火时，钛、铌的碳氮化物不能固溶到固溶体中，因此双相钢中可用钒来固定间隙原子。

在一些连续退火双相钢的生产中，为改善双相钢的强度和延性，一般要经过低温回火；生产热浸镀锌的双相钢板时，460℃ 几秒钟的热镀锌过程，也类似于快速回火过程。对于 C-Mn 双相钢和含有 V、Cr、Mo 等微量合金元素的双相钢回火过程的对比表明[225,226]，微合金化的双相钢具有较高的回火或室温时效稳定性。例如，临界区加热后水淬的微合金化双相钢需 150℃ 回火才可使延性增加，而同样工艺条件下的低碳双相钢只要略高于室温放置 2h 就足以使总伸长率从 15% 增加到 22%；在较高温度下回火时，微量的碳化物形成元素 Cr、Mo、V 可以有效地阻止碳化物的聚集和长大，从而使双相钢具有更高的回火稳定性。罗娟娟[226] 的研究认为钒提高 DP 钢的回火稳定性表现在两个方面：一是在回火阶段钒钢硬度的下降小于碳钢；二是与碳钢相比，钒钢强塑积的最大值在更高的回火温度获得。值得一提的是，双相钢的回火性能受到钢成分、组织中的各相比例、生产过程中工艺参数的影响。

除上述研究表明钒在双相钢中的作用外，对于含钒双相钢钢种本身的研究，如工艺参数对含钒双相钢组织结构以及性能的影响、含钒双相钢的应用性能如成型性能、疲劳性能、点焊性能等有很多[215,216,222,224,227~229]，在此不再赘述。

提高钢强度的最有效方法是细化晶粒。人们也把超细晶的概念引入到双相钢中。田志强等[230] 研究了成分为 0.10% C-2.0% Mn-0.30% Si-0.10% V-0.0035% N 的含钒钢获得超细晶双相钢的方法。此研究利用铁素体 + 马氏体 + 贝氏体的初始热轧显微组织结合冷轧和连续退火的方法达到了细化双相钢晶粒的目的，超细晶双相钢中有 63.8% 的铁素体晶粒尺寸分布于 0.5~1μm，有 53% 的马氏体晶粒尺寸分布于 0.5~1μm。研究认为钒在超细晶双相钢中起到了如下四方面的作用：（1）在加热过程中，钒通过阻碍碳的扩散和降低表面自由能来阻碍奥氏体的长大，扩大了两相区的温度范围，提高了钢的工艺稳定性；（2）在低于 800℃ 进行退火时，未溶的 V(C,N) 析出物阻碍了奥氏体的长大，可以有效细化奥氏体的晶粒尺寸；（3）随着温度的升高，钒的析出物发生了回溶，在随后的冷却过程中重新析出，在相变过程中发生相间析出或分布在铁素体和马氏体的晶界附近，析出物在钢中起到了析出强化的作用；（4）目前奥氏体中未析出的钒起到了提高淬透性的作用。

关于超细晶双相钢的研究还不多，钒在其中的作用还需进一步研究。另外，也需要深入研究钒在连续退火双相钢以及热镀锌双相钢中的作用。

7.6.4　相变诱发塑性钢

冷轧相变诱发塑性（TRIP）钢一般是在冷轧之后通过热处理方法得到 TRIP 组织，其生产工艺示意图如图 7-147 所示[231]。其工艺基本上可以概括为两相区退火与贝氏体区等温两个过程。将钢加热到两相区温度（T_{ICA}）获得 50% 左右铁素体 + 50% 左右的奥氏体，保温一段时间，让碳和其他合金元素充分扩散，以获得稳定的残余奥氏体；然后快速冷却，以避免形成珠光体，到贝氏体区（T_{IBT}）保温一段时间，在此期间奥氏体发生贝氏体转变，碳进一步向奥氏体扩散，使得残余奥氏体更加稳定，在后续的冷却过程中不会转化成马氏体；最后冷却到室温，得到 TRIP 组织。此工艺能够获得比较经典的 TRIP 组织，优点是工艺易于实现，得到的 TRIP 钢力学性能和表面质量都比较好。

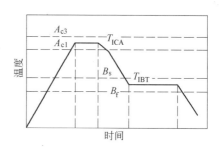

图 7-147　冷轧 TRIP 钢的连续退火工艺

A_{c1}—连续加热过程中奥氏体相变开始温度；

A_{c3}—连续加热过程中奥氏体相变结束温度；

T_{ICA}—两相区退火温度；T_{IBT}—贝氏体区等温温度

TRIP 钢组织为多相组织，主要由铁素体（50% ~ 60%）、贝氏体（25% ~ 40%）、残余奥氏体（5% ~ 15%）和少量马氏体组成。TRIP 钢组织决定了其优异的力学性能：铁素体是软相，在拉伸过程中能协调贝氏体的变形；贝氏体能提高 TRIP 钢的强度；奥氏体在室温拉伸时转化成马氏体，马氏体相变产生应力松弛，使塑性增加。另外相变生成的马氏体又能够强化 TRIP 钢，使 TRIP 钢的强度提高，因此 TRIP 钢在具有高强度的同时还具有优异的塑性。在 TRIP 钢中获得适量（8% ~ 14%）的稳定的残余奥氏体是保证其力学性能的关键。影响奥氏体稳定性的因素主要有：奥氏体含量、奥氏体中的碳含量、奥氏体的尺寸和形貌、变形时的温度和应力状态、其他相的晶粒尺寸和体积含量及加工工艺和热处理制度等[231~233]。

普通的 Si-Mn 系 TRIP 钢的主要化学成分为：0.1% ~ 0.4% C、1.0% ~ 2.0% Si、1.0% ~ 2.0% Mn。为提高 TRIP 钢的强度，可提高钢中碳含量（至 0.4%），以使转变的马氏体呈碳过饱和，通过固溶强化、位错增殖、碳化物弥散析出强化等强化方法来达到这一目标。然而过高的碳含量会在热轧时造成缺陷，尤其是高碳含量会引起焊接性能急剧恶化，这是汽车结构件所不允许的。继续提高 TRIP 钢强度的另一途径是采用微合金化，即在 TRIP 钢中单独添加或复合添加 V、Ti、Nb 微合金元素。这些微合金元素是强碳化物形成元素，一方面可以产生析出强化；另一方面又不会恶化钢的可焊性及在热轧过程中造成缺陷。

Scott 认为[234~236]，从生产的角度讲，冷轧退火 TRIP 钢理想的微合金化元素应具备如下特征：（1）不引入任何连续铸造缺陷；（2）凝固过程中形成的任何大的析出物，在再加热过程中可以回溶；（3）热轧过程中没有明显的硬度增加，且热塑性没有降低；（4）在终轧和卷取过程中没有析出以有利于冷轧；（5）在连续退火过程中有强烈的析出；（6）析出应尽可能地仅发生于铁素体相中；（7）析出应是晶内的；（8）析出相密度应尽可能高并通过 Orowan 机制强化；（9）析出不应该减少残余奥氏体的体积分数或稳定性。第 1~4 点和第 6 点要求析出相在奥氏体中具有高的固溶度；第 5、7 和第 8 点要求有尽可能大的析出驱动力，以产生高的形核密度。第 9 点似乎是更期望氮化物或碳氮化物析出，而不是单纯的碳化物，因为纯的碳化物倾向于减少贝氏体相变期间产生的稳定残余奥氏体的碳量。最符合这些标准的微合金化元素是钒。

Scott 等人采用实验室模拟的方法研究了钒对 TRIP 钢冶金和力学性能的影响[235]。实验钢的化学成分如表 7-110 所示，钢 A 是 TRIP800 的标准成分；钢 B 和钢 C 含有一定量的

V、N。相对于 N，V 是超过理想配比的，以有利于 VN 析出。

表 7-110　实验钢的化学成分（%）

钢　号	C	Si	Mn	Ti	V	N
A	0.197	1.475	1.510	0.0021	0.0035	0.0016
B	0.186	1.477	1.528	0.0024	0.1081	0.0081
C	0.189	1.472	1.527	0.0026	0.2145	0.0157

实验钢的力学性能如图 7-148 所示。与标准成分钢 A 相比，V、N 微合金化的作用是显而易见的。加入 0.1%V-0.008%N 的钢 B，抗拉强度增加 60~100MPa，而且保留较好的总伸长率 25%~27%，比钢 A 降低约 2%；钢 C 中加入了 0.21%V-0.0157%N，其抗拉强度增加约 200MPa，但是总伸长率也明显降低，降低约 12%。微合金化钢对临界退火温度比较敏感，尤其是钢 C；随退火温度增加，抗拉强度降低，塑性有所改善。对比钢 A 和钢 B 在 790℃ 退火、400℃ 过时效条件下的钢板组织参数，它表明：（1）钒的加入未明显改变冷轧板的组织构成；（2）钒有细化铁素体晶粒的作用，钢 B 的铁素体晶粒尺寸为 2.4μm，钢 A 的铁素体晶粒尺寸为 3.2μm；（3）钒的加入未改变残余奥氏体的体积分数和碳含量。进一步的研究工作表明[236]，添加 1500×10^{-4}%V 和 $(80~90) \times 10^{-4}$%N 的冷轧退火钢板可以获得抗拉强度和屈服强度的最佳改善，而伸长率下降很少。

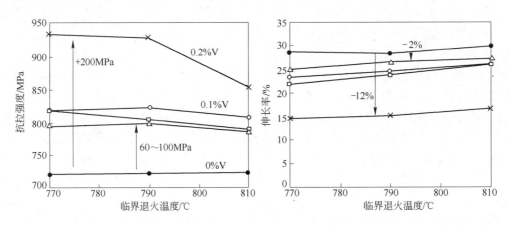

图 7-148　临界退火温度和过时效温度对实验钢抗拉强度和总伸长率的影响
—●—钢A，400℃过时效；—△—钢B，400℃过时效；—×—钢C，400℃过时效；
—□—钢B，375℃过时效；—○—钢B，425℃过时效

Scott 等人[235]采用选择性溶解和化学分析的方法分析了在生产工艺过程的各阶段钒、氮的析出分数。由图 7-149 可以看到，热轧后从 900℃ 水淬下来的钢，钢 B 和钢 C 中钒的析出分数仅分别为钢中总量的 3% 和 7%，因此在工业生产条件下，大多数的钒有可能在铁素体中析出。540℃ 卷取后钒的析出分数略有增加，在连续退火过程中钒的析出分数增加明显。图 7-150 示出了热轧卷取后和冷轧退火后析出粒子的尺寸分布情况。两者有着明显的不同，热轧带钢中析出粒子的平均半径是 7.5nm，而冷轧带钢中为 5.8nm。连续退火过程中钒、氮析出分数的增加和平均粒子半径的减少只能说明退火过程中有新粒子的形成。

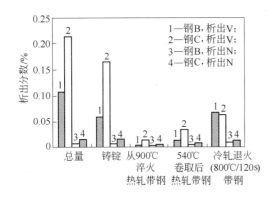

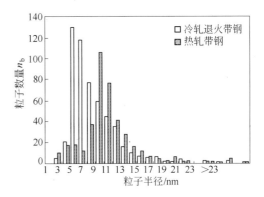

图 7-149 钒和氮在 TRIP 钢生产工艺过程中   图 7-150   热轧和冷轧退火带钢中
不同阶段的析出数量的变化   析出粒子的尺寸分布

进一步地，选择经过优化的 TRIP 钢成分 0.225% C-1.60% Si-1.58% Mn-0.1559% V-0.009% V，对其冷轧钢板在临界区退火期间的钒析出行为进行了详细的分析[236]，其演变过程的定性描述如图 7-151 所示。由图可以看到，在冷轧板加热至退火温度的过程中，在等温之前，有大量的细小 V(C,N)粒子形成，即钒的析出主要是在铁素体向奥氏体相变之前的再结晶期间。Scott 等认为钒微合金化提高 TRIP 钢强度主要是利用钒的碳氮化物在铁素体中的弥散析出，而不是依靠钒阻止奥氏体晶粒长大从而达到细晶强化。故钒微合金化的 TRIP 钢在热处理过程中，在保证显微组织达到所要求的各相比例的前提下，两相区保温温度应尽量低，保温时间尽可能短，以获得细小、弥散的钒析出物，提高强化效果。

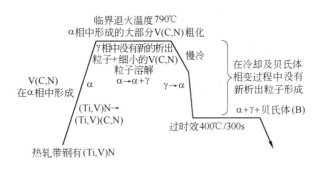

图 7-151   V-N 微合金化 TRIP 钢在连续退火过程中钒析出物演变的定性描述

张梅等人在传统 TRIP 钢成分基础上，以 Al 部分代 Si 从而改善钢的热镀锌性能，适当添加 P 以提高钢的 TRIP 效应，并适当添加 V、Ti 等微合金元素使钢达到更高强度级别[237,238]。如表 7-111 中所示，1 号钢、2 号钢的抗拉强度可以达到 780MPa 级别，3 号钢的抗拉强度可以达到 980MPa 级别，三种钢伸长率均可以达到 20% 左右。对这三种微合金 TRIP 钢的激光焊接性能[239]研究表明，在所研究的热输入 26J/cm 条件下，激光焊接的焊缝均没有出现冷裂纹和其他缺陷，激光焊接熔融区和融合线附近得到全马氏体组织，相应地硬度较基体显著最高，且随碳当量提高焊缝的最高硬度升高。

表 7-111　实验用微合金 TRIP 钢的化学成分（%）

钢　号	C	Mn	Si	Al	P	Ti	V	CE_{IIw}
1	0.20 ~ 0.24	1.5 ~ 1.8	<0.50	1.0 ~ 1.4	0.04 ~ 0.09		0.07	0.55
2	0.25 ~ 0.29	1.5 ~ 1.8	<0.50	1.0 ~ 1.4	0.04 ~ 0.09	0.10	0.05	0.61
3	0.30 ~ 0.35	1.5 ~ 1.8	<0.50	1.0 ~ 1.4	0.04 ~ 0.09	0.12	0.05	0.71

　　史文等人在研究了钒对 TRIP 钢组织和性能的基础上，设计了低碳、低硅、含钒、含铝 TRIP 钢[240,241]，其基本成分为 0.11% C-0.55% Si-0.80% Mn-1.01% Al-0.10% V。研究表明钒和铝的复合添加可以有效地提高 TRIP 钢的强塑性。实验室的热镀锌试验[242]结果表明，所选择的工艺条件下，Al-V TRIP 钢可获得致密的、完整的镀锌层，具有良好的可镀锌性能。

7.6.5　孪晶诱发塑性钢

　　孪晶诱发塑性（TWIP）钢具有高的塑性指标（伸长率可达30% ~ 95%）、高的抗拉强度（600 ~ 1900MPa）和高应变硬化率，对冲击能量的吸收程度是现有高强钢的 2 倍以上。因此可大大减轻车体重量，增强车体抵抗撞击能力，减轻车身钢板的变形程度，提高汽车运行的安全性能，特别适用于制造新一代汽车。正是基于上述优点，促使世界大型钢铁企业对 TWIP 钢的开发十分重视。

　　TWIP 钢的发展经历了以下几代：第一代 TWIP 钢的典型成分为 Fe-25% Mn-3% Al-3% Si，室温下为全奥氏体组织，抗拉强度约为 600MPa，伸长率大于 80%；其比能量吸收值约为 0.5J/mm³，是其他高强钢的两倍以上[243]。然而铝含量较高时，不利于钢水的浇铸；硅含量较高时，会损害冷轧板的镀锌质量。第二代 TWIP 钢不含硅和铝，采用 Fe-Mn-C 合金体系，其锰含量在 17% ~ 24%，碳含量在 0.5% ~ 0.7% 范围内，是一种全奥氏体碳钢。典型钢种成分为 Fe-23% Mn-0.6% C[244]，抗拉强度达到 1000MPa 以上，均匀伸长率达到 60%，屈服强度为 450MPa，表现出显著的加工硬化特性。第二代 TWIP 钢虽去除了合金元素铝和硅对 TWIP 钢的不利影响，却出现了以前在奥氏体和高强度钢中观察到的两大问题：延迟断裂和一定程度的切口敏感性。目前钢厂和研究机构正研制第三代 TWIP 钢，预计其碳含量会高些；研究发现碳化物、氮化物或碳氮化物对捕获 H 杂质非常有效，从而使钢具有优良的抗延迟断裂性能[244]。阿塞洛和蒂森合作开发的 X-IP™ 高锰系列 TWIP 钢种属于第三代 TWIP 钢，典型钢种是 X-IP1000 钢[245]，抗拉强度达到 1162MPa，屈服强度 599MPa，总伸长率为 52.8%，n 值达到 0.36，具有很好的成型性和吸能性。

　　在 TWIP 钢中添加钒具有如下两方面的重要意义[246]。一方面是在不改变热轧及冷轧工艺条件的前提下提高这些材料的屈服强度。钒在冷轧之后的低温连续退火阶段在晶粒内部析出形成均匀分布的、尺寸小于 10nm 的颗粒，可以使钢板屈服强度增量达到 450MPa；另一方面是钒析出物在抗氢致延迟断裂方面所起的积极作用。TWIP 钢可以达到超高强度与优异延性的组合，其冷成型零部件存在极高残余应力水平的区域，在这些区域如果游离态的氢浓度超过一个临界值，将可能产生延迟断裂。虽然在生产阶段氢浓度可以得到严格控制，游离态的氢仍可能在随后的焊接、表面热处理、腐蚀等过程中引入，这些因素不受生产过程的控制。因此，引入基体陷阱位置，可以担当捕获游离氢的角色，从而降低延迟断裂的风险。研究已经表明，钒的引入能对高锰奥氏体钢提供更高的延迟断裂抗力。

7.6.5.1 钒在 Fe-Mn-C TWIP 钢中的析出强化作用[246]

与 Nb、Ti 相比，添加钒元素的 TWIP 钢生产工艺则可以相对简单。在铸造过程中形成的任何钒析出物 VN、V(C,N) 或 VC，都可以在再加热阶段溶解。以往关于钒的微合金 TRIP 钢的研究结果表明，钒在奥氏体中的溶解度非常大，以至于在热轧和低于 500℃ 卷取时，钒几乎不析出[235]。因此在热轧和冷轧过程中几乎所有添加的钒都能够固溶，最终在连续退火过程中析出。在冷轧之后析出的最大好处是析出物分布在晶内而且非常均匀，这是因为最强烈的析出发生在冷轧组织再结晶完成之前的加热阶段，析出形核在位错和剪切带上，这样就使晶界析出（这将降低塑性和韧性）减少到最低限度。

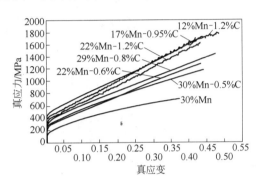

图 7-152　大晶粒尺寸 Fe-Mn-C TWIP 钢的真实应力-应变曲线

图 7-152 显示了具有大晶粒尺寸（热轧带钢，$D > 10\mu m$）的 Fe-Mn-C TWIP 钢的真应力-真应变曲线。其中两种基本成分钢值得注意，Fe-22% Mn-0.6% C 钢具有相对低的碳含量，可与铁素体钢通过点焊连接，Fe-17% Mn-0.95% C 钢在所有测试成分钢中显示了最高的加工硬化率。这些成分钢的应变硬化现象很显著，但屈服强度相当低，通常小于 400MPa。减小晶粒尺寸是增加屈服强度的有效方法，图 7-153 显示了 Fe-22% Mn-0.6% C 冷轧带钢平均晶粒尺寸减小后工程应力-应变曲线的变化，在实际生产中这种钢由于冷轧和退火阶段的局限只能保证最小晶粒尺寸在 2.5~3μm，因此冷轧带钢的最大屈服强度在 450MPa 级别。然而高强度汽车用钢屈服强度的理想目标是 600~700MPa，因此研究这些钢中的析出强化作用是有意义的。

图 7-154 是对工业生产的含钒钢 Fe-22% Mn-0.6% C-0.2% V-0.01% N 和不含钒钢 Fe-22% Mn-0.6% C 的冷轧钢带的真应力-应变曲线的直接比较。可以看到这两条流变曲线基本上是平行的，这表明钒微合金化不会改变应变硬化机制。在 Fe-22% Mn-0.6% C 钢中添加 0.2% V，屈服应力增加 150MPa，抗拉强度增加 100MPa，这种强劲的增长主要是由于晶

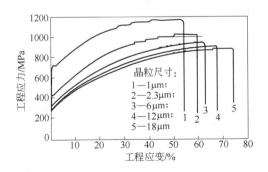

图 7-153　Fe-22% Mn-0.6% C 钢晶粒尺寸对工程应力-应变曲线的影响

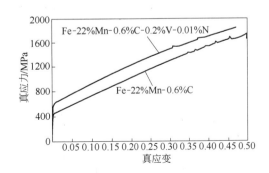

图 7-154　添加钒对 Fe-22% Mn-0.6% C 冷轧带钢力学性能的影响

粒细化与析出强化的影响。图 7-155 是含钒钢冷轧退火组织的 EBSD 图像，插入的晶粒截径直方图证实钒的存在细化了晶粒尺寸，不含钒钢的晶粒尺寸大约 3μm，含钒钢的晶粒尺寸小于 2μm。图 7-156 是含钒钢中析出物的透射电镜萃取复型照片，显示了退火后 V(C, N) 析出物的分布，析出物尺寸分布直方图也在插图中。析出物很小，平均半径为 3.6nm，呈等轴状。一些析出相与原位错线方向的取向一致，这意味着析出在冷轧组织再结晶完成之前的加热阶段就已经发生。

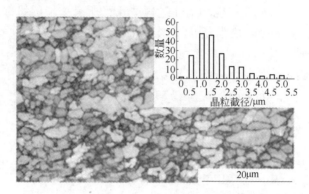

图 7-155　Fe-22%Mn-0.6%C-0.2%V-0.01%N 冷轧带钢的显微组织
（在 800℃ 保温 180s；平均晶粒尺寸小于 2μm）

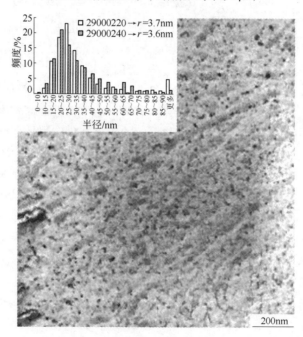

图 7-156　经 800℃/180s 退火后 Fe-22%Mn-0.6%C-0.2%V-0.01%N
钢中 V(C,N) 析出物透射电镜萃取复型照片

对于 Fe-17%Mn-0.95%C 合金的实验室研究结果表明，添加 1%V 后，可使冷轧退火钢带屈服强度的增量超过 450MPa，抗拉强度的增量超过 350MPa，其伸长率有所降低，但小于 10%，如图 7-157 所示。

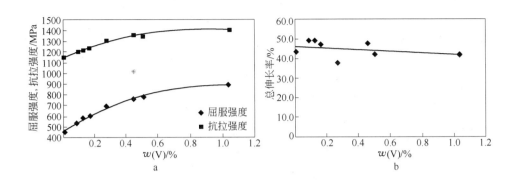

图7-157　V含量对于 Fe-17% Mn-0.95% C 冷轧退火带钢力学性能的影响

a—强度；b—总伸长率

因此，含有适量钒的微合金 TWIP 钢可以保持均匀变形大于 35% 时，屈服强度在 500～900MPa 之间变化，而抗拉强度在 1150～1400MPa 之间。

7.6.5.2　钒对 Fe-Mn-C TWIP 钢抗氢致延迟断裂的作用[247]

阿塞洛和蒂森在合作开发 TWIP 钢的试验过程中发现，氢元素能使钢产生晶格缺陷，增强钢裂纹敏感性，对钢的综合性能产生极坏影响。在生产 TWIP 钢的一些步骤中，如在进行化学或电化学酸洗、在规定气氛下退火、电镀锌或热浸镀锌等过程中都存在杂质氢被带入钢中的可能。另外在对 TWIP 钢进行后续加工操作需要干油或稀油润滑时，在高温条件下这些油性物质分解也会产生氢有害元素。因此如何对钢中氢元素进行有效控制，进一步改善 TWIP 钢综合性能，是研究人员主要解决的关键问题。研究发现，用 XP 表示的碳化物、氮化物或碳氮化物，对捕捉 H 杂质非常有效，但必须对这些析出物进行范围限定，包括碳化物、氮化物或碳氮化物的平均尺寸、析出数量以及分布等。

图 7-158 给出了含钒钢 Fe-22% Mn-0.6% C-0.2% V-0.01% N 和无钒钢 Fe-22% Mn-0.6% C 的延迟断裂之比较（采用 Vice 以加速实验，测量完全深冲实验后冲杯产生裂纹的时间）。对于无钒钢，所有的杯（有涂层和无涂层）在不到一

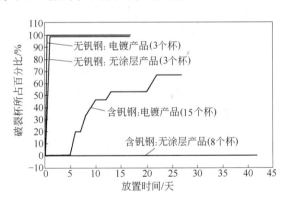

图 7-158　Fe-22% Mn-0.6% C-0.2% V-0.01% N 钢和 Fe-22% Mn-0.6% C 钢完全深冲杯（无涂层和电镀）延迟断裂之比较

天的时间内破裂；对于含钒钢，无涂层杯的破裂被完全抑制，电镀涂层杯的破裂百分比明显下降（试验环境湿度小于 60%），这就是加入钒的可喜效果。另一有利的影响是可以减少氢致延迟断裂的几率和程度，图 7-159 标绘出破裂杯裂纹的平均数量与时间的函数关系，可以看到电镀锌的无钒 TWIP 钢每个杯平均有 12 处破裂，而电镀锌的含钒钢每个杯仅仅有 1～2 处破裂。

随着蒂森克虏伯、阿塞洛米塔尔等世界大型钢铁企业对 TWIP 钢的深入研究和开发，

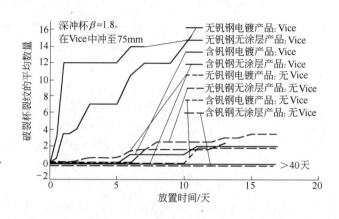

图 7-159 Fe-22% Mn-0.6% C-0.2% V-0.01% N 钢和 Fe-22% Mn-0.6% C 钢
完全深冲杯（无涂层和电镀）延迟断裂程度上的变化

TWIP 钢力学性能、可镀性、表面质量等各项指标的综合性能越来越稳定。可以预见，随着技术开发的不断进步，具有优良力学性能的 TWIP 钢最终将实现产业化生产目标。

7.7 无缝钢管

7.7.1 无缝钢管的工艺特征

无缝钢管按照制造方法可分为热轧、冷轧、冷拔和挤压无缝管等，其中热轧品种占无缝管产量的 80% 以上，是无缝管的主要生产品种。与其他轧材的生产过程相比，热轧无缝管的生产过程具有工艺方法多、生产工序多、设备多样化等特点[248]。就其变形过程来讲，主要分为两步工序：首先是将实心坯穿成空心坯；然后是将空心坯轧成钢管。穿孔总体有两种制造方法：斜轧穿孔法和压力穿孔法，如图 7-160 所示。前者多用于自动轧管机组、连轧管机组、三辊轧管机组和周期轧管机组；后者多用于顶管机组、挤压机组、限动芯棒连轧管机组。

热轧无缝管生产工艺包括管坯加热—穿管—轧管—再加热—张力减径—冷却等几个步骤。在整个过程中材料的温度变化情况如图 7-161 所示[249,250]。与常规板材与型材成型过程不同，无缝管的生产通常在定尺寸前还须进行一次短暂的加热过程。另外，钢管生产过程的模拟研究结果显示，无缝管在穿管和轧管过程中变形奥氏体经历了不同的物理冶金过程[251,252]。在穿管过程中，变形量较大，

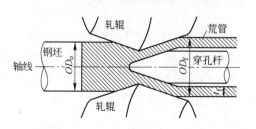

图 7-160 无缝管穿孔示意图

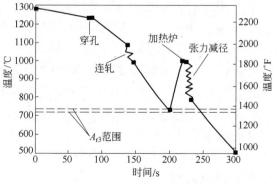

图 7-161 典型的无缝管生产过程温度流程

变形温度非常高,材料几乎无一例外地发生动态再结晶;而随着轧管温度的降低,变形量也大幅下降,因此,无缝管的热连轧基本以发生静态再结晶为主,如图 7-162 所示[253]。

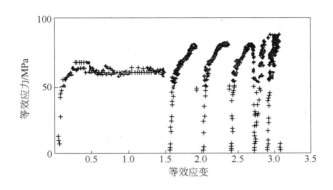

图 7-162 无缝管穿管和轧管过程中流变应力

7.7.2 热轧态和正火态无缝管

热轧态和正火态无缝管本质上属非调质钢范畴,通常具有中等碳含量,采用一定的微合金化处理,兼顾强度和韧性水平。轧制及后续冷却是近终态生产工艺,其加热温度、变形工艺、终轧温度及变形后的冷却制度均对产品的最终力学性能产生直接影响。而微合金化方式只有与适当的轧制工艺及冷却工艺相结合,才能充分发挥它们的有效作用,达到优化的强韧化效果。在无缝管定径前,一般需经历轧制荒管的自然降温冷却和再次加热升温过程,这一热履历过程与一般的板材和型材轧制有明显的区别。这些工艺特点决定了无缝管中最常用的微合金化元素是钒。无缝管中钒元素的强化作用主要源自富氮的 $V(C,N)$ 粒子在先共析铁素体、珠光体铁素体或贝氏体铁素体中的弥散析出。通常热轧无缝管中的钒含量为 $0.05\% \sim 0.15\%$ 左右。研究表明,在含钒无缝管中提高氮含量,可以明显促进钒在钢中的析出比率,改善钒的析出效果。本节以我国使用量最大的石油套管——正火态 N80 无缝管为例,说明钒、氮元素及生产工艺参数对热轧态或正火态无缝管组织和性能的影响[44,254]。

7.7.2.1 钒和氮元素的影响

为研究不同 N 含量对 N80 非调质无缝管(33Mn2V)的影响,选取典型的在线常化生产工艺(终止冷却温度 $T_e = 450℃$)。氮含量对力学性能的影响如图 7-163 所示。可以看出,随着氮含量的增加,N80 管的屈服强度显著上升。当正火温度 $T_n = 890℃$,氮含量从 $50 \times 10^{-4}\%$ 依次增加到 $140 \times 10^{-4}\%$ 和 $210 \times 10^{-4}\%$ 时,屈服强度氮分别增加了 80MPa 和 30MPa,强度总增量达到 110MPa。而对于冲击功,中氮和高氮含量材料的韧性明显好于低氮材料,这和不同氮含量对无缝管组织的影响有很大关系。而对于高氮含量的冲击功略低于中氮材料,则可能和继续增氮带来更为强烈的析出强化效果有关。

氮含量对 N80 无缝管组织的影响见图 7-164。在低氮情况下,无缝管出现较多的网状铁素体,组织较为粗大,铁素体在总体组织中所占的比例也较少,尤其以 T_n 温度较高时更为明显。当氮含量增大至 $140 \times 10^{-4}\%$ 时,铁素体含量有了明显增加,组织更为细化均匀,并出现大量的晶内铁素体。而当氮含量继续增加至 $210 \times 10^{-4}\%$ 时,铁素体含量继续增加,组织细化均匀的程度更高。

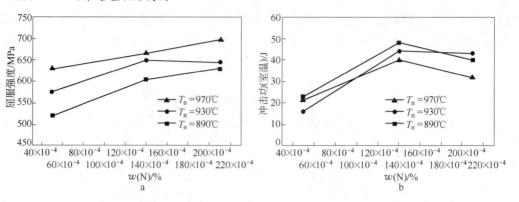

图 7-163　氮含量对 N80 无缝管的力学性能的影响（$T_e = 450℃$）

a—屈服强度；b—冲击功

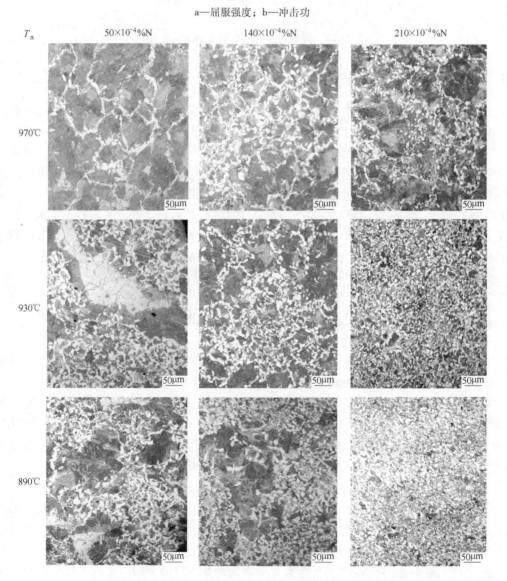

图 7-164　氮含量对 N80 无缝管的显微组织的影响（$T_e = 450℃$）

对不同氮含量的组织继续深入观察，并进行定量分析，结果如图 7-165 所示。可以发现，对于在线常化工艺，不同的正火温度条件下，铁素体体积分数都随着氮含量的增加而增加。例如，在正火温度为 930℃时，低氮含量的铁素体体积分数仅为 21%，当氮含量增加至 $140×10^{-4}$% 和 $210×10^{-4}$% 时，铁素体体积分数分别增加到 27% 和 38%。而对于铁素体平均晶粒大小，其规律则是，随着氮含量的增加，铁素体晶粒尺寸逐渐减少，对于 T_n =930℃时，氮含量从 $50×10^{-4}$% 增加至 $210×10^{-4}$% ，铁素体平均晶粒尺寸从 $12μm$ 减小为 $6μm$。从氮含量对铁素体含量及晶粒尺寸的影响规律可以看出，氮含量显著提高了铁素体相变的形核率。对于显微组织以铁素体 + 珠光体为主的材料，铁素体是主要韧化相，铁素体的体积分数直接决定了冲击韧性水平的高低，这就从组织结构上解释了含钒高氮钢的冲击功显著高于低氮钢。另外，铁素体晶粒尺寸减小，冲击功也相应有所提高。

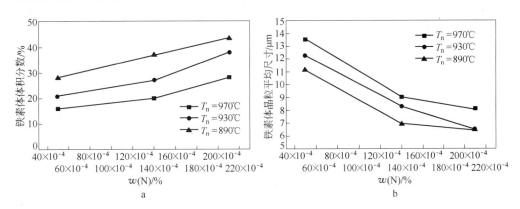

图 7-165　氮含量对 N80 无缝管铁素体体积分数和晶粒尺寸的影响（T_e =450℃）

a—铁素体体积分数；b—铁素体晶粒平均尺寸

7.7.2.2　正火温度的影响

N80 无缝管的屈服强度和冲击功随正火温度（再加热温度）的变化规律见图 7-166。正火温度升高，三种氮含量的钢屈服强度显著提高，而冲击功则呈下降趋势。而无论对于何种正火温度，高氮钢的强度和冲击功均显著高于低氮钢。正火温度越高，钢的淬透性越高，强度越高，冲击功越低；同时正火温度越高，在奥氏体中固溶的钒越多，在后续的相

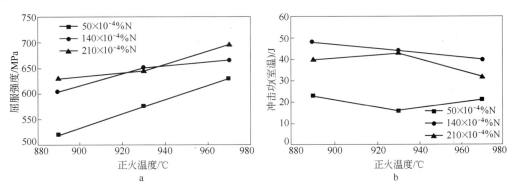

图 7-166　在线常化工艺条件下，正火温度对 N80 无缝管力学性能的影响

a—屈服强度；b—冲击功

变过程中析出强化效果越明显。

N80 无缝管的组织随正火温度的变化规律如图 7-164 所示。结果显示,正火温度对组织的影响很大。正火温度越高,组织的均匀性越低,组织越粗大,网状先共析铁素体越发达,铁素体体积分数越低,铁素体平均晶粒尺寸越大,如图 7-165 所示。对于低氮钢,从 970~890℃ 较宽温度范围内,组织都是不均匀的,铁素体体积分数总体处于较低水平。而高氮钢则改善了这一组织特征。尤其对 $T_n = 930℃$ 温度下,氮含量为 $210 \times 10^{-4}\%$ 的钢,组织基本完全均匀化,形成大量晶内铁素体,铁素体含量达到近 40%。

7.7.2.3 中冷工艺的影响

我国无缝管生产装备各不相同,尤其是以非调质方式生产 N80 油井管的生产条件和技术大相径庭。其中,非常重要的一个环节为从热连轧到张力减径前进加热炉的中间冷却阶段条件各有特点,例如有的企业在该过程专门设置小冷床,有充分的动力学时间和条件发生二次相变(称为完全的在线常化);而有的企业这一过程时间很短,进加热炉前无缝管来不及发生相变。针对这种情况,有必要研究不同的终止冷却温度 T_e 对无缝管最终性能和组织的影响,其影响规律分别见图 7-167、图 7-168。结果显示,与 T_e 为 700℃ 和 930℃ 相比,经过

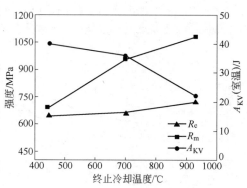

图 7-167 终止冷却温度对 N80 钢
对力学性能的影响

$(w(N) = 210 \times 10^{-4}\%, T_n = 930℃)$

T_e 为 450℃ 的在线常化处理后,无缝管的强度出现下降,但冲击韧性有较大幅度的提高(但对于低氮含量的无缝管经常化处理后的冲击韧性反常下降,这可能和含钒钢中氮含量偏低、在奥氏体中析出 V(C,N)粒子数量没有本质的增加有关系)。

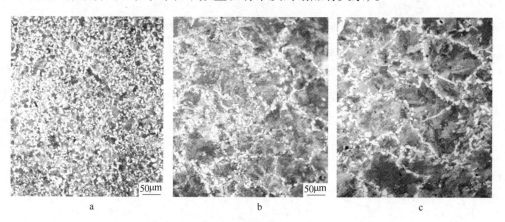

图 7-168 终止冷却温度对 N80 钢显微组织的影响 $(w(N) = 210 \times 10^{-4}\%, T_n = 930℃)$

a—450℃;b—700℃;c—930℃

当终止冷却温度 T_e 为 450℃ 时,钢管发生完全相变,细化了钢的最终组织,且经历在线常化过程有利于 V(C,N)粒子在奥氏体中的析出,形成诱导晶内铁素体的有利因素。因此,在线常化的组织中铁素体含量较多,组织均匀细化,冲击韧性有较大幅度的改善。也

正因为在线常化促进了铁素体量的增加，使钢的强度有所下降，从组织上解释了在线常化对性能的影响。而未经在线常化的工艺（$T_e = 700℃$ 或 $930℃$）则正好相反，组织不均匀性大，铁素体体积分数低；未经在线常化的工艺含钒粒子在中间冷却和升温的过程中析出的可能性比在线常化的小，V(C,N)粒子析出的数量少，尺寸小，更多的钒在中间冷却过程中保持固溶，在最终冷却过程中更倾向于对钢起析出强化作用，两者因素综合在一起，提高钢的强度而对韧性有所损害。

7.7.2.4 V(C,N)析出物的分析

对于在线常化（$T_e = 450℃$，$T_n = 930℃$）和非在线常化（$T_e = 700℃$，$T_n = 930℃$）两种工艺条件下的 N80 钢（$w(N) = 210 \times 10^{-4}\%$）析出物进行了分析[255]，结果如图 7-169 所示，两种工艺条件下，约65%的钒从钢中析出，而35%左右的钒保持在固溶状态（非在线常化的固溶钒量略高）。在线常化工艺下，全部钒含量的46%在奥氏体中析出，这一部分析出 V(C,N)粒子对诱导晶内铁素体形核起到重要作用，从而产生晶粒细化效果；与此相对应，在铁素体中析出的 V(C,N)粒子比较细小，起到析出强化作用，但这部分钒含量仅有20%，析出强化效果较弱。而非在线常化工艺下，在奥氏体中析出的钒含量仅占总量的23%，相反在铁素体中析出的 V(C,N)粒子占总量的41%，析出强化效果较为明显。进一步的粒子尺寸分布结果也证实（图 7-170），非在线常化条件下，小于10nm的粒子频度

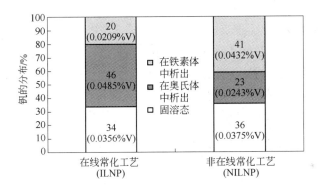

图 7-169　不同工艺下钒在 N80 钢（$w(N) = 210 \times 10^{-4}\%$）钢中的分布情况

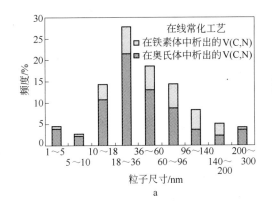
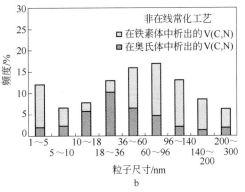

图 7-170　不同工艺下 N80 钢（$w(N) = 210 \times 10^{-4}\%$）钢中 V(C,N)析出粒子的尺寸分布

a—在线常化（$T_e = 450℃$，$T_n = 930℃$）；b—非在线常化（$T_e = 700℃$，$T_n = 930℃$）

更高，这部分粒子的析出强化更显著，而在线常化工艺的 V(C, N) 粒子尺寸大多分布于 18~96nm，且多为奥氏体中析出。在线常化工艺生产的无缝管强度偏低而冲击韧性较好，非在线常化工艺生产的无缝管的强度较高。

由于与板、型材显著不同的变形和热履历特点，钒微合金化技术适用于热轧无缝管的生产，而含钒无缝管产品增氮则带来力学性能的显著改善和显微组织的均匀化。而这种微合金化技术思路应与无缝管的总体生产工艺过程相适应，轧制荒管采取适宜的中间冷却温度和再加热温度，可以使钒在无缝管中的析出行为优化，提高产品的综合性能水平[44]。

7.7.3　调质态无缝管

调质态无缝管的力学性能主要取决于热处理效果，化学成分对淬透性的影响颇为关键。通常情况下，调质态无缝管的钢种采用合金结构钢成分体系（如国标 GB 3077—1999《合金结构钢》和 GB 5216—2004《保证淬透性结构钢》规定）。因此，钒在调质态无缝管中主要起补充淬透性及改善厚壁无缝管截面均匀性的作用，具体作用详见本书第 8 章的相关内容。如我国在生产调质态 N80 无缝管时，常采用 27MnCrV 等钢种成分，钒的加入量为 0.06%~0.10%。

7.7.4　含钒无缝管的品种

7.7.4.1　石油专用管

世界上大多数国家的石油专用管都采用美国石油学会（API）标准，API 标准将油管和套管分为 4 组和 17 个钢级，将钻杆分为 4 个钢级。同时，为最大限度地满足对石油专用管的需求，世界各国还开发了大量非 API 标准的油井管，如日本住友金属的 SM 系列，日本钢管的 NK 系列，新日铁的 NT 系列，川崎的 KO 系列等。石油管的强度级别为 55~155ksi(1ksi ≈ 6.9MPa)，其中绝大多数 90ksi 以上的石油管均需进行调质热处理，其余则采用正火或热轧（包括在线常化）工艺。两种工艺决定了它们截然不同的合金成分设计思路。对于热轧或正火态石油管，一般采用中等碳含量，加入一定量的微合金化元素，通过析出强化获得较高的强度性能，并兼顾一定的韧性水平[256]。其中，典型的正火态石油管为 N80 type1 套管，常采用的合金设计体系为 33Mn2V(N)、34Mn2V(N)、37Mn2V(N) 等。表 7-112、表 7-113 给出了 V-N 微合金化技术生产 N80 非调质石油套管产品的化学成分和力学性能。

表 7-112　V-N 微合金化 N80 非调质石油套管的化学成分（37Mn2VN）

成　分	C	Mn	Si	V	N	S	P	Als
质量分数/%	0.37	1.48	0.25	0.11	0.024	0.004	0.0088	0.007

表 7-113　V-N 微合金化 N80 非调质石油套管的力学性能

项　目	$R_{p0.2}$/MPa	R_m/MPa	A_{KV}(0℃,纵向)/J	备　注
API 标准	552~758	≥689	≥27	
力学性能	570~610	760~820	47~55	7.5mm 冲击试样
尺寸规格 φ /mm × mm	139.7 × 9.17			

而调质态石油管则首先考虑钢的淬透性，通过调质热处理获得回火马氏体组织，获得良好的强韧性匹配。因此，若这一类钢中加入少量钒元素，则主要起到增加淬透性和细化晶粒的作用。在实际生产过程中，通常参考国家标准 GB 3077—1999《合金结构钢》，采用 Mn-V、Cr-V、Cr-Mo-V、Mn-V-B 等系列，如调质型 N80 石油套管的生产，一般采用 27CrV、30CrV 等合金体系生产。具体参见第 8 章。

7.7.4.2 油气输送用无缝管

油气输送管多采取钢板、钢带焊接而成或直接由无缝管制成。由于无缝管与钢板、带材的生产条件和工艺路线有明显的不同，无缝管线产品的合金设计和最终力学性能与管线用钢板、钢带会产生较大的差异。近年来，对于 X52～X65 强度级别的无缝管线钢，多采用 C-Mn-V-Nb 系列钢生产。为改善钢的焊接性能，并提高低温冲击性能，一般采用降碳微合金化的技术思路。碳含量从过去的 0.28% 降低至 0.14% 左右甚至更低，同时大幅提高 V、Nb、Ti 等微合金化元素的析出强化作用以及 Mn、Si 等的固溶强化作用[257,258]。表 7-114～表 7-116 给出了 X60、X65 油气输送用无缝管线的成分、强度和冲击性能[259]。

表 7-114 **X60、X65 油气输送用无缝管线钢的化学成分**（%）

炉号	C	Mn	Si	S	P	Cr	Mo	V	Ti	Al	Nb
A	0.140	1.490	0.300	0.008	0.023	0.080	0.020	0.130	0.010	0.030	0.051
B	0.160	1.460	0.330	0.009	0.018	0.080	0.040	0.100	0.010	0.050	0.044
C	0.160	1.460	0.540	0.008	0.014	0.200	0.040	0.080	0.010	0.040	0.047

表 7-115 **X60、X65 油气输送用无缝管线钢的拉伸性能**

试样号	炉号	钢号	状 态	规格（外径×壁厚）/mm×mm	屈服强度 R_e/MPa	抗拉强度 R_m/MPa	伸长率 A_5/%
722a	A	X60	在线正火，雾冷	273.1×8.89	440	590	40.0
722b	A	X60	在线正火，雾冷	273.1×8.89	475	605	39.0
723a	B	X60N	在线正火，雾冷	273.1×8.89	490	615	35.0
723b	B	X60N	在线正火，雾冷	273.1×8.89	470	605	39.0
724a	B	X60N	在线正火，空冷	273.1×8.89	465	605	35.0
724b	B	X60N	在线正火，空冷	273.1×8.89	475	605	39.0
724c	B	X60N	热轧状态	282×9	475	675	30.0
721a	C	X65	在线正火，雾冷	273.1×8.89	470	650	36.0
721b	C	X65	在线正火，雾冷	273.1×8.89	485	635	36.0
API Spec 5L 规定值		X60			≥413	≥517	22.5
		X65			≥448	≥530	22.0

表 7-116　X60、X65 油气输送用无缝管线钢的冲击性能

钢级	批号	炉号	取样方向	夏比冲击功/J					
				20℃	0℃	−20℃	−40℃	−60℃	−80℃
X60	722	A	纵向	98.0	88.0	110.3	90.3	87.7	39.7
	722	A	横向	33.3	32.7	27.7	20.0	13.0	9.3
X60N	723	B	纵向	85.0	79.7	82.0	81.3	56.0	32.3
	723	B	横向	35.3	30.3	23.7	16.3	14.0	11.3
X65	721	C	纵向	76.3	75.7	72.3	61.3	37.0	30.0
	721	C	横向	38.0	35.3	28.3	20.7	16.0	12.7

钢级	批号	炉号	取样方向	纤维状断口百分数/%					
				20℃	0℃	−20℃	−40℃	−60℃	−80℃
X60	722	A	纵向	100	93.3	98.3	100	82.3	25.0
	722	A	横向	100	93.3	84.0	55.0	40.7	17.3
X60N	723	B	纵向	100	100	98.0	100	61.3	23.3
	723	B	横向	100	82.3	56.3	43.7	35.7	11.0
X65	721	C	纵向	100	96.0	85.0	65.0	36.3	21.0
	721	C	横向	100	87.0	67.0	46.0	33.3	20.0

7.7.4.3　锅炉用无缝管

电力事业的快速发展极大地带动了高压锅炉管的开发和生产。尽管这几年国内钢管制造企业在新产品开发方面取得了突破，如 T/P91、T/P92、T/P22 的开发，但与电站和锅炉对中国的无缝钢管行业的需求还有较大差距。一般来说，低中压锅炉用管采用碳素钢即可满足要求，而一般高压锅炉用管也只需采用合金元素较低的调质用合金结构钢，如 15Mo、10CrMo 等。当锅炉用管服役工况条件达到超高压及以上（亚临界、超临界、超超临界）时，则需要采用合金元素含量较高的合金结构钢或不锈耐热钢，这一类钢中一般需加入一定量的钒元素（奥氏体型不锈耐热钢除外），产生 MC 型碳化物，使钢保持较高的蠕变强度，典型钢种有 0.5%Cr-0.5%Mo-V、12%Cr-1%Mo-V 等[260,261]，如表 7-117 所示。有关含钒锅炉用无缝管的详细情况，请参考第 8 章。

表 7-117　各类锅炉用无缝管牌号

钢　种	成分/%	JIS	ASTM	DIN	ОГСТ	BS（标准号/牌号）	用　途
碳素钢	0.15~0.25C	STB38, 52	A106CrA、B	St35.8, 45.8	20	3059/320	省煤气，水冷壁
						3601/360	集汽箱，管壁
	0.25~0.35C	STB42	A106CrC A210CrC	St55, 55.4		3602/410	水冷壁，给水管
Mo 钢	0.3~0.5Mo	STBA12, 13	T1, T1a	15Mo3		3059/243	水冷壁
		STPA12	P13	15Mo5			过热器，再热器低温段

续表 7-117

钢 种	成分/%	JIS	ASTM	DIN	ОГСТ	BS (标准号/牌号)	用 途
Cr-Mo 钢	1Cr-0.5Mo	STBA22	T12	10CrMo44		3059/620	水冷壁，过热器
		STPA22	P12		15XM	3604/620	再热器，集汽箱
	2.25Cr-1Mo	STBA24	T22			3059/622	水冷壁，过热器，再热器
		STPA24	P22	10CrMo910		3604/622	集汽箱，管壁，主蒸汽管
	9Cr-1Mo	STBA26	T9，T91	X12CrMo91		3059/629	过热器，再热器
		STPA26	P9，P91			3604/629	集汽箱
Cr-Mo-V 钢	0.5Cr-0.5Mo-V			14MoV63		3604/660	过热器，再热器
	1Cr-0.3Mo-V				12X4MФ		管道，集汽箱
	1Cr-1Mo-V				15X4M1Ф		· 集汽箱，管道
马氏体 耐热钢	12Cr-1Mo-0.3V			X20Cr	12X11B	3059/622	过热器，再热器，主蒸汽管
				MoV121	2MФ		
奥氏体 耐热钢	13Cr-8Ni	SUS304HTB	TP304H	X12CrNi188		3059/304S18	过热器，再热器
						3605/304S59	
	13Cr-8Ni-Ti	SUS321HTB	TP321H		12X13H12Ti	3059/321S18	
				X10C1NiTi189		3605/321S59	
	13Cr-8Ni-Nb	SUS347HTB	TP347H			3059/347S18	
						3605/347S59	
	16Cr-14Ni-2.5Mo	SUS316HTB	TP316H	X5CrNiMo1312		3059/346S18	
						3605/346S59	

参 考 文 献

[1] Korchynsky M. Overview[C]. In：Proc. 8th Process Tech. Conf. , Pittsburgh, USA：Iron and Steel Society，1988：79～87.

[2] Russwurm D, Wille P. High Strength Weldable Reinforcing Bars[C]. In：Korchynsky M. Microalloying'95. Warrendale, PA：ISS-AIME, 1995：377～389.

[3] BS4449-2005：Steel for the Reinforcement of Concrete-weldable Reinforcing Steel—bar, Coil and Decoiled Product-specification[S].

[4] GB 1499—2007：钢筋混凝土用热轧带肋钢筋[S].

[5] Zajac S, Siwechi T, et al. Strengthening Mechanism in Vanadium Microalloyed Steel Intended for Long Products[J]. ISIJ Int. , 1998, 38(10)：1130～1139.

[6] Zajac S, Lagneborg R, Siwechi T. The Role of Nitrogen in Microalloyed Steels [C]. In：Korchynsky M. Microalloying'95. Warrendale, PA：ISS-AIME, 1995：321～340.

［7］ 杨才福，张永权，柳书平. V-N 微合金化钢筋强化机制［J］. 钢铁，2001，36（5）：55～57.

［8］ Yang C, Wang Q. Research, Development and Production of V-N Microalloyed High Strength Rebars for Building in China［J］. Journal of Iron and Steel Research, International, 2008, 15 (2)：81～87.

［9］ 王全礼，杨雄，鲁丽燕，杨才福. 低成本 V-N 微合金化 HRB400 热轧钢筋的生产试制和综合性能. 见：杨才福，张永权（编译）. 钒氮微合金化钢的开发和应用. 钢铁研究总院，2003：25～35（内部资料）.

［10］ Batis G, Rakanta E. Corrosion of Steel Reinforcement due to Atmospheric Pollution［J］. Cement & Concrete Composites, 2005, 27：269～275.

［11］ Fu X, Chung D D L. Effect of Corrosion on the Bond between Concrete and Steel Rebars［J］. Cement and Concrete Research, 1997, 27(12)：1811～1815.

［12］ Zitrou E, Nikolaou J, Tsakiridis P E, et al. Atmospheric Corrosion of Steel Reinforcing Bars Produced by Various Manufacturing Processes［J］. Construction and Building Materials, 2007, 21：1161～1169.

［13］ 潘涛，杨才福. 低成本 V-N 微合金化高强度钢筋的研究与生产［J］. 中国冶金，2009，19(7)：13～17.

［14］ Korchynsky M. Microalloyed High Carbon Wire Rods［J］. Wire Journal International, 1988, 21 (9)：129～136.

［15］ Robin Thibau. Experimental Simulation of Stelmor Cooling of 11mm Rods of 1080 Steel from Cast Billets［J］. Wire Journal International, 1993, 26(2)：203～208.

［16］ Chakrabarti I, Sarkar S, Maheshwari M D. Process Enhancements to Improve Drawability of Wire Rods［J］. Tata Search, 2004：232～240.

［17］ Ludlow V, Normanton A, Anderson A. Strategy to Minimise Central Segregation in High Carbon Steel Grades during Billet Casting［J］. Ironmaking and Steelmaking, 2005, 32(1)：68～74.

［18］ Parusov V V, Sychkov A B, Derevyanchenko I V. High-carbon Wire Rod Made of Steel Microalloyed with Vanadium［J］. Metallurgist, 2004, 48(11～12)：618～626.

［19］ Han K, Edmonds D V, Smith G D W. Optimization of Mechanical Properties of High-carbon Pearlitic Steels With Si and V Additions［J］. Metall. Mater. Trans. A, 2001, 32A：1313～1324.

［20］ Jorge-badiola D, Iza-Mendia A, López B, et al. Role of Vanadium Microalloying in Austenite Conditioning and Pearlite Microstructure in Thermomechanically Processed Eutectoid Steels［J］. ISIJ Int., 2009, 49 (10)：1615～1623.

［21］ Elwazri A M, Wanjara P, Yue S. Continuous Cooling Transformation Temperature and Microstructures of Microalloyed Hypereutectoid Steels［J］. ISIJ Int., 2006, 46 (9)：1354～1360.

［22］ Aneli E, Ibabe J M, Stercken K. New Steel Generation for High Strength Large Diameter Wire Rods［R］. Technical Steel Research for European Commission, 2002：1～169.

［23］ Mendizabal L, Iza-Mendia A, López B, et al. Influence of Vanadium Microaddition on the Microstructure and Mechanical Properties of High Strength Large Diameter Wire-rods［M］. Materials Science Forum, Vols. 500～501：Trans Tech Publications Ltd, 2005：761～770.

［24］ Jaiswal S, Mclvor I D. Metallurgy of Vanadium-microalloyed High-carbon Steel Rod［J］. Mater. Sci. Technol., 1985, 1：276～284.

［25］ Mamdouh Eissa, Kamai Ei-Fawakhry, Hoda Ei-Faramawy, et al. Production of Ultra-high Strength Wire Rod Steels by Vanadium Microalloying. Steel Research, 1996, 67(30)：100～105.

［26］ JIS G3109：1994, PC 钢棒［S］.

［27］ GB/T 5223—3：2005，预应力混凝土用钢棒［S］.

［28］ 曹军，韩光海，程礼峰. PC 钢棒用盘条的研制与开发［J］. 安徽冶金，2001(3)：23～28.

[29] 范玫光，孙本荣. PC 钢棒的生产工艺及其产品性能. 中国钢铁新闻网 www. csteelnews. com，2007.

[30] 董成瑞，任海鹏，金同哲，等. 微合金非调质钢[M]. 北京：冶金工业出版社，2000.

[31] 李桂芬，王琪，董瀚. 我国非调质钢的发展的应用[J]. 钢铁研究学报，1994，6(1)：93～98.

[32] Cristinacce M，Reynolds P E. The Current Status of the Development and Use of Air Cooled Steels for the Automotive Industry[C]. In：Chester J Van Tyne，George Krauss，David K Matlock. Fundamentals and Applications of Microalloying Forging Steels，Warrendale，PA：TMS，1996：29～44.

[33] George Krauss. Vanadium Microalloyed Forging Steels[C]. In：The Proceedings of the Vanitec Symposium (Beijing，China 2001). London：Vanitec Limited，2001：59～73.

[34] 耿文范. 非调质钢的发展现状[J]. 钢铁研究学报，1995，7(1)：74～79.

[35] 陈思联，林军. 晶内铁素体型高强韧性微合金非调质钢的进展[J]. 特殊钢，2005，26(3)：35～38.

[36] Fusao Ishikawa，Toshihiko Takahashi. The Formation of Intragranular Ferrite Plates for Hot-forging in Medium-carbon Steels and Its Effect on the Toughness[J]. ISIJ Int. ，1995，35(9)：1128～1133.

[37] 刘瑞宁，王福明. 汽车用微合金化非调质钢的进展[J]. 特殊钢，2006，27(3)，39～43.

[38] Glisic Dragomir，Radovic Nenad，Koprivica Ankica，et al. Influence of Reheating Temperature and Vanadium Content on Transformation Behavior and Mechanical Properties of Medium Carbon Forging Steels [J]. ISIJ Int. ，2010，50(4)：601～606.

[39] Korchynsky M，Glodowski R J. The Role of Nitrogen in Microalloyed Forging Steel [C]. In：Korchynsky M. International Conference of Forging Steels. Brazil Proto Alegre-RS：US Vanadium Corporation，1998：2～11.

[40] Jahazi M，Eghbali B. The Influence of Hot Forging Conditions on the Microstructure and Mechanical Properties of Two Microalloyed Steels[J]. Mater. Proc. Techn. ，2001，113(1～3)：594～598.

[41] Adrian H，Staoeko R. The Effect of Nitrogen and Vanadium on Hardenability of Medium Carbon 0. 4% C and 1. 8% Cr Steel[J]. Archives of Materials Science and Engineering，2008，33(2)：69～74.

[42] 辛晓楠，刘国权，王安东. C 和 N 含量对 V 微合金非调质钢静态再结晶的影响[J]. 北京科技大学学报，2008，30(3)：244～248.

[43] Scott Lemoine W. A Comparison of Mechanical Properties in V and V + Nb Forging Steels[D]. Colorado：Colorado School of Mines，2007.

[44] Pan Tao，Yang Caifu，Ma Yue，et al. Chemistry and Process Optimization of V-microalloyed N80 Seamless Tube[J]. Journal of Iron and Steel Research，International. 2010，17(3)：72～78.

[45] Hasan Karabulut，Süleyman Gündüz. Effect of Vanadium Content on Dynamic Strain Ageing in Microalloyed Medium Carbon Steel[J]. Materials and Design，2004，25(6)：521～527.

[46] Glen J. Effect of Alloying Elements on the High Temperature Tensile Strength of Normalized Low Carbon Steel[J]. J. Iron Steel Inst. ，1957，186：21～48.

[47] Süleyman Gündüz，Ramazan Kacar，Hüseyin S. Soykan . Wear Behaviour of Forging Steels with Different Microstructure during Dry Sliding[J]. Tribology International，2008，41(5)：348～355.

[48] Futoshi Katsuki，Mitsuharu Yonemura. Subsurface Characteristics of an Abraded Fe-0. 4 wt% C Pearlitic Steel：A Nanoindentation Study[J]. Wear，2007，263(7～12)：1575～1578.

[49] Yaguchi H，Tsuchida T，Matsushima Y，et al. Effect of Microstructures on Fatigue Behaviors of V-added Ferrite-pearlite Type Microalloyed Steels[J]. Kobelco Technical Review，2002(25)，49～53.

[50] 查小琴，惠卫军，雍岐龙，等. 钒对中碳非调质钢疲劳性能的影响[J]. 金属学报，2007，43(7)：719～723.

[51] Tsunekage N，Kobayashi K，Tsubakino H. Influence of Sulphur and Vanadium Additions on Toughness of

Bainitic Steels[J]. Mater. Sci. Technol., 2001, 17: 847~855.

[52] 陈思联，李桂芬，董瀚，等. 硫对非调质钢先共析铁素体析出的影响[J]. 汽车工艺与材料，1999，12: 14~18.

[53] Furuhara T, Yamaguchi J, Sugita N, et al. Nucleation of Proeutectoid Ferrite on Complex Precipitates in Austenite[J]. ISIJ Int., 2003, 43(10): 1630~1639.

[54] ISO 11692—1994: Ferrite-pearlite Engineering Steels for Precipitation Hardening From Hot-working Temperature[S].

[55] EN 10267—1998: Ferrite-pearlite Steels for Precipitation Hardening From Hot-working Temperature[S].

[56] GB/T 15712—2008: 非调质机械结构钢[S].

[57] Cristinacce M, Milbourn D J, James D E. The Future Competitiveness of Automotive Forgings[J]. In: Kuzman K. Proceedings of the International Conference on Forging and Related Technologies. Birmingham: IMechE Conference Transactions, 1998: 1~13.

[58] 中岛浩卫. 钢铁技术发展系列丛书: 型钢的轧制技术[M]. 北京: 冶金工业出版社，2004.

[59] 程鼎. 钒氮微合金化高强度厚壁 H 型钢工艺技术研究[D]. 北京: 钢铁研究总院博士学位论文，2008.

[60] Kimura T, Ohmori A, Kawabata F, et al. Ferrite Grain Refinement through Intragranular Ferrite Transformation VN Precipitates in TMCP of HSLA Steel[C]. In: Chandra T, Sakai T. Thermec' 97: International Conference on Thermomechanical Processing of Steels and Other Materials. Warrendale PA: TMS-AIME, 1997: 645~651.

[61] 龚维幂. 钒氮钢中的晶粒细化研究[J]. 钢铁研究学报，2006, 18(10): 49~53.

[62] Pavlov V V, Godik L A, Korneva L V, et al. Railroad Rails Made of Bainite Steels, Metallurgist, 2007, 51(3~4): 290~212.

[63] Bhadeshia H K D H. Bainite in Steels[M]. 2nd Edition. London: The Institute of Materials, 2001.

[64] 武藤毅. 普通结构用轻型 H 型钢的热轧技术[J]. 压延技术，CAMP-ISIJ, 2002, 15: 392~396.

[65] Noren T M. Columbium as a Microalloying Element in Steels and Its Effect on Welding Technology [R]. Special Report SSC-154, Ship Structure Committee, US Department of Commerce, Washington DC, USA, August 1963.

[66] Cone E F. Steel[J], 1934, 41 (September).

[67] Neumeister H, Wiester H J. Stahl und Eisen[J], 1945, 65: 36.

[68] Woodhead J H, Quarrell A G. Role of Carbides in Low-Alloy Creep Resisting Steels [J]. J. Iron Steel Inst. 1965, 203(6): 605~620.

[69] Hamburg Emil G. Restricted Yield Strength Variation in High Strength Low Alloy Steels[C]. In: Korchynsky M. Proc. HSLA Steels: Technology and Applications. Metals Park, OH: ASM, 1984: 531~537.

[70] Irvine K J, Pickering F B, Gladman T, Grain-refined C-Mn Steels[J]. J. Iron Steel Inst., 1967, 205: 161~182.

[71] Pickering F B. High-Strength Low-Alloy Steels-A Decade of Progress [C]. In: Korchynsky M, et al. Proceedings of Microalloying' 75. New York: Union Carbon Corp., 1977: 9~30.

[72] Repas P E. Control of Strength and Toughness in Hot-Rolled Low-Carbon Manganese Columbium Vanadium Steels [C]. In: Korchynsky M, et al. Proceedings of Microalloying' 75. New York: Union Carbon Corp., 1977: 387~396.

[73] Korchynsky M. Twenty Years Since Microalloying 75[C]. In: Korchynsky M. Microalloying' 95. Warrendale, PA: ISS-AIME, 1995: 3~13.

[74] Gray J M. Microalloyed Plate, Pipe and Forgings: Critical Materials in Oil and Gas Production [C]. In:

Liu Guoxun, Harry Stuart, Zhang Hongtao. HSLA Steels' 95. Beijing: China Science & Technology Press, 1995.

[75] Hillenbrand H-G, Gras M, Kalwa C. Development and Production of High Strength Pipeline Steels [C]. In: Niobium-Science & Technology, Bridgeville, PA: Niobium 2001 Limited & TMS, 2001: 543~569.

[76] Bordignon P J P. Development and Production of Microalloyed Steels in South America [C]. In: Korchynsky M. Microalloying' 95. Warrendale, PA: ISS-AIME, 1995: 49~59.

[77] Roberts W. Recent Innovations in Alloy Design and Processing of Microalloyed Steels [C]. In: Korchynsky M. Proc. HSLA Steels: Technology and Applications. Metals Park, OH : ASM, 1984: 33~66.

[78] Zheng Y Z, DeArdo A J. Achieving Grain Refinement through Recrystallization Controlled Rolling and Controlled Cooling in V-Ti-N Microalloyed Steel [C]. In: Korchynsky M. Proc. HSLA Steels: Technology and Applications. Metals Park, OH : ASM, 1984: 85~94.

[79] Kimura T, Kawabata F, Amano K, et al. Heavy Gauge H-shapes with Excellent Seismic-Resistance for Building Structures Produced by the Third Generation TMCP[C]. In: Proc. of International Symposium on Steel for Fabricated Structures. Materials Park, OH, USA, 1999: ASM International, 165~171.

[80] Zajac S. Ferrite Grain Refinement and Precipitation Strengthening Mechanisms in V-Microalloyed Steels [C]. In: 43rd MWSP CONF. PROC. , Warrendale, PA: ISS, 2001: 497~508.

[81] Zajac S. Expanded Use of Vanadium in New Generations of High Strength Steels[J]. Mater. Sci. Technol. , 2006, 22: 317~326.

[82] Zajac S. Vanadium Microalloyed Bainitic Hot Strip Steel [J]. ISIJ Int. , 2010, 50(5): 760~767.

[83] De Ro A, Schwinn V, Donnay B, et al. Production of Low Carbon Bainitic Steels for Structural Applications[R]. RFCS-Project Final Report, 2010: 1~189.

[84] Grossman M A. Elements of Hardenability[M]. Metal Park, OH: ASM, 1952.

[85] Grange R A. Estimating the Hardenability of Carbon Steels[J]. Metall. Trans. A, 1973, 4: 2231~2244.

[86] Kirkaldy J S. Thermodynamic Prediction of the A_{e3} Temperature of Steels with Additions of Mn, Si, Ni, Cr, Mo, Cu[C]. In: Done D V, Kirkaldy J S. Hardenability Concepts with Applications to Steel. Warrendale PA: AIME, 1978 : 495~501.

[87] Mangonon P L. Heat Treatment of Vanadium Modified Alloy Steels [J]. Journal of Metals, 1981, 33(6): 18~24.

[88] Mangonon P L. J. of Heat Treatment[J], 1981, 1(4): 47.

[89] Mangonon P L. Relative Hardenabilities and Interaction Effect of Mo and V in 4330 Alloy Steel [J]. Metall. Mater. Trans. A, 1982, 13A: 319~328.

[90] Grange R A, Hribal C R, Porter L F. Hardness of Tempered Marstensite in Carbon and Low-Alloy Steels [J]. Metall. Mater. Trans. A, 1977, 8A : 1775~1785.

[91] Krauss G. Principles of Heat Treatment of Steels[M]. Metals Park, OH: ASM 1980.

[92] Smith R. Precipitation Processes in Steels[R]. The Iron and Steel Institute, London: ISI Special Report No. 64, 1959: 307.

[93] Morrison W B. Past and Future Development of HSLA Steels [C]. In: Liu Guoquan, Wang Fuming, Wang Zubin, et al. HSLA Steels' 2000. Beijing: Metallurgical Industry Press, 2000: 11~19.

[94] Mitchell P S, Morrison W B, Crowther D N. Effect of Vanadium on the Mechanical Properties and Weldability of High Strength Structural Steels [C]. In: Asfahani R, Tither G. Conf. Proc. On Low Carbon Steels for the 90's. Warrendale, PA: TMS-AIME, 1993: 149~162.

[95] Siwecki T, Sandberg A, Roberts W, et al. The Influence of Processing Route and Nitrogen Content on Microstructure Development and Precipitation Hardening in Vanadium-microalloyed HSLA-steels [C]. In:

DeArdo A J, Ratz G A, Wray P J. Conf. Proc. Thermomechanical Processing of Microalloyed Austenite. Pittsburgh, PA: The Metallurgical Society of AIME, 1982: 163~192.

[96] Siwecki T, Sandberg A, Roberts. Processing Characteristics and Properties of Ti-V-N Steels [C]. In: Korchynsky M. Proc. HSLA Steels: Technology and Applications. Metals Park, OH: ASM, 1984: 619~634.

[97] Meyer L, Heisterkamp F, Mueschenborn W. Columbium, Titanium, and Vanadium in Normalized, Therm-mechanically Treated and Cold-Rolled Steels [C]. In: Korchynsky M, et al. Proceedings of Microalloying' 75. New York: Union Carbon Corp. , 1977: 153~167.

[98] Grozier J D. Production of Microalloyed Strip and Plate by Cntrolled Cooling [C]. In: Korchynsky M, et al. Proceedings of Microalloying' 75. New York: Union Carbon Corp. , 1977: 241~250.

[99] Gladman T. The Physical Metallurgy of Microalloyed Steels[M]. London: The Institute of Materials, 1997.

[100] Gladman T, Dulieu D, McIvor I D. Structure-Property Relationships in High-Strength Microalloyed Steels [C]. In: Korchynsky M, et al. Proceedings of Microalloying' 75. New York: Union Carbon Corp. , 1977: 32~55.

[101] Pickering F B. The Spectrum of Microalloyed High Strength Low Alloy Steels [C]. In: Korchynsky M. Proc. HSLA Steels: Technology and Applications. Metals Park, OH: ASM, 1984: 1~31.

[102] 董成瑞, 金同哲, 王义成, 等. 淬火回火低碳低合金钢中钒的利用[C]. 见: 刘嘉禾编. 钒钛铌等微合金元素在低合金钢中应用基础的研究. 北京: 科学技术出版社, 1992: 115~122.

[103] Zajac S, Medina S F, Schwinn V, et al. Grain Refinement by Intragranular Ferrite Nucleation on Precipitates in Microalloyed Steels [R]. RFCS-Project Final Report, 2007, 1~151.

[104] Korchynsky M. New Trends in Science and Technology of Microalloyed Steels [C]. In: Gray J M. Conf. Proc. On HSLA Steels' 85(Beijing). Metals Park, OH: ASM, 1986: 251~252.

[105] Zajac S. Recrystallization Controlled Rolling and Accelerated Cooling for High Strength and Toughness in V-Ti-N Steels[J]. Metall. Trans. A, 1991, 22A: 2681~2694.

[106] 龚维幂, 杨才福, 张永权. 钒氮钢中铁素体等温形核规律的试验研究[J]. 钢铁, 2005, 40(10): 63~67.

[107] Mitchell P. Precipitation and Recrystallisation in Vanadium Containing Steels [R]. VANITEC Report. July 2007.

[108] Glodowski R J. A Review of Vanadium Microalloying in Hot Rolled Steel Sheet Products [C]. In: Proc. International Seminar 2005 on Application Technologies of Vanadium in Flat-Rolled Steels. Suzhou, China: Vanitec Limited, 2005: 43~51.

[109] He K, Edmonds D V. Formation of Acicular Ferrite and Influence of Vanadium Alloying [J]. Mater. Sci. Technol. , 2002, 18: 289~296.

[110] Tekin E, Kelly P M. Secondary Hardening of Vanadium Steels[J]. J. Iron Steel Inst. , 1965, 203: 715~720.

[111] Raynor D, Whiteman J A, Honeycombe R W K. Precipitation of Molybdenum and Vanadium Carbides in High-Purity Iron Alloys[J]. J. Iron Steel Inst. , 1966, 204: 349~354.

[112] Baker R G, Nutting J. Precipitation Progresses in Steels[R]. The Iron and Steel Institute, London, ISI Specicl Report No. 64, 1959: 1~22.

[113] Parrini C, Pozzi A. New Heat Treatments for High Strength Low Alloy Steels as an Alternative to Controlled Rolling[C]. In: Korchynsky M, et al. Proceedings of Microalloying' 75. New York: Union Carbon Corp. , 1977: 288~250.

[114] Yang Xiong, Jin Yongchun, Wang Quanli. Study on High Tensile Heavy Plate with V-N Microalloying Technology [C]. In: Proc. International Seminar 2005 on Application Technologies of Vanadium in Flat-

Rolled Steels. Suzhou, China: Vanitec Limited, 2005: 64 ~ 68.

[115] Glodowski R J. Nitrogen Strain Aging in Microalloyed Steels [C]. In: ISS Tech Conference Proceedings. 2003: 763 ~ 772.

[116] Gray J M. Niobium Bearing Steels in Pipeling Projects [C]. In: Niobium-Science & Technology, Bridgcville, PA: Niobium 2001 Limited & TMS, 2001: 889 ~ 906.

[117] 王茂堂，牛冬梅，王丽，等. 高强度管线钢的发展和挑战[J]. 焊管，2006，29(5)：9 ~ 16.

[118] Sage M A. Physical Metallurgy of High Strength Low Alloy Line-Pipe and Pipe-Fitting Steels [J]. Metals Technology, 1983, 10: 224 ~ 233.

[119] Hillenbrand H-G, Kalwa C, Liessem A. Technological Solutions for Ultra-high Strength Gas Pipelines. www. europipe. com, Technical Publications, 2005.

[120] 曹荫之，付俊岩. 中国含钒低、微合金钢的开发与前景 [J]. 钢铁钒钛，2000，21(3)：1 ~ 11.

[121] Duderstadt C G. X65 Linepipe Steel for Sour Gas Service [C]. In: Application of Vanadium in Steels, Beijing: CSM, 1992: 31 ~ 34.

[122] 李玉芝. 管线钢的发展状况及生产特点[J]. 武汉钢铁学院学报，1994，17(2)：136 ~ 142.

[123] 郑磊，付俊岩. 高等级管线钢的发展现状[J]. 钢铁，2006，41(10)：1 ~ 10.

[124] 张庆国. 管线钢的发展趋势及生产工艺评述[J]. 河北冶金，2003，5：12 ~ 17.

[125] Haumann W, Koch F O. New Steels for High Pressure Pipelines[C]. In: 3rd Int. Conf. on Steel Rolling-Technology of Pipe and Tube and Their Application. Tokyo, Japan: ISIJ, 1985: 581 ~ 588.

[126] Gray J M. Modern Pipeline Technology-Specification Trends and Production Experience [C]. In: Liu Guoquan, Wang Fuming, Wang Zubin, et al. HSLA Steels' 2000. Beijing: Metallurgical Industry Press, 2000: 71 ~ 79.

[127] Nagae M, Endo S, Mifune N, et al. Development of X-100 UOE Line Pipep[J]. NKK Technical Review, 1992, No. 138: 24 ~ 31.

[128] Hasimoto T, Komizo Y, Tsukamoto M, et al. Recent Development of Large Diameter Line Pipe (X80 and X100 Grade)[J]. The Sumitomo Search, 1988, No. 66.

[129] Ohm R K, Martin J T, Orzessek K M. Characterisation of Ultra High Strength Linepipe [C]. In: Deneys R. Pipeline Technology. Brugge, Belgium: May 21 ~ 24, 2000: 483.

[130] Hillenbrand H-G, Groβ-Weege J, Knauf G, et al. Development of Line Pipe for Deep Water Applications. www. europipe. com, Technical Publications, 2001.

[131] Graf M, Hillenbrand H-G, Zeislmair U. Production of Longitudinally Welded Large Diameter Linepipe for Deep Water Application[C]. In: Proc. 2nd International Pipeline Technology Conference. Ostend, Belgium: 1995: 389 ~ 401.

[132] The Effect of Vanadium on the Properties of Thick Wall API 5LX 65-70 Linepipe. www. vanitec. org. Vanitec Technical Information.

[133] Graf M K, Vogt G. Experiences with Thick Walled Offshore Pipelines, Deep Offshore Technology[C]. In: 9th International Conference and Exhibition. The Hugue: UROPIPE 1997: 1 ~ 17.

[134] Liessem A, Schwinn V, Jansen J P, et al. Concepts and Production Results of Heavy Wall Linepipe in Grade up to X70 for Sour Service[C]. In: International Pipeline Conference 2002. New York, NY, USA: ASME, 2002: 1651 ~ 1658.

[135] Reepmeyer O, Schuetz W, Liessem A. Very Heavy Wall X70 DSAW Pipe for Tension Leg Application. www. europipe. com, Technical Publications, 2003.

[136] 杨才福. 高品质造船用钢的发展[R]. 钢铁研究总院，2009(内部资料).

[137] McPherson N A. Through Process Considerations for Microalloyed Steels Used in Naval Ship Construction

[J]. Ironmaking and Steelmaking, 2009, 36(3): 193~200.

[138] Keinosuke Hamada, Toshiaki Wake, Yuji Kusuhara, et al. Making and Fabricating of Steel Components for Jack-up Rig Legs[J]. Kawasaki Steel Technical Report (Japanese), 1982, 14(3): 126~140.

[139] Kozaburo Otani, Keiichi Hattori, Hirohide Muraoka, et al. Development of Ultra-heavy Gauge (210mm thick) 800N/mm² Tensile Strength Plate Steel for Racks of Jack-up Rigs. Nippon Steel Technical Reports, 1993, (58): 1~8.

[140] 杨才福. 国内外舰船用钢的发展[R]. 钢铁研究总院, 2005(内部资料).

[141] 干勇. 中国材料工程大典（第二卷）：钢铁材料工程[M]. 北京：化学工业出版社, 2006.

[142] 陈建俊. 石化设备用钢[M]. 北京：化学工业出版社, 2008.

[143] 陈裕川. 钢制压力容器焊接工艺[M]. 北京：机械工业出版社, 2007.

[144] GB/T 1591—2008：低合金高强度结构钢, 中华人民共和国国家标准[S], 2008.

[145] Cui Feng, Pan Jiyan, Fang Qinhan, et al. Microalloyed High Strength Weldable Steel 15MnVN and Its Application on Jiujiang Yangzi River Bridge[C]. In: Liu Guoxun, Harry Stuart, Zhang Hongtao. HSLA Steels'95. Beijing: China Science & Technology Press, 1995: 393~396.

[146] 王祖滨, 东涛. 低合金高强度钢[M]. 北京：原子能出版社, 1996.

[147] 殷瑞钰. 钢的现代质量进展[M]. 北京：冶金工业出版社, 1995.

[148] 雍岐龙, 马鸣图, 吴宝榕. 微合金钢——物理和力学冶金 [M]. 北京：机械工业出版社, 1989.

[149] Nilsson T. Formable Hot-Rolled Steel With Increased Strength [C]. In: Korchynsky M. Proc. HSLA Steels: Technology and Applications. Metals Park, OH: ASM, 1984: 253~260.

[150] Yin Ruiyu. Progress and Development of Thin Slab Casting-Rolling in China[C]. In: Proceedings of 2009 International Symposium on Thin Slab Casting and Rolling. Nanjing, China: Chinese Academy of Engineering, 2009: 1~9.

[151] 毛新平, 陈麒琳, 朱达炎. 薄板坯连铸连轧微合金化技术发展现状[J]. 钢铁, 2008, 43(4): 1~9.

[152] Muojekwu C A, et al. Thermomechanicl History of Steel Strip During Hot Rolling-a Comparison of Conventional Cold-charge Rolling and Hot Direct Rolling of Thin Slabs. In: 37th MWSP CONF. PROC. Warrendale, PA: ISS, 1996: 617~633.

[153] 毛新平, 等. 薄板坯连铸连轧微合金化技术[M]. 北京：冶金工业出版社, 2008.

[154] 张永权. 薄板坯连铸连轧工艺的冶金特征和品种开发[C]. 见：2005 年薄板坯连铸连轧品种与工艺技术研讨会论文集. 扬州：先进钢铁材料国家工程研究中心, 2005: 41~46.

[155] Korchynsky M. Strategic Importance of Thin Slab Technology[C]. In: International Symposium on Thin Slab Casting and Rolling. Guangzhou, China: The Chinese Society for Metals, 2002: 211~217.

[156] Cobo S J, Sellars C M. Microstructural Evolution of Austenite under Conditions Simulating Thin Slab Casting and Hot Direct Rolling[J]. Ironmaking and Steelmaking, 2001, 29(3): 230~236.

[157] Priestner R, Zhou C. Simulation of Microstructural Evolution in Nb-Ti Microalloyed Steel During Hot Direct Rolling[J]. Ironmaking and Steelmaking, 1995, 22(4): 326~332.

[158] Gadellaa I R F, Piet D I, Kreijger J, et al. Metallurgical Aspects of Thin Slab Casting and Rolling of Low Carbon Steels[C]. In: MENEC Congress'94, Dusseldof: 1994: 382~389.

[159] Flemming G, Hensger K E. Extension of Product Range and Perspective of CSP Technology[J]. MPT, 1999, 22(5): 94~98.

[160] 杨才福, 张永权. 薄板坯连铸高强度钢的微合金化选择[C]. 见：2005 年薄板坯连铸连轧品种与工艺技术研讨会论文集. 扬州：先进钢铁材料国家工程研究中心, 2005: 59~64.

[161] Korchynsky M. 钒在薄板坯连铸高强度低合金钢中的作用. 见：CSP 品种与钒氮微合金化. 北京：

钢铁研究总院钒氮钢发展中心，2004：37~39（内部资料）.

[162] Li Y，Milbourn D. 薄板坯连铸连轧工艺生产含钒微合金钢实践[C]. 见：2009年薄板坯连铸连轧国际研讨会. 南京：中国金属学会，2009：345~350.

[163] 刘清友，毛新平，林振源，等. CSP流程V-N微合金钢冶金学特征研究[J]. 钢铁，2005，40(12)：4~8.

[164] Ishikawa F，Takahashi T，Ochi T. Intragranular Ferrite Nucleation in Medium-carbon Vanadium Steels [J]. Metall. Mater. Trans. A，1994，25A：929~936.

[165] Lagneborg R，Siwecki T，Zajac S，Hutchinson B. The Role of Vanadium in Microalloyed Steels [J]. Scand. J. Metall.，1999，28(5)：186~241.

[166] 杨才福，张永权，柳书平. 钒、氮微合金化钢筋的强化机制[J]. 钢铁，2001，36(5)：55~58.

[167] Glodowski R J. Experience in Production V-microalloyed High Strength Steels by Thin Slab Casting Technology[C]. In：International Symposium on Thin Slab Casting and Rolling. Guangzhou，China：The Chinese Society for Metals，2002：329~339.

[168] Korchynsky M. 微合金优化的经济意义[J]. 钢铁，2006，41(Supplement)：74~79.

[169] Mitchell P S，Crowther D N，Green M J W. 薄板坯连铸生产高强度钢. 见：CSP品种与钒氮微合金化. 北京：钢铁研究总院钒氮钢发展中心，2004：101~121（内部资料）.

[170] Pan Tao，Yang Caifu，Zhang Yongquan. Research of Laboratorial Simulation on the Production of V-N Microalloyed CSP Steel[J]. Iron and Steel，2006，41(Supplement)：143~148.

[171] 潘涛，杨才福，毛新平，等. V-N微合金化CSP带钢中的析出物研究[J]. 钢铁钒钛，2007，28(2)：21~26.

[172] Li Y，Wilson J A，Crowther D N，et al. The Effects of Vanadium，(Nb，Ti) on the Microstructure and Mechanical Properties of Thin Slab Cast Steels[C]. In：International Symposium on Thin Slab Casting and Rolling. Guangzhou，China：The Chinese Society for Metals，2002：218~234.

[173] Li Y，Crowther D N，Mitchell P S，et al. The Evolution of Microstructure During Thin Slab Direct Rolling Processing in Vanadium Microalloyed Steels[J]. ISIJ Int.，2002，42(6)：636~644.

[174] Li Y，Wilson J A，Craven A J，et al. 模拟薄板坯连铸连轧钒微合金钢中的弥散强化. 钢铁，2006，41(增刊)：155~160.

[175] 毛新平，李春艳，刘清友，等. 薄板坯连铸连轧V微合金化HSLA钢的开发[J]. 特殊钢，2006，27(5)：51~52.

[176] Lubensky P L，Wigman S L，Johnson D J. High Strength Steel Processing via Direct Charging Using Thin Slab Technology[C]. In：Korchynsky M. Microalloying'95. Warrendale，PA：ISS-AIME，1995：225~233.

[177] Glodowski R J. V-N Microalloyed HSLA Strip Steels Produced by Thin Slab Casting[C]. In：Liu Guoquan，Wang Fuming，Wang Zubin，et al. HSLA Steels'2000. Beijing：Metallurgical Industry Press，2000：313~318.

[178] 赵勇，胡学文，朱涛，等. V微合金化技术在CSP线HSIA钢生产中的应用研究[C]. 见：2005年薄板坯连铸连轧品种与工艺技术研讨会论文集. 扬州：先进钢铁材料国家工程研究中心，2005：161~165.

[179] Chiang L K. 80ksi(550MPa)级HSLA钢开发和生产. CSP品种与钒氮微合金化. 北京：钢铁研究总院钒氮钢发展中心，2004：148~154（内部资料）.

[180] 毛新平，高吉祥，刘清友，等. 屈服强度550MPa级高强度高成形性钢板的开发研究. 汽车工艺与材料，2006，(11)：1~5.

[181] 潘涛，苏航，杨才福. 高氮钒微合金化厚规格F80钢带的工业试制[R]. 钢铁研究总院，2010（内

部资料).

[182] 焦国华, 成小军, 温德智, 等. 涟钢 CSP700MPa 级低碳贝氏体钢的生产工艺[C]. 见: 2010 薄板坯连铸连轧技术交流与开发协会第 6 次技术交流会论文集, 广州: 2010: 161 ~ 165.

[183] 文小明, 王旭生. 本钢薄板坯连铸连轧的产品研发和生产实践[C]. 见: 2009 年薄板坯连铸连轧国际研讨会论文集. 南京: 中国金属学会, 2009: 53 ~ 57.

[184] 闵洪刚. 本钢薄板坯连铸连轧 700MPa 级冷成型用热轧高强度钢板的开发[C], 见: 2010 薄板坯连铸连轧技术交流与开发协会第 6 次技术交流会论文集. 广州: 2010: 281 ~ 284.

[185] 张桂林, 富胜利, 李平全, 等. 输油管道用美国卷板的试验研究[M]. 西安: 陕西科技出版社, 2002.

[186] Gamal Megahed, Paul S K, Andrea Carboni, et al. Development of New Steel Grades and Products-Casting and Rolling of API X70 Grades for Arctic Applications in Thin Slab Rolling Plant[J]. Iron and Steel, 2006, 41(Supplement): 179 ~ 185.

[187] 王瑞珍, 章洪涛, 庞干云, 等. CSP 工艺 X60 管线钢的开发. 见: 2002 年薄板坯连铸连轧国际研讨会会议论文集. 广州: 中国金属学会, 2002: 230 ~ 237.

[188] 赵可欣. 采用薄板坯连铸连轧工艺开发 X60 管线钢[J]. 本钢技术, 2008, (4): 30 ~ 34.

[189] 侯庆平, 王旭生. 本钢薄板坯连铸生产 API X65 管线钢[J]. 本钢技术, 2007, (4): 21 ~ 23, 33.

[190] 冯运莉, 万德成, 丁润江, 等. 唐钢热轧 X65 管线钢的组织和性能[C]. 见: 2009 年薄板坯连铸连轧国际研讨会论文集. 南京: 中国金属学会, 2009: 377 ~ 381.

[191] 李德刚, 刘德勤, 董瑞峰, 等. CSP 生产线开发矿浆输送用管用 X65 管线钢生产试验[C]. 见: 2009 年薄板坯连铸连轧国际研讨会论文集. 南京: 中国金属学会, 2009: 382 ~ 386.

[192] 陈庆军, 项本朝, 王金华, 等. 济钢 ASP 生产线厚规格 X70 工艺实践[C]. 见: 2009 年薄板坯连铸连轧国际研讨会论文集. 南京: 中国金属学会, 2009: 397 ~ 399.

[193] 焦金华. 薄板坯连铸连轧生产 X70 管线钢的生产试验[J]. 轧钢, 2008, 25(5): 52 ~ 54, 62.

[194] Zhao Xiaolin, Li Hongbin, Shi Zhiyong. Production of Line Pipe Steels on Thin Slab Casting and Strip Production Line[J]. Iron and Steel, 2006, 41(Supplement): 177 ~ 180.

[195] 苏世怀, 胡学文, 何宜柱, 等. CSP 流程钒氮微合金化 X60 钢的强化机制[J]. 钢铁, 2006, 41(9): 74 ~ 78.

[196] 傅作宝. 冷轧薄钢板生产技术丛书——冷轧薄钢板生产[M]. 2 版. 北京: 冶金工业出版社, 2005: 263.

[197] 王国栋. 汽车用热轧高强度钢的强化机制与组织控制[C]. 见: 王先进. 2009 年汽车用钢生产及应用技术国际研讨会论文集. 北京: 冶金工业出版社, 2009: 43 ~ 47.

[198] Pradhan R. Rapid Annealing of Cold-Rolled Rephosphorized Steels Containing Si, Cb, and V[C]. In: The Metallurgy of Continuous Annealed Sheet Steel. Warrendale PA: TMS, 1982: 203 ~ 227.

[199] Matlock D K, Glodowski R J, Speer J G, et al. Vanadium in Cold Rolled HSLA Sheet Steel[J]. Iron and Steel, 2005, 40(Supplement): 120 ~ 124.

[200] Speer J G. Vanadium in Cold-rolled Sheet Steels[C]. In: Proc. International Seminar 2005 on Application Technologies of Vanadium in Flat-Rolled Steels. Suzhou, China: Vanitec Limited, 2005.

[201] Garrison J A, Speer J G, Thompson S W, et al. Aluminum and Vanadium Competition for Nitrogen in Thin Slab Processing[J]. Iron and Steel Technology, 2006, 3(9): 43 ~ 51.

[202] Blumhard B A, Speer J G, Matlock D K, et al. Influence of Chemical and Processing Variables on Annealing Response of Cold-rolled Microalloyed Steels[C]. In: International Conference on Microalloyed Steels. Pittsburgh, PA: 2007: 277 ~ 285.

[203] Takechi H. HSLA Steels for Automobile[C]. In: Liu Guoxun, Harry Stuart, Zhang Hongtao. HSLA

Steels' 95. Beijing: China Science & Technology Press, 1995: 72～81.

[204] Gladman T, Mitchell P S. Vanadium in Interstitial Free Steels (OL). www. vanitec. org. Vanitec Technical Information V0497.

[205] Gladman T, Mitchell P S. The Use of Vanadium in Interstitial-free Steel[C]. In: Wang Xianjin, Wang Zubin. Advanced Automobile Materials. Beijing: The Chinese Society for Metals, 1997: 98～104.

[206] Mitchell P S. Development of Modern Vanadium-containing Steels[C]. In: Liu Guoquan, Wang Fuming, Wang Zubin, et al. HSLA Steels' 2000. Beijing: Metallurgical Industry Press, 2000: 41～49.

[207] Ooi S W, Fourlaris G. A Comparative Study of Precipitation Effects in Ti Only and Ti-V Ultra Low Carbon (ULC) Strip Steels[J]. Materials Characterization, 2006, 56: 214～226.

[208] Suzuki T, Ishii Y, Itami A, et al. Influence of Precipitates on Behavior of Recrystallization and Grain Growth in Extra Low Carbon Ti-bearing Cold-rolled Steel Sheets[C]. In: Murch GE, et al. Grain Growth in Polycrystalline Materials Ⅱ. Zurich-Uetikon: Transtec Publications Ltd, 1996: 673～678.

[209] Subramanian S, Prikryl M, Gaulin B D, et al. Effect of Precipitate Size and Dispersion on Lankford Values of Titanium Stabilized Interstitial-free Steels[J]. ISIJ Int. , 1994, 34(1): 61～69.

[210] Taylor K A, Speer J G. Development of Vanadium-alloyed, Bake-hardenable Sheet Steels for Hot-dip Coated Applications[C]. In: 39th MWSP CONF. PROC. Indianapolis: ISS, 1998: 49～61.

[211] Baker L J, Daniel S R, Parker J D. Metallurgy and Processing of Ultralow Carbon Bake Hardening Steels [J]. Mater. Sci. Technol. , 2002, 18: 355～368.

[212] Al-Shalfan W. Bake Hardenability of Microalloyed ULC Steels[D]. Golden, CO: Colorado School of Mines, 2001.

[213] Al-Shalfan W, Speer J G, Matlock D K. Solubility Products for VC and NbC in Bake Hardenable ULC Steels[C]. In: 44th MWSP CONF. PROC. Orlando, FL: ISS, 2002: 615～630.

[214] Al-Shalfan W, Speer J G, Findley K, et al. Effect of Annealing Time on Solute Carbon in Ultralow Carbon Ti-V and Ti-Nb Steels[J]. Metall. Mater. Trans. A, 2006 (37A): 207～216.

[215] 马鸣图, 吴宝榕. 双相钢——物理和力学冶金[M]. 2 版, 北京: 冶金工业出版社, 2009: 424.

[216] Ostrom P, Lonnberg B, Lindgren I. Role of Vanadium in Dual-phase Steels[J]. Metals Technology, 1981, 8(3): 81～93.

[217] Markd G D, Matlock D K, Krauss G. The Effect of Intercritical Annealing Temperature on the Structure of Niobium Microalloyed Dual-phase Steel[J]. Metall. Trans. A, 1980, 11A: 1683～1689.

[218] Son Y I, Lee Y K, Park K, et al. Ultrafine Grained Ferrite-martensite Dual Phase Steels Fabricated via Equal Channel Angular Pressing: Microstructure and Tensile Properties[J]. Acta Materialia, 2005, 53: 3125～3134.

[219] Waddington E, Hobbs R M, Duncan J L J. Comparision of a Dual Phase Steel with Other Formable Grades [J]. Journal of Applied Metalworking, 1980, 1: 35～47.

[220] Nakagawa A, Koo J Y, Thomas G. Effect of Vanadium on Structure-property Relations of Dual Phase Fe/Mn/Si/0. 1C Steels[J]. Metall. Mater. Trans. A, 1981, 12, (11): 1965～1972.

[221] Lagneborg R. Structure-Properties Relationship in Dual Phase Steels. In: Proceedings of Vanitec Seminar on Dual Phase and Cold Pressing Vanadium Steels in the Automobile Industry. Berlin: Vanitec, 1978: 43～51.

[222] Bangaru N V, Anil K, Sachdev A K. Influence of Cooling Rate on the Microstructure and Retained Austenite in an Intercritically Annealed Vanadium Containing HSLA Steel[J]. Metall. Mater. Trans. A, 1982, 13(11): 1899～1906.

[223] Davies R G. Deformation Behavior of a Vanadium-strengthened Dual Phase Steel[J]. Metall. Trans. A,

1978，9 A(1)：41 ~52.

[224] Davies R G. Early Stages of Yielding and Strain Aging of a Vanadium-containing Dual-phase Steel [J]. Metall. Mater. Trans. A，1979，10A：1549 ~1556.

[225] Davies R G. Fundamentals of Dual Phase Steels[C]. In：Kot R A，Bramfitt B L ed. New York：TMS/ AIME，1981：265.

[226] Luo Juanjuan，Shi Wen，Huang Qunfei，et al. Heat Treatment of Cold-Rolled Low-Carbon Si-Mn Dual Phase Steels. Journal of Iron and Steel Research，International，2010，17(1)：54 ~58.

[227] Sherman A M，Davies R G. Fatigue of a Dual-phase Steel[J]. Metall. Trans. A，1979，10A：929 ~933.

[228] Sherman A M，Davies R G. Effect of Martensite Content on the Fatigue of a Dual-phase Steel [J]. International Journal of Fatigue，1981，3(1)：36 ~40.

[229] Davies R G. Hydrogen Embrittlement of Dual-phase Steels[J]. Metall. Trans. A，1981，12A：1667 ~ 1672.

[230] 田志强，唐荻，江海涛，等. 含钒超细晶双相钢的细化机制[J]. 北京科技大学学报，2010，(1)：32 ~38.

[231] 唐荻，熊自柳，江海涛. 相变诱导塑性钢的研究现状与发展方向[J]. 鞍钢技术，2008，(2)：1 ~ 4，14.

[232] 李麟，刘仁东，张梅. 相变诱发塑性钢研究开发的进展[J]. 鞍钢技术，2007(2)：7 ~12.

[233] Meyer M De，Vanderschueren D，Cooman B C De. The Influence of the Substitution of Si by Al on the Properties of Cold Rolled C-Mn-Si TRIP Steels [J]. ISIJ Int. ，1999，39(8)：812 ~813.

[234] Scott C，Maugis P，Barges P，et al. Microalloying with Vanadium in TRIP Steels [C]. In：Proc. of Inter. Conf. on Advanced High Strength Sheet Steels for Automotive Applications. Colorado，USA：2004：181 ~193.

[235] Scott C，Perrard F，Barges P. Microalloying with Vanadium for Improved Cold Rolled TRIP Steels [C]. In：Proc. International Seminar 2005 on Application Technologies of Vanadium in Flat-rolled Steels. Suzhou，China：Vanitec Limited，2005：13 ~25.

[236] Perrard F，Scott C. Vanadium Precipitation During Intercritical Annealing in Cold Rolled TRIP Steels [J]. ISIJ Int. ，2007，47(8)：1168 ~1177.

[237] Zhang M，Li L，Fu R，et al. Continuous Cooling Transformation Diagrams and Properties of Microalloyed TRIP Steels[J]. Mater. Sci. Eng. A，2006，438 ~440：296 ~299.

[238] 闫翠，符仁钰，史文，等. 含钒钛 TRIP 钢的组织和力学性能研究[J]. 上海金属，2009，31(1)：22 ~25.

[239] Zhang Mei，Fu Renyu，Cao Dongdong，et al. Development of the Microalloyed TRIP Steels and Properties of Their Welded Blanks[J]. Iron and Steel，2005，40(Supplement)：754 ~758.

[240] 田蓉，李麟，符仁钰，等. 含钒 TRIP 钢的组织与力学性能研究[J]. 金属热处理，2004，29(6)：33 ~36.

[241] Shi Wen，Li Lin，Yang Chunxia，et al. Strain-induced Transformation of Retained Austenite in Low-carbon Low Silicon TRIP Steel Containing Aluminum and Vanadium[J]. Mater. Sci. Eng. A，2006，429：247 ~251.

[242] 史文，李麟，李康，等. 含钒相变诱发塑性钢的热镀锌研究[C]. In：2007 中国钢铁年会论文集. 北京：冶金工业出版社，2007：6 ~42.

[243] Frommeyer Georg，Brux Udo，Neumann Peter. Supra-ductile and High-strength Manganese-TRIP/TWIP Steel for High Energy Absorption Purpose [J]. ISIJ Int. ，2003，43(3)：438 ~466.

[244] Jurgen Kiese. 汽车用新型轻质钢的潜力和风险[M]. 见：汽车用铌微合金化钢板. 北京：冶金工业

出版社, 2006: 68~73.

[245] Cugy P, Hildenbrand A, Bouzekri M, et al. A Super-high Strength Fe-Mn-C Austenitic Steel with Excellent Formability for Automobile Applications[C]. In: 1st International Conference on Super-High Strength Steels. Rome, Italy: 2005.

[246] Scott Colin, Cugy Philippe. Vanadium Additions in New Ultra High Strength and Ducitity Steels[C]. In: Proceedings of 2009 International Symposium on Automobile Steel. Beijing: Metallurgical Industry Press, 2009: 211~221.

[247] 齐殿威, 周舒野. 国外900MPa级TWIP钢专利技术简述[J]. 四川冶金, 2009, 31(2): 19~22.

[248] 余伟, 陈银莉, 陈雨来, 等. N80级石油套管在线形变热处理工艺[J]. 北京科技大学学报, 2002, 24(6): 643~646.

[249] Pussegoda L N, Yue S; Jonas J J. Effect of Intermediate Cooling on Grain Refinement and Precipitation During Rolling of Seamless Tubes[J]. Mater. Sci. Technol., 1991, 7: 129~136.

[250] Toyooka T. Recent Activities in Research of Tubular Products[C]. Kawasaki Steel Technical Report, 1997, (41): 55~59.

[251] Pussegoda L N, Yue S, Jonas J J. Laboratory Simulation of Seamless Tube Piercing and Rolling Using Dynamic Recrystallization Schedules[J]. Metall. Trans. A, 1990, 21(1): 153~164.

[252] Liu S, Chen Y, Liu G, et al. Microstructure Evolution of Medium Carbon Steel During Manufacture Process for Non-quenched and Tempered Oil Well Tubes[J]. Mater. Sci. Eng. A, 2009, 499: 83~87.

[253] Pussegoda L Z, Hodges P D, Jonas J J. Design of Dynamic Recrystallization Cotrolled Rolling Schedules for Seamless Tube Rolling[J]. Mater. Sci. Technol., 1991, 8: 63~71.

[254] 薛东妹, 潘涛, 杨才福, 等. 钒微合金化N80级无缝管成分和工艺优化的模拟研究[J]. 钢铁钒钛, 2009(3): 26~32.

[255] Pan T, Wang Z, Yang C, et al. Study of Chemistry and Process Optimization of V-microalloyed N80 Seamless Tube Steels[C]. In: 3rd International Conference on Thermomechanical Processing of Steels. Padua, Italy: AIM (Associazione Italiana di Metallurgia), 2008.

[256] 谌智勇, 辛广胜, 成永久. 非调质N80级油井管的发展[J]. 包钢科技, 2009, 35(6): 9~12.

[257] 彭自胜, 谢凯意, 孙群峰. X60级海底无缝管线管的研制开发[J]. 中国冶金, 2008, 18(11): 26~29.

[258] 徐光辉, 孙群峰. X60钢级海底无缝管线管的研发[J]. 金属材料与冶金工程, 2008, 36(1): 8~11.

[259] 崔润炯. 高强度高韧性管线管的研制[J]. 钢管, 1997, 26(6): 42~46.

[260] 方长生, 刘亚励. 锅炉和电站用无缝钢管[J]. 钢管, 1994, (1): 52~60.

[261] 纪贵. 锅炉用无缝钢管[J]. 冶金标准化与质量, 1994, (1): 53~56.

8 含钒合金钢

8.1 合金结构钢

8.1.1 分类及特点

广义上，结构钢按化学成分可分为碳素结构钢和合金结构钢。为满足日益增长的使用性能要求，合金结构钢的应用越来越广泛。合金结构钢作为量大面广且品种繁多的一类金属结构材料，按照热加工方式可分为淬火和低温回火钢、淬火和中温回火钢、淬火和高温回火钢、特殊热处理双相钢、特殊热处理多相钢、马氏体时效钢、正火回火钢、非调质钢等[1]。按照用途可分为齿轮钢、弹簧钢、冷镦钢、易切削钢等。按照国家标准 GB 3077—1999 的分类[2]，合金结构钢又可按照成分体系分为 Mn 系、MnV 系、MnVB 系、Cr 系、CrMn 系、CrMo 系、CrNiMo 系等共 24 种成分体系。

合金结构钢标准体系较为庞杂。从国家标准来看，有 GB 3077—1999《合金结构钢》，GB 5216—2004《保证淬透性结构钢》，GB 1222—2007《弹簧钢》，GB 6478—2001《冷镦和冷挤压用钢》等。在 GB 3077—1999 中包含 77 种合金结构钢牌号，其中含钒合金结构钢有 MnV 系、SiMnMoV 系、MnVB 系、CrMoV 系、CrV 系、CrNiMoV 系等共计 15 种合金结构钢牌号，在全部 77 种牌号中占近 20% 的比例。另外，GB 1222—2007《弹簧钢》中含钒合金弹簧钢有 55SiMnVB、60Si2CrVA、50CrVA、30W4Cr2VA 4 种，占合金弹簧钢牌号的 27%[3]。说明钒在合金结构钢中具有比较重要的作用，见表 8-1。

表 8-1 合金结构钢中的主要含钒钢种

钢 种	成分体系	牌 号	$w(V)/\%$
合金结构钢	MnV	20MnV	0.07 ~ 0.12
	SiMnMoV	20SiMn2MoV	0.05 ~ 0.12
		25SiMn2MoV	0.05 ~ 0.12
		37SiMn2MoV	0.05 ~ 0.12
	MnVB	15MnVB	0.07 ~ 0.12
		20MnVB	0.07 ~ 0.12
		40MnVB	0.05 ~ 0.10
	CrMoV	12CrMoV	0.15 ~ 0.30
		35CrMoV	0.10 ~ 0.20
		12Cr1MoV	0.15 ~ 0.30
		25Cr2MoVA	0.15 ~ 0.30
		25Cr2Mo1VA	0.30 ~ 0.50

钢　种	成分体系	牌　号	$w(V)/\%$
合金结构钢	CrV	40CrV	0.10 ~ 0.20
		50CrVA	0.10 ~ 0.20
	CrNiMoV	45CrNiMoVA	0.10 ~ 0.20
弹簧钢	—	55SiMnVB	0.08 ~ 0.16
		60Si2CrVA	0.10 ~ 0.20
		50CrVA	0.10 ~ 0.20
		30W4Cr2VA	0.50 ~ 0.80

8.1.2　钒在合金结构钢中的作用

在低合金钢中添加钒主要起析出强化和晶粒细化的作用，其加入量一般在 0.03% ~ 0.15% 的范围内。而在合金结构钢中钒的作用不仅仅局限于析出强化和晶粒细化，同时包括阻止奥氏体粗化、提高淬透性、产生二次硬化效果以及钒的析出物作为捕氢陷阱等，因此在合金结构钢中，钒含量一般要高于低合金钢中的钒含量范围，具体依照钢种的服役需求而确定。

8.1.2.1　阻止奥氏体粗化

含钒合金结构钢（0.10% ~ 0.50% V）在通常的淬火温度（880 ~ 960℃）条件下，钢中存在一定数量的未溶解碳化物，这些未溶的碳氮化物颗粒钉扎于奥氏体晶界，可以阻止奥氏体晶粒的长大。图 8-1 为采用 Thermo-Calc 软件计算的 Cr-Mo-V 钢（0.30% V）在不同的奥氏体化温度下 V(C,N) 析出物的数量。含钒合金结构钢中钒含量对奥氏体晶粒尺寸的细化效果如图 8-2 所示[4]，结果显示，在不同的奥氏体化温度条件下，钒的加入均显示了一定的细化奥氏体晶粒的作用。

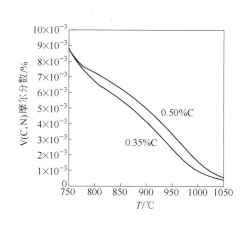

图 8-1　Cr-Mo-V 钢中 V(C,N) 析出物的数量（0.30% V）

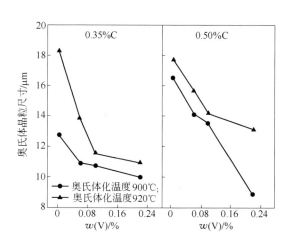

图 8-2　合金结构钢中钒含量对奥氏体晶粒尺寸的影响

8.1.2.2 提高淬透性

当钢中的 V 元素含量达到一定程度时，它对淬透性的贡献不应被忽略。根据美国标准 ASTM A255[5] 对淬透性的考虑，单位含量 V 元素的淬透性因子远高于 Ni、Cu、Si 等元素，略高于 Al，仅比 Cr 元素低一点而达到 Mn 元素的 50%，见图 5-33 和表 8-2。

表8-2 合金元素的淬透性因子

元　素	Si	Mn	Cr	Mo	Ni	Cu	V	Al
淬透性因子	0.7	3.33	2.16	3.0	0.36	0.35	1.75	1.7
适用范围/%	0~2.0	0~1.2	0~1.75	0~0.55	0~1.5	0~0.55	0~0.20	0~0.10

8.1.2.3 析出强化和二次硬化

析出强化是钒在低合金钢、微合金钢的主要作用之一，其强化效果主要来源于终轧变形后的空冷或控冷过程中弥散析出 VC 或 V(C,N) 粒子。除非调质钢外，合金结构钢这一大类钢均需经过调质热处理，轧态或锻态获得的析出强化效果经重新奥氏体化保温后，因 V(C,N) 粒子的回溶、聚集和长大而消失。淬火的冷却速度较快，绝大部分溶解于奥氏体中的钒还来不及析出，最终以固溶形式保持到室温。因此，合金结构钢的析出强化作用主要发生在调质热处理工艺的回火过程中。在不同温度的回火过程中，过饱和固溶的钒逐渐以 VC 的形式析出，对钢的基体产生强化作用，抵消因回火导致的软化，使合金结构钢具有抗回火软化能力[6]，如图 8-3a 所示；当钒含量增加到一定程度后，可以产生明显的二次硬化效果[7]，经 600~650℃ 的温度回火后，钢的硬度甚至超过低温回火状态，如图8-3b 所示。

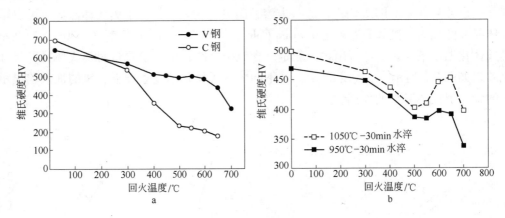

图 8-3 钒元素对抗回火软化及二次硬化的影响

a—抗回火软化（0.35% V）；b—二次硬化（1.0% V）

8.1.2.4 捕氢陷阱

高强度钢在冶炼、加工及使用过程中经常会有氢侵入，通过扩散和富集引起钢的延迟断裂（氢脆）。各种晶体缺陷（空位、位错、晶界、相界）、第二相及夹杂物等的周围存在应力、应变场，这个内应力场能与氢周围存在的应变场交互作用，从而把氢吸引在缺陷或第二相位置，阻止氢脆的发生，这种捕捉活性氢的缺陷或第二相位置称为氢陷阱[8]。

含钒合金结构钢在正常淬火过程中通常会保留一部分未溶的碳氮化物；而在淬火温度

下已溶解的碳氮化物在 550～650℃ 的范围内回火会重新析出，形成细小弥散的 VC 颗粒，产生二次硬化效果。这些在淬火或回火过程中保持未溶或析出的 VC 成为重要的氢陷阱位置。电解充氢实验结果显示[6]，在每一回火温度下，含钒钢充氢试样的氢含量都明显高过无钒钢，而且二次硬化峰温度 600℃ 附近，由于析出非常弥散细小的 VC 颗粒并达到析出峰值，试样中的氢含量也急剧增加，如图 8-4 所示。由于含钒钢中 VC 陷阱对氢扩散的阻碍作用，氢在钢中的扩散系数明显降低。电解充氢渗透实验结果[9]显示，含钒钢的氢扩散系数比 SCM440 钢和碳钢低一个数量级，只有含钛钢的约 1/3，见表 8-3。

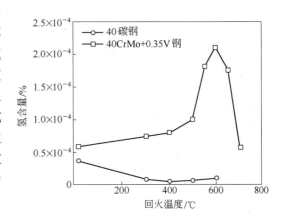

图 8-4 不同回火温度下钒对电解
充氢试样氢含量的影响

表 8-3 含 V 钢中的氢扩散系数（实验钢强度水平：1400～1500MPa）

钢　种	SCM440（普碳钢）	50CrMoV	40CrMoTi
$D/m^2 \cdot s^{-1}$	1.0×10^{-10}	1.0×10^{-11}	3.8×10^{-11}

随着钢中钒含量的提高，奥氏体中未溶 $V(C,N)$ 粒子数量和高温回火时弥散析出的 VC 粒子数量均增加，可以使更多的氢被 VC 粒子捕集，降低氢在钢中的扩散系数，从而抑制可扩散氢对延迟断裂抗力的不利影响，使钢的延迟断裂强度比（DFSR）随强度的变化曲线整体上移，如图 8-5 所示，在相同的强度水平下，钢的 DFSR 值随钒含量的增加而提高[10]。生产实践中，加入一定量的钒元素是改善马氏体型合金结构钢抗延迟断裂性能的重要手段之一。

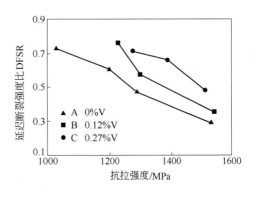

图 8-5 添加钒元素对抗延迟
断裂性能的影响

8.1.3 弹簧钢

弹簧钢包括碳素弹簧钢、合金弹簧钢、不锈钢、耐热钢以及合金工具钢、高速工具钢等钢种，其中合金弹簧钢的用量最大，适用范围最广。在国标 GB 1222—2007 中 15 个弹簧钢种中[3]，有 3 个为碳素钢，1 个为低合金钢，1 个为工具钢，其余 10 个均为合金结构钢种，占 2/3。本节主要针对合金弹簧钢（即合金结构钢的一大类）及钒元素的影响效果进行阐述。

8.1.3.1 钒对组织力学性能的影响

A 再结晶和奥氏体晶粒

和其他合金结构钢类似，加入一定量的钒元素可提高变形奥氏体静态再结晶的阻力，降低再结晶软化分数[11]，如图 8-6 所示。
钒在弹簧钢中对再结晶及晶粒长大的影响使
含钒弹簧钢的奥氏体晶粒尺寸发生明显变
化，如图 8-7 所示，加入钒元素（0.16%）
后，弹簧钢的奥氏体晶粒的长大得到抑制，
尤其是950℃以下，含钒钢和无钒钢的晶粒
尺寸增长趋势呈现差异，例如，在900℃随
着保温时间的延长，无钒钢的晶粒尺寸从
30μm 增加至 40μm 直至 45μm，而含钒钢的
晶粒尺寸始终稳定地保持在 20μm 以下，显
示了良好的奥氏体晶粒细化效果。原始奥氏
体晶粒的细化对弹簧钢弹性松弛抗力的提高具有显著的积极意义[11]。

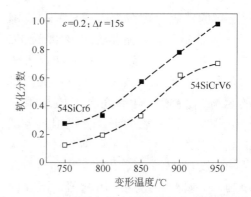

图 8-6 钒对弹簧钢静态再结晶软化分数的影响
（54SiCr6，不同温度变形后保持 15s）

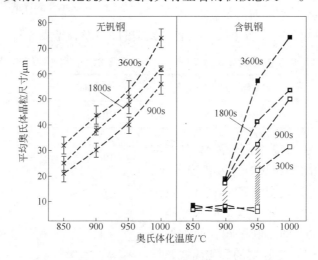

图 8-7 奥氏体化温度对含钒弹簧钢奥氏体晶粒尺寸的影响

B 力学性能

弹簧钢要求高的屈服强度 $R_{p0.2}$（弹性比例极限 $R_{p0.05}$）和屈强比，从显微组织控制的
角度考虑，其回火温度应控制在中温范围。在
450℃以下的回火温度范围内，加入钒可提高弹
簧钢的硬度，且提高弹簧钢的抗回火稳定性，
在 300~400℃ 回火范围内保持硬度的稳定[12]，
如图 8-8 所示。

弹簧钢在 250~400℃ 的回火温度范围内，
具有一定的低温回火脆性，实际脆性发生的温
度与钢种的成分范围有较大关系。当发生低温
回火脆性时，弹簧钢的冲击韧性和塑性均较正
常值有较大程度的降低。弹簧钢中加入钒元素，
在不同的回火温度范围内，均有改善冲击韧性

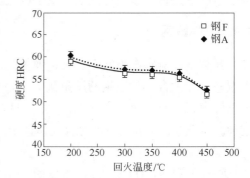

图 8-8 钒含量对弹簧钢回火硬度的影响
（60Si2MnCr + A：0.20% V；F：0.10% V）

和塑性的作用[11,12]，降低回火脆性的程度，如图8-9和图8-10所示。这种作用与钒的加入，减少原始奥氏体晶粒尺寸，进而减少马氏体的板条束长度和宽度等细化效果，使晶界明显强化有关[4,12]。

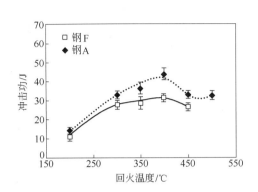

图8-9　钒含量对弹簧钢冲击韧性的影响
（60Si2MnCr + A：0.20%V；F：0.10%V）

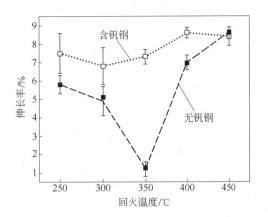

图8-10　钒含量对弹簧钢伸长率的影响
（54SiCr6）

C　弹性松弛抗力

弹性松弛通常是指工程弹簧在服役过程中的承载刚度下降的现象，其本质是弹簧钢发生循环软化的结果。松弛抗力则是弹簧在服役过程中动态或静态加载时抵抗塑性变形的能力。通常情况下，采用包辛格扭转实验检测弹簧钢的松弛抗力[13]，如图8-11所示。松弛抗力的提高可通过改变原始奥氏体晶粒尺寸、析出粒子分布、钢的化学成分或加工工艺如预应变和喷丸等措施实现。

添加钒元素，在不同的回火温度下均可提高弹簧钢的松弛抗力[14,15]。在常见的60Si2Cr弹簧钢体系中，W、Mo、V等合金元素对松弛抗力的影响[13]见图8-12。在不同的回火条件

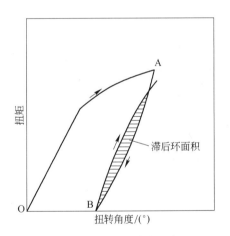

图8-11　包辛格扭转实验产生
闭环的示意图

下，W、Mo、V等元素的加入均明显改善弹簧钢的松弛抗力，其中钒的改善效果最佳，在350℃回火，加钒弹簧钢的闭环面积和闭环面积/硬度的比值均达到最高值。

钒含量与0.35%C和0.50%C钢滞后环面积的关系如图8-13所示[16]。实验结果表明，增加钒含量，弹簧钢的滞后环面积增加，钒能提高弹簧钢弹性松弛抗力。对0.35%C中碳钢，钒含量在0.05% ~ 0.10%范围内，改善弹簧钢松弛抗力的作用比较明显，钒含量增加至0.20%以上时，效果反而有所降低，如图8-13a所示。对于0.50%C钢，钒对滞后环面积的影响更为显著，滞后环的面积随钒含量的增加几乎呈线性增加，如图8-13b所示。图8-13a的结果也显示，钢的硬度水平对弹簧钢松弛抗力有明显影响，硬度越高，松弛抗力

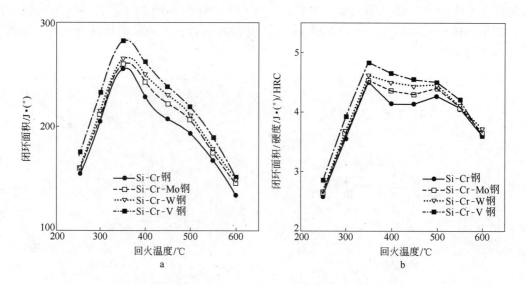

图 8-12 不同回火温度下合金元素对弹性松弛抗力的影响

a—闭环面积；b—闭环面积/硬度的比值

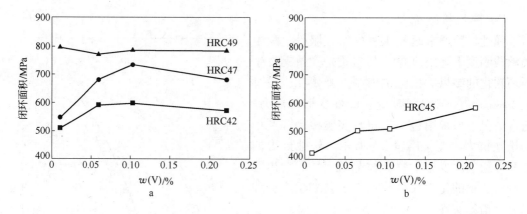

图 8-13 钒含量对 Si-Mn 弹簧钢滞后环面积的影响

a—0.35%C；b—0.50%C

越大。因此，钒对松弛抗力的提高作用体现在两个层面：（1）钒提高弹簧钢的硬度水平，从而提高松弛抗力，表现为提高图 8-11 所示滞后环的高度；（2）在相同的硬度水平下，钒提高弹簧钢的松弛抗力，表现为增加图 8-11 所示的滞后环的宽度。

8.1.3.2 弹簧钢的生产实践

欧洲某钢厂开发了 60CrV7 弹簧钢[17]，成分如表 8-4 所示。该钢经转炉 + 精炼后连铸成 100mm × 100mm 的方坯，轧制成直径 13mm 的圆棒。圆棒采用 850℃淬火（油冷）+ 350 ~ 550℃回火后获得弹簧钢成品。原始奥氏体晶粒尺寸极为细小，达到 ASTM12 级（5μm），见图 8-14。经 550℃回火后获得了弥散析出的 VC 颗粒，见图 8-15。其获得的力学性能如表 8-5 所示：弹性极限 $R_{p0.05}$：1330 ~ 2220MPa，条件屈服强度 $R_{p0.2}$：1400 ~ 2240MPa，伸长率 A：5% ~ 11%，面缩率 Z：9% ~ 28%。

表 8-4　60CrV7 弹簧钢的化学成分（%）

C	Mn	Si	S	P	Cr	Ni	Mo	Cu	Al	V	N
0.62	0.55	1.56	0.006	0.011	0.660	0.05	0.01	0.11	0.230	0.190	0.012

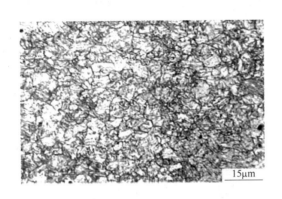

图 8-14　原始奥氏体晶粒尺寸（850℃淬火）

图 8-15　60CrV7 弹簧钢中弥散析出的 VC 颗粒（回火温度：550℃）

表 8-5　60CrV7 弹簧钢不同回火温度下的力学性能

回火温度	力学性能									
	$R_{p0.05}$/MPa		$R_{p0.2}$/MPa		$R_{p0.05}/R_{p0.2}$	R_m/MPa		$R_{p0.05}/R_m$	A/%		Z/%	
350℃	2158	2222	2236	2238	0.96	2345	2347	0.91	5.23	5.12	9.01	8.87
	2166		2247			2342			5.15		8.77	
	2150		2232			2345			4.99		8.84	
400℃	2111	2113	2222	2220	0.95	2287	2281	0.92	6.07	6.10	12.98	13.21
	2119		2219			2277			5.99		13.09	
	2109		2220			2279			6.24		13.56	
450℃	1829	1823	1899	1900	0.95	1966	1964	0.92	8.00	8.06	25.25	25.09
	1822		1890			1964			8.16		24.89	
	1818		1911			1962			8.04		25.15	
500℃	1507	1505	1605	1599	0.94	1670	1666	0.90	9.25	9.10	27.05	26.90
	1499		1601			1662			9.17		26.67	
	1510		1590			1666			8.88		27.00	
550℃	1333	1330	1403	1403	0.94	1470	1472	0.90	11.1	11.0	28.78	28.21
	1327		1409			1476			10.9		27.90	
	1331		1397			1470			11.0		27.95	

注：右列数值为左列三个数值的平均值。

8.1.4　高强度紧固件用钢

紧固件通常包括螺栓、螺母、螺钉、垫圈、销、组合件等多种类型，主要以钢制材料为主。紧固件用钢是一大类工程机械用钢，高强度化是紧固件用钢的重要课题之一。而高强度化带来的塑性韧性下降以及突然失效又是其不可忽略的问题。

8.1.4.1 紧固件的延迟断裂

延迟断裂是材料在静止应力作用下经过一定时间后突然发生脆性断裂的一种现象，本质上是材料、环境、应力之间相互作用下发生的氢致脆化现象。高强度紧固件（这里以高强度螺栓为例加以阐述）的延迟断裂主要由制造时冶炼、酸洗或电镀过程中侵入的氢（内部氢）或服役过程中外部环境侵入的氢（外部氢）两种情况引起的。以外部氢致断裂为例，说明其延迟断裂过程[18,19]，如图8-16所示：（1）螺栓被环境腐蚀，氢进入钢中，扩散并在应力集中处不断积累；（2）当氢含量在局部超过允许极限时，应力集中持续累积直至裂纹产生；（3）裂纹随着氢的累积而不断扩展，直至螺栓失效。

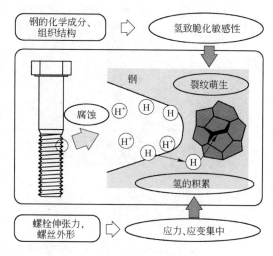

延迟断裂从微观上一般表现为沿晶断裂。降低延迟断裂趋势的传统途径是强化奥氏体晶界，使其发生沿晶断裂的倾向降低。而从本质上，降低氢的活性或使之无害化是阻止

图 8-16　氢致延迟断裂的示意图

延迟断裂的根本方法。钒元素在降低高强度螺栓的延迟断裂倾向有着非常重要的作用。

8.1.4.2 钒在抗延迟断裂方面的作用

为表征高强度螺栓钢的抗延迟断裂性能，发展了一种测量临界扩散氢浓度的评估方法[20]，在相同的条件下，使钢材发生氢致断裂的临界扩散氢浓度越高，说明该钢种的抗延迟断裂性能越优异。对比加钒钢和无钒钢（SCM440）的抗延迟断裂行为，实验结果显示，含钒钢的临界扩散氢浓度达到 $2.0 \times 10^{-4}\%$，而无钒钢仅为 $0.23 \times 10^{-4}\%$ 左右，显示加钒钢良好的抗延迟断裂性能，如图8-17所示。加钒钢的这种行为与钒的弥散析出颗粒，形成大量有效的氢陷阱捕捉氢有密切关系。

通过实验[20,21]可证明，加钒钢的抗延迟断裂行为与 VC 析出颗粒相关联，如图8-18所

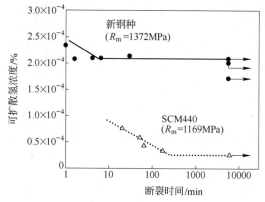

图 8-17　加钒钢与 SCM440 钢的
临界扩散氢浓度

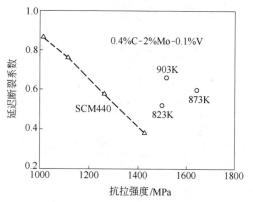

图 8-18　V + Mo 碳化物形成元素
加入对延迟断裂性能的影响

示。延迟断裂比率（系数）是一定充氢浓度下的延迟断裂强度和正常断裂强度的比值，它直接反映抗延迟断裂性能。随着强度级别从1000MPa逐渐升高，无钒钢SCM440钢的延迟断裂系数呈线性下降。而含钒钢由于在不同回火温度下析出行为有着明显差异，显示出不同的延迟断裂系数。例如，在550℃温度下回火，V、Mo的析出动力学不足，析出数量不够，导致该延迟断裂系数仅为0.5左右。而在600℃回火，钢产生明显的二次硬化效应，强度显著增加，延迟断裂系数也因作为氢陷阱的V、Mo碳化物颗粒的大量弥散析出而升高，为0.6左右。在630℃回火，钢发生过时效，钒的碳化物颗粒充分析出，形成足够多的氢陷阱，从而在强度和450℃回火保持基本一致的情况下，延迟断裂系数却远高于450℃回火钢，达到0.7。

Mo-V钢的延迟断裂断口观察[21]显示，550℃回火后断口为沿晶断口，630℃回火后以准解理（穿晶）断口为主，如图8-19所示，说明在较高的回火温度下由于Mo、V碳化物和Fe_3C的析出，原始奥氏体晶界产生强化。这个实验也说明，延迟断裂性能的提高主要依赖于V、Mo等碳化物的析出行为，钒作为主要强碳化物形成元素，其在一般淬火和回火温度下的回溶与析出行为，正好适应于产生第二相氢陷阱的作用，可作为良好的抗延迟断裂元素进行使用。

a   b

图8-19　回火温度对Mo-V钢延迟断裂断面形式的影响

a—550℃回火；b—630℃回火

8.1.4.3　抗延迟断裂高强度螺栓用钢的研发

延迟断裂是高强度螺栓必须高度重视的问题。近20多年以来，随着高强度螺栓需求的增长，国内外特别是日本、韩国、美国及中国等国家对抗延迟断裂的高强度螺栓钢进行了广泛而深入的研究和开发，先后开发出新日铁的SHTB系列、住友金属的ADS系列、中国的ADF系列等高强度螺栓用钢[22]。下面以新日铁的SHTB系列为例进行介绍[18]。

A　化学成分和热处理

在40Cr的成分基础上加入一定量的Mo、V元素（见表8-6），尤其是钒元素加入量相对较高，以获得良好的抗延迟断裂性能。钒的加入与适合的热处理工艺相结合，应达到如下效果：在淬火保温过程中，保持一定量的未溶V(C,N)颗粒，钉扎奥氏体晶界，达到原始奥氏体晶粒细化效果；同时，在高温回火过程中，固溶的钒元素弥散析出大量的VC细小颗粒，强化钢的基体，并形成捕捉氢的陷阱，使钢中的氢无害化。经合理的成分设计和热处理工艺相配合，最终螺栓用钢（SHTB）的抗拉强度达到 1450MPa 左右。

表 8-6 SHTB 高强度螺栓钢的化学成分（质量分数,%）

C	Si	Mn	P	S	Cr	Mo	V
0.40	减少	0.50	减少	减少	1.20	添加	添加

B 延迟断裂测试

采用测定临界扩散氢含量的方法评估 SHTB 的抗延迟断裂性能[20]，结果显示 SHTB 高强度螺栓用钢的临界扩散氢含量 $[H_c]$ 为 2.72×10^{-4}% [18]，见图 8-20。SCM440 钢的临界扩散氢含量 $[H_c]$ 仅为 0.23×10^{-4}% [20]，为 SHTB 钢的 1/10。SHTB 在苛刻环境中服役两年后扩散氢含量 $[H_e]$ 达到饱和，为 1×10^{-4}% 左右（图 8-21），仅为临界扩散氢含量的 1/3 左右。SHTB 钢与 SCM440 钢的延迟断裂断口形貌如图 8-22 所示，SCM440 钢为典型的沿晶断口，而 SHTB 钢则呈现准解理形态，为明显的穿晶断裂。通过各方面的纵横向比较说明新开发的钢种具有良好的抗延迟断裂性能。

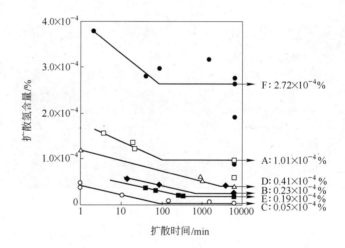

图 8-20 临界扩散氢含量实验结果

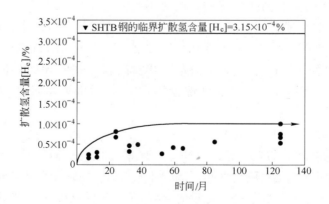

图 8-21 STHB 钢的累积扩散氢含量

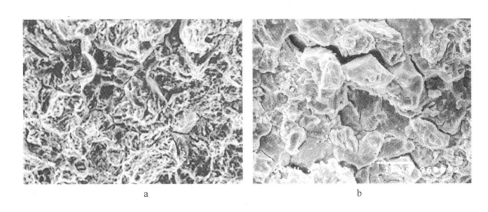

a   b

图 8-22 延迟断裂断口形貌

a—SHTB 钢（穿晶断裂）；b—SCM440 钢（沿晶断裂）

C SHTB 钢的螺栓设计

图 8-23 示出了螺栓伸张力（bolt tension）与螺母旋转角的关系。所有的试样都在经过了超过两周的螺母旋转后才失效，失效位置均位于工作螺扣，显示了螺栓的较高变形能力。表 8-7 给出了 SHTB 螺栓伸张力与最大拉力的关系。

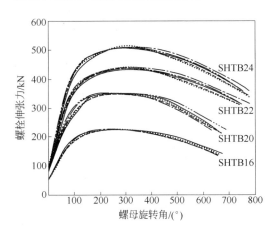

图 8-23 螺栓伸张力与螺母旋转角的关系

表 8-7 SHTB 螺栓伸张力与最大拉力（括号中数字为传统的 F10T-HTB 高强螺栓）

编　号	螺栓伸张力/kN	最大拉力/kN	编　号	螺栓伸张力/kN	最大拉力/kN
M16	155(106)	230(157)	M22	299(205)	442(303)
M20	242(165)	358(245)	M24	349(238)	517(353)

D SHTB 高强螺栓的应用

图 8-24 给出了采用传统 F10T 螺栓和 SHTB 高强螺栓连接的对比，采用 SHTB 高强螺栓连接仅需传统连接所需的螺栓数量的 2/3，明显减少建造成本和周期。图 8-25 为应用的实例之一，用于大型工房的支架连接。

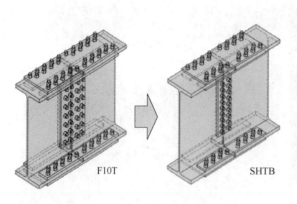

图 8-24　采用传统 F10T 螺栓和
SHTB 高强螺栓连接的对比

图 8-25　SHTB 高强螺栓的应用

8.2　工具钢

工具钢是人类发展史上最古老的钢种，也是现代社会应用最广泛的钢种之一。主要用于制造高速切削刀具、冷作模具、热作模具、塑料模具、量具、刃具和耐冲击工具等。工具钢应具有较高的强度、硬度、耐磨性和适当的韧性，在高速切削或高温条件下服役的工模具钢，还要求钢材具有较高的高温硬度和红硬性。由于工模具的使用条件差异较大，对钢材使用性能要求也不尽相同，所以该类材料品种多、规格多。工具钢按化学成分一般分为碳素工具钢、合金工具钢和高速工具钢。对于形状简单、截面尺寸较小或使用寿命要求不高的工模具，可以采用碳素工具钢制造；而对于截面尺寸较大、形状复杂、精密度高、使用寿命要求较长的工模具或高速切削刀具，则更多采用合金工具钢和高速工具钢制造。

钒是合金工具钢和高速工具钢非常重要的合金元素，在该领域中，钒合金化的特点是：

（1）细化钢的晶粒，降低过热敏感性，有效提高耐磨性、红硬性等；

（2）用常规铸锻冶金工艺生产的钢材，钒含量一般在 0.15% ~ 4.0% 范围；

（3）当钢中的钒含量提高到一定程度，如 2% 以上时，冶金工艺性能变坏，钢材的组织均匀性有所降低；

（4）采用粉末冶金方法，由于钢液雾化形成细微颗粒钢粉时快速凝固，避免了一般工模具钢铸锭时缓慢凝固产生的宏观偏析和粗大碳化物，可以生产更高钒含量或超高合金化、具有更高性能的工模具钢。

8.2.1　合金工具钢

8.2.1.1　标准和产品特征

现行合金工具钢标准 GB/T 1299—2000 于 2000 年 10 月发布[23]，并代替原标准 GB/T 1299—1985《合金工具钢技术条件》。按照该标准的规定，合金工具钢按照用途分为量具刃具用钢、耐冲击工具钢、热作模具钢、冷作模具钢、无磁模具钢（一种特殊用途的冷作模具钢）和塑料模具钢等六类，共计 37 种牌号（表 8-8）。其中含钒合金工具钢有 20 种牌号，占 55% 的比例。钒作为合金工具钢中重要的合金元素，其含量从 0.15% ~ 2% 不等。

表8-8 合金工具钢的牌号和化学成分

统一数字代号	序号	钢组	牌号	化学成分/%									
				C	Si	Mn	P ≤	S ≤	Cr	W	Mo	V	其他
T30100	1-1	量具刃具用钢	9SiCr	0.85~0.95	1.20~1.60	0.30~0.60	0.030	0.030	0.95~1.25				
T30000	1-2		8MnSi	0.75~0.85	0.30~0.60	0.80~1.10	0.030	0.030					
T30060	1-3		Cr06	1.30~1.45	≤0.40	≤0.40	0.030	0.030	0.50~0.70				
T30201	1-4		Cr2	0.95~1.10	≤0.40	≤0.40	0.030	0.030	1.30~1.65				
T30200	1-5		9Cr2	0.80~0.95	≤0.40	≤0.40	0.030	0.030	1.30~1.70				
T30001	1-6		W	1.05~1.25	≤0.40	≤0.40	0.030	0.030	0.10~0.30	0.80~1.20			
T40124	2-1	耐冲击工具用钢	4Cr2W2Si	0.35~0.45	0.80~1.10	≤0.40	0.030	0.030	1.00~1.30	2.00~2.50			
T40125	2-2		5Cr2W2Si	0.45~0.55	0.50~0.80	≤0.40	0.030	0.030	1.00~1.30	2.00~2.50			
T40126	2-3		6Cr2W2Si	0.55~0.65	0.50~0.80	≤0.40	0.030	0.030	1.10~1.30	2.20~2.70			
T40100	2-4		6CrMnSi2Mo1	0.50~0.65	1.75~2.25	0.60~1.00	0.030	0.030	0.10~0.50		0.20~1.35	0.15~0.35	
T40300	2-5		5Cr3Mn1SiMo1V	0.45~0.55	0.20~1.00	0.20~0.90	0.030	0.030	3.00~3.50		1.30~1.80	≤0.35	
T21200	3-1	冷作模具钢	Cr12	2.00~2.30	≤0.40	≤0.40	0.030	0.030	11.50~13.00				
T21202	3-2		Cr12Mo1V1	1.40~1.60	≤0.60	≤0.60	0.030	0.030	11.00~13.00		0.70~1.20	0.50~1.10	Co: ≤1.00
T21201	3-3		Cr12MoV	1.45~1.70	≤0.40	≤0.40	0.030	0.030	11.00~12.50		0.40~0.60	0.15~0.30	
T20503	3-4		Cr5Mo1V	0.95~1.05	≤0.50	≤1.00	0.030	0.030	4.75~5.50		0.90~1.40	0.15~0.50	
T20000	3-5		9Mn2V	0.85~0.95	≤0.40	1.70~2.00	0.030	0.030				0.10~0.25	
T20111	3-6		CrWMn	0.90~1.05	≤0.40	0.80~1.10	0.030	0.030	0.90~1.20	1.20~1.60			
T20110	3-7		9CrWMn	0.85~0.95	≤0.40	0.90~1.20	0.030	0.030	0.50~0.80	0.50~0.80			
T20431	3-8		Cr4W2MoV	1.12~1.25	0.40~0.70	≤0.40	0.030	0.030	3.50~4.00	1.90~2.00	0.80~1.20	0.80~1.10	
T20432	3-9		6Cr4W3Mo2VNb	0.60~0.70	≤0.40	≤0.40	0.030	0.030	3.80~4.40	2.50~3.50	1.80~2.50	0.80~1.20	Nb: 0.20~0.35
T20465	3-10		6W6Mo5Cr4V	0.55~0.65	≤0.40	≤0.60	0.030	0.030	3.70~4.30	6.00~7.00	4.50~5.50	0.70~1.10	
T20104	3-11		7CrSiMnMoV	0.65~0.75	0.85~1.15	0.65~1.05	0.030	0.030	0.90~1.20		0.20~0.50	0.15~0.30	

续表 8-8

统一数字代号	序号	钢组	牌号	化学成分/%											
				C	Si	Mn	P	S	Cr	W	Mo	V	Al	其他
							≤							
T20102	4-1		5CrMnMo	0.50~0.60	0.25~0.60	1.20~1.60	0.030	0.030	0.60~0.90		0.15~0.30			
T20103	4-2		5CrNiMo	0.50~0.60	≤0.40	0.50~0.80	0.030	0.030	0.50~0.80		0.15~0.30			
T20280	4-3		3Cr2W8V	0.30~0.40	≤0.40	≤0.40	0.030	0.030	2.20~2.70	7.50~9.00		0.20~0.50		
T20403	4-4		5Cr4Mo3SiMnVAl	0.47~0.57	0.80~1.10	0.80~1.10	0.030	0.030	3.80~4.30		2.80~3.40	0.80~1.20	0.30~0.70	
T20323	4-5		3Cr3Mo3W2V	0.32~0.42	0.60~0.90	≤0.65	0.030	0.030	2.80~3.30	1.20~1.80	2.50~3.00	0.80~1.20		
T20452	4-6	热作模具钢	5Cr4W5Mo2V	0.40~0.50	≤0.40	≤0.40	0.030	0.030	3.40~4.40	4.50~5.30	1.50~2.10	0.70~1.10		
T20300	4-7		8Cr3	0.75~0.85	≤0.40	≤0.40	0.030	0.030	3.20~3.80					
T20101	4-8		4CrMnSiMoV	0.35~0.45	0.80~1.10	0.80~1.10	0.030	0.030	1.30~1.50		0.40~0.60	0.20~0.40		
T20303	4-9		4Cr3Mo3SiV	0.35~0.45	0.80~1.20	0.25~0.70	0.030	0.030	3.00~3.75		2.00~3.00	0.25~0.75		
T20501	4-10		4Cr5MoSiV	0.33~0.43	0.80~1.20	0.20~0.50	0.030	0.030	4.75~5.50		1.10~1.60	0.30~0.60		
T20502	4-11		4Cr5MoSiV1	0.32~0.45	0.80~1.20	0.20~0.50	0.030	0.030	4.75~5.50		1.10~1.75	0.80~1.20		
T20520	4-12		4Cr5W2VSi	0.32~0.42	0.80~1.20	≤0.40	0.030	0.030	4.50~5.50	1.60~2.40		0.60~1.00		
T23152	5-1	无磁模具钢	7Mn15Cr2Al3V2WMo	0.65~0.75	≤0.40	14.50~16.50	0.030	0.030	2.00~2.50	0.50~0.80	0.50~0.80	1.50~2.00	2.30~3.30	
T22020	6-1	塑料模具钢	3CrMo	0.28~0.40	0.20~0.80	0.60~1.00	0.030	0.030	1.40~2.00		0.30~0.55			Ni:0.85~1.15
T22024	6-2		3Cr2MnNiMo	0.32~0.40	0.20~0.40	1.10~1.50	0.030	0.030	1.70~2.00		0.25~0.40			Ni:1.40~1.80

依据钢种的工作环境和服役温度以及对钢种的红硬性和耐磨性要求，国家标准规定的合金工具钢的加钒量有所不同。

（1）对于一些性能要求较低的量具、普通刃具和一般用途的塑料模具用钢，通常加入一定量的铬元素并辅以少量 W、Mo 等中强碳化物形成元素（提高切削性能），这种钢一般不加入钒元素。

（2）当性能要求有所提高时，如具有一定硬度和耐磨性要求的量具刃具钢、耐冲击合金工具钢和一些冷作模具用钢、塑料模具用钢，需要加入少量的钒元素，一般在 0.35% 以下，以提高钢的抗回火软化性能，主要钢种有 5Cr3Mn1SiMo1V、Cr12MoV、9Mn2V、7CrSiMnMoV 等。

（3）当性能要求进一步提高时，如要求较高的冷作模具用钢和大部分热作模具用钢，要求在一定的工作温度范围内保持有较高的硬度，钒作为一种重要的合金元素加入钢中，一般 0.40% ~ 1.20%，与 Mo、W、Cr 等元素相配合，使钢具有二次硬化效应和较高的红硬性，主要钢种有 Cr12Mo1V1、Cr4W2MoV、3Cr3Mo3W2V、4Cr5MoSiV1 等。

（4）在一些特殊场合，如奥氏体无磁模具钢，对钢的韧性要求较高，钢的基体相本身耐磨性较低，而又要求具有较高的耐磨性，在这种情况下加入较多的钒元素（1.50% ~ 2.00%），可形成大量 VC 耐磨颗粒，从而达到较高的红硬性和耐磨性要求，典型钢种为 7Mn15Cr2Al3V2WMo。

（5）当对红硬性和耐磨性要求还需提高时，则使用高速工具钢或粉末冶金工模具钢，钢中的钒含量进一步增加，详见高速工具钢和粉末冶金工模具钢有关章节。

8.2.1.2 钒在合金工具钢中的作用

A 二次硬化

钒在合金工具钢中的作用主要是增强钢的抗回火软化能力和产生二次硬化效果，使工具钢在一定的工作温度下能够保持一定的硬度（红硬性）。二次硬化效果与工具钢中合金元素的种类及加入量有关。在 Cr、Mo、W、V 等强碳化物形成元素中，V 与 C 的结合能力最强，形成 MC 型面心立方结构碳化物。在 MC、M_7C_3、$M_{23}C_6$、M_2C、M_3C 等各种碳化物中，MC 最为稳定，产生的二次硬化效果最强。随着钒含量的增加，工具钢的二次硬化作用显著增加[24,25]。如图 8-26 所示，钒含量在 0.20% ~ 0.30%，工具钢在 600℃ 左右的回火软化明显得到抑制，出现抗回火软化平台；钒含量增加至 0.50% ~ 1.00%，产生强烈的二次硬化效应，在 550 ~ 650℃ 的回火温度范围内，硬度出现明显的上升；钒含量继续增加时，不仅二次硬化效应继续增加，同时，由于钢中 MC 碳化物的体积分数增加，工具钢的耐磨性也显著提升。

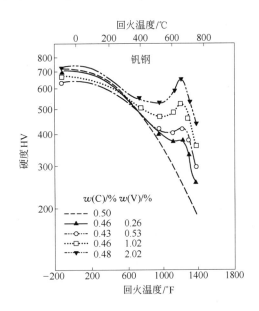

图 8-26 钒含量对工具钢二次硬化效应的影响

B　热硬度

工模具钢在很多情况下是在较高温度下服役的，如热作模具钢和高速工具钢等。这一类钢种除了要求具有良好的室温硬度和耐磨性以外，还要求具有较好的耐热性，即在一定的加热温度下保持较满意的强度水平。钢的耐热性不仅取决于二次硬化效果，也与高温加热时钢的软化速度有关。而这种软化速度又与不可逆的组织转变、固溶体分解和碳化物相的聚集长大等有密切关系。在 Cr-Mo 热作模具钢中，钒的存在对提高热硬度和热强度是非常有效的[24]，如图 8-27 所示。在低于 530℃ 的工作温度下，钒含量对热硬度的影响不太明

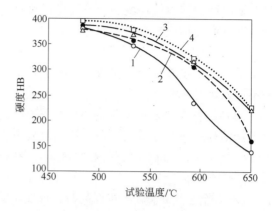

图 8-27　钒含量对 5% Cr 热作模具钢热硬度的影响
（成分：0.33% C-5.0% Cr-0.80% Si-1.35% Mo；
采用两次回火，4 种钢得到相同的室温硬度水平）
1—0% V；2—0.50% V；3—1.0% V；4—1.5% V

显。温度超过 530℃ 时，钒的影响逐渐显露出来。在 600℃，0.50% ~ 1.50% 的钒含量几乎具有相同的效果；而当温度增加至 650℃，只有 1.0% 和 1.5% 的钒含量使钢保持较高的热硬度[24]。

这一现象与碳化物相的种类、数量和大小有关系。不含钒的热作模具钢中的碳化物以 M_2C、M_6C 和 M_7C_3 等中强碳化物为主，其不聚集长大的温度在 550℃ 以下。当钒加入到 Cr-Mo 工具钢中，钒一部分进入 Cr、Mo 的碳化物中，一部分钒以 MC 型碳化物的形式析出，两种形式均使钢中碳化物的稳定性得到提高；钒的加入量越大，钒对碳化物稳定性的提高作用越显著，工模具钢的热硬度和热强度越好，钢保持稳定工作的温度越高。

C　耐磨性

工模具钢的耐磨性是决定其使用寿命最重要的因素。尤其是模具，在工作中承受相当大的压应力和摩擦力，要求模具能够在强烈摩擦条件下仍然保持其尺寸精度。模具的磨损主要是机械磨损、氧化磨损和熔融磨损三种类型。为了改善工模具钢的耐磨性，既要保持工模具钢具有高的硬度，又要保证钢中碳化物或其他硬化相的组成、结构、形貌和分布比较合理。工模具钢中 MC 型碳化物对提高钢的耐磨性非常重要，这是因为 MC 型钒的碳化物具有很高的硬度（2200 ~ 3200HV）。Kanappan 也指出[26]，在碳化物形成元素中，耐磨性能按 Cr、W、Mo、V 的顺序增强，有效作用比为 2：5：10：40。一些研究工作表明[27]，就合金元素而言，仅含合金元素 W 和 Cr 的钢，其耐磨性不如同时含有少量 V 和 Mo 的钢。对于重载、高速磨损条件下服役的工模具，要求钢的表面能形成薄而致密、黏附性好的氧化膜，保持润滑作用，减少工模具和工件之间产生粘咬、焊合等熔融磨损，又能减少工模具表面进一步氧化造成氧化磨损，所以，工模具的服役条件对钢的磨损有较大影响。

D　淬透性

为保证大尺寸工模具钢产品在截面全尺寸范围内的淬火效果，淬透性也是工具钢应考虑的重要性能。众所周知，固溶于钢中的合金元素可提高钢的淬透性。如表 8-2 所示，固

溶于奥氏体中的钒具有较强的提高淬透性效果，其淬透性因子为1.75，仅低于Cr、Mo、Mn等强淬透性元素。

由于工模具钢的碳含量普遍较高，加上钒的加入量也较高，钒元素完全溶解于钢中一般需要较高的奥氏体化温度。当钢中存在少量未溶解MC型碳化物时，受奥氏体晶粒细化和第二相诱导相变的影响，钒的加入反而对工具钢的淬透性有负面作用[28]。如图8-28所示，和相似合金及碳含量但不含钒的L2型工模具钢相比，含钒钢晶粒细小，韧性较好，过热时晶粒长大倾向小，而淬透性略低，见图8-28a；标准淬透性实验也显示，加入0.20%左右的钒，使S5工模具钢淬硬性曲线较早出现硬度衰降拐点，见图8-28b。因此，在具有明确淬透性要求的工具钢中加入钒，应充分考虑奥氏体化温度和V、C等成分之间的相互作用，以保证钢获得充分的淬透性，如图8-29所示。

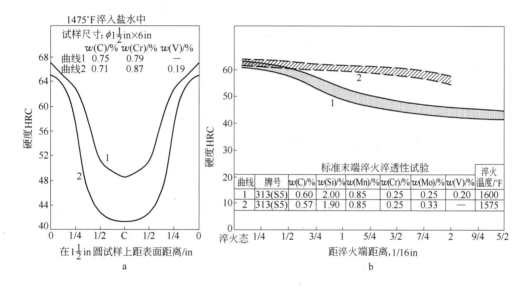

图8-28 钒对工具钢淬透性的影响（1in = 2.54cm）

a—淬硬曲线；b—标准淬透性硬度带

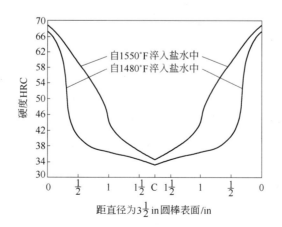

图8-29 淬火温度对含钒工具钢淬透性的影响

（1%C-1.4%Cr-0.2%V）

E　细化晶粒

钒在工模具钢中的碳化物 V_4C_3 极为稳定，只有在高温条件下才能缓慢溶入奥氏体中。以细小颗粒状态存在的 V_4C_3 粒子可以抑制晶界移动和阻止晶粒长大，因此钒合金化可以提高钢的晶粒粗化温度和降低钢的过热敏感性，细化最终组织，提高钢的强度和韧性。图 8-30 示出了钒对碳素钢（0.29% ~ 0.32% C）的奥氏体晶粒度和晶粒粗化温度的影响[29]，可以看出，奥氏体晶粒度随着钒含量的增加而提高，只有当 V_4C_3 在高温下溶解后，奥氏体晶粒才长大粗化。

钒和氮的亲和力很强，易形成氮化物，常以 VN 或 V(C,N) 的形式存在于钢中。含钒钢的铸件，由于凝固过程中即有钒的碳化物、

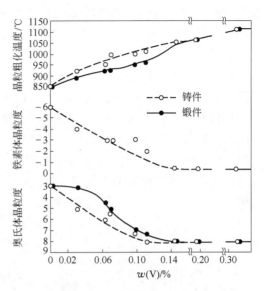

图 8-30　钒对细化晶粒的作用

氮化物和氧化物等形成，这些化合物的微粒将作为结晶核心，细化铸件的组织并使之均匀化。

F　综合力学性能

钒对工模具钢力学性能的影响主要源自：（1）钒在奥氏体中的溶解程度和对奥氏体晶粒长大的阻碍作用；（2）钒在钢中的析出强化和二次硬化作用[28]。如表 8-9 所示，在普通含铬工具钢中加入 0.20% 左右的钒，可以显著提高钢的强度和屈强比，同时改善伸长率和断面收缩率等塑性性能，而对冲击韧性的影响不大。

表 8-9　钒对工具钢综合性能的影响

性　能[①]	钢 A[②]	钢 B[③]	性　能[①]	钢 A[②]	钢 B[③]
抗拉强度/MPa	1553	1634	断面收缩率/%	35.9	43.1
屈服点/MPa	1411	1576	维氏硬度 HV	457	481
屈服强度/抗拉强度比	0.911	0.963	艾氏冲击值/J	16.6	16.6
伸长率/%	9.6	10.4			

①自 1545℉（840℃）淬油，800℉（427℃）回火；

②钢的成分为：0.49% C，0.76% Mn，0.21% Si，1.07% Cr；

③钢的成分为：0.50% C，0.79% Mn，0.31% Si，0.98% Cr，0.20% V。

8.2.1.3　钢种实例

A　低钒含量工具钢

低钒含量工具钢主要用于一些量具、刃具及冷作模具、塑料模具用钢等，属于低合金工具钢范畴（AISI），其钒含量范围为 0.10% ~ 0.35%，主要作用是配合 Cr、Mo 等中强碳化物形成元素，在一定程度上提高工具钢的二次硬化或抗高温软化效果，或起到一定的改善强韧性匹配的作用。在 Cr 系、Ni 系、Si 系或 W 系低合金工具钢中均加入 0.20% 左右的钒，以提高钢的抗高温软化性能，如表 8-10 所示。在一些耐冲击刃具钢（如钨凿子钢）

和空淬冷作模具钢中，如表 8-11 和表 8-12 所示，Cr、W 或 Mo 等碳化物形成元素的合金含量相对传统低合金工具钢有所提高，如 32X 和 42X 系列钢种，Cr + W + Mo 含量达到 4% ~ 6% ，具有良好的红硬性，在这些钢中加入 0.15% ~ 0.30% V，可在一定程度上提高 M_xC_y 碳化物的热稳定性，并改善工具钢的强韧综合性能水平。

表 8-10 含钒低合金工具钢的化学成分

钢种	符号	AISI	化学成分/%							
			C	Mn	Si	Cr	V	Mo	Ni	Co
Cr 系	211	L2, L3	0.65 ~ 1.10	0.10 ~ 0.90	0.25	0.70 ~ 1.70	0.20	—	—	—
	220	L2	0.45 ~ 0.65	0.30	0.25	0.70 ~ 1.20	0.20	—	—	—
	221	—	0.45 ~ 0.66	0.70	0.25	0.70 ~ 1.20	0.20	0.25	—	—
	224	—	0.55	0.90	0.25	1.10	0.10	0.45	—	—
	225	—	0.45	0.85	0.30	1.15	0.10	0.55	—	—
	226	—	0.45	0.30	0.25	1.60	0.25	1.10	—	—
Ni 系	242	—	0.55	0.55	0.80	1.00	0.15	0.75	1.60	—
	243	—	0.55	0.90	1.00	0.40	0.15	0.45	2.70	—
Si 系	310	S2	0.65	0.50	1.00	—	0.20	0.50	—	—
	311	—	0.55	0.50	1.00	—	0.20	0.50	—	—
	312	S4	0.55	0.80	2.00	0.25	0.20	—	—	—
	313	S5	0.55	0.80	2.00	0.25	0.20	0.40	—	—
	314	S6	0.45	1.40	2.25	1.50	0.30	0.40	—	—
	315	—	0.55	0.90	2.00	0.25	0.25	1.20	—	—
W 系	353	F1	1.25	0.30	0.30	0.35	0.15	—	—	—
	354	F2	0.90	0.25	0.25	0.35	0.15	—	—	—

表 8-11 含钒耐冲击刃具用钢（钨凿子钢）的化学成分

符号	AISI	化学成分/%							
		C	Mn	Si	Cr	Ni	V	W	Mo
320	S1	0.45	0.25	0.25	1.40	—	0.25	2.25	—
321	S1	0.55	0.25	0.25	1.40	—	0.25	2.50	0.30
399	S1	0.55	0.25	0.90	1.40	—	0.25	2.25	0.50

表 8-12 低钒含量油淬和普通空淬冷作模具钢

符号	AISI	化学成分/%						
		C	Mn	Si	Cr	V	W	Mo	其他
410	O1	0.95	1.20	0.25	0.50	0.20	0.50	—	—
411	O2	0.95	1.60	0.25	0.20	0.15	—	0.30	—
413	O7	1.20	0.25	0.25	0.60	0.20	1.60	0.25	—
420	A2	1.00	0.60	0.25	5.00	0.25	—	1.00	—
429	—	1.00	0.60	0.25	3.00	0.25	1.05	2.20	1.00Ti

B 中钒及高钒含量工具钢

在一些对红硬性要求较高的工具钢中，如空淬冷作模具钢和大部分热作模具钢，一般加入 0.40% ~ 1.00% V（在一些特殊场合钒含量甚至达到 1.5% ~ 2.0%），以保证获得足够的红硬性，如表8-13、表8-14所示。与低钒低合金工具钢中钒的辅助作用相比，钒已成为非常重要的合金元素。钒的作用主要体现在细化工模具钢的奥氏体晶粒尺寸，促进 MC 型稳定碳化物的形成，提高 M_2C、M_6C 等碳化物的热稳定性，从而提高工具钢的二次硬化温度和热硬度水平，使工模具钢的硬度和耐磨性显著提高。尤其当钒含量达到 2% 左右时，热作模具钢的耐磨性也有明显的提高。

表8-13 中钒及高钒含量冷作模具钢的化学成分

符号	AISI	化学成分/%								
		C	Mn	Si	Cr	Ni	V	W	Mo	其他
422	A3	1.25	0.60	0.26	6.00	—	1.00	—	1.00	—
427	A8	0.55	0.30	1.00	5.00	—	0.40	1.25	1.25	—
428	A9	0.50	0.40	1.00	5.00	1.50	1.00	—	1.40	—
430	D2	1.50	0.30	0.25	12.00	—	0.60	—	0.80	—
431	D4	2.20	0.30	0.25	12.00	—	0.50	—	0.80	—
432	D3	2.20	0.30	0.25	12.00	0.50	0.60	—	—	—
434	D5	1.50	0.30	0.50	12.50	0.35	0.50	—	1.00	2.00Co
435	D1	1.00	0.30	0.25	12.00	—	0.60	—	0.80	—

表8-14 中钒及高钒含量热作模具钢的化学成分

符号	AISI	化学成分/%							
		C	Mn	Si	Cr	V	W	Mo	Co
511	—	0.95	0.30	0.30	4.00	0.50	—	0.50	—
512	—	0.60	0.30	0.30	4.00	0.75	—	0.50	—
520	H11	0.35	0.30	1.00	5.00	0.40	—	1.50	—
521	H13	0.35	0.30	1.00	5.00	1.00	—	1.50	—
522	H12	0.35	0.30	1.00	5.00	0.40	1.50	1.50	—
523	—	0.40	0.60	1.00	3.50	1.00	1.25	1.00	—
524	H10	0.40	0.55	1.00	3.25	0.40	—	2.50	—
531	H19	0.40	0.30	0.30	4.25	2.00	4.25	0.40	4.25
532	—	0.45	0.75	1.00	5.00	0.50	3.75	1.00	0.50
536	H23	0.30	0.30	0.50	12.00	1.00	12.00	—	—
540	H21	0.35	0.30	0.30	3.50	0.50	9.00	—	—
541	H20	0.35	0.30	0.30	2.00	0.50	9.00	—	—
543	H22	0.35	0.30	0.30	2.00	0.40	11.00	—	—
544	—	0.30	0.30	0.30	3.50	0.40	3.60	12.00	—
545	H25	0.25	0.30	0.30	4.00	1.00	—	15.00	—

符号	AISI	化学成分/%							
		C	Mn	Si	Cr	V	W	Mo	Co
546	—	0.40	0.30	0.30	3.50	0.40	—	14.00	—
547	H24	0.45	0.30	0.30	3.00	0.50	—	15.00	—
549	H26	0.50	0.30	0.30	4.00	1.00	—	18.00	—
550	H15	0.35	0.30	0.40	3.75	0.75	1.00	6.00	—
551	H15	0.40	0.50	0.50	5.00	0.75	1.00	5.00	—
552	H43	0.55	0.30	0.30	4.00	2.00	—	8.00	—
553	H42	0.65	0.30	0.30	3.50	2.00	6.40	5.00	—
554	H41	0.65	0.30	0.30	4.00	1.00	1.50	8.00	—
556	—	0.10	0.30	0.30	2.50	0.50	4.00	5.00	25.00

C 超高钒含量工具钢

还有一类特殊用途的冷作模具钢，其要求具有非常高的耐磨性。这类钢的成分特点是几乎所有钢种均含有高的碳含量，并与大量钒（一般 4% 以上）相配合，如表 8-15 所示。钒可以形成非常硬而耐磨的 MC 型碳化物，其硬度介于氧化铝和碳化硅之间，明显高于 Cr、Mo、W 等合金元素形成的 M_2C、M_6C 和 M_7C_3 等碳化物，可以和这类钢的耐磨性相媲美的只有一些高钒高速钢。这类冷作模具钢可以用于经受强烈磨损的零件或用于大批量生产的刀具，如喷丸机衬套和喷砂设备的零件、深拉模、陶瓷零件挤压模、耐火砖压型衬套、下料模和滚丝模等。

表 8-15　超高 V 含量特殊耐磨模具钢的化学成分

符号	AISI	化学成分/%						
		C	Mn	Si	Cr	V	W	Mo
440	A7	2.30	0.50	0.50	5.25	4.75	1.10	1.10
441	—	2.20	0.40	0.30	4.00	4.00	—	—
442	D7	2.40	0.40	0.40	12.50	4.00	—	1.10
443	—	1.50	0.30	0.30	17.25	4.00	—	—
445	—	1.40	0.40	0.30	0.50	3.75	—	—
446	—	3.25	0.30	0.30	1.00	12.00	—	1.00
447	—	2.70	0.70	0.40	8.25	4.50	—	1.12
448	—	1.10	—	1.00	5.25	4.00	—	1.12
449	—	2.45	0.50	0.90	5.25	9.75	—	1.30

8.2.2　高速工具钢

8.2.2.1　标准与产品特征

作为一类特殊用途的合金工具钢，高速工具钢主要用于制造切削工具。尽管各种高速工具钢的化学成分千差万别，但它们都具有共同的冶金特性，如碳含量较高，达到 0.65% ~ 2.30%，并具有很高的合金含量，尤其是 W、Mo、V、Cr 等提高钢红硬性元素的含量比较高。国家标准 GB/T 9943—2008《高速工具钢》标准中有 19 个钢种牌号，见表 8-16，它们均含有较高含量的钒，一般为 1% ~ 3%，有的达到 5% 甚至 10%[30]。

表8-16 我国高速工具钢的牌号和化学成分

序号	统一数字代号	牌号①	化学成分(质量分数)/%									
			C	Mn	Si②	S③	P	Cr	V	W	Mo	Co
1	T63342	W3Mo3Cr4V2	0.95~1.03	≤0.40	≤0.45	≤0.030	≤0.030	3.80~4.50	2.20~2.50	2.70~3.00	2.50~2.90	—
2	T64340	W3Mo3Cr4VSi	0.83~0.93	0.20~0.40	0.70~1.00	≤0.030	≤0.030	3.80~4.50	1.20~1.80	3.50~4.50	2.50~3.50	—
3	T51841	W18Cr4V	0.73~0.83	0.10~0.40	0.20~0.40	≤0.030	≤0.030	3.80~4.50	1.00~1.20	17.20~18.70	—	—
4	T62841	W2Mo8Cr4V	0.77~0.87	≤0.40	≤0.70	≤0.030	≤0.030	3.80~4.50	1.00~1.40	1.40~2.00	8.00~9.00	—
5	T62942	W2Mo9Cr4V2	0.95~1.05	0.15~0.40	≤0.70	≤0.030	≤0.030	3.80~4.50	1.75~2.20	1.50~2.10	8.20~9.20	—
6	T66541	W6Mo5Cr4V2	0.80~0.90	0.15~0.40	0.20~0.45	≤0.030	≤0.030	3.80~4.40	1.75~2.20	5.50~6.75	4.50~5.50	—
7	T66542	CW6Mo5Cr4V2	0.86~0.94	0.15~0.40	0.20~0.45	≤0.030	≤0.030	3.80~4.50	1.75~2.10	5.90~6.70	4.70~5.20	—
8	T66642	W6Mo6Cr4V2	1.00~1.10	≤0.40	≤0.45	≤0.030	≤0.030	3.50~4.50	2.30~2.60	5.90~6.70	5.50~6.50	—
9	T69341	W9Mo3Cr4V	0.77~0.87	0.20~0.40	0.20~0.40	≤0.030	≤0.030	3.50~4.50	1.30~1.70	8.50~9.50	2.70~3.30	—
10	T66543	W6Mo5Cr4V3	1.15~1.25	0.15~0.40	0.20~0.45	≤0.030	≤0.030	3.80~4.40	2.70~3.20	5.90~6.70	4.70~5.20	—
11	T66545	CW6Mo5Cr4V3	1.25~1.32	0.15~0.40	≤0.70	≤0.030	≤0.030	3.80~4.50	2.70~3.20	5.90~6.70	4.70~5.20	—
12	T66544	W6Mo5Cr4V4	1.25~1.40	≤0.40	≤0.45	≤0.030	≤0.030	3.75~4.50	3.70~4.70	5.20~6.00	4.20~5.00	—
13	T66546	W6Mo5Cr4V2Al	1.05~1.15	0.15~0.40	0.20~0.60	≤0.030	≤0.030	3.80~4.40	1.75~2.20	5.50~6.75	4.50~5.50	Al: 0.80~1.20
14	T71245	W12Cr4V5Co5	1.50~1.60	0.15~0.40	0.15~0.40	≤0.030	≤0.030	3.75~5.00	4.50~5.25	11.75~13.00	—	4.75~5.35
15	T76545	W6Mo5Cr4V2Co5	0.87~0.95	0.15~0.40	0.20~0.45	≤0.030	≤0.030	3.80~4.50	1.70~2.10	5.90~6.70	4.70~5.20	4.50~5.00
16	T76438	W6Mo5Cr4V4Co8	1.23~1.33	≤0.40	≤0.70	≤0.030	≤0.030	3.80~4.50	2.70~3.20	5.90~6.70	4.70~5.30	8.00~8.80
17	T77445	W7Mo4Cr4V2Co5	1.05~1.15	0.20~0.60	0.15~0.50	≤0.030	≤0.030	3.75~4.50	1.75~2.25	6.25~7.00	3.25~4.25	4.75~5.75
18	T72948	W2Mo9Cr4V2Co8	1.05~1.15	0.15~0.40	0.15~0.65	≤0.030	≤0.030	3.50~4.25	0.95~1.35	1.15~1.85	9.00~10.00	7.75~8.75
19	T71010	W10Mo4Cr4V3Co10	1.20~1.35	≤0.40	≤0.45	≤0.030	≤0.030	3.80~4.50	3.00~3.90	9.00~10.00	3.20~3.90	9.50~10.50

①表中牌号 W18Cr4V、W12Cr4V5Co5 为钨系高速工具钢，其他牌号为钨钼系高速工具钢。
②电渣钢中的硅含量下限不限。
③根据需方要求，为改善切削加工性能，其硫含量可规定为0.06%~0.15%。

从国家标准 GB/T 9943—2008 及其他相关高速钢产品来看，高速钢主要分为 W 系高速钢、钼系高速钢和 W-Mo 系高速钢。为提高高速钢的综合性能，在高速钢加入一定量的钴，形成了含钴高速钢系列[31]。所有的高速钢均含有过量的强碳化物形成元素，并与足够的碳相配合形成过剩的合金碳化物，使钢具有超过 HRC63 的硬度。高速钢的淬透性非常好，几乎工业上可能遇到的绝大部分尺寸的刀具（300mm 以内）都可以在整个截面上得到均匀的硬度。通过在静止的空气中冷却，即可淬硬至接近最高硬度值。各种高速钢在 500～650℃ 范围内均呈现显著的二次硬化效应。在较高的温度下保持高的硬度和耐磨性是所有高速钢最重要的性能特征。

8.2.2.2 高速钢中的钒

A 高速钢的性能要求

高速钢的最主要用途是制造切削工具，切削能力是最重要的物理性能。在高速钢的许多物理和力学性能中，有以下三种性能对切削能力起最重要的作用：（1）红硬性和高温硬度；（2）耐磨性，与工件接触的刀具部分的抗磨损能力；（3）韧性，反映工具的强度和塑性综合性能。三种性能中很难区分出某一种性能对切削能力的单独影响，三者之间往往存在某些内在联系。

（1）红硬性和高温硬度。室温硬度是评价高速钢质量的最简捷的方法。几乎所有高速钢尽管淬火硬度不同，却具有相似的回火曲线，如图 8-31 所示[28]，在 250～300℃ 回火硬度出现最小值，经 500～650℃ 左右回火后的硬度达到峰值，并超过原始淬火态高速钢的硬度。和室温硬度相比，高温硬度和切削能力有更直接的关系。高速钢较高的红硬性和高温硬度是由于高速钢中较高含量的 V、Mo、W 等强碳化物形成元素析出形成稳定的 M_xC_y 碳化物，支撑高速钢的高温硬度，如图 8-32 所示[28]。

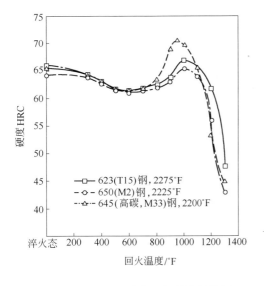

图 8-31 回火温度对高速钢硬度的作用　　　　图 8-32 高速钢的高温硬度

（2）耐磨性。高速钢的耐磨性在很大程度上取决于钢的硬度，而又不完全与硬度呈绝对的正相关，还与产生二次硬化效应的 M_2C 和 MC 碳化物、过剩合金碳化物所占的体积分数以及这些碳化物的性质有关。一般来说，在刀具切削条件下，高速钢的耐磨性（区别于一般机械零件较长时间运转的耐磨性）首先取决于高温耐热性、高温硬度和组织稳定性。高温耐热性与硬度取决于钢的基体，与一次碳化物没有直接关系，即基体硬度是决定高速钢耐磨性的首要因素。但如果基体在硬度提高的同时脆性也增加，微崩刃现象反而加快磨损。一次碳化物对耐磨性的影响较为复杂，与它的种类（本身的硬度）、大小、数量和分布等均有关系。如 MC 型碳化物的硬度最高，在提高耐磨性（特别是磨粒磨损）的同时也增加刀具磨削加工的困难。另外，一次碳化物的均匀度对刀具的耐磨性有较大影响，如图 8-33 所示[31]。

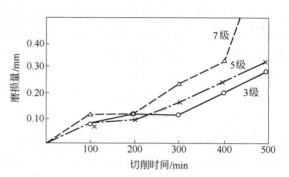

图 8-33　一次碳化物的不均匀度对切削磨损的影响

（3）韧性。高速钢的韧性通常由两个因素联合确定，即破断前变形的能力（塑性）和抵抗永久变形的能力（弹性极限）。工具往往是由于刃部掉屑而造成破损，而这一般发生在工具和工件开始接触时，当工具温度较高时这方面的性能显著改善。因此，高速钢的韧性试验经常在室温下进行。测定高速钢韧性的实验室方法包括抗弯、无缺口冲击、静扭转和扭转冲击试验等。

 B　高速钢中的碳化物

碳化物是高速钢中的主要组成相之一，其硬度和热稳定性（在较高温度下溶解、聚集长大的难易程度）在很大程度决定了高速钢的性能。高速钢中的碳化物主要有 MC、M_6C、M_2C、$M_{23}C_6$、M_7C_3 和 M_3C 等 6 种。其中，M_3C 在高速钢中属于介稳相，只存在于较低温度下的回火过程中，而在高速钢产品中一般不存在。粗略的区分，形成 MC 型碳化物的主要元素为 V，M_6C 和 M_2C 的主要元素为 Mo 或 W，$M_{23}C_6$ 和 M_7C_3 的主要元素为 Cr，其他碳化物形成元素或多或少均可溶解于其中。依据碳化物形成元素与碳原子结合键的强弱，可判断碳化物的硬度和热稳定性。结合能高的，碳化物硬度就高，热稳定性也好。按照碳化物形成能力和热稳定性由高至低顺序，元素依次排列为：$V(MC)$，$W/Mo(M_2C, M_6C)$，$Cr(M_{23}C_6, M_7C_3)$，$Fe(M_3C)$。高速钢中一般均复合添加上述碳化物形成元素，元素之间可相互溶解于各种碳化物中，从而改变碳化物的热稳定性。强碳化物形成元素溶入热稳定性较低的碳化物中，可提高碳化物的热稳定性；反之则降低碳化物的稳定性。如 M_6C 碳化物中溶入 V 则提高稳定性，溶入 Cr 则降低稳定性。表 8-17 为高速钢中碳化物的基本数据[31]，可以看出，在所有高速钢的合金元素中，V 与 C 的结合能力最强，其形成的碳化物 MC 的熔点和硬度均最高。

表 8-17　高速钢碳化物的基本数据

金属元素	原子半径比 r_c/r_m	碳化物		点阵类型	熔点/℃	硬度 HRC
		类　别	化学式			
Zr	0.48	MC	ZrC	面心立方	3500	2840
Ti	0.554	MC	TiC	面心立方	3200	2850
Nb	0.53	MC	NbC	面心立方	3500	2050

续表8-17

金属元素	原子半径比 r_c/r_m	碳化物		点阵类型	熔点/℃	硬度 HRC
		类 别	化学式			
V	0.57	MC	VC	面心立方	约2750	2010
W	0.55	M_2C	W_2C	密排六方	2750	—
		M_6C	Fe_3W_3C	复杂立方	—	
Mo	0.56	M_2C	Mo_2C	密排六方	2700	1480
		M_6C	Fe_3Mo_3C	复杂立方	—	—
Cr	0.6	M_7C_3	Cr_7C_3	复杂六方	约1670	2100
		$M_{23}C_6$	$Cr_{23}C_6$	复杂立方	约1550	1650
Fe	0.61	M_3C	Fe_3C	复杂正方	约1600	约1300

C 钒的作用

常规铸锻高速钢中的钒含量一般为1%～3%之间,少于1%时钢的二次硬化效果及耐磨性均不足,高于3%时可磨削性急剧恶化导致磨削工序成本过高。早期的研究[28]表明,为达到最佳切削效果,高速钢中提高钒含量的同时应提高碳含量,如图8-34所示。研究结果显示,以0.55% C、1% V 或0.8% V、2% V 为基本成分,每加入1% V 需要提高0.25% C。

由于含钒的 MC 碳化物的热稳定性非常高,在奥氏体化时很难溶解,当其他碳化物如 $M_{23}C_6$ 和 M_6C 已经溶解于奥氏体中,MC 仍然保留下来,从而增加 MC 在总过剩碳化物中的比例。各种高速钢在退火状态和不同温度奥氏体化后的 MC 型碳化物的体积分数如图8-35所示[31]。随着钒含量的增加,过剩的 MC 碳化物数量明显增加。高速钢中加钒,不仅体现在其增加钢的硬度,而且更为重要的是,在相同的硬度条件下,由于 MC 碳化物的数量增加,提高了磨粒磨损性能,如图8-36所示[28]。从图8-35看出,T15钢由于钒含量的

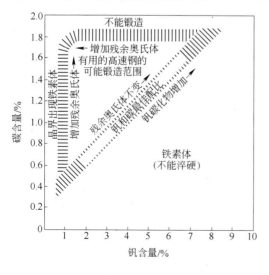

图8-34 在 6% W-5% Mo-4% Cr
高速钢中钒和碳的一般关系图

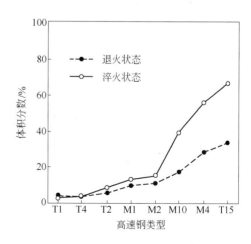

图8-35 八种不同类型的高速钢退火状态
和淬火状态 MC 型碳化物

增加，MC 型碳化物增加，从而显著提高相同硬度下的耐磨性能。

高钒含量的高速钢的切削能力提高不单单是由于其耐磨性高。从图 8-37 可以看出，提高钒含量显著增加高速钢的高温硬度，含有 5% V 的钢与其他较低钒含量的高速钢相比具有明显的高温硬度。在实际应用中，采用快速进刀和快速切削试验，特别是加工经过热处理的钢、奥氏体钢、高温合金、钛合金以及难熔金属，高钒高速钢都具有较大的优势。

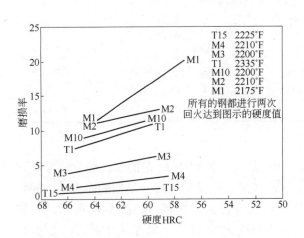

图 8-36   几种高速钢硬度水平与磨损率的关系

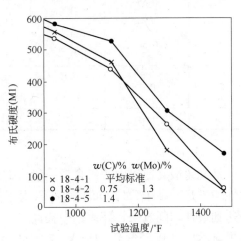

图 8-37   不同钒含量对高速钢高温硬度的影响
（含 1.2% 和 1.5% V 高速钢在一系列温度下的高温硬度。
当钒含量提高时，碳含量按照 1:4 的原则增加）

D   增氮的作用

氮在高速钢中的作用有优点也有缺点。早期的研究就发现，少量氮可细化高速钢铸态组织中的共晶网，细化一次 M_6C 碳化物，因而可提高淬火奥氏体的晶粒度，增加二次硬度和热稳定性，改善硬度和韧性的综合匹配，有利于改善切削性能。但是，如果高钒高速钢中的氮含量过高，一次碳化物 MC 较为粗大，这是由于氮使高速钢中先共晶 MC 的形成温度升高，与共晶反应之间的正温差加大，从而增加先共晶 MC 碳化物的尺寸，对磨削性能不利。总体上，在高速钢中增氮，进一步提高 MC 碳化物的稳定性（在 MC 碳化物中少量碳原子位置被氮替代，形成富碳的 M(C,N) 型碳化物），从而影响高速钢的各种工艺和力学性能。

近些年针对合金含量稍低的半高速钢[32] 以及表面增氮[33] 的方法和效果的研究取得了一些进展。氮元素对含钒半高速钢析出行为影响的研究表明，Cr-W-Mo-V 半高速钢在 425℃ 以上回火，硬度开始显著上升，至 550℃ 达到二次硬化峰值（HRC60），而在此半高速钢加入 0.10% 左右的氮元素，硬度显著变化的转折点出现在 400℃，二次硬化峰值（HRC61）发生在 525℃，均比低氮钢提前了 25℃，见图8-38。图 8-39 对析出物的研究表明，低氮半

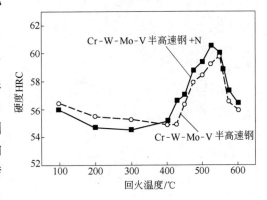

图 8-38   增氮在不同回火温度下
对半高速钢硬度的影响

高速钢在550℃回火析出 M_2C 和 MC 型合金碳化物，呈不规则颗粒状。增氮半高速钢在425℃回火开始有细小沉淀相析出，体现在硬度上扬，而在此温度相应的低氮钢硬度还没有变化。475℃回火时，低氮钢开始析出 θ 碳化物，增氮钢已出现大量方形颗粒，导致硬度跃升，在525℃的二次硬化峰值温度，还出现圆形的复合碳氮化物。

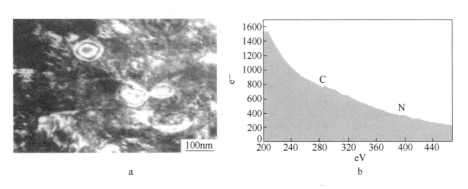

图 8-39　增氮半高速钢的复合碳氮化物析出相（550℃回火）
a—TEM 形貌相；b—电子能量损失谱

另外，高速钢表面氮化能得到硬度特别高、耐腐蚀性有所改善的表面层，其机理在于形成高硬度的 VN 和 γ-Fe_4N 表面薄层。经过液体氮化后的高速钢工具，最主要优点在于其高的硬度和耐磨性，同时摩擦系数明显降低。高的硬度和耐磨性能显著降低切削工件对刀具的磨损作用，而低的摩擦系数则有助于减少刀具接触点上产生的热量，防止"切削烧结"。上述两个方面的作用有助于提高工具的使用寿命。最近，国际上已开始采用离子氮化来改善粉末冶金高速钢的耐磨性能[33]，如图 8-40 所示。结果显示，和钒相配合，离子氮化显著增加表面的硬度，同时，增加钒含量，有利于提高高速钢离子氮化的效果。

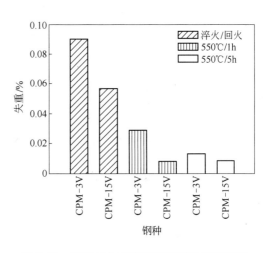

图 8-40　离子氮化对高速钢磨损性能的影响

8.2.2.3　产品实例

A　通用高速钢

通用高速钢又称普通高速钢，是高速钢中的基本钢种，也是高速钢刀具所采用品种、规格和数量最多的品种，占高速钢总用量的 80% 以上。当刀尖温度为 550~600℃ 时，仍可保持硬度 HRC 55~60，是制造形状复杂、尺寸精度高、受冲击载荷大的条件下工作刀具的主要材料。主要通用高速钢的成分如表 8-18 所示。从表中可以看出，通用高速钢一般采用 W、Mo 或 W-Mo 系，加入 1.0%~3.0% V。

（1）W18Cr4V（W18 或 T1）。W18 是钨系高速钢的代表钢号，发展至今已有百年历史，也是我国至今为止应用覆盖面最广的高速钢钢种。W18 钢的各种基本特性列于表 8-19

中[31]。W18 具有较高的 W 含量，有低的过热敏感性，可采用高的淬火温度，但是二次硬化能力不如 M2 钢。由于不含 Mo，且 V 含量较低，影响其二次硬化能力。W18 钢的二次硬化曲线如图 8-41 所示[31]。在 520～560℃的范围内出现硬化峰值，硬度峰值高于淬火态硬度。在我国，W18 钢主要应用于车刀、锯片铣刀和丝锥等。

表 8-18 通用高速钢的化学成分（%）

钢 号	C	Mn	P,S	Si	Cr	W	V	Mo
W18Cr4V(Ti)	0.70～0.80	0.10～0.40	≤0.030	0.20～0.40	3.80～4.40	17.50～19.00	1.00～1.10	≤0.30
W6Mo5Cr4V2(M2)	0.80～0.90	0.15～0.40	≤0.030	0.20～0.40	3.80～4.40	5.50～6.75	1.75～2.20	4.50～5.50
W9Mo3Cr4V	0.77～0.87	0.20～0.40	≤0.030	0.20～0.40	8.50～9.50	1.30～1.70	2.70～3.30	
W2Mo9Cr4V2(M7)	0.97～1.05	0.15～0.40	≤0.030	0.20～0.55	3.50～4.00	1.40～2.10	1.75～2.25	8.20～9.20
M1	0.78～0.88	0.15～0.40	≤0.030	0.20～0.50	3.50～4.00	1.40～2.10	1.00～1.35	8.20～9.20
M10	0.84～1.05	0.15～0.40	≤0.030	0.20～0.45	3.75～4.50		1.80～2.20	7.75～8.50

表 8-19 W18 钢的基本性能数据

相组成（1270℃淬火）			
合 金 相	剩余碳化物（$M_6C + MC$）	残余奥氏体	回火马氏体
总量(体积分数)/%	11	<3	余

力学性能			
硬度 HRC	抗弯强度 R_{bm}/MPa	冲击韧性（无缺口）a_K/J·cm^{-2}	抗压强度（纵向）R_{cm}/MPa	弹性模量 E/MPa
63～66	2500～3500	30～35	3000～3400	(22.5～23.0)×10^3

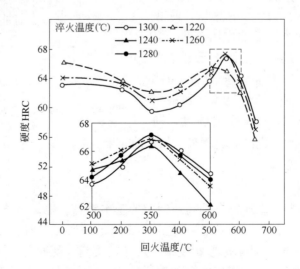

图 8-41 W18 钢的回火硬化曲线

（2）W6Mo5CrV2（M2 或 W6）。M2 钢是 20 世纪 60 年代以来，国际上生产量最多、应用面最广的 W-Mo 系普通高速钢。80 年代后也成为我国生产与应用最多的钢号。其基本性能数据如表8-20所示[31]。图8-42是M2钢1000～1250℃淬火后的回火硬化曲线[31]。可见淬火温度为1000℃时已具有微弱的二次硬化能力，随着淬火温度的升高，二次硬化效果增强；二次硬化峰值的高度和对应的回火温度均随淬火温度上升而提高，至淬火温度为1250℃，峰值硬度的回火温度提高至540℃。

表8-20 M2钢的基本性能数据

相组成（1230℃淬火）			
合金相	剩余碳化物（$M_6C + MC$）	残余奥氏体	回火马氏体
总量(体积分数)/%	9	<3	余

力学性能				
硬度 HRC	抗弯强度 R_{bm}/MPa	冲击韧性（无缺口）a_K/J·cm^{-2}	断裂韧性 K_{IC}/N·mm$^{-3/2}$	弹性模量 E/MPa
63～66	3500～4500	40～50	500～600	$(23～25)×10^4$

作为刀具，M2和W18钢的切削性能基本相当，但是M2钢的使用寿命高于W18钢。如图8-43所示[31]，两种刀具铰过相同孔数后，M2钢的磨损量明显低于W18钢。

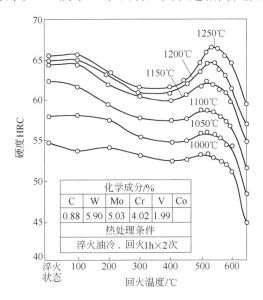

图8-42 W6钢的回火硬化曲线

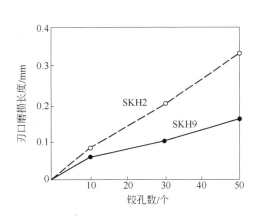

图8-43 M2钢和W18钢铰刀的切削性能对比

（3）W2Mo9Cr4V2（M7）。M7钢是钼系高速钢中较常见的一种钢，是在M1钢的基础上适当地增加了碳和钒含量。它既保留了钼系钢的高韧性特征，又改善了切削性能，成为一种红硬性、韧性、耐磨性配合较佳的通用型钢种。其基本性能数据如表8-21[31]所示。

表8-21 M7钢的基本性能数据

硬度 HRC	抗弯强度 R_{bm}/MPa	冲击韧性（无缺口）a_K/J·cm^{-2}	弹性模量 E/MPa
61～66	3000～4000	19.5	$217×10^3$

淬火温度对 M7 钢奥氏体组织和硬度的影响如图 8-44[31] 所示。该钢于 1140℃淬火时
获得硬度峰值，高于此温度淬火，硬度随之下降。因为淬火温度提高后，碳化物的溶解量
增多，残余奥氏体量也随之增多，奥氏体晶粒也渐渐长大，由图可以看出 1220℃以下奥氏
体晶粒长大较慢，1220℃以上长大速度加快。

1200℃淬火试样的二次硬化曲线及其与 M2 钢的比较如图 8-45 所示[31]。M7 钢硬度峰
值对应的回火温度与 M2 钢相同，为 520～540℃，但峰值硬度值略高。在常用于检测"红
硬性"的加热温度范围（600～650℃）内，M7 钢的抗回火软化性能低于 M2 钢。但是，
M7 钢的高温硬度并不低于 M2 钢，且略高于 M2 钢。M7 钢耐磨性高于 M1 和 M2 钢，与
M10 钢相当。

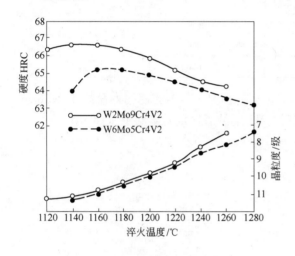

图 8-44　淬火温度对 M7 钢和 W6 钢　　　　图 8-45　M7 钢和 M2 钢的二次
　　　硬度及奥氏体晶粒度的影响　　　　　　　　　硬化曲线比较

B　半高速钢

半高速钢并不是严格意义上的高速钢，它的合金含量比高速钢低很多，如表 8-22 所
示[28]。半高速钢与普通高速钢一样，含有 4% Cr，但是其 W 和 Mo 含量则比高速钢低得
多。为了弥补强碳化物元素 W 和 Mo 含量的减少对红硬性及耐磨性的不利影响，一般在半
高速钢中增加 V 和 C 含量来补偿。除了少数钢种（360 和 369）外，半高速钢的 V 含量均
超过 2%，最高达 4%，比普通高速钢高一些。因此，半高速钢的一个典型特点是，总体
碳化物体积分数低于普通高速钢，但是非常硬的 MC 型碳化物比例非常高，接近普通高速
钢的红硬性和耐磨性要求。

表 8-22　半高速钢的化学成分

符　号	代　号	化学成分/%						
		C	Mn	Si	Cr	V	W	Mo
360	0-4-4-1	0.80	0.25	0.25	4.00	1.10	—	4.25
361	0-4-4-2	0.90	0.25	0.25	4.00	2.00	1.00[①]	4.25
362	0-4-4-3	1.20	0.25	0.25	4.00	3.15	—	4.25
363	0-4-4-4	1.40	0.25	0.25	4.00	4.15	—	4.25

符号	代号	化学成分/%						
		C	Mn	Si	Cr	V	W	Mo
364	3-2$\frac{1}{2}$-4-2	0.95	0.25	0.25	4.00	2.30	2.80	2.50
365	1-2-4-2	0.90	0.25	0.25	4.00	2.25	1.00	2.00
366	1$\frac{1}{2}$-1$\frac{1}{2}$-4-3	1.20	0.25	0.25	4.00	2.90	1.40	1.60
367	2-1-4-2	0.95	0.25	0.25	4.00	2.20	1.90	1.10
368	2$\frac{1}{2}$-2$\frac{1}{2}$-4-4	1.10	0.25	0.25	4.00	4.00	2.50	2.60
369	2-5-4-1	0.95	0.25	0.25	4.00	1.20	1.70	5.00

① 可选择元素。

半高速钢大体分为 Mo 系和 W-Mo 系两种，后者的合金含量略高。以 W-Mo 系钢为例说明半高速钢的性能。半高速钢的奥氏体化温度对淬火硬度和晶粒度的作用如图 8-46 所示[28]。W-Mo 系 364 钢显示出和 M2 具有相似的晶粒长大特性，只是 364 半高速钢的晶粒更为粗大一些。如图 8-47 所示，365 钢则显示了和 M2 相近的淬火硬度曲线，366 钢含有 3%V 和 1.20%C，其回火后的硬度曲线和 M2 钢相近，同时具有良好的耐磨性。

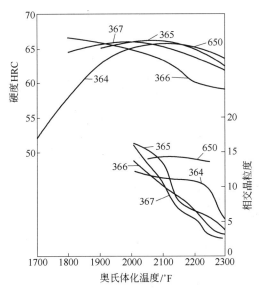

图 8-46　W-Mo 系半高速钢和典型 M2（650）普通高速钢的淬火硬度和晶粒度比较

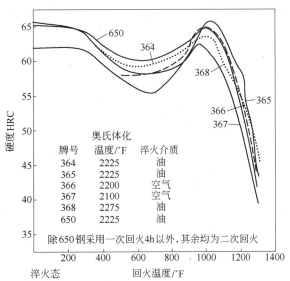

图 8-47　W-Mo 系半高速钢和典型 M2（650）普通高速钢的回火硬度曲线比较

半高速钢的回火稳定性范围没有高速钢那么宽，在使用中的红硬性效果也低于高速钢。但是，在一些周期性的或表面工作温度低的场合，如劈和镶边锯、下料模和一些特殊的木工工具等，可采用半高速钢替代，以期用最经济的成本达到高速钢效果。另外，近十几年来，国内外开始采用半高速钢制造冷轧辊和热轧辊，使用效果较好。这类产品的用量近年来急剧增加，具有较好的市场发展前景[34,35]。

C　高钒高速钢

高钒高速钢的钒含量更高[36,37]，达到 3% ~ 5%，有时为满足一些特殊要求甚至达到10% 或以上。通常，为了使高钒高速钢达到淬硬效果并满足耐磨性要求，碳含量也比普通高速钢有所增加，充分利用 VC 碳化物硬度高、形态好的特点来提高材料的耐磨性和韧性。高钒高速钢拥有 HRC 66 ~ 67 以上的高硬度，刀具的耐磨性和耐用度显著提升。美国 AISI 高钒高速钢的化学成分见表 8-23。

表 8-23　美国 AISI 高钒高速钢的化学成分（%）

钢　号	C	W	Mo	Cr	V	Co
M3（1）	1.00 ~ 1.10	5.00 ~ 6.75	4.75 ~ 6.50	3.75 ~ 4.50	2.25 ~ 2.75	
M3（2）	1.15 ~ 1.25	5.00 ~ 6.75	4.75 ~ 6.50	3.75 ~ 4.5	2.75 ~ 3.75	
M4	1.25 ~ 1.40	5.25 ~ 6.50	4.25 ~ 5.50	3.75 ~ 4.75	2.75 ~ 4.75	
T15	1.50 ~ 1.60	11.75 ~ 13.00	≤1.00	3.75 ~ 5.00	4.50 ~ 5.25	4.75 ~ 5.25

在高钒高速钢中，钒和碳含量的增加并不显著增加钢的硬度，但对耐磨性具有明显的影响，如图 8-48 所示[38]。当钒和碳保持 3∶1 的质量比时，增加钒含量（碳含量随之增加），钢的磨损量显著降低，耐磨性提高数倍，如图 8-48a 所示。这是因为除 VC 数量增加外，还意味着以铬为主的复合碳化物和溶入基体的碳含量增加，这种情况下冲击韧性变化不大，而硬度略有提高，耐磨性大幅提高。而当钒含量固定为 10% 时，碳含量在 1.56% 和 2.25% 的范围内变化，则钒含量大于形成 VC 碳化物的化学配比，钒缩小奥氏体相区，导致基体无法淬硬，材料硬度偏低，耐磨性不高。碳含量超过 2.25% 时，VC 数量变化不大，但是基体淬硬，以铬为主的复合碳化物和溶入基体的碳含量增加，基体硬度提高，耐磨性增加，如图 8-48b 所示。

由于合金含量较高，高钒高速钢在钢锭缓慢凝固过程中产生较为严重的成分偏析，致使工艺性和使用性较差。因此，高钒高速钢常采用粉末冶金技术生产，这种工艺技术下高钒高速钢不存在宏观的合金成分偏析，而且碳化物尺寸细小均匀，使粉末冶金高钒高速钢具有常规铸锻钢不可比拟的多项独特优势。

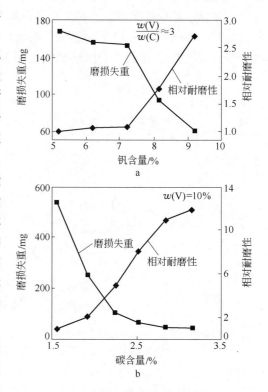

图 8-48　高钒高速钢中钒和碳含量对耐磨性的影响

D　含氮高速钢

含氮高速钢并不能归为高速钢的一大类，但是，由于增氮对高速钢性能的改进，使其可在一定程度上取代含钴高性能高速钢。W12Mo3Cr4V3N（代号 V3N）是我国研制开发的高性能无钴超硬高速钢，其主要成分如表 8-24 所示。其特点是：用少量氮代替相应碳，既保证了二次硬度，又避免过高碳含量带来的对韧性的不利影响。W/Mo 保持 12∶3 的配比，有利于改善碳化物质量和热塑性。同时采用 3% 的高钒含量，并与相应的碳和氮量相配合，既有良好的耐磨性，又有一定的可磨削性。

表 8-24　V3N 含氮超高速钢的主要化学成分（%）

C	W	Mo	Cr	V	Co	N
1.15 ~ 1.25	11.00 ~ 12.50	2.70 ~ 3.20	3.50 ~ 4.10	2.50 ~ 3.10	—	0.04 ~ 0.10

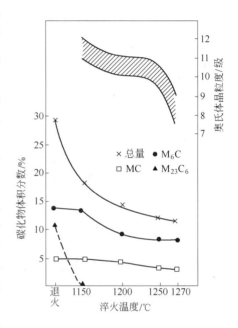

V3N 钢退火态和高温奥氏体化状态下钢中各类碳化物的体积分数及奥氏体晶粒度如图 8-49 所示[31]。退火态 MC 碳化物量约为 5%，由于增氮提高了热稳定性，加热后也没有出现明显溶解，即使到 1270℃ 仍然剩余 3% 左右。正常淬火态钢中碳化物总量为 12% ~ 14%。在 1250℃ 以下淬火，奥氏体晶粒度可保持 9.5 ~ 10 级或更细。

V3N 钢的回火硬度曲线如图 8-50 所示[31]。结果显示，1100℃ 以下淬火没有出现二次硬化，1150℃ 淬火可获得 HRC66 左右的硬度，达到普通高速钢的上限水平，1200℃ 以上淬火能获得 HRC67 的超硬度，实际可用的最高淬火温度为 1250℃，可获得接近 HRC69 的超硬性。

V3N 钢的抗回火软化性良好。经与 V3Co5Si 和 V3Co5 等含钴高性能超硬高速钢对比发现，只要二次硬度相同，V3N 钢的抗回火软化性能均高于含钴钢[31]。除了钴、氮之外，所有元素含量均相同，含 5% Co 钢的二次硬化峰值比 V3N 钢高

图 8-49　退火态和淬火态 V3N 钢中碳化物类型、相对量及奥氏体晶粒度

0.5HRC，而峰值温度却低 20 ~ 30℃。在过回火之后，随回火温度上升，含钴钢硬度的下降趋势比 V3N 大，650℃ 回火后含钴钢的硬度比 V3N 钢低 HRC2，如图 8-51a 所示。4h 高

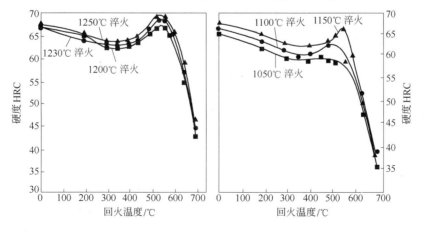

图 8-50　V3N 钢经不同淬火温度淬火后的回火硬度曲线

温加热使含钴钢抗回火软化性能下降较快的特性更加显著，当热处理硬度相同时，含钴钢（V3Co5Si）在 650℃回火 4h 后的硬度比 V3N 钢低 3HRC，如图 8-51b 所示。

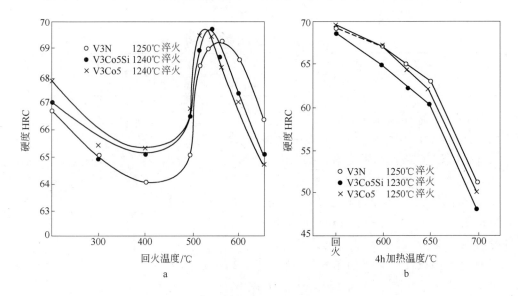

图 8-51　V3N 钢的抗回火软化性能
a—室温硬度；b—高温硬度

V3N 钢主要用于车、刨等单刃刀具。在相同的切削条件下，可比 M2 和 W9 钢的使用寿命提高 2 倍以上。同时可用于加工各种 M2 和 W9 较难加工的刀具，取代原用含 Co 超硬高速钢，切削性能和含钴钢基本处于同一水平下。V3N 还用于制造要求高耐磨、高精度冷作模具等场合。

8.2.3　粉末冶金工模具钢

钒是合金工模具钢的重要合金元素，有效提高钢材的耐磨性和红硬性，常规铸锻冶金工艺生产的钢材，钒含量最高只能在 4%～5%；若进一步增加钢中钒含量，虽然可以提高钢材的耐磨性，但钢材的磨削性能显著恶化，组织均匀性变差。近几十年来，由于粉末冶金技术的迅速发展，采用粉末冶金生产工艺不仅可以解决传统铸锻冶金工艺存在的碳化物组织质量问题，还开辟一条铸锻工艺难以生产或不能生产超高钒或超高合金含量的工模具钢新品种，这已成为该领域生产高质量、高性能产品的重要发展方向之一。

粉末冶金工模具钢的生产工艺，是将要求成分的钢液，用高压惰性气体将液态金属流雾化，快速凝固后得到细小的钢粉，可以完全避免一般工模具钢铸锭时缓慢凝固产生的宏观偏析和粗大碳化物，得到常规铸锻工艺不可能得到的均匀细小组织。特别是对于莱氏体型高碳高合金冷作模具钢和高速工具钢，采用粉末冶金工艺生产可以使钢中的碳化物粒度减小到 1μm 左右，可以完全消除常规铸锻工艺生产的莱氏体型工模具钢中达几十微米的大颗粒碳化物和网状、带状碳化物[39]。

用粉末冶金生产的钢粉，经过筛分后，将要求粒度合格的钢粉封入抽真空的钢桶中，采用冷等静压和热等静压方法将粉末压实烧结成接近理论密度的坯料，再经锻造、轧制成材；或将粉末喷射成型或采用高速压制成型等方法，制成近终型的产品[40]。

与常规铸锻工艺生产的工模具钢相比，粉末冶金工模具钢特性如下：

（1）可磨削性好。特别是对于可磨削性能差的高钒工模具钢，由于碳化物的细化，可磨削性显著提高。

（2）韧性好。由于粉末冶金工模具钢组织细小均匀，显著改善了钢的韧性、抗弯强度等性能指标。

（3）等向性能好，由于粉末冶金工模具钢组织均匀，基本上不会出现各向异性，与常规铸锻工模具钢相比，横向性能得到显著改善。

（4）热处理工艺性能好，由于碳化物颗粒细小，淬火时保温时间可大为缩短（比常规铸锻工模具钢缩短 1/2 ~ 1/3）。由于组织均匀，淬火变形量减小，也降低了出现淬火裂纹的可能性。

粉末冶金工模具钢的性能与常规铸锻工模具钢质量对比见表 8-25。

表 8-25　不同工艺方法生产的工模具钢质量对比

质量及性能		常规方法		粉末冶金法
		铸　态	锻轧态	
显微组织	碳化物偏析	E	C	A
	碳化物尺寸	E	C	A
	奥氏体晶粒度	E	C	A
热处理工艺性能	热处理变形	A	C	A
	热处理缺陷	A	C	A
韧　性	轴　向	E	C	A
	横　向	E	C	B
疲劳强度		E	C	A
腐蚀疲劳		E	C	A
可磨削性		E	C	A

注：A—优秀；B—良好；C—中等；D—较差；E—差。

由于粉末冶金工艺的突出优点，近二十年来粉末冶金工模具钢的产量、品种都发展很快，不仅用于生产一些标准钢号的工模具钢，而且发展了一些常规铸锻工艺难以生产的专用高碳、高合金粉末冶金工模具钢钢号。表 8-26 列出国外粉末冶金工模具钢的代表性钢号。这些钢号含钒量都很高，尤其是一些高钒高碳工模具钢，如 CPM10V、CPM9V、ASP60 等，由于钢中有大量弥散的高硬度 MC 型碳化物，其耐磨性能介于一般高合金冷作模具钢、一般高速工具钢和耐磨的硬质合金之间，由于粉末冶金工模具钢的韧性好，制成的工模具使用寿命可以与一些硬质合金工模具相近。粉末冶金高合金工模具钢具有较好的切削加工性能和耐磨性能，多用于制造一些要求耐磨性高、形状比较复杂的、高精度的、工作条件苛刻的长寿命工模具。

当然由于粉末冶金工模具钢的生产工艺装备比较复杂，生产成本往往比采用常规铸锻工艺生产的工模具钢成倍提高，在选用时要综合考虑。

表 8-26　国外粉末冶金工模具钢的化学成分（%）

钢　号		C	Cr	W	Mo	V	Co	其他	HRC
冷作模具钢	CPM9V	1.78	5.25		1.30	9.00		S：0.03	53~55
	CPM10V	2.45	5.25		1.30	9.75		S：0.07	60~62
	CPM440V	2.15	17.50		0.50	5.75			57~59
	Vanadis4	1.50	8.00		1.50	4.00			59~63
热作模具钢	CPMH13	0.40	5.00		1.30	1.05			42~48
	CPMH19	0.40	4.25	4.25	0.40	2.10	4.25		44~52
	CPMH19V	0.80	4.25	4.25	0.40	4.00	4.25		44~56
高速工具钢	ASP23	1.28	4.20	6.40	5.00	3.10			65~67
	ASP30	1.28	4.20	6.40	5.00	3.10	8.50		66~68
	ASP60	2.30	4.00	6.50	7.00	6.50	10.50		67~69
	CPMRexM3HCHS	1.30	4.00	6.25	5.00	3.00		S：0.27	65~67
	CPMRexT15HS	1.55	4.00	12.25		5.00	5.00	S：0.06	65~67

8.3　耐热钢

　　耐热钢是指在高温下具有较高强度和良好耐蚀性能的特殊钢，按用途大体可分为热强钢和抗氧化钢；按组织可分为珠光体、贝氏体、马氏体、铁素体和奥氏体五大类。热强钢通常在 450~900℃ 温度下使用，要求具有良好的抗蠕变、抗破断和抗氧化性能，又能承受周期性的疲劳应力。用于制造石油加氢反应器，内燃机气阀、高压锅炉管及汽轮机、燃机叶片等。抗氧化钢通常在 500~1200℃ 温度下使用，要求具有较好的抗氧化性或抗高温腐蚀性能，一般情况下承受载荷较低，对抗蠕变和抗蠕变断裂能力要求不高。

　　随着电站、锅炉和石油化工等行业的发展，对具有热强性和抗氧化性的特殊钢提出了越来越高的要求。20 世纪 30 年代就发现了钼是提高耐热钢热强性的有效元素，在低碳钢中加入 0.5% 的钼可使该钢的工作温度从 450℃ 提高到 500℃，经济效益巨大，但该钢有石墨化的问题。为此发展了低合金 Cr-Mo 钢，其典型钢种是 2.25% Cr-1% Mo 钢。为了抑制 Cr-Mo 钢在长期使用中钼向碳化物迁移，进一步提高钢的热强性，或在某种程度上节约钼资源，开发了低合金 Cr-Mo-V 钢，其典型钢种是前苏联的 12Cr1MoV 钢。为了进一步提高低合金耐热钢的热强性和抗氧化性，20 世纪 60 年代以来，国内开展了大量的研究工作，现已研制出多元低合金耐热钢，其工作温度可达 600℃，在应用中可代替部分 Cr-Ni 奥氏体不锈钢，例如我国开发的 12Cr2MoWVTiB（102）钢，性能超过了其他国家同类钢的水平。

　　70 年代，由于能源危机导致火电机组参数不断提高，高端锅炉钢，汽轮机叶片、转子、紧固件用钢的马氏体类耐热钢以及内燃机气阀钢用高碳马氏体钢迅速发展，其中很大一部分钢号都添加了钒，成为火电机组中不可缺少的关键钢号。

8.3.1 钒在耐热钢中的作用

耐热钢的强化方法是加入合金元素以强化 α 相基体，增加回火时析出碳化物的稳定性以及通过热处理使 α 相得到比较稳定的强化结构。其中碳化物形成元素加入钢中形成的特殊碳化物所产生的强化，是耐热钢强化的主要途径，如 Mo 和 W 加入钢中能形成 M_2C 和 M_6C 型碳化物。

钒为缩小奥氏体相区、扩大 α 相区的合金元素，是强碳化物形成元素。在钢中加入钒，经过热处理，在 500~700℃ 范围析出 MX 相（M 代表 V；X 代表 C 或 N），从而起到提高耐热性的作用。Fe-V-C 三元相图富铁一端见图 8-52。

在铁素体珠光体耐热钢中，MC 型碳化物具有最高的稳定性和最好的沉淀强化作用，是最有效的强化相。M_2C 型碳化物的稳定性稍差。M_6C 型碳化物容易聚集长大，强化效果最小。MC 型碳化物能使钢保持较高的蠕变强度，强碳化物形成元素与钢中碳含量达到最佳比例时，具有最高的强化效果。如果钢中 C 和 V 的含量符合 VC 化学式的比例，C 和 V 几乎全部结合形成 VC 时，强化效果最佳。图 8-53 为 V/C 比对 20Cr3MoWV 钢蠕变抗力的影响[41]，当 V/C 比为 4 时，符合形成 VC 的比例，此时得到最高的蠕变抗力。当偏离这种比例时，如果 V/C 比小于 4，由于有剩余的碳存在，就会和 Mo、W 等元素形成 M_2C 和 M_6C 型碳化物，这两种碳化物，尤其是 M_6C，其聚集长大的速度比 VC 快，强化效果差。此外，当形成这两种碳化物时，减少了 Mo、W 在基体 α 相中的含量，减弱了基体中 Mo、W 的固溶强化作用。当 V/C 比大于 4 时，过剩的钒在基体中不起固溶强化作用，反而降低了基体 α 相的蠕变抗力，同时，过量的钒还促进 VC 高速长大。

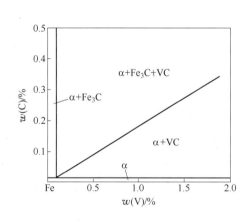

图 8-52　Fe-V-C 相图富铁的一端

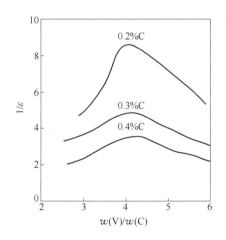

图 8-53　V/C 比对 20Cr3MoWV 钢蠕变性能的影响
（600℃，应力=123MPa，300h，$1/\varepsilon$ 为总蠕变量的倒数）

刘正东等[42]研究了 0.11% C-（11.89%~12.19%）Cr-（1.86%~1.90%）W-（0.37%~0.38%）Mo-0.9% Cu 马氏体耐热钢（T122）中钒含量对钢的组织和性能的影响。研究发现，随钒含量增加，钢中 δ 铁素体量增加（图 8-54），650℃ 持久强度降低（图8-55），这主要是由于钒含量变化影响了钢中 $M_{23}C_6$、MX 和 Laves 相的析出。研究同时发现，对 T122 耐热钢，0.19% V-0.05% Nb 复合添加时的析出强化效果最好。

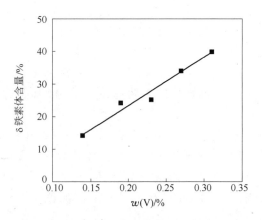

图 8-54 钒含量对 T122 耐热钢中 δ 铁素体含量的影响

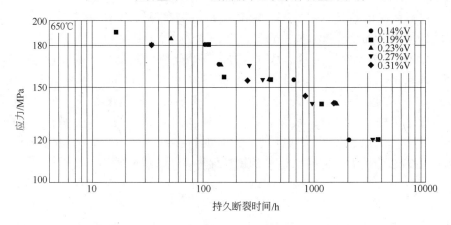

图 8-55 钒含量对 T122 耐热钢蠕变断裂强度的影响

对比 V 和 Nb 的析出强化效果，在低温短时间下 Nb 作用明显，但在长时间高温下 V 的作用较好。大量研究表明[43]，在 V、Nb 单独添加的情况下，高温长时间下效果变小；当 V、Nb 复合添加时，各自的强化作用得到叠加，使强度显著提高，如图 8-56 所示。

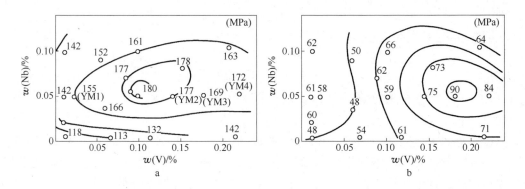

图 8-56 V、Nb 复合添加对 12Cr-2Mo 系钢的蠕变断裂强度的影响（等强度图）
a—600℃，10000h；b—650℃，10000h

此外，V、Nb 的含量对耐热钢的强度影响很大，存在最佳配比。藤田、朝仓等探讨了 (V + Nb)/C 比对 10Cr-2Mo 钢蠕变断裂强度的影响，指出 (V + Nb)/C 比为 0.6 ~ 0.7 时出现一个强度峰值。目前，9 ~ 12Cr 系耐热钢种普遍采用 V、Nb 复合添加的微合金化方式。

在 9% Cr 的 T/P91 钢的时效态中，钒的总析出量与钢中钒含量之比大于 80%。在总析出的钒量中，87.5% 在 MX 相中，12.5% 在 $M_{23}C_6$ 相中。因此，钒主要是形成 MX 型碳氮化物，MX 相是稳定的纳米级强化相，对 T/P91 的高温强化起重要作用。

在 9% Cr 的 T/P92 钢的 600℃、10000h 时效态中，钒的总析出量与钢中钒含量之比为 62.1%。在总析出的钒量中，83.9% 在 MX 相中，10.1% 在 Laves 相中，6% 在 $M_{23}C_6$ 中，因此，钒主要是与钢中的 Nb、N、C 形成 MX 型碳氮化物，这种稳定的纳米级强化相对 T/P92 钢的高温强化起重要作用，其次钒进入 Laves 相中起一定强化作用。研究发现，在 T/P92 时效态钢中的 δ 铁素体中存在着大量的 Laves 相和细小的纳米级的 VN，强化 δ 铁素体，使 δ 铁素体的显微硬度与基体相当。

在 11% Cr 的 T/P122 钢的时效态中，钒的总析出量与钢中钒含量之比达到 62%。在总析出的钒量中，60.3% 在 MX 相中，23.3% 在 $M_{23}C_6$ 中，16.4% 在 Laves 相中。因此，钒主要是与 Nb、N、C 形成 MX 型碳氮化物，这种稳定的纳米级强化相对 T/P122 钢的高温强化起重要作用，另外，钒进入 Laves 相和 $M_{23}C_6$ 相中也起强化作用。

在 9% ~ 11% Cr 马氏体锅炉耐热钢中，V、Nb 复合与 N、C 结合形成 MX 碳氮化物，在高温长时时效过程中比较稳定，这些纳米级的弥散析出对钢的强度有显著贡献。但是，国外研究表明，在几万小时时效或钢管服役后发现 MX 相可能转变成 Z 相，Z 相的形成是许多 MX 相合并而成，因而会使钢强度下降，但是这个过程是长时的。钢中添加钒的含量对每一个钢号都存在一个最佳量，在程世长等人[44]对 T91 钢的研究中，发现钒含量在规定的范围中偏下限含量 T91 钢的持久强度高，这与 MX 相的析出量、形态、粒度都有关系。在包汉生[45]的 T122 钢博士论文中也有同样的规律，0.19% V 钢的持久强度最高。

8.3.2 常用含钒耐热钢牌号

在耐热钢领域，世界发达国家应用比较成熟，已经形成各自的专用标准。我国自 20 世纪 50 年代以来，在生产实践中逐渐形成了较完整的耐热钢体系和标准牌号。现有的产品标准基本满足了我国国民经济发展的需要，主要标准有耐热钢棒（GB/T 1221—2007）、耐热钢板（GB/T 4238—2007）、高压锅炉用无缝钢管（GB/T 5310—2008）、汽轮机叶片用钢（GB/T 8732—2004）、内燃机气阀用钢及合金棒材（GB/T 12773—2008）、变形高温合金和金属间化合物高温材料（GB/T 14992—2005）、合金结构钢（GB/T 3077—1999）等。含钒耐热钢，主要是含钒热强钢广泛应用于锅炉钢（管、板、锻件）、汽轮机的叶片、转子、紧固件、燃气轮机叶片、内燃机气阀、航空发动机涡轮盘、压气机盘及其他高温用零部件。上述标准中所列含钒耐热钢大体上反映了含钒耐热钢的领域和应用，上述标准中的钢号和特点及主要用途列于表 8-27 ~ 表 8-41 中。在国军标（GJB）和其他一些标准中的含钒耐热钢仍有应用，在此不一一列举。

表 8-27 含钒耐热钢棒化学成分（%）（GB/T 1221—2007）

序号	牌号	C	Si	Mn	Cr	Mo	V	Ti	B	Ni	Al	Nb	N	W	P	S
1	14Cr11MoV (1Cr11MoV)	0.11~0.18	≤0.50	≤0.60	10.00~11.50	0.50~0.70	0.25~0.40			≤0.60					≤0.035	≤0.030
2	18Cr12MoVNbN (2Cr12MoVNbN)	0.15~0.20	≤0.50	0.50~1.00	10.00~13.00	0.30~0.90	0.10~0.40			≤0.60		0.20~0.60	0.05~0.10		≤0.035	≤0.030
3	15Cr12WMoV (1Cr12WMoV)	0.12~0.18	≤0.50	0.50~0.90	11.00~13.00	0.50~0.70	0.15~0.30			0.40~0.80				0.70~1.10	≤0.035	≤0.030
4	22Cr12NiWMoV (2Cr12NiWMoV)	0.20~0.25	≤0.50	0.50~1.00	11.00~13.00	0.75~1.26	0.20~0.40			0.50~1.00				0.75~1.25	≤0.040	≤0.030
5	13Cr11Ni2W2MoV (1Cr11Ni2W2MoV)	0.10~0.16	≤0.60	≤0.60	10.50~12.00	0.35~0.50	0.18~0.30			1.40~1.80				1.50~2.00	≤0.035	≤0.030
6	18Cr11NiMoNbVN (2Cr11NiMoNbVN)	0.15~0.20	≤0.50	0.50~0.80	10.00~12.00	0.60~0.90	0.20~0.30			0.30~0.60	≤0.30	0.20~0.60	0.04~0.09		≤0.030	≤0.025
7	06Cr15Ni25Ti2MoAlVB (0Cr15Ni25Ti2MoAlVB)	≤0.08	≤1.00	≤2.00	13.50~16.00	1.00~1.50	0.10~0.50	1.90~2.35	0.001~0.010	24.00~27.00	≤0.35				≤0.040	≤0.030

表 8-28　含钒耐热钢棒的特点和用途

新牌号	旧牌号	特性和用途
14Cr11MoV	1Cr1MoV	铬钼钒马氏体耐热钢。有较高的热强性，良好的减震性及组织稳定性。用于透平叶片及导向叶片
18Cr12MoVNbN	2Cr12MoVNbN	铬钼钒铌氮马氏体耐热钢。用于制作高温结构部件，如汽轮机叶片、盘、叶轮轴、螺栓等
15Cr12WMoV	1Cr12WMoV	铬钼钨钒马氏体耐热钢。有较高的热强性，良好的减震性及组织稳定性。用于透平叶片、紧固件、转子及轮盘
22Cr12NiWMoV	2Cr12NiWMoV	性能与用途类似于 13Cr11Ni2W2MoV（1Cr11Ni2W2MoV）。用于制作汽轮机叶片
13Cr11Ni2W2MoV	1Cr11Ni2W2MoV	铬镍钨钼钒马氏体耐热钢。具有良好的韧性和抗氧化性能，在淡水和湿空气中有较好的耐蚀性
18Cr11NiMoNbVN	(2Cr11NiMoNbVN)	具有良好的强韧性、抗蠕变性能和抗松弛性能，主要用于制作汽轮机高温紧固件和动叶片
06Cr15Ni25Ti-2MoAlVB	0Cr15Ni25Ti-2MoAlVB	奥氏体沉淀硬化型钢，具有高的缺口强度，在温度低于980℃时抗氧化性能与 06Cr25Ni20（0Cr25Ni20）相当。主要用于 700℃ 以下的工作环境，要求具有高强度和优良耐蚀性的部件或设备，如汽轮机转子、叶片、骨架、燃烧室部件和螺栓等

表 8-29　含钒耐热钢钢板和钢带化学成分（%）（GB/T 4238—2007）

序号	牌　号	C	Si	Mn	Cr	Mo	V
1	22Cr12NiMoWV	0.20 ~ 0.25	≤0.50	0.50 ~ 1.00	11.00 ~ 12.50	0.90 ~ 1.25	0.20 ~ 0.30
2	06Cr15Ni25Ti2MoAlVB	≤0.08	≤1.00	≤2.00	13.50 ~ 16.00	1.00 ~ 1.50	0.10 ~ 0.50

序号	牌　号	Ti	B	Ni	Al	W	P	S
1	22Cr12NiMoWV			0.50 ~ 1.00		0.90 ~ 1.25	≤0.025	≤0.025
2	06Cr15Ni25Ti2MoAlVB	1.90 ~ 2.35	0.001 ~ 0.010	24.00 ~ 27.00	≤0.35		≤0.040	≤0.030

表 8-30　含钒的 Fe 基和 Fe-Ni 基合金化学成分（%）（GB/T 14992—2005）

序号	牌号	C	Si	Mn	Cr	Mo	V	Ti
1	GH1016	≤0.08	≤0.60	≤1.80	19.00 ~ 22.00			
2	GH2036	0.34 ~ 0.40	0.30 ~ 0.80	7.50 ~ 9.50	11.5 ~ 13.5	1.10 ~ 1.40	1.25 ~ 1.55	≤0.12
3	GH2132	≤0.08	≤1.00	≤2.00	13.5 ~ 16.0	1.00 ~ 1.50	0.10 ~ 0.50	1.75 ~ 2.30
4	GH2136	≤0.06	≤0.75	≤0.35	13.0 ~ 16.0	1.00 ~ 1.75	0.01 ~ 0.10	2.40 ~ 3.20

序号	牌　号	B	Ni	Al	Nb	N	W	P	S
1	GH1016		32.00 ~ 36.00			0.13 ~ 0.25	5.00 ~ 6.00	≤0.020	≤0.015
2	GH2036		7.0 ~ 9.0		0.25 ~ 0.50			≤0.035	≤0.030
3	GH2132	0.001 ~ 0.010	24.0 ~ 27.0	≤0.40				≤0.030	≤0.020
4	GH2136	0.005 ~ 0.025	24.5 ~ 28.5	≤0.35				≤0.025	≤0.025

表 8-31　含钒的铁基和 Fe-Ni 基合金的特点和用途

合金牌号	特点和用途
GH1016	是固溶强化的 Fe-Ni 基合金，利用钨、钼、铌及氮的固溶强化，具有良好的高温强度和塑性、高的热疲劳性能及抗氧化性。冷冲压成型性和焊接性能良好。适宜于工作温度 950℃ 以下的航空发动机燃烧室板材结构件和其他高温零件，可制作板材、棒材、环形件和锻件等。钒元素除存在于奥氏体基体中还存在于析出相 L 相中（即 $Cr_{0.42}Fe_{0.39}Ni_{0.19})_{2.15}$（$W_{0.55}Mo_{0.35}Nb_{0.05}V_{0.05}$），L 相主要分布在晶内，少量在晶界
GH2036	是以 VC 强化的析出强化型铁基高温合金，在 600 ~ 650℃ 具有良好的高温力学性能和持久强度，主要用于 600 ~ 650℃ 航空涡轮喷气发动机的涡轮盘、承力环、紧固件，也应用于柴油机和汽轮机的叶片及其他高温部件。VC 在 700 ~ 800℃ 析出量最多，主要分布在晶内，650℃ 长期时效过程中颗粒发生长大
GH2132	是 Fe-15Cr-25Ni 基高温合金，利用 γ′ 相析出强化和钼的固溶强化，在 650℃ 以下具有高的屈服强度和持久强度，并有较好的加工塑性和良好的焊接性能，适合制造 650℃ 以下航空发动机高温承力件，如涡轮盘、压气机盘、转子叶片和紧固件等。合金中存在 γ′ 相、η 相等
GH2136	是 Fe-Ni 基高温合金，利用 γ′ 相析出强化和钼的固溶强化，在 650 ~ 700℃ 有较高的屈服强度和持久强度，主要用于 650 ~ 700℃ 航空涡轮发动机的涡轮盘及其他高温构件。合金中除 γ′ 相外还有 η 相、M_3B_2 及 TiC 相

8.3.3　典型含钒耐热钢的应用

8.3.3.1　35CrMoV 钢

　　35CrMoV 钢由于加入了钒，使得淬透性和高温强度都超过了 35CrMo 钢，因而能用来制造尺寸较大、强度较高的锻件。该钢生产中有时出现冲击韧性不稳定现象，其原因受多方面影响，例如夹杂物控制、锻造工艺等。在热处理时，若采用水-油淬火，对提高冲击值有好的效果。该钢在 550℃ 时蠕变极限和持久强度均超过 35CrMo 钢，但经 5000h 时效后，其力学性能急剧下降，因而使用温度不得高于 500 ~ 520℃。该钢主要用于制造工作温度 500 ~ 520℃ 以下的转子、叶轮、发电机护环锻件以及其他高应力工作的重要零件及齿轮等。其高温力学性能示于表 8-42，疲劳强度示于表 8-43，蠕变极限和持久强度示于表 8-44。

表8-32　含钒锅炉耐热钢管的化学成分（%）（GB/T 5310—2008）

序号	牌号	C	Si	Mn	Cr	Mo	V	Ti	B	Ni	Al	Cu	Nb	N	W	P	S
1	12Cr1MoVG	0.08~0.15	0.17~0.37	0.40~0.70	0.9~1.20	0.25~0.35	0.15~0.30	—	—	—	—	—	—	—	—	≤0.025	≤0.010
2	12Cr2MoWVTiB（G102）	0.08~0.15	0.45~0.75	0.45~0.65	1.60~2.10	0.50~0.65	0.28~0.42	0.08~0.18	0.0020~0.0080	—	—	—	—	—	0.30~0.55	≤0.025	≤0.015
3	07Cr2MoW2VNbB（T/P23）	0.04~0.10	≤0.50	0.10~0.60	1.90~2.60	0.05~0.30	0.20~0.30	—	0.0005~0.0060	—	≤0.030	—	0.02~0.08	≤0.030	1.45~1.75	≤0.025	≤0.010
4	08Cr2Mo1VTiB（T/P24）	0.05~0.10	0.15~0.45	0.30~0.70	2.20~2.60	0.90~1.10	0.20~0.30	0.06~0.10	0.0015~0.0070	—	≤0.020	—	—	≤0.012	—	≤0.020	≤0.010
5	12Cr3MoVSiTiB（Ⅲ11）	0.09~0.15	0.60~0.90	0.50~0.80	2.50~3.00	1.00~1.20	0.25~0.35	0.22~0.38	0.0050~0.0110	—	—	—	—	—	—	≤0.025	≤0.015
6	10Cr9Mo1VNbN（T/P91）	0.08~0.12	0.20~0.50	0.30~0.60	8.00~9.50	0.85~1.05	0.18~0.25	—	—	≤0.40	≤0.040	—	0.06~0.10	0.030~0.070	—	≤0.020	≤0.010
7	10Cr9MoW2VNbBN（T/P92）	0.07~0.13	≤0.50	0.30~0.60	8.50~9.50	0.30~0.60	0.15~0.25	—	0.0010~0.0060	≤0.40	≤0.040	—	0.04~0.09	0.030~0.070	1.50~2.00	≤0.020	≤0.010
8	10Cr11MoW2VCu1BN（T/P122）	0.07~0.14	≤0.50	≤0.70	10.00~12.50	0.25~0.60	0.15~0.30	—	0.0005~0.0050	≤0.50	≤0.040	0.30~1.70	0.04~0.10	0.040~0.100	1.50~2.50	≤0.020	≤0.010
9	11Cr9Mo1W1VNbBN（T/P911）	0.09~0.13	0.10~0.50	0.30~0.60	8.50~9.50	0.90~1.10	0.18~0.25	—	0.0003~0.0060	≤0.40	≤0.040	—	0.06~0.10	0.040~0.090	0.90~1.10	≤0.020	≤0.010

表 8-33　含钒锅炉耐热钢的特点和用途

钢　号	特点和用途
12Cr11MoVG	低合金珠光体热强钢，有较高的热强性和持久塑性，组织稳定性好，对正火冷却速度敏感，应严格控制。可用于壁温不大于 570℃ 的受热面管，壁温不大于 555℃ 的集箱、蒸汽管道及大型锻件。该钢推荐的持久强度为 $\sigma_{10^5h}^{550℃}=110MPa$，$\sigma_{10^5h}^{570℃}=85MPa$
12Cr2MoWVTiB（G102）	是我国自行研制的低合金贝氏体热强钢，采用 V、Ti 复合形成碳化物弥散强化、W、Mo 复合固溶强化及硼的间隙固溶强化，具有良好的热强性、工艺性和抗氧化性，可用于壁温不大于 580℃ 锅炉过热器、再热器及其他构件。推荐的持久强度为 $\sigma_{10^5h}^{580℃}=118MPa$
07Cr2MoW2VNbB（T/P23）	低合金贝氏体热强钢，采用 V、Nb 复合形成碳化物，主要是 $M_{23}C_6$ 和 MX 碳化物弥散强化、W、Mo 复合固溶强化及硼的间隙固溶强化，具有良好的热强性、工艺性和抗氧化性，可用于壁温不大于 580℃ 锅炉过热器、再热器及其他构件。推荐的持久强度为 $\sigma_{10^5h}^{580℃}=101MPa$
08Cr2Mo1VTiB（T/P24）	低合金贝氏体热强钢，采用 V、Ti 复合形成 $M_{23}C_6$ 碳化物和 MX 碳氮化物弥散强化，W 和 B 的固溶强化，具有良好的热强性、工艺性和抗氧化性，可用于壁温不大于 570℃ 的锅炉过热器、再热器及其他构件。推荐的持久强度为 $\sigma_{10^5h}^{570℃}=100MPa$
12Cr3MoVSiTiB（ΠII）	是我国自行研制的低合金贝氏体热强钢，采用 V、Ti 复合形成碳化物弥散强化，Mo、B 固溶强化，具有良好的热强性、工艺性和抗氧化性，与 12Cr2MoWVTiB（G102）比较抗氧化性好，持久强度略低。可用于壁温不大于 570℃ 锅炉过热器、再热器及其他构件。推荐的持久强度为 $\sigma_{10^5h}^{570℃}=110MPa$
10Cr9Mo1VNbN（T/P91）	是含 9% Cr 的马氏体锅炉耐热钢，主要依靠 $M_{23}C_6$ 碳化物和 V、Nb 复合形成的 MX 碳氮化物弥散强化，Mo 的固溶强化，具有良好的热强性、工艺性和抗氧化性。可用于超临界锅炉壁温不大于 625℃ 的过热器，壁温不大于 650℃ 的再热器，壁温不大于 600℃ 的主蒸汽管和集箱，也可用于核电的热交换器及石油裂化装置。推荐的持久强度为 $\sigma_{10^5h}^{600℃}=93MPa$，$\sigma_{10^5h}^{630℃}=63MPa$，$\sigma_{10^5h}^{650℃}=44MPa$
10Cr9MoW2VNbBN（T/P92）	是含 9% Cr 的马氏体锅炉耐热钢，主要依靠 $M_{23}C_6$ 碳化物、Laves 相和 V、Nb 复合形成的 MX 碳氮化物弥散强化，W、Mo 和 B 的固溶强化，具有良好的热强性、工艺性和抗氧化性。可用于超超临界锅炉壁温不大于 650℃ 的再热器、壁温不大于 610℃ 的主蒸汽管和集箱，也可用于核电的热交换器及石油裂化装置。推荐的持久强度 $\sigma_{10^5h}^{610℃}=120MPa$，$\sigma_{10^5h}^{630℃}=95MPa$，$\sigma_{10^5h}^{650℃}=71MPa$
10Cr11MoW2VNbCu1BN（T/P122）	是含 11% Cr 的马氏体锅炉耐热钢，强化特点是依靠 $M_{23}C_6$ 碳化物、Laves 相、V 和 Nb 复合形成的 MX 碳氮化物及富 Cu 相的弥散析出强化，W、Mo 和 B 的固溶强化，具有良好的热强性、工艺性和抗氧化性。抗蒸汽氧化性能优于 T/P92 钢，持久强度低于 T/P92 钢，可用于超超临界锅炉壁温不大于 625℃ 的过热器，壁温不大于 650℃ 的再热器，壁温不大于 610℃ 的主蒸汽管和集箱，也可用于石油裂化装置。推荐的持久强度 $\sigma_{10^5h}^{610℃}=111MPa$，$\sigma_{10^5h}^{630℃}=86MPa$，$\sigma_{10^5h}^{650℃}=64MPa$
11Cr9Mo1W1VNbBN（T/P911）	是含 9% Cr 的马氏体锅炉耐热钢，主要依靠 $M_{23}C_6$ 碳化物、Laves 相和 V、Nb 复合形成的 MX 碳氮化物弥散析出强化，W、Mo 和 B 的固溶强化，具有良好的热强性、工艺性和抗氧化性。其持久强度性能介于 T/P91 和 T/P92 之间。可用于超超临界锅炉壁温不大于 620℃ 的过热器、壁温不大于 610℃ 的主蒸汽管和集箱，核电的热交换器及石油裂化管装置。推荐的持久强度 $\sigma_{10^5h}^{610℃}=89MPa$，$\sigma_{10^5h}^{620℃}=71MPa$

表 8-34 含钒汽轮机叶片用耐热钢化学成分（%）（GB/T 8732—2004）

序号	牌号	C	Si	Mn	Cr	Mo	V	Ni
1	1Cr11MoV	0.11~0.18	≤0.50	≤0.60	10.00~11.50	0.50~0.70	0.25~0.40	≤0.60
2	1Cr12W1MoV	0.12~0.18	≤0.50	0.50~0.90	11.00~13.00	0.50~0.70	0.15~0.30	0.40~0.80
3	2Cr12MoV	0.18~0.24	0.10~0.50	0.30~0.80	11.00~12.50	0.80~1.20	0.25~0.35	0.30~0.60
4	2Cr11NiMoNbVN	0.15~0.20	≤0.50	0.50~0.80	10.0~12.0	0.60~0.90	0.20~0.30	0.30~0.60
5	2Cr12NiMo1W1V	0.20~0.25	≤0.50	0.50~1.00	11.00~12.50	0.90~1.25	0.20~0.30	0.50~1.00

序号	牌号	Al	Cu	Nb	N	W	P	S
1	1Cr11MoV		≤0.30				≤0.030	≤0.025
2	1Cr12W1MoV		≤0.30			0.70~1.10	≤0.030	≤0.025
3	2Cr12MoV		≤0.30				≤0.030	≤0.025
4	2Cr11NiMoNbVN	≤0.03	≤0.10	0.20~0.60	0.04~0.09		≤0.020	≤0.015
5	2Cr12NiMo1W1V					0.90~1.25	≤0.030	≤0.025

表 8-35 含钒汽轮机叶片耐热钢的特点和用途

钢号	特点和用途
1Cr11MoV（14Cr11MoV）	马氏体热强钢，具有良好的热强性、组织稳定性、减震性和工艺性、线膨胀系数小、对回火脆性不敏感，可进行氮化处理提高表面耐磨性。用于540℃以下工作的汽轮机叶片、围带、阀杆及燃气轮机叶片、增压器叶片
1Cr12W1MoV（15Cr12WMoV）	马氏体热强钢，具有良好的热强性、组织稳定性、减震性和工艺性、耐腐蚀性能好。用于580℃以下工作的汽轮机叶片、围带，可制作长叶片及转子
2Cr12MoV	马氏体热强钢，具有良好的热强性、组织稳定性、减震性和工艺性，耐腐蚀性能好。用于550℃以下工作的汽轮机叶片、围带等
2Cr11NiMoNbVN（18Cr11NiMoNbVN）	马氏体热强钢，具有良好的热强性、组织稳定性、减震性和工艺性。可用于600℃以下工作的汽轮机叶片、航空发动机叶片等
2Cr12NiMo1W1V（22Cr12NiWMoV）	相当于C-422（美国）、SUH616（日本），是马氏体热强钢，具有良好的热强性、组织稳定性、减震性和抗松弛性。可用于550℃以下工作的汽轮机叶片、转带及540℃以下工作的曲栓、阀杆

表 8-36 含钒内燃机气阀用耐热钢的化学成分（%）（GB/T 12773—2008）

序号	牌号	C	Si	Mn	Cr	Mo	V	Ti	Cu
1	85Cr18Mo2V	0.80~0.90	≤1.00	≤1.50	16.50~18.50	2.00~2.50	0.30~0.60	—	≤0.30
2	86Cr18W2VRe	0.82~0.92	≤1.00	≤1.50	16.50~18.50	—	0.30~0.60	—	≤0.30
3	61Cr21Mn10Mo1V1Nb1N	0.57~0.65	≤0.25	9.50~11.50	20.00~22.00	0.75~1.25	0.75~1.00		≤0.30

序号	牌号	Ni	Al	Re	Nb	N	W	P	S
1	85Cr18Mo2V	—	—	—	—	—		≤0.040	≤0.030
2	86Cr18W2VRe	—	—	≤0.20	—		2.00~2.50	≤0.035	≤0.030
3	61Cr21Mn10Mo1V1Nb1N	≤1.50	—		1.00~1.20	0.40~0.60	—	≤0.050	≤0.030

表 8-37 含钒内燃机气阀耐热钢的特点和用途

钢 号	特点和用途
85Cr18Mo2V	是高碳马氏体气阀钢，利用碳化物的析出强化和钼的固溶强化，在 550~650℃ 具有高的屈服强度和良好的抗高温燃气腐蚀性能，适宜于制作 550~650℃ 使用的排气阀和高负荷内燃机的进气阀
86Cr18W2VRe	是我国自行研制的高碳马氏体气阀钢，利用碳化物的析出强化和钨的固溶强化，在 550~650℃ 具有高的屈服强度和良好的抗高温燃气腐蚀性能，热加工性能优于 85Cr18Mo2V，适宜于制作 550~650℃ 使用的排气阀和高负荷内燃机的进气阀
61Cr21Mn10Mo1V1Nb1N	是 Cr-Mn-N 系的奥氏体气阀耐热钢，主要依靠碳化物和氮化物的析出强化和 Mo、Nb 的固溶强化，在 600~700℃ 具有高的屈服强度、高温硬度和良好的抗高温燃气腐蚀性能。该钢具有 Cr-Mn-N 钢的共性，即加工硬化和时效硬化的特点，热塑性较差，热加工性能要求严格。主要析出相有 $M_{23}C_6$、Cr_2N 和 MX 相

表 8-38 含钒耐热结构钢化学成分（%）（GB/T 3077—1999）

序 号	牌 号	C	Si	Mn	Cr	Mo
1	50CrVA	0.47~0.54	0.17~0.37	0.50~0.80	0.80~1.10	—
2	12CrMoV	0.08~0.15	0.17~0.37	0.40~0.70	0.30~0.60	0.25~0.35
3	12Cr1MoV	0.08~0.15	0.17~0.37	0.40~0.70	0.90~1.20	0.25~0.35
4	35CrMoV	0.30~0.38	0.17~0.37	0.40~0.70	1.00~1.30	0.20~0.30
5	25Cr2MoVA	0.22~0.29	0.17~0.37	0.40~0.70	1.50~1.80	0.25~0.35
6	25Cr2Mo1VA	0.22~0.29	0.17~0.37	0.50~0.80	2.10~2.50	0.90~1.10
7	20Cr3MoWV（GB 3077—1988）	0.17~0.27	0.20~0.40	0.25~0.60	2.40~3.30	0.35~0.55

序 号	牌 号	V	Ni	W	P	S
1	50CrVA	0.10~0.20	—	—	—	—
2	12CrMoV	0.15~0.30	—	—	—	—
3	12Cr1MoV	0.15~0.30	—	—	—	—
4	35CrMoV	0.10~0.20	—	—	—	—
5	25Cr2MoVA	0.15~0.30	—	—	—	—
6	25Cr2Mo1VA	0.30~0.50	—	—	—	—
7	20Cr3MoWV（GB 3077—1988）	0.60~0.85	≤0.50	0.30~0.50	≤0.035	≤0.030

表 8-39 含钒耐热结构钢的特点和用途

钢 号	特点和用途
50CrVA	低合金热强钢。用于承受大应力弹簧，也可用作大截面、在不大于 400℃ 温度工作的零件，如调速器拉力弹簧。50CrVA 钢具有较好的韧性、高的比例极限、疲劳强度和屈强比、淬透性较好、过热敏感性较低、回火稳定性较好、缺口敏感性较小。不易脱碳，无石墨化倾向
12CrMoV	低合金热强钢，钢中加入少量钒，形成 VC、VN 化合物弥散析出，能提高钢的强度，在不大于 540℃ 温度下使用其强度性能与 12Cr1MoV 钢相当，推荐用于 540℃ 的主蒸汽管及壁温低于 570℃ 的再热器管
12Cr1MoV	低合金热强钢，钢中加入少量钒，形成 VC、VN 化合物弥散析出，能提高钢的强度，在不大于 540℃ 温度下使用其强度性能与 12Cr1MoV 钢相当，推荐用于 540℃ 的主蒸汽管及壁温低于 570℃ 的再热器管

钢 号	特点和用途
35CrMoV	低合金热强钢。钢中加入钒使钢的淬透性和高温强度提高，超过 34CrMo 钢，可用于大尺寸、高强度锻件。锻造过热和夹杂物对钢的冲击值有明显影响。采用水-油淬火热处理，对提高冲击值有明显效果。主要用于 500～520℃ 温度工作的转子、叶轮、发电机护环及其他高应力工作的零件及齿轮等
25Cr2MoVA	低合金热强钢。该钢对热处理较敏感，改变回火温度会显著影响力学性能。该钢有较高的热强性和抗松弛性能，适合用作汽轮机、锅炉的螺栓，用于 510℃ 以下工作的紧固件、氮化零件，如阀杆、齿轮等
25Cr2Mo1VA	低合金热强钢。该钢具有较高的热强性和抗松弛性能，冷热加工工艺较好，但缺口敏感性大、持久性能差，高温长期使用后易脆化，产生网状组织、硬度升高、韧性降低。主要用于 550℃ 以下工作的紧固件、阀杆等
20Cr3MoWV（GB 3077—1988）	低合金热强钢。具有高的热强性，抗松弛性、持久塑性和组织稳定性。该钢具有良好的淬透性，当原始状态 R_e = 650MPa 时，该钢具有较高的持久塑性和稳定的组织。主要用于 550℃ 以下工作的汽轮机转子、叶轮、喷嘴、套筒、阀杆等

表 8-40　含钒转子耐热钢化学成分（JB/T 1265—85，JB/T 1265—93）

序号	牌 号	化学成分(质量分数)/%									S	P
		C	Si	Mn	Cr	Mo	V	Ni	Alt	Cu	不大于	
1	30Cr1Mo1V	0.27～0.34	0.17～0.37	0.70～1.00	1.05～1.35	1.00～1.30	0.21～0.29	≤0.50	≤0.010		0.012	0.012
2	30Cr2MoV	0.22～0.32	0.30～0.50	0.50～0.80	1.50～1.80	0.60～0.80	0.20～0.30	≤0.30		≤0.20	0.015	0.018
3	28CrMoNiVE	0.25～0.30	≤0.30	0.30～0.80	1.10～1.40	0.80～1.00	0.25～0.35	0.50～0.75	≤0.010	≤0.20	0.012	0.012

表 8-41　含钒转子耐热钢的特点和用途

钢 号	特点和用途
30Cr1Mo1V	低合金热强钢。相当于美国 ASTMA470C/ASS8，具有较高的热强性和淬透性，有较好的抗氧化性和耐腐蚀性。锻造性能和切削性能良好。用于 540℃ 以下的汽轮机高中压转子。推荐的 538℃、10^5h 持久强度为 176MPa
30Cr2MoV	低合金热强钢。相当于德国的 30CrMoV9，前苏联的 P2 钢，具有较高的强度和韧性，在 550℃ 长时间保温仍具有稳定的组织和良好的塑性及室温冲击值。其组织为铁素体加粒状珠光体。该钢浇注锻造工艺性能差，表面易开裂。用于 535℃ 以下汽轮机转子和叶轮机及发电机中心环等。推荐的 535℃、10^5h 持久强度为 155MPa
28CrMoNiVE	低合金热强钢。该钢具有较高的持久强度和蠕变强度，较好的持久塑性，组织稳定。室温力学性能好，冲击韧性较高。550℃、10^5h 持久强度 126MPa。用于 500～540℃ 汽轮机转子、轴壳及大锻件

表 8-42 35CrMoV 钢的高温力学性能

热处理	取 样	试验温度/℃	$R_{p0.2}$	R_m	A_5	Z	$a_{KC}/J \cdot cm^{-2}$
			MPa		%		
850~860℃ 水-油淬火, 630℃回火	由 $\phi 600mm$ 转子上取 切向试样	20	510~690	742~856	14.3~19.3	47.2~57.2	50
		300	600	750	17.5	61.5	
		400	405	590	19.0	65.0	90
		500	400	515	19.5	73.0	60
		550	385	445	20.5	78.5	55
		600	300	345	25.0	83.5	60
	由 $\phi 150mm$ 转子端部取 纵向试样	20	720~820	870~940	15.5~19.0	57.0~64.0	80~140
		500	540	625	16.5	76.5	
		600	505	550	18.0	82.0	

表 8-43 35CrMoV 钢疲劳强度

力学性能		循环次数 N	σ_{-1}	τ_{-1}
R_m	$R_{p0.2}$			
MPa			MPa	
900	760	5×10^5	485	245
		1×10^6	460	
		5×10^6	385	

表 8-44 35CrMoV 钢蠕变极限和持久强度

试验温度/℃	$\sigma_{1 \times 10^{-4}}$	$\sigma_{1 \times 10^{-5}}$	$\sigma_{10^4 h}$	$\sigma_{10^5 h}$
	MPa			
450	224	140		
500	90	55	320	260
550	32	20	220	170

8.3.3.2 12Cr1MoVg 钢

12Cr1MoVg 钢属珠光体低合金热强钢,该钢具有较高的热强性能和持久塑性,580℃以下 10h 的持久强度比国外广泛采用的 2.25CrMo 钢高许多。该钢的生产工艺简单,且抗氧化性能和焊接性能良好,其力学性能和显微组织对正火冷却速度比较敏感。国外与 12Cr1MoVg 钢相当的钢号主要有前苏联的 12X1MΦ 钢和德国曼内斯曼钢厂生产的 12Cr1MoV 钢。该钢主要用于制作壁温不大于 570℃ 的受热面管子,壁温不大于 550℃ 的集箱、蒸汽管道,以及锅炉大型锻件。该钢的一些性能数据见表 8-45~表 8-48。

表 8-45　不同调质处理制度对 12Cr1MoVg 厚壁钢管 565℃持久强度的影响

钢管规格 φ /mm×mm	热处理制度	R_e	R_m	A_5	Z	a_K（DVM 试样）	σ_{10^4h}	σ_{10^5h}
		MPa		%		/J·cm^{-2}	MPa	
368×65	950℃正火加 700℃回火	370	510	34.0	75	149, 230, 231	102	77
		365	510	30.5	73			
	950℃油淬加 730℃回火	435	615	23.0	—	237, 257, 260	151	124
660×45	930℃正火加 760℃回火	360	510	34.0	78	252, 272, 268	110	75
		360	510	31.0	77			
	950℃油淬加 720℃保温 5h 回火	405	535	30.0	—	278, 282, 265	131	108
		430	550	28.0	—			

表 8-46　12Cr1MoVg 钢在 540℃下长期运行后的热强性能

540℃、9.8MPa 下运行时间/h	材料状态	取样部位	σ_{10^4h}/MPa	σ_{10^5h}/MPa	$\sigma_{1×10^{-5}}$/MPa
27000	960~980℃正火 740~760℃回火			125.4	
51580				91.1	
52000			140.1	128.4	
85000			109.8	123.5	
54849	球化 3 级	主汽管监视段	146.0	138.2	
90000	球化 3 级	主汽管监视段	142.1	117.6	74.5
101794	球化 3~4 级	主汽管	158.8	107.8	83.3
106000	球化 3 级	主汽管监视段		110.7	94.5
140690	球化 3 级	主汽管监视段	127.4	102.9	71.5
150000		主汽母管		106.8	83.3
150000		主汽管焊缝		129.4	125.4	85.3
154539	球化 3~4 级	主汽管	126.4		
164000	中度球化	主汽管监视段		107.8	86.2
170548	球化 3 级	主汽管	127.4	104.9	77.7
60000	中度球化	主汽管弯头		115.6	96.0
110660		弯 头	139.9	107.8	85.3
				107.8	73.5

表 8-47　12Cr1MoVg 钢服役后的组织分析结果

运行参数			碳化物中合金元素含量/%			碳化物中合金元素占钢中该元素的百分比/%			碳化物类型	金相组织
时间/h	温度/℃	压力/MPa	Cr	Mo	V	Cr	Mo	V		
原始			0.231	0.113	0.190	19.26	39.00	89.41	主：V_3C，Cr_7C_3 次：$Cr_{23}C_6$，M_6C	铁素体加碳化物 珠光体中度球化
			0.194	0.158	0.237	16.17	53.56	96.73	主：Fe_3C，VC，Cr_7C_3 次：$Cr_{23}C_6$，M_3C	

运行参数			碳化物中合金元素含量/%			碳化物中合金元素占钢中该元素的百分比/%			碳化物类型	金相组织
时间/h	温度/℃	压力/MPa	Cr	Mo	V	Cr	Mo	V		
5000	570	13.73	0.430	0.140	0.200	39.45	42.42	100.00	主:VC 次:少量 $Cr_{23}C_6$	铁素体加碳化物 珠光体完全球化
22100	540	9.80	0.090	0.140	0.260	9.60	46.70	89.7		
54800	540	9.80	0.190	0.170	0.265	20.20	56.70	91.40		
90000	540	9.80	0.120	0.150	0.240	11.30	57.70	88.90	主:Fe_3C,VC 次:Mo_2C,Cr_7C_3	
101800	540	9.80	0.070	0.200	0.240	7.90	62.50	96.00	主:Fe_3C,VC 次:Mo_2C,Cr_7C_3	铁素体加条带状 珠光体加块状碳化物
106000	540	9.80	0.210	0.170	0.270	22.30	57.00	93.10	主:Fe_3C,VC 次:$Cr_{23}C_6$,M_6C	铁素体加碳化物 珠光体显著球化
110700	540	9.80	0.250	0.150	0.260	24.00	51.70	92.90	主:Fe_3C,Cr_7C_3,VC 次:$Cr_{23}C_6$,Mo_2C	
173800	540		0.232	0.227	0.260	22.75	78.28	96.30	主:VC,Cr_7C_3,Fe_3C 次:$Cr_{23}C_6$,Mo_2C	
191800	540		0.247	0.235	0.264	23.98	69.12	94.29	主:VC,Fe_3C 次:$Cr_{23}C_6$,Mo_2C,Cr_7C_3	

表 8-48 12Cr1MoVg 钢高温服役后的力学性能数据

运行参数			R_m/MPa	R_e/MPa	A_5/%	a_K/J·cm^{-2}		$\sigma_{105h}^{540℃}$/MPa	$\sigma_{1\times10^{-5}}^{540℃}$/MPa
时间/h	温度/℃	压力/MPa				20℃	540℃		
5000	570	13.73	480.5 490.3 500.1	279.5 343.2 304.0	32.0 30.0 27.5				
22100	540	9.80	516.8	292.2	26.2	101.0 219.7			
54800	540	9.80	505.0	287.3	25.8	93.2 223.6		117.7	73.5
90000	540	9.80	494.3	303.0	28.4	90.2	102.0	107.9	83.4
101800	540	9.80	486.4	283.4	30.0	18.6	112.8	110.8	93.2
106000	540	9.80	512.9	270.7	29.4	80.4	80.4	103.0	68.6
110700	540	9.80	510.9	299.1	29.6	13.7~83.5	109.8	107.9	73.5

8.3.3.3 1Cr11MoV 钢

1Cr11MoV 钢是马氏体耐热钢，具有较好的组织稳定性、热强性、减震性及工艺性能，线膨胀系数小，对回火脆性不敏感，是一种良好的叶片材料。该钢可以进行氮化处理。可以用做540℃以下工作的汽轮机叶片、围带、阀杆以及燃气轮机叶片。1Cr11MoV 钢采用电炉冶炼或电炉冶炼+电渣重熔工艺，为降低铁素体形成倾向，Cr 含量一般不超过11.5%。热处理一般采用淬火+回火工艺，淬火工艺为1050～1100℃空冷或油冷，回火工艺为720～740℃空冷。1Cr11MoV 钢的典型高温力学性能数据示于表8-49～表8-55。由于合金含量较高，该钢的焊接性能受到限制，一般需焊前预热到350℃左右，宜采用与钢号成分相近的焊条（例如Cr117）进行焊接。为防止焊缝金属产生较多的铁素体，当焊缝金属碳含量在0.1%左右时，Cr 含量应控制在10.0%～10.5%范围。焊后应冷却到150℃左右，再经700℃以上高温回火，不宜焊后直接回火，否则会降低焊接热影响区及焊缝金属的韧性与塑性。

表 8-49 1Cr11MoV 钢的高温力学性能

热处理制度	试验温度 /℃	$R_{p0.2}$	R_m	A_5	Z	$a_K/J \cdot cm^{-2}$
		MPa		%		
1050℃空冷 680℃空冷	20	724	839	17.4	67.7	56.8
		698	818	16.6	59.4	74.5
	550	359	484	14.2	79.4	180.0
		338	490	10.2	78	188.2
	600	252	406	18.4	84	
		245	396	17.4	85.5	212.7
1050℃油冷 680℃空冷	20	696	821	17.2	60.3	103
		684	820	17.2	61.5	102
	550		469	17.5	87.3	185
		228	379	19.5	84.8	215
	600		371	19.1	87.7	210
		226	369	19.4	87.0	190
1050℃正火 675℃×5h 回火	20	764	892	16.0	56.0	
	550	539	598	15.0	65.0	58.8～68.6
	600	500	529	17.5	75.0	
1050℃正火 740℃×2h 回火	20	568	730	19.0	66.0	147
	550	441	529	16.5	66.0	
	600	407	441	20.0	79.0	
1050℃油冷或空冷, 720～740℃空冷	20	490	686	15		58.8
	400	441	588	15		78.4
	450	412	549	15		78.4
	500	392	470	15		78.4
SQB40.19—88	20	794～1000	879～1049	16.0～19.0	60.0～64.0	
	400	612	715	17.3	67.9	
	450	585	688	16.7	70.3	
	500	583	626	19.0	75.0	
	550	486	549	19.5	78.4	

表 8-50 1Cr11MoV 钢的疲劳极限

试验温度/℃	σ_{-1}/MPa（指定寿命 10^7h）	试验温度/℃	σ_{-1}/MPa（指定寿命 10^7h）	试验温度/℃	σ_{-1}/MPa（指定寿命 10^7h）
20	402	480	350	510	332

表 8-51 1Cr11MoV 钢的持久强度试验数据

试验温度/℃	应力/MPa	断裂时间/h	A_5/%	Z/%	持久强度/MPa σ_{10^4h}	持久强度/MPa σ_{10^5h}
500	392	64.5	16	80	305	271
	372	249	24	81		
	353	483.15	24	77		
	343	1114.45	42	81		
	333	1431.3	15	81		
	323	3244	15	76		
	314	5894.15	23	79		
	294	在试验中	—	—		

表 8-52 1Cr11MoV 钢的持久强度外推值

温度/℃	σ_{10^4h}/MPa L-M 法	σ_{10^4h}/MPa 等温线法	σ_{10^5h}/MPa L-M 法	σ_{10^5h}/MPa 等温线法	温度/℃	σ_{10^4h}/MPa L-M 法	σ_{10^4h}/MPa 等温线法	σ_{10^5h}/MPa L-M 法	σ_{10^5h}/MPa 等温线法
500	298	305	253	272	530	241		193	
505	288		243		535	232		183	
510	279		233		540	222		172	
515	270		223		545	213		160	
520	260		214		550	203	201	148	170
525	251		203						

表 8-53 1Cr11MoV 钢的持久强度

热处理制度	试验温度/℃	σ_{10^4h}/MPa	σ_{10^5h}/MPa
1050℃空冷，680℃空冷	550	192~204	149~167
1050℃×30min 油冷，680℃×2h 空冷	550	208	170
SQB40.38—88	550	196	127~147

表 8-54 1Cr11MoV 钢的蠕变试验数据

热处理制度	试验温度/℃	应力 σ/MPa 314	274	235	206	196	176	167	147	137	127	88	蠕变极限/MPa $\sigma_{1\times10^{-4}}$	蠕变极限/MPa $\sigma_{1\times10^{-5}}$
		蠕变速率/%·h^{-1}												
1040℃×30min 油冷 +700℃×3h 空冷	500	45.9 ×10^{-5}	18.3 ×10^{-5}	3.77 ×10^{-5}	1.15 ×10^{-5}		1.81 ×10^{-5}						256	187
	520		84.8 ×10^{-5}	14.1 ×10^{-5}		2.33 ×10^{-5}		1.02 ×10^{-5}		0.43 ×10^{-5}			227	159
1050℃×30min 油冷 +680℃×2h 空冷	550						8.0 ×10^{-5}	4.4 ×10^{-5}		3.4 ×10^{-5}	2.25 ×10^{-5} 1.87 ×10^{-5}		62

热处理制度	试验温度/℃	应力 σ/MPa											蠕变极限/MPa	
		314	274	235	206	196	176	167	147	137	127	88	$\sigma_{1 \times 10^{-4}}$	$\sigma_{1 \times 10^{-5}}$
		蠕变速率/%·h^{-1}												
1050℃×30min 油冷或空冷,680℃ 回火空冷	550													62
SQB40.38—88	550													88

表 8-55　1Cr11MoV 钢的 L-M 参数外推蠕变极限

温度/℃	$\sigma_{1 \times 10^{-4}}$/MPa	$\sigma_{1 \times 10^{-5}}$/MPa	温度/℃	$\sigma_{1 \times 10^{-4}}$/MPa	$\sigma_{1 \times 10^{-5}}$/MPa	温度/℃	$\sigma_{1 \times 10^{-4}}$/MPa	$\sigma_{1 \times 10^{-5}}$/MPa
	L-M 法			L-M 法			L-M 法	
500	256	188	510	242	173	520	227	159
505	249	181	515	235	166			

8.3.3.4　10Cr9Mo1VNbN（T/P91）

10Cr9Mo1VNbN 是高强度的马氏体耐热钢，该钢是美国 ORNL（Oak Ridge National Laboratory）研制并于 1978 年问世，已纳入 ASTM 和 ASME 标准，我国在 20 世纪 80 年代末引进并已纳入国家标准 GB/T 5310—2008。

该钢是在 T9（9Cr-1Mo）钢基础上降碳、添加 V、Nb、N 元素，形成 MX 碳化物以提高强度。该钢具有高的持久强度，持久塑性和高温蒸汽腐蚀性能，在世界各国超临界机组中得到广泛应用，成为主力钢号。T91 钢由于良好的高温强度，高的热导率和低线膨胀系数，替代奥氏体耐热钢 TP304H 和 TP321H 应用于锅炉中，焊接工艺简化，焊接接头性能好。

该钢通常采用电炉熔炼，降低钢中硫含量，减少夹杂物，推荐的正火温度为 1040～1060℃，回火温度为 770～790℃，厚壁管要考虑加速冷却。推荐的焊前预热温度为 200℃，层间温度最高为 350℃，焊后热处理的加热温度为 750～770℃，保温 1h，缓冷。该钢的一些高温力学性能数据见表 8-56～表 8-62。

表 8-56　GB/T 5310—2008 规定的高温屈服强度

温度/℃	100	150	200	250	300	350	400	450	500	550	600
$R_{p0.2}$/MPa	384	378	377	377	376	371	358	337	306	260	198

表 8-57　GB/T 5310—2008 推荐的 10^5h 持久强度（MPa）

温度/℃	540	550	560	570	580	590	600	610	620	630	640	650
σ_{10^5h}/MPa	166	153	140	128	116	103	93	83	73	63	53	44

表 8-58　T/P91 在下列温度时的最大许用应力值 S

温度/℃	38	150	200	250	300	350	400	430	450	470	490	510	530	550	570	590	610	630	650
S/MPa	147	146	146	145	137	139	134	129	124	117	113	107	101	94.5	86.2	71.0	57.2	42.1	29.6

表 8-59 T91 钢高温力学性能

力学性能	试验温度/℃												
	室温	100	200	250	300	350	400	450	500	550	600	650	700
R_m/MPa	741	658	610	606	597	577	566	542	498	440	358	280	195
$R_{p0.2}$/MPa	691	517	482	481	477	462	447	432	414	388	326	256	161
A_5/%	21	20	19	19	18	18	18	20	22	29	29	27	43
Z/%		75	75	75	75	75	75	75	77	86	94	94	95

表 8-60 管材力学性能数据

管子尺寸 ϕ/mm×mm	热处理制度	试验温度/℃	R_e/MPa	R_m/MPa	A/%	Z/%	系列冲击(纵向)	
							试验温度/℃	A_{KV}/J
159×20	1070℃,30min 正火 750℃,60min 回火 760℃,60min 回火	室温	534	713	22	72	−100	25
		300	477	587	20	73	−80	83
		500	385	483	19	74	−40	168
		600	312	410	28	87	0	237
							室温	223
121×20	1050℃,1h 空冷正火 730℃,1h 回火 750℃,1h 回火	室温	540	713	25		−100	30
		300	490	600	18		−80	110
		500	410	500	22		−60	150
		550	400	420	25		0	210
		600	320	360	41		室温	205

表 8-61 钢的力学性能保证值

力学性能	试验材料	试验温度/℃										
		20	100	200	300	400	450	500	525	550	575	600
R_m/MPa	板材、轧材、锻材	680	590	550	530	510	480	440	410	390	370	330
	热弯管	600	570	530	520	480	450	400	370	350	330	290
	冷弯管	570	560	530	520	480	450	400	370	350	330	290
R_e/MPa	板材、轧材、锻材	500	460	450	430	410	400	380	360	350	320	300
	热弯管	410	400	400	390	370	365	350	320	300	270	240
	冷弯管	400	390	390	380	360	350	330	310	300	270	240
A/%	板材、轧材、锻材	20	20	18	17	16	15	17	17	18	18	20
	热弯管	20	20	18	16	15	15	17	17	20	24	26
	冷弯管	20	20	18	18	18	18	18	20	22	25	28
Z/%	板材、轧材、锻材	70	70	70	70	70	65	65	75	75	75	75
	热弯管	75	75	75	75	75	75	75	75	75	75	75
	冷弯管	75	75	75	75	75	75	75	75	75	75	75
a_{KV}/J·cm^{-2}	板材、轧材、锻材	180										
	热弯管	200										

表 8-62　持久强度和蠕变强度

性能	蠕变强度和持久强度/MPa																		
	470℃	480℃	490℃	500℃	510℃	520℃	530℃	540℃	550℃	560℃	570℃	580℃	590℃	600℃	610℃	620℃	630℃	640℃	650℃
$\sigma_{1\times10^{-4}}$	223	298	274	253	231	212	193	177	161	147	133	121	109	98	88	79	70	62	56
$\sigma_{1\times10^{-5}}$	277	256	232	213	193	177	161	146	132	119	107	97	86	77	68	61			
σ_{10^4h}	356	332	309	287	268	250	232	214	199	182	165	150	135	122	110	96	88	79	70
σ_{10^5h}	317	295	274	253	234	215	197	179	162	145	130	115	102	90	78	68	58	51	44

8.4 不锈钢

不锈钢一般是铬含量大于 10.5%，且具有不锈性和耐酸性能的钢。通常对在无污染大气、水蒸气和淡水等弱介质腐蚀环境下具有耐蚀性的钢称为不锈钢，而对在酸、碱、盐等腐蚀性强烈的环境中具有耐蚀性的钢称为耐酸钢。不锈钢的种类很多，性能又各异，目前广泛接受使用的是以钢的组织结构和热处理结合为主要依据的分类方法：马氏体不锈钢、铁素体不锈钢、奥氏体不锈钢、双相不锈钢和沉淀硬化型不锈钢等。大多数不锈钢中不添加钒，但是在不锈钢中添加钒可以增加淬火钢的回火稳定性并产生二次硬化效果，此外，可以细化钢的组织、提高钢的强度。

8.4.1 钒在不锈钢中的作用

钒既是碳化物形成元素，又是铁素体形成元素，在含 12%Cr 的马氏体不锈钢中，钒促进了析出相 M_2X 的形成，从而使二次硬化效果得到增强，如图 8-57 所示。Abbasi 等人[46]研究了钒对 0.02% C-10%Cr-10%Ni-5%Mo-2%Cu-1%Ti 系不锈钢力学性能的影响。结果表明，钒的加入显著改善了钢的力学性能。如图 8-58 所示，当钒含量低于 1% 时，钢的力学性能随着钒含量的增加而加强，当钒含量高于 1% 时，钢的性能随着钒含量的增加而恶化。在钢中加入 0.5% ~1% 的钒能使不锈钢获得较优异的力学性能。

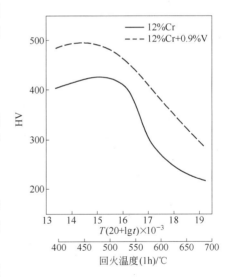

图 8-57　钒对 0.1% C-12%Cr 马氏体不锈钢回火特性的影响
（T 单位为 K，t 单位为 h）

在奥氏体不锈钢中，钒显著提高 00Cr17Ni14Mo2N 钢的低温强度，并使钢的冲击吸收功保持在 100J 以上，在时效状态下含钒的 00Cr17Ni14Mo2N 钢在温度为 4K 下的屈服强度和冲击功均高于不含钒钢，其典型的数据如图 8-59 和图 8-60 所示[47]。含钒钢并未使钢的磁导率发生明显改变，此种特性对核聚变反应装置的超导磁体应用提供了基本保证。

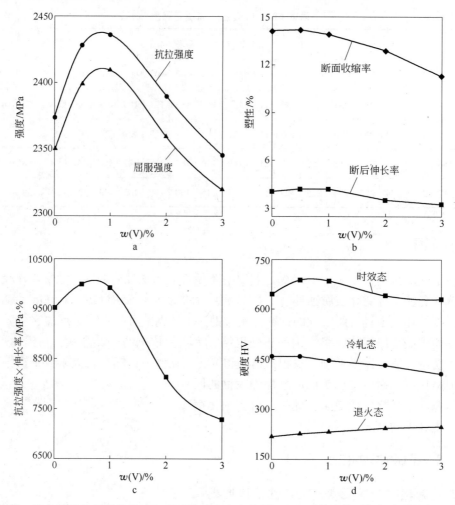

图 8-58   钒含量对 0.02% C-10% Cr-10% Ni-5% Mo-2% Cu-1% Ti 系铁素体不锈钢力学性能的影响
a—强度；b—塑性；c—强塑积；d—硬度

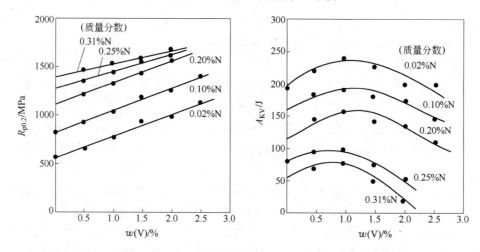

图 8-59   钒含量对 00Cr17Ni14Mo2N 钢在温度为 4K 下的屈服强度和
冲击功的影响（试样经 1100℃ ×5min 退火）

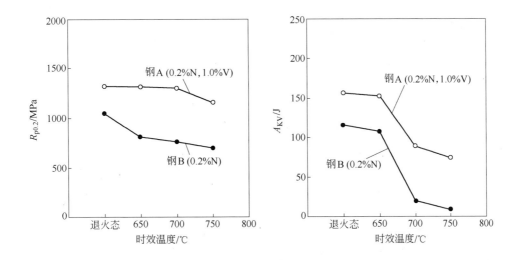

图 8-60 钒含量对时效状态下 00Cr17Ni14Mo2N 钢在 4K 下的屈服强度和冲击功的影响
（试样经 1100℃ ×5min 退火，时效时间为 50h）

Paton[48]对含钒 18Cr-V 系不锈钢的冲击韧性和断裂韧性进行了研究，结果表明，钒对改善不锈钢的冲击韧性有利，但是对断裂韧性没有太大的影响。如图 8-61 和图 8-62 所示，随着钒含量的增加，试验钢的韧脆转变温度逐渐降低，而 $K_{\alpha1}$ 值变化不明显。

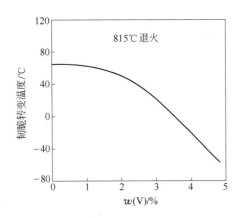

图 8-61 钒含量对 18Cr-V 系铁素体
不锈钢韧脆转变温度的影响

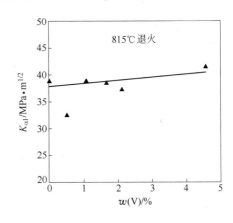

图 8-62 钒含量对 18Cr-V 系铁素体
不锈钢断裂韧性的影响

近些年来新研制的新型沉淀硬化型不锈钢 1Cr16Ni3CuMoWV[49]，其钒含量为 0.44%，时效峰值处，屈服强度达到 1165MPa，抗拉强度达到 1570MPa。其高强度主要由 ε-Cu 和少量 MX 及 M_2X 粒子的析出强化共同作用得到。它不但比 17-4PH 不锈钢的力学性能更优越，且更具有实际应用价值。

此外，在奥氏体不锈钢的焊缝中，加入钒可以对焊缝进行强化。当焊缝中钒含量从 0.226% 增加到 1.03% 时，焊缝金属的抗拉强度提高了 55MPa。钒的固溶强化效果很弱，焊缝金属强度的提高显然不是固溶强化机理所能解释的，而是由于在奥氏体焊缝金属中，当钒含量为 1% 左右时，钒改变了奥氏体焊缝中碳化物的形态和分布，细小弥散的 VC 分布在奥氏体晶粒内部，起到了析出强化作用。

8.4.2　钒在不锈钢中的应用

8.4.2.1　含钒奥氏体不锈钢

00Cr22Ni13Mn5Mo2N 不锈钢既具有良好的耐蚀性，又具有较高的强度，甚至在严重冷变形下或者在低温下长时间暴露时仍然具有无磁性。该钢含有 0.1% ~ 0.3% 的钒，其典型的化学成分和力学性能示于表 8-63 和表 8-64。该钢在很多介质中都表现出优异的耐蚀性能，其中一些耐蚀性见表 8-65，国外已推荐该钢用于食品接触的表面材料。此外，该不锈钢可广泛应用于各类泵、阀、紧固件、缆线、海洋用材料、热交换件、弹簧及照相器材等。

表 8-63　00Cr22Ni13Mn5Mo2N 不锈钢的化学成分（%）

C	Si	Mn	S	P	Cr	Ni	Mo	N	Co	V
≤0.06	≤1.0	4 ~ 6	≤0.03	≤0.04	20.5 ~ 23.5	11.5 ~ 13.5	1.5 ~ 3.0	0.2 ~ 0.3	0.1 ~ 0.3	0.1 ~ 0.3

表 8-64　00Cr22Ni13Mn5Mo2N 不锈钢典型的低温、室温和高温力学性能

温度/℃	抗拉强度/MPa	屈服强度/MPa	伸长率/%	面缩率/%
	退火棒（φ25.4mm，1120℃，保温0.5h，水淬）			
−196	1150	878	41	51
−73	1002	583	50	65
24	830	448	46	65
315	713	320	38	63
427	672	312	30	64
538	624	285	40	62
649	569	285	36	62
732	477	271	39	64
816	360	233	43	77

表 8-65　00Cr22Ni13Mn5Mo2N 不锈钢在三种介质中的腐蚀情况

钢种（退火态）	腐蚀速率（5% H_2SO_4，80℃）/mm · a^{-1}	腐蚀速率（10% $FeCl_3$，23℃）/g · (m^2 · h)$^{-1}$	腐蚀性（5% 盐雾试验，35℃）
00Cr22Ni13Mn5Mo2N	0	0	完好
316L	1.19	0.31	完好

8.4.2.2　含钒马氏体不锈钢

90Cr18MoV 钢属高碳马氏体不锈钢，经淬火回火后具有高的硬度以及良好的耐磨性，此外还具有良好的耐腐蚀性。由于该钢中添加了 Mo 和 V 碳化物形成元素，其热强性和抗回火软化能力均优于 95Cr18 高碳马氏体不锈钢，允许使用的温度也较 95Cr18 钢高，耐磨性、耐腐蚀性也较 95Cr18 钢好。其化学成分及力学性能要求分别示于表 8-66 和表 8-67。

表 8-66　90Cr18MoV 钢的化学成分要求（%）

C	Si	Mn	S	P	Cr	Mo	V
0.85 ~ 0.95	≤0.80	≤0.80	≤0.030	≤0.040	17 ~ 19	1.00 ~ 1.30	0.07 ~ 0.12

表 8-67　90Cr18MoV 钢力学性能要求

牌　号	热处理制度	HRC	HB
90Cr18MoV	1050 ~ 1075℃油冷 +（100 ~ 200℃）回火	≥55	—
	800 ~ 920℃缓冷退火		≤269

　　90Cr18MoV 钢中的碳含量高达 0.90%，因此钢的耐腐蚀性与 95Cr18 钢相当，即耐腐蚀性不够好，但耐磨性能远远优于 95Cr18 钢。90Cr18MoV 钢在退火状态下可以进行冷轧，但变形量不宜太大并应适当进行中间退火。该钢焊接性较差，不宜进行焊接。其零件的退火工艺为：加热至 880 ~ 920℃，炉冷至 600℃以下，空冷；低温退火或高温退火工艺为：加热至 730 ~ 790℃，空冷。表 8-68、表 8-69 为 90Cr18MoV 钢的热加工工艺和热处理规范。90Cr18MoV 钢主要用于制作不锈耐蚀机械刃具、剪切刀具、量具、刃具、外科手术器械、轴承、阀件及各类耐磨损件。

表 8-68　90Cr18MoV 钢和 95Cr18 钢的热加工工艺

牌　号	热加工温度范围/℃	热加工加热温度/℃	冷却方式
95Cr18	950 ~ 1190	1170 ~ 1190	缓冷、炉冷
90Cr18MoV	850 ~ 1150	1170 ~ 1190	缓冷、炉冷

表 8-69　90Cr18MoV 钢和 95Cr18 钢的热处理规范

项　目	加热温度/℃		冷却条件	组　织
	95Cr18	90Cr18MoV		
淬　火	1000 ~ 1050	1050 ~ 1075	油冷	马氏体 + 碳化物
回　火	200 ~ 300	200 ~ 300	油冷或空冷	马氏体 + 碳化物
软化退火	800 ~ 840	800 ~ 850	炉冷	珠光体
冷轧中间退火	790	790	炉冷	珠光体

参 考 文 献

[1] 项程云. 合金结构钢[M]. 北京：冶金工业出版社，1999.

[2] GB/T 3077—1999：合金结构钢[S].

[3] GB/T 1222—2007：弹簧钢[S].

[4] 卢向阳，甘国建，柯晓涛，等. 钒对 Si-Mn 系弹簧钢组织和性能的影响[J]. 钢铁钒钛，2001，22（4）：22 ~ 27.

[5] ASTM A255-02：Standard Test Methods for Determining Hardenability of Steel[S].

［6］ Tsuchida T, Hara T, Tsuzaki K. Relationship Between Microstructures and Hydrogen Absorption Behavior in a V-bearing High Strength Steel［J］. Tetsu-to-Hagane（in Japanese）, 2002, 88(11): 69 ~ 76.

［7］ Asahi H, Hirakami D, Yamasaki S. Hydrogen Trapping Behavior in Vanadium-added Steel［J］. ISIJ Int., 2003, 43(4): 527 ~ 533.

［8］ Pressouyre G M. A Classification of Hydrogen Traps in Steel［J］. Metall. Trans. A, 1979, 10A: 1571 ~ 1573.

［9］ 惠卫军, 翁宇庆, 董瀚. 高强度紧固件用钢［M］. 北京：冶金工业出版社, 2009.

［10］ Hui Weijun, Dong Han, Weng Yuqing. Delayed Fracture Behavior of CrMo Type High Strength Steel Containing Vanadium［J］. Journal of Iron & Steel Research, International, 2003, 10(4), 63 ~ 67.

［11］ Ardehali Barani A, Li F, Romano P, et al. Design of High-strength Steels by Microalloying and Thermomechanical Treatment［J］. Mater. Sci. Eng. A, 2007, 463: 138 ~ 146.

［12］ Nam W J, Choi H C. Effects of Silicon, Nickel and Vanadium on Impact Toughness in Spring Steels［J］. Mater. Sci. Technol. 1997, 13: 568 ~ 574.

［13］ Nam W J, Lee C S, Ban D Y. Effects of Alloy Additions and Tempering Temperature on the Sag Resistance of Si-Cr Spring Steels［J］. Mater. Sci. Eng. A, 2000, 289: 8 ~ 17.

［14］ 祖荣祥. 弹簧钢的合金化研究［J］. 钢铁研究学报, 1997, 9(1): 50 ~ 56.

［15］ 徐德祥, 尹钟大. 弹簧钢高强度化及合金元素的作用［J］. 金属热处理, 2003, 28(12): 30 ~ 36.

［16］ 柯晓涛, 卢向阳. 钒对 Si-Mn 系弹簧钢松弛抗力的影响［J］. 特殊钢, 2007, 28(6): 4 ~ 6.

［17］ Opiela M. Influence of the V Microaddition on the Structure and Mechanical Properties of 60CrV7 Spring Steel［J］. Journal of Achievements in Materials and Manufacturing Engineering, 2007, 20(1-2): 274 ~ 278.

［18］ Uno N, Kubota M, Nagata M, et al. Super High Strength Bolts, SHTB［J］. Nippon Steel Technical Report, 2008, (97): 95 ~ 104.

［19］ Francisco Eiichi Fujita. The Role of Hydrogen in the Fracture of Iron and Steel［J］. Trans. JIM, 1976, 17: 232 ~ 238.

［20］ Yamasaki S, Kubota M, Tarui T. Evaluation Method for Delayed Fracture Susceptibility of Steels and Development of High Tensile Strength Steels with High Delayed Fracture Resistance［J］. Nippon Steel Technical Report, 1999, (80): 50 ~ 55.

［21］ Kubota M, Tarui T, Yamasaki S, et al. Development of High-strength Steels for Bolts［J］. Nippon Steel Technical Report, 2005, (91): 62 ~ 66.

［22］ 惠卫军, 董瀚, 翁宇庆. 耐延迟断裂高强度螺栓钢的研究开发［J］. 钢铁, 2001, 36(3), 69 ~ 73.

［23］ GB/T 1299—2000：合金工具钢［S］.

［24］ 姜祖赓, 陈再枝, 任民恩, 等. 模具钢［M］. 北京：冶金工业出版社, 1993.

［25］ Ponkratin E I, Lenartovich D V, Steblov A B. New Thermostable Steels for Hot Dies［J］. Steel in Translation, 2009, 39(1): 86 ~ 89.

［26］ Kanappan A. Wear in Forging Dies-review of World Experience［J］. Metal Forming, 1969, 36(12): 335 ~ 343.

［27］ 冶金工业部钢铁研究总院. 几种合金钢的干磨损［A］. 见：第一届金属耐磨材料学术会议论文选集. 北京：中国金属学会金属耐磨材料学组, 1982: 133 ~ 136.

［28］ 罗伯茨 G A, 卡里 R A. 工具钢［M］. 徐进, 等译. 北京：冶金工业出版社, 1983.

［29］ 冶金工业部钢铁研究总院. 合金钢手册, 上册, 第一分册［M］. 北京：冶金工业出版社, 1971: 89 ~ 92.

［30］ GB/T 9943—2008：高速工具钢［S］.

[31] 王世昆，等. 高速工具钢[M]. 北京：冶金工业出版社，1983.

[32] 王家明，王艳，孙菲菲. 含氮 Cr-W-Mo-V 半高速钢回火过程中的沉淀析出行为[J]. 特殊钢，2005，26(5)：27~29.

[33] Muñoz Riofano R M, Casteletti L C, Canale L C F, et al. Improved Wear Resistance of P/M Tool Steel Alloy with Different Vanadium Contents after Ion Nitriding[J]. Wear, 2008, 265: 57~64.

[34] 李颁，刘德富，郭李波，等. 冷轧工作辊热处理工艺进展[J]. 黑龙江冶金，2006，(2)：10~13.

[35] 翁宇庆. 现代钢铁流程：轧钢新技术 3000 问(中)(板带暨轧辊合册)[M]. 北京：中国科学技术出版社，2005：168.

[36] 魏世忠，韩明儒，徐流杰. 高钒高速钢耐磨材料[M]. 北京：科学出版社，2009.

[37] 魏世忠，徐流杰，朱金华，等. 碳、钒含量对高钒高速钢组织和力学性能的影响[J]. 钢铁研究学报，2005，17(5)：66~74.

[38] Wei Shizhong, Zhu Jinhua, Xu Liujue. Research on Wear Resistance of High Speed Steel with High Vanadium Content[J]. Mater. Sci. Eng. A, 2005, 404: 138~145.

[39] Futoshi Katsuki, Kouji Watari, Hiroaki Tahira, et al. Abrasive Wear Behavior of a Pearlitic (0.4% C) Steel Microalloyed with Vanadium[J]. Wear, 2008, 264: 331~336.

[40] Akré J , Danoix F, Leitner H, et al. The Morphology of Secondary-Hardening Carbides in a Martensitic Steel at the Peak Hardness by 3DFIM[J]. Ultramicroscopy, 2009, 109: 518~523.

[41] 章守华. 钢铁材料学[M]. 北京：冶金工业出版社，1980.

[42] Liu Z D, Cheng S C, Bao H S, et al. Investigation, Application and Assessment of T122 Heat Resistance Steel[C]. In: Material Science Forum, Vols 539~543, Trans Tech Publications Ltd. , 2007: 2949~2953.

[43] 太田定雄. 铁素体系耐热钢[M]. 北京：冶金工业出版社，2003.

[44] 程世长，林肇杰，王春旭. 钒对 91 钢强度影响机理的探讨[C]. 见：电站设备材料研究成果交流论文集，上海：中国动力工程学会材料专业委员会，1996.

[45] 包汉生. T122 马氏体耐热钢组织稳定性与性能的研究[D]. 北京：钢铁研究总院博士学位论文，2009.

[46] Abbasi S M, Shokuhfar A, et al. Improvement of Mechanical Properties of Cr-Ni-Mo-Cu-Ti Stainless Steel with Addition of Vanadium[J]. Journal of Iron and Steel Research, Int. , 2007, 14(6): 74~78.

[47] 干勇，田志凌，董瀚，等. 中国材料工程大典：第三卷[M]. 北京：化学工业出版社，2006：473.

[48] Paton R. Notch and Fracture Toughness Studies on Stainless Steels Containing Vanadium[J]. ISIJ International, 1998, 38(9): 1007~1014.

[49] 周勇，等. 1Cr16Ni3CuMoWV 新型不锈钢组织与性能研究[J]. 中国冶金，2007，17(8)：33~35.

9 含钒铸铁和铸钢

　　铸铁和铸钢是现代工业不可缺少的铸造金属材料，广泛应用于冶金、机械、矿山、锻压、电力、石油化工、起重机械、煤炭等领域。提高铸件质量、降低其消耗，提高设备效率，将对现代工业产生深远影响。

　　多年来的研究和生产实践表明，在一些铸铁、铸钢品种中加入适量的钒，可以提高铸件的综合力学性能。含钒铸铁和铸钢的性能特点以及优势正逐渐被用户所认可，已经在一些领域获得推广和应用。

9.1 铁-碳-钒系三元相图

　　图 9-1 所示为 Fe-C 双重相图，分别用虚线和实线表示 Fe-C（石墨）系和 Fe-Fe$_3$C 系，前者称为稳定系，后者称为介稳定系。铸钢中的碳含量小于 2.11%，常用碳含量范围在 0.10% ~2.0% 之间，碳以 Fe$_3$C 方式存在。铸铁中碳含量大于 2.11%，实际铸铁常用的碳含量范围在 2.4% ~4.0% 之间。

　　钒是强碳化物形成元素之一，和碳作用可以形成 VC 及 V$_2$C 两种稳定的碳化物。但在铁碳合金和一般合金钢中，通常形成晶体结构和 VC 相同，而分子式相当于 V$_4$C$_3$ 的碳不

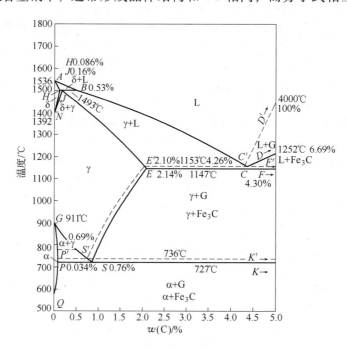

图 9-1　Fe-C 双重相图[1]

饱和的、具有空位的一种碳化物，在各种相图中把它写成 V_4C_3，而有些资料则把它写成 VC。利用 Thermo-calc 热力学计算软件计算了钒对 Fe-C 相图的影响，图 9-2 为钒含量分别为 0.1%、0.5%、1.0% 和 2.0% 的 Fe-C-V 三元平衡相图的垂直截面图。由图可以看出：（1）随着钒含量的增加，γ 相区逐渐缩小；（2）随着钒含量的增加，VC 的析出开始温度增加；（3）共析点的碳含量随钒含量的增加略有升高，而温度变化甚微；（4）在铸铁、铸钢的碳含量范围内，钒含量一般大于 0.1% 时，在低于 800℃ 时，在冷却过程中有明显碳化物析出。

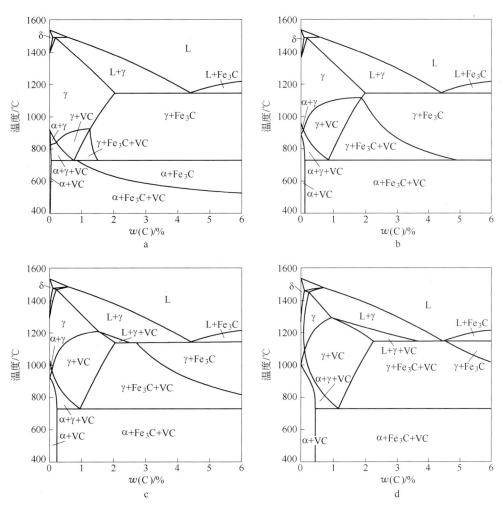

图 9-2 钒含量分别为 0.1%、0.5%、1% 和 2% 的
Fe-C-V 三元平衡相图的垂直截面图
a—0.1%V；b—0.5%V；c—1.0%V；d—2.0%V

9.2 含钒铸铁

铸铁是应用最为广泛的一种铸造合金，铸铁的产量约占铸造合金总产量的 75% 以上。

铸铁是以铁、碳、硅、锰为主要元素的多元合金，它的成分范围大致为：2.4% ~ 4.0%C，0.6% ~ 3.0%Si，0.2% ~ 1.2%Mn，0.1% ~ 1.2%P，0.08% ~ 0.15%S，有时还

加入各种合金元素,以获得具有各种性能的合金铸铁。根据碳在铸铁中的存在形态不同,铸铁分为白口铸铁、灰口铸铁和麻口铸铁。白口铸铁中碳除少量溶于铁素体外,绝大部分以碳化物(Fe₃C)的形式存在于铸铁中。灰口铸铁中,碳主要以石墨的形式存在;而且根据石墨的形态不同分为灰铸铁、球墨铸铁、蠕墨铸铁和可锻铸铁。麻口铸铁具有白口和灰口的混合组织,一般很少使用。

9.2.1 钒在铸铁中的存在形式及作用

钒主要以下述三种形式存在于铸铁中[2,3]:(1)固溶于 α-Fe 中;(2)形成细小的析出相;(3)形成块状化合物。对于表 9-1 中不同成分的铸铁进行化学相分析,其结果列于表 9-2。铸铁中钒分布在 α-Fe、渗碳体、碳化物及氮化物中;其中分布在 α-Fe、渗碳体中的钒是以固溶状态存在,分布在碳化物、氮化物中的钒是以化合态存在。

表 9-1 铸铁的化学成分

试 样	主要成分/%			
	C	Si	V	Ti
G22	3.38	1.65	2.13	0.52
1-8	3.61	1.03	0.21	0.04
3-14	3.85	2.50	0.26	0.05

表 9-2 钒元素的化学相分析结果

试样	总钒量/%		α-Fe		Fe₃C		V(C,N)	
	化学分析/%	相分析/%	钒含量/%	占总钒量百分比/%	钒含量/%	占总钒量百分比/%	钒含量/%	占总钒量百分比/%
G22	2.13	1.719	0.900	52.3	0.047	2.7	0.782	45.0
1-8	0.21	0.250	0.092	36.8	0.077	30.4	0.082	32.8
3-14	0.26	0.273	0.085	31.1	0.036	13.2	0.152	55.7

(1)固溶在基体中。铸铁中的一部分钒固溶在 α-Fe 和渗碳体中,致使含钒铸铁的基体强度比同类普通铸铁要高。一般地,含 0.3% ~ 0.5% V 和少量 0.04% ~ 0.09% Ti 的铸铁基体的显微硬度比同类普通铸铁提高 20% ~ 40%。

(2)细小 V(C,N)析出相。钒与碳、氮具有很强的亲和力。凝固结束后,随温度降低,钒溶解度逐渐下降,促使在冷却过程中不断有含钒碳化物析出,这些含钒碳化物弥散分布在铸铁基体上。铸铁中若同时存在一定量的氮(0.002% ~ 0.003%),在形成钒的碳化物的同时也易形成氮化物和碳氮化物。只有当铸铁中含氮量小于 0.001% 时,铸铁中的钒析出相才主要以碳化物形式存在。含钒铸铁的强度比普通铸铁高,很重要的原因之一就是这些弥散分布的析出强化相强化了铸铁。对于含钒铸铁采用适当的热处理,可以加剧析出和发生析出相的粗化。对经过粗化处理的含钒铸铁试样中含钒粒子的分析表明[4],碳化钒的粗化速度比碳氮化钒急剧增加 50 倍,而碳氮化钒和氮化钒有相同的粗化速度。含钒铸铁经过析出相的粗化处理,材料的硬度下降,但强度和耐磨性提高。

(3)块状化合物及其特性。在凝固过程中,铸铁中的钒有相当部分以块状的碳化物、氮化物及碳氮化物状态析出，在金相显微镜下可以清楚地观察到不同形状的块状物，见图9-3。常见的有以碳化物为主的粉红色骨头棒状（或链状物）的化合物，以碳氮化物为主的粉红色规整的多边形化合物，这种块状物尺寸随钒含量的增加而增加。分析表明，它是一种具有高熔点、高硬度的化合物，对铸铁的各种性能起着一定的作用。

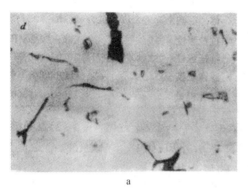 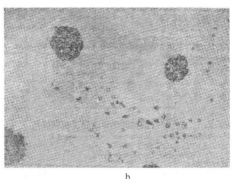

a   b

图9-3　不同钒钛含量的铸铁中块状物的形态和分布[3]（400×）

a—灰铸铁中的块状物，0.33%V，0.042%Ti；

b—球墨铸铁中的块状物，0.2%~0.3%V，0.1%~0.15%Ti

　　铸铁中钒的分布受化学成分与冷却速度的影响。研究表明[2,3]，钒含量大于0.1%时就可以出现明显的块状化合物。一般使用的含钒铸铁成分约为0.1%~0.4%V，通常还含有少量Ti（0.05%~0.3%），所观察到的块状物大部分为四方形、三角形和骨头棒形。随钒含量的增加，块状物的大小及形状均改变，由骨头棒形、三角形、四方形逐渐成Y形、不规则的多边形和花样形，数量增多，尺寸也随之增大。铸件的冷却速度对于钒元素在铸铁中的存在形式影响较大，尤其是影响块状物的尺寸和数量，在凝固温度范围内，随凝固速度减慢，块状物尺寸增大，数量增多。

9.2.2　含钒铸铁的组织与性能

9.2.2.1　含钒铸铁的组织

　　钒能增强铁与碳的结合力，如图9-4所示[1]，故钒强烈地阻碍石墨化、增加铸铁的白口倾向性。钒促进共晶碳化物的形成，导致了薄壁铸件中形成白口组织的倾向[5~7]，例如同样成分的球墨铸铁试样，不加钒时无白口，钒含量分别为0.12%V和0.24%V时，白口深度分别增加至6mm和13mm。少量的钒促进铸态下珠光体组织的形成并细化珠光体[5,8]，对于铁素体型灰口铸铁，在相同的基体成分下，加入0.1%~0.5%V，并以75硅铁孕育的灰铸铁

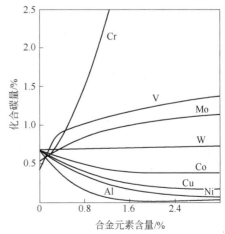

图9-4　合金元素对铸铁中化合碳量的影响[1]

（实验铸铁成分：2.8%C，0.8%Si）

的试验结果表明，无钒时，珠光体含量约为5%，当钒在0.3%时，珠光体增加至20%，当钒在0.5%以上时，珠光体增加至20%~40%。钒在球墨铸铁中促进珠光体形成作用不像在灰铸铁中那样明显。对于成分为3.5%C-2.5%Si-0.3%Mn、经过硅铁镁合金球化处理和硅铁孕育的球墨铸铁，未加钒的铸态组织基本上是铁素体基体，加0.5%V后也能产生约10%珠光体。少量的钒不仅能细化珠光体基体组织，且能细化A型石墨，促进过冷而形成D型石墨，使之分布更加均匀，如图9-5所示。对于球墨铸铁，钒量由0%增加至0.5%时，石墨球的数量减少，形状、尺寸没有大的变化，见图9-6。加入0.5%V的珠光体球墨铸铁经过高温石墨化退火之后，珠光体全部转变为铁素体；但加钒与未加钒的晶粒尺寸显著不同，钒使晶粒显著细化，如图9-7所示。转变后的铁素体中弥散分布的细微粒状析出物明显增加，这种析出物对基体产生强化作用，见图9-8。

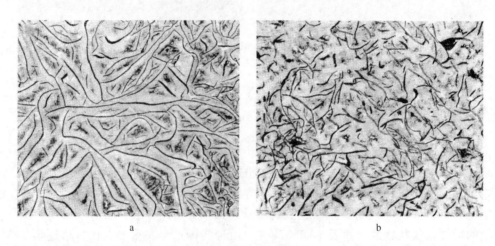

a   b

图9-5　钒对灰口铸铁中片状石墨形貌的影响[5]

a—0.2%V；b—0.5%V

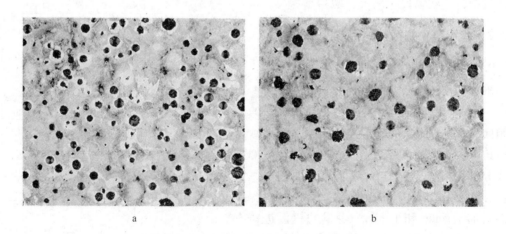

a   b

图9-6　钒对珠光体球墨铸铁石墨的影响[6]

（基体成分：$w(C)=3.5\%$，$w(Si)=2.5\%$，$w(Mn)=0.3\%$，$w(Cu)=0.1\%$，$w(Sn)=0.043\%$）

a—0%V；b—0.51%V

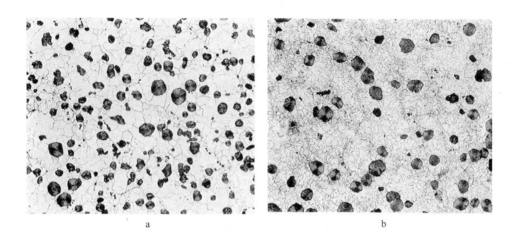

图 9-7 珠光体球墨铸铁退火后，钒对细化铁素体晶粒尺寸的作用[6]

（基体成分：$w(C) = 3.5\%$，$w(Si) = 2.5\%$，$w(Mn) = 0.3\%$，$w(Cu) = 0.1\%$，$w(Sn) = 0.043\%$）

a—0% V；b—0.51% V

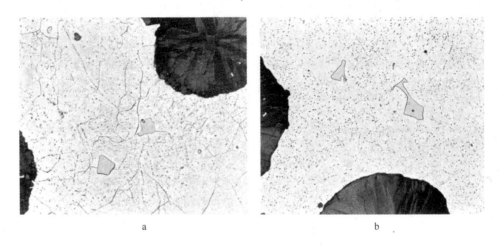

图 9-8 含 0.51% V 铸铁经退火后细小析出物的分布[6]

a—铁素体型球墨铸铁（铸态）；b—珠光体型球墨铸铁（铸态）

文献 [5] 的研究表明，对于含钒量小于 0.5% 的铸铁中，钒促进共晶碳化物形成的倾向可以通过对基体成分的调整和有效的孕育处理控制在可以接受的水平。对于钒促进铸铁中珠光体的形成，珠光体可以通过退火处理消除。

9.2.2.2 含钒铸铁的性能

钒是强化铸铁的元素，随钒含量的增加，铸铁的抗拉强度和硬度也随之增加。图 9-9 所示为合金元素对灰铸铁抗拉强度和硬度的影响[9]，铬、钼、钒分别单独加入同等数量时，显然钒比钼和铬的作用更强。据测定[5]，在接近共晶成分的珠光体灰铸铁中，$w(V) < 0.5\%$ 时，每加入 0.1% V 平均提高抗拉强度 15 ~ 30MPa；即使铸件经过高温石墨化退火后具有铁素体基体，抗拉强度的提高值也基本保持在这个水平上。在不产生共晶渗碳体情况下，每加入 0.1% V 可使珠光体灰铸铁硬度提高 8 ~ 10 个布氏硬度单位；退火后

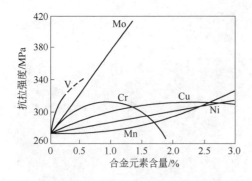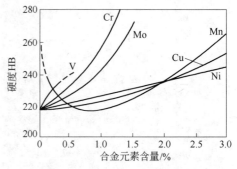

图 9-9　合金元素对灰铸铁强度和硬度的影响

（实验材料：$w(C) = 3.40\%$，$w(Si) = 1.75\%$[9]）

硬度增加值减少到 4~5 个布氏硬度单位。

　　对球墨铸铁的研究表明[6,7]，对于铸态为珠光体的球墨铸铁，加入 0.5%V，屈服强度提高了 50MPa，对抗拉强度几乎没有影响，伸长率由 5% 下降到 3%，硬度提高了近 30 个布氏硬度单位。含钒与不含钒试样均为脆性断裂。但是试样经过石墨化退火后，组织转变为铁素体基体组织，综合性能显著改善，如图 9-10 所示，抗拉强度和硬度显著提高，缺口冲击值和伸长率稍有下降。图 9-11 示出了铁素体球墨铸铁铸态和退火后，钒对力学性能的影响，可见退火后，缺口冲击值也只是稍有下降。这是钒在改善球墨铸铁力学性能方面的一个重要应用。

　　进一步的研究还表明，在球墨铸铁中 0.5%V 与 1%Ni 的配合可以使抗拉强度明显提

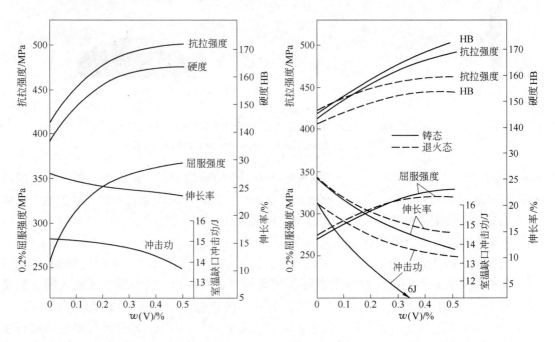

图 9-10　钒对铁素体球墨铸铁力学性能的影响　　　图 9-11　钒对铁素体球墨铸铁力学性能的影响
　　　　（铸态为珠光体基体组织）　　　　　　　　　　　（铸态为铁素体基体组织）

高，伸长率只是稍有下降和韧脆转变温度上升不多，明显优于 Ni 与 Si 或 Mo 的配合[6,7]。

钒能使铸铁在较高工作温度下保持较高的强度水平，这一点与钼有相似的作用，如图 9-12 所示，当钒含量大幅度增加时，材料的高温强度也有较大提高，具有良好的高温抗拉强度。此外，含钒铸铁与普通铸铁相比有较好的耐磨性能，如图 9-13 所示，当含钒量由 0.0% 增加至 0.2% 时，磨损量下降幅度很大，含钒量继续增加，磨损量下降幅度就不明显了。研究表明，含钒铸铁中高显微硬度的钒碳氮物牢固地镶嵌在金属基体中，在磨耗时首先由这些坚硬质点来承受，既降低了基体磨损量，又因隔开了两摩擦副表面而降低了摩擦系数，因而使含钒铸铁的耐磨性提高。

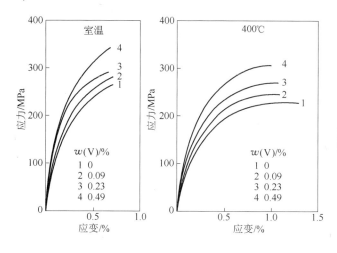

图 9-12　含钒灰铸铁在室温和 400℃ 时的
应力-应变曲线[5]

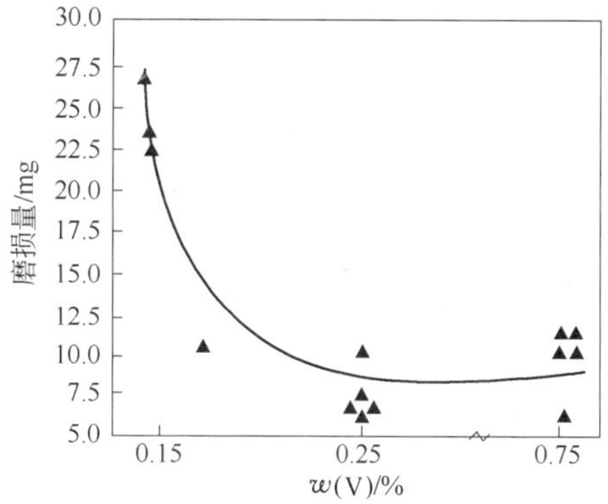

图 9-13　钒对钒钛铸铁耐磨
性能的影响[3]

9.2.3　含钒铸铁的应用

含钒铸铁具有相对高的硬度和耐磨性，具有一定的高温强度和高温耐热性。由于其良好的综合力学性能，含钒铸铁正逐步被生产和使用厂家认可。文献［3］对国内含钒铸铁主要应用和推广情况作了详细的介绍，概述如下：

（1）含钒铸铁钢锭模。钢锭模曾是炼钢生产上消耗量最大的备件之一，国内外学者为提高钢锭模耐用性作了大量的研究。钢锭模是在急冷急热交变载荷下工作，因此要求铸件有一定的高温强度和足够的刚度，同时又应具有良好的抗氧化性。1975 年以来，攀钢利用自己的钒钛生铁开展生产钒钛钢锭模的研究工作，生产实践表明钢锭模最佳的化学成分为 3.5% ~4.0% C，1.5% ~2.0% Si，0.3% ~0.5% Mn，<0.1% P，<0.1% S，0.15% ~0.4% V，0.05% ~0.15% Ti。从 1984 年开始至 1995 年，攀钢生产 100 多万吨钒钛铸铁钢锭模，其模耗综合平均指标为 10.84kg/t，比该指标为 14.24kg/t 的普通铸铁钢锭模寿命提高 24%，达到同期国内先进水平。

（2）机床导轨。机床导轨的耐磨性和抗擦伤能力是影响机床精度和使用寿命的关键因素之一，是机床质量好坏的重要标志。采用普通孕育铸铁的导轨不耐磨，大修周期只有 3 ~5 年，而国外耐磨性较好的机床大修周期一般在 8 年以上。20 世纪 80 年代四川机械研究设计院、北京第一机床厂等多个单位先后用钒钛生铁生产各类机床、铣床等 4000 多台，经过反复试验证明，在 0.20%~0.40% V 和 0.05%~0.15% Ti 的范围内，钒钛铸铁比普通灰铸铁的耐磨性可以稳定地提高 1~2 倍。北京机床研究所选择了比较有代表性的国内外机床 20 多台，在机床导轨或导轨附近切取磨损试样，并在往复式磨损实验机上进行同等条件下的对比实验，结果表明钒钛铸铁导轨的耐磨性已经赶上和超过瑞士、德国、前捷克等国的机床铸铁导轨的耐磨性。钒钛铸铁已被正式列入国家提高机床导轨耐磨性的主要技术措施之一。

（3）曲轴。国内曾经有不少厂矿利用钒钛生铁生产球墨铸铁曲轴并取得很好的使用效果，如四川省成都第一铸造厂和成都铸造研究所研究的合金球墨铸铁汽车曲轴，代替 40Cr 钢生产进口汽车曲轴，经一年装车试验表明，曲轴耐磨性提高 5.8~7 倍，抗拉强度及硬度均符合技术要求，而成本降低 37.5%。攀枝花钢铁研究院与攀枝花市铸造厂合作共同生产了 3 万多根 195 柴油机钒钛球墨铸铁曲轴，产品质量稳定，使用中未发现折断现象。对其进行解剖和磨耗及装机试验证明，钒钛球墨铸铁曲轴内在质量好，比普通球墨铸铁曲轴耐磨性提高一倍以上，达到较好的技术水平。经反复试验，钒钛球墨铸铁曲轴最佳成分范围：3.6%~3.9% C-1.8%~2.3% Si-0.5%~0.8% Mn-0.15%~0.30% V-0.05%~0.1% Ti-0.03%~0.05% RE-0.03%~0.06% Mg。

（4）重型汽车制动毂。重型汽车制动毂在使用过程中磨耗大，如果表面热疲劳强度低，则极易出现龟裂和磨损。制动毂理想的材料应具有稳定的摩擦系数，良好的热导率，较高的热疲劳强度和抗热裂能力，抗磨性能较好以及常温和高温强度高的特点。钒钛铸铁恰好满足上述要求。攀钢汽车修理厂成功利用钒钛生铁生产国内外重型汽车 10~80t 的汽车制动毂系列产品，达到欧共体和美国汽车工程材料的标准。通过一系列的试验表明，钒钛铸铁制动毂摩擦系数适中，具有较好的材料稳定性，与同时期国内生产的石棉绒制动摩擦片的匹配较好，其磨损低于普通铸铁和球墨铸铁。

另外，用钒钛生铁生产各种类型的泵体，使用寿命显著提高。如用钒钛铸铁生产 1.2t 真空泵转子，其使用寿命可达 5 年，与国外用镍铬磷钛等合金铸铁相当。用钒钛生铁生产的汽车缸套、活塞环，抗磨性能比普通铸铁高 20%~80%。用钒钛球墨铸铁生产农用拖拉机的各种零件，均能达到国内所需要的技术指标。用钒钛生铁制造的大小型轧辊、渣罐、底盘等，其寿命提高 24%~200% 以上。用钒钛生铁做原料生产的烧结机的高铬铸铁算条其耐用性比高硅耐热算条寿命提高了 4 倍。

9.2.4 含钒铸铁的新进展

9.2.4.1 含钒高铬白口铸铁

由于有着十分优秀的抗磨性能，高铬白口铸铁从 20 世纪 60 年代开始得到了广泛的应用，并被誉为继普通白口铸铁、镍硬铸铁发展起来的第三代白口铸铁。经典的高铬铸铁是 Cr15Mo3。随着生产发展，按铬含量控制范围，通常采用 Cr15、Cr20、Cr25 三个系列。高铬铸铁铸态时基体组织通常为奥氏体组织，经高温处理后，由于二次渗碳体析出，降低了基体中的碳和铬量，才能获得马氏体组织，但往往伴随有数量不等的残余奥氏体。马氏体与高硬度的铬碳化物（$(FeCr)_{23}C_6$ 型和（$FeCr)_7C_3$ 型）相结合，可获得耐磨性很高的耐磨铸铁。

许多生产者注意到钒对高铬铸铁组织和性能的影响，并探讨钒在高铬铸铁中应用的可行性。曾有报道[5]，在15% Cr 高铬铸铁中加入2.5% V 后，铸态奥氏体大部分转变为贝氏体，共晶碳化物边缘上出现粗针状马氏体，硬度提高到HV600 左右；随着钒含量增加，材料硬度不断上升，加钒量为3% ~4.5% 时，奥氏体枝晶心部未发生转变而残留到室温；当钒含量达到5% 时组织发生明显变化，铸态基体上析出很细的二次碳化钒，奥氏体转变为细马氏体，硬度上升到HV730 左右。含5% V 的高铬铸铁（$w(C) = 3.0\%$ ~3.1%、$w(Si) = 0.8\%$、$w(Cr) = 15\%$、$w(Mo) = 1\%$）的铸态基体组织与同样基本成分不含钒铸铁经高温热处理后的组织基本相同，硬度也很近似。有人认为这是制取铸态马氏体基体高铬铸铁的可行措施。钒在高铬铸铁中的主要作用是析出二次碳化物后，促使奥氏体脱稳，降低了基体的碳含量，提高了马氏体开始转变温度M_s，因此含钒高铬铸铁易发生马氏体转变[10]。

近年来，以进一步提高高铬白口铸铁的耐磨性和韧性为目的的研究表明[11~13]，高铬铸铁中加入钒后，除形成M_7C_3（HV = 1200 ~1600）型碳化物外，还形成硬度非常高的以钒为主的MC 型碳化物（HV = 2300 ~2800）。比M_7C_3还硬的VC 高硬相在碳化物总量上占有一定的份额，对这些碳化物施以团状化和细化处理，不仅使材料的抗磨性提高，韧性也会有所提高。钒促进碳化物的析出，可使合金在亚临界热处理条件下得到马氏体基体组织，残余奥氏体比不含钒的高铬铸铁少很多。由于不需要高温热处理，能降低能源消耗、减少金属的氧化与变形。钒可以细化奥氏体初晶，细化基体组织，使铸铁的力学性能提高，原因在于加钒后出现γ + VC 共晶区域，使单独奥氏体区域变小，即细化了奥氏体；若在加钒的同时加入钛或铼，VC 会球状化，效果更好[13~15]。文献［12］的研究结果表明，采用含钒白口铸铁（质量分数为3.0% C，1.1% Si，1.1% Mn，10.2% Cr，8.9% V，0.4% Mo，0.5% Ni，1.0% Cu）浇注LPCⅢ型破碎机锤头，经560℃、3h 亚临界热处理后进行使用试验，其寿命为高铬（质量分数为3.0% C，0.7% Si，0.9% Mn，18.5% Cr，1.1% Mo）铸铁锤头的3 倍。文献［16］报道通过多年的实验研究和使用表明，含钒的高铬铸铁用于在高温、冲击、磨料磨损条件下使用的烧结机、高炉上的冶金备件，和原材质相比耐用性成倍地提高，并逐步推广应用。

9.2.4.2 含钒贝氏体球墨铸铁材料

基体组织以贝氏体为主的球墨铸铁，一般是经奥氏体化（850~950℃保温）后以较快速度冷却，避免过冷奥氏体在高温区（A_{c1}~500℃）进行珠光体型转变，直接进行中温贝氏体型转变而得到，称为A. D. I，即奥氏体化等温淬火球墨铸铁。添加Mo、Cu、Ni 等合金元素可使过冷奥氏体的珠光体转变曲线右移，可在连续冷却条件下获得贝氏体球墨铸铁。张锁梅等人[17]采用热模拟实验方法对比测定了不同冷却速度下含钒和无钒球墨铸铁的温度-膨胀曲线及其金相组织，结果表明钒显著地拓宽球墨铸铁获得贝氏体组织的冷却速度范围。陈迪林等人[18]通过钒与其他微量合金元素的适当配合，直接在铸态下得到了以贝氏体为主的球墨铸铁。目前国内外生产铸态贝氏体球墨铸铁一般需要加入3% ~4% 镍，由此可见，添加钒明显地降低了铸态贝氏体球墨铸铁的成本。对于淬火贝氏体球墨铸铁，钒不仅拓宽了贝氏体转变的冷却速度范围，同时还增大了淬火温度范围，在850 ~950℃下进行贝氏体化淬火处理，均可得到贝氏体组织，这无疑使生产实际中贝氏体化处理更加容易。此外，钒具有显著细化贝氏体组织的作用。

9.3 含钒铸钢

铸钢是冶炼后直接铸造成型而不需要锻轧的钢种。一些形状复杂、综合力学性能要求较高的大型零件,在加工时难以用锻轧方法成型,在性能上又不允许用力学性能较差的铸铁制造,即可采用铸钢。目前铸钢在矿山、煤炭、冶炼、耐火材料、化工等行业广泛应用。理论上,凡用于锻件和轧材的钢号均可用于铸钢件,但考虑到铸钢对铸造性能、焊接性能和切削加工性能等方面的要求,铸钢的碳含量一般为 0.15% ~ 0.6%。为了提高铸钢的性能,也可进行热处理(主要是退火、正火处理;小型铸钢件还可进行淬火、回火处理)。铸钢按使用特性区分可以分为工程与结构用铸钢(碳素结构钢、合金结构钢);铸造特殊钢(不锈钢、耐磨钢、耐热钢等);铸造工具钢(刀具钢、模具钢)以及专业铸造用钢。在工程与结构用铸钢中添加钒可以起到细化晶粒和析出强化的作用;在某些特殊用途铸钢中,钒也是不可缺少的。

9.3.1 钒在铸钢中的存在形式

钒主要以 $V(C,N)$ 析出相形式和固溶形式存在于铸钢中。表 9-3 为对 ZG20V、ZG30V、ZG40V、ZG70V 几种铸钢的铸态样进行的钒的化学相分析的结果[3]。它表明,在中碳铸钢中,钒在析出相中的数量约占钢中总钒量的 2/3,在固溶体中约为 1/3;在高碳铸钢中,随着钒含量的增多,钒在基体中的固溶量减少。

表 9-3 钒在铸钢中的分布 (铸态样)

铸 钢	总 钒 量		固 溶 钒		析 出 钒	
	化学分析/%	相分析/%	钒含量/%	占总钒量的百分比/%	钒含量/%	占总钒量的百分比/%
ZG20V	0.340	0.351	0.090	26.0	0.259	74.0
ZG30V	0.562	0.566	0.199	35.0	0.364	64.1
	0.860	0.851	0.179	21.0	0.672	78.0
ZG40V	0.170	0.124	0.035	28.0	0.089	72.0
ZG70V	0.140	0.106	0.031	29.6	0.074	70.4
	0.300	0.300	0.027	9.0	0.273	91.0
	0.420	0.421	0.019	4.5	0.402	95.5

当铸钢中含钒量在小于 0.5% 时,其析出相颗粒直径大多数在 30 ~ 60nm 之间,随着铸钢中钒量的增加,其析出相颗粒直径增大。析出粒子的形貌主要为圆形、近似圆形和椭圆形,弥散分布在铁素体晶内、晶界以及珠光体中的铁素体片内。在钒含量小于 0.5% 的铸钢中,钒不易形成铸铁中常见的块状夹杂物,但当含钒铸钢中加入微量钛(0.01% ~ 0.07%)时,就会出现四边形、三角形、多边形等以钛为主的钒钛块状夹杂物。含钒铸钢中的析出相随着温度以及时间的变化有一个溶解和析出过程,不同的处理温度及时间,其固溶和析出量是不同的,且直接影响着铸钢的性能。

9.3.2 钒对铸钢组织和性能的影响

9.3.2.1 钒对铸钢组织的影响

铸钢中加入少量的钒可以细化铸钢基体组织，如果在含钒铸钢中再加入微量的钛，则组织可以进一步细化[3,19]。含钒铸钢与无钒的碳素铸钢相比，在热处理条件下，未能溶入奥氏体内的剩余碳化物阻碍奥氏体晶粒长大，因此奥氏体晶粒细小且均匀。对低碳、中碳和高碳含钒和不含钒铸钢中珠光体的层间距进行测定表明，铸钢中只要加入了钒，珠光体片层间距减小，如表9-4所示，含钒铸钢珠光体片层间距减小5%~23%。

表9-4 钒含量对铸钢珠光体片层间距的影响[3]

铸 钢	$w(C)/\%$	$w(V)/\%$	珠光体片层间距 /nm	珠光体片层间距减小 百分数/%
低碳铸钢	0.19	0.00	385.4	
	0.19	0.40	365.8	5.1
中碳铸钢	0.30	0.00	367.7	
	0.30	0.17	341.9	7
	0.30	0.35	306.4	16.7
	0.30	0.68	282.3	23.2
高碳铸钢	0.68	0.00	513.9	
	0.68	0.40	392.0	23.5

9.3.2.2 钒对铸钢性能的影响

钒对铸钢性能的影响主要表现在几个方面[3,19]：

（1）钒提高铸钢的强度和硬度，可以通过如下方式：钒与钢中碳结合形成 VC 细小颗粒，起到析出强化的作用；钒固溶于铁素体中，提高铁素体强度；钒能增加亚共析钢中的珠光体含量，使钢的强度提高。如表9-5所示，与无钒铸钢相比，含钒铸钢铁素体和珠光体的显微硬度均有提高，比相应的碳素铸钢提高10%~40%，这证实了钒以弥散析出和固溶形式存在时强化了铸钢基体。

（2）含钒铸钢在强度提高的同时，对韧性和塑性指标也有影响。从相关数据来看，随铸件热处理工艺的不同，有的对塑性和/或韧性指标有所改善，有的则略有下降。

（3）钒可以提高铸钢的高温强度；与钛联合使用时更有利于提高高温强度，并且提高铸钢的耐热性。

表9-5 含钒与无钒铸钢的显微硬度值

钢 种	$w(C)/\%$	$w(V)/\%$	铁 素 体		珠 光 体	
			硬度值	提高百分数/%	硬度值	提高百分数/%
低碳钢	0.19	0.00	58.0		94.0	
	0.19	0.40	71.0	20.7	134.2	42.7
中碳钢	0.41	0.00	66.8		115.7	
	0.40	0.170	74.7	11.7	127.0	9.7
	0.40	0.260	84.9	27.0	136.0	17.5

下面简单介绍钒对几种不同类型铸钢性能影响的研究结果[3]。

碳素铸钢件应用最广，占铸钢总产量的 80% 以上。碳素铸钢在原有成分和工艺基本不变的条件下，加入少量的钒并不改变基体组织，钒通过在钢中的固溶析出行为可以改善钢的性能。对于 ZG30 的试验证明，加入钒含量小于 0.1% 时，碳素铸钢的力学性能基本保持不变，当钒加入量大于 0.2% 时性能继续改善不大，因此比较合适的钒加入量在 0.1% ~ 0.2% 之间。在 ZG30 ~ ZG50 中加入 0.1% ~ 0.2% V，室温下钢的屈服强度提高 30%，抗拉强度提高 5% ~ 10%，硬度有所提高而塑性略有降低。ZG30V、ZG30 铸钢的对比试验表明，钒提高了普通碳素铸钢的高温强度而不影响高温下的塑性和冲击值，这对提高普通铸钢的高温抗蠕变能力和提高在受热状态下的冶金机械备件的使用寿命是极为有益的；快速磨料磨损对比磨耗试验结果表明：加入钒使得 ZG30 的耐磨性提高了 34%，对辊磨耗对比实验表明钒使得 ZG30 耐磨性提高了 24% ~ 54%。ZG30V 与 ZG30 两者同样具有良好的焊接性能。此外，加入适量的钒可以提高碳素铸钢的抗热裂性。总之，碳素铸钢具有一定的综合力学性能，在原有成分和工艺基本不变的条件下加入一定量的钒，可以改善其耐磨性、耐热性和耐热疲劳性能，提高铸件耐用性。

锰结构铸钢通常用于承受载荷的抗磨铸件，此类铸钢的碳锰含量较高，0.4% ~ 0.7% C，0.8% ~ 1.8% Mn。在钢中加入 0.1% ~ 0.3% V 和 0.02% ~ 0.04% Ti 后，屈服强度比不含钒铸钢提高 10% 以上，抗拉强度也略有增加，钢的屈强比提高，这对提高铸件的抗压溃性能十分有利；但其塑性呈下降趋势。低温回火时，含钒钢与不含钒钢两者的硬度变化不大，但回火温度高于 300℃ 时，钒钛钢的硬度明显高于不含钒钛钢，说明钒钛提高了铸钢的抗回火稳定性。Mn 结构铸钢中加入 V、Ti，综合力学性能有明显改善。

ZG35CrMo 是一种中碳低合金结构铸钢，它强度高、韧性好；具有一定耐磨性及抗热耐蚀性，广泛用于制造齿轮、链轮、轴套及电铲等零件。在此成分基础上，加入 0.1% ~ 0.15% V 和 0.02% ~ 0.04% Ti，采用不同的热处理制度进行试验的结果表明，含钒铸钢的屈服强度提高 10% 以上，屈强比由 0.8 提高至 0.85 ~ 0.88，韧性也有一定程度提高；有的塑性指标略低于 ZG35CrMo。这表明对于需要提高抗压溃性能的铸件来讲，加钒是较为可行的途径。对辊磨耗试验表明，在载荷 75kg、干磨 50h 条件下，含钒铸钢比不含钒铸钢耐磨性提高了 40%，这是由于钒强化铸钢基体的结果。

高锰钢是一种抗冲击的耐磨钢，广泛应用于冶金、矿山、建材等工业部门。但由于使用中加工硬化能力不足，使其耐磨性能不能充分发挥。研究表明，在高锰钢中加入适量的钒，在 0.18% ~ 0.30% 的范围，可以细化晶粒、消除柱状晶，提高强度而不降低塑韧性。由于钒的合金化作用，基体强度提高，加工硬化能力也提高，有利于耐磨性能的改善。钒还可提高钢的高温强度，降低铸件的热裂敏感性。含钒高锰钢的水韧处理应保证碳化物充分溶解于奥氏体中并使碳均匀扩散又不使晶粒粗化。经过水韧处理后，加钒的高锰钢可使抗拉强度提高 10% 以上；在含 Cr（1.0% ~ 1.5%）高锰钢中加钒，可使抗拉强度提高 16% ~ 23%，其韧性还略有提高。钒对高锰钢冲击硬化影响的研究表明，加钒后试样受冲击的硬度增加比不加钒的显著，硬化深度也明显增加，表明钒对奥氏体的稳定性影响较大，含钒奥氏体易于发生硬化，从而提高了钢的加工硬化能力。含钒高锰钢的冲击硬化能力提高，使铸件可以在较低的变形量下达到不加钒高锰钢在较大变形量时的硬度值，改善铸件在中小能量冲击下其耐磨性低、使用受到限制的情况，延长铸件的使用寿命并扩大其使用范围。

ZG30Cr3Si3 是一种合金耐热铸钢，与其他的合金耐热铸钢相比具有合金含量低，铸造性能优良和易于生产的优点，可用于生产烧结机机尾的一些备件如算条、算板和刮板等。研究表明，在 ZG30Cr3Si3 成分的基础上加入 0.3% ~0.5% 钒后，可提高钢的强度和硬度，特别是热强性，而且塑性并没有降低。若同时再加入 0.04% ~0.08% Ti，高温强度的提高较单独加入钒提高较多，而且试验结果表明 V、Ti 复合加入可以提高铸钢的高温性能，如高温硬度、耐热性和高温耐磨性。因此，在 ZG30Cr3Si3 钢中加入一定量的钒或钒和钛元素是改善其铸钢件性能的切实可行的途径。

9.3.3 含钒铸钢的应用

含钒铸钢具有强度高和耐磨性好的特点，其屈服强度和抗拉强度比相同成分的无钒铸钢提高 10% 以上。尽管韧性有时有所降低，但是根据含钒铸钢的特点和实际应用条件，选择适当的钒量或钒钛量，含钒铸钢的抗压、抗磨、抗冲击和抗高温的特点将可以充分发挥。下面是含钒铸钢应用的一些实例[3]。

高炉大漏斗在长期使用中承受着高温磨料磨损（工作温度在 400 ~550℃之间），高温、高压气流的冲刷，以及氧化和腐蚀磨损，这些因素的交互作用，导致在大漏斗本体上、铸造质量薄弱位置上被磨穿和吹漏。表 9-6 为攀钢 3 号高炉 ZG30V 和 ZG30 大漏斗使用情况对比。ZG30 大漏斗内壁焊上 20mm 厚 16Mn 衬板（相当于 182 天的使用期），然后安装使用，直至后期被吹漏，休风焊补后继续使用直至更换；ZG30V 没有焊接衬板直接使用。可以看到，ZG30V 钢用于高炉大漏斗，比 ZG30 钢大漏斗的寿命提高 1 倍，从总使用天数和产量计算，多产生铁 600kt，为攀钢创造了巨大的经济效益。采用 ZG30V 渣罐比 ZG30 渣罐寿命提高 65%，特别是在使用过程中不易受撞击而变形和产生裂纹。

表 9-6 攀钢 3 号高炉 ZG30V 和 ZG30 大漏斗使用情况对比

漏斗材质	内壁焊衬板	吹漏前使用		总 使 用	
		时间/天	产量/t	时间/天	产量/t
ZG30	20mm 厚 16Mn 衬板	373	734281. 1	483	948793. 6
ZG30V		826	1337483. 0	937	1559427. 4

锚链轮是煤矿用的刮板运输机上易消耗的主动传动备件，使用条件恶劣，要求强度高、韧性好且齿不卷边、不断齿，有较高的使用寿命。采用 45 号锻钢、ZG45Mn、ZG35CrMnSi、ZG45 等钢种，一般使用期为 1 ~6 个月；德国、美国采用 40NiCr 锻造锚链轮，其寿命在 24 个月左右。采用 ZG45MnVTi 制造的锚链轮其寿命在 24 个月以上，达到国外同类型产品的先进水平。ZG55Mn2SiVTi 用于球磨机给料器勺头，其使用寿命比 ZG55Mn2Si 提高 50%，而成本仅增加 16%，并且减少停机更换次数，经济效益显著。ZG65MnVTi 用于天车走行轮，使用寿命较 ZG65Mn 提高一倍以上。

低合金铸钢 ZG35CrMoVTi 用于制造矿山 WK-4m³ 电铲上的主动轮、支轮及拉紧轮。与 ZG35CrMo 铸钢的支轮进行比较，结果表明，含钒钛铸件的耐磨性、抗压溃性明显提高；含钒钛主动轮拨齿磨损率为 21.32mm/挖矿百万吨，而不含钒钛的为 25.35mm/挖矿百万吨，使用寿命提高 18.9%。而含钒钛支轮和拉紧轮比不含钒钛的寿命提高了 20% 以上。

这就延长了电铲的检修周期，提高了作业率，减少了备件消耗，技术经济效果显著。

含钒高锰钢铸件成功地应用于选矿机械上。与无钒高锰钢铸件相比，应用于球磨机的各种衬板、压梁和长衬等含钒铸件的寿命都提高14%以上；应用于 WK-4m³ 电铲履带板使用寿命提高18.9%以上。ZGMn13CrV 应用于破碎机破碎壁，使用寿命比 ZGMn13Cr2 铸钢平均提高26%。

烧结机机尾的一些备件如算条、算板和刮板等长期经受热烧结矿的冲刷磨损和大块烧结矿的冲击，使用寿命较低。国外制造这部分零件采用的是高镍铬合金钢，以保证铸件优良的耐热性和一定的耐磨性，但成本较高。采用 ZG30Cr3Si3VTi 铸件代替 ZG30Cr3Si3 铸件，过矿量从 200kt 增加至 500kt，使用时间从 1650h 增至 3260h，两者比较表明，采用 ZG30Cr3Si3VTi 铸件比不含钒钛的使用寿命提高97.6%。

9.3.4　含钒微合金化铸钢

微合金化铸钢是低合金高强度铸钢的一个新发展。微合金元素钒、铌、钽、钛、锆、硼等在钢中的质量分数一般不超过0.1%。微合金化铸钢主要是欧洲开发的，其主要特点是强度高、韧性好，有很好的综合力学性能，同时还具有良好的焊接性能。国外生产的含钒微合金化铸钢的化学成分和常温力学性能列于表9-7和表9-8[20]。

表 9-7　国外含钒微量合金化铸钢的化学成分（质量分数,%）

生产厂家	钢 种	C	Si	Mn	Nb	V	Mo	Ni	Cr	Cu
AFNOR	12MDV 6-M	0.15	0.60	0.2 ~ 1.5	—	0.05 ~ 0.1	0.2 ~ 0.4	—	—	—
CTIF	12MDV 6-M	0.145	0.57	1.50	—	0.05	0.32	—	—	—
Sambre et Meuse	10MDV 6-M	0.10	0.40	1.60	0.010	0.040	0.30	—	—	—
Paris Ouireau	HRS	≤0.15		≤1.70	≤0.06	≤0.06	≤0.30	≤0.30	≤0.25	
A. F. E	Eurafem400TK	≤0.22	0.3 ~ 0.6	≤1.70	≤0.05	≤0.10	0.1 ~ 0.6	—	—	—
	Eurafem500TK	≤0.22	0.3 ~ 0.6	≤1.70	≤0.05	≤0.10	0.1 ~ 0.6	—	—	—
Sulzer		0.04 ~ 0.08	0.3 ~ 0.5	1 ~ 1.4	0.05 ~ 0.12	0.05 ~ 0.1	0.2 ~ 0.6	—	—	—
Thyssen	GS-10Mn7	0.08	0.4	1.7	0.04	0.06	—	—	—	—
	GS-10MnMo74	0.08	0.4	1.7	0.04	0.06	0.4	—	—	—
	GS-8MnMo64	0.06	0.4	1.5	0.04	0.06	0.4	—	—	—
	GS-15MnCrMo634	0.14	0.4	1.5	0.04	0.06	0.4	—	0.7	—
PHB	502	0.10	0.5	1.8	—	0.10	—	—	—	—
	503	0.10	0.5	1.8	0.08	0.08	—	—	—	—
	504	0.12	0.5	1.8	—	0.10	0.4	—	—	—
	505 ~ 506	0.12	0.5	1.8	0.08	0.08	0.4	—	—	—
	508	0.12 ~ 0.15	0.5	1.8	0.08	0.08	0.4	—	—	—
BSC		—	≤0.18	0.1 ~ 0.5	1.2 ~ 1.6	≤0.04	≤0.08	≤0.2	≤0.5	—	—
Voest		—	0.13	—	1.6	0.04	0.08	0.25	—	—	—
		—	0.08	—	1.7	0.04	0.08	0.25	—	—	—
Sumitomo	HT80	0.14	0.3	0.9	—	0.04	0.5	0.85 ~ 1	0.5	0.25

表9-8 国外含钒微量合金化铸钢的力学性能

生产厂家	钢种	R_e/MPa	R_m/MPa	A/%	Z/%	冲击吸收功 A_K/J						HBS
						+20℃	0℃	-20℃	-40℃	-50℃	-60℃	
AFNOR	12MDV 6-M	≥400	≥500	≥18	≥35	≥30	—	—	—	—	—	150
CTIF	12MDV 6-M	447	579	21	44	40	—	—	—	—	—	174
Sambre et Meuse	10MDV 6-M	550	650	16	55	60	—	—	40	—	—	—
	—	450	550	20	60	100	—	—	50	—	—	—
Paris Ouireau	HRS	≥600	≥700	≥15	≥50	≥64	—	≥40	—	≥20	—	210~240
A. F. E	Eurafem400TK	≥400	≥550	≥20	≥36	≥36	≥28	—	—	—	—	—
	Eurafem500TK	≥500	≥610	≥18	≥32	≥36	≥40	—	—	—	—	—
Sulzer		450~510	490~690	20~33	70~80	—	—	—	—	—	—	—
Thyssen	GS-10Mn7	400~540	500~620	18~22		60~100	45~80	35~45	20~30	—	—	—
	GS-10MnMo74	400~580	500~680	16~22		60~120	45~100	35~60	20~40	—	—	—
	GS-8MnMo64	370~480	480~580	20~26		≥120	100~110	90~100	70~90	≥40	—	—
	GS-15MnCrMo634	650	750	14	30~35	≥30	—	—	—	—	—	—
PHB	502	450	550~650	22	40	—	—	—	—	—	—	—
	503	500	600~700	16	30	—	—	—	—	—	—	—
	504	450	550~700	20	40	—	—	—	—	—	—	—
	505~506	500~550	600~750	18~19	30~35	—	—	—	—	—	—	—
	508	700	780	11	25	—	—	—	—	—	—	—
BSC		370	—	30	55	—	—	130	80	—	—	—
Voest		450	—	—	—	—	—	—	—	—	—	—
		400	—	—	—	—	—	—	—	—	—	—
Sumitomo	HT80	750~780	800~840	—	—	—	—	—	—	—	—	—

9.3.5 一些含钒铸钢品种及牌号[19]

9.3.5.1 中、低合金含钒铸钢

A 我国中、低合金含钒铸钢

我国一般工程与结构用低合金铸钢标准（GB/T 14408—1993）对铸钢化学成分只规定 S、P 质量分数的上限，其他成分未做规定；力学性能规定最低要求，样品取自 28mm 厚标准试块。对应于国标低合金铸钢相应牌号，有些铸钢中需要添加少量钒，它们的化学成分及力学性能见表 9-9 和表 9-10。

表 9-9 国标低合金铸钢含钒钢种的化学成分（%）

钢 号	序号	C	Si	Mn	P	S	Cr	Ni	Mo	其 他
ZGD 270-480	1	0.20	0.60	0.50 ~ 0.80	0.04	0.045	1.00 ~ 1.50	0.50	0.45 ~ 0.65	
	2	0.20	0.60	0.30 ~ 0.80		0.045	1.00 ~ 1.50	—	0.45 ~ 0.65	V 0.15 ~ 0.25
ZGD 410-620	7	0.20	0.75	0.40 ~ 0.70	0.040	0.040	4.00 ~ 6.00	0.40	0.45 ~ 0.65	
	8	0.22 ~ 0.30	0.50 ~ 0.80	1.30 ~ 1.60	0.035	0.035	—	—	—	Cu 0.30 Ti 0.02 ~ 0.05 V 0.07 ~ 0.15
ZGD 730-910	13	0.25 ~ 0.35	0.30 ~ 0.60	0.90 ~ 1.50	0.04	0.04	0.30 ~ 0.90	1.60 ~ 2.00	0.15 ~ 0.35	
	14	0.10 ~ 0.18	0.10 ~ 0.18	0.30 ~ 0.55	0.03	0.03	1.20 ~ 1.70	1.40 ~ 1.80	0.20 ~ 0.30	Cu 0.30 V 0.03 ~ 0.15

表 9-10 国标低合金铸钢含钒钢种的热处理与力学性能

钢 号	序号	热处理	力 学 性 能					HBS
			R_m/MPa	R_e($R_{p0.2}$) /MPa	A/%	Z/%	A_{KV}/J	
ZGD 270-480	1	正火 + 回火	485	275	20	35	—	—
	2	正火 + 回火	483	276	18	35	—	—
ZGD4 410-620	7	调 质	620	420	13		25	179 ~ 225
	8	正火 + 回火	622	416	22	45	44.1	179 ~ 241
ZGD 730-910	13	淬火 + 回火	981	784	9	20		
	14	淬火 + 回火	1000	750	10	20		

B 国外的中、低合金含钒铸钢

一些国外常用的、规定化学成分的中、低合金铸钢的标准中，有些钢种明确规定了钒含量，它们的钢号及成分、力学性能分别见表 9-11 和表 9-12。

表9-11 国外标准中含钒铸钢的化学成分（质量分数，%）

国家	牌号或钢号（标准）	C	Si	Mn	P(≤)	S(≤)	Cr	Ni	Mo	V	其他
美国	70（ASTM A487—1998）	0.2	≤0.80	0.6~1.00	0.04	0.05	0.4~0.80	0.7~1.00	0.4~0.6	0.03~0.10	B 0.002~0.006 Cu 0.15~0.50 W 0.10
德国	GS-8Mn7（DIN17182—1992）	0.06~0.10	≤0.60	1.50~1.80	0.02	0.015	≤0.20	—	—	≤0.10	Nb≤0.05 N≤0.02
	GS-8MnMo7 4（DIN17182—1992）	0.06~0.10	≤0.60	1.50~1.80	0.02	0.015	≤0.20	—	0.30~0.40	≤0.10	Nb≤0.05 N≤0.02
	GS-13MnNi6 4（DIN17182—1992）	0.08~0.15	≤0.60	1.00~1.70	0.02	0.015	≤0.30	0.80~1.2	≤0.20	≤0.10	Nb≤0.05 N≤0.02
	GS-48CrMoV6 7	0.40~0.50	0.15~0.35	0.60~0.90	0.03	0.03	1.3~1.6	—	0.65~0.85	0.25~0.35	—
	GS-80Cr-VW4 3	0.80~0.90	≤1.00	≤1.00	0.035	0.035	0.80~1.10	—	—	0.20~0.40	W 0.10~0.20
	GS-55NiCrMoV6	0.50~0.60	0.10~0.40	0.65~0.95	0.030	0.030	0.60~0.80	1.50~1.80	0.25~0.35	0.07~0.12	—
	GS-34CoCrMoV19 12	0.32~0.36	0.15~0.30	0.30~0.50	0.025	0.025	2.7~3.20	—	2.70~3.20	0.60~0.80	Co 4.50~5.00
	GS-20MoV8 4	0.16~0.32	0.30~0.50	0.50~0.80	0.040	0.040	≤0.30	—	0.80~0.90	0.35~0.45	—
	GS-12MnMo7 4	0.08~0.15	0.30~0.60	1.50~1.80	0.02	0.015	≤0.20	—	0.30~0.40	≤0.10	Nb≤0.05 N≤0.02
	GS-20MnNiTi5 3	≤0.23	≤0.50	1.00~1.70	0.025	0.025	—	—	—	0.60	Ti≤0.20
	GS-30CrMoV6 4	0.27~0.34	0.30~0.60	0.60~1.00	0.025	0.025	1.30~1.70	—	0.30~0.50	0.05~0.15	—

续表9-11

国家	牌号或钢号 （标准）	C	Si	Mn	P（≤）	S（≤）	Cr	Ni	Mo	V	其他
德国	GS-35CrMoV10 4	0.32~0.39	0.30~0.50	0.60~1.00	0.025	0.025	2.20~2.70	—	0.30~0.50	0.05~0.15	—
	GS-36CrMoV10 4	0.32~0.38	0.30~0.50	0.50~0.70	0.025	0.025	2.30~2.70	—	0.30~0.50	0.05~0.12	—
	GS-50CrV4	0.47~0.55	≤0.40	0.70~1.10	0.035	0.030	0.90~1.20	—	—	0.10~0.20	—
俄罗斯	20Г1ФЛ	0.16~0.25	0.20~0.50	0.90~1.40	0.050	0.050	—	—	—	0.06~0.12	Ti≤0.05
	20ФЛ	0.14~0.25	0.20~0.52	0.70~1.20	0.050	0.050	—	—	—	0.06~0.12	—
	30ХГСФЛ	0.25~0.35	0.40~0.60	1.00~1.50	0.050	0.050	0.30~0.50	—	—	0.06~0.12	—
	45ФЛ	0.42~0.50	0.20~0.52	0.40~0.90	0.050	0.050	—	—	—	0.05~0.10	Ti≤0.03
	20ХМФЛ	0.18~0.25	0.20~0.40	0.60~0.90	0.025	0.025	0.90~1.20	—	0.50~0.70	0.20~0.30	—
	20ГНМФЛ	0.14~0.22	0.20~0.40	0.70~1.20	0.030	0.030	≤0.30	0.70~1.00	0.15~0.25	0.06~0.12	—
	08ГДНФЛ	≤0.10	0.15~0.40	0.60~1.00	0.035	0.035	—	1.15~1.55	—	0.10	Cu 0.80~1.20
	13ХНДФТЛ	≤0.16	0.20~0.40	0.40~0.90	0.030	0.030	0.15~0.40	1.20~1.60	—	0.06~0.12	Cu 0.65~0.90 Ti 0.04~0.10
	12ДН2ФЛ	0.08~0.16	0.20~0.40	0.40~0.90	0.035	0.035	—	1.80~2.20	—	0.08~0.15	Cu 1.20~1.50
	12ДХН1МФЛ	0.10~0.18	0.20~0.40	0.30~0.55	0.030	0.030	1.20~1.70	1.40~1.80	0.20~0.30	0.08~0.15	Cu 0.40~0.65
	23ХГС2МФЛ	0.18~0.24	1.80~2.00	0.50~0.80	0.025	0.025	0.60~0.90	—	0.25~0.30	0.10~0.15	—
	25Х2ГНМФЛ	0.22~0.30	0.30~0.70	0.70~1.10	0.025	0.025	1.40~2.00	0.30~0.90	0.20~0.50	0.04~0.20	—
法国	G10MnMoV6	≤0.12	≤0.60	≤1.80	0.030	0.020	≤0.30	≤0.40	0.20~0.40	0.05~0.10	—
	G15CrMoV6	0.12~0.18	≤0.60	≤1.00	0.030	0.020	1.30~1.80	≤0.40	0.80~1.00	0.15~0.25	—

表 9-12 国外含钒低合金铸钢的力学性能

国家	型号（牌号、钢号）	R_m/MPa	R_e($R_{p0.2}$)/MPa	A/%	Z/%	热处理状态	壁厚/mm
美国	70	860	690	15	30		
德国	GS-8Mn7	500~650	350	22		调 质	≤60
	GS-8MnMo7 4	500~650	350	22		调 质	≤300
	GS-13MnNi6 4	460~610 480~630	300 340	22 20		调 质	≤500 ≤200
俄罗斯	20Г1ФЛ	510	314	17	25	正火或正火+回火	
	20ФЛ	491	294	18	35	正火或正火+回火	
	30ХГСФЛ	589	392	15	25	正火或正火+回火	
	45ФЛ	589	392	12	20	正火或正火+回火	
	20ХМФЛ	491	275	16	35	正火或正火+回火	
	20ГНМФЛ	589	491	15	33	正火或正火+回火	
	08ГДНФЛ	441	343	18	30	正火或正火+回火	
	13ХНДФТЛ	491	392	18	30	正火或正火+回火	
	12ДН2ФЛ	638	540	12	30	正火或正火+回火	
	12ДХН1МФЛ	785	638	12	20	正火或正火+回火	
	23ХГС2МФЛ	1275	1079	6	24	淬火+回火	
	25Х2ГНМФЛ	638	491	12	30	正火或正火+回火	
法国	G10MnMoV6	600	500	18		淬火+回火	28~50
	G15CrMoV6	980	930	4		淬火+回火	28~50

C 特殊用途低合金含钒铸钢

a 高温下使用的低合金铸钢

铬钼钒铸钢是一种中温或高温用珠光体耐热铸钢，广泛用于汽轮机发电设备中的高、中压气缸体、喷嘴及蒸汽室等重要铸钢件。两种铬钼钒铸钢的化学成分、力学性能和高温力学性能分别见表 9-13~表 9-15。

表 9-13 铬钼钒铸钢的化学成分（质量分数,%）

钢 号	C	Si	Mn	Cr	Mo	V	S, P（≤）
ZG20CrMoV	0.18~0.25	0.17~0.37	0.40~0.70	0.90~1.20	0.50~0.70	0.20~0.30	0.03
ZG15Cr1Mo1V	0.12~0.20	0.17~0.37	0.40~0.70	1.20~1.70	0.90~1.20	0.20~0.30	0.03

表 9-14　铬钼钒铸钢正火、回火后的力学性能

钢号	热处理		R_e/MPa	R_m/MPa	A_5/%	Z/%	a_K/J·cm^{-2}	HBS	应用举例
	方式	温度/℃							
ZG20CrMoV	一次正火 二次回火 回火	940~950 920~940 690~710	314	490	15	30	30	140~201	汽轮机蒸汽室、气缸等
ZG15Cr1Mo1V	一次正火 二次回火 回火	1000 980~1000 710~740	345	490	15	30	30	140~201	570℃下工作的高压阀门

表 9-15　铬钼钒铸钢的高温力学性能

钢号	试验温度/℃	蠕变极限/MPa		持久强度/MPa	
		$\sigma_{1\times10^{-4}}$	$\sigma_{1\times10^{-5}}$	σ_{10^4h}	σ_{10^5h}
ZG20CrMoV	560	100	45	130~145	90~100
	580	75	35	—	—
	600	—	—	70	40
ZG15Cr1Mo1V	570	—	—	50	80~90

b　超高强度铸造低合金钢

表 9-16、表 9-17 列举了美国报道的两种超高强度铸钢的成分及力学性能[20]。HY-130 采用氩-氧联合吹炼脱碳精炼法生产,用该法生产的壁厚 100mm 以下的铸件,沿整个断面的性能均匀,屈服强度超过 895MPa,冲击功达到 68J 以上,符合高性能构件的要求;钒的加入是为了细化晶粒。D6a 用电渣熔铸法生产,是一种多元素综合强化的铸造低合金钢;钒用来细化晶粒,同时改善钢的强度和塑性。

表 9-16　两种超高强度铸钢的化学成分

钢号	化学成分/%						
	C	Mn	Si	Ni	Cr	Mo	V
HY-130	≤0.12	0.60~0.90	0.20~0.50	5.25~5.50	0.40~0.70	0.30~0.65	0.05~0.10
D6a	0.45~0.50	0.60~0.90	0.15~0.30	0.40~0.70	0.90~1.20	0.90~1.10	0.09~0.15

钢号	化学成分/%						
	Al	Ti	Cu	P	S	O	H
HY-130	0.015~0.035	≤0.02	≤0.25	≤0.01	≤0.008	≤35×10^{-4}	≤2×10^{-4}
D6a	—	—	—	≤0.015	≤0.015	—	—

表 9-17　两种超高强度铸钢的热处理及力学性能

钢号	热处理	力学性能					
		R_m/MPa	R_e/MPa	A/%	Z/%	A_K/J	HB
HY-130	954℃空冷,899℃淬火,水冷,843℃淬火水冷,593℃回火水冷	1014~1027	903~924	14	45	83~102	—

钢　号	热处理	力　学　性　能					
		R_m/MPa	R_e/MPa	A/%	Z/%	A_K/J	HB
D6a	预处理：952℃正火空冷，673℃回火。终处理：896℃奥氏体化，204℃盐浴淬火10min，空冷，316℃回火空冷，593℃回火空冷	1045～1100	865～1050	6～12	10～31	—	429～477

9.3.5.2　特殊用途含钒铸钢

A　铸造耐磨锰钢

铸造耐磨锰钢是应用最广泛的一类铸造耐磨钢，其主要特点是：（1）韧度高，使用中不易断裂、安全可靠；（2）加工硬化性能优异，适于冲击磨料磨损工况。高锰钢中加入钒时，钒的质量分数一般在0.5%以下。钒能显著提高高锰钢的屈服强度和初始硬度，但使塑性下降；钒提高高锰钢的加工硬化性能和耐磨性能，尤其是钒、钛联合使用时作用更为明显。在日本和俄罗斯的标准中均有添加钒的高锰钢种，见表9-18。

表9-18　日本和俄罗斯含钒高锰铸钢的钢号及化学成分

国家	钢号（牌号）	化学成分/%								
		C	Si	Mn	P（≤）	S（≤）	Cr	Ni	V	其　他
日本	SCMnH21	1.00～1.35	≤0.80	11.00～14.00	0.070	0.040	2.00～3.00		0.40～0.70	
俄罗斯	110Г13ФТЛ	0.90～1.30	0.40～0.90	11.5～14.5	0.120	0.050	—	—	0.10～0.30	Ti 0.01～0.05
	130Г14ХМФАЛ	1.20～1.40	≤0.60	12.5～15.0	0.07	0.050	1.00～1.50	≤1.00	0.08～0.12	N 0.025～0.050
	120Г10ФЛ	0.90～1.40	0.20～0.90	8.50～12.0	0.120	0.050	≤1.00	≤1.00	0.03～0.12	Ti≤0.15 Nb≤0.01 N≤0.03 Cu≤0.70

B　铸造工具钢

铸造工具钢原则上包括刀具钢和模具钢。铸造模具采用甚广，并有良好的前景；铸造刀具很少采用。铸造工具钢中通常含有一定量的钒，美国国家标准 ANST/ASTM A597—1993 中所列的7种铸造工具钢已为各国广泛采用；其中 CH13 是非常重要的压铸压型材料，各国铸造压型大都用这种材料，见表9-19。

表9-19　美国国家标准铸造工具钢的化学成分（质量分数,%）

元　素	C	Mn	Si	S	P	Cr
CA-2	0.95～1.05	0.75	1.50	0.03	0.03	4.75～5.50
CD-2	1.40～1.60	1.00	1.50	0.03	0.03	11.00～13.00
CD-5	1.35～1.60	0.75	1.50	0.03	0.03	11.00～13.00

续表9-19

元　素	C	Mn	Si	S	P	Cr
CS-5	0.50 ~ 0.65	0.60 ~ 1.00	1.75 ~ 2.25	0.03	0.03	0.35
CM-2	0.78 ~ 0.88	0.75	1.00	0.03	0.03	3.75 ~ 4.50
CH-12	0.30 ~ 0.40	0.75	1.50	0.03	0.03	4.75 ~ 5.75
CH-13	0.30 ~ 0.42	0.75	1.50	0.03	0.03	4.75 ~ 5.75
CO-1	0.85 ~ 1.00	1.00 ~ 1.30	1.50	0.03	0.03	0.40 ~ 1.00

元　素	Mo	V	Co	W	Ni
CA-2	0.90 ~ 1.40	0.20 ~ 0.50	—	—	—
CD-2	0.70 ~ 1.20	0.40 ~ 1.00	0.70 ~ 1.00	—	—
CD-5	0.70 ~ 1.20	0.35 ~ 0.55	2.50 ~ 3.50	—	0.40 ~ 0.60
CS-5	0.20 ~ 0.80	0.35	—	—	—
CM-2	4.50 ~ 5.50	1.25 ~ 2.20	0.25	5.50 ~ 6.75	0.25
CH-12	1.25 ~ 1.75	0.20 ~ 0.50	—	1.00 ~ 1.70	—
CH-13	1.25 ~ 1.75	0.75 ~ 1.20	—	—	—
CO-1	—	0.30	—	0.04 ~ 0.60	—

注：除给出范围外，其余均为最大值。

C　承压铸钢

由于压力容器对铸钢性能和成分有较严格的要求，以保证工程应用的可靠性和安全性，所以各国对承压铸钢标准的制定都十分重视。在各国的承压铸钢标准中，有些钢种对钒含量有明确的要求，它们的化学成分、力学性能和热处理制度见表9-20和表9-21。

表9-20　各国含钒承压铸钢钢种化学成分

国家（标准）	钢号（牌号）	化学成分/%								
		C	Si	Mn	P(≤)	S(≤)	Cr	Mo	Ni	V
中国（GB/T 16253—1996）	ZG14MoVG	0.10 ~ 0.17	0.30 ~ 0.60	0.40 ~ 0.70	0.035	0.035	0.30 ~ 0.60	0.40 ~ 0.60	0.40	0.22 ~ 0.32
	ZG17Cr1Mo1VG	0.13 ~ 0.20	0.30 ~ 0.60	0.50 ~ 0.80	0.035	0.035	1.20 ~ 1.50	0.90 ~ 1.20	①	0.15 ~ 0.35
	ZG23Cr12Mo1NiVG	0.20 ~ 0.26	0.20 ~ 0.40	0.50 ~ 0.70	0.035	0.035	11.3 ~ 12.3	1.00 ~ 1.20	0.70 ~ 1.00	0.25 ~ 0.35
美国通用承压铸钢（ASTM A487/ A487M—1993）	Grade1 ClassA，B，C(V)	≤0.30	≤0.80	≤1.00	0.04	0.045	—	—	—	0.04 ~ 0.12
	Grade7 ClassA② （Ni-Cr-Mo-V）	0.05 ~ 0.20	≤0.80	0.60 ~ 1.00	0.04	0.045	0.40 ~ 0.80	0.70 ~ 1.00	0.40 ~ 0.60	0.03 ~ 0.10
美国高温承压铸钢（ASTM A389/ A389M—1993）	ASTM C 23	≤0.20	≤0.60	0.30 ~ 0.80	0.04	0.045	1.00 ~ 1.50	0.45 ~ 0.65	—	0.15 ~ 0.25
	ASTM C 24	≤0.20	≤0.60	0.20 ~ 0.80	0.04	0.045	0.80 ~ 1.25	0.90 ~ 1.20	—	0.15 ~ 0.25
英国承压铸钢（BS 1504—1976）	660 Cr-Mo-V 钢	0.10 ~ 0.15	≤0.45	0.40 ~ 0.70	0.030	0.030	0.30 ~ 0.50	0.40 ~ 0.60	≤0.30	0.22 ~ 0.30

国家（标准）	钢号（牌号）	化学成分/%								
		C	Si	Mn	P（≤）	S（≤）	Cr	Mo	Ni	V
日本高温高压用铸钢 JISG5151—1991	SCPH23	≤0.20	≤0.60	0.50~0.80	0.040	0.040	1.00~1.50	0.90~1.20	—	0.15~0.25
法国压力容器用铸钢 NF A32-055	15CDV4.10-M	0.12~0.20	≤0.60	≤1.00	0.030	0.030	1.00~1.50	0.85~1.10	—	0.15~0.30
	15CD9.10-M	0.10~0.18	≤0.60	≤1.10	0.030	0.030	2.00~2.75	0.90~1.20	—	0.15~0.30

① 根据壁厚，镍的质量分数可以小于1.00%；
② 专利钢种成分，其余：B 0.002%~0.006%，Cu 0.15%~0.50%。

表9-21　各国含钒承压铸钢的力学性能和热处理

国家（标准）	钢号（牌号）	力学性能					热处理制度			
		R_m /MPa	R_e/MPa （≥）	A/% （≥）	Z/% （≥）	A_{KV}/J （≥）	奥氏体化温度/℃	冷却	回火温度 /℃	冷却
中国 （GB/T 16253—1996）	ZG14MoVG	500~650	320	17	30	13	950~1000	A	680~750	A，F
	ZG17Cr1Mo1VG	590~740	420	15	35	24	940~980	AC，L	680~750	A，F
	ZG23Cr12Mo1NiVG	740~880	540	15	20	21	1020~1050	A	680~750	A，F
美国通用承压铸钢 （ASTM A487/ A487M—1993）	Grade1 ClassA	585~760	380	22	40		870	A	595	
	ClassB	620~795	450	22	45		870	L	595	
	ClassC	≥620	450	22	45		870	A，L	620	
	Grade7 ClassA （Ni-Cr-Mo-V）	≥795	690	15	30		900	L	595	
美国高温承压铸钢 （ASTM A389/ A389M—1993）	ASTM C 23	483	276	18.0	35.0		1010~1065	A	675~730	
	ASTM C 24	552	345	15.0	35.0		1010~1065	A	675~730	
英国承压铸钢 （BS1504—1976）	660 Cr-Mo-V 钢	510	295	17						
日本高温高压用铸钢 （JISG5151—1991）	SCPH23	550	345	13	35					
法国压力容器用铸钢 （NF A32-055）	15CDV4.10-M	600~750	350	15			900~980	A，L	680~750	
	15CDV9.10-M	600~750	350	15		16	900~980	A，L	680~750	

注：冷却方式符号的含义：A—空冷；AC—快速空冷；L—液体淬火或液冷；F—炉冷。

D　专用铸造用钢——轧辊常用铸钢

表9-22列出了国家标准 GB/T 1503—1989 中含钒铸钢轧辊的成分。表9-23是推荐的几种企业铸钢轧辊用钢的化学成分。

表9-22　GB/T 1503—1989 标准中含钒铸钢轧辊化学成分（%）

钢号	C	Mn	Si	Cr	Mo	V	P （≤）	S （≤）
ZU40CrMnMoV	0.37~0.45	0.90~1.20	0.20~0.45	0.90~1.20	0.20~0.30	0.10~0.20	0.035	0.030

表 9-23　推荐的几种企业铸钢轧辊用钢的化学成分（%）

牌　号	C	Mn	Si	Cr	Ni	Mo	V	P(≤)	S(≤)
ZGMn2MoV	0.80 ~ 0.90	1.4 ~ 1.8	0.40 ~ 0.60	—	—	0.50 ~ 0.60	0.08 ~ 0.15	0.030	0.030
ZG8CrMoV	0.80 ~ 0.90	0.2 ~ 0.4	0.20 ~ 0.40	0.80 ~ 1.10		0.55 ~ 0.70	0.08 ~ 0.15	0.030	0.030
ZG9CrV	0.85 ~ 0.95	0.20 ~ 0.45	0.20 ~ 0.40	1.4 ~ 1.7	≤0.30		0.10 ~ 0.25	0.030	0.030

参 考 文 献

[1] 李长龙，赵忠魁，王吉岱. 铸铁[M]. 北京：化学工业出版社，2007.

[2] 陈璟琚. 钒钛元素在铸铁中的存在状态及分布规律[J]. 钢铁钒钛，1983，(8)：88 ~ 93.

[3] 许光奎，陈璟琚. 钒钛铸铁与钒钛铸钢[M]. 北京：冶金工业出版社，1995.

[4] Balliger N K, Honeycombe R W K. Coarsening of Vanadium Carbide, Carbonitride, and Nitride in Low-Alloy Steels[J]. Metal Science, 1980, 14(4)：121 ~ 133.

[5] Dawson J V. Vanadium in Cast Iron[C]. In：International Foundry Congress, Chicago, USA, 1982.

[6] Dawson J V. The Effect of Vanadium in Ductile (SG) Cast Irons(J). British Cast Iron Research Association Journal, 1988, (1).

[7] Dawson J V, Sage A M. High Strength Cast Irons Containing Vanadium Annealed Ductile Irons and High Carbon Grey Irons (OL). www. vanitec. org. VANITEC Technical Information, 1989, V0389.

[8] Mitchell P S. The Effects of V, Mo, Ni and Cu on the Strength and Thermal Fatigue Resistance of Grey Irons Suitable for High Duty Applications(OL). www. vanitec. org. Vanitec Technical Information, 1992, V0392.

[9] 郝石坚. 现代铸铁学[M]. 北京：冶金工业出版社，2009.

[10] 陈璟琚，余自甦，许光奎，等. 合金高铬铸铁及其应用[M]. 北京：冶金工业出版社，1999.

[11] 子澍，张秀伟，宋润泽，等. 含 V 多元合金白口铸铁的试验研究与应用[J]. 现代铸铁，2008，(2)：61 ~ 64.

[12] 子澍，宋润泽，张云霞，等. 高钒、铬白口铸铁的研究与生产应用[J]. 现代铸铁，2006,(6)：56 ~ 59.

[13] 子澍. 改善含 V 高铬铸铁组织的性能和工艺措施[J]. 现代铸铁，2008，(5):49 ~ 53.

[14] 子澍. 高 Cr 白口铸铁未来发展的设想[J]. 现代铸铁，2009，(3)：15 ~ 18.

[15] Zhao Wenmin, Liu Zhenxu, Ju Zilai, et al. Effects of Vanadium and Rare-earth on Carbides and Properties of High Chromium Cast Iron[C]. In：Materials Science Forum, Vols. 575 ~ 578, Trans Tech Publications Ltd, 2008：1414 ~ 1419.

[16] 雷念慈，周桐鑫，韩乐瑜. 攀钢备件研究工作回顾[J]. 攀钢技术，1997，47(4)：1 ~ 7.

[17] 张锁梅，黄卫华，邢长虎，等. 不同冷却速度下钒对球墨铸铁的基体组织的影响[J]. 现代铸铁，2000，(4)：29 ~ 31.

[18] 陈迪林. 含 V 贝氏体球墨铸铁研究[D]. 北京：北京科技大学，1999.

[19] 中国机械工程学会铸造分会. 铸造手册：铸钢[M]. 2 版，北京：机械工业出版社，2010.

[20] 耿浩然，章希胜，陈俊华，等. 铸钢[M]. 北京：化学工业出版社，2007.

关键术语索引